潘知常生命美学系列

潘知常 著

在阐释中理解当代审美观念

美学的边缘

江苏凤凰文艺出版社
JIANGSU PHOENIX LITERATURE AND ART PUBLISHING

图书在版编目（CIP）数据

美学的边缘：在阐释中理解当代审美观念 / 潘知常著 . —南京：江苏凤凰文艺出版社，2022.5
（潘知常生命美学系列）
ISBN 978-7-5594-6130-8

Ⅰ.①美… Ⅱ.①潘… Ⅲ.①生命-美学-研究-中国 Ⅳ.①B83-092

中国版本图书馆 CIP 数据核字（2021）第 237988 号

美学的边缘：在阐释中理解当代审美观念

潘知常 著

出 版 人	张在健
责任编辑	袁 昕 孙金荣
装帧设计	张景春
责任印制	刘 巍
出版发行	江苏凤凰文艺出版社
	南京市中央路 165 号，邮编：210009
网 址	http://www.jswenyi.com
印 刷	南京新洲印刷有限公司
开 本	890 毫米×1240 毫米 1/32
印 张	17.5
字 数	466 千字
版 次	2022 年 5 月第 1 版
印 次	2022 年 5 月第 1 次印刷
书 号	ISBN 978-7-5594-6130-8
定 价	78.00 元

江苏凤凰文艺版图书凡印刷、装订错误，可向出版社调换，联系电话 025-83280257

潘知常

南京大学教授、博士生导师，南京大学美学与文化传播研究中心主任；长期在澳门任教，陆续担任澳门电影电视传媒大学筹备委员会专职委员、执行主任，澳门科技大学人文艺术学院创院副院长（主持工作）、特聘教授、博导。担任民盟中央委员并省民盟常委、全国青联中央委员并省青联常委、中国华夏文化促进会顾问、全国青年美学研究会创会副会长、澳门国际电影节秘书长、澳门国际电视节秘书长、中国首届国际微电影节秘书长、澳门比较文化与美学学会创会会长等。1992年获政府特殊津贴，1993年任教授。今日头条频道根据6.5亿电脑用户调查"全国关注度最高的红学家"，排名第四；在喜马拉雅讲授《红楼梦》，播放量逾900万；长期从事战略咨询策划工作，是"企业顾问、政府高参、媒体军师"。2007年提出"塔西佗陷阱"，目前网上搜索为290万条，成为被公认的政治学、传播学定律。1985年首倡"生命美学"，目前网上搜索为3280万条，成为改革开放新时期第一个"崛起的美学新学派"，在美学界影响广泛。出版学术专著《走向生命美学——后美学时代的美学建构》《信仰建构中的审美救赎》等30余部，主编"中国当代美学前沿丛书""西方生命美学经典名著导读丛书""生命美学研究丛书"，并曾获江苏省哲学社会科学优秀成果一等奖等18项奖励。

总　序

加塞尔在《什么是哲学》中说过:"在历史的每一刻中都总是并存着三种世代——年轻的一代、成长的一代、年老的一代。也就是说,每一个'今天'实际都包含着三个不同的'今天';要看这是二十来岁的今天、四十来岁的今天,还是六十来岁的今天。"

三十六年前,1985年,我在无疑是属于"二十来岁的今天",提出了生命美学。

当然,提出者太年轻、提出的年代也年轻,再加上提出的美学新说也同样年轻,因此,后来的三十六年并非一帆风顺。更不要说,还被李泽厚先生公开批评过六次。甚至,在他迄今为止所写的最后一篇美学文章——那篇被李先生自称为美学领域的封笔之作的《作为补充的杂记》中,还是没有放过生命美学,在被他公开提到的为实践美学所拒绝的三种美学学说中,就包括了生命美学。不过,我却至今不悔!

幸而,从"二十来岁的今天"、"四十来岁的今天"走到"六十来岁的今天",生命美学已经不再需要任何的辩护,因为时间已经做出了最为公正的裁决。三十六年之后,生命美学尚在!这"尚在",就已经说明了一切的一切。更不要说,"六十来岁的今天",已经不再是"二十来岁的今天"。但是,生命美学却仍旧还是生命美学,"六十来岁的今天"的我之所见竟然仍旧是"二十来岁的今天"的我之所见。

在这方面,读者所看到的"潘知常生命美学系列"或许也是一个例证。

从"二十来岁的今天"、"四十来岁的今天"走到"六十来岁的今天",其中,第一辑选入的是我的处女作,1985年完成的——《美的冲突——中华民族三百年来的美学追求》(与我后来出版的《独上高楼:王国维》一书合并),完成于1987年岁末的《众妙之门——中国美感心态的深层结构》,以及完成于1989年岁末的生命美学的奠基之作——《生命美学》,还有我的《反美学——在阐释中理解当代审美文化》、《诗与思的对话——审美活动的本体论内涵》(现易名为《美学导论》)、《美学的边缘——在阐释中理解当代审美观念》、《没有美万万不能——美学导论》(现易名为《美学课》),同时,又列入了我的一部新著:《潘知常美学随笔》。在编选的过程中,尽管都程度不同地做了一些必要的增补(都在相关的地方做了详细的说明),其中的共同之处,则是对于昔日的观点,我没有做任何修改,全部一仍其旧。至于我的另外一些生命美学著作,例如《中国美学精神》(江苏人民出版社1993年版)、《生命美学论稿》(郑州大学出版社2000年版)、《中西比较美学论稿》(百花洲文艺出版社2000年版)、《我爱故我在——生命美学的现代视界》(江西人民出版社2009年版)、《头顶的星空——美学与终极关怀》(广西师范大学出版社2016年版)、《信仰建构中的审美救赎》(人民出版社2019年版)、《走向生命美学——后美学时代的美学建构》(中国社会科学出版社2021年版)、《生命美学引论》(百花洲文艺出版社2021年版)等,则因为与其他出版社签订的版权尚未到期等原因,只能放到第二辑中了。不过,可以预期的是,即便是在未来的编选中,对于自己的观点,应该也毋需做任何的修改。

生命美学,区别于文学艺术的美学,可以称之为超越文学艺术的美学;区别于艺术哲学,可以称之为审美哲学;也区别于传统的"小美学",可以称之为"大美学"。它不是学院美学,而是世界美学(康德);它也不是"作为学科的美学",而是"作为问题的美学"。也因此,其实生命美学并不难理解。只要注意到西方的生命美学是出现在近代,而中国传统美学则始终就是生命美学,就不难发现:它是中国古代儒道禅诸家的美学探索的继承,也是中国近现代王国维、宗白华、方东美的美学探索的继承,还是西方从"康德以后"到"尼采以后"的叔本华、尼采、海德格尔、马尔库塞、阿多诺……等的美学探索的继承。生命美学,在西方是"上帝退场"之后的产物,在中国则是"无神的信仰"背景下的产物,也是审美与艺术被置身于"以审美促信仰"以及阻击作为元问题的虚无主义这样一个舞台中心之后的产物。外在于生命的第一推动力(神性、理性作为救世主)既然并不可信,而且既然"从来就没有救世主",既然神性已经退回教堂,理性已经退回殿堂,生命自身的"块然自生"也就合乎逻辑地成为了亟待直面的问题。随之而来的,必然是生命美学的出场。因为,借助揭示审美活动的奥秘去揭示生命的奥秘,不论在西方的从康德、尼采起步的生命美学,还是在中国的传统美学,都早已是一个公开的秘密。

换言之,美学的追问方式有三:神性的、理性的和生命(感性)的,所谓以"神性"为视界、以"理性"为视界以及以"生命"为视界。在生命美学看来,以"神性"为视界的美学已经终结了,以"理性"为视界的美学也已经终结了,以"生命"为视界的美学则刚刚开始。过去是在"神性"和"理性"之外来追问审美与艺术,"至善目的"与神学目的是理所当然的终点,道德神学与神学道德,以及理性主义的目的论与宗教神学的目的论则是其中的思想轨迹。美学家的工作,就是先以此为基础去解释生存的合理性,然后,再把审美与艺术作为这种解释的附庸,并且规范在神性世界、理性世界内,并赋予以不无屈辱的合法地位。理所当然的,是神学本质或者伦理本质牢牢地规范着审美与艺术的本质。现在不然。审美和艺术的理由再也不能在审美和艺术之外去寻找,这也就是说,在审美与艺术之外没有任何其他的外在的理由。生命美学开始从审美与艺术本身去解释审美与艺术的合理性,并且把审美与艺术本身作为生命本身,或者,把生命本身看作审美与艺术本身,结论是:真正的审美与艺术就是生命本身。人之为人,以审美与艺术作为生存方式。"生命即审美","审美即生命"。也因此,审美和艺术不需要外在的理由——

说得犀利一点,也不需要实践的理由。审美就是审美的理由,艺术就是艺术的理由,犹如生命就是生命的理由。

这样一来,审美活动与生命自身的自组织、自协同的深层关系就被第一次发现了。审美与艺术因此溢出了传统的藩篱,成为人类的生存本身。并且,审美、艺术与生命成为了一个可以互换的概念。生命因此而重建,美学也因此而重建。也因此,对于审美与艺术之谜的解答同时就是对于人的生命之谜的解答;对于美学的关注,不再是仅仅出于对于审美奥秘的兴趣,而应该是出于对于人类解放的兴趣,对于人文关怀的兴趣。借助于审美的思考去进而启蒙人性,是美学的责无旁贷的使命,也是美学的理所应当的价值承诺。美学,要以"人的尊严"去解构"上帝的尊严""理性的尊严"。过去是以"神性"的名义为人性启蒙开路,或者是以"理性"的名义为人性启蒙开路,现在却是要以"美"的名义为人性启蒙开路。是从"我思故我在"到"我在故我思"再到"我审美故我在"。这样,关于审美、关于艺术的思考就一定要转型为关于人的思考。美学只能是借美思人,借船出海,借题发挥。美学,只能是一个通向人的世界、洞悉人性奥秘、澄清生命困惑、寻觅生命意义的最佳通道。

进而,生命美学把生命看作一个自组织、自鼓励、自协调的自控系统。它向美而生,也为美而在,关涉宇宙大生命,但主要是其中的人类小生命。其中的区别在宇宙大生命的"不自觉"("创演""生生之美")与人类小生命的"自觉"("创生""生命之美")。至于审美活动,则是人类小生命的"自觉"的意象呈现,亦即人类小生命的隐喻与倒影,或者,是人类生命力的"自觉"的意象呈现,亦即人类生命力的隐喻与倒影。这意味着:否定了人是上帝的创造物,但是也并不意味着人就是自然界物种进化的结果,而是借助自己的生命活动而自己把自己"生成为人"的。因此,立足于我提出的"万物一体仁爱"的生命哲学(简称"一体仁爱"哲学观。是从儒家第二期的王阳明"万物一体之仁"接着讲的,因此区别于张世英先生提出的"万物一体"的哲学观),

生命美学意在建构一种更加人性,也更具未来的新美学。它强调:美学的奥秘在人,人的奥秘在生命,生命的奥秘在"生成为人","生成为人"的奥秘在"生成为审美的人"。或者,自然界的奇迹是"生成为人",人的奇迹是"生成为生命",生命的奇迹是"生成为精神生命",精神生命的奇迹是"生成为审美生命"。再或者,"人是人"——"作为人"——"称为人"——"审美人"。由此,生命美学以"自然界生成为人"区别于实践美学的"自然的人化";以"爱者优存"区别于实践美学的"适者生存";以"我审美故我在"区别于实践美学的"我实践故我在";以审美活动是生命活动的必然与必需区别于实践美学的以审美活动作为实践活动的附属品、奢侈品。其中包含了两个方面:审美活动是生命的享受(因生命而审美,生命活动必然走向审美活动,生命活动为什么需要审美活动);审美活动也是生命的提升(因审美而生命,审美活动必然走向生命活动,审美活动为什么能够满足生命活动的需要)。而且,生命美学从纵向层面依次拓展为"生命视界""情感为本""境界取向"(因此生命美学可以被称为情本境界论生命美学或者情本境界生命论美学),从横向层面则依次拓展为后美学时代的审美哲学、后形而上学时代的审美形而上学、后宗教时代的审美救赎诗学;在纵向的情本境界论生命美学或者情本境界生命论美学的美学与横向的审美哲学、审美形而上学、审美救赎诗学之间,则是生命美学的核心:成人之美。

最后,从"二十来岁的今天"、"四十来岁的今天"走到"六十来岁的今天",如果一定要谈一点自己的体会,我要说的则是:学术研究一定要提倡创新,也一定要提倡独立思考。正如爱默生所言,"谦逊温驯的青年在图书馆里长大,确信他们的责任是去接受西塞罗、洛克、培根早已阐发的观点。同时却忘记了一点:当西塞罗、洛克、培根写作这些著作的时候,本身也不过是些图书馆里的年轻人。"也因此,我们不但要"照着"古人、洋人"讲",而且还要"接着"古人、洋人"讲",还要有勇气把脑袋扛在自己的肩上,去独立思考。"我注六经"固然可嘉,"六经注我"也无可非议。"著书"却不"立说","著名"

却不"留名"的现象,再也不能继续下去了。当然,多年以前,李泽厚在自己率先建立了实践美学之后,还曾转而劝诫诸多在他之后的后学们说:不要去建立什么美学的体系,而要先去研究美学的具体问题。这其实也是没有事实根据的。在这方面,我更相信的是康德的劝诫:没有体系,可以获得历史知识、数学知识,但是却永远不能获得哲学知识,因为在思想的领域,"整体的轮廓应当先于局部"。除了康德,我还相信的是黑格尔的劝诫:"没有体系的哲学理论,只能表示个人主观的特殊心情,它的内容必定是带偶然性的。"

"子曰:何伤乎!亦各言其志也!"

最后,需要说明的是,从"二十来岁的今天"到"六十来岁的今天",我的学术研究其实并不局限于生命美学研究,也因此,"潘知常生命美学系列"所收录的当然也就并非我的学术著述的全部。例如,我还出版了《红楼梦为什么这样红——潘知常导读〈红楼梦〉》《谁劫持了我们的美感——潘知常揭秘四大奇书》《说红楼人物》《说水浒人物》《说聊斋》《人之初:审美教育的最佳时期》等专著,而且,在传播学研究方面,我还出版了《传媒批判理论》《大众传媒与大众文化》《流行文化》《全媒体时代的美学素养》《新意识形态与中国传媒》《讲"好故事"与"讲好"故事——从电视叙事看电视节目的策划》《怎样与媒体打交道》《你也是"新闻发言人"》《公务员同媒体打交道》等,在战略咨询与策划方面,出版了《不可能的可能:潘知常战略咨询与策划文选》《澳门文化产业发展研究》,关于我在2007年提出的"塔西佗陷阱",我也有相关的专门论著。有兴趣的读者,可以参看。

是为序。

潘知常
2021.6.6.南京卧龙湖,明庐

目录

[1] **导言　在边缘处探索：审美观念的当代转型**

人类审美观念转型的历程中的最为惊心动魄的一幕/20世纪实在是一个"空前"的世纪/"两千年未有之巨变"/"一种新的气候，一个新的时代的开始"/美学界中不存在美的"守恒定律"/反传统美学/毕加索说："我们确实与过去作了深刻的决裂"/反美学传统/"艺术家们对传统确定的所有艺术边界都提出了革命性的挑战"/"应该是老老实实地承认：需要一种新美学"/20世纪审美观念的根本特征：回到美学的边缘、在美学的边缘处探索/新的未必就是好的，也未必就是正确的/新的就肯定应该是有意义的/把"它说了什么"真实地还原为"它为什么这样说"/"必须悉心研究这项决裂"/审美观念的当代转型事实上也是美学本身的当代转型的根本性的契机/有益于当代美学理论的对于当代审美观念的吸收/美学尝试着追求更为根本、更为重大的理论智慧的开始/美学的"无人区""空白"与"知识前沿"/以"当代审美观念"为研究对象，以"问题史"为研究领域/本书的主要内容/狗熊掰玉米：中国学术界一百年来的学术通病/深刻理解审美观念的当代转型背后的"究竟"/"当代"的时间跨度包含了"狭义"与"广义"的两种时限/"西方"对于中国学者来说

1

是一个实实在在的范畴/"当代审美观念"的相对性/"不是为了要知道人们做过什么,而是理解他们想过什么"

[23] 第一篇 本体视界的转换:审美活动与非审美活动的交融

[24] 1 否定性主题

审美观念所提供的美学主题:想什么与不想什么,也就是,人们把什么看作审美活动,同时不把什么看作审美活动/"从自然走向文明"与"从文明回到自然"/理性与非理性是人的两大精神性质/从自我肯定的角度对人类自身的考察/从自我否定的角度对人类自身的考察/现代主义关注的是"上帝之死",后现代主义关注的是"人之死"/"在世界中"的体验/作为肯定性的美如何可能,审美活动的肯定性质如何可能/传统美学的第一命题:美学是关于美、美感、文学、艺术的"普遍""本质""本体""共性""根据""共名"的一般知识的考察/传统美学的第二命题:美、美感、文学、艺术都是一种以个别表达一般的准知识/传统美学的第三命题:真正的美、美感、文学、艺术应该是关于一般的准知识/传统美学的权力基础/作为否定性的丑、荒诞如何可能,审美活动的否定性质如何可能/美、美感、文学、艺术的特殊性,成为美学关注的中心/从"强者"的美学转向了"弱者"的美学/反向的美学探索路向/人尽管不再是自然的主人,然而却仍旧是自然的管家/对实现了的自由的赞美/对失落了的自由的追寻/审美活动的开放性的充分展开/审美活动的复杂性的充分展开/审美活动的丰富性的充分展开

[53]　2　多极互补模式

审美观念所提供的思维模式:怎样想与不怎样想,也就是,人们怎样看待审美活动,同时又不怎样看待审美活动/二元对立模式与理性主义密切相关/以建构为主的肯定性的思维模式/外在性/二元性/抽象性/无我之思/非理性主义的诞生源于理性主义的成熟/非理性主义仍然是一种理性思维/多极互补模式与非理性主义密切相关/以摧毁为主的否定性思维模式/内在性/两极性/消解性/自由中之必然性与必然中之自由性/为传统所不屑的"恶心""烦恼""自欺""死亡""疯狂""潜意识"都进入了美学/审美客体、审美主体的消失/互补的关键就是双方的平等相处/重要的是在审美活动中"看到了什么"/理性与非理性不但有对立的一面,而且还有统一的一面/对理性主义的批判仍旧应该由理性来进行/"纯粹非理性批判"

[85]　3　商品社会与当代审美观念的重构

拒绝商品属性,是传统审美观念的公开的秘密/审美活动尽管是一种精神活动,然而仍旧与经济生活有着密切的联系/从性质看,商品交换与审美活动各具不同特点,反映不同要求,起着不同作用/从层次看,在商品交换与审美活动之间,还存在着递进的关系/从内涵看,在商品交换与审美活动之间,还存在着宽窄的不同/审美活动的商品属性是否能够充分加以展现,取决于审美活动的物质基础,取决于审美活动的精神性需求与物质性需求之间矛盾的解决方式,取决于经济活动所决定的活动目的的差异/"人的依赖关系"为"物的依赖关系"所取代/对于以"人的依赖关系"为特征的文明发展中的自然局限性的突破/以"物的依赖关系"为特征的文明发展中的社会局限性：在资本主义条件下,商品社会只能奉行物质财富的增长优先于人本身的发展的原则/从商品的异化转向了文化、文明的异化/审美活动的商品属性的拓展有其积极意义/商品价值的越位或泛化/"社会要分类"

[110] 4　电子文化与当代审美观念的转型

媒介即信息/口语文化(听文化)时期/印刷文化(读文化)时期/电子文化(看文化)时期/电子文化为人类带来的影响是双重的/电子文化正在从两个方面向美和艺术渗透/电子文化破坏了美和艺术的本源的权威性/精神财富开始成为财富的一般形态/传统的对于审美活动的神圣话语权被现在的机械性的复制取代了/电子文化大大地激发了全社会的审美需求/"震惊体验"/电子文化破坏了美和艺术模仿现实的权威性/美和艺术的手段从叙事、虚构转向复制,而美和艺术的载体则从"作品"转向"文本"/制作凌驾于创作之上,类像凌驾于形象之上/电影不是供"阅读"的,而是供"观看"的/影视代表着从传统审美观念超越而出的一种全新的审美观念/影视是建立在对于空间、时间的有限性的美学超越的基础之上/"我试图要达到的目的,首先是让你们看见"/在人类的传统审美观念中"看"被压抑在"知"之边缘/"风吹树叶,自成波浪"/毅然向感觉复归/"技术的白昼"/正确的选择应该是借助电子文化去补充印刷文化的不足,而不是借助电子文化去取代印刷文化/负面效应的出现,与对电子文化的无条件的利用直接相关/"在互联网上没有人知

道你是一条狗"/"视觉污染"/一旦失控,就会从根本上颠覆现实与形象的关系

[147] 第二篇　价值定位的逆转:审美价值与非审美价值的碰撞

[148]　1　从美到丑

20世纪实在是一个"丑"的开端/丑在传统美学中是如何不可能的/崇高的出现是对美与丑之间的矛盾的一种调和/康德美学思考中的莫大遗憾/在20世纪,丑是如何成为可能的/丑的诞生与时代的巨变息息相关/丑如何可能就是美的否定方面如何可能/从"人的发现"到"人的觉醒",到"人的行动",到"人的困境",到"人的死亡"/丑是不自由的生命活动的自由表现/丑是反和谐、反形式、不协调、不调和的/对不可表现的表现/在形式上非形式地表现自己/丑是非道德、非理性的/非理性主体的自我表现/非理性、非道德的感性存在的成功释放

[165]　2　丑的美学意义

对于审美活动而言,丑意味着什么/丑的诞生,意味着一种否定性的美学评价的觉醒/从评价态度的层面考察丑,意义极为重大/丑作为一种美学评价,来自人类生命活动的需要/文明与自然的矛盾/自然的"退化"与"进化"、文明的"退化"与"进化"/人与文明之间无法保持永远的同步/生命在美学评价之中不断地找回了自己/"否定的精神"/地狱是文明的产物/人是自己的地狱/以丑为丑/反和谐/不自由的生命活动的自由揭示/美和丑是一对互相依存的范畴/"丑则

5

思美"/美在任何时候都是美学舞台上风姿绰约的皇后

[183]　3　从丑到荒诞

现代主义与后现代主义的根本差异/现代主义美学的反传统是在传统框架中的/后现代主义美学的反传统是在传统框架之外的/从丑到荒诞的关键,是对于非理性的实体的消解/既强化差异又容忍差异的"流浪汉的思维"/从实体性中心到功能性中心/虚无的生命活动的虚无呈现/对不可表现之物的拒绝表现/无形式、无表现、无指称、无深度、无创造/无意义、无目的、无中心、无本源/生存的焦虑

[200]　4　荒诞的美学意义

荒诞作为美学评价,是人类生命活动的一种需要/世界的真实性实际上只能在意义之外/对"文明"的反抗/理性限度的发现,是荒诞得以出现的前提/平面化的方式/不但是审美主题的荒诞,而且是审美手段的荒诞/零散化/"非如此不可"的"轻松"/为自己的在生命旅程中的无票乘车寻找根据/荒诞恰似一个人满怀痛苦地鼓足勇气在澡盆里钓鱼,尽管事先就完全知道最终什么也钓不上来/爱默生说:"凡墙都是门"/面对当代世界,人类终于学会了不再用哭,而是用笑来迎接无可抗拒的命运

[216]　5　审美与生活的同一

传统美学使得审美与生活完全对立起来/在美学内部,传统美学往往以艺术为核心,而排斥自然美、社会美/在美学外部,传统美学往往高扬审美活动的独立性,排斥生活与审美活动之间的密切关系/在现代美学,审美、艺术成为一个完全独立、封闭的特权系统/审美的生活化与生活的审美化成

为当代美学中不可抗拒的历史进程的两个方面/从"什么是美"到"什么可以被认为是美的"/审美活动把自身降低为现实生活,走上审美的生活化的道路/生活要把自身提高为审美活动,走上生活审美化的道路/艺术美的自我消解与自然美、社会美的相应崛起/美学开始向生活渗透、拓展/生活美本来就是审美活动的应有之义/日常生活无罪/泛美与俗美

[241]　6　从形象到类像

从否定性主题和多极互补模式出发,传统审美观念的形象在当代被转换为类像/类像的出现,是对于传统美学独尊形象的偏颇的反动/类像的出现,也是审美活动从理性主义走向非理性主义的必然结果/以复制代替创作/类像的最大特征就是没有原作/为看而看/现代语言学的影响/类像就是一股川流不息的能指/通过对象的互补互证去呈现对象的动态过程结束了形象对于美学的贵族垄断,也为人类带来了新的困惑/目前的问题不是国王没有穿衣服,而是在衣服之下根本就没有国王

[261]　**第三篇　心理取向的重构:审美方式与非审美方式的会通**

[262]　1　认识·直觉·游戏

从认识到直觉/传统美学把审美活动与认识活动等同起来,没有能够意识到审美活动应该是一种特殊的生命活动/从康德到叔本华、尼采/克罗齐为审美活动的独立性作出了决定性的贡献/关于审美方式的地位的观念的转型:人类的审

美方式不再只是一种认识方式,而是成为一种生存方式、超越方式/审美方式的高扬就是情感的本体地位被极大地突出出来/从"认识论意义上的知如何可能"转向"本体论意义上的思如何可能"/20世纪50年代前后,"直觉"的范畴逐渐被"敞开""显现""澄明""照耀""呼唤""游戏"等范畴所取代/自由第一次成为超出于必然性的东西/海德格尔:"站出自身","站到世界中去"/以虚无为根据,以无为依托,并且由此出发去寻找人之存在的意义/在当代社会,审美方式已经不仅仅是反映、再现、表现,而被赋予了更为重要的使命/审美方式的从认识方式向生存方式的转移,意味着它开始与自我超越密切相关/审美活动从主客对峙的关系回到了超主客对峙的源初的关系/消解了理性思维的魔障

[289] 2 距离与超距离

强调审美活动与现实活动之间的距离,强调审美活动的间接性,是传统美学的重要特征/对于感觉器官的不信任,是其中的奥秘之所在/19世纪以来,审美活动与现实活动之间的审美距离逐渐不复存在/"我们必须关起百叶窗"/对于审美距离以及审美活动的间接性的强调与传统的特定的审美心理有着密切关系/对于距离的强调并非古已有之/对于审美距离的要求显然出之于当人类开始出现自我意识之时/"定点透视"/从审美方式的间接性转向了审美方式的直接性/在传统审美心态,是审美对象先于审美态度而存在,而在当代审美心态,则是审美态度先于审美对象而存在/与审美活动的从空间状态向时间状态的转型有关/从非理性主义的角度出发,审美活动与现实之间只能是无距离的/当

代思想中"行走的意象"/审美活动与现实活动之间的距离的销蚀有其积极意义/心理距离与心理距离的超越可以共存于当代美学理论之中

[319] 3 从非功利性到超功利性

从非功利性到超功利性,是当代审美观念的转型中的最为核心的巨变/揭示审美活动的非功利性,标志着传统美学的真正建构完成/把审美活动与非功利性完全等同起来,只是从理性主义的特定视角考察审美活动的结果/从"无目的的目的性"(非功利性)到"有目的的无目的性"(超功利性)/对于审美活动的功利性的强调,与向着非理性主义的特定视角的转移有关/审美活动与欲望问题/美感实际上就是享受生命或生命享受/高技术与高情感/审美活动既有功利又无功利/不能为功利而功利、唯功利而功利

[345] 第四篇 边界意识的拓展:艺术与非艺术的换位
[346] 1 "何为艺术"与"何时为艺术"

杜尚的公然把小便池放入美术馆/面对艺术观念的转型/从艺术与生活的对立走向艺术与生活的同一/为艺术"破相"/"反艺术"是要无限制地跨越传统的艺术观念的边界/艺术的非艺术性被充分地强调/手口的关系的颠倒/一系列艺术观念的转型/作品与生活的关系/作品与作者的关系/作品与创造的关系/作品与创作技巧的关系/作品与媒介的关系/作品与作品的关系/作品与欣赏的关系/作品与观众的关系/作品与存在方式的关系/不能为反艺术而反艺术/积极的反艺术是为了在更高的意义上建立新艺术/在传统美

9

学中,艺术问题的研究基本上是一个空白/"艺术"与"艺术形态"、"艺术本质"与"艺术本源"之间发生了严重的混淆/更为重大的失误来自把艺术看作一种知识形态/从"真理"向"真"的还原,为我们把握艺术之为艺术提供了一个全新的视界/艺术是一种超越性的存在/在传统美学,艺术是"美的对象",在当代美学,艺术是"审美对象"/艺术之为艺术,必须被理解为一个开放的范畴、一个过程、一种"家族相似"/"看得明白"的艺术被"看不明白"的艺术所取代/从"何为艺术"到"何时为艺术"/就当代艺术而言,应该说,"有目的的无目的性"就是其中的相对界限

[377] 2 "何谓创造,何非创造"

20世纪之后,"何谓创造,何非创造"成为美学家们激烈争论的话题/想象:把握事物之间的相通性、相关性、相融性与超越在场/对可能世界的建构与呈现/挪用、复制、拼贴/在这里是形象与形象之间的沟通,而不是形象向思想的深化/传统美学所谓的创造,与理性主义密切相关/创造一个合乎一般的个别是传统美学的创造的共同内涵/"1+1=2"为什么就应该而且能够支配人类的命运/不再将复杂性还原成为简单性,世界真正成为世界/从"人天生是诗人"到"人就是诗人"/根本命题为:文学艺术可以是一切,但就是不能成为关于事物的共同本质的准知识/挪用、复制、拼贴等行为之所以转换为审美行为,在于它所着眼的不再是前所未有,而是文本间的一种新的可能性/从"从无到有"到"从有到有"/任何对象都蕴含着审美因素/从对于对象的内容的关注转向对于对象的形式的关注/把握方式不同,对象的性质

就会不同/着眼于构成一个新的上下文关系、新的语境/烧一碗一流的汤比画一幅二流的画更有创造性/从传统的在一百万人中只给予一个人以创造特权转换为当代的毫无例外地把创造特权给予每一个人,无论如何应该说是一种进步/不能为挪用、复制和拼贴而挪用、复制和拼贴/"创作"与非"创作"的边界总是要存在的

[407]　3　从作品到文本

西方传统审美观念关于作品的考察,可以阿布拉姆斯的看法作为代表/表现的、摹仿的、客观的、实用的/其中的共同之处在于:都是从手段的角度讨论作品问题/理性主义一旦失宠,传统的作品观念也就暴露出它的僵硬、僵化之处/俄国形式主义的出现/语义学派、布拉格学派、新批评派/法国结构主义走的是一条全新的道路/符号学美学、格式塔美学、原型批评美学/以语言为中介,终于使作品成为一个具体的可以被验证的科学对象/从传统的内容与形式的统一(实际是以内容为主)的转向独尊形式/并非对艺术形式的界定,而是对艺术的形式界定/在当代作品观念中的形式完全意味着是一种新的美/文学作品的规则可以等同于语法规则吗/日内瓦学派、现象学美学、阐释学美学、接受美学、法兰克福学派、解构主义美学/从作品到独尊形式的作品到文本/在传统美学,语言是传达意义的媒介/在现代主义美学,语言本身即意义/在当代美学,则是语言无意义/文本文本,顾名思义,就是并非以义为本,而是以文为本/走出了传统的二元论的思维模式/不可能完全再现现实/"反者道之动"/原本不再存在/还有一个现成品的问题需要略加考察/

传统美学的作品观念强调的是"只在此处,别无他处"、"只此一幅,绝不再有"/现成物品是怎样直接转换为艺术品的/在当代美学,艺术作品就是文化本身/现成物品也有形式,当然也可以是作品/对于作品在反映社会生活过程中的自身结构与自身赖以存在的语言结构反映过程的干预、"补充"这一巨大空白的关注,就构成了当代审美观念的基本内涵/意在强调作品的内部世界、精神世界、心理世界、情感世界的一面/为作品自身注入了全新的内涵/破坏了作品的再现性的神话/对于作品之为作品的考察,最最重要的就不是走极端

[433]　4　从写作到阅读

从作者诗学、作品诗学到读者诗学/传统的写作观念与理性主义是互为表里的/作者全知全能/读者一直"处于被忽视的天堂"——写作之为写作已经不再可能/索绪尔的语言学理论则推动着写作观念走上全新的道路/写作是一个不及物动词/写什么成为怎么写,表现什么成为如何表现/作者中心论为文本中心论所取代/对读者来说,文本中心则意味着新的意义迷津/从再现到表现/象下有意,筌下有鱼/写作成为对话/对于索绪尔语言学理论的反省/元小说即作者与文本的对话/从传统的"镜子"到现代的"万花筒"到当代的"幻灯"/写作成为零度写作/阅读即误读/一千个读者拥有一千个林黛玉/写作与阅读、作者与读者都走向了与传统美学完全相反的方向

[465]　5　关于大众艺术

最初的对大众艺术的成就的否定与对大众的能动作用的否

定/此后的对大众艺术的成就的肯定与对大众的能动作用的肯定/大众艺术的根本特点,来自它以大众性来区别于精英性这一根本特征/大众艺术是以商品性作为前提、以技术性作为媒介、以娱乐性作为中心的艺术类型/商品性进入艺术/技术性进入艺术/娱乐性进入艺术/大众艺术的问世在当代艺术观念的转型中有着重要的意义/商品性的越位/技术性的越位/娱乐性的越位

[487] 结语　美学的当代重建:从独白到对话

审美观念的当代转型要求美学本身必须以更博大、更深刻的智慧,去从事美学的思考/美学同样是每一个人的事业/美学的在当代的重建,则意味着美学的智慧的在当代的"觉醒"/美学的独白以否认美学研究的局限性作为前提/美学的"对话"发现了美学自身的局限性,而且发现了美学自身的局限性的永恒性/人类思想的现代转型/"不是……就是……"与"有我无你"/视角主义/从构成论转向生成论/互生、互惠、互存、互栖、互养,应该成为大千世界的根本之道/"文本间性"/"天地一指也,万物一马也"/是语言使人成之为人,是对话使语言成之为语言/美学的重建实质上就是思的重建/从美学传统的着眼于追问的完美,转向当代的着眼于完美的追问/从美学传统的着眼于无限性,转向当代的着眼于有限性/从美学传统的着眼于同一性,转向当代的着眼于差异性/从美学传统的着眼于作为结果的答案,转向当代的着眼于作为过程的问题/从同一性思维转向异质性思维/"正读"与"倒读"/从建构到解构/"思维的说"与"诗意的

说"/对话的越位/当代美学所留下的问题值得认真思索与玩味

[524] **本书主要参考文献**
[528] **本书主要西方人名译名对照表**

Edge of Aesthetics

——Understanding Contemporary Aesthetics Ideas in Interpretation

CONTENTS

Introduction

Studys About Edge: Transformation of Aesthetics Ideas in Present Times

Chapter I

Transformation of Noumenon Visual Field: Blending Aesthetics Activity and Non-Aesthetics Activity

    1. Negative Subject

    2. Paradigm of the Mutually Complementary of Multipolars

    3. Commercial Society and Reconstruction of Contemporary Aesthetics Ideas

    4. Electronic Media and Transformation of Contemporary Aesthetics Ideas

Chapter II

Reverse of Locating Value: Collision of Aesthetics Value and Non-Aesthetics Value

    1. From Beauty to Ugliness

    2. Aesthetic Significance of Ugliness

    3. From Ugliness to Absurdity

4. Aesthetic Significance of Absurdity

    5. Aesthetics Judgment and Life

    6. From Image to Simulacrum

Chapter Ⅲ

Reconstructing Psychological Orientation: Aesthetics Method Interlinks Non-Aesthetics Method

    1. Cognition and Intuition and Play

    2. Distance and Over-Distance

    3. From Utilitarianism to Super-Utilitarianism

Chapter Ⅳ

Extending Boundary Consciousness: Changing Positions of Art and Non-Art

    1. "What is Art?" and "When is to be Art?"

    2. "What is Creation and What is Non-Creation?"

    3. From Works to Text

    4. From Writing to Reading

    5. About Popular

Conclusion

Reconstructing Aesthetics: From Soliloquy to Conversation

Appendix: Selected General Bibliography

Comparison: Names of Western Persons

Epilogue

导言

在边缘处探索：
审美观念的当代转型

无论与西方审美观念①的任何一次重要的转型相比较,伴随西方社会的当代转型而来的西方审美观念的当代转型,都无疑是毫不逊色的。市场经济的全面推进、电子时代的悄然降临、世界大战的腥风血雨、大众文化的突然崛起、现代主义与后现代主义的大起大落……这一切所导致的西方审美观念的当代转型,以及西方传统审美观念的相形见绌,显然应该说是西方审美观念转型的历程中最为惊心动魄的一幕。然而,这一切迄今却并未引起美学界的足够关注。尽管从某个局部(例如考察商品经济对于审美观念的影响)、某个层面(例如考察小说审美观念的当代转型)、某个领域(例如考察阿多尔诺的美学思想)入手的专门研究日益增多,但从整体着眼的对于当代社会的转型所导致的西方审美观念的当代转型,以及这一转型对于美学在当代的重建所产生的正面与负面的重大影响的考察,却仍然是一个空白。

　　这实在是一个不应长期空白的"空白"。

---

① "观念"的含义较为复杂。从学术界的研究来看,一般是在三种含义上使用这一范畴。其一是认为观念是原先感知的客观事物的形象的再现。其理由是:观念来自希腊文 ιδεα,指"看得见的"的形象。其二是认为观念即人们对客观事物的认识,在此意义上,观念与意识、精神同义。其三是认为观念是主体在社会实践活动中通过对客体信息的接受、加工、内化而形成的相对稳定的主观认识。第三种看法在强调主体对客体的认识的同时,还强调了观念建构中的非理性因素、主体对客体的评价等意向性因素以及主体认知活动与意向活动的综合作用等为观念本身所独具的特殊内涵。马克思指出:观念的东西不外是移入人的头脑并在人的头脑中改造过的物质的东西而已。在这里,"观念的东西"是"在人的头脑中改造过的物质的东西",因此也就不同于"物质的东西"。本书所使用的"观念",持第三种看法。同时,一般认为,观念可以分为经验常识、理论常识、思维方式三个由浅入深的层面,本书主要在理论常识、思维方式两个层面上对当代审美观念展开讨论。

一切的一切都要从20世纪初叶说起。在我看来,20世纪实在是一个"空前"的世纪。这是一个"千年盛世"与"世界末日"同时降临的世纪,是一个希望与失望、生机与危机并存的世纪,又是一个"密涅瓦的猫头鹰"已经死去与"百鸟乱投林"的世纪。它带给西方的,既非"欢乐颂",也非"安魂曲",而是命运的"悲怆"。1914年,当第一次世界大战开始时,英国外交大臣格雷爵士观看了夜幕降临时点燃泰晤士河岸上的路灯的情景,他感叹说:"整个欧洲的灯火都熄灭了,我们这一代人将不会再看到它们点燃的时刻。"1938年,荒诞派作家阿瑟·阿达莫夫在他的《自白》开头也惊呼:这是怎么回事?我知道我存在,但我是谁?我被分离了,我是从什么上面被分离的?我不知道。后来他为此加了一个注脚,说那个基础原来叫做上帝,可是现在却没有了名字。而施太格缪勒在向世界介绍研究维特根斯坦时则痛陈:"听过维特根斯坦讲课的人最初几乎都有这种感觉:他们面前出现的是一个完全属于破坏类型的心灵。"①这样"一个完全属于破坏类型的心灵",事实上就是这个世纪的象征。

而当我们有幸站在世纪的尽头回眸,除了"两千年未有之巨变",似乎我们再也无法找出更准确的语言来表述我们对于这个世纪的概括。"一切固定的古老的关系以及与之相适应的素被尊崇的观念和见解都被消除了,一切新形成的关系等不到固定下来就陈旧了。一切固定的东西都烟消云散了,一切神圣的东西都被亵渎了。"②形而上学的覆灭,理性主义的崩溃,主体性的消解,以及"上帝之死""人之死""精神分裂""文化渎神""破坏""毁灭""解构""摧毁""差异""决裂"等话语的频繁出现,无疑都预示着一个源远流长的传统思想的"随风而去"。两千年来,西方人为世俗皇冠而殊死争战,同时也不断地问鼎精神之王,现在,面对"上帝之死"与"人之死",西方人终于

---

① 施太格缪勒:《当代哲学主流》上卷,王炳文等译,商务印书馆1986年版,第584页。
② 《马克思恩格斯选集》第1卷,人民出版社1972年版,第254页。

不无意外地发现:这世俗皇冠、这精神之王中竟都蕴含着某种虚妄。而"假如这个作为现代性根基的主体性观念应该予以取代的话,假如有一种更深刻、更确实的观念会使它成为无效的话,那么这将意味着一种新的气候,一个新的时代的开始"①。确实如此。

美学领域也不例外。美是不可重复的。自然界存在着能量的"守恒定律",美学界中却不存在美的"守恒定律"。在这个领域中,最有魅力的,永远是"当代"。也因此,在西方漫长的审美历程中,无疑出现过无数次审美观念的转型。正如德拉克罗瓦所说:"美是难遇的,但更是难保的。如同人类的习惯和观念一样,它也必然要经历无数的变态……曾经使得古老文明陶醉的某一美的形象,已经不能令我们震惊了,我们更喜欢符合我们情感,甚至不妨说是更喜欢符合我们成见的东西。"②然而,这一切的审美观念的转型,却无论如何也无法与20世纪相比。

正是 20 世纪,即便还只是在世纪之交,西方的审美观念就已经开始酝酿着一场"两千年未有之巨变"了。继 1844 年马克思完成了《经济学—哲学手稿》、1857 年波德莱尔发表了《恶之花》、1871 年尼采发表了《悲剧的诞生》、1886 年几位现代画家联名发表了《象征主义宣言》之后,1889 年柏格森发表了《时间与自由意志》,1897 年高更发表了名作《我们从哪里来?我们是谁?我们向哪里去?》,1900 年胡塞尔发表了《逻辑研究》、弗洛伊德发表了《梦的释义》、桑塔耶那发表了《诗和宗教的说明》、齐美尔发表了《货币哲学》,1902 年克罗齐发表了《美学》,1905 年出现了巴黎的野兽主义,1909 年马里内蒂发表了《未来主义文学技巧宣言》,1914 年克莱夫·贝尔发表了《艺术》,1913 年斯特拉文斯基公演了《春之祭》,1916 年出现了瑞士的达达主

---

① 弗莱德·多迈尔:《主体性的黄昏》,万俊人等译,上海人民出版社 1992 年版,第 161 页。
② 转引杨谔琪:《现代派美术的地位》,载《美学》第 3 期,上海文艺出版社 1982 年版。

义,1917年什克洛夫斯基发表了《作为手法的艺术》……在这张似乎是事先精心安排就绪的美学日程表中,我们不难看到一条清晰的"巨变"主线。这就是:反传统美学。而许多美学家的评述,则完全可以看作是对上述美学日程表的注脚。例如,亨伯尔说:"把我们的时代看作艺术史上变化最猛烈的时代,这是毫不夸张的。"①罗兰·巴尔特说:"1850年左右……传统的写作崩溃了,福楼拜到今天的整个文学都成了语言难题。"②贝尔纳·迈耶说:"20世纪的艺术之所以惹起许多混乱和非议,是由于人们习惯用评论文艺复兴艺术的标准和概念来评论今天的艺术。这种做法正如以网球比赛的规则来裁判一场足球比赛,是得不出结果的。毕加索说:'我们确实与过去作了深刻的决裂。'事实证明,这是带有根本性的革新。就是说,所有表达艺术概念的词汇(素描、构图、色彩、质感)都改变了它原来的涵义。"③维纳说:"20世纪的发端不单是一个百年间的结束和另一个世纪的开端……(它)完全可能是导致了我们今天在19世纪和20世纪的文学和艺术所看到的那种显著的裂痕。"④法国文学史家皮·布瓦代弗说:"今天,在传统小说与……贝克特等作家的试验小说之间,在……'巴尔扎克式'的巨幅画面与纳塔莉·萨洛特、米歇尔·比托尔或阿兰·罗布-格里耶的微观分析之间,则存在着一道深渊。"⑤约翰·拉塞尔指出:"1914年8月,欧洲的旧秩序彻底崩溃了,艺术也随之一起崩溃。""1914年前不久,整个欧洲,现代艺术开始产生了前所未有的影响。没有明确的地点,没有明确的名称可以用来对此作证,但是,当时已经产生了一种普遍的意识,即一种叫做现代意识的东西,这种现

---

① 亨伯尔。见朱狄:《西方当代艺术哲学》,人民出版社1994年版,第53页。
② 参见罗兰·巴特(即罗兰·巴尔特):《写作的零度》,载《罗兰·巴特随笔选》,百花文艺出版社1995年版。
③ 《麦克米伦艺术百科词典》,人民美术出版社1992年版,第258页。
④ 维纳:《人有人的用处》,陈步译,商务印书馆1978年版,第1页。
⑤ 皮·布瓦代弗:《20世纪法国文学发展趋势》,载《外国文学报道》,1982年第6期。

代意识是理解现代生活的关键。人们将学会与这样的事实共处。"[1]特里·伊格尔顿也指出:"假如人们想确定本世纪文学理论发生重大转折的日期,最好把这个日期定在1917年。在那一年,年轻的俄国形式学派理论家维克多·谢洛夫斯基发表了开创性的论文《作为技巧的艺术》。"[2]在这里,"变化""难题""决裂""裂痕""深渊""崩溃""转折"的出现不能不令人触目惊心。

更令人触目惊心的是,这"变化""难题""决裂""裂痕""深渊""崩溃""转折",在20世纪50年代之后,又统统指向了一个新的焦点,这就是:反美学传统。当代社会的转型,导致传统审美观念的方方面面都遇到了严峻的挑战。换言之,在当代社会,人们再也不能够借助传统审美观念去面对现实、阐释现实了,于是,不再像世纪初开始的那样只是反传统美学,而是反美学传统,不再像世纪初开始的那样只是传统审美观念的内在的大幅度调整,而是传统审美观念的外在的整体转型,就成为当代的美学家们的不约而同的选择。对此,美学家们有着普遍的共识。例如,斯坦戈斯说:"在艺术上,古典的传统在所有方面都受到了挑战。这挑战本身,或者甚至对挑战的陶醉感,对艺术家来说也成了一种充满活力的刺激。"[3]赫伯特·里德:"我们现在所关注的不是欧洲绘画艺术的一种逻辑发展,甚至不是一种有任何历史先例的发展,而是一种对所有传统的毅然决裂。……欧洲五百年以来的努力目标被公开地抛弃了。"[4]伊格尔顿说:"德里达和其他人的著作对真理、现实、意义和知识这些传统概念深为怀疑,因为这类概念可以证明是建立在一种天

---

[1] 约翰·拉塞尔:《现代艺术的意义》,陈世怀等译,江苏美术出版社1992年版,第165、134页。
[2] 特里·伊格尔顿:《文学原理引论》,中国艺术研究院马克思主义文艺理论研究所外国文艺理论研究资料丛书编辑委员会编,文化艺术出版社1987年版,第1页。谢洛夫斯基《作为技巧的艺术》,即前页什克洛夫斯基《作为手法的艺术》。
[3] 参见朱伯雄主编:《世界美术史》第10卷上,山东美术出版社1991年版,第8页。
[4] 赫伯特·里德。见易丹:《从存在到毁灭》,花山文艺出版社1988年版,第28页。

真的描述性的语言理论上的。"①布洛克说:"艺术家们对传统确定的所有艺术边界都提出了革命性的挑战","事实上,在传统艺术概念中,它的任何一个部分几乎都受到了现代艺术家的挑剔","今天的美学家们所争论的东西,主要涉及着应不应该向传统的审美经验理论提出挑战的问题。""事实上,在传统艺术概念中,它的任何一个部分几乎都受到现代艺术家的挑剔;反过来,现代的许多艺术品,只有当我们把它们看作是向传统艺术概念中的某一个方面挑战时,对它们的分析才会变得有意思起来。"②理查德·科斯特拉尼茨说:"美学家要不是从整体上忽视了自1960年以后的艺术,就是仍然在用一种过时的标准去对待它。应该是老老实实地承认:需要一种新美学,但这却是他们无法提供的。"③富斯特也说:"'反美学'表示美学这个概念本身,即它的观念网络在此是成困难的……'反美学'标志了一种有关当前时代的文化主张:美学所提供的一些范畴依然有效吗?"④

20世纪审美观念的从反传统美学到反美学传统的转型,无疑与回到美学的边缘、在美学的边缘处探索这一根本特征有关。所谓美学的边缘,是相对美学的中心而言。美学的中心,是指美学为自身所确定的研究对象,美学的边缘则是指美学的研究对象与非研究对象之间的界限。美学的中心无疑是通过对于美学的边缘的确立而形成的。例如美学的本体视界,是通过在审美活动与非审美活动之间的界限的确立而形成的;美学的价值定位,是通过在审美价值与非审美价值之间的界限的确立而形成的;美学的心理取

---

① 伊格尔顿。见王岳川:《后现代主义文化研究》,北京大学出版社1992年版,第304页。
② 布洛克:《美学新解》,滕守尧译,辽宁人民出版社1987年版,第303、304、392、304页。
③ 理查德·科斯特拉尼茨。见朱狄:《当代西方艺术哲学》,人民出版社1994年版,第67页。
④ 富斯特。参见王岳川等编:《后现代主义文化与美学》,北京大学出版社1992年版,第260页。

向,是通过在审美方式与非审美方式之间的界限的确立而形成的;美学的边界意识,则是通过在艺术与非艺术之间的界限的确立而形成的。而所谓美学传统,也无非是指:美学的中心在这里已经通过美学的边缘而牢固地确立起来,以至于当人们面对某一对象时,甚至能够不假思索地断言它是否是审美活动,根本就不必再去进行理论层面的探索,更不必去考察在其背后所蕴含的审美观念(因为对于这一审美观念,是人们不约而同地予以默认的)。然而,随着审美实践的不断丰富,美学的边缘地带日益模糊,以至于审美活动与非审美活动之间的交融导致了本体视界的转换,审美价值与非审美价值之间的碰撞导致了价值定位的逆转,审美方式与非审美方式之间的会通导致了心理取向的重构,艺术与非艺术之间的换位导致了边界意识的拓展……这正如克罗齐所说:"每一个真正的艺术作品都破坏了某一种已成的种类,推翻了批评家们的观念,批评家们于是不得不把那些种类加以扩充,以致到最后连那扩充的种类还是太窄,由于新的艺术作品出现,不免又有新的笑话,新的推翻和新的扩充跟着来。"[1]也正如布洛克所进一步阐释的:"如果我们把一个概念想象成一个在特殊的边界线之内装填着这个概念涉及的所有实体的东西,我们就会说:虽然我们很清楚这个概念应该包含着哪些实体,但是对于那些正好位于这个边界线或接近于这个边界线的实体(尤其是当边界线本身不清晰或画得不准确时)是否也应包括在这个概念之内,就不太清楚或疑虑重重了。当人们的注意焦点集中在某些非同一般的位于边缘地带的实体时,就必须想方设法把这条边界线画得准确一些。但即使这样做,我们也会或多或少地改变这个概念,使它包含的东西多于或少于它曾经包含的东西。这个概念的核心部分是由于我们传统的普通语言所固定的,但边界部分就比较灵活或比较模糊,因而更容易被改变。不要以为这种改

---

[1] 克罗齐:《美学原理·美学纲要》,朱光潜等译,外国文学出版社1983年版,第45页。

变是玩弄文字游戏,那些把种种'现成物'当作艺术品的人,实际上是在从事一种非常严肃的事业。他们实际上是在扩大或重新创造人们的艺术概念。而那些不认为上述物品是艺术的人,则是在保卫已有的艺术边界,对于改变它的种种企图进行抗击。这样一种争执(同其他哲学争执一样)实际是一种关于'概念之边界线的争执'……"①不难看出,20世纪审美观念的从反传统美学到反美学传统的转型,就正是在美学的边缘处探索的必然结果。时代的巨变以及审美实践的不断丰富,使得人们在面对当代的种种对象时,已经很难断言它是否是审美活动了。其中的原因十分简单,这类对象恰恰处于美学的边缘地带,因此它是否应该被包含其中,就成为人们激烈争论的焦点,它被肯定,意味着传统审美观念的转型;它被拒绝,则意味着传统审美观念的稳定。不难想象,正如任何一种美学传统的形成,其标志都必然是对于美学的边缘的确立,任何一种美学传统的解构,其标志也必然是关于美学的边缘的重新讨论。这样,20世纪审美观念对于美学的边缘地带的突破以及"关于'概念之边界线的争执'",例如对处于美学的边缘地带的美学的否定性主题、美学的多极互补模式的考察,对处于美学的边缘地带的丑、荒诞、生活审美化、类像、直觉、游戏、超距离、超功利性、表现、摹拟、平面、零散、断裂、过程、制作、复制、挪用、拼贴、文本、现成品、阅读、大众艺术等现象的考察,就必然导致传统审美观念的解构,也必然导致当代审美观念的诞生。

毋庸置疑,人类美学思想的历程已经反复证明:新的未必就是好的,也未必就是正确的。在边缘处探索的当代审美观念也未必就天生地禀赋着美学的合理性。因为不论是传统美学还是美学传统,都应该是人类美学思想的结晶,绝对不会被轻易地予以推倒,也不应被轻率地予以推倒,而且,美学思想的真正进步只能表现为智慧的提升和真理的澄明,而不可能简单地表

---

① 布洛克:《美学新解》,滕守尧译,辽宁人民出版社1987年版,第8—9页。

现为"创新""转型""决裂""反传统"……何况,审美观念的更新的实质,无疑应该是意味着主观形式与客观内容的重新统一。当审美观念所反映的客观内容改变了,或者产生这客观内容的条件改变了,审美观念的转型才会出现。所以,只有主观形式更加符合实际的审美观念才是更新。然而,人类美学思想的历程同样又已经反复证明:新的就肯定应该是有意义的。这"意义",主要的并不是表现在它的理论层面,而是表现在它的话语层面。换言之,这"意义",主要的并不在于"它说了什么",而是在于"它为什么这样说"。在这里,"话语讲述的年代"让位于"讲述话语的年代",话语的透明性让位于话语的不透明性。确实,评价以在边缘处探索为特征的当代审美观念的"创新""转型""决裂""反传统"……的"对"与"错"或许是容易的,但却只具有部分的学术意义。因为当代审美观念的"创新""转型""决裂""反传统"……本身主要的并非出于"对"与"错"的考虑,而是出于一种特定年代中的"制造"话语的特定需要。它主要的也并非是在所指层面上展开,而是在能指层面上展开。因此,它虽然力求趋近智慧的提升和真理的澄明,但却难免会通过话语的能指网络的构造圈套去有意识地"制造"理论的迷雾,何况,有时还会无意识地落入话语的能指网络的构造圈套"制造"的更为深层的理论迷雾。因此,学术研究的目的,假如不是把"它说了什么"真实地还原为"它为什么这样说",又还能够是什么?

而这,正是本书所面对的课题。"自古希腊以来,西方思想家们一直在寻求一套统一的观念……这套观念可被用于证明或批评个人行为和生活以及社会习俗和制度,还可为人们提供一个进行个人道德思考和社会政治思考的框架。"[①]历史证明,西方思想家的这一"寻求"是成功的,也是卓有成效的。迄至黑格尔,西方思想家们的思考尽管南辕北辙,他们的理论更是五花八门,但是假如就其中的基本观念即理论预设、根本思路而言,却又实在是

---

① 罗蒂:《哲学和自然之镜》,李幼蒸译,三联书店1987年版,第1页。

一致、默契得令人瞠目的。哲学家如此,美学家也如此。而自20世纪始(严格来说,则是从19世纪中叶就开始了),这一切却开始发生了触目惊心的转换。西方思想家认为,绵延数千年的西方思想传统,从整体上已经完成了自己的历史使命,必须被从整体上完整地加以否定(超越)。也正是因此,20世纪几乎所有的西方思想家,才对西方思想传统采取了一种激烈的批判态度,并且都就西方思想传统的转型,发表了自己的意见。这意见,当然各不相同,甚至各不相容。例如为本书所最为关注的所谓非理性的转向、语言论的转向、批判理论的转向,等等,其中究竟哪一种转向更为深刻、更具有划时代的意义,则至今也无从得知,更无法取得一致的意见。然而,不容忽视的是,在这种种的各不相同、各不相容之中,却存在着某种基本观念层面上的一致性。这就是:它们都宣判了西方思想传统的终结(而并非某一理论的终结),也都谋求着西方哲学、美学的当代转型——是格式塔式的转型、范式的转型,而并非一般意义上的转型。这正如罗蒂所发现的:西方人"都对哲学本身这个观念,对一门希腊人设想过的、康德曾认为已经给予了我们的那种学科的可能性,抱有怀疑"。西方人也都认为"应当摈弃西方特有的那种将万事万物归结为第一原理或在人类活动中寻求一种自然等级秩序的诱惑"[1]。美学方面也如此。从理论的角度看,分析美学对于传统美学的"命题"的可能性的剖析,语言美学对于"语言"的表达思想的可能性的剖析,存在美学对于"存在"的可能性的剖析,解释学美学对于"理解"的可能性的剖析,事实上都存在着某种基本观念层面上的一致性,这就是:拒绝美学传统的基本前提。从实践的角度看,则正如白瑞德所提示的:"在艺术中,我们发现事实上有许多和西方传统决裂的迹象,或者至少跟一向被认为是独一无二的西方传统决裂;哲学家必须悉心研究这项决裂,如果他想要对这个传统重新赋予

---

[1] 罗蒂:《哲学和自然之镜》,李幼蒸译,三联书店1987年版,第14、15页。

意义。"①那么,这一切为什么会出现?传统审美观念在当代社会何以失去了自身的合法性?当代审美观念自身的合法性何在?传统审美观念自身的合法性何在?当代审美观念对于传统审美观念的突破何在?当代审美观念为人类的审美观念增加了什么新的东西?当代审美观念为人类的审美观念建设留下了什么重大的遗憾?当代审美观念为美学的当代重建提供了哪些宝贵的启迪?……毫无疑问,这都是一些颇具重大的美学意义的问题,也都是一些我们所"必须悉心研究"的问题。

更为重要的是,审美观念的当代转型事实上也是美学本身的当代转型的根本性的契机。我们知道,美学是一种追求智慧的行为,与追求知识的科学判然相异。后者必须认可某种观念、某种视界,并以之为预设前提,而美学理论则是建立在对于特定的审美观念的反思的基础之上的,也是把各种被当作既定条件而且看上去理所当然的审美观念当作追问对象的。因此对于美学来说,任何一种审美观念都必须被看作是悬而未决的、值得怀疑的,而不是理所当然的,否则这美学就因为只是盲目地构造各种其实十分荒谬的知识而毫无智慧可言。在这个意义上,我们甚至可以说:真正的美学从来就是直接地面对着审美观念而间接地面对这世界,简而言之,是面向观念而不是面向世界。这正如柏林所指出的:包括美学在内的人文科学所"涉及的对象往往是一些作为许多寻常信念的基础的假设。……如果不对假定的前提进行检验,将它们束之高阁,社会就会陷入僵化,信仰就会变成教条,想象就会变得呆滞,智慧就会陷入贫乏。社会如果躺在无人质疑的教条上睡大觉,就有可能渐渐烂掉。要激励想象,运用智慧,防止精神生活陷入贫瘠,要使对真理的探求(或者对正义的探求,对自我实现的探求)持之以恒,就必须对假设质疑,向前提挑战,至少做到足以推动社会前进的水平。"②而这还只

---

① 白瑞德:《非理性的人》,彭镜禧译,黑龙江教育出版社1988年版,第57页。
② 柏林。见麦基编:《思想家》,周穗明等译,三联书店1987年版,第4页。

是就美学研究的正常阶段而言,一旦审美观念本身出现了重大的甚至是全面的转型,美学的转型就无疑是可想而知的了。

也因此,对于审美观念的当代转型的考察事实上也就意味着对于美学的当代重建的考察。审美观念的转型意味着对于审美活动的认识的深化。审美观念与人类的美学思考密切相关。人类对于审美活动的规律的把握形成了审美观念,人类对于审美活动的现象的研究鉴别着审美观念,人类对于审美活动的未来的预测指导着审美观念。而审美观念又反过来作为精神动力强有力地推动着人类的审美活动本身。这正如马克思所强调的:"劳动过程结束时得到的结果,在这个过程开始时就已经在劳动者的表象中存在着,即已经观念地存在着。"①因此,审美观念的转型与美学的重建存在着内在的根本一致性。然而,英国美学学会会长奥斯本曾经感叹:在当代社会所发生的审美观念的转型目前尚未被吸收进美学理论的结构中去。美国著名戏剧评论家诺里斯·霍顿也在为1981年版的《英国大百科全书》写的"20世纪世界戏剧"的结尾写道:"20世纪的戏剧究竟把什么样的遗产留给21世纪,至今尚是个未知数。"审美观念的当代转型所留下的"遗产",显然应该被吸收进美学理论的结构中去,显然也不应该成为这样的"未知数"。例如,艺术审美观念方面,被理查德·沃森称为后现代主义文学兴起之代表的阿兰·罗布-格里耶指出:"传统的文学批评有着自己的词汇。尽管它极力否认自己对文学作品进行刻板的评价(它自以为是在按照'自然'的标准自由地喜欢某部作品,如良知、心灵等),但我们只要用心读一下传统文学批评的分析,就会很快发现有一个关键词组成的网络出现,这充分地暴露出它是一个体系。不过,我们对谈论'人物''环境''形式''内容''信息''真正的小说家讲故事的天才'等太习以为常了,因此我们必须作出努力才能摆脱这张蜘蛛网,才能明白传统批评代表着一种小说观念(一种习惯的观念,每个人都毫

---

① 《马克思恩格斯全集》第23卷,人民出版社1972年版,第202页。

无异议地接受了它,因此也是陈腐的观念),而决不代表人们想要我们相信的那个所谓小说的'性质'。"①而且,即使所谓"人物"已经"成了木乃伊,但仍以同样的威严——尽管是假的——占据着传统批评推崇的价值的首位。传统批评正是通过'人物'来确认'真正的'小说家:'他塑造了人物'……"②而在20世纪,这一切却遇到了不无偏颇的严峻挑战。在20世纪的文学艺术家身上,我们不难发现一种共同的"影响的焦虑"。他们失去了传统的"影响的快乐",类似一个具有俄狄甫斯情结的儿子,面对美学传统这一父亲意象,担心自己被遮蔽于传统的巨大光辉之中的心理恐惧时在折磨着他们,为此,他们焦虑不安、惶恐万状,不惜以种种误读、修正的方式贬低、曲解父亲甚至去"弑父"(这是一种颇为值得研究的20世纪特有的美学自卫机制、自立机制)。后现代文学宣布:"高雅文学与通俗文学的对立、小说与非小说的对立、文学与哲学的对立、文学与其他艺术部类的对立统统消失了。""后贝多芬音乐"也提倡"贝多芬发烧"。迪伦马特更发现:现在写戏比什么时候都困难。因为它成了个人的事情,即没有统一的美学规范了。阿兰·罗布-格里耶更针对传统艺术审美观念对"人物"观念的强调指出:"没有一部当代的杰作在人物这一点上符合传统批评的规范。"③那么,艺术审美观念的这一转型中的积极因素是否应当被吸收到当代美学的理论之中?答案无疑应当是肯定的。我们看到,拉尔夫·科恩在谈到自己为什么要主编《文学理论的未来》一书时就曾经强调说:"为什么要编选这部选集呢?因为,人们正处于文学理论实践急剧变化的过程中,人们需要了解为什么形式主义、文学史、文学语言、读者、作者以及文学标准公认的观点开始受到了质疑、得到了修正

---

① 阿兰·罗布-格里耶:《关于几个过时的概念》,载柳鸣九主编:《从现代主义到后现代主义》,中国社会科学出版社1994年版,第391页。
② 阿兰·罗布-格里耶:《关于几个过时的概念》,载柳鸣九主编:《从现代主义到后现代主义》,中国社会科学出版社1994年版,第392页。
③ 阿兰·罗布-格里耶:《关于几个过时的概念》,载柳鸣九主编:《从现代主义到后现代主义》,中国社会科学出版社1994年版,第393页。

或被取而代之。因为,人们需要检验理论写作为什么得到修正以及如何在经历着修正。因为人们要认识到原有理论中哪些部分仍在持续、哪些业已废弃,就需要检验文学转变的过程本身。"①显然,他所着眼的,正是当代美学理论的对于当代审美观念中的积极因素的吸收。而对于审美观念的当代转型的考察,无疑正有益于当代美学理论的对于当代审美观念中的积极因素的吸收。

进而言之,美学之为美学,最为根本的,并非表现为美学家们所津津乐道的所谓理论体系,而是表现为较之理论体系更为根本、更为重大的理论智慧。这智慧,可以理解为美学的根本视界,也可以理解为美学的澄明之境。因此,美学之为美学,最为重要的,就不是对于体系的建构,而是对于智慧的追求,或者说,就是与智慧同行,就是追求一种不断追求智慧的智慧。而审美观念的当代转型所给予美学的当代重建的最大启示,也恰恰表现在这里。正是审美观念的当代转型才使我们意识到:美学已经不"美"。美学本身必须以更博大、更深刻的智慧,去更新美学的思考。这是因为,作为靠一系列假设支撑着的美学传统无疑具有极大的可证伪性,然而,在它初建之际,人们却很难意识及此。因此总是期望着它会像它所允诺的那样解决所有的难题与困惑。当然,其结果最终肯定是事与愿违。它无疑可以解决相当多的难题与困惑,但是却不能解决所有的难题与困惑。最后,人们难免就会对它尤其是支撑着它的那一系列假设产生怀疑,并且转而把注意力集中到如何确定这些假设的有限性以及怎样摆脱这些假设的伪无限上来。于是,庞大的美学传统的大厦就迅即土崩瓦解了。毫无疑问,这正是所谓美学的当代重建的开始,也正是美学尝试着追求更为根本、更为重大的理论智慧的开始。而对于审美观念的当代转型的考察,无疑也正有益于这一"重建"和

---

① 拉尔夫·科恩主编:《文学理论的未来》,程锡麟等译,中国社会科学出版社1993年版,第1页。

"追求"。

波普尔曾经强调:"我们之中的大多数人不了解在知识前沿领域发生了什么。"①至于何为"知识前沿",维纳和尧斯的两段话则可以作为一个注脚。前者指出:"在科学发展上可以得到最大收获的领域是各种已经建立起来的部门之间的被忽视的无人区。"②后者则进一步具体指出:"文学理论中的变革产生于先前理论中的空白,产生于对当前理论提出的新的观点,产生于对理论新的质疑。"③在我看来,审美观念的当代转型,正是一个"各种已经建立起来的部门之间的被忽视的无人区"和"先前理论中的空白",也正是发生着重大变化的美学的"知识前沿"。本书的写作就着眼于这"被忽视的无人区""先前理论中的空白"和"知识前沿",并且希望通过在阐释中理解审美观念的当代转型这一特殊途径来思考美学的重建问题。④ 需要指出的是,人们看待审美活动的眼光是一种在多重水平上存在的活动,过去我们的研究往往只是注重它在心理水平、社会水平、认识水平上的存在,但是却忽视了它在观念水平上的存在。因此造成了美学理论研究本身的缺憾。本书的写作正是着眼于弥补这一缺憾。然而,这也为本书的写作带来了极大的困难。因为从观念水平上考察人们对于审美活动的看法,还毕竟是从未有过的一次尝试。为此,本书的写作以当代审美观念的综合研究与整体把握为主,全书以"当代审美观念"为研究对象,以"问题史"为研究领域,之所以如此,从积极的方面说,是因为当代审美观念的转型纷繁复杂,而且很少采取"体系"这

---

① 波普尔:《客观知识》,舒炜光等译,上海译文出版社1987年版,第102页。
② 维纳:《控制论》,郝季仁译,科学出版社1963年版,第2页。
③ 尧斯。转引自拉尔夫·科恩主编:《文学理论的未来》,程锡麟等译,中国社会科学出版社1993年版,第2页。
④ 本书所说的"审美观念的当代转型",主要是以西方20世纪50年代以来的美学现象为研究对象,同时,对西方20世纪50年代以前的美学现象,也有所涉及。这一点,请读者务必注意。中国20世纪80年代以来的情况较为复杂。本书虽偶有涉及,限于种种原因,暂不可能专门予以考察,特此说明。

种古典的方式,不但当代审美观念与传统审美观念之间不是以继承关系而是以断裂关系呈现出来,而且即便是当代审美观念之间也并不存在着观点与结论的完全一致。当代审美观念之间的共同联系就是"问题",在共同关心的"问题"的背后,必定隐含着审美观念的当代转型。"问题"最为集中之处,正是转型最为深刻之处。正如马克思所提示的:"问题就是公开的、无畏的、左右一切个人的时代的声音。问题就是时代的口号,是它表现自己的精神状态的最实际的呼声。"①显然,在美学领域也是如此。因此,通过对于围绕着一系列"问题"的新旧审美观念之间的针锋相对的论争的考察,正是对于当代审美观念的考察的最佳途径。其次,从消极的意义上说,以"问题史"为研究领域,还有一个个人方面的原因,就是由于学养、能力、时间、材料、篇幅等诸多局限,我事实上根本无法在本书中完全穷尽"在阐释中理解当代审美观念"这一课题,而以"问题史"为研究领域,则使得本书的研究具备一定的主动性,从而可以对所要研究的问题主动地加以选择。一方面,对那些十分重要同时又已经充分加以研究了的问题,尽可能地加以深入地阐释,另一方面,对那些可能同样十分重要但却由于种种原因还未充分加以研究的问题,则暂时不予讨论。因此,假如读者认为还有什么问题同样十分重要,甚至比我在本书中讨论的任何一个问题都更加重要,而我竟然未能加以讨论,则只能谨请鉴谅。当然,倘若假我以时间,在不远的将来,或许我会做得更好一些,或许还会就一系列新的问题加以讨论,并对本书的内容加以补充。然而,现在只能如是了。

同时,过去我们之所以从未尝试过从观念水平上去考察人们对审美活动的看法,还因为我们或者往往固执地对审美观念的当代转型视而不见,傲慢地以为这一切变化都只是对传统审美观念的亵渎,是"赶时髦""浮躁""离

---

① 《马克思恩格斯全集》第 40 卷,人民出版社 1982 年版,第 289—290 页。

经叛道",①或者尽管并不完全反对审美观念的当代转型,然而却从不认真对之加以学理上的考察,而是往往满足于对其评头品足。最为典型的做法是:抓住一句话,然后大力进行主观发挥,或者猛烈批判,或者热情褒奖,但却从来不作认真、系统的学术讨论。结果除了一些概念、范畴是原装货色之外,例如"解构""平面""文本",其他的东西(例如理论框架、审美观念)仍旧完全是老一套。至于超越过去的那种非学术的只是简单地满足于断言审美观念的当代转型"是什么"的做法,进而去深刻理解审美观念的当代转型背后的"究竟",则一直是一个学术空白。而这,正是我在《反美学》和本书中一再提出"在阐释中理解当代审美文化""在阐释中理解当代审美观念"的原因之所在。在我看来,对于新思想、新思潮、新学派,至关重要的原则是:学理性的理解应当先于价值性的批判。② 然而,在某些人那里,却认为只要在进行了

---

① 关于当代审美观念的转型的研究,在相当长的时间内都是一个令人谈虎色变的学术禁区。其中的关键,是长期以来我们误以为它们都是西方资本主义没落时期的反映,已经丧失了进步性、革命性,是"唯心主义"的、"反动"的,因而必须全盘否定。现在,这种学术领域的极左思潮已经得到了应有的清算,除了个别人还坚持这种看法外,事实上已经没有什么市场。尽管评价可能会有所不同,但是认为当代审美观念与传统审美观念一样,都既有其合理因素、积极因素,也有其不足之处,却是学术界的共同的看法。还有人认为,只有马克思主义美学才真正克服了传统美学的种种缺陷,实现了美学史中的真正的革命,也真正地开创了审美观念的新方向。至于西方的当代审美观念,则只是对于西方美学传统的错误背叛,只代表着消极、颓废、落后甚至反动的一面。这种把马克思主义美学与当代审美观念绝对对立起来的看法,无疑也是错误的。马克思主义美学开创了西方审美观念的新方向,这种看法无疑是应该加以充分肯定的,然而,在西方当代审美观念的转型中同样存在着合理因素、积极因素(当然同时也存在着不合理因素、消极因素)。本书的写作,正是对后者的探讨。

② 正是出于这个原因,在《反美学》与本书中我都在阐释西方当代美学的思路上花费了相当的笔墨。而这就必然会以对西方的理性主义以及美学传统的根本缺陷的剖析为主,同时也就必然会以对西方的非理性主义以及反美学传统的合理之处的剖析为主。不如此,就不可能做到把"它说了什么"真实地还原为"它为什么这样说",更不可能做到"在阐释中理解当代审美文化"与"在阐释中理解当代审美观念"。然

价值性批判之后,在讲了基本内容、长处、局限之后,就已经尽到了介绍、研究的责任,至于西方美学家是如何借此提高美学自身的思维水平、如何借此改造美学自身的理论框架、如何借此深刻反省美学自身的潜在缺陷的,以及我们是否能够从中学到什么,则是无足轻重的事情。在我看来,这种类似于狗熊掰玉米一样的学术研究,完全可以称之为一种中国20世纪这一百年来的学术通病。至于有些学者满口新名词,只要是新的就比旧的好,结果却越说越糊涂,以介绍新思想、新思潮、新学派为名,行当某某学术权威之实,则是另外一种中国20世纪这一百年来的学术通病。本书坚持学理性的理解应当先于价值性的批判的原则,通过深刻理解审美观念的当代转型背后的"究竟"去"在阐释中理解当代审美观念",并且去着重考察西方美学家们如何借此提高美学自身的思维水平、如何借此改造美学自身的理论框架、如何借此深刻反省美学自身的潜在缺陷。当然,这样做显然增加了写作的难度,既是一种智慧的快乐,也是一种智慧的痛苦。因此,本书像我的《反美学》一样,仍旧只是一次艰难的尝试。

还有必要说明的是,本书所使用的"当代审美观念"中的"当代"这一术语,就时间跨度而言,无疑应该是指20世纪50年代迄今这样一段时间,然而,本书在讨论问题时所实际涉及的,却是一个宽泛的时限,它包括了20世纪这整整一百年的时间,而并非仅仅是指的20世纪50年代迄今这样一段时间。① 之所以如此,完全是为研究对象的复杂性所决定的。在我看来,现代审美观念与当代审美观念是一个既可分又不可分的整体。所谓"不可分",是说从根本内涵而言,现代审美观念与当代审美观念应该说是完全一

而,这一切都只是我对西方当代美学的有关看法的阐释,而并非我本人的理论主张。例如,不能因此而得出我对理性主义、美学传统持全盘否定的态度,而对非理性主义、反美学传统持全盘肯定的态度,等等。关于我本人的理论主张,请参见我的《诗与思的对话》,上海三联书店1997年版。

① 读过我的《反美学》一书的读者可能会注意到,其中的"当代审美文化"中的"当代",其时间跨度也是包含了这样"狭义"与"广义"的两种时限。

致的,即都以反传统作为自身的根本指向。在此意义上,假如说西方传统审美观念是置身于理性主义的背景,从二元对立的模式出发,从肯定性的角度考察人、考察审美活动,那么现代审美观念与当代审美观念就都是置身于非理性主义的背景,从多极互补的模式出发,从否定性的角度考察人、考察审美活动。所谓"可分",则是说现代审美观念与当代审美观念又有其内在的区别。例如,在现代审美观念,是"上帝死了",强调以非理性的理性、实体的非理性为参照,否定客体、否定世界,追求一种无对象的审美活动;在当代审美观念,是"人死了",强调以理性的非理性、功能的非理性为参照,进而否定主体,追求一种无主体的审美活动,等等。换言之,现代审美观念是(在美学传统之内)反传统美学,而当代审美观念则是(在美学传统之外)反美学传统。而在研究工作中,无疑应该对这两方面同时给予充分的关注。否则,就难免会出现以偏概全的失误。① 这样,本书中所使用的"当代"这一术语,就不能不兼顾到现代审美观念与当代审美观念之间的"既可分又不可分"这两重关系,既要从与现代审美观念"不可分"的角度考察当代审美观念,也要从与现代审美观念"可分"的角度考察当代审美观念,还要从与现代审美观念"既可分又不可分"的角度考察当代审美观念,这样,它的同时包含着"狭义"与"广义"两种时限,也就是必然的了。其次,由于本书研究的对象是20世纪的西方,因此本书所使用的"当代审美观念"这一术语,也有其特定的内涵。也就是说,一般都是指的"西方"的当代审美观念。然而,把"当代审美观念"与"西方"这样的对象联系起来,难免会令人生疑。尤其是对西方人而言,完全一体的"西方"当代审美观念并不存在,存在着的只有具体的德国当

---

① 本书认为,20世纪西方美学,从宏观的角度,其根本特征表现为———一个核心:反传统(包括传统美学与美学传统);两个渗透:商品性的渗透与技术性(媒介性)的渗透;两个转换:美学主题的转换与美学模式的转换;两个主潮:科学主义美学与人文主义美学;两个否定:客体的否定与主体的否定;两个阶段:现代主义美学与后现代主义美学;三个转向:非理性的转向、语言论的转向与批判理论的转向。对于这些根本特征以及其中对立的、互补的、冲突的、交错的关系,本书将给予充分的重视。

代审美观念、美国当代审美观念,等等。何况,"当代审美观念"本身也应该是开放的、复杂的、多元的(例如,就并非所有的人都"反美学传统"),而且是新旧杂陈、泥沙俱下的,现在本书却要把它作为一个整体来加以考察,根据何在? 简单地说,"西方"对于西方哲学来说固然是一个大而无当的范畴,但是对于中国学者来说,却又是一个实实在在的范畴。在中国学者的眼睛里,面对的历来就是一个真实的"西方"整体。何况,在具体的德国当代审美观念、美国当代审美观念等的背后,又确实存在着某种共同的东西。至于"当代审美观念",它本身虽然是开放的、复杂的、多元的,甚至是新旧杂陈、泥沙俱下的,但在相对的而并非绝对的意义上,又毕竟是一个整体,也毕竟存在着某种共同的东西。而本书所着眼的,就正是在这"西方"的"当代审美观念"中所存在着的"共同的东西"。①

本书分为导言、四篇正文和结语。从当代审美观念的在美学的边缘处探索这一特征入手,本书认为:当代审美观念的转型主要围绕着四个问题展开。其一是本体视界的转换,侧重于对审美活动与非审美活动之间的边缘地带的探索;其二是价值定位的逆转,侧重于对审美价值与非审美价值之间的边缘地带的探索;其三是心理取向的重构,侧重于对审美方式与非审美方

---

① 关于西方当代美学的研究,目前学术界一般都是着眼于不同思潮、诸多流派、主要美学家的介绍、评述,这当然是十分必要的。然而,西方当代美学的一个根本特征就是:相对于西方美学传统,在这不同思潮、诸多流派、主要美学家的背后又有其鲜明区别于西方美学传统的某种共同之处。准确、深入地把握这"共同之处",对于把握西方当代美学乃至西方当代美学中的不同思潮、诸多流派、主要美学家的理论内涵,有着重要的意义。而要对西方当代美学中的不同思潮、诸多流派、主要美学家的理论内涵不追问其中之"异",只追问其中之"同",从西方当代审美观念入手,无疑是一个重要的途径(这,也正是我写作此书的初衷)。这因为,假如美学理论呈现的是同中之异的话,那么审美观念呈现的往往是异中之同。因为一般认为,审美观念是对一类事物的稳定的看法,是稳定的观念模式,美学理论既可以是对一类事物的看法,也可以是对个别事物的看法。审美观念是相对稳定的,美学理论则是相对不稳定的。审美观念往往是群体性的,美学理论则往往是个体性的,每个美学家的理论都可以而且应该有所不同。

式之间的边缘地带的探索;其四是边界意识的拓展,侧重于对艺术与非艺术之间的边缘地带的探索。由此,本书导论主要对审美观念的当代转型的内容、特征、意义等问题加以说明。第一篇是本体视界的转换,分四章考察当代审美观念由于非理性主义、商品经济、电子文化等审美参照系统的转换所导致的美学主题与思维模式的转型。第二篇是价值定位的逆转,分六章考察从美到丑、从丑到荒诞、从审美与生活的对立到审美与生活的同一、从形象到类像等问题。第三篇是心理取向的重构,分三章考察从认识到直觉和游戏、从距离到超距离、从功利性到超功利性等问题。第四篇是边界意识的拓展,主要以当代审美观念的重点即艺术审美观念为核心,讨论艺术、创作、作品、写作、阅读、雅俗等艺术审美观念的转型。最后的结语则以对于在美学的当代重建中从"独白"到"对话"的美学智慧的"觉醒"的讨论作为结束。

科林伍德说:"不是为了要知道人们做过什么,而是理解他们想过什么,这才是历史学家工作的适当定义。"①在某种意义上,可以说,这,也是本书所即将展开的"工作的适当定义"。

---

① 科林伍德:《历史的观念》,何兆武等译,中国社会科学出版社1986年版,第11页。

第一篇

本体视界的转换：审美活动与非审美活动的交融

1
否定性主题

在阐释中理解当代审美观念,至关重要的,是首先要对当代审美观念的背景加以考察。在这方面,最为重要的是非理性主义的出现。非理性主义,正是它,为当代审美观念提供了全新的否定性主题和多元互补模式。本章拟先对非理性主义为当代审美观念所提供的全新的否定性主题加以考察。

1

任何一种审美观念的产生,都必然有其得以自明、得以自立的逻辑支点,也必然有其为阐释自身的合理性而自我设定的阿基米德点。它是逻辑的而并非实在的,是功能的而并非实体的,是预设的而并非现实的。总而言之,是人们对于审美活动的一种终极关怀。这,就是本书所说的本体视界。在这当中,又包括两个互相关联的问题。其一是从本体视界出发,想什么与不想什么,也就是,人们把什么看作审美活动,同时不把什么看作审美活动,这就是所谓审美观念所提供的美学主题;其二是从本体视界出发,怎样想与不怎样想,也就是,人们怎样看待审美活动,同时又不怎样看待审美活动,这就是所谓审美观念所提供的思维模式。

在我看来,当代审美观念所提供的,是否定性的美学主题。所谓否定性主题,与肯定性主题相对。我们知道,从古到今作为历史形态而展开的审美活动,应该说都是围绕着文明与自然之间的矛盾展开的。古今之间的差异并不在于是否以生命的超越作为自己的本体视界——就此而言,它们是完全一致的。它们之间的差异只是在于因为对本体的阐释不同而导致的"超越什么"方面的根本的差异。或者超越"自然"(超越世界),或者超越"文明"(超越自我)。前者可以规定为"从自然走向文明"的审美活动(对实现了的自由的赞美),是肯定性的审美活动,后者则可以规定为"从文明回到自然"的审美活动(对失落了的自由的追寻),是否定性的审美活动。① 不难想到,关于前者的美学思考,就是我们所说的肯定性的思路,关于后者的美学思考,则是我们所说的否定性的美学思路。进而言之,人类的审美活动无疑应该是肯定性的审美活动与否定性的审美活动的统一。然而在审美观念的演进历程中,对于前者的意识,虽然可以在20世纪之前的(西方)审美观念中看到,对于后者的意识,却花费了相当长的时间,直到20世纪才得以实现(中国的情况不同,本书暂且不论。可参见我的《中国美学精神》等著作)。

要讲清这一点,还要从理性主义到非理性主义的转型谈起。

理性主义与非理性主义不同于理性与非理性。理性与非理性是人的两大精神性质。就其主导方面而言,人无疑是理性的,而就其动力方面而言,人又无疑是非理性的。两者之间的关系,自古以来就为学者所争辩不休。②

---

① 当然,这里的"自然"同样不是原始意义上的"自然",而是"自然而然"意义上的"自然"。它是对于僵化了的文明的解构,或者说,是对文明的不文明的消解。在20世纪,人类摆脱"文明"的要求之所以日益增强,源于人类的文明突然加速。确实,在当代社会,人已不再满足于做一个理性的英雄。他所考虑的也不是如何强化自己的主人地位,如何征服自然,而是如何在"文明"中保持自己的超文明的本质,如何在分门别类的"文明"中保持自己的个性、创造性。他们面对的困惑既不是恶劣的自然环境,也不是恶劣的社会环境,而就是"文明"本身。在此,文明是天堂同时也是地狱,文明既是一个幸福的源头又是一个不可跨越的永劫。需要说明的是,在我的学术著作中,"文明"是一个经常使用的范畴。这是一个德国哲学家经常使用的范畴,必须与"文化"范畴相对地加以理解。简而言之,假如说"文化"是指的过程、目的、超越、创造、突破、灵魂,那么"文明"则是指的结果、手段、适应、模式、积淀、肉体。
② 在西方思想的历史中,不论是古代的灵肉关系的考察,还是近代的心身关系的论辩,不论是柏拉图的灵肉关系说,还是亚里士多德的美德即理性与非理性的同一说,斯多葛派的道德幸福观、伊壁鸠鲁的幸福道德论、笛卡尔的身心交感论、斯宾诺莎的身心平行观……我们从中看到的正是这一点。

而理性主义(包括古希腊的古典理性主义和近代的启蒙思想的理性主义、德国绝对唯心主义的理性主义与技术理性主义)则与人类的理性性质有着根本的不同。它是一种渊源于西方古希腊文化的理性传统,其间经过中世纪的宗教主义的补充,以及近代社会的人文精神的阐释,从而最终形成的以片面高扬人的理性性质为特征的思想传统。

理性主义的核心是为现象世界逻辑地预设本体世界,而且从千变万化的现象、经验出发去把握在它们背后的永恒不变的本体世界。然而,由于事实上这一本体世界不可能是"天赋"的,而只可能是"人赋"的。因此,这"逻辑的预设"实际上就意味着对于人类自身的一种"力量假设":认为人无所不能,认为"一切问题都是可以由人解决的"。[①] 结果,必然导致一种人类的"类"意识的觉醒、本质力量的觉醒。从普罗泰戈拉提出的"人是万物的尺度"到柏拉图提出的以理式来界定人的本质和亚里士多德提出的"'何谓实是'亦即'何谓本体'",再到笛卡尔提出的"我思故我在",这一"觉醒"的痕迹清晰可见。而到了黑格尔,则干脆将笛卡尔的"我思"中的"我"再次加以阉割,使得"思"得以更为片面地凸出,从而把理性纳入到本体论的高度。

这样,就不能不走向一种片面的肯定性的维度,即从自我肯定的角度对人类自身加以考察。人被从肯定方面加以阐释,关心的是如何看待一般与个别的关系,以及如何达到一般知识。在这里,知识是有关一般的知识,只有关于一般的知识才是知识,只有知识才是善,只有善才是正当的,因为只有有关一般的知识才有存在的必要。结果,"人是什么"这一提问方式成为基本的提问方式。在这里,"什么"代表着一种对于作为一般知识的"普遍""本质""本体""共性""根据""共名"的追问。最终,绝对肯定理性的万能、至善和完美,绝对肯定人的理性存在的优先地位,关注人的主体性,关注主体

---

① 埃伦费尔德:《人道主义的僭妄》,李云龙译,国际文化出版公司1988年版,第14页。

与客体的二元对峙,确信"人是世界的主人",确信"人类自由的进步"可以等同于"人类理性的进步",呼唤对于自然的征服,并且刻意强调在对象身上所体现的人"类"的力量,就成为传统哲学的必然选择。

迄至20世纪,正如我在《反美学》(学林出版社,1995年)中反复强调的,人类社会的发展逐渐把人类推出了千余年来精心构筑的伊甸乐园。世纪前后,哥白尼的日心说、达尔文的进化论、马克思的唯物史观、爱因斯坦的相对论、尼采的酒神哲学、弗洛伊德的无意识学说分别从地球、人种、历史、时空、生命、自我等方面把人从神圣的宝座上拉了下来(当然,当代对人的否定与传统对人的肯定是一致的,传统是针对中世纪对人的无情否定,当代是针对传统对人的盲目肯定)。"一切都四散了,再也保不住中心,世界上到处弥漫着一片混乱。"(叶芝)因此,尽管叶芝在《基督重临》中预言:"无疑神的启示就要显灵,无疑基督就要重临。"然而这两个"无疑"透露出来的恰恰是"可疑"。结果,举世瞩目的非理性主义应运而生。与理性主义恰恰相反,非理性主义的核心是不再为现象世界逻辑地预设本体世界而且拒绝从千变万化的现象、经验出发去把握在它们背后的永恒不变的本体世界。这意味着对于人类自身的另外一种"力量假设":认为人并非无所不能,认为并非"一切问题都是可以由人解决的"。其结果,是从理性主义转向非理性主义,从对于"无我之思"的考察转向了对于"无思之我"的考察。

弗莱德·多迈尔断言:"假如这个作为现代性根基的主体性观念应该予以取代的话,假如有一种更深刻更确实的观念会使它成为无效的话,那么这将意味着一种新的气候,一个新的时代的开始。"[1]确实如此。回顾20世纪的思想历程,尽管派别林立,观念各异,然而却毕竟"意味着一种新的气候,一个新的时代"。其中,对于人的否定,是一以贯之的核心。这里,可以以莱布尼茨与罗素之间的不同看法作一个对比。莱布尼茨说世界是一切可能世

---

[1] 弗莱德·多迈尔:《主体性的黄昏》,万俊人等译,上海人民出版社1992年版,第161页。

界中最完善的世界,罗素则说:"这世界是所有可能的世界里最坏的世界,其中存在的善事反而足以加深种种恶","世界是邪恶的造物主创造的,这位造物主容许有自由意志,正是为了确保有罪;自由意志是善的,罪却恶,而罪中的恶又超过自由意志的善","这位造物主创造了若干好人,为的是让恶人惩治他们;因为惩治好人罪大恶极,于是这一来世界比本来不存在好人的情况还恶",而且"它并不比莱布尼茨的理论更想入非非"。①

当然,我们又可以将其分为前期与后期。前期以现代主义为代表,关注的中心是:"上帝之死"。在现代主义的思想家看来,人没有固定的、永恒不变的本质,理性也不再是人类生活的独一无二的中心。因此,通过否定对象世界的方式从而把对象与自身割裂开来,并且进而寻求自身与自身的统一,换言之,消解理性的人,就成为责无旁贷的使命。"类"的、"主体性"的人被"孤独的个体""意志""超人""力比多""存在""集体无意识""生命"取而代之。后期以后现代主义为代表。关注的中心是"人之死"。后现代主义的思想家坚持了现代主义思想家对于人的否定的思路,但是,在他们看来,现代主义思想家的否定还远说不上彻底,还存在着福科所谓"人类学的沉睡"的弊病。因为非理性的人仍然是一个实体,仍然是一种不是本质的本质,仍然是从理性与非理性二元对立的思维框架出发去理解人的存在。然而,重要的却恰恰是铲除这一二元对立的思维框架得以存在的根基。而要做到这一点,就必须坚持人的一种未完成的状态,反对关于人的任何观念、范畴、结构的合理性,从而不再试图以非理性的本体来取代理性的本体,而去寻找一个视角,以说明一切都是流动的,根本没有超越其他现象的根本的性质,甚至看问题的视角也是多元中的一个,也是可以超越的。人不是理性的,人也不是非理性的;人不能够被理性地解释,人也不能够被非理性地解释;人以无本质为本质、以无中心为中心、以无基础为基础、以无目的为目的;人应该从

---

① 罗素:《西方哲学史》下卷,何兆武等译,商务印书馆1981年版,第117页。

中心位置滚向 X。

因此,人不仅仅通过否定对象世界的方式从而把对象与自身割裂开来,并且进而寻求自身与自身的统一,而且要连自身也加以消解,换言之,消解非理性的人,就成为责无旁贷的使命。例如在海德格尔那里,人被通过"此在"的方式消解。在他看来,人的本质在于,人比单纯的被设想为理性的生物的人要更多一些。与从主观性来理解自身的人相比,又恰恰更少一些。在福科那里,"人正处于消亡过程中",人被通过"话语"的方式消解,人"这个最近的产物""将像沙滩上的画一样被抹去"。在结构主义语言学那里,人被通过"语言"的方式消解,既然不是"我在说话",而是"话在说我",人就必然被放逐于语言之外。在拉康那里,人是"呕吐物",人被通过"无意识的主体"的方式消解,人成为一种文本、一种能指。在德勒兹那里,人被通过"欲望机"的方式消解,精神分裂的人成为当代英雄。而在利奥塔德那里,"自我什么也不是",在丹尼尔·贝尔那里,"自我本质在消解个体自我的努力中解体",在哈桑那里,自我成了"一个空洞的地方"……学术界一般认为:在这场对人的否定中,后现代主义通过消解二元对立,消解了主体性观念的基础;通过消解理性主义,消解了主体性观念的前提;通过消解人的解放,消解了主体性观念的理想目标;通过消解语言(使之成为游戏),消解了主体性观念的历史性;通过消解人类中心主义,消解了主体性观念的自信。人被彻底解构了(注意,是人的主体性观念,而不是人本身)。

丹尼尔·贝尔指出:"文化观念方面的变革具有内在性和自决性,因为它是依照文化传统内部起作用的逻辑发展而来的。在这层意义上,新观念和新形式源起于某种与旧观念、旧形式的对话与对抗。"[①]蕴含在 20 世纪的思想历程之中,同样是一种"依照文化传统内部起作用的逻辑发展"线索,这就是从肯定走向否定这一哲学思路的必然转换,我们看到,由此开始,人

[①] 丹尼尔·贝尔:《资本主义文化矛盾》,赵一凡等译,三联书店 1989 年版,第 101 页。

第一次被从否定方面加以阐释。"人是什么"这一传统的提问方式不复存在,人的理性存在被超越,人的非理性存在被超越,理性与非理性的二元对峙也被超越。对于人的"是之所是"的关注取代了对于人的"是什么"的关注。同时,主客对立的思维框架被拒绝,孤立的主体被消解,人与世界的鸿沟被填平,人既被从抽象的理性模式中拯救出来,也被从"孤独的"与世隔绝的"个体"中解脱出来。于是,承认理性并非万能、至善和完美,承认人的存在不可能从理性中演绎而出,而只能出自"在世界中"的体验,承认人的异化,承认生存的悲剧性,就成为当代哲学的必然选择。

2

就人类的审美观念而言,同样存在着从理性主义到非理性主义的转型。

在20世纪以前,人类的审美观念长期置身于理性主义的背景之中。"根据纯粹的理性,即根据哲学,自由地塑造他们自己,塑造他们的整个生活,塑造他们的法律。"[①]传统哲学的从肯定方面对人加以阐释,无疑也正是传统美学的基本思路。这正如阿兰·罗布-格里耶所指出的:在考察美学问题之时,"关于某一种'本性'的观念都必然导致关于万物共有的'本性'的观念。这种万物共有的本性,也就是一种更高的本性。某种内在性的观念总导致某种超然性的观念。""故意把关于人在世界中的地位,亦即关于人的存在现象的精确而严格的观念,和某种把人当作中心的态度混为一谈","把一种以人易物的观念强加于人"。[②] 因此,美学家所关注和考察的,始终是作为肯定性的美如何可能,审美活动的肯定性质如何可能,换言之,始终是"从自然走向文明"(对于实现了的自由的赞美)如何可能。因此,"美是什么"

[①] 胡塞尔:《欧洲科学危机和超验现象学》,张庆雄译,上海译文出版社1988年版,第8页。

[②] 阿兰·罗布-格里耶。参见伍蠡甫主编:《现代西方文论选》,上海译文出版社1983年版,第324、319、321页。

"美感是什么""文学是什么""艺术是什么",就成为传统美学的基本提问方式。以"美是什么"为例,在柏拉图看来,美不是"一位漂亮的小姐",不是"一匹漂亮的母马",也不是"一个美的汤罐",那么它是什么呢?是使一切成为美的"美本身"。这"美本身"显然并非具体的美而是关于美的判断即一般知识。再以"文学"为例,在韦勒克看来:"须知每一文学作品都兼具一般性和特殊性,或者与全然特殊和独一无二性质有所不同。就像一个人一样,每一文学作品都具备独特的特性,但它又与其他艺术作品有相通之处,如同每个人都具有与人类,与同性别,与同民族、同阶级、同职业等等的人群共同的性质。认识到这一点,我们可以就艺术作品、伊丽莎白时期的戏剧、所有的戏剧、所有文学、所有艺术等进行概括,寻找它们的一般性。"[1]因此,他关心的显然是文学的"一般性"而并非文学的"特殊性"。"美感是什么""艺术是什么",也如此。传统美学由此推出了自己的第一命题:美学是关于美、美感、文学、艺术的"普遍""本质""本体""共性""根据""共名"的一般知识的考察。它关心的是如何看待一般与个别的关系,以及如何达到一般知识。知识是有关一般的知识,只有关于一般的知识才是知识,只有知识才是善,只有善才是正当的,因为只有有关一般的知识才有存在的必要。而强调审美活动是一种特殊的以个别表现一般的知识,正是从知识论的角度为审美活动辩护。[2] 在这方面,由柏拉图肇始,又经鲍姆加登为美学划出独立的领地,再经康德完成整体结构的创造,加上席勒、黑格尔的全力修整,传统美学建构起一整套几乎达到完美程度的理性主义的"堂皇叙事"。这"堂皇叙事"无疑有其合理之处,但同时也有其潜在的缺陷,这就是:在回答问题时已经重新规定了问题,悄悄引入了某种前提,从而回避了某种更为根本的前提、真正的

---

[1] 韦勒克等著:《文学理论》,刘象愚等译,三联书店1984年版,第6页。
[2] 西方把从现象、经验背后所把握到的规律性的东西称作知识。它"在现象千变万化的背后应如何思考统一的、永恒不变的存在"(文德尔班:《哲学史教程》上卷,罗达仁译,商务印书馆1987年版,第189页)。

前提。或者,"美的本原是 X",美学家的使命无非是做这道填空题。而它的答案事实上是不存在的,因此,一旦把它推向极端,最终就会推出一个本质主义、归因主义的虚假本原。或者,"怎样才能认识这个美的本原",像前面的设定一个与现象不同的本原一样,这无非是设定一种认识这个本原的世界的虚假的可能性。或者,"怎样才能反映这个美的本原",这同样无非是设定一种反映这个本原的世界的虚假的可能性。"孤立、静止、片面"地看问题,是其共同的三个特点。其根本内容则包括两个方面:其一是对超验的信念的推崇,认为外在的客体世界中可以抽象出一个广阔的审美天地,供人类栖居。其二是对超验的主体的推崇,认为在内在的主体活动中也可以抽象出一个独立的领域,进行"审"美活动。它意味着:只有当人站在环境和历史之外的时候,人才可能去客观审视它;也只有当人学会把自己当成主体,从客体中自我分离的时候,才有可能回过头来客观地审视对象。结果,不是站在世界之中,而是站在世界之外,使世界成为"审"的对象,换言之,审美者成为一个共同的自我,现实成为一个独立的期待着一个共同的自我的非我,既然它期待着一个共同的自我,因此就必须回到其中,才能获得意义,于是现实必须被人的意志来诗(美)化。这就是传统美学意义上的审美活动的内在根据。传统意义上的美就是这样被"审"出来的。而为我们所熟悉的美、美感、审美关系、审美主体、审美客体、浪漫主义、现实主义、优美、悲剧、崇高、喜剧、再现等也是这样建构出来的。

不难想象,肯定性的思路预设了传统美学的全部魅力。具体来说,肯定性主题对于传统美学的预设可以在纵向和横向两个方面看到:

从纵向的角度,肯定性主题对于传统美学的预设可以从关于审美活动的内涵的观念中看到。在传统美学,审美活动本身是被"理性化""神圣化"了的。它与人类对于自身的理性本质的强调密切相关。人类一直以能超出于自然而自豪,以会思想而自豪,也以有理性而自豪,而审美活动正是这一"自豪"的特殊载体。在传统的时代,抬高审美活动就是抬高人本身,强调审美活动的深度就是强调人的理性的深度。而在审美活动的深度和人的理性的深度的背后则屹立着一个强者——大写的人(即庄子所说的"不祥之人"),其中充满了对自身的自恋与自信,坚信理性可以包容一切,阐释一切,从容不迫地傲视一切。事实上传统美学就是"强者"的美学。因此,传统的审美者常常使人想起救世主,不是上帝的上帝,而传统的审美活动则常常使人想起人间圣殿。被钉在高加索山上的普罗米修斯,被钉在十字架上的耶稣,基督教的前有伊甸后有天国,但丁的幻想着在地狱、炼狱之外的天堂,陀思妥耶夫斯基的幻想在监狱之外的蓝色的天空,都可以看作传统审美活动的典型象征。而或者是用正常的眼光看待不合理的世界,或者是用不正常的眼光看待合理的世界,总之是以"正读"的方式看待世界,则是它的典型表现。由此,传统美学推出自己的第二命题:美、美感、文学、艺术都是一种以个别表达一般的准知识。而自柏拉图、亚里士多德开始的美学思考也正是着眼于此。柏拉图关于诗人只能模仿个别而无法模仿理式,以及诗人不是通过理智而是通过灵感写作的讨论,亚里士多德关于"写诗这种活动比写历史更富于哲学意味,更被严肃地对待,因为诗所描述的事带有普遍性,历史则叙述个别的事"[1]的讨论,关于古希腊的戏剧和诗实际上都是在表现"有普遍性的事",描述"按照可然律或必然律可能发生的事",以及荷马在这方面"最为高明"[2]的讨论,假如离开了上述命题的背景,无疑会使我们感到不知所云。而柏拉图、亚里士多德关于诗歌是影子的影子或者诗歌的地位在历史之上的讨论,只有当我们弄清楚了原来是在与"哲学(理性)"相比,才会顺理成章。而康德孜孜以求的美感如何才能够具有理性的性质,先判断而后愉悦的美感如何可能,也只有放在上述命题的背景中才会显示出其深刻的美学意义。至于黑格尔的看法,则可以作为最为典范的代表:"美就是理念,

---

[1] 亚里士多德:《诗学》,罗念生译,人民文学出版社1984年版,第29页。
[2] 参见亚里士多德:《诗学》,罗念生译,人民文学出版社1984年版,第8、9章。

所以从一方面看,美与真是一回事。这就是说,美本身必须是真的。但是从另一方面看,说得更严格一点,真与美却是有分别的。……真,就它是真来说,也存在着。当真在它的这种外在存在中是直接呈现于意识,而且它的概念是直接和它的外在现象处于统一体时,理念就不仅是真的,而且是美的了。美因此可以下这样的定义:美就是理念的感性显现。"①

  从横向的角度,肯定性主题对于传统美学的预设可以从审美活动的外延的观念中看到。在这方面,传统美学推出了自己的第三命题:真正的美、美感、文学、艺术应该是关于一般的准知识。由此出发,传统美学关于审美活动的外延的考察基本上不是源于审美活动的事实,而是源于一个变相的知识论框架。在这个变相的知识论框架之外的新鲜活泼的审美活动只是因为被当作准知识才是可以被理解的。所以对任一对象的阐释、论证,都必须从该对象的基本规定(概念、命题、原理、定义)入手,必须从规定性开始。在此意义上,美学探索的对象只是存在(有),是"有"中求"有","在"中问"在"。由此,我们看到,传统美学习惯于以事物为对象,以自身为主体,"面对"对象去把握之、认识之。这显然是一种与知识论观念融会一体但却与真正的审美活动彼此隔离的方式。……审美活动的切身感受、与事物共处中的喜怒哀乐统统被挤到了边缘,赫然置身于中心位置的是"类"的本质。本质先于现象、必然先于偶然、目的先于过程、理性先于感性、灵先于肉,活生生的一切都在知识框架中转换为死气沉沉的符号:"审美主体""审美愉悦""审美对象""典型人物""典型性格""主题""模仿""灵感""创作方法""堂皇叙事""焦点透视""反省判断力""非功利""距离""优美""崇高""悲剧""神圣感"……如此看法一旦被推向极端,其结果必然是:我们在生活中本来是置身于美和艺术之中,然而在美学理论中我们却偏偏失去了它。传统美学所阐释的审美活动竟然与我们所置身其中的审美活动判若两物。这一极端固然不能代

---

① 黑格尔:《美学》第 1 卷,朱光潜译,商务印书馆 1979 年版,第 142 页。

表传统美学的全貌,然而,却也毕竟体现着在相当长时间内人们所能够普遍接受的关于审美活动的外延的唯一的阐释原则。在此基础上,美学家对于审美活动的外延作出了明确的规定。其中可能出现的偏颇是:把非理性的审美活动、审美价值、审美方式、艺术排斥在美学之外,换言之,压抑非理性的审美活动以维护理性的审美活动,压抑非理性的审美价值以维护理性的审美价值,压抑非理性的审美方式以维护理性的审美方式,压抑非理性的艺术以维护理性的艺术。其结果是把对于审美活动的肯定性质的考察大大推进了一步,尽管这是借助于对审美活动的否定性质的压抑来实现的。于是,通过对于丑的压抑而界定了美,通过对功利性的压抑而界定了美感,通过对通俗艺术的压抑而界定了艺术。显而易见,由于这种界定主要是依据于知识论的原则而并非审美活动的实际情况,因此,就不仅可能导致一种典型的并不符合审美活动实际的书斋理论,而且可能导致一种十分狭隘的理论。大量的审美活动的实践被划分在外,只有少部分能够进入知识论框架的审美活动的实践因为具备了准知识的身份而被认可。在传统美学中我们往往会注意到一个鲜明的特征:审美价值与非审美价值、审美方式与非审美方式、文学与非文学、艺术与非艺术之间界限十分清楚。其原因,就是其中的准知识论原则在作怪。

反面的例子或许更为发人深省。苏格拉底无疑是美的追求者,然而视青春美貌为"毒蜘蛛"的也正是他。贺拉斯的思考更为典型,《诗艺》伊始,他曾强调:"如果画家作了这样一幅画像:上面是个美女的头,长在马颈上,四肢是由各种动物的肢体拼凑起来的,四肢上又覆盖着各色羽毛,下面长着一条又黑又丑的鱼尾巴,朋友们,如果你们有缘看见这幅图画,能不捧腹大笑么?皮索啊,请你们相信我,有的书就像这种画,书中的形象犹如病人的梦魇,是胡乱构成的,头和脚可以属于不同的族类。"[①]这在当代美学看来显然

[①] 贺拉斯:《诗艺》,杨周翰译,人民文学出版社1984年版,第137页。

难于理解,因为它的美学外延无疑是清楚的。我们在超现实主义的绘画中,也经常看到这类作品。然而,在传统美学看来,它却丧失了起码的美学属性。原因何在?原来它是"胡乱构成的","属于不同的族类",因而无法通过它以体现一般。在此意义上,所谓美学的外延,实际上决定于在美、美感、艺术中对"普遍""本质""本体""共性""根据""共名"的一般知识的体现。

传统美学从肯定性主题出发对于审美活动的考察大体如上所述。令人震惊的是,这一考察在相当长的时间内都是为西方作为美学之为美学的题中应有之义来加以接受的。西方甚至从未怀疑过:上述考察实际并非美学本身的全部题中应有之义,而只是美学的肯定性质中的题中应有之义。而且,西方也甚至从未意识到,这题中应有之义不但有其巨大的理论贡献、历史贡献,而且还有其自身的理论局限、历史局限。这局限,正如拙作《反美学》(学林出版社1995年)、《诗与思的对话》(上海三联书店,1997年)反复强调的,表现在为了摆脱长期以来人类依附于自然的屈辱地位,为了强调自身与自然的差异与对立。进入文明社会之初,西方不惜采取彻底隔断理性与非理性、心灵与肉体的密切联系的断然措施,这正是理性主义出现的权力基础,也正是传统美学出现的权力基础。然而,迄至当代,西方却越来越吃惊地发现了它的严重缺憾:首先,它似乎只是西方在青年时代才会出现的一种审美特性;其次,西方之所以着意强调"类"的审美,实际上也只是在西方经济不发达的时期所采取的一种心理维护的手段。例如,阿多尔诺就曾说过:这种对人的人类性、对人类的伟大的歌颂,是一种审美的魔力,纯系历史上巫术时期的残存。或许,在西方无法实际征服对象的时候,只有靠对外否定外界、对内否定个体这双重否定来维护自身?对此,可以用拉康的理论来说明。拉康认为,幼儿最早存在一个"镜像时期"。此时,他还没有接受到社会的影响,不可能对自我有一个准确的估计,因此当他偶然在镜子中看到自己的形象时,往往会把它看作一个"理想自我"的形象,并且由于他的一举一动都会引起镜子里的"理想形象"的响应,他误以为自己完全能够控制之。当然,这种"理想形象",无疑又是幼儿得以健康成长的精神屏障,只是在逐渐长大之后,这种虚幻的感觉才不复存在。应该说,传统美学所导致的偏颇也是这样,它误以为世界就是一面大镜子,自己的一举一动都会赢得反响,自己无疑是世界的主人。而西方一旦跨过童年期,这种西方在无力抗拒外在必然的时候所选择的一种自我保护手段,其积极意义就开始向"媚俗"之类消极方面转化了。

3

与非理性主义共同诞生的当代美学无疑是站立在一个前所未有的起点之上。对此,我们只要看一看美学家们所挂在嘴边的"破坏""毁灭""解构""摧毁""差异""决裂"等话语,就不会对此产生任何的怀疑。而这里的"前所未有",最为集中的就体现在当代哲学的从否定方面对人加以阐释,这无疑也正是当代美学的基本思路。这也正如阿兰·罗布-格里耶所指出的:"正当关于人的本体论观念面临灭亡的时候,'条件'的观念就代替了'本性'的观念。"因此,在考察美学问题之时,"我们首先必须拒绝比喻的语言和传统的人道主义,同时还要拒绝悲剧的观念和任何一切使人相信物与人具有一种内在的至高无上的本性的观念,总之,就是要拒绝一切关于先验秩序的观念。"[①]因此,美学家所关注和考察的,始终是作为否定性的丑、荒诞如何可能,审美活动的否定性质如何可能。换言之,始终是"从文明回到自然"(对于失落了的自由的追寻)如何可能。这一点,我们可以从当代的审美活动的实践中看到,也可以从当代的审美观念的转型中看到。关于前者,正如今道友信指出的:在当代社会,"美不是消失殆尽了吗?"在当代社会,与其说是以美为目的而创作,"毋宁说是以丑、以恶、以力、以变态、以刺激情欲等等为目

[①] 阿兰·罗布-格里耶,参见伍蠡甫主编:《现代西方文论选》,上海译文出版社1983年版,第316、336页。

的而创作的。"①白瑞德也指出:"从现代艺术中逐渐显现出来的——无论多么零碎的——新的人类意象中,有一个痛苦的讽刺。我们这个时代把无与伦比的力量集中在它外在的生活上,而我们的艺术却企图把内在的贫困匮乏揭露出来;这两者之间的悬殊,一定会使来自其他星球的旁观者大为惊讶。这个时代毕竟发现并控制了原子,制造了飞得比太阳还要快的飞机,并且将在几年内(可能在几个月内)拥有原子动力飞机,能翱翔于外太空几个星期而不需要回到地球。人类有什么办不到的!他的能力比起普罗米修斯或伊卡洛斯或其他后来毁于骄傲的那些勇敢的神话人物都要大。然而如果一个来自火星的观察者,把他的注意力从这些权利的附属品转向我们小说、戏剧、绘画以及雕刻表现出来的人类形状,这时他会发现到一种浑身是洞孔裂罅、没有面目、受到疑虑和消极的困扰的极其有限的生物。"②布洛克也强调:"事实上,在传统艺术概念中,它的任何一个部分几乎都受到现代艺术家的挑剔;反过来,现代的许多艺术品,只有当我们把它们看作是向传统艺术概念中的某一个方面挑战时,对它们的分析才会变得有意思起来。"③

关于后者,应该说,则是当代美学家们的共识。例如弗洛伊德。他在《论"令人害怕的"东西》中明确指出:他对美学的某一特定范围感兴趣。这一特定范围恰恰是传统美学的最边远地区,也是为标准的美学著作所忽视了的地方。他还批评传统美学只关心美的、漂亮的以及崇高的东西,亦即只关心积极性的感情以及唤起这类感情的环境和事物,但却不关心那些与此相反的消极性的令人不快的、厌恶的感情。再如古茨塔克·豪克和安东·埃伦茨维希。古茨塔克·豪克指出:"狭义的'Asthetik'乃是'美的学说',其发展与心理学的成就并不是同步的。我们已经有了一种深层心理学,现在

---

① 今道友信:《卡罗诺罗伽》。见《美学的方法》,李心峰等译,文化艺术出版社1990年版,第322、323页。
② 白瑞德:《非理性的人》,彭镜禧译,黑龙江教育出版社1988年版,第64页。
③ 布洛克:《美学新解》,滕守尧译,辽宁人民出版社1987年版,第304页。

该是意识到一种深层美学的时候了。"要"扩大和改造以往通常是标准的古典主义美学"①。"古典主义美学这座巨大的纪念碑,无论它多么具有系统性、创造性、丰富性和精巧性,但由于它片面的出发点,今天显得陈旧了。例如对亚洲艺术现象的判断通过新的研究被超越。此外,民俗学的研究也扩大了我们关于'原始文化'的知识,以至于这种文化在当今的'现代'艺术中引发了许多新的表现形式。"②安东·埃伦茨维希也指出:"知觉过程的无意识结构",是"隐藏在艺术作品无意识结构后面的非具象形式因素",是"心理学中一块实际上未曾开拓的新领域"。"现代艺术追求非美的效果,这就从传统美学中分割出了一块地盘(传统美学主要研究艺术家对美的追求)","现代艺术一直闯入了深层心理领域,这就抛开了美感表层,揭示了无意识、非美的、完形范围外的视觉形象。""现代艺术和部分原始艺术都具有一种明显的非理性的性质,作为我们文明现状中的一种现象,还需要对这个问题进行更为深入的考察。"③

当代美学宣布了传统美学的终结。从海德格尔"对形而上学的摧毁"到福科对"总体性话语的压迫"的拒绝、拉康对"主人话语"的不屑、德里达对"在场形而上学的解构",当代美学始终与传统美学的知识论立场针锋相对。它不再关心对于那些我们根本就不可能知道的东西的把握、对于那些一般性的东西的认识、对于那些巨形叙述的东西的渴望,而是直接对美、美感、文学、艺术的特殊性加以考察。克罗齐首先区别了两种知识:"我们人类的知识是有两种形式,不是直觉的知识即为论理的知识,不是由想象作用得到受用的知识,即为由理知得到的获得的知识,不是认识个体,即为认识真相;换

---

① 古茨塔克·豪克:《绝望与信心》,李永平译,中国社会科学出版社1992年版,第151页。
② 古茨塔克·豪克:《绝望与信心》,李永平译,中国社会科学出版社1992年版,第153页。
③ 安东·埃伦茨维希:《艺术视知觉心理分析》,肖聿等译,中国人民大学出版社1989年版,前言及序论。

言之,即不是关于个别事物的知识,即为关于各个相互关系的知识;不是产自意象的知识,即为产自概念的知识。"①并且进而指出:"我们用艺术即直觉这一定义,否定艺术具有概念知识的特性。在其纯正的亦即哲学的形式中,概念知识总是现实的,目的在于确立与非现实相对的现实,或者降低非现实,使之作为隶属于同一现实的阶段而包括在现实之中。而直觉恰恰意味着现实与非现实的难以区分,意味着意象仅仅作为纯意象,即作为意象的纯粹想象性才有其价值;它使直观的、感觉的知识与概念的、理性的知识相对立,使审美的知识与理性的知识相对立,其目的在于恢复知识的这一更简单更初级形式的自主权。"②伽达默尔则反省云:"在艺术中难道不应有知识吗?在艺术经验中难道不存在某种确实是与科学的真理要求不同,但同样确实也不从属于科学的真理要求的真理要求吗?美学的任务难道不是在于确立艺术经验是一种独特的认识方式,这种诗人方式一方面确实不同于提供给科学以最终数据而科学则从这些数据出发建立对自然的认识的感性知识,另一方面也确实不同于所有伦理方面的理性认识,而且一般地也不同于一切概念的认识,但它确实是一种传导真理的认识,难道不是这样吗?"③显而易见,当代美学的主题已经并非关于美、美感、文学、艺术的"普遍""本质""本体""共性""根据""共名"的一般知识,而是美、美感、文学、艺术本身了。美之为美、美感之为美感、文学之为文学、艺术之为艺术,换言之,美、美感、文学、艺术的特殊性,成为美学关注的中心。

否定性主题对于当代美学的预设,同样可以从两个角度来考察。

从纵向的角度,否定性主题对于当代美学的预设可以从关于审美活动的内涵的观念中看到。在传统的审美活动内涵的观念误区中人类终于意识

---

① 克罗齐。见朱谦之:《文化哲学》,商务印书馆1990年版,第132页。
② 克罗齐:《美学原理·美学纲要》,朱光潜等译,外国文学出版社1983年版,第215—216页。
③ 伽达默尔:《真理与方法》上卷,洪汉鼎译,上海译文出版社1992年版,第125页。

到:人虽然有思想,但并不等于思想,人虽然发现了类,但仍然是自己。于是,人类不再吃力地生活在多少有些虚假的理性深度中,而是回过头来生活在难免有些过分轻松的平面里。与此相应,当代美学走向了传统美学的美、美感、文学、艺术都是一种以个别表达一般的准知识的命题的否定方面。美、美感、文学、艺术不再是一种以个别表达一般的准知识,而是一种独立的生命活动形态,一种个别对于一般的拒绝以及个别自身的自由表现。审美活动的内涵也因此出现了一种令人触目惊心的转型和断裂。丹尼尔·贝尔概括得十分深刻:"在制造这种断裂并强调绝对现在的同时,艺术家和观众不得不每时每刻反复不断地塑造或重新塑造自己。由于批判了历史连续性而又相信未来即在眼前,人们丧失了传统的整体感和完整感。碎片或部分代替了整体。人们发现新的美学存在于残损的躯干、断离的手臂、原始人的微笑和被方框切割的形象之中,而不在界限明确的整体中。而且,有关艺术类型和界限的概念,以及不同类型应有不同表现原则的概念,均在风格的融合与竞争中被放弃了。可以说,这种美学的灾难本身实际上倒已成了一种美学。"[1]对于这种"美学的灾难",人们往往难以理解,甚至颇不以为然。实际上,假如我们意识到对于西方当代美学来说个别本来就是最真实的,原本无须一般的提携,意识到在传统美学中人与异己文明的关系总是通过一些相对固定的类型体现出来,意识到在当代美学中人同异己文明已经一同成为被消解的对象,就不难理解这种"美学的灾难"的意义。原来,它关心的是如何在文明中保持自己的超文明的本性,如何"从文明回到自然"。当然,这里的"自然"不是原始意义上的"自然",而是"自然而然"意义上的"自然"。它是对于僵化了的文明的解构,或者说,是对文明中的不文明因素的消解。

具体来说,这意味着当代美学的内涵从"强者"的美学转向了"弱者"的美学。强者的宏伟叙事不复存在,西方美学有史以来第一次令人吃惊地转

---

[1] 丹尼尔·贝尔:《资本主义文化矛盾》,赵一凡等译,三联书店1989年版,第95页。

过身去,开始关注弱者的存在(作为对比,不妨回顾一下中国美学家庄子所推崇的轮人、庖丁、吕梁丈夫、津人等一大批公然宣称"吾有道矣"的弱者)。假如说,强者是巴尔扎克所说的"我粉碎了每一个障碍"的那一代人,那么,弱者就是卡夫卡所说的"每一个障碍都粉碎了我"的那一代人。这是比普通人还要弱小的一代人,是传统意义上的人的反面,是反英雄,也是从来不被重视的小写的我(然而我们每一个人都是小写的我)。现实总是与这弱者过不去。这弱者是丑陋的、滑稽的、不可理喻的、毫无意义的、荒诞的。这弱者也总是处于被告的地位,总是莫名其妙地被审判。我们在《诉讼》《城堡》《变形记》《判决》中看到的就是这样的一幕。然而,这又是人类的最为真实的存在。而且不是"竟然如此",而是"就是如此"!在过去,西方迷恋于铁和血的双色之梦,弱者被传统美学说成是微不足道的,并且被强者、英雄、理想等轻而易举地取而代之。现在在当代美学看来,是不尽全面的。推而广之,与弱者密切相关的日常生活,也因此而进入了美学的视野。日常生活,在传统美学看来,同样是丑陋的、滑稽的、不可理喻的、毫无意义的、荒诞的,然而,这同样是人类的最为真实的存在,同样不是"竟然如此",而是"就是如此"!为此,针对传统美学的对现在说"不",但是对未来说"是",当代美学甚至不惜激进地针锋相对地提出:应该对现在说"是",但对未来说"不"!在这里,"是"和"不"第一次被颠倒了过来(尽管仍旧是偏颇的)。换言之,在传统美学中重要的不是生活得多长,而是生活得多好,在当代美学中则重要的不是生活得多好,而是生活得多长。其中,贯穿的是一场触目惊心的颠倒的"革命"。对于当代美学来说,对未来已经无动于衷,重要的是转而用身体去穷尽精神想要的一切,执着于现在,追求数量,穷尽既定,不欲所无,穷尽所有。生活的意义被当代美学从上帝那里、从偶像那里、从导师那里夺回来,安放在原来的位置上。世界固然丑陋、滑稽、不可理喻、毫无意义、荒诞,人类却仍然要感谢生活,感谢现在。显然,这已经不是用正常的眼光看待不合理的世界,但也不是用不正常的眼光看待合理的世界,亦即不是用正读的方式看待世界,而是用倒读的方式看待世界,是用第三只眼睛看世界。这无疑与理性思维是完全不同的。正如舒马赫发现的:"人们关闭了与自己对立的天堂之门,并以极大的努力与智慧把自己限制在地球上。如今他们发现,拒绝升入天堂意味着情愿降至地狱。"①而"天堂"与"地狱"的逆转则意味着传统的肯定性维度开始让位于否定性的维度,意味着西方开始从自我否定的角度对自身加以考察。正如列维-斯特劳斯所强调的:从此以后,人文科学的最终目的不是构成人,而是分解人。

从横向的角度,否定性主题对于当代美学的预设可以从审美活动的外延的观念中看到。在这方面,当代美学同样走向了传统美学的关于美、美感、文学、艺术应该是关于一般的准知识的命题的否定方面。具体来说,就是走向了"无"。此时怀疑成为本体。②于是,就不能不走向反面。西方哲学家说:我们永远不知道上帝是什么,我们只知道上帝不是什么。换言之,什么东西不好,什么是我们不想要的,比什么是好的,什么是我们想要的,要更容易说出。因此,当代美学把"是什么"(本质)排除在外,而只在"不是什么"(现象)层面讨论问题,因此而导致一系列观念的变革。而且,"不是什么"这个看起来是很消极的观念,却会反而起到积极的作用。这,无疑是一场美学的冒险,是把整个美学探索的传统起点翻了个个儿,意味着一种美学的逆转或者美学的反向思维,也开辟了一条反向的美学探索路向。例如萨特,就偏偏不再从"在"而是从"不在"(无)开始自己的美学探索。这里的"不在"并非"非在",而是"在场"或"现在"的脱出,是既在此又不在此,所谓"身在曹营心在汉",追问的是不是本质的本质。于是萨特从对"有"的思想转向了对"无"的追问。传统的"实"和"有"的美学被改变为"虚"和"无"的美学。诸如一无

---

① 舒马赫。见埃伦费尔德:《人道主义的僭妄》,李云龙译,国际文化出版公司1988年版,第2页。
② 中国虽然也不乏怀疑精神,但是却从不怀疑本体的存在,只是对本体的内容各有看法而已,西方在当代是根本不承认本体的存在。

所有,曾经拥有,现在正有,都反而是要加以否定的了。当代美学也是如此。它不是从"有"开始,而是从"无"开始,是从"无"到"有",而不是从"有"到"有"。而且,在它看来,这应该就是人类思想的当代天命,时代的当代承诺,人生的当代真理。它是对存在的一种反向描述,为人类的自由思想留下的是"无言的结局"。它认为,人永远是一种状态、过程、涌现、飞翔、跳跃、变化,永远是其所非,非其所是,而并非静止、既定、已有,既不存在确定的起点、开始,也不存在确定的结局或终结,只有不断的过程与转变。人永远是虚无、缺乏,而不是充实、实有。不过,这又不同于一无所有,而只是指它表现为一种过程。因此,当代美学就表现为一种反向的美学。对人的审美活动、自由活动,采取一种"无规定性"的解释或者"反规定性"的立场。这是排除一切立场的立场,取消一切解释的解释,审美活动则是人类的无规定的规定、无命定的宿命、无本质的本质、无解释的解释。于是,对美的追求就只能真实地实现为对丑的展现,对自由的追求就只能真实地实现为对自由的介入。

由此,当代美学不再把事物当作对象,把自身当作主体,而是把对象还原为事物,使之不再是知识论框架之中的符号而是知识论框架之外的一种真实。它不再为我们表演什么,而只是存在着。另一方面,当代美学又把主体还原为自身,不再面对对象,而是与事物共处,让事物进入心灵。"审美主体""审美愉悦""审美对象""典型人物""典型性格""主题""模仿""灵感""创作方法""堂皇叙事""焦点透视""反省判断力""距离""优美""崇高""悲剧""神圣感"……诸如此类的符号,开始暴露出自身的偏颇之处。其结果是,我们在生活中本来就置身于美和艺术之中,现在在当代美学的理论中我们同样得到了它。在此基础上,美学家对于审美活动的外延作出了全新的但又仍旧是偏颇的规定。其中的关键是:压抑理性的审美活动以拓展非理性的审美活动,压抑理性的审美价值以拓展非理性的审美价值,压抑理性的审美方式以拓展非理性的审美方式,压抑理性的艺术以拓展非理性的艺术。对于审美活动的否定性质的考察因此而大大推进了一步,尽管这是不无偏颇地借助于对审美活动的肯定性质的压抑来实现的。于是,通过对美的压抑而界定了丑,通过对非功利性的压抑而界定了美感,通过对精英艺术的压抑而界定了大众艺术。显而易见,由于这种界定不再依据于知识论的原则而是依据于审美活动的实际情况,因此,尽管走向了新的片面,但毕竟开始成为一种切近审美活动的实际情况的理论。也正是因此,当代美学对于审美活动的外延的界定十分宽泛。审美价值与非审美价值、审美方式与非审美方式、文学与非文学、艺术与非艺术之间界限十分模糊。形形色色的审美活动的实践因此而大多被容纳在内。

4

当代美学的否定性主题并非十全十美。它的重大缺憾是显而易见的。例如,它在否定人的唯心主义的自大时,把人的主观能动性也否定了,因而把审美活动的肯定方面也否定了,就是我们所无法接受的。我们反对的是人类中心论的对自然发号施令的主宰性,但我们并不反对马克思所强调的主观能动性。这种把握客观规律去改造自然的主观能动性,是我们所必须遵循的。进而言之,我们反对"人是万物的主人",但是却并不意味着人类就可以从此面对世界不再承担任何责任。事实上,人尽管当不了自然的主人,然而却仍旧是自然的管家。在人类历史上人类毕竟是贡献巨大的,相比之下,倒是萨特提醒的"人怎样才能创造自己?"以及福科提醒的"人怎样向管理自我过渡"更令人深受启发。因此,按照客观规律去认识、改造、看护自然,仍旧是人类应尽之责。文明的病症只能通过文明本身来拯救,只能通过更好地发挥人类的主动性、创造性来拯救。在这个意义上,审美活动的肯定方面,无疑仍旧有其积极价值。同样,当代美学在否定人的理性主义的自大时,有时把理性本身也否定了,因而把审美活动的肯定方面也否定了,这也是我们所无法接受的。

然而，本书更为关注的并非当代美学的否定性主题的缺憾，而是它的美学意义。那么，它的美学意义何在？在我看来，就在于极大地拓展了美学研究的视野。审美活动作为人的自由本性的理想实现，因为不同的实现方式而展现为不同的审美活动的类型。由此出发，可以把审美活动划分为肯定性的审美活动和否定性的审美活动两类。① 前者是将生活理想化，是对于人类在一定意义上实现了的自由的赞美，后者是将理想生活化，是对于人类在一定意义上失去了的自由的追寻。同时，严格而言，审美活动应该被理解为肯定性与否定性的统一，这就是说，即使是肯定性的审美活动，也蕴含着否定性的性质，即使是否定性的审美活动，也蕴含着肯定性的性质。遗憾的是，过去西方往往只是片面地从肯定性入手对审美活动加以考察，因此就未能充分展开审美活动本身的开放性、复杂性、丰富性。

现在，否定性主题的强调，首先，是对审美活动的开放性的充分展开。一个结果往往是由不同原因、不同层次造成的，无法用线性因果模式去考察。有无相生、难易相成、长短相形、高下相对、前后相随，真与假、是与否、善与恶、美与丑，简而言之，肯定性与否定性，事实上都是相对而存在的。忽视任何一方，都会使人误入歧途。而对双方都予以高度重视，则会展开一个全新的美学世界。② 就当代而言，最具美学意义的则是对于美学的否定性层面的充分展开。相对于美学传统，这无疑是一个边缘地带。确实，寻找光明

---

① 这样做，也可以在心理学成果中得到证实。在心理学研究中，情感也被区分为肯定性与否定性两种类型。"肯定性的情感是人脑对于客观现实和主体的和谐关系的特殊反映，否定性的情感是人脑对于客观现实和主体的矛盾关系的特殊反映。"（杨清：《心理学概论》，吉林人民出版社1981年版，第491页）
② 当代社会是一个"想入非非"的社会，因此一切都要用"非"来命名，诸如"非线性""非决定论"，等等。它所关注的也更多地表现为"不是什么的什么"。这里的"不是"即"非"，然而今天的"非"正是明天的"是"，因而这无非也是一种求是的方法。换言之，在当代社会，是要求"是"先求"非"。循非求是，寻是生非，习非为是，以是为非，非中见是，今是昨非，彼是此非，是是非非，非非是是，等等。

一直是西方美学的理想,可是在20世纪西方美学却异乎寻常地"爱"上了黑暗。这显然是出于对于美学的否定性层面的关注。在当代美学看来,人类无往而不浴于苦海劫波,这是人之所遭遇并被命定必须要隶属之的世界。人本来就"在世界中",这是一个最为沉痛的事实,也是一个必须接受的事实。因此最为神秘的不是世界的"怎样性"(最为重要的也就不是追问世界的"怎样性"),而是世界的"这样性"。世界就是这样的。世界只是如其所是,在此之外,一切都无法假设,也不应假设,一切都呈现为自足的本然性,作为一个离家出走而且绝不回头的弃儿,生存只能被交付于一次冒险。你无法设想别的世界与别的生活方式,因为你只有这样一个世界和这样一种生活方式,只拥有现在、此生,而别无其他选择。这就是当代美学所常常强调的:世界是人类的唯一拥有。陶渊明在《归园田居》中感叹过"误落尘网中,一去三十年",但在当代美学看来,在"尘网中"的人类就完全不是"误落",而是只能如此。世界不是碰巧强加给人类的,而是就是如此、只能如此、必须如此。① 但是人类的"在世界中"这一事实,却必须由人类的"逃入世界"来揭示。在这一"逃"之中,通过把现象绝对化而直接把世界的如是性绝对化为唯一性,世界才被建立起来。因此意识到人什么也没有,只有立处,却仍旧直面此刻,承领此刻,直面当下的痛苦,承领世界的"如其所是",人生就被赋予了意义。这,应该就是海德格尔说的人的被抛入性。因此,"逃入世界",就是绝不回避人当下的此在的受动性,而毅然在世界中承领世界,直面天命,甘愿忍受无归无居的漂泊。因此,假如说传统美学是"我喜欢这",当代美学则是"就是这"。尼采说:"我认为人类所具有的伟大性是对命运之爱:一个人无论在未来、过去或永远都不应该希望改变任何东西。他不但必须忍受必然性,并且,他没有任何理由去隐瞒它——在面对必然性时,所有

---

① 这令人想起禅宗的"好雪片片,不落别处","只是这个"。对此,你根本不可能去追问"落在甚处"之类的问题。

的理想主义都是虚假的——但他必须去爱它……"①维特根斯坦说:"(哲学)就是让一切如其所是。"②而海德格尔也说:"让人从显现的东西本身那里,如它从其本身所显现的那样来看它。"③应该就是这个意思。里尔克说:"我们最好把大地的一切当作故乡,即使是痛苦也包括在内。""让每一个人按自己的方式死去,生过、爱过然后死去。""有何胜利可言,挺住意味一切。"④尤奈斯库则说:"只能打一场不可能取胜的仗。"⑤应该也是这个意思。⑥ 这样,当代美学并非一种虚无主义的美学,因为它并没有否定人生的价值与意义。它所展现的也不是出世空心,而是入世决心,不是逍遥顺世,而是逆世进取,不是以无为求得无不为,而是以无不为求得无为。蒂利希称之为"存在的勇气",确实如此。

其次,强调否定性的思路,是对审美活动的复杂性的充分展开。第一,作为一种生命活动现象,审美活动本身就是超越性(即无限性,下同)与有限性的统一。我们已经看到,传统美学的肯定性主题是离开有限性来谈超越性,最终则有可能陷入美学乌托邦的泥沼。当代美学的否定性主题则是离开超越性来谈有限性,最终也有可能陷入虚无主义的泥沼。事实上,人类的"原罪"就是有限性,有限性是人类的宿命,一切关于人类生命活动的思考都要以承认人的有限性为开端,然而却又不能停留于这一开端,又要超越这一有限性。只有在超越性与有限性之间保持一种合理的张力结构,人性才是健全的,社会才是健全的,审美活动也才是健全的。正确的选择是:不离开

---

① 尼采:《瞧!这个人》,刘崎译,中国和平出版社1986年版,第37页。
② 维特根斯坦:《哲学研究》,汤潮等译,三联书店1992年版,第69页。
③ 海德格尔:《存在与时间》,陈嘉映等译,三联书店1987年版,第43页。
④ 里尔克。见崔建军:《纯粹的声音》,东方出版社1995年版,第33页、第554—555页。
⑤ 尤奈斯库:《起点》,见伍蠡甫主编:《现代西方文论选》,上海译文出版社1983年版,第352页。
⑥ 在这里,我们看到了当代美学中的特性与当代艺术中的思性是完全一致的。

有限性去谈超越性,因为有限性不可能被完全克服,同时又不离开超越性去谈有限性,因为有限性离开超越性就毫无意义。而正确地强调否定性的思路,无疑有助于在审美活动的超越性与有限性之间保持一种合理的张力结构。第二,作为一种文化现象,审美活动本身又是对象化与非对象化的统一。文化之为文化,无疑是人类本质力量对象化的产物,这一点应该说是人所共知。然而,往往为人们所忽视的是,文化之为文化,同时还是人类本质力量非对象化的产物。原因在于:首先,文化作为对象化的成果,需要时时加以超越,否则就会陷入僵化,就会反过来束缚人类自身。就像自然本来是人类的母体,但是人类却往往会以之作为实现自己的手段,文化也会将造就自己的母体——人类作为实现自己的手段。然而人类如果只是拥有文化而没有实现自我,那恰恰就丧失了自我。因此,人类不但要创造文化,还要超越所创造的文化,不但要拥有文化而且要超越文化,不但要超越自然创造文化,而且要超越文化超越自我。所谓超越文化超越自我,就是所谓非对象化。它的作用在于为文化的进一步的发展提供必要的条件,因而同样是有益的。相比之下,对象化是赢得了自然,非对象化是赢得了自我,对象化是一种在文化之内的创造,非对象化是一种在文化之外的创造,对象化是破坏了自然的朴素,非对象化则是破坏了文化传统的僵化,对象化是建设性的破坏,非对象化则是破坏性的建设。其次,文化作为对象化的成果,还是一种"正价值"与"负价值"混杂的同步过程,人类文化所创造的辉煌与灾难都是非文化物种所无法比拟的。例如科学,作为一种文化现象它就不仅是人类的福祉而且是人类的灾难。这样,为了保证文化的健康发展,无疑就需要一种非对象化的力量作用于其中。在一定意义上,我们可以把非对象化的文化看作"反文化"。反文化并非文化的倒退,更非意在消灭文化,而是力图对文化本身所产生的异化进行批判。"反文化"是文化的一种否定性的发展方式。假如说"文化"的肯定性的发展方式是为了文化的发展,那么"反文化"的否定性的发展方式也同样是为了文化的发展(而且越是在文化的繁荣期、成熟期越是如此)。在此意义上,可以把"反文化"看作文化内部的一种自我批判,它的功能就在于抵消运转过程中产生的弊端。还可以把"反文化"看作一种文化的逆向思维,它面对的不是人类在"无"(自然)中的消亡,而是在"有"(文明)中的消亡。它以逆向思维的方式,切入既成文化,去揭露其中因为"一不知常"而"妄作"所产生的负价值、负增值、负积累。这样,既然审美活动也是一种文化现象,文化发展中的"文化"与"反文化"的同步存在,同样也会在审美活动中同步出现。这就是西方所说的肯定性质的与否定性质的审美活动的同步存在。例如,以现成物、现实生活等同于艺术,无疑是错误的,然而在当代艺术中以现成物、现实生活为艺术,却因为体现了对僵化了的所谓现实生活的冲击而成为艺术。须知,当现实成为一种虚伪的东西,当"虚构"成为一种僵化的东西,艺术以"现实生活"来反映"现实生活",以"现实"来冲击"虚构"(虚伪),就因为真实地阐释了已经出现但人们却始终未知的生活本身而成为一种更高意义上的"虚构"。在此意义上,简单地指责其为非艺术,是不明智的。而这,正是否定性质的审美活动的意义所在。它提示我们:在审美活动的发展中只承认一种合理性而不承认另外一种合理性,靠无视一方来发展另外一方的方式实际恰恰是激化矛盾而不是解决矛盾,恰恰说明理性主义的脆弱。美学的发展当中总会存在一些矛盾的因素(例如僵化,例如"正价值"与"负价值"混杂的同步过程),而美学的进一步发展肯定就是从合理地解决这些矛盾入手。只有当一方消化了另外一方的规定性并且给另外一方以发展时,美学本身才会得到发展。在此意义上,可以说,强调否定性的思路,恰恰是人类的美学思考走向成熟,走向深刻的象征。它意味着我们在美学研究中不但学会了计算加法,而且学会了计算减法,不但学会了考察所得,而且学会了考察所失,不但意识到了肯定性主题的反思价值,而且意识到了否定性主题的反刍价值。肯定性的与否定性的思路的共生并存,同步演进,正是应当在美学研究中所孜孜以求的美学理想。

最后,强调否定性的思路,也是对审美活动的丰富性的充分展开。当代美学侧重于从否定性的角度去考察审美活动,最终的目的还是为了发现审美活动的丰富性。因此,假如对于审美活动的理解仅仅停留在肯定与否定的划分上,就显然只是知其然却不知其所以然。在当代美学看来,生命活动很难被净化为纯粹肯定或纯粹否定的类型。假如一定要这样做,就会使生命活动机械划一,并且远离五彩缤纷的大千世界。实际上,纯粹肯定和纯粹否定只是审美活动中的两个极端参照系数,两个静态的界线,在它们中间,还存在广阔的中间地带。这中间地带,正是为美学传统所长期视而不见的美学的边缘。

换言之,当当代美学指出某事物存在的对立的两极之时,还只是从一种静态的,甚至是预设的角度言之,只是出于讨论问题的方便。其实,任何一个事物的实际存在都是十分模糊和不确定的。例如,不仅作为事物的变化发展存在着随机性,作为事物的内涵、外延存在着不确定性,即使是关于事物的思维的物质外壳——语言材料也同样存在着模糊性的。例如"很高""很矮""不错""太好了"……其中的语义本身就根本是不清楚的。《巴黎圣母院》中的敲钟人,就是绝对的丑吗?他的健康的体魄,难道不包含着美的因素?再如善与恶的问题。人们往往认为事物不是善就是恶,结果,由于人们对于善的期望值往往比较大,一些无法被划分到善之中的东西,就都被认为是恶。看来,社会生活远比二分法要复杂。在善与恶之间,还存在着非善但也非恶的中间地带。在此意义上,迈农所作出的划分很值得借鉴。他认为:在善的行为与恶的行为之间,是正当的行为和可允许的行为。结果,善和恶本身就从确定转向了不确定。道德问题也如此。人们总是在道德褒扬、道德谴责之间选择,然而实际上在两者之间起码还存在着道德允许。对此加以否认,就会扩大打击面。使得道德理论与实践脱节,为伪君子大开方便之门。恩格斯批评李卜克内西的"调色板上只有黑白两种颜色没有浓淡的变化",批评博尼埃"同李卜克内西一样""只知道黑、白两种颜色,要么就是爱,要么就是恨"。① 正是着眼于此。

指出某事物存在的对立的两极,真正的意义应该是新的美学边缘即中间地带的确立。这意味着当代美学的思维从二值逻辑发展到多值逻辑。长期以来,西方固执一种是即是、否即否、此即此、彼即彼、非是即否、非此即彼的传统知性思维。这正是一种二值逻辑,它习惯于在 A、B 之中只选择一个,非 A 即 B,而多值逻辑则是在 A、B 之间选择,这"之间"就是新的美学边缘即中间地带(中国美学所提出的"执两用中""哀而不伤",可以看作对于这一美学边缘即中间地带的说明)。较之两极,中间地带远为真实、丰富、广阔、博大。它与对立的任何一方都有联系,但又并不是对立的任何一方,具有两极的双重性质,但又不是任何一极的性质,而是亦此亦彼,非此非彼。具体到审美活动,也是如此。在审美活动的横向层面的考察中,应该注意到肯定性与否定性审美活动的存在,然而同时又应该看到,没有两极之间的中间地带,肯定性与否定性这审美活动的两极,就根本无从谈起。它们彼此既互相区别,也互相包含,肯定性审美活动不是否定性审美活动,但又包含着否定性审美活动,反过来也是一样。这样,它们才都不是孤立的、静止的。至于审美活动本身的无穷丰富性,则是由于肯定性的和否定性的审美活动之间的冲突、纠葛以及由于这种冲突、纠葛所导致的量的变化,这变化又进一步形成了丑、荒诞、悲剧、崇高、喜剧、美(优美)等不同类型的审美活动。它们同样与对立的任何一极都有联系,但又并不是对立的任何一方,同样具有两极的双重性质,但又不是任何一极的性质,而是亦此亦彼,非此非彼……不难看出,这正是我们在当代美学中所看到的审美活动之为审美活动、审美价值之为审美价值、审美方式之为审美方式、艺术之为艺术的全部丰富性得以展开后所展现的真实一幕,也正是在美学的重建中要详加讨论的内容。

---

① 《马克思恩格斯全集》第 38 卷,人民出版社 1972 年版,第 542 页。

2
多极互补模式

1

我们已经说过,审美观念所提供的思维模式,与审美观念的本体视界密切相关。这本体视界包括两个互相关联的问题。其一是从本体视界出发,想什么与不想什么,也就是,人们把什么看作审美活动,同时不把什么看作审美活动,这就是所谓审美观念所提供的美学主题,其二是从本体视界出发,怎样想与不怎样想,即人们怎样看待审美活动,同时又不怎样看待审美活动,这就是所谓审美观念所提供的思维模式。

思维模式,可以理解为思维范式。所谓范式,按照爱因斯坦的看法,就是提出新的可能性,从新的角度去看待所面对的问题。审美观念的思维范式也是如此。审美观念的嬗变不是套箱式的,而是像库恩说的,是一种格式塔式的转型。因此,审美观念的历史无疑也包含着新旧审美观念的思维范式的新陈代谢的历史。超越旧的思维范式并且代之以新的思维范式,正是美学思考的最终目标之一。也因此,清醒的思维范式意识既要有助于在整体上继承前人,也要有助于在整体上走出前人,更要有助于在整体上建构自己。这是全新的审美观念产生的前提,也是全新的审美观念走向成熟的标志。

那么,当代审美观念所提供的思维范式应该是什么呢?在我看来,可以概括为:多极互补。

所谓多极互补模式,与传统审美观念的二元对立模式相对。我们知道,传统美学的思考,其根本内涵有二:其一是美学思考的目的在于获得有关审美活动的知识,这就是所谓肯定性主题。其二是美学思考的方式由理性主义提供,这就是所谓二元对立模式。就前者而言,前面谈到,对于肯定性主题的意识,在20世纪之前的审美观念中随处可见,但是对于否定性主题的意识,却花费了相当长的时间,直到20世纪才得以实现。同样,对于二元对立模式,在20世纪之前的审美观念中也随处可见,但是对于多极互补模式的意识,却花费了相当长的时间,直到20世纪才得以实现。

对此,还要从对于二元对立模式的考察开始。

二元对立模式与理性主义密切相关,然而,它的成熟却是在西方的近代。按照黑格尔的分析:在近代,尤其是"从宗教改革的时候起",人才"发现了自然和自己",①而作为发现之发现的则是自我意识原则即主体性原则。正如黑格尔分析的:"近代哲学的出发点,是古代哲学最后所达到的那个原则,即现实自我意识的立场。"②二元对立模式的成熟应该以笛卡尔的出现作为标志。具体来说,西方的思辨历程伊始,就与对世界的一种抽象的理解相关。所谓"抽象的理解"即从对于世界的具体经验进入对于世界的抽象把握,这无疑是人类文明的一种"觉醒"。黑格尔就提出未经展开、未经概念整理的直觉只能是充分展开的、经过概念整理的思维的低级阶段,概念比直觉更真实,用概念加以陈述的东西比直观到的浓缩的东西更深刻。"抽象的理解"最初是指向抽象的外在性——这意味着实体性原则的诞生,意味着尽管抓住的只是世界的某一方面,一种有限的东西,但是却要固执地认定它就是一般的东西、无限的东西。当然,在人类从自然之中抽身而出的古代社会,这样刻意强调人同自然的区分,显然是一大进步——由此我们不难理解希腊哲学家泰勒斯声称"水是万物的本原",为什么在西方哲学史中总是被认定为哲学史的开端,并且享有极高的地位,它意味着西方人真正地走出了自

---

① 黑格尔:《哲学史讲演录》第4卷,贺麟等译,商务印书馆1997年版,第3—4页。
② 黑格尔:《哲学史讲演录》第4卷,贺麟等译,商务印书馆1997年版,第5页。

然,开始把人与自然第一次加以严格区分,开始以自然为自然,不再以拟人的方式来对待自然——但毕竟只是一种抽象的自然,而且无法达到内在世界。在近代,则转向了抽象的内在性:这意味着主体性原则的诞生,意味着尽管抓住的只是主体的某一方面,或者是人区别于动物的某一特征,如理性、感性、意志、符号、本能,等等;或者只是人的活动的某一方面,如工具制造、自然活动、政治活动、文化行为,等等,然而却同样要固执地认定它就是一般的东西、无限的东西。无疑,这在强调人同内在自然的区分上是十分可贵的,通过这一强调,人才不但高于自然,而且高于肉体,精神独立了,灵魂也独立了。"目的"从自然手中回到了人的手中,古代的那种人虽然从自然中独立出来但却仍旧被包裹在"存在"范畴之中的情况,也发生了根本的改变。通过思维与存在的对立,人的主体性得到了充分的强调。不言而喻,它的标志就是笛卡尔的"我思故我在"。至于唯理论与经验论,无非是对于主体性的两个方面的强调。康德虽然进而把认识理性与实践理性作了明确划分,从而成功地高扬了人类的主体能动性,但也毕竟仍是一种抽象的主体。到了后康德哲学则开始尝试从抽象的外在性与抽象的内在性的对立走向一种具体性,以达到对于人类自身的一种具体把握。还有黑格尔和费尔巴哈,前者把历史主义引进到纯粹理性,以对抗非历史性,提出了所谓思想客体,后者则引进人的感性的丰富性以对抗理性主义对人的抽象,提出所谓感性客体,但他们所代表的仍旧是唯心主义或唯物主义的抽象性,也仍然是二元对立的模式。

　　二元对立模式是一种以建构为主的肯定性的思维模式,其中的关键是将"存在"确定为"在场",是所谓"在场的形而上学",于是世界万物的本质是什么以及人是否能够和如何认识世界万物的本质,就成为它所关注的中心。具体来说,它以经验归纳法(在其中普遍规定作为结果出现)和理性演绎法(在其中普遍规定作为自明的预设前提而存在)作为基本的思维途径,以普遍性作为基础,以与普遍性之间存在着指定的对应关系并且不存在开放的意义空间的抽象符号作为语言,以同一性、绝对性、肯定性作为特征,以达到逻辑目标作为目的。例如,孟德斯鸠在《论法的精神》中说:"每一种殊异都有齐一性,每一种变化都有恒定性"。① 这正是从空间和时间两个维度对抽象普遍性这一理性规定的揭示,即首先为自然强加上自己的"本质",断言"每一种殊异都有齐一性,每一种变化都有恒定性",从而一方面把纷纭复杂的自然世界在空间上逻辑地预设为一种被解构了对立差异关系的抽象的必然的同一对应关系(作为一种殊异现象中所存在的齐一性,实际上只有通过抽象思维及其逻辑过程才能被揭示并把握);一方面把千变万化的自然世界在时间上逻辑地预设为一种预成论意义上的必然的因果对应关系(作为一种发展变化中所存在的恒定性,实际上只有通过抽象思维及其逻辑过程才能被揭示并把握)。我们在日常生活中经常会认定存在着关于世界的客观真理、认定思维之为思维就在于认识这个真理,返回真理,并且不作任何歪曲地直接面对真理,原因就在这里。显然,二元对立模式在西方社会与文明的进程中起到了重要的作用,而且至今也有其积极意义,然而,在二元对立模式中一切都是被"看作"的,因此它虽然可以成功地教人去借此获取知识,可以使人类去"分门别类"地把握世界,但一旦被推向极端就会导致一种先设想可知而求知,在可知中求知的考察,一种对于确定无二、只有一种可能性的 X 的求解,在某种意义上甚至可以说会导致一种懒惰的、"无根"的思维,枝干式的思维。

　　二元对立模式的内涵包括三个层面。首先是外在性。二元对立模式强调在实然世界的背后存在着一个应然世界,在我的背后存在着一个完美的"它者",因此在考察问题时坚持以外在的理性本体作为超验的预设。一方面,这理性本体在经验之外,是所谓"长存实体":"他们认为,一切可感觉的

----

① 《西方哲学原著选读》下卷,北京大学哲学系外国哲学史教研室编译,商务印书馆1982年版,第38页。

事物始终处于流变状态之中,因此,如果认识或思维要有对象,那么,除了可感觉事物之外,一定还存在着某些别的长存实体;因为,对于处于流变状态的事物,是无知识可言的。……他们赋予共相和定义以单独存在,而这也就是他们称之为形式的那种东西。"①显而易见,在这里,"长存实体"就是理性本体。柏拉图的"理念"、亚里士多德的"形式因"、黑格尔的"绝对精神"都是如此,它是不证自明的,是一种不容反驳的假定,是在人的认识过程之前就存在的、预先设定的终极存在。另外一方面,这理性本体又在经验之中,正如文德尔班指出的:"亚里士多德则断言真正的现实(现存的东西)是在现象本身中发展的本质。他否认那种将不同于现象的东西(第二世界)当作现象之因的企图,并教导说,用概念认知的事物存在所具有的现实性只不过是现象的总和,而事物存在即在现象中自我实现。作这种认识之后,存在就完全具有本质的品格,本质是构成个别形体的唯一根源,然而只有在个别形体本身中本质才是现实的、真实的;并且一切现象的出现都是为了实现本质。"②

其次是二元性。既然在考察问题时坚持以外在的理性本体作为预设前提,在进一步考察研究对象时,就必然只能着眼于对象的静态内容的考察。二元对立模式正是这样作的。它首先推出一个至高无上的思维结构——"我思"和"我思"的对象,因此也就相应地把混沌不分的世界割裂成思维主体和思维对象、思维的人与思维的世界,从而把混沌的世界理性地剥离开来,建构为主体与客体,并"以消除这一对立"并且统一这二者作为自己的任务,而"这个统一,就是某一假定客体的进入意识",③马尔库塞说得更为清楚:"西方文明的科学理性在开始结出累累硕果时,也越来越意识到了它所具有的精神意义。对人类和自然环境进行理性改造的自我表明,它自身本

---

① 亚里士多德。见周昌忠:《西方科学的文化精神》,上海人民出版社1995年版,第12页。
② 文德尔班:《哲学史教程》上卷,罗达仁译,商务印书馆1993年版,第189页。
③ 黑格尔:《哲学史讲演录》第4卷,贺麟等译,商务印书馆1997年版,第5—6页。

质上是一个攻击性的、好战的主体,它的思想和行动都是为了控制客体。它是与客体相对抗的主体。这种先天的对抗性经验既规定了我思也规定了我在。自然(自我本身及其外部世界),作为某种斗争、征服,甚至侵犯的对象而被'赋予'自我,因此它是自我保存和自我发展的前提。"①继而,要保证主体与客体的对立,就必须把主体"看作"一种现成的、内在的认识者,把客体"看作"现成的、外在的被认识者,使得两者处于一种外在的关系之中,结果,就可能出现一个重大的误区:进行认识的主体(只有形式的同一性)与被认识的主体(具有内容的同一性)被混淆起来,都作为实体性的东西(康德就开始批评笛卡尔的"我在"是实体性的存在了)而被肯定下来。于是,在千变万化的现象背后去思考统一的永恒不变的存在,也就是对象的静态内容,也就成为可能。

其三是抽象性。既然在考察问题时坚持以外在的理性本体作为预设前提,并通过二元性的剥离分解以着重把握对象的静态内容,就必然导致把握方式的抽象性。这抽象性表现在,首先,在思维过程中固执的是以外在他律或者独立于人的外在世界作为自己的最终尺度,而与主观随意性截然对立,这必然导致认识上的客观主义态度即价值无涉或价值中立原则。不言而喻,这种价值中立原则只有在考察预设的对象的本质时,才可能实现。我们注意到,由于二元对立模式的渗透,西方所有的学科都在不遗余力地致力于把握现象后面的本质即本体,区别只是在于或者研究本体的不同性质,或者用不同性质去把握或刻画本体,道理就在这里。其次,在二元对立模式中坚持的是一种认识结果的普遍有效性。这种抽象普遍性只有通过理性能力对客体对象的解构才能实现,是理性的一个本质规定。它把对象所包含的对立(相异规定)和同一(相同规定)分离开来,使之成为互为外在的关系,然后,又舍弃相异规定,而唯独把相同规定剔除出来。显然,这相同规定不随

---

① 马尔库塞:《爱欲与文明》,黄勇等译,上海译文出版社 1987 年版,第 77—78 页。

时间的变化而变化,是在时间之外去思考对象的结晶。在此意义上,可以说,所谓静态内容,就是把实在的客观事物的本质从主观理性的角度加以建构,使之成为主体的对象。再次,在二元对立模式中需要借助于概念,并且把本体世界呈现于概念,在这里,所谓概念不是常识意义上的,而是反常识意义上的;不是外延意义上的,而是内涵意义上的。这样,抽象性就有可能导致对于逻辑至上的态度的强调,对于逻辑、永恒、规律、本质、判断的强调,对于人性的本质性、神圣性的强调,对于意义、中心、先验、绝对、深度、一元、一般的强调。其中有可能出现的偏颇是:复杂的世界被简单化了,动态的世界被凝固化了,完整的生命被分门别类化了。所谓此是此,彼是彼,而且只有当世界先进入稳定状态之后,它才去加以研究。

限于篇幅,对于二元对立模式,只能作出上述简单讨论。平心而论,它在人类的思维历史中,无疑有其积极的意义。然而,毋庸置疑,也存在着不可忽视的局限。一般而言,人类的任何一次洞察都同时又是一次盲视,任何一次成功的"开端"也必然是有效性与有限性共存。"洞察"和"有效性"造成了它的贡献,"盲点"和"有限性"也造成了它的困境。遗憾的是,过去我们往往把对于二元对立模式的"洞察"当作真理而不是当作视角,因此有意无意地忽视了这个问题。而一旦由此出发,就不难发现,实际上二元对立模式所造成的困难要比它所能够解决的问题更多。躲藏在理性主义襁褓之中,固然一切都可以自圆其说;超出理性主义的襁褓,一切则都令人难免疑窦丛生。例如本体理性就存在着内在的悖论:它具备可能性但却不具备现实性,因此又是需要证明的。然而理性主义的预设本来应该是不证自明的,现在又要理性本身来证明,这岂非无效的循环?理性主义可以怀疑一切,但是却不能怀疑自己预设的理性本体。这恰恰说明:所谓理性本体只是赖欣巴哈所揭露的那种用来满足人类要求普遍性冲动解释的"假解释"。又如,二元对立模式用来克服本体理性的内在的悖论的办法是强化主客分离。主客分离无疑是自我意识觉醒的标志,它使得主体可以更好地实现自我,发展自我,也可以更好地把握对象。但是,首先,同样也十分重要的情感、意志难免会被理性主义从认识的整体关系中分离出去,肆意贬抑,甚至加以否定,这必然导致人类生存中的另外一种悲剧。其次,虽然万物都可以因为被放在对象的位置上而得到描述、规定、说明,但由于这只是一种对物的追问方式,一旦扩大到对人的追问,就造成人类生存活动的盲区、人类自我的盲区。越追问,人反而越是不在。因为它在思考人类的生存活动时,是通过把它对象化并加以分门别类的方式实现的,但是真正的自我绝不会在对象性思维中出现,总是伫立在被对象化的那个自我的背后,这样,尽管我们可以一再地后退以便使自我对象化,不断地在对象化中思考:"我的自我"——"思考我的自我的我的自我"——"思考我的自我的我的自我的我的自我"……然而那已不是现在的自我而是刚才的自我了。就是这样,在无穷的后退中,我们永远也得不到真正的自我。于是,我们自以为是在思,实际上只是渴望思,却不能够思,实际根本没有走向思之路,更没有思进去,因为思无所思,思本身也就被二元对立模式消解了。再如,为了遮掩主客分离的误区,二元对立模式大力推崇抽象性的价值,然而却竭力掩饰着抽象性本身的缺憾。这就是:恰恰在抽象性之中,含蕴着理性主义自身的毒瘤,含蕴着暴力因素、极权因素。抽象性从本质上说是对现象、偶然、个别、感性、不确定性、模糊性等的压抑与藐视,因此尽管在具体问题上它并不处处强调自己忽视现象、偶然、个别、感性、不确定性、模糊性……但是它毕竟总是从总体上理解世界,毕竟总是从根本外在于现象、偶然、个别、感性、不确定性、模糊性等的某种普遍、客观的东西中去寻找世界的本质,毕竟总是以绝对的普遍理性作为世界的合法性、合理性的根据,毕竟总是假设在认识之前就存在着绝对真理,而认识的任务就是不断向它趋近。[1] 这样,它所面对的作为抽象状态存

---

[1] 例如,它假设历史规律外在于人类的活动,在活动之前就已经存在,是一种与逻辑的理性分析的内在统一,至于与人类的多样化的活动的统一则只是一种外在的统一。它只承认在认识过程中的认识者的能动作用,却忽视了在认识过程中认识者的"为我"意义,以及在认识结果中认识者个人的贡献。

在的生命与世界实际上只能是凝固的即处在"假死"状态时的生命与世界,在时间维度上成为某种永恒本质显现自身的工具,在空间维度上成为一种对象性的存在,丰富性被逻辑性所取代。显然,这最终必然导致"我"与"思"的分裂,而"思"即理性一旦无能为力,则会沿着其自身的逻辑走向反面,亦即走向"我"即非理性。抽象性有什么权力高居于人类之上?"1+1=2"为什么就应该而且能够支配人类的命运?甚至,人类有什么理由把理性主义供在祭坛的中心?理性主义的特权地位是合法的吗?理性主义的预设前提是经过批判考察的吗?至此,人类的非理性思潮也就呼之欲出了。

2

非理性主义的诞生源于理性主义的过分成熟。原因十分简单,当理性主义自以为已经把一切都安排妥当、已经对通向理性本体的必由之路作出周密安排之际,恰恰就应该是它的衰亡的开始。因为这恰恰也是现象、偶然、个别、感性、不确定性、模糊性等被最彻底地无端排斥在视野之外的开始。① 于是,问题就合乎逻辑地发生了根本的逆转。理性主义的视角让位于非理性主义的视角。"人是万物的尺度""理性是宇宙的立法者""理性万能,知识万能"让位于"理解是人的存在方式""语言是世界的寓所""存在先于本质"。走出用理性主义、绝对精神、人道主义编织的伊甸乐园,成为西方的共同选择。正如文德尔班所指出的:"这是非理性主义的复兴,它明显表现了

---

① 在理性主义,是以少数的公理为基础,以明确的推演为方法,推出七层宝塔式的成果,但是哥德尔的不完整定理却说,其中存在着无法弥补的漏洞。凡是逻辑系统,必有某些命题无法以系统本身的逻辑去辨别是非,只是预设的。而英国科学家琼斯在《物理学与哲学》中也说过,量子力学的预设前提,恰恰在于这些公理即传统科学的预设前提的消失。例如:自然的一致消失了;外部世界的精确知识不可能;自然的进程不可能在一个时空构架中充分表现;主体与客体的截然区分不再可能;因果性失去意义;如果有一个根本的因果律,也在现象世界之外,非我们所能达到,等等。

与占统治地位的、为康德所重新论证以及在黑格尔的历史观中高奏凯歌的理性主义的根本对立。"①然而,需要强调的是,有人一看到"非理性主义"之类字眼就以为一定是根本否定理性的,实际不然,非理性主义仍然是一种理性思维,只是在学理上否定理性主义对于理性的奉若神明,着眼于揭露理性的有限性、非完备性,其目的则是试图恢复一个有弹性的世界、一个能够在其中遭遇成功与失败的世界,因此同样是非常严肃的学术讨论。而在非理性主义的背后,则意味着人类的一场新的思想历程,这就是:从理性万能经过对于理性的有限性的洞察,转向对于非理性的认可;从理性至善经过对于理性的不完善性的洞察,转向对于理性并非就是人性的代名词的承认;从乐观的历史目的论经过对于历史的局限性的探索,转向对于一种积极的人类历史的悲剧意识的合理存在的默许。总之,是从传统理性走向现代理性,从理性主义回到理性本身。

多极互补模式是在非理性主义的背景下产生的,是一种以摧毁为主的否定性思维模式。施太格缪勒就曾指出:"听过维特根斯坦讲课的人最初几乎都有这种感觉:他们面前出现的是一个完全属于破坏类型的心灵。"②其中的关键正在于:"摧毁"与"否定"。当代思潮包括科学主义与人文主义两大思潮。那么,从否定性的主题方面言之,应该说,科学主义是消极的否定,人文主义是积极的否定。而从多极互补的模式言之,科学主义面对的是这一模式的思维形式,人文主义面对的是这一模式的思维内容。尽管前者关注的是走出传统理性,后者关注的是对传统理性的批判,但是,多极互补的模式,却是其中的共同之处。这,就是将"存在"作为存在者"出场"的根据。因此,它关注的不再是世界"是什么",而是世界"怎么样",不再是理性层面的那个确定性的、分门别类的世界,而是在此之前的,更为原初、更为根本的非

---

① 文德尔班。见霍夫斯基:《叔本华》,刘金宗译,中国社会科学出版社1987年版,第12页。
② 施太格缪勒:《当代哲学主流》上卷,王炳文等译,商务印书馆1986年版,第584页。

确定性的流动状态的世界本身,是从对于世界的抽象把握回到具体的把握,从过程的凝固回到过程本身。当代的哲学家之所以把黑格尔提出的未经展开、未经概念整理的直觉只能是充分展开的、经过概念整理的思维的低级阶段的看法颠倒过来,之所以认为直觉比概念更真实,直观到的浓缩的东西比用概念加以陈述的东西更深刻,道理正在这里。具体来说,它以直觉体验(在其中普遍规定不再作为结果和自明的预设前提而存在)作为基本的思维途径,以特殊性作为基础,以与普遍性之间不存在着指定的对应关系并且完全开放的符号作为语言,以差异性、相对性、否定性作为特征,以还原复杂的世界本身作为目的。相对于二元对立模式的二元思维、枝干式思维,多极互补模式可以说是一种多极思维、茎块式思维;相对于二元对立模式的把复杂的世界简单化,多极互补模式可以说是把简单的世界复杂化;相对于二元对立模式的对于独一无二的X的求解,多极互补模式可以说是对于相反相成的S的求解;相对于二元对立模式的先设想可知而求知、在可知中求知,多极互补模式可以说是先设想不可知而求知,在不可知中求知;相对于二元对立模式的有优于无,肯定先于否定,多极互补模式可以说是无优于有,否定先于肯定,而且既是对肯定的否定,也是对否定的再否定。对此,海德格尔称之为"丰富多样的思",他在《致理查森的信》中指出:"按照存在和时间在自身中包含的丰富多样的实事内容,所有用来说这种实事内容的词……也都是多义的。唯有丰富多样的思才能达到对那种实事内容的相应的说。……我希望您的这本著作……能有助于推动对于那简单的东西的丰富多样的思,从而能有助于把还处在遮蔽中的思的丰富多样性开动起来。"[①]在我看来,还可以借用中国的范畴加以理解。假如二元对立模式可以比作"分别识",那么多元互补模式就可以近似地比作"妙悟",假如二元对立模式可

[①] 参见《海德格尔选集》,孙周兴选编,上海三联书店1996年版,第1278—1279页。

以比作西医,那么多元互补模式就可以近似地比作中医。① 这样看来,多元互补模式实际上是一种从正向思维到逆向思维的转换,结束"无根"的思维,试图挖掘出走向极端的对象的自身中存在着的反向力量,以便"挫其锐""和其光",则是它隐而不宣的选择。或许,这就是所谓"反者道之动"?

多元互补模式的内涵包括三个层面。其一是内在性。它一反把抽象的理性绝对化,并且当作唯一的存在或者世界的本质、基础的传统,转而先是把非理性的情感、意志绝对化,当作唯一的存在或者世界的本质、基础,最终则连非理性的情感、意志也予以否定。叔本华的"意志",尼采的"酒神精神",弗洛伊德的"力比多"(无意识),柏格森的"生命之流",萨特的"存在",德里达的"文本",拉康的"欲望",都如此。在他们看来,根本不存在"秩序的秩序""地平线的地平线""根据的根据"。维特根斯坦曾经说:没有王后,人们还能下国际象棋吗?它还叫国际象棋吗?罗蒂也曾经说:没有与实在相符的真理观念,人们还能研究哲学吗?海德格尔则揭露说:"如果有人问:'一切原则的原则'从何处获得它的不可动摇的权利?那答案必定是:从已经被假定为哲学之事情的先验主体性那里。"②因此,从内在性而不是从外在性出发去考察世界,就成为必然选择。至于任何认识最终真理、把握终极真理的企图,则都是荒谬的。

具体来说,一般认为,多元互补模式的从外在性向内在性的转型分为三个步骤。首先将客体还原为视角的客体,将存在还原为为我的存在。在他们看来,完全独立于人的既定的存在、独立于人的任何认识行为的存在并不存在,梅洛-庞蒂就曾以立方体为例对此加以说明:"拥有六个面的立方体不仅是不可见的,而且也是不可思议的:立方体对于它自己来说是立方体,但

---

① 中医的阴阳五行、五脏六腑,与西医的范畴都是相反的。多元互补模式的一系列范畴也是如此。
② 参见《海德格尔选集》,孙周兴选编,上海三联书店1996年版,第1250—1251页。

既然它是一个对象,因此它并不是为自己的。"①其中,最根本的是相对性、暂时性即随时间的变化而变化,在时间之中去思考对象、世界。因此,时空是多维的,而且真理也是多维的。单一模式不灵了。多元性、多视角、多维度,成为阐释存在的全新原则。传统的逻辑前提——现象后面有本质、表层后面有深层、非真实后面有真实、能指后面有所指——被粉碎了,包括语言符号在内的整个世界都成为平面性的文本。世界成为不再可以被还原成为"1+1＝2"那样简单明了的公式(在当代人看来,那个世界实际从来就没有存在过,只是一个杜撰出来的神话)和一本根本就不可能完全读懂的书,因为原稿丢失了。不再是事事有依据,也不再是一切都确定无疑,传统的世界的稳定感不复存在,一切都再无永恒可言。

其次是将存在转换为本文,将事物转换为意义。每个人对世界的看法(它是什么)都包含着多元论(对于我它是什么),而且进行解释的主体总是有条件的。前者正如海森堡所说:"一门科学只有意识到自身的界限,它的哲学内容才得以保留。只有当现象的本性不被概括为先验时,对单个现象的各种属性的重大发现才是可能的。只有当实体、物质、能量等的最终本质的问题保持有争论的自由,物理学才能达到对我们用这些概念所表示的各种现象的单个属性的理解,这是一种唯一能引导我们达到真正的哲学洞察的理解。"②哥德尔定理也指出:每一个数学原理都肯定是不完全的。后者正如费耶阿本德所说:"科学家的建议、定律、实验结果、认识论成见,绝不能完全同历史背景分开。他不知道的,或如果知道也是难以检验的原则也沾染了这些材料。"③海德格尔的"前理解""理解的前结构",伽达默尔的"成见",也是如此。因此,决定世界万象的根源并不存在,任何对世界的阐释都是从

---

① 王治河:《扑朔迷离的游戏》,社会科学文献出版社1993年版,第180页。
② 海森堡:《物理学家的自然观》,吴忠译,商务印书馆1990年版,第123页。
③ 王治河:《扑朔迷离的游戏》,社会科学文献出版社1993年版,第182页。

某个角度看到的世界,而且不是一次性的完成的,而是与其他视界碰撞的结果。这样,文本成为本体,对于存在的阐释实际上只能是与其他文本间的无穷对话。

最后是多义性、多元性。"既然历史相对性摆脱了现代时代概念的必然的线性发展,同时也摆脱了想逃避那种必然的线性的自然企图(表现为对整体上可逆转而理想上亦可控制的时代概念的各种哲学或科学的抽象图式),因而也就容易呈现为一张巨大的交互规定之网,在这张网内,某些重要选择的不可替代性创造了新的可更替的模式;它也容易呈现为一个没有任何'客观'预定的目的或结果的正在进行的'创造进化'过程。我们的意识就存在于处于永恒的'时间原则'之变化的多重(实际的或可能的)世界中。"①在这里,值得注意的是"增补"范畴。因为唯一的意义来源已经丧失,任何对于存在的阐释就不再是对现实的"再现",而是对现实的"增补",这"增补"在无底的棋盘上驱遣着情感、感觉、灵感、体验,具有不确定性、无限性、开放性、无中心性,并时时期待着新的阐释的参与,在其中激发出新的声音。

其二是两极性。既然从内在性的预设出发,在进一步考察研究对象时,就必然通过对两极性的互补互证去着重呈现对象的动态过程,着眼于动态内容,把研究对象放回纷纭复杂的种种关系之中,放回到完整融贯、生机四溢的世界之中。也就是,从"二元"回到"中介"。

由此,二元对立模式所关注的客体、主体不复存在。就客体而言,客观性和因果性范畴首先受到冲击。一方面是否定客体,强调边缘、解构、平面、多元、游戏、差异、分延,打破二元对立,将现实重新阐释为活生生的、异质的、非二元的,所谓"本来无一物"。正如恩格斯所说:遵循着"是就是,不是就不是;除此之外,都是鬼话"的逻辑的常识是"在绝对不相容的对立中思

---

① 佛克马等主编:《走向后现代主义》,王宁等译,北京大学出版社1991年版,第42页。

维",而在"广阔的研究领域",这种常识必然遇到"最惊人的变故"。①

另一方面是否定主体。在多极互补模式看来,二元对立模式只是为一个并不存在的桂冠而大肆争夺,但实际存在的只有游戏。唯一的绝对主体是臆造出来的,而且是通过不正当地权威化自身来进行的。事实上所谓"主体"只是由语言确立的。是语言说我而不是我说语言。然而,语言本身事实上也是多样的。语言是既无"词项"也无"主体"更无"事物"的系统。维特根斯坦把语言比喻为一座语言古城:其中有错综复杂的街道和广场、新旧不一的房屋、大片的新区。而解构主义则指出"书写仅仅是书写"。伽达默尔也指出"能够理解的自我是语言"。自我需要语言来讲述他是什么,否则他就什么都不是。主体只是说话的主体或者被说的主体。德里达在谈到列维-斯特劳斯的研究时说:"最令人倾倒的是他对与某个中心、某个主体、某个特殊的参照系、某个本源或某个绝对始基相关的全部东西的公开放弃。"②"不是我在说话,而是话在说我。"在拉康那里,"主体"作为中心概念,被贬低为"便利的幻觉""想象的结构"。狄康姆也说:"你们都想成为世界的中心,你们必须明白,既没有中心,也没有世界,有的只是游戏。"③因此,当代的哲学家,"为了不致沦为种种故弄玄虚的牺牲品,而赞同一种积极的反人道主义。"④他们从消解理性的人到消解非理性的人,一致强调非逻辑的态度,强调生命、情感、意志、欲望的优先地位,强调人性的多样性、复杂性,强调日常生活的意义,强调生存中不可重复的东西、特殊的东西、个别的东西、现象的东西、偶然的东西、非规律性的东西,力主每一个视角都是一个单子,有多少视角就有多少单子,没有独一无二的单子,也不存在独一无二的单子,一切都在一切中。最终,主体就从本源性的东西转换为派生性的东西,成为语言

---

① 《马克思恩格斯选集》第3卷,人民出版社1972年版,第61页。
② 王治河:《扑朔迷离的游戏》,社会科学文献出版社1993年版,第73—74页。
③ 王治河:《扑朔迷离的游戏》,社会科学文献出版社1993年版,第72页。
④ 布洛克曼:《结构主义》,李幼蒸译,商务印书馆1980年版,第24页。

学的建构。

由此,对立的二元转化为互补的两极。多极互补模式认为,正如玻尔在互补性原理中告诉我们的,我们分别测量坐标或者变量但是不能同时测量这两者。对象只能在互为关系、互为依赖、互为补充的生机脉络中源源相续地成就着、保存着、呈现着,故应着重对象间的彼此对话、相互关系的考察。两个事物不但不是悬空独立,而且反倒是各自以对方为自己生存的必需条件,彼此共同构成一个共同体,在此共同体中,每一方都是"自生"而且"自决"的,没有一个外在的超验性源头去强使之生或强使之决。另一方面,每一方又都是决定于另一方的,与另一方有着"共生"的关系,每一极都赖另外一极的说明。我们既是观众又是演员。多极之间的对话成为文本与文本之间的对话,而不是绝对真理的发现过程,这就是所谓"文本间性",恰似太极图中的＋1与－1的相融不是零,而是无限的生成。二者是平等的,又是对立的,相互激发、交融,彼此渗透但又不丧失个性,那条 S 线,正是它们之间在对话中所形成的"痕迹"。也恰似中国哲学常讲的"负阴抱阳""阳中有阴,阴中有阳",从相对的两极出发,以两个极点的互补或者多极互补来取代二元的对立,而且在互补的交界地带去把握被二元对立模式所遮蔽了的东西。两极性也是如此,它从非此即彼到或此或彼,既不执着于此就是此,也不执着于彼就是彼,而是从此中看到彼,从彼中看到此。它的目的是展现新的可能性,而不是把握绝对真理。而极与极之间对话、交融的结果,可以借关于当代画家 D.萨勒的《瓦解压皱的一片》的介绍来加以说明。这幅画是由两个被挤压在一起的意象群构成的。在左边,我们看到一组奇怪的、略具花型的抽象结构支架,风格是超现实的。画的右边,萨勒以一种粗俗的、教科书式的风格,画了一个裸体;然后在其上画了一个更粗俗的卡通图形;最后,他补上了一些纯抽象的、近乎椭圆形的图案。画面上的多元性效果,引导着我们去寻找其间的潜意识的联系,因为要想在画中找寻正常的叙事关系,似乎是不可能的。这,正是当代思维模式的象征:瓦解压皱的一片。

其三是消解性。从内在性出发,通过两极性的互补互证去着重呈现对象的动态过程,最终必然导致思维方式的消解性。二元模式的抽象性阐释了一切也遮蔽了一切。这被遮蔽的一切,在当代引起了越来越多的人的注意。以科学为例,量子力学的测不准原理揭示出物质世界的模糊性、不确定性的一面。为此,控制论的创始人维纳甚至认为应该把现代物理学的革命归功于吉布斯,而不是爱因斯坦,因为正是吉布斯的偶然性奠定了现代物理学的全部基础。再如在自然界的微观粒子运动中的跳跃性、不定向性、无规则性,在宏观机械运动中的运动形态的多样性和"误差值"的波动性,在生物界中的物种分化的多向性、遗传的突变性,在人类思维的主体思维的跳跃性、突发性、不确定性,也如此。以概率、随机过程和数理统计为主要内容的随机数学表明数学已经把不确定性作为研究对象,把数学的应用从必然领域扩大到偶然领域,在热力学和统计物理学的客观系统中,现代控制理论中的"可能性空间"和随机控制理论也是着眼于偶然性问题,现代力学则把内在随机性看作是比确定性更为普遍的原则。耗散结构理论也是同样,它认为,耗散结构的最后形成离不开涨落的作用……这一切使人们意识到:那些似乎是最终不变的东西、凝固的东西、一劳永逸的东西,事实上都可以随时解体、重新组合。

而从抽象性自身来看,一味对事物的复杂性进行高度概括的抽象,无异于缘木求鱼,必定将复杂的世界还原为僵化的世界,把一些本来活生生的东西弄得苍白乏味。尼采把传统的理性主义者称为"大蜘蛛"、"苍白的概念动物"、制造"木乃伊"的人,就是这个原因。实际上,既然世界是复杂的,那么思维也应该容纳这种复杂。伯纳德·威廉斯指出:"哲学是允许复杂的,因为生活本身是复杂的,并且对以往哲学家们的最大非议之一,就是指责他们过于简化现实了(尽管那些哲学家本人是神秘莫测、道貌岸然、索然无味的)。"① 确实

---

① 伯纳德·威廉斯。见麦基编:《思想家》,周穗明等译,三联书店1987年版,第195页。

如此。可是"一个想看见东西的盲人不会通过科学论证来使自己看到什么,物理学和生理学的颜色理论不会产生像一个明眼人所具有的那种对颜色意义的直观明晰性。"[1]而"回到事物本身,那就是回到这个在认识以前而认识经常谈起的世界,就这个世界而论,一切科学观点都是抽象的,只有记号意义的、附属的,就像地理学同风景的关系那样,我们首先是在风景里知道什么是一座森林、一座牧场、一道河流的。"[2]其中的关键是:从抽象性转向消解性,不再将复杂性还原成为简单性,使世界真正成为世界。有人说,这样岂不是把世界搞复杂了?确实如此。但之所以把世界搞复杂了,那是因为世界本来就不像僵化者的头脑中想的那么简单,本来就没有一个绝对的支点可以使抽象性合法化。我们追求简单,把抽象作为唯一的一元,结果难免铸成大错。难道只有固定不变的才是有价值的?难道只有永恒、完美的东西才是值得追求的东西?难道变化的就不真实,属于过程、瞬间的就是不值一顾之物?难道差异、局部、特殊、断裂、偶然、次要、边缘、弱小、非连续性就不值得光明正大地出场?

人类原本就并非独立不依的,而是与他人、他物有着千丝万缕的联系,并且不可以须臾分离的。人与他人、人与他物之间通过联系之网彼此沟通,也通过联系之网彼此区别,更通过联系之网彼此生成。海德格尔称之为"枪尖"。以人为例,对于一个人的现在而言,过去在现在之中"曾在",未来也在现在之中"先在"。可见,单一的现在并不在。另外,二元对立模式也并非不强调普遍联系,但却是以在场者为中心,以原本为中心,多极互补模式则是以不在场者为中心,以"补充的东西"为中心。前者是在场优越于不在场,后者是不在场优越于在场,不在场构成在场。而且,这联系之网完全是一张漫无头绪的蜘蛛网,不存在固定的本质,也不存在最后的决定者,只是一大片

---

[1] 胡塞尔:《现象学的观念》,倪梁康译,上海译文出版社1986年版,第10页。
[2] 梅洛-庞蒂:《知觉现象学·前言》,英文版,1962年。

无穷无尽的纯粹的能指,无始无终,没有任何确定的意义,没有更有意义也没有更无意义,充其量只是一个洋葱(或者说,前者类似中国的象棋,后者类似中国的围棋)。因此,在消解性中出现的正是永远不能作为认识对象但是又主持着认识活动的自我,它不会把此一事物与彼一事物对峙起来,不会从某一方面、某一事物出发去看世界,而是从一个动态的整体出发去看世界,它也不会试图割裂作为普遍联系的动态的世界整体,因为一旦如此,就会既把自我实体化,也把他者实体化,转而从我—你关系堕入我—它关系。进而言之,消解性是一次开放性的事件。它的解释是不可解释的解释,它的定义也是不可定义的定义。这样,在消解性中,失去的只是一个固定不变的极点,得到的却是一片流动不居的大千世界。善恶、好坏、大小、上下、是非、有无等对立的抽象二元被从头脑中清洗掉,一个未知、不确定、复杂、多元的世界取代了被给定的世界,模糊取代了精确,不确定取代了确定,过程取代了目的。一切抽象的范畴在此都失去了意义,然而,这正是为了在最无意义的所在发现意义,即"无意义的意义",为了在"虚无"之处发现"未被明说的东西",即罗兰·巴尔特所说的"空即满"。用中国哲学的语言,我们可以把它称作"明道若昧"。在消解性看来,只有"昧"才是最起码的、最根本的东西。老子说"善行,无辙迹","大象无形","大方无隅",庄子说"曲者不以钩,直者不以绳,圆者不以规,方者不以矩",禅宗说"著即转远,不求还在目前,灵音属耳","拟向即乖"。在中国哲学,这是一种能够使"万物如其本然"的方式,实际上,这也是西方当代的消解性所竭力追求的方式。它把死的、确定的东西转换为活的、不确定的东西,不执着于此与彼的僵硬对立。即使使用概念,这概念也是后验的和可变的,而不是先验的和不可变的,并且是要在见惯不惊的概念中注入逆向的作用力,把人们的注意力从一切固定的、程式化了的、约定俗成的东西中引开。[①] 显然,这不再是笛卡尔所谓"自明的我思",

---

[①] 老子说:"夫惟病病,是以不病","损有余以补不足"。以特殊的字词、特殊的符号、特殊的句式去描述文本,是一种反常的方式。当代使用怪诞的语言,与此有关。

那么,它还是否是思维方式呢?庄子说:"庸讵知吾所谓知之非不知邪?庸讵知吾所谓不知之非知邪?"当我们意识到,这实际上是把被传统颠倒的东西再颠倒过来,一切也就释然了。①

3

不难想象,上述从二元对立模式向多极互补模式的转型也会深刻地影响到对于美学的思考,推动着审美观念从传统向当代的转型。

传统美学关注的是美、美感、文学、艺术"是什么"。它以理性为研究对象来研究自由中的必然性。理性维度,正是传统美学之为传统美学如何可能、传统审美活动之为传统审美活动如何可能的最为内在的根据。我们经常说传统美学习惯于以理性的方式实现美的追求,尼采也称西方传统美学为"审美苏格拉底主义","最高原则大致可以表述为'理解然后美'",②原因在此。然而,进入20世纪,人们却发现,世界的复杂性不在传统美学之内,而在传统美学之外。于是,人们转而关注着美、美感、文学、艺术"不是什么",以非理性作为研究对象来研究必然中的自由性。应该说,非理性维度,正是当代美学之为美学如何可能、当代审美活动之为审美活动如何可能的最为内在的根据。

---

① 在这里,有着中西方的差异。西方哲学中的自由从一开始就是被规定为主奴式的。所谓自由,无论是德文、英文、希腊文、拉丁文,都有一种"摆脱""解脱"的意味,即与自然相对。中国却是自然即自由。自然就是自如,就是自由,就是自己如此。这就比西方更深刻。因为讲"人化"固然并无不对,但是人化的世界毕竟还是自然的世界,还是要按照自然的规则重新结构起来,这个道理,西方却直到当代才想出来,西方当代美学家说:作品不能使作者不朽,就是这个意思。中国则早有此类看法。例如"功成身退","功成"只能"身退",因为无处藏身。人只有让世界自然,才会有自由。另外,中国的"环中""守中",也是如此。因为如此,所以非是、非非、非此、非彼,是是、是非、是此、是彼,无非是居中的缘故。所以假如西方古代研究的是"它",西方近代研究的是"我",那么中国古代和西方当代则研究的是"你"。

② 尼采:《悲剧的诞生》,周国平译,三联书店1986年版,第52页。

具体来说,当代美学的从二元对立模式向多极互补模式的转型表现在三个方面:

首先是从外在性到内在性。在当代美学看来,传统美学一直津津乐道的美或美感,实际上都是被抽象理解了的,而且也都是存在着遮蔽了审美活动本身的偏颇的,究其实质,都是出于一种实体思维或主体性思维,一言以蔽之,都是出于一种对象性的思维。而前此的全部美学史也无非一部对于人类的审美活动的抽象理解的历史而已。或者无法准确说明美,或者无法准确说明美感,而要恢复美学之为美学的真正面目,就要把这一切通通"括起来",转而去寻找它们的根源,否则,美学就会永远停留在一种"无根"的困惑状态之中。那么,这个"根"是什么呢?在当代美学看来,正是非理性的自我。

不难看出,当代美学借助非理性维度在理性之外寻找到的美学研究的天地,尽管由于排斥理性而失之于片面,然而却毕竟是一块足可供当代美学独享的研究领地,一块巨大的而又亟待填补的空白。从内在性而不是外在性的角度进行的美学考察,使得为传统美学所不屑的非理性的因素被本体化,人的内心世界、人性、人的意志、人的欲望、人的情感,以及"恶心""烦恼""痛苦""绝望""死亡""疯狂""毁灭""潜意识"等也进入了视野。美学开始视非理性的"自我"为出发点,强调从群体中剥离出来的独一无二的自我,强调与理性相对的情感、意志、欲望,强调非理性的自我的自由、价值、命运、选择、独一无二性,例如"意志自我"(尼采)、"生命自我"(柏格森)、"本能自我"(弗洛伊德)、"先验自我"(胡塞尔)、"自由自我"(萨特),等等。而这恰恰意味着作为生命活动的一种独立形态的审美活动的地位的确立。在一贯把审美活动作为理性的附庸的传统美学,这无疑是无法想象的。值得注意的是,克罗齐《美学纲要》一书的英译者昂斯勒正是这样来看待克罗齐美学的意义。对于在本世纪伊始就率先从内在性的角度意识到"美即直觉"的克罗齐的美学,他指出:"那两位天文数学家(指亚当斯和勒维里耶)通过观察海王星给周围行星造成的摄动,证明了当时尚未被人知道的海王星的独立存在,克罗齐和他们一样,也证明了美学的独立存在。"①

由此,当代美学在审美活动与非审美活动的交融、审美价值与非审美价值的碰撞、审美方式与非审美方式的会通、艺术与非艺术的换位等方面,都导致了一系列的审美观念的转型。例如,在主体方面,康德提出的想象力与悟性统一的无功利、无概念的心理活动的观念,转换成为"纯粹无意志的认识主体"、非理性的"观审"的观念,开始与理性、道德无关。在这里,无概念的普遍有效性的观念不存在了,在传统美学中被奉为神圣的审美距离的观念也不存在了。在当代审美观念来说,任何事物,只要它自身具有表现性,就是美的。而只要做到了对不可表现的东西加以表现,就足以被称为审美活动。而关于审美活动的内涵的看法也从理性化、道德化观念转向非理性化、非道德化观念。康德的"主观的合目的性"的理性化、道德化的审美(实际上康德已经将敬畏、惊赞、愉悦、希望引入美学,开始走向非理性)观念,转换而为非道德、非理性的审美观念。传统美学中所容纳不了的那些对理性构成威胁的否定性的东西,现在反而成为最美的。美、崇高、悲剧观念被从非理性、非道德化的角度加以消解,②丑、荒诞观念相继出现。长期以来一直被忽视了的审美活动的直接性、愉悦性一面得到了最为充分的强化。换言之,长期以来一直被忽视了的审美活动与生命活动的同一性观念得到了最为充分的强化。这就必然使得对于审美活动自身的认识性的强调转向了对于直觉性、体验性的强调。这样,因为不再像康德那样处于中间性,康德的四个悖论统统不存在了。因为审美不再依赖外界对象,不再依赖理性或者道德,主体与客体、感性与理性、自由与必然的矛盾就不存在了,内容与形式的矛盾也不存在了。因为不需要采取某种方式去接近对象,技艺的、形

---

① 转引自克罗齐:《美学原理·美学纲要》的《〈美学纲要〉英译者序》,朱光潜等译,外国文学出版社 1983 年版。
② 尼采就是一千年来尝试着从非理性的角度去解构传统悲剧观的第一人。

式的层面也消失了。直觉、体验被作为每个人都具有的一种天赋权利加以肯定,因此审美活动就更多地被认为一种生命的自我享受。而这,正是在当代审美活动从理性的愉悦转向超理性的愉悦即无主体的审美的真实根源。而且,正是因为非道德、非理性的出现,审美活动才被当代美学视为人类生存的本体,尼采提出的"审美形而上学",以及"我们有了艺术,依靠它我们就不致毁于真理","只有作为一种审美现象,人生和世界才显得是有充分理由的",[1]道理在此。

与之相应,在客体方面,康德的无内容的形式观念被畸形地无穷扩展。与因果、时空的联系的被完全隔断,使得人类进入了一种前所未有的无对象的审美。在传统美学,往往人为地构筑一个规律井然的世界,一切现象都在逻辑之内,都是有原因的,找不到原因的就是违反逻辑的、偶然的。关于世界的看法因此被确立为一种深度观念。井然有序的时间感,有深度的空间感,堂皇叙事,过去、现在、将来三位一体的彼此相互关联,前景与后景的互相映照,等等。然而现在这样一种深度观念却消失了。美和艺术的确定性、普遍有效性的观念丧失了,时间感、空间感、前景、后景、"反省判断力"、距离、历史意识的支援、深度意识的支援等的观念也消失了。这一切,集中表现为从古代的深度观念转向当代的广度观念。因为,在内容向度方面古代的深度的理想是以对于广度的压抑作为前提的,因此当代一旦回到广度的理想,深度的理想事实上也就不再可能。人们不再是把握世界,而是被世界所把握,并且反空间、反深度,把表现对象限制在高度和广度的展开上。深度关系转换成平面关系,空间关系转换成时间关系。一个个"非连续性"的时间开始统治感觉,空间也丧失深度,成为时间片断中的拼贴,和谐有序的经典形式、堂皇叙事的合法性也随之消失了。美和艺术转而与日常生活打成一片。形象观念也被迫地走向类像观念。而就艺术本身而言,不论是从整体的角度的艺术观念的转型,还是从过程的角度的创作观念的转型、从结

---

[1] 尼采:《悲剧的诞生》,周国平编,三联书店1986年版,第366、105页。

果的角度的作品观念的转型、从接受的角度的阅读观念的转型、从分类的角度的雅俗观念的转型,也如此。

其次是从二元性到两极性。在传统美学,其根本前提是主体与客体的分离、人与自然的对立,整个传统美学因此而始终在二元对立中运思,现象与本质、表层与深层、非真实与真实、能指与所指等的划分,连续性、同一性、对称性、封闭性,开头、起伏、转折、高潮、结尾、模仿、再现、情节、性格、主题、焦点透视、因果、逻辑、必然性、规律性、本源、意义、中心性、整体性,以及意义的清晰性、价值的终极性、真理的永恒性、"元叙事"、"元话语"、"堂皇叙事"和"百科全书式的话语世界"等的追求,而在当代美学,这一切也开始发生了根本的转换。

这根本的转换表现为三个步骤。首先是审美客体的消失。当代美学因为高扬非理性的主体而使得主客体处于断裂状态,要解决这一问题,就必然对审美客体加以否定,片面地以非理性主体作为美和艺术的唯一来源。过去美和艺术的产生决定于主体与客体的关系,现在不然,完全成为非理性主体在无对象世界下的表现。是从再现的美到表现的美,从"移情"到"抽象冲动"。这一点,即便从技巧的转换中也可看出:传统美学是模仿、再现,其前提就是在理性指导下进行,以对象世界作为参照,而现在是表现,其前提则是在非理性指导下进行,是对不可表现之物的表现,具体如,从有机的美到结晶质的美,抑制对空间的表现,以几何线形和结晶质的合规律性来表现对象,等等。这显然都是当代美学的意在隔断与客观对象的联系的体现。结果,对非自然的、反自然的、不规则的形式,不但不像传统的崇高那样去加以转化,而且反而直接加以表现。美成为构成的。康定斯基则干脆说这是一个"构成"的时代:"在我看来,我们正迅速接近有理性和有意识的构图的年代,到了那时,画家将自豪地宣称他的作品是构成的。"[①]确实如此。其实我

[①] 康定斯基:《论艺术里的精神》,吕澍译,四川美术出版社 1986 年版,第 108—109 页。

们也可以说这是一个"抽象"的时代。而当代美学对于艺术的独立性的强调正与此相关。对此,在艺术方面可以在野兽派、立体派、表现主义、未来主义、达达主义、超现实主义、意识流中看到;在美学方面可以在克莱夫·贝尔的"艺术就是有意味的形式"、英美新批评、格式塔心理学、符号学美学在内的形式主义美学中看到。当然,严格而言,在19世纪末的从浪漫主义到象征主义的历程中,我们就不难看到已经开始了的远离客体的趋势。而在印象主义的把光与色从事物中分离出来的努力之中,也不难看到导致事物实在感消失的趋势。另一方面,从现代艺术学内部的历程来看,也不难发现从具象的抽象到非具象的抽象的转换。因此,在当代美学,就审美客体而言,其根本特征显然在于:既然不可能采取任何自然的形式进行对象化表现,就干脆打碎自然,依据内在力量去再造一个自然,因此,在艺术中不可能再现出完整的自然、完整的客体、完整的人。也因此,当代美学所谓审美活动也无非是通过否定客体来否定自身的有限性,通过瓦解客体来无限扩张自己,不断地挖掘自身、超越自身,不断无形式地表现自己,直到耗空为止。赫伯特·里德指出:"塞尚的意愿是要创立一个不以他自己的混乱感觉为转移的符合自然秩序的艺术秩序。人们逐渐地明了:这种艺术秩序有它的生命和它自己的逻辑——艺术家的混乱的感觉可以晶化为自己的澄清的秩序。这就是世界的艺术精神所一直期待的解放;我们将注意这种解放把塞尚的原意导致怎样的歪曲,以及美学经验的新领域的产生。"[1]这是十分准确的。读者将会很快看到,这个"美学经验的新领域",正是本书所即将讨论的。

其次是审美主体的消失。由于审美客体与审美主体在传统美学中是一对相对的范畴,审美客体的被否定,必然进一步导致审美主体的被否定。在思维历程上,这表现为从非理性的理性到理性的非理性。在存在主义文学、荒诞派戏剧、卡夫卡的小说、法国的新小说、美国的黑色幽默小说中,我们可

---

[1] 赫伯特·里德:《现代绘画简史》,上海人民美术出版社1979年版,第12页。

以清楚地看到审美主体的消失。在当代美学中也是如此。例如胡塞尔提出的"主体间性",海德格尔提出的"共在",萨特提出的"他人",现象学美学、阐释学美学、接受美学提出的"读者",都是如此。分析美学和结构主义美学也是建立在对语言的崇拜和对主体的贬低基础上的。结构主义美学的文本虽然有一个产生意义的深层结构,但意义是在没有主体的情况下由文本的结构自身来决定的,人完全处于这结构的支配下,主体被"语言游戏"代替了。"我,主体既不是自己的中心,也不是世界的中心——至今它只是自以为如此,这样一个中心,根本不存在。"①解构主义美学的"差异"也是这样一种"去中心"策略,意在消解意义、中心、本源、主体。法兰克福学派更表现出对恢复人的主体地位的绝望,任何的主体性原则都被抛弃,像阿多尔诺就明确提出既反对理性主体也反对非理性主体。整个后现代主义美学应该说更是对于非理性的主体的反抗,只留下非理性,只留下"去中心";进行无限的消解和解构,而审美主体消失的最大标志就是:否定了主体,客体世界得到恢复,但是客体的意义没有得到承认,人与客体谁也不是中心、主宰,谁也不是意义的来源,因此实际上根本无法恢复客体的地位。人与客体处在一种非对立的、无中心的、零散的差异状态。荒诞观念应运而生。不确定性、碎片化、非原则化、无我性、无深度性、"主体无所指",诸如此类的观念也应运而生。

最后是二元性到两极性的转型的完成。在当代美学的思维历程中隐含着的,是从二元性到两极性的转型。我们可以发现,经过长期的甚至不免混乱的探索,当代美学逐渐建构起一种多极而又互补的思维。只要对当代美学所取得的理论成果稍加分析,就不难发现,其中都蕴含着一种对传统的二元观念的消解。传统的生产与消费、读者与作者、创造与欣赏等之间的主仆关系改变了,过去长期对峙的双方都主动进入彼此的交界之处以便相互融

---

① 布洛克曼:《结构主义》,李幼蒸译,商务印书馆1980年版,第24页。

合。因为互补的关键就是双方的平等相处,所谓"反者道之动",因此双方同时位移,高者向下,低者向上。例如艺术作品与作者之间的关系,已经不再像传统美学那样作为客体与主体而截然分开,而是融为一体的。犹如"游戏":"游戏并不是在游戏者的意识和行为中具有其存在,而是相反,它吸引游戏者入它的领域中,并且使游戏者充满了它的精神。游戏者把游戏作为一种超过他的实在性来感受。这一点在游戏被'认为'是这种实在性本身的地方更为适用——例如,在游戏表现为'为观看者而表现'的地方。"①再如读者与作者之间的关系:作者的地位被降低到读者的地位,从主动到被动,作品不再有主人,而是由作品与读者共同完成,由两者之间的对话而展现出来的。读者的地位也被消解了,成为第二作者,从被动到主动,双方平起平坐,同时向反向运动。进而言之,当代美学甚至提出文学本体论的范畴应该纳入"阅读",这样,文学本质的思考就会从单纯的本文一元转向本文和读者相互作用这两极,从而拓展了文学的边界。其中奥秘,熟知"有无相生,难易相成,长短相形,高下相倾,音声相和,前后相随"的中国学人当不难领会。又如形式方面的从封闭结构转向开放结构,也与此有关。传统美学把世界看作一个有秩序的结构,一个整体。宇宙被从低到高排列,价值标准也被从低到高排列,所以人物、情节、故事、主题等有高低之分、美丑之分、雅俗之分。这显然与二元性有关,当代美学却不再如是认为。一切都只是多极之一,彼此之间不是主次关系,而是互补关系。结果,传统的透视法被打破,所有的面都夷平到图画的平面上来,过去、现在的事情仿佛是同时发生的。在小说里就是把历时性的事物挤压在同时性的平面上来。在绘画中也如此,在它之外的事物有大、小、高、低之分,而现在只要进入作品,只要扮演的是同一造型角色,就都同样的重要。苹果与人头是同一价值的存在,因为同样是一个圆形;而山脉与女人的曲线也同样是曲线。其次如叙述的完整性被叙述

---

① 伽达默尔:《真理与方法》上卷,洪汉鼎译,上海译文出版社1992年版,第141页。

的片断性所取代,零散化的意象,浮萍式的人物,作品整体形式的消解,无意识的拼凑,历史感的断裂,物与物对话的世界(不再是人与物的世界),人物与人物行为统一性的丧失,作品叙事的客观化、非情感化、非个性化等也都是如此。

最后是从抽象性到消解性。美和艺术都是在生活之中发生的,我们在生活中得到了美和艺术,但是在理论中却失去了它。这就因为西方传统美学中许多问题都是在抽象性的框架中推演出来的,在审美事实中并不存在,充其量只是一些变相的知识论的问题。由此与其说理解了审美活动,不如说理解了我们理解审美活动的理解方式、思维方式、心理期望。结果,审美活动不存在自己独立的认识对象、认识结论,而是在开始之前就预设了一个已经被认识活动完成了的认知结果。审美活动也没有自己的独立作用,而只是协助认识活动,把预定的认识成果以形象的审美方式传达给读者,在传统美学中,审美活动之所以在主体与客体之间作为一种媒介而存在,原因即在此。抽象性的诞生也与此有关。因为西方传统为审美活动加上了许多解释,并且以为这种解释是审美活动本来就有的,结果抽象性就诞生了,传统美学也出现了。它是对这些解释的解释,也是对怎样去解释的指导。值得指出的是,传统美学的这一做法固然有其合理性,但是一旦被推向极端,就会因此而培养起一种可怕的理论惰性,以为抽象性所限定的领域就是世界本身。从此停留在这"两点一线"的可怜疆域,极大地败坏了美学的胃口,也失去了能够感受生动的审美世界的那种鲜活的心灵,苍白而贫乏。

消解性并非如此。在它看来,"斤量出,重量失","光谱出,颜色失"。竟然有那么多的现实生活被这种美学排斥在必然、规律、崇高、悲剧、同一性、连续性、对称性、封闭性、清晰性之外,竟然有那么多的审美实践使人强烈地感受到它与其说是在这种美学之中,还不如说是在这种美学之外,这种美学又怎么可以服人呢?约瑟夫·祁雅理说得何其生动:"我们的内在生活既非常丰富又多种多样,尤其很难用那种会使它变成抽象名词,因而使之丧失本质,就像玻璃罩下的死蝴蝶一样的概念来把握;玻璃罩下的死蝴蝶虽然还保持着原来的颜色和形状,但那使其飞舞成为可能的生命和运动却没有了;而在生活里,就像在艺术里一样,飞舞就是一切。"[1]因此,当代美学不是要去从事解释的解释,孜孜于怎样把在审美活动中的预设的认识成果揭示出来,而是把审美活动带来的在理性成果之外的奥秘转换为一种新的理解方式。针对审美活动所为我们带来的全新的东西,它不再是通过解释而把它转换为熟知的东西,也不再是通过抽象而把它转换为既定理论的例证,而是着眼于呈现这全新的东西。对它来说,传统美学所界定的美、美感、文学、艺术实际上是并不存在的,假如存在,那肯定是因为它已经死亡了。因为美、美感、文学、艺术是最不确定的存在,只有当它处于不确定的状态时,才是它的自然状态、真实状态。假如美、美感、文学、艺术能够用语言说出来,就不是美、美感、文学、艺术了。这样,重要的是在审美活动中"看到了什么"而不是"把……看成……"。不难看出,当代美学的全部转换与此密切相关。

5

当代美学中美学模式的从二元对立向多极互补的转型,如上所述。关于二元对立模式的利弊得失,前面已经论及,至于多极互补模式中所存在的极大的片面性,应该说,也是必须给予充分重视的。例如,它注重两极的作用与功能,这当然是一大突破,但是却忽视了对于构成两极的诸多要素自身的研究,这又是一个失误。它以非理性为基础,但是却没有解决好理性与非理性的关系,而且对理性采取了一种简单的排斥态度。它偏重否定性思维,这无疑是长处,但也是短处。离开否定性,无法发挥作用;一味偏执否定性而离开了肯定性,又可能滑向虚无主义、怀疑主义。要知道,美学思维毕竟是非常严肃的事情,一旦丧失了严肃性就丧失了建设性。否定性思维一味否定理性,必然使得自己丧失掉一个重要的营养基。何况,非理性对于理性

---

[1] 约瑟夫·祁雅理:《二十世纪法国思潮》,吴永泉等译,商务印书馆1987年版,第36页。

的批评更多地只能在警醒的意义上存在,理性的失误最终还要靠理性来纠正。这正如西方学人所强调的:柏拉图的失误要靠柏拉图来纠正,不过,限于篇幅,这里从本书的需要出发,拟着重从理性与非理性的关系的角度,对此略加讨论。因为理性主义与非理性主义的出现,都是对于理性与非理性的关系的错误认识所致。

在我看来,西方美学的二元对立模式与多极互补模式实际上是各自强调了美学模式的一个方面,或者偏重同一性、绝对性、肯定性,或者偏重差异性、相对性、否定性,其结果是都难免陷入困境。事实上,不论同一性、绝对性、肯定性,还是差异性、相对性、否定性都只是事物的一个方面,而且是相辅相成的,对其中任何一个方面的夸大,都是把这个方面无限化,都会带来美学的失误。以后者为例,离开了个体,类固然是抽象的;但是反过来也是一样,脱离了类的个体也只能是抽象的个体。而且,即便是类也不能简单否认,完全否认人的类存在,人将不人。

这就引发出一个重大问题,这就是理性与非理性的关系问题。在我看来,理性与非理性不但有对立的一面,而且还有统一的一面。事实上,理性与非理性只是一个非常相对的概念。因为,极端的理性与极端的非理性是相通的。理性的极点必然是非理性,非理性的极点必然是理性。例如道德方面的许多要求事实上都是没有理性的答案的,只是一种不证自明的前提。这意味着理性必须以非理性为前提。科学方面的许多结论也是如此,也同样建立在一种不证自明的前提之上,达就是科学之所以一旦被推到极端就成为宗教的原因。其二,理性与非理性不但是相通的,而且是相辅的。生命活动中只有以理性或者以非理性为主的活动,没有纯粹理性或者非理性活动。这恰似磁铁中的S极与N极事实上根本无法分开一样。纯粹的理性、纯粹的非理性在人类审美活动中并不存在,所以中国人经常说"合情合理"。而在审美活动中,就更是如此了。

那么,既然如此,为什么会出现理性主义或者非理性主义呢?其中的失误不在于要不要理性或者要不要非理性,而在于只要理性或者只要非理性。

例如,非理性主义对理性主义的批判就是如此。有人一看批判理性主义就以为是要批判理性,这是典型的无知。实际上非理性主义批判的只是对理性的神化,或者说,它批判的只是理性的异化物即泛逻辑思维模式。① 海德格尔不就一再声称,批判理性主义是为了恢复思维的本来面目? 祁雅理不也强调说,批判理性主义是为了拒绝接受把一个活生生的现实归结为概念游戏? 因此,正是在非理性中我们看到了其中蕴含着的理性的根本精神。而且归根结底,非理性的胜利还是人类理性的胜利。它的重大意义在于启发我们重新思考理性与非理性的关系,在于通过非理性层面扩展出新的研究领域。例如有助于揭露审美活动的否定方面,进一步展开审美活动的应有内涵,并且从非理性方面来进一步规定审美活动,等等。②

---

① 知识不但存在正值,而且存在负值。知识就是力量,不能成为全称判断。因为知识,人类进步了,因为知识,人类也退步了。因此,要小心知识垃圾会在某一天淹没了我们。

② 对此,不能简单地说是无深度感。当代美学并非真的不需要深度,而只是不再相信传统美学关于深度的种种神话。传统美学往往只关注世界的纵向关系,在由此而形成的现象与本质、意识与潜意识、确实性与非确实性、所指与能指等种种关系中,关于本质、意识、确实性、所指的答案无疑只能是唯一的、封闭的。当代美学关注的是世界的横向关系,也就是现象与现象的关系。在世界这个大系统之中,它们涉及的是一种关系性属性,无疑也是"平面"的。当代美学强调:真正的本质在于现象,就是着眼于此。席沃尔曼就指出:"当代大陆哲学审视事物的表面,是为了更深入地进入它们的深层存在。"(转引自王治河:《扑朔迷离的游戏》,社会科学文献出版社 1993 年版,第 28 页)针对有人说后现代小说根本不要深度,赵毅衡也曾指出:"我的看法是,作为文本形式,这个说法是对的,但作为释义期待,释义态度,则不可能如此。现代派文学,如艾略特的《荒原》、福克纳的《喧哗与骚动》,它们的零散平面性,在形式结构上已经被整合起来,释义就不得不追随这种整合而走向深度意义;后现代派小说,零散平面,在形式结构上并没有整合(试看巴塞尔姆的短篇《城市生活》或长篇《白雪公主》即可知一斑)。在释义期待上,它们当然是有深度的,只是读者不能从作品形式上找到走向这意义深度之向导,因此歧解成为必然的解读方式。要不然,后现代派小说就成了完全无目的的语言游戏。这种游戏只是假象,后现代派元小说的游戏是无目的的目的性。对读者参与的邀请本身就展示了其深度可能,'无托才可令有托'。"(赵毅衡:《后现代派小说的判别标准》,载《外国文学评论》1993 年第 4 期,第 15 页)

然而,对于理性主义的批判又有其限度,而且,严格地说,对理性主义的批判仍旧应该由理性来进行。把理性神圣化固然不对,把非理性神圣化,并且通过这一方式以达到批判理性的目的,同样不可取。马克思在批评青年黑格尔派视批判为一切时说过:这种批判实际是"极端无批判的批判""极端非批判"。非理性主义在批判理性主义时也有类似倾向。通过把非理性神圣化的方式去或者划定理性的界限,或者转而关心非理性的方面,并且借助于对这些方面的夸大,达到一种把人类从理性神话中唤醒的效应,是可以的,但也仅此而已,因为它毕竟只是抓住了非基础性的方面。正如施太格缪勒说的:存在哲学和存在主义的"本体论都企图通过向前推进到更深的存在领域的办法来克服精神和本能之间的对立"①。何况,在其中理性的困惑依旧存在。

因此理性与非理性之间关系的真正解决,必须从超越理性与非理性的抽象对立开始。既然没有非理性的理性是苍白的,没有理性的非理性是盲目的,两者彼此包含,彼此补充,那么作为矛盾的积极扬弃,就应该是学会比理性主义更会思想,而不是简单地拒绝思想。在此意义上,超越理性与非理性的抽象对立,就成为一个更为深刻的美学主题。白瑞德说:"非理性主义把思想领域交给了理性主义。因此也就秘而不宣地分享了论敌的假定。需要一种更加根本的思想,把这两个对立方面的根基都挖了。"②在美学中理性与非理性之间的抽象对立是历史地产生和形成的,也是审美活动本身分裂的结果。现在要根除两者之间的抽象对立,只能从审美活动本身入手。审美活动最终解除了理性与非理性之间的抽象对立而达到一种具体性,达到一种对于人类自身的具体的把握。在审美活动中,不再用一种抽象性取代另一个抽象性,抽象的理性与抽象的非理性真正统一起来了,转而成为审美

---

① 施太格缪勒:《当代哲学主流》,王炳文等译,商务印书馆1986年版,第168页。
② 白瑞德:《非理性的人》,彭镜禧译,黑龙江教育出版社1988年版,第218页。

活动的两种因素。从而,理性主义的误区才能够真正得到根除。

但无论如何,理论反省是一回事,历史发展又是一回事,当我们从理论反省回到历史现实,我们毕竟应该承认:非理性主义在20世纪的出现绝对不是偶然的,20世纪的思想断裂也绝对不是偶然的,而是长期力量积蓄的结果。否则,福科又为什么会大声疾呼,从本世纪初开始,人类精神就走向了"断裂","非连续性"范畴成为人类意识的中心?或许,人类历史期待着一场远比康德的"纯粹理性批判"还要更为深刻的批判——"纯粹非理性批判"?或许,非理性主义对于冲击根深蒂固的理性主义而言,毕竟是有益的,而且也是20世纪的必然选择?尼采指出:"上帝死了,但是人类会构筑一个千年不坏的山洞,在山洞里人们会展示他的形象。而我们——我们仍然必须克服他的形象!"[1]在本书中,还是让我们回过头来,看一看人类是怎样在审美观念的转型中继续"展示他的形象"或者竭力"克服他的形象"的吧!

3
商品社会与当代审美观念的重构

当代美学所展现的否定性主题和多极互补模式,从更深的层次上说,还与商品社会与包括电子媒介在内的技术文明密切相关。它们或者通过商品性的介入为当代审美活动提供了特殊的内容,或者通过技术性的介入为当代审美活动提供了特殊的载体,从而对审美观念的当代转型产生深远的影响。因此,有必要加以考察。

本章考察商品社会与当代审美观念的关系。

---

[1] 尼采:《快乐的科学》,余鸿荣译,和平出版社1986版,第125页。

拒绝商品属性,是传统美学的公开的秘密,也是传统美学之所以以肯定性作为自己的美学主题,以二元对立模式作为自己的美学范式的关键所在。在我看来,这无疑是传统美学的成功之处。因为任何一种美学都是以特定的视角作为界限的,按照庄子的提示,可以叫做"各执一管以窥天"。显然,传统美学的肯定性主题与二元对立模式这"一管",正是借助于非商品属性而成功的。然而,这也是传统美学的失败。因为商品属性毕竟也是审美活动的属性之一。传统美学之所以未能做到以否定性作为自己的美学主题,以多元互补作为美学模式,去对审美活动中所包含的另一层面的诸多问题加以详尽考察,更未能做到在肯定性与否定性这两极之间来更为深入地考察审美活动本身的一直被压抑了的内涵,原因在此。不难看出,当代审美观念在转型中所展开的正是这一秘密。它使得当代美学发生了重大转型,同时也使审美活动的内涵有可能在新的边缘地带得以拓展。

1

马克思在剖析商品拜物教的秘密时说过:人类劳动的产品"一旦作为商品出现,就变成一个可感觉而又超感觉的物了"[①]。显而易见,这个无往而不胜的"可感觉而又超感觉的物",不可能不影响到人类的审美活动。换言之,人类的审美活动也不可能不蕴含着商品属性。

审美活动的商品属性可以从三个方面加以说明。首先,审美活动尽管是一种精神活动,然而却仍旧与经济生活有着密切的联系。这正如恩格斯所说:"经济在这里并不重新创造出任何东西。但是它决定着现有思想资料的改变和进一步发展的方式",[②]因此,审美活动的真正秘密无疑隐藏在经济事实之中。虽然它直接地是以前人的审美观念为出发点,然而间接地却以

[①] 《马克思恩格斯全集》第23卷,人民出版社1972年版,第87页。
[②] 《马克思恩格斯选集》第4卷,人民出版社1972年版,第485—486页。

经济基础的取舍为中介。"一切理论观点,只有理解了每一个与之相适应的时代的物质生活条件,并且从这些物质条件中被引申出来的时候,才能理解。"①而且,应该从"从作为基础的经济事实中探索出政治观念、法权观念和其他思想观念"②的真正奥秘。从反面看,恩格斯也曾对没有读过一本经济学书籍就大谈"平等""博爱""正义"的人提出批评,③认为这是"只和思维材料打交道","人们往往忘记他们的法权起源于他们的经济生活条件,正如他们忘记了自己起源于动物界一样"。④ 而"商品交换在有文字记载的历史之前就开始了。在埃及,至少可以追溯到公元前三千五百年,也许是五千年;在巴比伦,可以追溯到公元前四千年,也许是六千年;因此,价值规律已经在长达五千年至七千年的时期内起支配作用"。⑤ 因此,按照马克思的考察,在商品经济出现之后,包括审美观念在内的一切价值观念,应该说,都无非是商品经济在价值领域里的"另一次方"⑥。其次,人类的社会分工也与审美活动的商品属性密切相关。人类的社会分工,使得审美活动成为独立的精神生产部门,并且与物质生产分离开来,这样,对于衣食住行的需要就只能通过自己的作品来交换,审美活动的商品属性由此应运而生。其三,人类的审美活动无疑是以审美作为根本属性,但也并不意味着只有审美属性,其中,文化属性、历史属性、伦理属性、民族属性乃至商品属性也程度不同地存在着。只要稍加考察,不难发现,所谓商品并非只是纯粹的物质的东西,它还是一种社会关系,并且还存在于流通领域之中。而对于消费商品的人们来说,其中无疑包含着欲望、观念、情感等精神性的成分,这也就是说,在商品中无疑也蕴含着精神性的因素。那么,与此相同,在审美活动的消费中,难

---

① 《马克思恩格斯选集》第2卷,人民出版社1972年版,第117页。
② 《马克思恩格斯选集》第4卷,人民出版社1972年版,第500页。
③ 《马克思恩格斯选集》第4卷,人民出版社1972年版,第191—192页。
④ 《马克思恩格斯选集》第2卷,人民出版社1972年版,第539页。
⑤ 《马克思恩格斯全集》第25卷,人民出版社1974年版,第1019页。
⑥ 《马克思恩格斯全集》第46卷(上),人民出版社1979年版,第197页。

道就不包含物的、商品的成分吗？这也说明,审美活动也可以具有商品属性。马克思指出:商品、物质产品的生产,要花费一定量的劳动和劳动时间。一切艺术和科学的产品,书籍、绘画、雕塑等等,只要它们表现为物,就都包括在这些物质产品中。这显然是对审美活动的商品属性的说明。①

然而,审美活动具有商品属性,却并不意味着审美活动就是商品交换活动。因此,考察审美活动的商品属性还只是问题的开始,更为重要的还应该是在此基础上重新考察审美活动与商品交换活动的关系。那么,究竟如何看待审美活动与商品交换活动的关系呢？我认为,可以从三个方面加以讨论。

首先,从性质看,不论商品交换活动还是审美活动,应该说都是人类文明的基本内容,都是人类活动的基本组成部分,然而,它们之间的性质却截然不同,各具不同特点,反映不同要求,起着不同作用,相互渗透、共同发展,但又相互矛盾,不可替代,反映了人类社会生存发展中的不同层次、不同方面的需求,在人类社会中起着不同的作用,不能互相替代。商品交换活动以利益、效率、利润、金钱、竞争为核心,在其中,人与人之间表现为物化的关系。不言而喻,它同样是走向现代意识的前提,缺乏这个前提,现代的成熟的文明观念不可能建立起来,现代的成熟的审美观念也不可能建立起来。然而,它也存在着自己的边界,让它肆意越过自己的边界,成为社会的唯一价值观念,又是极其危险的。审美活动以终极关怀、人类之爱为核心,在其中,人与人之间表现为人化的关系。相对于商品交换活动所体现的商品价值,应该说审美活动所体现的审美价值是建构现代意识的核心,缺乏这个核

---

① 可以从"价值"一词看审美活动的商品属性。我们说审美具有"价值",然而"价值"就与商品有关。马克思在《剩余价值理论》中说:"'价值'概念的确是以产品的'变换'为前提的。"恩格斯也指出:"价值概念是商品生产的经济条件最一般的,因而也是最广泛的表现。"(《马克思恩格斯选集》第3卷,人民出版社1972年版,第349页)难怪张岱年先生竟因为价值的商品味而呼吁要把它改为"品值"。

心,现代的成熟的文明观念就不可能理想地建立起来。这使我们意识到,审美活动的现代建构只能通过自己独特的方式来完成,靠商品意识肆意越过自己的边界,是不可能的。

其次,商品交换活动与审美活动的根本区别,可以从两个方面加以把握。其一,所谓商品,有其特定的规定,这就是:是为别人生产的,即用来直接满足别人的需要,但是不用来直接满足自己的需要。这意味着:商品价值只是手段,交换才是目的,而对于审美活动来说,交换只是手段,审美活动(交流)才是目的。因为在审美活动中实现的是美的客体存在形式的交换价值,并不是美的文化价值。即便是以货币收入的形式实现的交换价值,也只是用来补偿生产美的物质承担物所花费的劳动。何况,商品交换活动无法完全进入审美活动,例如,对于"一切脱离艺术家的艺术活动而单独存在的艺术作品",如书、画来说,"资本主义生产只是在很有限的规模上被应用"。而在表演艺术等"产品与生产行为不能分离"的活动中,"资本主义生产方式只是在很小的范围能够应用,并且就事物的本性来说,只能在某些领域中应用"。[①] 因此,就审美活动的性质而言,归根结底,我们应该明确,审美活动是在商品交换活动领域之外存在的。其次,进入商品形态的审美活动只是它的客体存在方式即物化形态。它对美的积累、传播无疑是有益的,然而又不能仅仅如此。最为根本的,还是要以主体存在方式存在,要为提高人类精神素质作贡献。当然,在商品经济社会,生活资料已经商品化了,审美活动若不商品化,就不能换取生活资料;审美活动的物质手段,以及审美活动的物质承担物都已商品化了,审美活动的成果也只好商品化。但是,正如马克思所说:艺术家的"劳动并不因此就是经济意义上的生产劳动"。"钢琴演奏者生产了音乐,满足了我们的音乐感,不是也在某种意义上生产了音乐感吗?""他使我们的个性更加精力充沛,更加生气勃勃","但他的劳动并不因此就

[①] 《马克思恩格斯全集》第 26 卷,人民出版社 1972 年版,第 443 页。

是经济意义上的生产劳动"。①受资本家雇佣的钢琴生产者的劳动是经济意义上的劳动,因为他"再生产了资本",而为观众演奏钢琴的钢琴家虽然"用自己的劳动同收入相交换",却不是经济意义上的劳动,而是非经济意义上的劳动即一般劳动。在前者,人的社会关系转化为物的关系,成为外在强制的力量,是受外在强制的劳动;在后者,人不仅是支配一切自然力的主体,而且是支配一切社会关系的主体,是放弃外在强制的自由劳动。

具体来说,第一,商品大多是物质的,是对于物质需要的满足,因此利益、效率、利润、金钱、竞争等价值观念应运而生。审美活动则是精神的,是对精神需要的满足,因此终极关怀、人类之爱等价值观念应运而生。第二,一般商品的价值决定于生产同类产品的社会平均必要劳动时间,而审美活动却是独一无二、不可重复的,因此也就无法用生产同类产品的社会平均必要劳动时间来计算。1877年美国画家惠斯勒展出自己的作品《老巴特西桥》,为这幅他画了两天的作品,他开出了相当高的价格,不料竟引起诉讼。在法庭上,他理直气壮地说:"我是为一生的知识开的价目。"②马克思也指出:"密尔顿出于同春蚕吐丝一样的必要而创作《失乐园》"。③但是我们知道,密尔顿只得到五英镑的报酬。第三,在商品交换领域,是以量对质,以量的关系抹杀质的关系,"正如商品的一切质的差别在货币上消灭了一样,货币作为激进的平均主义者把一切差别都消灭了。"④而在审美活动领域,则是以质对量,以质的关系带动量的关系。第四,商品的实现是表现为物品能量的消耗,而审美活动的实现则表现为精神境界的提升。因此,不论在当代审美活动中必须采取什么形态,但却仍旧必须"出于同春蚕吐丝一样的必要而创作",审美活动仍旧是目的而不是手段。正如马克思强调的:"作家当然必

---

① 《马克思恩格斯全集》第46卷(上),人民出版社1979年版,第264页。
② 贡布里奇:《艺术发展史》,范景中译,天津人民美术出版社1988年版,第298页。
③ 《马克思恩格斯全集》第26卷1,人民出版社1972年版,第432页。
④ 《马克思恩格斯全集》第23卷,人民出版社1972年版,第152页。

须挣钱才能生活、写作,但是他绝不应该为了挣钱而生活、写作……诗一旦变成诗人的手段,诗人就不成其为诗人了。"①这样,我们看到,对于审美活动的商品属性的理解,只是意味着它的性质变得越来越丰富、越来越复杂了,不再像古代社会那样简单、直接,但是绝不意味着审美活动的性质就完全应该由商品价值来决定。换言之,即便是审美活动在当代社会的实现主要要通过商品化来实现,充其量也只是意味着其价值实现的主要途径的转换,但是绝对不能因此而认为实现了商品化的同时就实现了审美化,更不能认为买到了作品就买到了美和艺术。须知,美和艺术既是生产出来的,也是创造出来的,而且,首先是创造出来的。相比之下,审美活动的物化只是非常次要的问题。何况,即便审美活动不能通过商品化加以实现,也并不就说明它毫无价值,这样的情况在当代美学史中更是屡见不鲜的。

第三,从层次看,在商品交换活动与审美活动之间,还存在着递进的关系。它们不但都是人类文明的基本内容,都是人类意识的基本组成部分,而且在人类文明与人类意识之中,彼此的位置也各有不同,存在着递进制约的关系。商品交换活动是效用价值的实现,缺乏效用价值的文明,不可能是人类文明。但只有效用价值的文明,也不可能是人类文明。而且,商品交换活动是以利益、效率、利润、金钱、竞争为核心,因此在人类文明中又毕竟是低层次的。审美活动是最高价值的理想实现,也是人类文明的核心,因此,它在人类文明中是高层次的。假如说在商品交换活动中是透过人去看物,那么在审美活动中就是要透过物去看人。在商品交换活动中,"人们信赖的是物(货币),而不是作为人的自身。但为什么人们信赖物呢?显然,仅仅是因为这种物是人们之间互相间的物化的关系,是物化的交换价值,而交换价值无非是人们互相间生产活动的关系。"②可见,在商品交换活动中沉淀的是人

---

① 《马克思恩格斯全集》第 1 卷,人民出版社 1956 年版,第 87 页。
② 《马克思恩格斯全集》第 46 卷(上),人民出版社 1979 年版,第 107 页。

的物性化意识,而在审美活动中信赖的则是人本身,沉淀的是人的精神化意识。

在商品交换活动与审美活动之间存在着递进的关系,还与商品需求与精神需求等值这一逻辑前提不能成立有关。审美活动存在着审美价值与商品价值。所谓价值是指满足人的需要的物的有用性,但是人的需要不同,有外在必然性规定的需要,也有内在必然性规定的需要。商品价值是一种使用价值,是为交换(消费)而交换,是对人的直接功利性的满足。然而,审美价值则是谋求"超出对人的自然存在直接需要的发展",也就是"发展不追求任何直接实践目的的人的能力和社会的潜力(艺术等等,科学)"[1],是为交流而交换,是对人的间接功利性的满足,即对人的超出了狭隘功利性而服从于自由发展的目的的功利性的满足。

在此意义上,我们再看审美活动的商品属性,就不难发现,审美活动的商品属性固然是审美活动的社会属性之一,但是毕竟不是审美活动的本质属性。它只是审美活动的外部属性之一,审美活动还有其自身的本质属性。弄清楚这一点,我们就会更为深刻地懂得,商品交换活动与审美活动无法等同。在商品社会,人们往往以为既然美和艺术可以买卖,那么谁有钱谁就可以占有美和艺术。这是非常荒谬的。马克思就曾讥讽说:谁买到勇气,谁就是勇敢的,即使他是胆小鬼。我当然不是说审美活动就不可以交换,但这并不是说审美活动就可以不以交流为核心。没有交流,美和艺术就没有可能发展,然而这交流却与金钱无关。审美活动一旦完全商品化,自身的本质属性就转而为外在的商品属性取代了,就不再是它本来所是的东西,而成为自己的反面。需要强调,不是所有的东西自身都可以通过商品交换来实现,审美活动的本质属性就是其中之一。尽管商品价值不可遏止地要泛滥到一切领域,审美活动也必然要带上商品属性,但这只是展示出了审美活动的复杂

---

[1]《马克思恩格斯全集》第47卷,人民出版社1979年版,第216、215页。

性、多面性,然而并没有改变审美活动的本质属性。只要稍加注意,我们就会发现,在商品交换中实现的只是特定的使用价值,而不是审美活动的本身的美学价值。把复杂的问题简单化,是要犯错误的。例如票房价值就是特定使用价值的实现。但实际上它根本就不可能真正反映审美活动在满足人们精神需要时的程度。

最后,从内涵看,在商品交换活动与审美活动之间,还存在着宽窄的不同。在这里,"宽窄"的差异与上面"递进"的关系密切相关。商品交换活动要顽强地渗透到一切对象之中,审美活动自然不能例外,因此审美活动具有着商品属性。审美活动的内涵因此也就与商品价值一样,禀赋着对于商品交换活动的肯定性。然而,这毕竟只是审美活动的内涵之一。不少人只看到了这一点,是错误的。实际上商品交换活动中还存在着在财富中贬低人的价值的因素。而审美活动却是着眼于目的本身的人的发展,这种以人为目的和以财富为目的,就构成了审美活动与商品交换活动的内涵的差异,这就是面对商品交换活动,审美活动不但有其肯定性的一面,而且有其否定性的一面。审美活动要求在财富中实现人的目的,而商品交换活动的局限正表现在对审美活动的内涵的限制上。在这个意义上,审美活动的意义也正表现在它是对商品交换活动的限制即对商品交换活动的局限的限制之上。这是商品社会发展的必不可少的前提。审美活动不但以肯定性去消极适应商品社会,而且以否定性去积极适应商品社会,去限制和揭露商品社会的有限性,从而起到必不可少的制衡作用,为人类精神的丰富发展准备和创造条件。[①] 因此,

---

[①] 德国著名伦理学家包尔生说:"一个民族,倘若它完全缺乏我们称之为风俗和良心的东西,缺乏个人在其中通过审慎和畏惧控制自己行为的东西",就不可能"支持哪怕一天以上";"毁灭良心是对一个人或一个集体的所能作出的最严重伤害"。(包尔生:《伦理学体系》,何怀宏等译,中国社会科学出版社1988年版,第312、314页)马克思经常批评资本主义"丢掉良心""昧于良心""出卖良心",任何变革都会"撕裂自己的心"即经历"良心的痛苦"。(《马克思恩格斯全集》第1卷,人民出版社1956年版,第134页)毛泽东也强调:"'羞耻之心,人皆有之'。人不害羞,事情就难办了。"(毛泽东:《批判梁漱溟的反动思想》)这一切,我们必须予以高度重视。

审美活动当然要适应商品社会的发展,但是又不是以商品社会的泛化的方式来实现的,而是以审美活动自己的方式实现的。①换言之,正如商品社会的存在是审美活动的必要条件,审美活动的存在也是商品社会的必要条件,谁能说商品社会确实在筛选着审美活动,但审美活动不同样也在塑造着商品社会?最后,审美活动的最为重要的内涵还在于它对于人的全面发展所具有的意义。谋求"超出对人的自然存在直接需要的发展",即"发展不追求任何直接实践目的的人的能力和社会的潜力(艺术等等,科学)。"②这无疑也是商品交换活动本身所不具备的内涵,同时,面对商品社会,审美活动还以精神化的形式来表现人的特点,反映着人的超出了物质利益的追求,审美活动因此而具备着更为根本的为商品交换活动所不可能具备的超越性内涵。

2

然而,既然审美活动具有商品属性,那么为什么在传统审美观念中见到的偏偏是对于商品属性的拒绝呢?在我看来,审美活动的上述商品属性是否能够充分加以展现,取决于审美活动的物质基础。具体来说,首先,它取决于审美活动的精神性需求与物质性需求之间矛盾的解决方式。由于分工的出现,审美活动的精神性需求与物质性需求之间始终存在着某种矛盾。当这一矛盾能够在审美活动之外得以基本甚至完全解决之时,审美活动的商品属性就只能是一种隐性的存在。然而当这一矛盾不能够在审美活动之外得到基本解决之时,审美活动的商品属性必然会表现出来。因为只有将审美活动的成果卖掉,才能换取进行审美活动所必需的物质材料。在传统社会,我们所看到的正是前者。统治者在审美活动之外占有了绝大多数审美活动时所必需的物质材料,也占有了审美活动的成果——这成果他们不

---

① 商品经济当然也关注精神,但它对精神的关注只是对需要的关注,况且不是把它作为根本需要,而是作为时尚。
② 《马克思恩格斯全集》第47卷,人民出版社1979年版,第216、215页。

会拿去卖掉,而只是供自己享受。因此,值得注意的是,没有被商品、金钱玷污过的审美活动倒是只有在统治者那里才存在。只有这时的审美活动才是纯洁的,没有铜臭味——当然从根本上说,还是建立在从劳动者那里掠取的血汗上。中国汉代乐府的乐师、唐代的梨园弟子、宋代的翰林国画院的画家,都是依赖于宫廷的。至于流浪艺人倒是直接与商品活动打交道,但是却反而被歧视为下九流。在这个意义上,审美活动还是等级社会的象征,因此审美活动也就压抑了它的商品属性的一面。换言之,是通过拒绝商品属性、拒绝功利性,并且通过隐瞒彼此之间的内在联系来维持审美活动。在古代社会,我们看到的审美活动并不与商品发生过多的联系,而是与宗教、道德发生种种错综复杂的纠缠,原因就在这里。① 至于中国的计划经济,则与古代社会有着共同之处。在计划经济体制中,国家的管理机制采取的是全部包下来的方法,结果同样造成了一种人身依赖,审美活动的精神性需求与物质性需求之间的矛盾可以在审美活动之外获得基本甚至完全解决,因此,审美活动的商品属性同样没有表现出来。而在现代社会,我们看到的正是后者。审美活动的精神性需求与物质性需求之间的矛盾无法在审美活动之外得到基本解决,只有将审美活动的成果卖掉,才能换取进行审美活动所必需的物质材料,这样,审美活动的商品属性就必然会表现出来。

进而言之,更为重要的是,审美活动的上述商品属性是否能够充分加以展现,取决于经济活动所决定的活动目的的差异。在古代社会,属于自然经济,突出的是"人的依赖性""人对人的依附性",以经济生活的禁欲主义、政治生活的专制主义、文化生活上的蒙昧主义为主要内容。它尽管十

---

① 颇有意思的是,不少学者喜欢以曹雪芹不要稿费来说明审美活动可以完全拒绝商品属性,然而,这实在是一种误导。曹雪芹不要稿费,是因为那时还没有稿费、版权、稿费、作者权益、作者署名等做法,都是市场机制运作的结果。曹雪芹不可能有先知先觉。何况,曹雪芹也并没有穷到"吃了上顿没下顿"的地步,张中行先生就开玩笑说"举家食粥酒常赊"实在是一种夸张,实际上他在食粥之余,也能吃点炒肉丝之类。因此,写作在他来说,还是一种"体外循环"。

分狭隘,然而在其中人"毕竟始终表现为生产的目的",而且在限定的范围内,个人"可能有很大的发展","可能表现为伟大的人物"。因此它"确实较为崇高",或者,假若拿"古代的观点和现代世界相比,就显得崇高得多"。在它的影响下,审美活动的商品属性自然也就不会表现出来。在此基础上,由于"自然经济"迫切需要构造某种理想的、本质的、必然的、普遍的东西去为自己辩护并保证自己的实现,这就顺理成章地导致了美学的肯定性主题的出现。同时,由于在"自然经济"中人们在经济生活、政治生活、文化生活中都只能生存在一种二元对立的状态,因此,就必然在美学的学科范式中形成一种二元对立的模式。而"现代世界,生产表现为人的目的,而财富则表现为生产的目的",人之为人"表现为完全的空虚","表现为全面的异化,而一切既定的片面目的的废弃,则表现为了某种纯粹外在的目的而牺牲自己的目的本身。"①在它的影响下,审美活动的商品属性显然也会表现出来。在此基础上,由于"市场经济"迫切需要解构传统的、理想的、本质的、必然的、普遍的东西并为自己辩护,以保证自己的实现,这就顺理成章地导致了美学的否定性主题的出现。同时,由于在"市场经济"中人们在经济生活、政治生活、文化生活中都只能生存在一种二元消解的状态,从二元到中介以及从对抗到对话、从对立到合作、从对立到融合、从对峙到沟通……已经成为不可抗拒的潮流,因此,在美学的学科范式中就必然形成一种多元互补的模式。

由此我们看到,传统美学的肯定性主题、二元对立模式与当代美学的否定性主题、多极互补模式的产生,应该说,恰恰与审美活动的商品属性的或"隐"或"显"关系密切。

不过,美学的从肯定性主题、二元对立模式向否定性主题、多极互补模式的转型,在"市场经济"中又有其过程。我们知道,自近代社会开始,逐渐

---

① 《马克思恩格斯全集》第46卷(上),人民出版社1979年版,第486页。

从"自然经济"逐渐转向"市场经济",后者意味着从"人的依赖性"走向"以物的依赖性为基础的人的独立性","人的依赖关系"为"物的依赖关系"所取代。这,无疑是一种进步,但是,同时又暴露了许多新的问题。就前者而言,它体现了对于以"人的依赖性"为特征的文明发展中的自然局限性的突破。马克思称之为"资本的伟大的文明作用"。① 在市场经济时代,"由文明创造的生产工具"的作用取代了"自然形成的生产工具"的作用。人类活动的社会性质开始被赋予普遍性的形式。"以资本为基础的生产,一方面创造出一个普遍的劳动体系——即剩余劳动,创造价值的劳动","另一方面也创造出一个普遍利用自然属性和人的属性的体系"。在这里,所谓普遍利用"人的属性",是指对内要培养"具有高度文明的人";"培养社会的人的一切属性,并且把他作为具有尽可能丰富的属性和联系的人,因而具有尽可能广泛需要的人生产出来——把他作为尽可能完整的和全面的社会产品生产出来,(因为要多方面享受,他就必须有享受的能力,因此他必须是具有高度文明的人)——这同样是以资本为基础的生产的一个条件。"②所谓普遍利用"自然的属性",则是指对外要克服对于自然的崇拜、狭隘的地域性,不再依赖自然,而是征服自然。因为资本主义生产方式以人对自然的支配为前提。社会地控制自然力以便经济地加以利用,用人力兴建大规模的工程以便占有或征服自然力。就后者而言,市场经济所暴露出来的新问题主要体现为文明发展中的社会局限性。然而,那个时代人们主要还是关心于从前现代化到现代化的问题,诸如市场经济、现代科技、工业化以及人的尊严、民主、自由,等等,意在改变传统的人身依附,使个人获得前所未有的独立,因此,在

---

① 这里,我们要注意一个问题,这就是:"资本创造文化"。马克思指出:"正是因为资本强迫社会的相当一部分人从事这种超过他们的直接需要的劳动,所以资本创造文化,执行一定的历史的社会的职能。"因为"这种剩余劳动一方面是社会的自由时间的基础,从而另一方面是整个社会发展和全部文化的物质基础。"(《马克思恩格斯全集》第47卷,人民出版社1979年版,第257页)
② 《马克思恩格斯全集》第46卷(上),人民出版社1979年版,第392页。

市场经济的巨大魅力得以充分展示之际,"资本的伟大的文明作用"所导致的文明发展中的社会局限性这一根本缺憾并没有真正、完全暴露出来。那么,"资本的伟大的文明作用"在美学领域的表现是什么呢?无疑就暂时还是推动着传统美学的肯定性主题、二元对立模式走向成熟。

自20世纪初开始,随着市场经济的高度发展,其中的巨大魅力得以更加充分地展示,同时,其中的根本缺憾也真正、完全暴露了出来。这就是:文明发展中的社会局限性(正是它,使得"资本的伟大的文明作用"无法真正、全面地得以实现)。所谓文明发展中的社会局限性,是指在资本主义条件下,市场经济只能奉行物质财富的增长优先于人本身的发展的原则。它表现为:"文明的一切进步,或者换句话说,社会生产力(也可以说劳动本身的生产力)的任何增长,——例如科学、发明、劳动的分工和结合、交通工具的改善、世界市场的开辟、机器,等等,——都不会使工人致富,而只会使资本致富,也就是只会使支配劳动的权力更加增大,只会使资本的生产力增长。""资本在具有无限度地提高生产力趋势的同时",又"使主要生产力,即人本身片面化,受到限制",[①]随着"劳动者方面的贫穷和愚昧","非劳动者方面的财富和文化也发展起来"。[②] 具体来看,它包括,人与自然之间关系的异化:这主要体现为自然中的"人化"与全球问题的矛盾。人与社会之间关系的异化:这主要体现为社会中的"人化"与"物化"的矛盾,例如社会对人的发展的扭曲,人与人之间关系的异化,等等。在这里,人与人之间的关系被异化为金钱的关系。金钱成为万能的。人的全部社会关系被以等价交换原则来实现,所谓量的关系抹杀了质的关系。正如马克思所指出的:"在这里,可以在本来意义上使用'货币没有臭味'这句话。某人手头的一个塔勒,是实现大粪的价格还是绸缎的价格,从它身上是根本看不出来的,只要这个塔勒是执

[①]《马克思恩格斯全集》第46卷(上),人民出版社1979年版,第268、410页。
[②]《马克思恩格斯全集》第19卷,人民出版社1963年版,第17页。

行塔勒的职能,在它的所有者手里,一切个人差别都消失了。"①人与自我之间关系的异化:自我失落了。更为重要的是,过去,这种异化还主要是表现在物质领域,是狭义的商品异化所致。人类最为神圣的两个领域,大自然和审美活动还被严格地排除在外。然而现在这种异化却渗透到文化、文明的领域,从商品的异化转向了文化、文明的异化(从卢卡契发端,直到法兰克福学派,所密切关注的正是这个世纪性的重大问题)。人类最为神圣的两个领域即大自然和审美活动也被挟裹其中,失去了神圣的纯洁。精神产品普遍成为商品。审美活动也作为商品直接进行交换,伊格尔顿承认:"我们说社会现象已经普遍商品化,也就是说它已经是'审美的'了——构造化了、包装化了、偶像化了、性欲化了。""什么是经济的也就是审美的"②。里斯曼也说:"流行文化实质上是消费的导师,它教给他人引导如何消费政治,即把政治消息和政治态度当作消费品,政治是一种商品、一种比赛、一种娱乐和一种消遣,而人们则是购买者游玩者或业余的观察者。"③乔治·史密尔甚至不无夸张地说:在当代社会,"物品不是先生产出来而变成时兴的,物品被生产出来是为了创造一种时兴。"④由此,由于文明发展中的社会局限性所导致的从现代化到后现代化的问题,诸如全球问题、人的物化问题,就深刻地暴露了出来(对于中国当代社会来说,学术界有人认为是"历时问题的共时呈现",即同时面对着从前现代化到现代化和从现代化到后现代化这样两个截然相反的问题)。而从美学的角度看,正是因为文明发展中的社会局限性的全面暴露,"一切固定的古老的关系以及与之相适应的素被尊崇的观念和见解都被消除了,一切新形成的关系等不到固定下来就陈旧了。一切固定的东西

---

① 《马克思恩格斯全集》第 46 卷(下),人民出版社 1979 年版,第 475 页。
② 伊格尔顿。见《上海文论》1987 年 4 期,第 73 页。
③ 里斯曼:《孤独的人群》,刘翔平译,辽宁人民出版社 1989 年版,第 197 页。
④ 乔治·史密尔:《哲学的文化》,参见阿诺德·豪泽尔《艺术史的哲学》,陈超南等译,中国社会科学出版社 1992 年版,第 326 页。

都烟消云散了,一切神圣的东西都被亵渎了。"①传统的、理想的、本质的、必然的、普遍的东西正式退出了历史舞台,"现代性的酸"使得一切"尺度""标准""原则""价值""规范""约束"都失去了存在的可能,"生命中不可承受之重"为"生命中不可承受之轻"所取代,美学的否定性主题的出现也就是必然的。同时,由于市场经济导致的经济生活、政治生活、文化生活中的二元消解,在思维模式上必然出现从二元到中介以及从对抗到对话、从对立到合作、从对立到融合、从对峙到沟通等全新的特征,美学的多元互补的模式的出现同样也就是必然的。

3

商品社会对于当代审美观念的影响显然有其积极意义。

例如,在审美活动的本质方面,传统美学往往强调理性的权威性、确定性、普遍性,以及理性生存的合理性、必然性、规律性,审美活动因此而成为理性活动的附庸,成为一种形象的理性思维、形象的反映活动。由此出发,传统美学还竭力把人提高为"神",为自然、社会、人生、自我涂上了一层厚厚的理想主义的色彩。因此,对于真、善、美的追求,也就成为它的必然选择。然而,一旦全面进入商品社会,理性的权威性、确定性、普遍性,以及理性生存的合理性、必然性、规律性,就无不遇到严峻的挑战,审美活动也随之而凌越理性活动而上,成为人类生命活动中最高的生存方式、超越方式。同时,当代美学也从对人类理性的"放之四海而皆准"的迷信转向了对人类理性的"放之四海而未必皆准"的怀疑,从对人类未来的美好、幸福的憧憬转向了对人类未来的悲剧结局的恐惧,从对人类自身的充满激情的赞颂转向了对人类自身的痛心疾首的鄙弃……"信仰失落""意义失落""理想失落""价值失落""终极关怀失落",成为令人触目惊心的场景。正如马克思所提示的:商

---

① 《马克思恩格斯选集》第1卷,人民出版社1972年版,第254页。

品社会"使大批个人脱离他们先前的(以这种或那种形式)对劳动的客观条件的肯定关系,把这些关系加以否定","历史的过程是使在此以前联系着的因素互相分离;因此,这个过程的结果,并不是这些因素中有一个消失,而是其中的每一个因素都跟另一个因素处在否定关系中"。① 这就迫使人们从人类活动的直接后果(现代化)中进而注意到隐含其后的间接后果(后现代化),注意到肯定性价值中所包含的否定性的内容,以及否定性的价值中所包含的肯定性的内容,于是,当代美学从对商品社会的正面效应的美学评价的自觉转向了对商品社会的负面效应的美学评价的自觉。"审"美转换为"审"丑,"审"崇高转换为"审"荒诞,审美活动也从表层心理的自我实现转向了深层心理的自我实现。人类也终于有可能在一个更为宽容、更为全面的基础上来重新为审美活动的本质定位。

又如,在审美活动的需要方面,商品社会在拓展审美活动的需要方面也起到了特殊的功用,正如马克思所指出的:"第一,要求扩大现有的消费量;第二,要求把现有的消费推广到更大的范围,以便造成新的需要;第三,要求生产出新的需要,发现和创造出新的使用价值。"② 与此相关,"个性因而是人类整个发展中的一环,同时又使个人能够以自己特殊活动为媒介而享受一般的生产,参与全面的社会享受","是对个人自由的肯定"。③ 这意味着:自由首先与人的物质享受有关。而在有"洁癖"的传统美学中,"享受"是作为贬义词来使用的。但在商品社会,正如马克思所指出的,自由是个人参与全人类的创造性生产和享受的必然派生物,是通过市场交换充分满足自己对各种使用价值的需要,这无疑是对"享受"的正面意义的肯定。由此,商品社会在拓展审美活动的需要方面的积极意义不难看到。

再如,在审美活动的主体方面,"商品是天生的平等派",④ 商品属性的拓

---

① 《马克思恩格斯全集》第46卷(上),人民出版社1979年版,第505、506页。
② 《马克思恩格斯全集》第46卷(上),人民出版社1979年版,第391页。
③ 《马克思恩格斯全集》第46卷(下),人民出版社1980年版,第472页。
④ 《马克思恩格斯全集》第23卷,人民出版社1972年版,第103页。

展使得审美活动者摆脱了自然经济的"人的依赖关系",成为人格独立的自由生产者,正如马克思所说:商品经济"培养社会的人的一切属性,并且把这作为具有尽可能丰富的属性和联系的人,因而具有尽可能广泛需要的人生产出来——把他作为尽可能完整和全面的社会产品生产出来",而这正是"个性在社会生产过程的一定阶段上的必然表现"。[①]而且,商品属性的拓展也造成了"工人"与"奴隶"之间的一个重大区别,这就是得以"分享文明"。另一方面,由于在商品社会出现的社会化与个性化的矛盾,真正的自由个性如果要得以表现,甚至就要采取否定的形式,也就是以意识到异化并能够与之斗争作为自由个性的特征,以区别于对于异化毫无自觉意识的所谓个性,而文化活动、审美活动本身也往往要在与普遍异化关系的对抗中才能得到发展,这一切,必然导致传统美学所竭力维护的"美学的特权地位"和美学与非美学、审美活动与非审美活动、审美方式与非审美方式、艺术与非艺术的区别不再合法,同时也导致传统美学在19世纪最终论证完成的审美无功利性与审美活动的自律性不再合法。于是,审美活动与非审美活动的交融、审美价值与非审美价值的碰撞、审美方式与非审美方式的会通、艺术与非艺术的换位,甚至反美学、反审美、反艺术等的出现,就构成了当代美学的特定景观。这是审美活动的"堕落",但更是审美活动的"新生"。正是在"堕落"中"审美活动"才得以不仅仅固守于传统的在当代已经显得非常做作了的"类"的、人道主义的、抽象的、堂皇叙事的"自古华山一条道",正是在"新生"中"审美活动"才得以获得广泛的自由度,得以相对于过去远为充分地施展自身的审美潜能。在这个意义上,说审美活动不再绝对独立于商品社会之外,是审美活动的一种进步、一种解放,是并不过分的。

再如,在审美活动的内涵方面,审美活动的被商品化,破坏了绝对的美、唯一的美的合法存在。传统的审美活动对于原本、本源、起源、中心的关注,成为一种亟待解构的形而上学,由此,建立在原本、本源、起源、中心基础上的作品也就不再可能。正如德里达强调的:不存在的中心不复是中心!作

[①]《马克思恩格斯全集》第46卷(上),人民出版社1979年版,第392页。

为传统美学的知识谱系的人道主义、合目的性、合规律性、美、美感、优美、悲剧、崇高、模仿、再现、想象、透视、典型、典型环境、情节、主题、结构、现实主义、浪漫主义等也失去了包打天下的美学话语权。结果,传统审美活动的内涵的狭隘性、封闭性、贵族性等局限被打破了。审美活动的魅力不再是脱离商品社会的孤芳自赏,也不再孜孜于保持远离商品社会的审美净土,而着眼于激励人类在更为广阔的世界中寻求更新的突破。

再如,在审美活动的成果方面,进入商品社会之后,审美活动的成果不但从传统的"认识""教育",进而又拓展为"宣泄""娱乐",而且从传统的以核桃模式为象征的"作品"观转化成为一种"互文"观。这"互文"犹如一个洋葱头,没有自己的中心与内容,一层层地剥下去,最终你会发现:它一无所有。不过,这"一无所有"只是针对绝对的美、唯一的美而言,若就非绝对的美、非唯一的美而言,它又应有尽有!同时,商品属性的展现也使得审美活动的成果长期被统治者所垄断的情况宣告结束。另外,审美活动的成果作为精神产品的知识产权无法离开商品属性的实现而单独地得以实现这一当代特征,也进入了当代美学的视野。这是因为,在商品社会,审美活动的实现只能通过商品市场,在审美活动中,审美活动的准备原料的采集、产品的制作、产品的传递、产品的接受,都需要经过市场的交换和货币的结算,从而维持再生产。例如,在从事审美创造之前,是要接受教育的,而这就要支付费用;在日常生活中,生活资料都已经商品化了,审美者也只能通过用审美成果进行交换的方式去换取必要的生活材料;在审美活动中所使用的材料大多要去购买,或许还要涉及许多经济部门,尤其是电影、电视创作;审美活动的成果的流通、传播也要通过娱乐市场、音像市场、演出市场、电影市场、美术市场、文物市场、广告市场、图书批发市场,这就不能不经过商品交换这一手段。因此,审美活动的成果必须通过商品属性的实现来实现也就成为必然。①

---

① 有相当部分的学者,堪称为痴情的护花天使、虔诚的文化信徒。过去是商品经济这条大龙的崇拜者、鼓吹者,现在龙来了,却发现这些人其实只是叶公。他们转而简单地把文化、艺术与商品经济完全对立了起来,这无疑是错误的。

在审美活动的欣赏方面,进入商品社会之后,出现了真理的多元化、价值的相对化、评价的无中心化、范式的不可通约化、历史的非决定化,以及"反对方法"与"怎么都行",于是,审美活动从"训话"转向了"对话",从全知叙事转向了非全知叙事,自身的单一职能也开始了多向拓展。于是,读者从传统的审美活动系统中的被动地位中解放出来,成为审美活动的主人。美学关注的对象,从作者到作品到读者。读者跃居当代审美活动的中心。作者的美学、作品的美学,最终成为读者的美学。这样,审美活动的特权不再存在,审美欣赏趋向平等,而且出现了最大数量的欣赏者。

在审美活动的意义方面,进入商品社会之后,审美活动的意义获得了更深层次的开掘。其中最值得注意的,是人的全面发展问题。这个问题,我们往往简单地放在个人本身的抽象发展进化中来考察。实际上,人的全面发展这一美学的目标,只有在商品社会的条件下才能够提出并实现。因为首先这一观念本身就是商品社会的产物,正是商品社会造成的人的片面化发展,促成了对人的全面发展的呼吁。而且,不像"自由""平等"那样是从商品社会的正面效应得出的,人的全面发展这一美学的目标是从负面效应的沉痛教训中得出的。这样理解,就比把全面发展作为人的预设前提要真实得多。其次它的实现只有通过商品社会才有可能。因为它不再是乌托邦了,而是真实的。在其中,个人"以物的依赖性为基础",而拥有"人的独立性"。①这样一来,美学家们对审美活动的意义的理解也就更为真实、更为深刻了。

在美学发展的自身方面,应该强调的是贯穿 20 世纪始终的社会批判理论的转向的出现。当代文化的转型,主要与两个东西有关。其一是技术性的史无前例的介入,导致了技术文化的出现(尤其是媒介性的介入,导致了媒介文化的出现,详见下章),其二是商品性的史无前例的介入,导致了消费

---

① 《马克思恩格斯全集》第 16 卷(上),人民出版社 1979 年版,第 104 页。

文化的出现。它们推动了当代美学的转型。其中,最主要的是面对商品性、技术性的越位所出现的社会批判理论的转向。美学开始转向一种严峻的社会批判立场,不再是价值中立的,而是出之于一种对当代的文化现状的高度关注,甚至是出之于一种以乌托邦态度对社会文化生活中的不平等现象的深刻批判。这一转型,在卢梭、席勒、黑格尔、马克思身上就已经依稀看到。例如席勒所关注的感性冲动与形式冲动的对立、素朴的诗与感伤的诗的对立,以及关于游戏冲动的解决方案,黑格尔的"散文的时代"与"诗的时代"的对立,马克思的对商品异化的批判。在此之后,是叔本华、尼采、斯宾格勒、齐美尔、韦伯,他们都极为关注西方文化本身的没落。卢卡契更是把马克思的商品异化的思想拓展为物化的思想,使得文明的异化、文化的异化首次开始为全社会所关注。在此之后,对于消费文化、技术文化的越位的批判,就成为20世纪美学的一大中心(这一点,尤其以法兰克福学派为最)。例如对文化工业的批判,对大众媒介的批判,等等。

4

当然,商品社会对于当代审美观念也有极大的消极影响。在我看来,这同样是一个不可忽视的问题。只有进而对此加以考察,才能够最大限度地发挥商品社会对审美活动的积极作用,同时最大限度地减少甚至避免商品社会对审美活动的消极影响。尤其是在当代美学面着从现代化到后现代化转型的重大课题之时,这一考察就尤为必要。

何况,商品社会对于审美活动的消极影响,应该说,已经是一个迫在眉睫的问题了。它表现在理论研究与审美实践两个方面。首先,从理论研究方面讲,由于缺乏真正现代的世界观与方法论的支持,西方当代的美学家们无法真正深刻地揭露商品社会存在的内在矛盾,并正确地指出超越"物的依赖关系"的真正方向,即走向"建立在个人全面发展和他们共同的社会生产能力成为他们的财富的这一阶段上的自由个性",①也无法真正认识到"资本不可遏止地追求的普遍性,在资本本身的性质上遇到了界限,这些界限在资本发展到一定阶段时,会使人们认识到资本本身就是这种趋势的最大限制,因而驱使人们利用资本本身消灭资本"。② 因此,不但没有意识到导致审美观念转型的以人本身为目的还是以交换价值为目的这一问题,是决定于生产方式的性质的;不但没有意识到透过对"人被物化"的异化性质的历史必然性与暂时性的揭露,去揭示那在全面异化形式中被扭曲了的人的全面的、自由的发展这一积极内容;不但没有意识到商品社会毕竟为人类克服文明发展的社会局限性提供了物质前提,而从最根本的角度看,美学之所以必然作为商品社会的对立面而存在,并不是要把人类文明一笔抹杀(只是为了摆脱文化危机,人类才不得不牺牲掉人类文明中的那些积极成果,因此一味把反传统、反美学推向极端是毫无道理的),而是要以对于文明发展的社会局限性的文化自觉、美学自觉这样一种特殊的方式,来提供人类克服文明发展的社会局限性的文明前提、美学前提;不但没有意识到只有根除了文明发展中的社会局限性,人、文化、美学才能够获得全面、自由的发展,因此对人的否定,只能是辩证的否定,其中必须还包含着对人的发展的肯定因素——人类的理想虽然暂时只能以否定的形式表现出来,但最终将表现为对这种否定性的扬弃与否定,相反,却只注意到人性、心理、文化本身的弊病,片面地把美学看作完全是观念系统的东西,并且过多地陷入了一种文明发展与美学发展的悲观情绪、悲观阐释之中(这正是我们在借鉴西方美学时所亟待避免的。面对资本主义在文化发展上的失败,完全不必陷入绝望),因此也就不能真正把美学的肯定性方面、否定性方面与美学的二元与两极完美融洽地统一起来。

---

① 《马克思恩格斯全集》第 46 卷(上),人民出版社 1979 年版,第 104 页。
② 《马克思恩格斯全集》第 46 卷(上),人民出版社 1979 年版,第 393—394 页。

其次,从审美实践的角度讲,是划分不清商品交换活动与审美活动之间的界限,因此只注意到对于"人的自我异化的神圣形象"的批判,却忽视了对于"非神圣形象中的自我异化"的批判。① 商品社会是一个潘多拉魔盒,一旦打开,不但会放出天使,而且也会放出魔鬼。② 我们知道,追求和实现物质利益是商品活动的目的,这无疑无可非议。然而一旦把这一目的无限夸大,并且无限制地扩展到商品交换之外的一切领域,就会把人与人的关系扭曲为一种物化的关系,甚至迫使人自身也以资本、劳动力商品等商品价值来表现自己。于是,人的特征只能被通过物性化的特征来加以表现,"经济人"成为人的形象。而且,在商品交换中必须以交换价值为基础,判断行为效果的尺度则是获取利润、赚钱。这样,在其中贯穿始终的只能是实用原则,至于同情、情感等非理性原则则无法进入。其结果,或者是导致一种双重人格(这就是我们在一些商人身上往往同时看到慈善与吝啬等两面性的原因),或者是导致一种异化人格。这样,人们刚刚摆脱了自然经济的"人的依赖关系",就难免会又被"物的依赖性"所束缚。人与人的关系变成单纯的功利关系、金钱关系,失去了应有的完整性。审美活动也如此。一旦完全商品化,审美活动就开始表现出纯粹的商品逻辑,甚至不惜降低姿态去向金钱献媚,为了引起关注而不惜恶狠狠地亵渎一切曾经被认为有价值的东西、不惜津津有味地咀嚼一切琐碎的生活趣味,甚至把神圣的历史"戏说"为某种既远离真实又俗不堪言的"传奇",不惜与商品为伍并且心甘情愿地卖笑于街头巷尾,并且"心甘情愿地充当迪斯科舞厅的门卫侍者"(罗森堡)。物性的膨胀和神性的萎缩,就是这样同时地出现在完全商品化了的审美活动之中。假如任

---

① 《马克思恩格斯全集》第1卷,人民出版社1956年版,第453页。
② 在当代社会,"精神的失落""精神的蜕化""精神的失范",成为最为令人痛心的现象,也是当代美学应该大显身手的所在。在我看来,从美学的角度考察20世纪人类的精神困境,以及当代文明中的非文明现象,是一个重大课题。对于中国美学家来说,尤其如此。

其发展下去,我们的时代就会成为一个灵魂空虚的时代,一个物欲主义的时代。人们只关心如何花钱、如何在审美活动中找乐。俗套的表演,脸谱化的形象,快餐式的片断,无限制的趣味,无趣味的猎奇,历史成为招贴画,包装大于内容,形象大于商品,情感的神话……没有精神,没有传奇,没有史诗,没有表达,没有思念,没有期待,没有承诺,甚至整个时代都没有了灵魂,也不再关心灵魂,灵魂只好漂泊。人们再也不会为什么事情而感动,人与人之间没有"信",人与理想之间没有"约",谁也不会对谁负责,谁也不会对自己负责。这实在是真正可怕的局面。审美活动不再是时代的放歌台、传声筒,却反而成为时代的下水道、垃圾箱,不再是时代的一剂解毒药,却转而成为自我的一纸卖身契。有人说,在西方,是商品精神打败了基督精神,金钱打败了上帝。我们也可以同样地说:在西方,是商品精神打败了美学精神,是商品精神打败了艺术精神!

准确地说,商品社会对于审美活动的消极影响,可以称之为:商品价值的越位或泛化。商品社会的出现,使得审美活动的情况变得异常复杂。要处理好这复杂的关系,除了对它的理论把握之外,更为重要的是在"社会要分类"的观念指导下建立起成熟的当代艺术市场。按照西方一位经济学家的划分:在非商品社会的时代,经济、政治与文化之间是一种机械团结,是经济与文化对于政治的服从,在商品社会的时代,经济、政治与文化之间则是一种有机团结,是经济、政治与文化三者之间的相互制约、相互弥补、相互协调。因此,要改变商品交换的特性淹没了审美活动的特性这样一种令人焦虑的现状,关键并不在于回到传统的审美活动的老路,而在于逐步建立、完善一个作为审美活动的保护机制的当代艺术市场。① 它使得审美活动在商品社会的条件下仍然能够正常地发展,使得审美活动的相对独立性在商

---

① 文化与工业的合作即所谓文化工业,是人类史中的一个奇迹。我们对此研究得十分不够。

社会的条件下仍然能够合法地保持,使得审美活动的不同类型在商品社会条件下仍然能够和谐地存在。它不是要限制审美活动的发展,而是要推动审美活动的发展。因此,有人以为精英艺术在商品社会必然会受到歧视,这实际上只是皮相之见。因为商品社会并不会置精英艺术于死地,而只是要罢免千百年来被错误地笼罩在精英艺术身上的"美学特权"。而这种"罢免"所导致的,就正是融精英艺术与流行艺术于一身的当代审美文化的诞生,也就正是人类历史上前所未有的美学时代的到来。然而,我们在当代美学中也看到了相反的一幕。本来,不能把审美活动与商品价值等同起来,不能"唯"商品属性,这应该说是当代美学思考中的"雷池",一旦肆无忌惮地加以跨越,一味强调当代审美活动的商品价值而不是审美价值,就必然会导致当代审美活动的走向误区。"唯"商品属性必然使得审美活动丧失本身的绝对价值,成为商品消费的有限价值。这无疑正是我们在上面所揭示的当代审美活动中的实际状况。我们在其中所看到的种种误区,在某种意义上,应该说,都不是当代审美活动本身所造成的,而是当代审美活动一旦肆意"越界"、一旦"唯"商品的结果。进而言之,是误以为商品价值可以肆意越过自己的边界吞并审美价值,误以为可以把审美活动完全纳入商品交换的范围之中(在中国,有所谓"文化搭台,经济唱戏"),误以为可以以效益、利润、金钱作为审美活动的核心,误以为可以以商品价值为基准来筛选和建构审美活动的结果。①

---

① 颇具意味的是,在一段时期中,到处都是文化是生产力、艺术是生产力等的呼声,似乎美与艺术若并非生产力,就无法存在了,起码有些脸红。学术研究也成为生产力,所谓学术工业,这无疑并非正常。

4
电子文化与当代审美观念的转型

1

人类已经越来越清醒地意识到:电子文化正在和已经重构着人类的文化,然而,人类却尚未清醒地意识到:电子文化也正在和已经重构着人类的审美观念。

所谓电子文化,既可以从以包括电子技术在内的当代科学技术这样一个一般的角度去理解,也可以从以电子技术为核心的大众传播媒介这样一个特殊的角度去理解。就前者而言,一般认为,假如当代的市场经济是以等价交换的原则,实现了个体的社会化,并从而导致了人的生存的现代化与人的异化、经济动机与精神动机之间的内在矛盾(负面效应是实用主义、金钱拜物教、物的文明),那么当代的科学技术就是以对于自然的征服实现了自然的人化,所导致的结果,则是科学技术的高度发展与"全球问题"、技术含量与人文含量之间的内在矛盾(负面效应是技术主义、技术拜物教、技术文明)。显然,当代的科学技术对于当代的审美观念也会产生重大的影响。但是鉴于当代科学技术的发展仍旧要受当代的生产方式的制约,例如,科学技术对于自然的肆意征服就来源于市场经济所奉行的物质财富的增长优先于人本身的发展的原则,科学技术的肯定性的价值也只有通过对于它们在市场经济中的异化性质的否定才有可能得以实现,因此,在前面一节的基础上,假如再专门来谈当代科学技术对于当代审美观念的影响,势必会有所重复。考虑到这种情况,本章主要从当代的审美实践的角度,就以电子技术为核心的大众传播媒介对于当代审美观念的影响,作一个较为深入的探讨。①

众所周知,对于媒介,著名传播学家麦克卢汉曾经耸人听闻地界定说:媒介即信息。这无疑是对它的重大意义的最为简练的概括。尽管媒介并不能与信息完全对应,然而,假如我们意识到:作为媒介,电子文化正是信息的通道,用美国著名学者威尔伯·施拉姆的话说,它是插入传播过程之中借以扩大并延伸信息传递的工具,因此,媒介的不同显然会导致信息本身的不同。然而,这也是一个易于为学者们所忽视的角度,因为学者们往往会因为执迷于传统的文化传播手段而对此懵然不知。②

根据学术界的一般看法,人类文化的演进,从媒介的角度,可以划分为三个时期,即口语文化时期、印刷文化时期和电子文化时期。人类最早的文化是口语文化,时间截止到 15 世纪(以印刷术被传入西方作为标志。参见麦克卢汉等西方学者的研究),属于前资本主义时期。它以人的自然之躯作为载体,传播方式是一种直接的交往,形象鲜明,主观色彩强烈,真实程度却很差,传播的范围也十分有限,而且是一种双方同时在场的所谓实时传播,一种口耳相传的窄播,加之是以人脑作为唯一的储存器,博闻强记就显得十分重要。显然,这是一种原始、单一的传播方式,因此就其本质来说是反大众化的。在《反美学》中,我已经指出:口语文化是一种以暴力政治(肌肉)为核心的崇敬神圣的文化,英雄是其时尚人物,宗教是其最为突出的成就,善和恶是其最为根本的价值标准,诗歌则是其最为典型的艺术类型。口语文化是一种伦理文化,也是一种以"听"为主的传统引导型、故事引导型的文

---

① 技术性对于当代文化的介入,像商品性对当代文化的介入一样,是我们要密切关注的。而且西方对当代文化的考察不论是从社会学、文化学、经济学、艺术学、美学的角度,从大众传播媒介去透视都是中心,这值得注意。我们一定要记住:20 世纪是影视技术介入文学世界,21 世纪将是多媒体技术介入影视世界。
② 1865 年,福楼拜开始写作《情感教育》时,颇具象征地选取了蒸汽轮船起航作为开始,这给人以深刻印象。而在第一份电报上,发明者莫里斯写道:"上帝究竟干了些什么?"是的,我们也必须追问:电子文化究竟干了些什么?

化。它围绕着一个作为中心的故事文本（例如《圣经》）而运转。这个作为中心的故事文本往往是用文字写就的，因而只有今天所说的那种垄断了文字、阅读或解释权的人才能直接接触这个中心文本。这些人属于所谓牧师阶层，是精神官僚，也叫教士阶层，只有在他们以其权威解释了这个中心文本之后，世人才能接触到它。同时，正是因为人与人的交流要依赖他人，一旦与社会、他人格格不入，就无异于被放逐。故来自社会的最严重的惩罚就是把异己者排斥在口头文化之外，被口头文化所放逐即意味着与世隔绝，羞耻感缘此而生。

15世纪以后，逐渐进入了资本主义时期。印刷术的普及，成功地改变了世界。可以批量复制的文字取代口语成为新的传播媒介，印刷文化由此诞生。它由人类的自然之躯之外的工具——文字构成，实现了脑外信息储存，突破了实时性、私人性，导致了直接交流向间接交流的转变。科学性、客观性大大增加了，同时抽象性、思想性也大大增加了，由此形成了所知与能知的分裂。这种媒介革命打破了知识的权力垄断，媒介本身也被大众化了。木板印刷术取代羊皮纸手抄本，大量复制成为可能，独一无二的"文本"成为泡影，而且不再神秘莫测。《圣经》被世俗化，教廷僧侣无法再垄断《圣经》的诠释权利，霸权也被颠覆了。结果人与上帝的关系被私人化了，教堂更被细细地切碎融进了千千万万本书籍。耻辱感被负罪感所取代，口语沦为文字的附庸，世界的存在不再终止于口语而是终止于书本。萧伯纳说亚历山大图书馆是人类记忆的中心，穆斯林把以色列人称为书之人，海涅说犹太人的祖国是一本书（《圣经》），都是因此。这是一种以财富（金钱）为力量核心的崇尚理性的文化，其最为时尚的人物是哲人、科学家，最为突出的成就是科学，最为根本的价值标准是真与假，最为重要的心理特征是负罪感，最为典范的艺术类型是小说。印刷文化是一种以内在引导为主的"读"文化、一种科学文化。

需要强调的是，口语文化与印刷文化，对于人类的影响都是双重的。在口语文化的时代,人类曾经是可视的。面部表情、手势、动作十分丰富。"研究语言学的人发现语言的起源是富有表现力的活动,这就是说,当人开始学说话的时候,他的舌头和嘴唇的活动程度并不大于他的面部和身体肌肉(正像今天的婴孩一样)。舌头和嘴唇的活动最初并不是为了发音,这部分的活动就跟身体其他部分的富有表现力的活动一样,是完全出于自发的。唇舌发音只是一种附带的偶然现象,只是到后来才有它实际的目的。这个直接可见的讯号就这样变成了一个直接可闻的讯号。经过这个变化,就像一段话经过一道翻译一样,许多东西便白白丧失了。其实正是这种富有表现力的活动和手势,才是人类原来的语言。"①但另一方面,在口语文化的时代,任何意义又必须直接依赖当下的特定语境(包括手势、姿态、行为),说者、听者甚至语境都是融会在一起的。对话由说出的东西(言语)和未说出的东西(语境)所共同构成。在听者与听者之外,对于局外人来说,这对话是根本无法理解的。那么,对于局外人来说,"我们缺少的是什么"?巴赫金的回答颇具深意:"我们缺少'词句之外的语境'。这个语境使'这样'对于听者具有特定的意义。"例如,面对冬末春初之际的茫茫大雪,两个人可能进行一场令局外人感到迷惑的"这样"的对话:

  这种"都看到"(窗外的雪片)、"都知道"(季节)以及"共同的评价"(厌恶冬天,盼望春天)正是言谈所直接依赖的,所有这些都包含在言谈实际的、活生生的含义中,是言谈的支柱。但所有这些都没有获得词句的说明或表达。雪片在窗外,时令在日历上,评价在说话人的心里,不过,这些仍暗含在"这样"一词当中。②

---

① 贝拉·巴拉兹:《电影美学》,何力译,中国电影出版社1982年版,第27页。
② 转引自克拉克等著:《米哈伊尔·巴赫金》,语冰译,中国人民大学出版社1992年版,第250页。

换言之，在口语文化时期，语言符号是由能指（物质媒介）和所指（观念性含义）组成，其含义有着明确的指涉功能，因此它是及物的。一旦将对话从特定语境中抽出，意义就难以理解了。这意味着：对于口语文化来说，一种语境中的语言不可能被另外的语境所理解。

至于印刷文化的双重影响。一位土著人首次接触文字时的感觉颇为值得注意：

> 我渐渐领悟到，书页的记号是被捕捉住的词汇。任何人都可以学会译解这些符号，并将困在其中的字释放出来，还原成词汇。印书的油墨困住了思想；它们不能从书中逃出来，正如野兽逃不出陷阱一样。当我完全意识到这意味着什么时，激动和震惊的激情流遍全身……我震惊得浑身战栗，强烈渴望自己学会去做这件奇妙无比的事情。

而他的父亲在看到地图时的感觉又是什么样的呢？

> 我的父亲认为，这全是胡思乱想。他拒不承认这就是他在波马河渡过的溪流，他说那儿的溪水不过一人深。他也不承认广阔的尼日尔河三角洲纵横交错的河网。用英里计量的距离对他是毫无意义的……地图全是谎言，他三言两语对我说。从他的口气之中听得出来我冒犯了他，怎么开罪于他的我当时却不知道。……现在我才明白——可当时并不知道，我弹指一挥、虚晃几下就横扫千万里的作法贬低了他徒步跋涉、疲惫不堪走过的距离。我用地图高谈阔论，这就抹去了他负荷重物、挥汗如雨地跋涉的重要意义。[①]

---

① 转引自麦克卢汉：《人的延伸》，何道宽译，四川人民出版社1992年版，第90、179页。

这就形成了人类的灵魂和精神借助于文字来表现的现状。灵魂全集中在文字之中,躯体成为无用之物,蜕化为无灵魂的躯壳。人类从"可视的"转向"可读的"。人类对于对象的把握要经过抽象的思维——概念、语言这个中介才能够得以实现。一切现象都是虚假的,只有在透过现象把握到了它的本质的时候,才可以称之为"真实"。而且,由于抽象的能力是每个人都可以掌握的,因此人们不再依赖他人,而是直接依靠自己的独立思考。这就形成了以财富(金钱)为力量核心的崇尚理性的社会。在这个社会中,人与社会的对话是在理性领域中进行的,对社会行为、个人行为的认可转向了对于理性的认可。正是靠着这个新的文化,人类开始不求他人只求自己,不再是个人被他人拒绝,而是个人拒绝了他人。负罪文化缘此而生。但是,另一方面,在印刷文化时期,人类文化也成为"非文字"的和不再是"可视"的。其中的重大特征是:直接的交流消失了,特定的语境消失了,说者与听者不再共同存在,而是两种彼此分离的活动。作者写作时,读者的阅读是不在场的,读者阅读时,作者的写作也是不在场的,斯宾格勒发现:"书写是有关远方的重大象征,所谓远方不仅指扩张距离,而首先是指持续、未来和追求永恒的意志。说话和听话只发生在近处和现在,但通过文字则一个人可以向他从来没见过的人,甚至于还没有生出来的人说话,一个人的声音在他死后数世纪还可以被人听到。"[①]利科也指出:"无论从心理的还是从社会的观点看,文本都必须使自身'脱离语境',只有这样,它才能在新的语境中'重获语境'——即由阅读行为予以完成。"[②]这样,人类的对话就不再直接指涉对象,它的被指涉物不复在场,可以是已在,可以是曾在,也可以是将在。文本与被指涉物永远保持一种间接、距离、想象关系,这就构成了印刷文化的与口语文化恰成对照的超越性、抽象性、思想性等根本特征。

---

① 斯宾格勒:《西方的没落》,齐世荣等译,商务印书馆1991年版,第280页。
② 利科:《解释学与人文科学》,陶远华等译,河北人民出版社1987年版,第142页。

迄至20世纪,人类文化开始了从印刷文化向电子文化的转变。电子文化的载体是画面,它导致了人类文化再一次从间接交流转向直接交流。人与现实的关系,从文字转向了图像,而典型心态也从负罪感转向了焦虑感。这又形成了一种以信息(包括知识、图像、符号)为力量核心的崇尚超理性的文化,其最为突出的成就是文化工业,最为时尚的人物是明星,最为重要的心理特征是焦虑感,最为根本的价值标准是美与丑,影、视是其最为典型的艺术类型。电子文化是一种审美文化,一种以他人引导为主的"看"文化。①

显而易见,电子文化为人类带来的影响也是双重的。一方面,在电子文化时期,人类文化的内涵从"可读"再一次转向"可视"。本来,书籍、公文、报刊、信函等信息传递方式与物质运输的方式是同一的,从电报开始,电子文化第一次把信息传递方式与物质运输的方式区别开来。而且假如口语文化表现为时间关系重于空间关系,印刷文化表现为空间关系重于时间关系,电子文化则表现为时间关系与空间关系的结合。声音与图像被重新接纳到传播方式中,而且不像在口语文化中那样转瞬即逝。由此,语言文字给人类带来的异化命运得以缓解。我们知道,人与对象之间的交流当然可以通过文字的方式,但并非只有文字的方式,而且,文字方式也并非最好的方式。举个最简单的例子,据统计,人与人之间的交流,语言、文字只占7%,而形体、行为方面却占到93%。可见,把人类的交流简单地塞进文字这样一个狭隘的通道中,是不妥当的。电子文化把人类带出了这种困境,这无论如何都是一件好事。从此,最为接近人的天性的视、听活动也又一次回到了人本身,人类又一次成为"可视的"。这样,当代文化从理性主义走向非理性主义,并

---

① 最能代表当代文化的特征的,是中国的"桑普"电火锅的广告:"好吃看得见!"其次,广泛流行的报纸等传播媒介也可以划入"看文化"即电子文化之中,因为它们已经附属于电子传播媒介,而且也已经电子媒介化了。例如报纸的新闻传递用电传,报纸的图片从电视中摄取,等等。

且在此基础上重新建构自身,就成为必然。① 另一方面,在电子文化时期,人类又可能因为可以轻易地执迷于感知的愉悦而同样轻易地摈弃相对而言显然已经十分沉重的理性、思想、想象。这,又意味着电子文化所可能导致的不容忽视的负面效应。

2

毋庸讳言,正如雅斯贝尔斯早就发现的:日益崛起的电子文化势必"以自然科学为根基,将所有的事物都吸引到自己的势力范围中,并不断地加以改进和变化,而成为一切生活的统治者,其结果是使所有到目前为止的权威都走向了灭亡"。② 这其中,也包括"所有到目前为止的权威"审美观念。

只要略加考察,不难发现,电子文化正在从两个方面向美和艺术渗透。其一,是直接介入美和艺术。电子文化成为美和艺术的本体存在的一个组成部分。过去的口头文化、印刷文化固然也十分重要,但毕竟外在于美和艺术本身,但现在电子文化却内在于美和艺术本身了。这是一个十分重要的变化,它改变了美和艺术的目的和性质。其二是大幅度地更新了美和艺术的制作手段,例如,从视觉审美活动的角度看,是图文传真、电脑通信、家用录像机、摄像机、激光视盘等的出现,从听觉审美活动的角度看,是广播、通讯卫星(CS)、立体声音响、卡拉 OK、便携式收录机、高清晰度的激光唱盘等的出现,从综合审美活动的角度看,是信息高速公路、多媒体、激光照排、快速胶印,"只读光盘"、电影、电视、有线电视、卫星电视、电子文学、电子诗刊、

---

① "'理性'对西方来说一向意味着'同一性、连续性和序列性'。换句话说,我们把理性和文墨、理性主义和独一无二的技术混同起来了。因此,到了电的时代,对传统的西方人来说,人似乎变成非理性的了。""存在哲学和荒诞戏剧表现反环境,这种反环境指明,新的电子环境中存在着巨大的压力。"(麦克卢汉:《人的延伸》,何道宽译,四川人民出版社 1992 年版,第 12、13 页)

② 雅斯贝尔斯:《何谓陶冶》,载《文化与艺术评论》第一辑,东方出版社 1992 年版。

电子杂志、电子日报等的出现,它改变了美和艺术的载体和手段。

对于上述电子文化向美和艺术的渗透,无疑应该作出积极的反应。因为,它所改变的只是"特定"的美和艺术,而不是美和艺术本身(何况,它还是一种全新的同时又非常重要的文化资源)。

那么,电子文化所改变的"特定的美和艺术"何在呢?在我看来,主要表现在两个方面,其一是破坏了美和艺术的本源的权威性,其二是破坏了美和艺术模仿现实的权威性。正是这两个方面,导致了美和艺术的生产方式、结构方式、作用方式、知觉方式、接受方式、传播方式、评价方式在当代的转型,毫无疑问,也导致了关于美和艺术的审美观念在当代的转型。

本节首先考察电子文化对于美和艺术的本源的权威性的破坏。在印刷文化的时代,人类劳动主要有体力劳动和脑力劳动两种形式,其中脑力劳动又分为非创造性的重复活动和创造性的活动两种形式。与此相关,人类的财富主要有物质财富和精神财富两种形式,物质财富是财富的一般形态,这些都是我们所熟知的。然而进入电子文化时代之后,体力劳动日益消失,这表现在人类过去尽管发明了机器,然而却毕竟需要人来看管,现在转为电子计算机看管了。这标志着人类体力劳动的最后一道工序被征服。而精神劳动中的非创造性的重复活动也开始消失,例如商业会计、办公室秘书、档案管理、图书资料的管理与检索,就已经被电子计算机代替了。这意味着人类劳动开始转向创造性活动,更准确地说,意味着创造性的精神活动有可能成为人类唯一的活动。与此相关的是物质财富也开始运用信息技术加以创造,这导致物质财富的增长在人类历史上首次超过了物质财富的消费。于是传统的物质财富与精神财富的概念也发生变化,物质财富不再是财富的一般形态,精神财富开始成为财富的一般形态。结果不再是只要占有物质财富,同时就占有了精神财富,而是只要占有精神财富,同时就占有了物质财富。

毫无疑问,这一转向将在审美观念中产生重大影响。传统的审美观念正是建立在体力劳动与脑力劳动、物质财富与精神财富的区别上。因此，对它而言，审美活动与非审美活动、审美价值与非审美价值、审美方式与非审美方式、艺术与非艺术、文学与非文学之间，存在着鲜明的界限。其原因，就在于审美活动、审美价值、审美方式、艺术、文学是对于非审美活动、非审美价值、非审美方式、非艺术、非文学的超越。前者是中心，后者只是边缘；前者是永恒的，而后者只是暂时的。相对于后者，前者禀赋着持久的价值和永恒的魅力（本雅明称之为"美的假象"、艺术的"光晕"），是在时间、空间上的一种独一无二的存在。这是永远蕴含着"原作"的在场，对复制品、批量生产品往往保持着一种权威性、神圣性、不可复制性，从而具有了崇拜价值、收藏价值。显然，它是人类的建立在浪漫理想和理性自觉的基础上的神圣庇护之所，如同哲学中的理性迷狂、科学中的客观性理想一样，应该是印刷文化的产物。而在电子文化时代，体力劳动与脑力劳动、物质财富与精神财富之间的关系开始发生根本性的变化。于是，由于创造性的精神劳动与精神财富成为基本的形态，审美活动、审美价值、审美方式、艺术、文学对于非审美活动、非审美价值、非审美方式、非艺术、非文学的超越不再可能，审美活动与非审美活动、审美价值与非审美价值、审美方式与非审美方式、艺术与非艺术、文学与非文学之间的鲜明界限也就开始消失了。

其次，对于印刷文化而言，直接交流、特定语境均不再需要。这导致能指与所指的分裂。其结果，是能指不再局限于指向所指，而是往往指向自身的相对独立的意义和价值。在这里，印刷文化甚至借助话语的意指系统提高了书写文化的等级秩序。作家是上帝，批评家是牧师，读者是信徒。本雅明在《机械复制时代的艺术作品》中把因此而产生的文学艺术称为叙事性艺术。它以对物和世界的韵味经验为前提，把对象从整体中分割出来，从变化中固定下来，具体成为一般，过程成为结果，无限成为有限……结果符号与世界之间出现了错位，这就是学者所说的"假言"现象。本来审美活动应该是对世界本身的感觉，但是往往不是直接用感官去感受，而是越过感官进入理性,去追问"这是什么"。这种不相信自己的感官,而以追问外指意义为目的的阅读方式,可以称之为"语义向心主义"。于是,或者是从能指出发,转而把社会现实作为"现象"而加以怀疑,不惜强调透过现象看本质、强调对于现实的干预,或者干脆沉醉于能指的象牙之塔,而其核心,则是神圣性、唯一性、本源性、本质性的出场。而就审美观念而言,人类对于美和艺术的追求,正是对于这作为神圣性、唯一性、本源性、本质性的美和艺术的追求。在这里,作者、作品、读者成为三种彼此独立的行为。或者以社会性的能指自居,积极寻找所指,并以普遍性观念反观现实,对之加以批判,所谓为社会而艺术;或者是干脆停留于能指,自得其乐,所谓为艺术而艺术。但无论如何,要进入审美活动,首先就要与社会现实保持一定距离,就要使自己先从"我"进入"我们",先成为社会性的能指,就要强调意志的超越、理性的追求以及乌托邦理想,应该是其中的一致之处。

而现在,电子文化通过混淆能指与所指、混淆说者与听者、混淆现象与本质、混淆"我"与"我们",破坏了美和艺术的本源的权威性。换言之,从本源转换为泛本源,从而推动着传统审美观念的转型。例如人们曾经惊奇地发现:当电视转播第一次月蚀时,人们不再探首窗外,而是宁愿在荧屏上看它的映像。而西方学者克罗科甚至说:在当代社会,不是电视是社会的镜子,而是社会也成为电视的镜子。王尔德提出的不是艺术模仿生活,而是生活模仿艺术,在当代社会通过电子媒介竟然部分地成为现实。当然,并非果然如此,所谓"社会也成为电视的镜子""生活模仿艺术",实际上是在强调两者之间的界限事实上已经不复存在了。以计算机为例,伯恩海姆发现:"计算机最深刻的美学意义在于,它迫使我们怀疑古典的艺术观和现实观。这种观念认为,为了认识现实,人必须站到现实之外,在艺术中则要求画框的存在和雕塑的垫座的存在。这种认为艺术可以从它的日常环境中分离出来的观念,如同科学中的客观性理想一样,是一种文化的积淀。计算机通过混淆认识者与认识对象,混淆内与外,否定了这种要求纯粹客观性的幻想。人们已经注意到,日常世界正日益显示出与艺术条件的同一性。"①这样,一方面,现实与美和艺术之间的多重交叉换位使得它们之间的区别越来越模糊。文化环境被电子化、技术化,一切感情都可以模拟,一切感觉都可以设计,一切现实都可以被复制。德国作家马丁·瓦尔泽在小说中写道:加里斯蒂尔在看了电视之后十分愤怒,竟站在电视面前激动地说:不许有任何现实!确实,任何现实比起电视都反而是有缺陷的,也都是要被电视所虚拟的现实淘汰的。然而这还并非结束,现在电子文化在传统的自然环境、人工环境(半独立的,因为有自然的介入)之外,竟然又加上了信息环境(独立的虚拟环境,是电脑网络上的生活),这是当代人生死其中的新的景观现实;另一方面,经过电子文化包装的现实早已像幻影一样迷离,而美和艺术因为高技术文化所提供的新手段(新闻报道、电影、电视、摄影)却反而成为现实,本源性、唯一性、原作的观念开始消失。传统的再现性的模仿概念让位于当代美学的创造性的虚拟的概念,再现性的模仿只是对于过去的再现。它所再现出来的现实是过去的、已知的,创造性的虚拟却是对于未来的幻想。是先有想象,才有现实,先有创造,才有对象。它不是根据过去来描述现在,而是根据未来以规定现在。假如我们联想到经过几千年的文明洗礼,最初的现实早已面目模糊,世界也早已成为文本,就不难意识到,虚拟与现实之间实际上是相对的,昨天的现实可能是今天的虚拟,今天的虚拟可能是明天的现实。电子文化所恢复的正是人类的弄假成真甚至弄虚作假的审美天性。最真实的世界,谁又能说不是虚拟的世界?或许,这就是所谓"假作真时真亦假"!

进而言之,电子文化大大地激发了全社会的审美需求,以至人类从来没有像现在这样渴望审美。"爱美之心,人皆有之",这句话只是在当代社会才

---

① 伯恩海姆。见汤因比等著:《艺术的未来》,王治河译,北京大学出版社1991年版,第98页。

真正成为现实。美和艺术的领域被大大拓展了,人类的审美素质被大大地拓展了,自然而然,人类的审美观念也被大大地拓展了。它表现在:从审美对象的角度,现实与非现实之间的区别为电子文化所混淆。唯一性、绝对性、独一无二性、终极价值等不复存在。一切都犹如字典中的字词,其内涵不取决于外在世界、深度、意义,而取决于与其他字词之间的互相指涉与对比。文本成为互文。即使印刷文化也被语言革命改变了,例如文字插入影像与影像进入文字(通过电视来看小说,读诗歌、散文),不但文字也成为被观看的对象,而且文字也只是一组阅读符号,能指与所指的关系成为一种历史的约定,在新出现的上下文关系中,这种历史的约定可以被轻而易举地拿掉。这就是所谓"文本的欢悦"(罗兰·巴尔特)。语言脱去了紧身衣,意义的暴政也不存在了。结果严肃的阅读成为多数人的负担,咬文嚼字则成为专家的职业。其次,电子文化的最大成功是解决了视觉文化发展的巨大障碍即叙事问题。① 电子文化所提供的图像文化是直接的、瞬间的,专家称之为"短路符号系统"。它的图像与外在世界的物象几乎是重叠的,能指和所指重叠。它有利于开发人类的右半脑,恢复人类失去的感觉的捷径,也有利于摆脱释义、理性的重负,更有利于在自然语言、文字语言之外,把表情语言、体态语言、装饰语言等等引入审美活动。② 无疑,这导致了"愉悦"开始取代"判断力",导致了"过瘾"开始取代"净化"。③ 这在某种意义上当然是一种进步,王尔德说得好:只有肤浅的人才不按照表面去评价,世界的奥秘是可见的而不是不可见的。正如丹尼尔·贝尔所断言的:"我相信,当代文化正

---

① 连环画出现即用文字贯穿画面,可以说是在印刷文化基础上解决视觉文化的叙事问题的一次尝试。
② 因此,电子文化是一种新的四维视听语言。目前我们对这些语言还相当陌生,要认真研究。尤其要通过电影、电视、美术教育,使得学生更好地了解它,以便更好地了解图像文化。
③ 丹尼尔·贝尔:《资本主义文化矛盾》,赵一凡等译,三联书店1989年版,第156—157页。

在变成一种视觉文化,而不是印刷文化,这是千真万确的事实。这一变革的起源与其说是作为大众传播媒介的电影和电视,不如说是人们19世纪中叶开始经历的那种地理和社会流动以及应运而生的一种新美学。"①从《数字化生存》一书中我们更获悉,任何人只要坐在电脑前进行简单的操作,就可以马上获得视觉的满足。而这样一来,审美对象就被无穷地扩大了。从审美主体的角度,传统审美观念往往认定美高于现实、艺术高于生活这一根本信念。因此,在传统审美活动中需要在一定距离之外,是可以理解的。而现在这一根本信念却被消解了。当代人正在逐渐习惯起来的"信用卡+录像游戏+立体声+步话机的生活方式",使得人际关系从永久性转向了暂时性。"组合人"即善于亲近人也善于忘记人、不时扔掉别人的人批量出现。需要连续性的经验作为前提、需要耐心的读者、需要相当的文化底蕴的传统审美经验,在当代开始不存在了。现在到处泛滥的是"震惊体验"。与此相应,在传统审美观念看来,美和艺术或者是人类逃避现实的一种方式,或者是人类认识现实的一种方式,总之是人类离开现实(现象)进入概念(本质)的结果,因此是一种贵族的、高雅的美和艺术。而在当代审美观念看来,美和艺术已不再是对于现实的逃避或认识,而是转而与现实相同一。② 独一无二性和永久性为暂时性和可复制性所取代。美和艺术一变而为社会的、大众的、通俗的,传统的美和艺术与商品隔绝、与流通隔绝,现在的美和艺术却与商品、流通形成了形形色色的联系,甚至与商品、流通同一。这样,在美、艺术与生活之间人为地划上一道鸿沟已经没有意义,需要强调的也不再是美和艺术的

---

① 丹尼尔·贝尔:《资本主义文化矛盾》。另外,美国的麦克卢汉在《广告的时代》中谈道:第二次世界大战中支撑美国军人在诺曼底血洒海滩,在硫磺岛与敌拼死肉搏的动机并不是作为巴顿将军讲演背景的星条旗,"他们是为美国姑娘而战"。这里的美国姑娘不是矗立在纽约港外高举火炬的自由女神,而是好莱坞的性感明星。
② 在印刷文化,只有具备书面文化的传播技术者才能参与到传播中,传播成为一种特权,文化贵族、精细的文化品味都相应出现,对大众的引导也因此成为一种时尚。电子文化则没有传播技术上的要求,例如电视,谁都可以看懂。

独立地位,而是美和艺术与现实生活的密切关系。审美与现实、艺术与生活的同一性开始显现出来。传统的对于审美活动的神圣话语权被现在的机械性的复制取代了。美和艺术可以以任何长度的时间存在,可以依靠任何材料而存在,可以在任何地方存在,可以为任何目的存在,可以为任何目的地(博物馆、垃圾堆)而存在。审美活动与非审美活动、审美价值与非审美价值、审美方式与非审美方式、艺术与非艺术、文学与非文学等的观念统统混淆起来。彼此之间不但可以互换,而且昔日的所有藩篱都被拆除了。同一性取代了对立性。美和艺术的神话从此不复存在。

3

其次,电子文化破坏了美和艺术模仿现实的权威性。在电子文化时期,美和艺术的手段与载体出现了前所未有的变革。概括言之,这包括两个方面。第一,美和艺术的手段从描述(再现)、叙事(情节)、虚构、装饰(美化)、传达向复制、模拟拓展,而美和艺术的载体则从"作品"转向"文本"。就前者而论,印刷文化必须依靠文字叙述这一事实以及所念念不忘的现象与本质、偶然与必然、感性与理性之间的转换,就决定了描述(再现)、叙事(情节)、虚构、装饰(美化)、传达在审美活动中的关键作用。小说正是在此基础上产生的。对此,贝尔西曾有深刻的批评:"古典现实主义的特点是幻觉论,趋于闭合的叙述,建立故事的'真实'的话语等级。""古典现实主义的叙事作品是通过打乱常规文化和意义系统造成错位导致谜的产生的。它在情节层上错位的最常规的题材是谋杀、战争、旅行或爱情。但故事必然朝着闭合发展,这闭合同时又是揭示,即通过重建秩序、通过恢复和发展先于故事事件的秩序解开谜底。"[1]电子文化的情况则有所不同。不再依赖于文字就随时可以得到愉悦。"所知"让位于"所见",理性判断让位于"震惊体验"。这使得体验

---

[1] 贝尔西:《批评的实践》,胡亚敏译,中国社会科学出版社1993年版,第90—91页。

永远成为"现在时"。它斩断了通过思维概念与现实间接发生交流的可能。有学者把语言符号称为"论辩形式",把影视图像称为"显示形式"。这无疑是意在强调前者的难度。确实,语言把四维性的生活图像变成一维性的语言符号,再在想象中把它还原为生动的形象,加上文学语言还有"实指"与"能指"、"表意性"与"表情性"等多种层次,难度可想而知。而电子文化由于强调的是形象而不是语言,导致的是逻辑能力被感觉能力所取代,不是间接性交流,而是直接性交流,不但接受起来十分轻松,而且更能迎合人类的审美需要。"典型性格""典型环境""悲剧""真实""作品"之类,从此越来越难立足。审美活动也从过去的个体的创造,转换为群体的复制、模拟。

以复制为例(关于模拟,详后),正如本雅明所发现的:"原则上,一种艺术作品总是可以复制的,它在学生们的学习过程中和艺术家为了流传作品的企图中被造出来,更有那为了盈利的第三种人造出来,随着照相术和现代大众传播手段的发展,技术复制已达到了这样一个水准:它不仅能复制一切传世的艺术作品,并且由此对大众施加影响,而且还在艺术的领域中为自己攫取了一块日益扩张的地盘,甚至使艺术观念产生了新的逆转。"[①]以音乐为例,"录音带和密纹唱片的发明,加上它们的生产和销售的激增,也许会证明是一场比平装书还要伟大的文化革命。……任何出得起价的人都有可能搜集一些一代人以前世上任何大档案馆都无法与之媲美的东西,得到不久以前,一个爱好音乐而又幸运的世界旅行家在忙碌的一生中才有可能听到的那么多民间歌曲。"[②]以流行歌曲为例,通过电子媒介,流行歌曲已经不再是歌曲,而是人声、机器声的协奏。传统的不需任何伴奏自身已经完美无缺的歌曲不存在了,流行歌曲进入了文化工业的流水线。作品也不再代表一个

---

① 本雅明:《机械复制时代的艺术作品》,转引自陆梅林主编《西方马克思主义美学文选》,漓江出版社1988年版,第247—248页。
② 海曼。转引自丹尼尔·贝尔:《资本主义文化矛盾》,赵一凡等译,三联书店1989年版,第150页。

独特的生命,而是产品的品位。于是只能说:某某公司出品、某某演唱的歌,而不能说某某创作的歌了。再以文学为例,文学的传播不再只是由书本、杂志、报纸作媒介,而是以电子作媒介,出现了电影文学、电视文学。电子媒介的出现,更使得经典文学通过改编进入了百姓之家。唱机的发明,也使得古典音乐进入了百姓之家,而且,在电子文化中,制作与操作分开了,制作复杂,操作简单。技艺、技巧已无"艺""巧"可言了。创作成为 0 或者 1、Y 或者 N 的选择,以及 A、B、C、D 式的圈点,一切都被电脑代替,①审美活动的技巧层面也开始消失了。这样看来,所谓复制,应该说是古已有之,但是那只是手工复制,在当代美学中出现的技术复制无疑更为独立于原作,其结果是导致了原作的观念的消失。其次,是导致了传播过程中时间、空间局限的消失,通过大批量的生产,远距离的传播,原作的摹本被带到了原作所根本无法企及之处,"膜拜""特权"等观念都消失了,展示的观念却应运而生。其三,是导致了从个体品味向集体参与的转换,理性的快乐、静观让位于感性的快乐、反应。解释的观念被体验的观念所取代。其四,是导致了永恒性观念的消失,而可修改性的观念却逐渐出现。总之,在复制中出现的是传统的韵味观念与当代的震惊观念的对立。而"韵味在震惊经验中四散"(本雅明),就是其中最为真实的一幕。

就后者而言,从电影、电视直到多媒体和信息高速公路的联姻,可以说,已经全面地更新了美和艺术的载体。例如,过去美和艺术的创作需要一个长期的过程,这就不但限制了作品的数量,而且限制了作品的接受面,从而为创作、作品披上了一层神圣的面纱。据介绍,现在在信息高速公路上每秒速度最快可传 2 000 页文件,法国作家普鲁斯特的一套七卷本的《追忆逝水年华》在嘀嗒声中可以得到。一张小小的"只读光盘",容量为 600 兆,相当

---

① 以致人类的审美活动只好干脆去做莫名之事,因为这是电脑做不了的。当然,这是一种极端。

于3亿个汉字,无疑就是一座图书馆。针对这一情况,美国《只读光盘》杂志1994年10月发表了雪莉·克鲁雅思的《伟大的希望》,该文预测说:到20世纪末,"只读光盘"将会取代40%的图书。然而,美和艺术形成得越快,就意味着在头脑中停留得越短,这使得一切都有可能成为美和艺术。显然,同样也意味着美和艺术成为一切。作品的一次性取消了,创作的一次性取消了,欣赏的一次性也取消了。这样一来,美和艺术事实上也就被取消了。其结果,正如艺术史家阿洛德·豪塞所说:"(技术)发展的迅猛速度和它那似乎是病态的节奏压倒了一切,特别是它与文化艺术的早期进行速率相比更是如此,因为技术的迅速发展,不仅加快了风尚的改变,而且给审美标准带来重要的变化……日常应用的旧物品连续不断地日渐加快地被新物品取代……再三调整了对哲学和艺术重新评价的速度。"①

又如,一般的计算机还只是把文件加以储存、归纳、运算、再现,现在有了多媒体,就具备了多种功能,音响、动作、音乐、录像被编成互动形式,在计算机上同步表现。我们可以称之为:超文本。它有点像世界公园。书籍虽然可以任意去翻,但是总之是受限于物理的三维空间,超媒体则是像在一个理发店的大镜子里,看到的是影像之中的影像之中的影像。从一种媒介转换为另外一种媒介,能够以不同的方式述说同一事情,能够触动人类的各种感觉器官。更为重要的是,从前单向的大众传媒正演变为个人化的双向交流,信息不再被"推"给消费者,而是被消费者"拉"出来,并参与到创造信息的活动中。我可以轻易地搜集自己所需要的信息,把它丢进我的个人化的报纸中,或者放在个人的建议阅读的档案中。因此每个人阅读的都是"我的日报"。而且,在电子文化中,地址的概念发生了变化,不但出现了没有空间的场地,而且出现了非同步的交流方式。比特作为信息的DNA,正在迅速

---

① 转引自阿尔温·托夫勒:《未来的震荡》,任小明译,四川人民出版社1985年版,第191页。

取代原子而成为人类社会的基本要素。因为比特没有重量,易于复制,可以以极快的速度传播,因此在传播中时空障碍完全消失。[①] 例如,原子只能由有限的人使用,使用的人越多,价值越低,比特则可以由无限的人使用,使用的人越多,价值越高。原子是有价的,而比特是无价之宝。并且比特可以毫不费力地相互混合,可以同时或者分别地被重复使用。显然,这必将影响到审美活动。在电子文化中,当代的审美追求开始在信息高速公路上疾驰。每个人的创作欲望通过电子媒介的帮助,都可以实现。创作不再神秘,也不再只是个别人的事。这意味着比电影、电视所带来的审美观念的更重大的转型。过去作品是固定的,在多媒体中首先作品的顺序可以调整,唯一的文本消失了;过去作品完全是单向的输出,现在作品却与读者进行着双向的交流,作者消失了;过去作品是线性进行的,现在作品的固定性质也不存在了,读者进入创作。我们的子孙甚至会奇怪,我们为什么要准时去看演出。这样,假如人类还会像过去那样只是费力地去阅读文学,实在是无法想象的。

再如,过去美和艺术的创作决定于作家的才华,还需要经过印刷出版,才能够面世,这使得普通人对作家奉若神灵。而现在电子文化却为人类展示了一种卡拉OK型的自我娱乐的美和艺术。几千年来,人们对于故事都是被动接受的,听众、读者甚至是观众也都是被动地接受,无论对于声音、文字还是图像,都如此,有学者把它概括为"你讲我听""你写我读""你唱我听""你演我看",现在则干脆变成了"我讲(写、唱、演)我听(读、看)"。接受者也是创作者。消极被动转向积极主动,静观转向参与,被动控制叙述的束缚转向主动控制叙述的自由。例如电子文学,操作者在上面利用填空的方法可以组成各种诗句也可以组合出各种文章、故事、诗歌。互动式电脑文学软件出现,则使得每一个人都可以通过参与电脑互动文本,随心所欲参与故事的

[①] 当人类进入电脑网络之时,民族国家的许多价值观将会发生改变,成为大大小小的电子社区的价值观。物理空间变得无关紧要。

写作。他们的创造欲望在电脑文学软件的启发下加以实现。艺术、创作、作家、作品……这些过去何其神圣的字眼儿,都因为失去了神圣的一次性、创造性而如今已不再神秘。又如,过去演员在舞台上以自身作为表演媒介,因此,只有少数观众能够看到他们的原原本本的表演。而且,不但创作是一次性的,欣赏也是一次性的,现在的电影面对的是机器,可以随时进行表演,放映的也不是表演的原作,而已是经过反复地剪辑、加工。至于观众的欣赏也可以任意重复,甚至演员去世了也可以欣赏他(她)过去的表演。这样,表演的本真性就完全丧失了。其次,正因为过去舞台演员的表演媒介是直接的,因此他与观众之间的交流也是直接的。但是电影却在观众与演员之间插上了机器,两者之间的关系变得陌生了。再如,电子文化甚至为人类提供了全新的表现当代时间节奏(快节奏)、空间节奏(局部片段)等感知经验的工具,对于这些不再能够用康德式的连续性时空范畴来描述而只能用新的非康德式的非连续性时间范畴来描述的感性经验的表现,当然也导致了美和艺术的当代转型。

第二,电子文化使得制作凌驾于创作之上,类像凌驾于形象之上。传统的创作、形象的观念,来源于审美信息源的唯一性,然而,电子文化却彻底破坏了这一唯一性。由于电子文化不再外在于而是内在于美和艺术,成为美和艺术的本体存在的一个组成部分,正如杜夫海纳所指出的:在当代,"艺术作为审美体验的一种结构性活动,总是同人的活动及其技术联系在一起的。"[1]结果,导致了审美信息的过程性、增殖性。例如,就审美过程而论,传统的自然美、社会美、艺术美,审美信息都是相对固定的。但在电子文化中审美信息是不固定的,创作、导演、表演、后期制作,这四个阶段,犹如在信息通道上布满的电阻、电容、变压器,不断对审美信息加以转换。其最终结果,

---

[1] 杜夫海纳等著:《当代艺术科学主潮》的导论,刘应争译,安徽文艺出版社1991年版。

不是审美信息唯一性的增强,而是审美信息唯一性的消解。① 就欣赏过程而论也是如此。不论是录音带、录像带、电影拷贝还是影碟,都无非是各种储存信息的软件,它们储存的只是电子信号。而电子信号还原为信息,却有待各类视听设备即硬件的工作。不难想象,要求各类视听设备的不失真,事实上是绝不可能的。这样,我们看到,其中所通行的主要的只能是制作原则,而不可能是创作原则,主要的也只可能是类像原则,而不可能是形象原则。

4

从美学的角度,影视艺术的出现是十分典型的,②应该作一集中讨论。

在人类审美观念的演进历程中,存在着一个奇特的现象:越是引人瞩目的观念转型,越是并不以理论的形态出现。这一点,在 20 世纪尤为突出。摇滚、流行歌曲、MTV、电子文学如此,影视亦然。也正是因此,近年来我越来越强烈地感到:影视对于 20 世纪人类文化的贡献,不但是美学实践的,而

---

① 例如,制作者通过数码音响将歌唱家的声音肢解、拼凑,影视的蒙太奇、剪辑也是如此,像多轨录音。音乐的立体声多轨录音技术得到广泛的运用,用 24 轨录音机,能分别录入 24 个声道。一首歌,从鼓号到电子合成器,再到弦乐、管乐器、吉他、民乐一直到独唱,都可以分别在不同时间各个轨道分期录入,而且在分期录音中,还可以通过换轨进行加位,例如录完 7 把小提琴、2 把大提琴后,再换轨加录一遍,两遍合在一起,就获得了 14 把小提琴、4 把大提琴的演奏效果,人声也是如此,不少歌手的伴唱就是由自己完成的。如果歌手唱跑调了,音高控制器还可以将整张跑调不成样子的唱片完美无缺地修整过来。这样,嗓子的困难自然就不难解决了。
② 在西方学术界,影视文化也一直是大众文化研究的重点。因为它与当代大众文化的核心电子媒介密切相关。它所依赖的电子传媒和这种传媒对当代社会的影响,是大众文化批评的重点。阿多尔诺把电影看作统治阶级意识形态的文化工业,是一种垄断权力,则观众是纯粹被动的文化消费者,被描绘为受害者,又宣判他们不能自己解放自己。后起的大众文化理论(例如英国文化研究学派和新德国电影文化批评)对此持否定态度,强调了它的创造性、能动性,以及观众的能动性。这意味着:要从大众文化理论而不是高雅文化理论的角度去考察它,把文化消费大众看作社会变革的参与者、新的社会价值意义的创造者。

且是美学观念的。影视的诞生,在一定意义上,就是当代的新的审美观念的诞生。

遗憾的是,由于我们在相当长时期内都是从传统的审美观念入手去考察影视,亦即都是以"阅读"的眼光去考察影视,以至于一直对影视的美学意义缺乏准确的了解。一开始是蔑视电影,贬之为"用字幕构成的影片",而参与者则被诋毁为"自堕落人格"。后来是把电影看作"综合艺术""影戏"。当然,对于一般观众来说,最初,在对电影并不了解的情况下,为了求得了解,简单地以类比的方法把电影称为"综合艺术""影戏",就像把电子计算机当作打字机一样,是可以谅解的。然而,对于研究者而言,只从电影与其他艺术的联系入手,却不去进而考察更为根本的电影与一般艺术的区别,这实在是令人吃惊的。美国理论家帕金斯曾感叹:在这场通过综合艺术的命名来为电影争取主动的斗争中,第一批伤害的就是电影美学本身。其实,电影已经不再像传统的文学作品一样是供"阅读"的,而是供"观看"的。因此,当我们仍旧以"阅读"的眼光看待电影的时候,恰恰就是置身于一个非电影的审美方式。因此,假如观众们以"阅读"的方式进入电影还是可以理解的,那么研究者再以"阅读"的方式进入电影就是无法理解的了。就像我们可以容忍初学者把电子计算机当作打字机,但却绝对不能容忍专家把电子计算机当作打字机一样。

回溯历史,不能不说,影视的诞生并不简单。有人说,电影是唯一的在现在还活着的人们所生活着的年代中所发展起来的艺术,而且,与所有艺术门类的起源的条件都不同,电影是完全由新机械的发明所引起的,是文化工业的产物,信然。还有人说,世界上只有影视是必须在诞生前就培养出自己的能够理解自己所代表的全新审美观念的观众的艺术类型,信然。或许,影视在诞生之初,确实是与传统审美观念混淆不清的,但是随着它解决了自身的"看"的对象(并因而远离"阅读"的对象)即画面自身的叙事(对现实的连续时空加以中断和重新连续的可能性,空间的连续性和时间的连续性的可能性)之谜之后,就义无反顾地与传统审美观念划清了界限,并开始了迅速的独立发展。① 因此,说影视代表着从传统审美观念超越而出的一种新的审美观念,丝毫也不为过。② 所以苏珊·朗格才在《情感与形式》一书中断言:电影是一种全新的艺术形式,与先于它而存在的那些艺术形式没有多少关系。齐格弗里德·克拉考尔也才指出:"所谓'电影是一种跟其他传统艺术并无二致的艺术'这一得到普遍承认的信念或主张,其实是不能成立的。"③

那么,影视所代表的当代审美观念与传统审美观念的区别何在呢?在我看来,就在于影视是建立在对于空间、时间的有限性的美学超越的基础之上的。具体来说,与影视相比,传统艺术类型不论在空间上、时间上都是自觉建立在局限性的基础上的。文学、音乐的不可直视,雕塑、书法的不可动作,舞蹈、戏剧的不可超出有限的空间……看起来是迫不得已的,但实际上是传统美学的有意选择,是出于最终形成一个高于生活的美和艺术的封闭的理性空间、时间的需要。马克思曾经批评旧唯物主义是用间接、静态、有限的眼光看待世界,实际上,传统审美观念也是如此。而且,这正是传统美学最为深层的奥秘所在。然而,影视却不然。它是一种超出有限空间、有限时间的可直视的动作艺术,④是一种用"生活"去反映生活的艺术。

以"真实观"问题为例。在传统审美观念,无论是采取何种形式,总之都无法进入四维时空,因此也就只能退而与现实建立一种间接、静态、有限

---

① 当然,这不排除至今一些不会看影视的人仍然用看小说的方式——严格地说,是看连环画的方式——去"阅读"影视和谈论影视。
② 在这方面,一个非常明显的例子就是只有影视思维的提出没有遭到质疑,文学思维、戏剧思维的提出则都没有形成共识。
③ 齐格弗里德·克拉考尔:《电影的本性》,邵牧君译,中国电影出版社1993年版,第5页。
④ 例如,与绘画相比,绘画的画框是"画的边框",而银幕只是现实的"遮光框",前者具内在性,后者具外在性,可以无限延伸。

的抽象的关系,并且,因此而远离了现实本身。这意味着一种众所周知的传统"真实观"。譬如绘画,作为用颜色来操作的艺术,它不可能再现现实的每一个细节,也无法再现现实的全貌,为了弥补这一缺憾,它就只能采取在空间上展开而在时间上静止的表现方式。进而,就只能采取一种主观介入的方式,透过它根本无法再现的现象,去反映现实的所谓本质——这本质之所以能够被反映,无非是因为它本来就是"人为的"(因此绘画十分讲究"画面构图")。结果,画家不是拿自己的作品与现实比较,而是拿自己的作品与自己头脑中的"本质"比较,从而解决了再现现实的美学难题。又譬如戏剧,作为以身体为媒介的艺术,戏剧固然可以在时间、空间两方面同时展开,然而却必须限制在戏剧舞台的三维时空之中,只有依靠主题、情节、人物形象的高度浓缩与强化来诱惑观众。进而,也只能采取一种主观介入的方式,透过它根本无法再现的现象,去反映现实的所谓本质,并且为了补偿舞台处理时空和动作的局限性而制定出一整套演戏程式。普多夫金指出:"戏剧的可能性的终点,正是电影的可能性的起点。"确实如此。至于小说,就更是如此了。作为以文字为媒介的艺术,再现现实,在它实际上是不可能的。于是,对于主观介入的强调,对于现实的本质的强调,就成为小说的基本前提。例如,"国王死了,王后也死了",在小说中就必须转换为"国王死了,王后因为悲伤过度也死了"。然而,王后的死亡实际上可能是非常复杂的,绝非一个"因为"所可以解释清楚。再如,为了在"看不见"的现实中追求一种"看的效果",小说必须假设一个"看者",通过"看者"的比喻、象征、概括,才能把世界解说给读者。文学理论中所强调的主题、情节、想象、创造、典型人物、典型环境、古典主义、现实主义、浪漫主义等只有由此入手,才是可能的。而小说之所以成为"思想""道理"的最佳负载者,也只有由此入手,才是可以理解的。影视则不然,四维时空的自由伸展、缩放、切换,使得它有可能施展蒙太奇、长镜头、推拉、摇拍等艺术手段,根据画面叙事需要来声色俱佳地展示现实。① 于是,影视美学地停留在平面上,而不再过多地转而借助于抽象的本质。它的"真实观"也不再是传统的深度的真实,而是当代的平面的真实了,不再是传统的理性的真实,而是当代的感性的真实了。或许,这就是劳伦斯不惜"恶毒"地把电影称为"现代手淫"的最佳方式的理由吧?

关于影视的美学内涵,可以从当代审美观念转型的许多方面来考察,例如,我们知道,传统审美观念在20世纪受到了强劲的挑战。从"作者已死"到"作品已死"到"读者已死",是其鲜明的足迹。而在影视中,这一切我们同样可以看到。从创作主体的角度,影视是当代"作者已死"审美观念的体现。它从传统的个体的作者转向了当代的集体的作者(据统计,一部美国电影通常需要动员246种不同行业);从文本的角度,影视是当代"作品已死"审美观念的体现。过去作品后于作为"原本"的生活,是"摹本";但影视却没有"原本"存在,是"互文"。影视在模仿生活,但是生活有时也在模仿影视;②从审美接受的角度,影视是当代"读者已死"审美观念的体现。它的接受不再是文学的历时的叠加式接受(像茅台,可以反复品味),而是共时的一次性接受(像啤酒,只能一饮而尽)。不过,在影视为人类带来的审美观念中最为重要的,是从传统的"阅读"到当代的"观看"。

1913年,格里菲斯说:"我试图要达到的目的,首先是让你们看见。"在此16年前,康拉德也说:"我试图要达到的目的,是通过文字的力量,让你们听见,让你们感觉到,而首先,是让你们看见。"③但是实际上,这里的"看见"是根本不同的。布鲁斯东就曾着重提示:"从人们抛弃了语言手段而采用视觉

---

① 注意:在文字与画面,可以说是完全逆向的。文字是从抽象到具象,画面是从具象到抽象。同时文字不但是抽象的,而且在选择符号指代对象时是随意的。这也与画面相反。
② 过去是艺术生活化,现在是生活艺术化。因此,西方当代美学家不但要讨论"艺术源于生活"的必要性,而且要讨论"生活源于艺术"的可能性了。
③ 布鲁斯东:《从小说到电影》,高骏千译,中国电影出版社1982年版,第1页。

手段的那一分钟起,变化就是不可避免的。"①"小说的最终产品和电影的最终产品代表着两种不同的美学种类,就像芭蕾舞不能和建筑艺术相同一样。""最电影化的东西和最小说化的东西,除非各自遭到彻底的毁坏,是不可能彼此转换的。"②所以,法国电影符号理论家麦茨说:"电影的表意过程必须谨慎地区别于文字语言的表意过程。"瑞典的电影导演英格玛·伯格曼在《四部银幕剧本集》的序言中疾呼:"剧本是影片的极不完善的技术基础。联系着这一点,我还想提到另一个要点:影片和文学没有关系;这两门艺术形式的性质和实质一般来说是矛盾的。这可能与思想的接受过程有关。"阿伦·斯比格尔也说:"当人们认识到电影当前的技巧体现了那些在电影以外仍是生机勃勃的价值和态度的时候,认识到电影技巧是思维及感觉的方式——有关时间、空间、存在和关系——联系着的,简而言之,是和那已经成为我们文化的整个时代的思维生活的一部分的世界观联系着的时候,他们就真正学到了电影的技巧了。这种观念不仅存在于电影之中,也存在于电影之外,而且实际上,这种观念在电影摄影机发明以前,就部分地决定了像康拉德、左拉、福楼拜等前电影艺术家所创作的轮廓和织体了。……康拉德于1897年就告诉我们说,当他在写自己的书的时候,他的任务是力求使我们'看'到。"③凯特·柯恩则强调:"从某种意义上来说,自《尤里西斯》以后,就可以看到电影性的展示……某些现代小说宣称自己是具有电影性的。……想要否认电影的冲击,就像是想要否认科学对浪漫主义诗歌的重要性一样。……一种新的文化现象强行进入了他们(作家)的意识,并且进

---

① 布鲁斯东:《从小说到电影》,高骏千译,中国电影出版社1982年版,第6页。
② 布鲁斯东:《从小说到电影》,高骏千译,中国电影出版社1982年版,第69页。
③ 阿伦·斯比格尔:《小说与摄影机眼睛》,见周传基:《电影电视根本就不是"综合艺术"》,载《电影艺术》1994年5期。

入了他们那一代人看世界的方式。"①在这里,两种审美观念的根本差异,是显而易见的。因此,当我们看到尧斯把当代的文化冲突归结为影视文化与印刷文化的冲突,而且断言其结果是"古典主义的美学成就已受到怀疑",应该是深以为然的。

审美观念的上述转型无疑不是空穴来风。在人类的传统审美观念中,就潜藏着一种对于"看"的观念的压抑。我们所能够看到的,是"看"被压抑在"知"之边缘这一事实。所以亚里士多德竟强调:"求知乃人的本性",直到莱辛在《拉奥孔》中,还是断然把"诗"与"画"区别开来,也就是把"知"从"看"中独立出来。汉斯利克在《论音乐的美》中同样也还是坚决否定视觉对音乐的影响。这自然与印刷文化与传统审美观念相关。它意味着对世界的恒常性的把握。阻断时间之流,超拔空间世界,创造一个实体的、对象性的、"占据空间"的存在,这,就是传统审美观念的理想。结果作品本身不成为"看"的对象,而只是一个"知"的对象。然而,这毕竟并非美和艺术的全部。所以,海德格尔才反其道而行之地宣称:"人的存在本质上包含有看之烦"。②丹尼尔·贝尔更是反复提示:"我相信,当代文化正在变成一种视觉文化,而不是一种印刷文化,这是千真万确的事实。"③影视所代表的当代审美观念,则印证着这一"千真万确的事实"。

具体来看,审美的对象、因果、逻辑、必然性、规律性、本源、意义、中心性、整体性等都曾经是传统审美观念的预设前提。在此基础上,时间和空间意味着人类美和艺术可以依赖的坐标;"本文"意味着人类美和艺术的完整;元叙事、元话语意味着人类美和艺术的虚假的稳定感。没有任何东西是因为自己而有意义,只是进入共同的中心才有了意义。例如"再现",例如"透

---

① 凯特·柯恩:《电影与虚构小说》,见周传基:《电影电视根本就不是"综合艺术"》,载《电影艺术》1994年5期。
② 海德格尔:《存在与时间》,陈嘉映等译,三联书店1987年版,第207页。
③ 丹尼尔·贝尔:《资本主义文化矛盾》,赵一凡等译,三联书店1989年版,第156页。

视",例如"虚构",例如"独创",例如"悲剧",①都只有假说的意义,只是一种中心化的产物。一旦把心理幻觉消解掉,人们就会发现它的荒唐。影视与之不同。在它看来,把语言文字作为美和艺术的载体,把生活作为"知"的对象,实在是美和艺术的一种迫不得已,也是文学的根本缺憾。现象与本质既有统一性,也有离散性。片面地独尊本质的一面,必然会失去更为可贵的现象一面。因此,影视从思想的一部分转而成为生活的一部分,从本质主义转向表象主义,无异于为平面的审美追求立法。它的意义在于:体现了一种"非语言化"的倾向。由于语言的侵蚀,人类的感觉已经渐渐迟钝起来,把世界从语言的人为造成的重压下超越而出,使人再一次从世界本身的角度来看它,这应该说是影视对语言化所造成的异化后果的迄今为止的最为强有力的矫正。电影美学家齐格弗里德·克拉考尔指出:电影"是唯一能保持其素材的完整性的艺术","破天荒第一次为我们揭示了外在的现实","电影似乎在它迷恋于事物的表面时,才成为真正的电影。"②所谓"风吹树叶,自成波浪"。于是,影视使我们发现,排斥理性主义正是当代美和艺术存在的必需条件。我们过去之所以认识不到,是因为我们从未怀疑理性主义的力量,而是反而怀疑自身的把握理性的力量。实际上,"最简单的、表面的东西就是最高级的东西,并不像笛卡尔理论中那样,最简单的只是一个金字塔的基础,引向更高的体系。"③这样,把感觉从思想中解放出来,就因此而成为当代不无偏激但又最具革命性的举措。

---

① 电影似乎与悲剧互不相容。正如齐格弗里德·克拉考尔指出的:"在悲剧的世界里,命运排斥了偶然性,人与人之间的相互影响构成注意的全部中心;但电影的世界则是一系列偶然的事件,既牵涉到人,也牵涉到无生命的物体。"(齐格弗里德·克拉考尔:《电影的本性》,邵牧君译,中国电影出版社1993年版,第5页)
② 齐格弗里德·克拉考尔:《电影的本性》,邵牧君译,中国电影出版社1993年版,第5、6、361页。
③ 杰姆逊:《后现代主义与文化理论》,唐小兵译,陕西师范大学出版社1988年版,第17页。

在审美主体方面,对于感觉器官的不信任,是传统审美观念的奥秘之所在。在传统审美观念,审美主体成为一面中了魔法的镜子,其中的一切打上了类的、中心化的底色。眼睛则成为这面镜子的透明的中介。只有当被看的东西与看发生了分离之后,才有所谓"物"的出现。看因此而失去了直接性。我使用的是我的目光,它已经把我的目光组织进去了。只有当我站在环境和历史之外的时候,才有可能去客观审视对象;也只有当我学会把自己当成主体,从客体中自我分离的时候,才有可能客观地回过头来客观地审视对象。传统美学意义上的审美活动正是这样发生的。结果审美活动成为固定距离之外的"阅读"。以戏剧为例,巴拉兹说:戏剧观众始终可以看到演出的整个场面;观众总是从一个固定不变的距离去看舞台;观众的视角始终是不变的。在这里,始终存在着的距离使得观众作为"局外人"面对舞台,并且通过理性结构与世界发生联系。然而,"阅读"导致的正是人类感觉的扭曲。事实上,"阅读"只能解释对与错,却无法解释美与丑。而现在在影视中审美距离却不再存在。其中的美学转换是:毅然向感觉的复归。对此,假如我们想到,无论在什么意义上,审美活动都不能离开感觉。那么,不言而喻,应该承认,影视的选择是迄今为止最合乎审美活动的本来含义,离开感觉来谈美,就像离开阳光来谈色彩一样,是毫无意义的。日本学者林勇次郎说:对战后的一代来说,"通过电视获得的信息并非是零碎分散的,而是整体的,如一幅图画,多维感受由此成为可能。在这种情况下,逻辑,这一将信息转化为知识的手段便不再为人们所需,取而代之的是感觉能力,它将成为转换的重要工具……新的感觉的时代已经到来,逻辑被取代了……"[1]影视也是如此。这样,朝向感觉的回归就是朝向本体的回归,而且,只要不是以放纵的方式,就是进化,而非蜕化。

---

[1] 阿尔温·托夫勒编:《未来学家谈未来》,顾宏远等译,浙江人民出版社1986年版,第253—254页。

詹姆斯·莫斯克在《怎样看电影》中曾经借用麦茨的话说："电影之难于解释，正是因为它的易于看懂。"①确实如此。因此，我们的着眼点不应是电影的何以"难于解释"，而是它的何以"易于看懂"。读者不难发现，这正是本文的主旨。而一旦懂得了它的何以"易于看懂"，无疑也就懂得了：影视作为影视，并非传统审美观念的产物，而是传统审美观念解体的产物，是当代审美观念的产物。不言而喻，弄清楚这一点，给我们的启示无疑是多方面的。就影视欣赏来说，可以使我们避免再以文学的、戏剧的方式去看待影视，以至于总是根本就看不懂影视甚至不会看影视；就影视创作来说，可以使我们大大地减少创作过程中的盲目性，不再把影视拍成影视小说、影视戏剧，而是把影视拍成影视；就影视研究来说，可以使我们站在一个真正的起点上面对影视，而不再是想当然地立足于一个虚假的起点上，满足于以谈论文学或者戏剧的话语去对影视指手画脚；就美学研究来说，则可以使我们推进理论研究本身。毫无疑问，传统的对于深度的审美追求与当代的对于平面的审美追求，显然同样蕴含着片面性，然而假如考虑到传统美学的成功地概括了对于深度的审美追求中所蕴涵的真理颗粒，现代美学的是否能够成功地就对于平面的审美追求中所蕴涵的真理颗粒加以理论概括，就绝非无足轻重之举了。不妨试想，假如以在电子文化基础上产生的影视作为特定的研究对象，而对其中所蕴涵的真理颗粒加以理论概括，进而对传统美学的局限性加以解构，从而提出一些更具包容性、阐释性、预测性及不可证伪性的全新的美学范畴、美学命题，那么，将会为现代美学体系建设做出多少有益的贡献！

5

当然，电子文化为人类审美观念带来的也并非全然是正面的效应。人们习惯于把科学技术的进步等同于人类的进步，这是错误的。电子技术天生具备反传统审美观念的性质，因此，它对审美观念的影响应该是有条件

---

① 詹姆斯·莫斯克：《怎样看电影》，刘安义等译，上海文艺出版社1990年版，第120页。

的。简而言之,它应该体现着人对技术的胜利,体现着人对于技术的利用。在我看来,这无异于两者之间的"雷池",不难想象,一旦肆无忌惮地加以跨越,转而对电子技术加以无条件的引进,甚至不惜"唯"电子技术、不惜令电子技术转而凌驾于自身之上,就必然导致误区的出现,倒过来成为电子技术对人的利用、电子技术对人的胜利。① 须知,技术和人类天性的结合,将比任何的政治暴力、法律威胁的力量都更加强大(令人震惊的是,电子媒介这只小小的所罗门之瓶,竟然会放出这么巨大的魔鬼)。这就是海德格尔所痛斥的"技术的白昼"。②

---

① 雅斯贝尔斯就曾描述说:"有史以来第一次,人类对自然开始了有效的控制。如果我们想象自己的世界被埋藏,其后的挖掘者将不会挖出像我们自己那样美丽的东西。而对我们来讲,古代的人行道也是极为赏心悦目的。然后,后代的人会挖掘出大量的钢筋混凝土,弄清楚在以前最后几十年的阶段中(与先前时代相对的),人类开始用网状的器物来包围地球。如此采取的步骤,曾像我们的祖先首次使用工具一样意义重大;而我们已经可以预期有一天,世界将变成一个充分利用它的物质及能源的庞大工厂。这是人类第二次与自然决裂,去做自然永远不会为自身做的事情,这种事情也是以创造性的力量和自然对抗的。这种工作,不仅在它具体可见和可触知的产品中实现,而且也在它的运作中实现,而我们假设的挖掘者,将无法从无线电的杆子和天线遗物推想出新闻在地球表面普遍传播的情形。"(雅斯贝尔斯:《当代的精神处境》,黄藿译,三联书店1992年版,第21页)

② 在当代社会,技术是"隐形上帝",是新世纪的"超人"。它是人类感官的延长,代替人类感官去做人类不想做的事情,以便人类去做自己想做的事情,人类因此而更加自由。然而一旦超越了应有的界限,转而成为人类感官的奴役者,不再是"它",而是"他",就反而会出现最大的危险。这令人想起歌德描写过的浮士德与梅菲斯特之间的交易,以及黑格尔讨论过的主人与奴隶之间的故事,现在看来,这些都无疑是一个伟大的隐喻:主人丧失自由,而奴隶获得自由。现在当我们面对技术时,出现的正是这种情况:技术是自由的,而人却不自由了。技术甚至是完美无缺的,相比之下,人反而是有极大局限性的动物,需要像电脑一样升级,或者干脆被淘汰掉。如果再联想到在传统社会以前几乎所有的灾难都是天灾,而现在却几乎都是人祸,就会更加深刻地意识到问题的严重性。值得注意的是,对于赤裸裸的动物的野蛮,人类还可以抵抗,对于技术的野蛮,人类甚至无法抵抗。何况,技术的高度发展的动力并非直接地来自人类自我实现的渴望,而是来自强烈的物质欲望,因此,克服技术的危害实在是一个难以解决的问题。我们所能做的大概主要是要"役物"而不要"役于物"。

问题是显而易见的,就人类文化传播的整体而论,电子文化的崛起无疑不应该以口语文化、印刷文化的消解为代价。在我看来,三种不同文化作为不同的传播方式,是对于人类信息传播这一对象的不同层面的揭示,彼此之间应该是互相补充的关系,而不应该是互相敌对的关系。尤其是印刷文化,它是人类智慧的根本所在。这一点,从动物虽然可以看电影、电视却不可能看文字,可以给我们以深刻的启迪。应该说,写作是覆盖面最小但是又最持久的一种方式。因此,正确的选择应该是借助电子文化去补充印刷文化的不足,而不是借助电子文化去取代印刷文化。还以文学艺术与影视的关系为例,作家假如要与影视对抗,必然会像乔伊斯说的那样,是"在进行一场注定要失败的战争"。文学的死亡,在今天看来,虽然还不是全部的现实,但是也绝不再是杞人忧天了。人们开始习惯于没有文学的生活。一些作家甚至在拍完影视后才完成小说,在修改时可以实际看到和听到他的构想。另外一些作家则投入影视的怀抱。在他们看来,由于影视所蕴含的"技术力量的程度,它必然会更加强大。它赋予我们用前所未有的方式控制和改造环境,而且还会确保我们在肉体上的长寿,这在从前只属于寓言故事。如果艺术不同这些新的可能性协调对话,那么就将不成其为艺术了"。①而另一方面,电子文化的出现事实上也推动了文学艺术的进步。一方面,文学艺术的界限固然日益缩小,但另一方面,文学艺术的界限又日益扩大。这表现在一方面它给文学艺术以积极的影响。例如贡布里希、德拉克洛瓦就曾谈到摄影对绘画的正面或者负面的影响,更为值得注意的是,印象主义的第一届展览就是在当时的法国著名摄影家纳达尔的工作室中举办的。另一方面,它又迫使文学去寻找自身的创造潜能、自身的为影视所无法替代的特性。昆德拉不就刻意要创作一部无法被改变为电影的小说?《尤利西斯》

---

① 约翰·拉塞尔:《现代艺术的意义》,陈世怀等译,江苏美术出版社 1992 年版,第 437 页。

《局外人》《鼠疫》,不就至今无法搬上银幕?何况,文学还是影视的题材库,反过来,影视也推动了文学的阅读。① 而从美学角度言之,则是应该借助当代审美观念以补充传统审美观念的不足,而不是借助当代审美观念去取代传统审美观念。

就电子文化本身而论,其负面效应恰恰是其正面效应的延伸。这意味着:电子文化并不必然导致负面效应,②负面效应的出现,与对它的无条件的利用直接相关。

例如,就电子文化对于美和艺术的本源的权威性的破坏而言,只能是针对美和艺术的权威性的局限性而言,一旦超越这一界限,就会成为对于美和艺术本身的存在方式的破坏。这存在两种情况。第一,过去的文学传播是以慢为特征,现在是以快为特征。在电子媒介面前,平等、从容、警觉都消失了。它的速度太快,以致感觉根本无法像解构话语一样解构影像。比如看一幅画,你可以从容地说,这不是现实,但是在看电影、电视时却无法这样说。尤其是电视。罗伯特·休斯评价说:

---

① 以绘画为例,1965 年以来,美国各美术馆的参观人数从每年 200 万增加到每年 500 万,1960 年以来,日本新增加了 3 200 家以上的美术馆,而前西德在十年里新设了 3 300 家。
② 因此目前对电子文化必然导致负面效应的"口诛笔伐"是毫无道理的。而且,这种"口诛笔伐"令我们想起世纪初的不少专家学者竟然以争相诋毁从小说、戏剧创作转向电影创作的作家为"卑鄙、下流"为荣,在世纪末,这一幕难道还要以另外一种形式来重演吗?对此,麦克卢汉的提示值得注意:"我们从拼音文字技术演生而来的语言,不能应付这一新的知识观念。""偏重视觉文化的人面对电影或照片时,既麻木迟钝又态度暧昧。而且,由于他们用一种防卫性的傲慢态度和恩赐态度去对待'通俗文化'和'大众娱乐',反而使自己的无能更为严重。16 世纪时,经院哲学家之所以还能对付印刷书籍的挑战正是由于他们抱着这种戏牛犬的'愚勇'精神去对待新的媒介。靠已有的知识和常规的智慧得到的利益,总是被新媒介超越与吞没。然而,对这一过程的研究,无论是为了裹足不前还是为了变革,简直还没有开头。"(麦克卢汉:《人的延伸》,何道宽译,四川人民出版社 1992 年版,第 166 页、第 224—225 页)

当你看电影时,你只有两种选择——去或留。电视则有第三种选择:换频道。多少亿人每天就这样消磨着时间,他们从这个频道转到那个频道,寻找他们喜欢的新闻节目或体育比赛,编辑着他们自己的碰运气的蒙太奇。他们不觉得这些蒙太奇是"形象"。它们只是转换频道的副产品。但他们照样看它们:他们所看到的,并认为是理所当然的东西,是一连串的形象,形象的并置是不协调的,因此常常是"超现实主义的"。我们使用这一大队可以互换的鬼魂,用无秩序的方法,在观看别人制作的蒙太奇的空隙中制作我们自己的蒙太奇。……全社会都学会了以迅速的蒙太奇和并置的方式来假想地体验世界。①

对此,丹尼尔·贝尔的剖析堪称精辟:"形成知识的印刷和视觉的相对比重中却存在着对一种文化的聚合力的真正严重的后果。印刷媒介在理解一场辩论或思考一个形象时允许自己调整速度,允许对话。印刷不仅强调认识性和象征性的东西,而且更重要的是强调了概念思维的必要方式。视觉媒介——我这里指的是电视和电影——则把它们的速度强加给观众。由于强调形象,而不是强调词语,引起的不是概念,而是戏剧化。电视新闻强调灾难和人类悲剧时,引起的不是净化和理解,而是滥情和怜悯,即很快就被耗尽的感情和一种假冒身临其境的虚假仪式。"②更为严重的是,卫星电视的出现使得人类在精神上也成为一个村庄。我们可以把这种现象称为:"精神共同体"。然而网络世界几乎就是一个新的潘多拉盒子。撒切尔夫人就曾感

---

① 罗伯特·休斯:《新艺术的震撼》,刘萍君等译,上海人民美术出版社1989年版,第304页。
② 丹尼尔·贝尔:《资本主义文化矛盾》,赵一凡等译,三联书店1989年版,第156—157页。

叹:西方的文化娱乐工业已使政权成为不相干的东西!在信息高速公路上更"没有领导,没有法律,没有警察,没有军队"。有一幅漫画,描写两条狗在互联网上对话,其中一个打了一行字:"在互联网上没有人知道你是一条狗。"然而知识的大量增加所导致的,却并不是知识的质量而是数量的大量增加。因为信息并非只是正面的概念,它也可能是噪音,还可能什么也不是。电子传播也很可能只是为传播而传播,在这里,重要的不是传播什么,而是一种传播需要,只要传播就行。因此信息的增多,反而越有可能造就单面人。

第二,通过电子技术(例如复制技术、仿真技术、幻觉技术、拼贴技术、时空倒错技术)组织起来的美学话语,从表面上看是面对"生活真实",但实际上只是被组织起来的话语,往往就会成为人类体验世界的活动的异化的体现。而且,作为话语的编码者,当技术手段把为美学话语所需要的素材加以组织的时候,是按照一定的叙述模式进行的,因此,一旦失控,其中的叙述话语就实际只是重构某种既定的话语模式。从表面上看是叙述话语的视觉化,是走向真实,甚至可以称之为:"镜中自我"。这"镜中自我"是一种理想形象,是把生活中的理想自我推向极端,例如对明星的迷恋实际上就是通过镜子对于自己的迷恋,目前到处流行的个人艺术照也是如此(使自己像明星。所以美国学者卡普兰甚至说这是一个"样子"的时代,一个"看上去像"的时代)。但实际上,由于这一切都是被组织起来的话语,因此反而往往体现了对于认识世界的活动的异化。在传统的美和艺术之中,你可以给玫瑰无数个名字,但"玫瑰的芳香依旧"。但电子媒介就不同了,它可以制造出无数个玫瑰的类像,更逼真、更美丽、更完美,但却不再有芳香了。这里所提供的一切又都是事先安排好的,人们只能无条件地接受之。共时性的语码结构要先于历时性的叙事过程。游戏者实际上是被构成、被决定的对象。他的一切快感也都是事先安排好的,电脑的程序决定了:他只能是一个在封闭的空间中的被构成的主体。审美的"展览价值"代之以"膜拜价值",充其量也就是电子编织的审美梦幻。对于这种支离破碎的世界中必然出现的景观,我们可以称之为:"视觉污染"。长久沉浸其中,难免会导致麦克卢汉所警示的"麻木""恍惚""麻醉"等结果,最终像纳西索斯一样陶醉于其中,直至完全丧失掉审美能力。

其次,就电子文化对于美和艺术模仿现实的权威性的破坏而言,由于技术作为一种媒介,只是一种无法反映内容的媒介,它的内容只能是另外一种媒介,以致塑造媒介的力量正是媒介自身。这样,一旦失控,就会从根本上颠覆现实与形象的关系,使得形象转而凌驾于现实之上。它制作现实,驾驭现实,甚至比"现实"更"现实"。结果,审美文化成为审美操作,美学作品成为美学用品。再者,电子文化相当于一个解码器,然而却不再是在体内而是在体外。它把信号转化为形象后才请你去看,于是你不必想象、思索而只需去看。结果,过去,想象是主动的、理想的,是要求你去创造,而现在,感觉是被动的、现实的,是要求你去相信、去接受。过去,形象是一个以理性结构为基础的完整的话语系统的产物,通过它,人类得以与自己的生存状态相互比较。生活中的失落,可以通过形象的组织,回到权力系统,从而找到自己生活的意义、价值、理想。而现在,类像却不再是一个以理性结构为基础的完整的话语系统的产物,而是对这一切加以解构的产物。一旦失控,就会成为被无数"媒介中介"多重限制、分隔的存在,成为某种虚拟的幻想。这样,伴随着感性能力的畸形增强的,势必是理性能力的日益萎缩。试想,当能够直接感受到歌舞画面动作后,人们还愿意把文字去想象转化为歌舞画面动作吗?假如对此不加以足够的注意,势必沉醉于五光十色的高技术美学包装的预谋之中,化想象为外在的影像,化有限的生理需要为无限的心理欲望,使心理化的审美活动变成感官化的直接操作,片面注重于感官对对象表面的直接把握。于是,社会现实从深度内容转向趣闻轶事,过去、现在、将来的联系消失了,一切都成为偶然、佐料。① 莫泊桑曾经形容某些审美者说:"这些人群向我们叫道:安慰安慰我们吧,娱乐娱乐我们吧,使我忧愁忧愁吧,感动感动我吧。"这,当然是我们在当代审美观念的转型中所不愿看到的一幕!②

---

① 昆德拉对传播媒介发表过很好的意见,值得注意。例如:"小说(和整个文化一样)日益落入传播媒介的手中,这些东西是统一地球历史的代言人,……它们在全世界分配同样的简单化和老一套的能被最大多数,被所有人,被整个人类所接受的那些玩意儿。不同的政治利益通过不同的喉舌表现自己,这并不重要。在这个表面不同的后面,统治着的是一个共同的精神。只消翻一下美国或欧洲的政治周报,左翼的和右翼的,从《时代》到《明镜》,它们对反映在同一秩序中的生活抱有相同的看法,它们写的提要都是根据那同一个格式,写在同样的栏目中和同样的新闻形式下,使用同样的词语,同样的风格,具有同样的艺术味道,把重要的与无意义放在同样级别上,被隐蔽在政治多样性后面的大众传播媒介的共同精神,就是我们时代的精神。""在实现了科学与技术的奇迹之后,突然醒悟到他什么都不占有,他不是自然的主人(自然正一点一点退出地球),不是历史的主人(历史背离了人),也不是自己的主人(他被自己灵魂中非理性的力量所驱使)。但是,如果上帝已经走了,人不再是主人,谁是主人呢? 地球没有任何主人,在虚空中前进。这就是存在的不可承受之轻。"(昆德拉:《小说的艺术》,孟湄译,三联书店 1995 年版,第 17、40 页)假如被判死刑是可怕的,那么不为任何原因而被判死刑就是无法忍受的,就像一个没有任何意义的烈士。

② 本章的部分内容系根据我与林玮女士合作研究的成果修改、扩充而成,特此说明。

第二篇

价值定位的逆转：
审美价值与非审美价值的碰撞

1

从美到丑

我们已经讲到,当代审美观念所出现的重大转型,就是从多极互补模式出发着重从否定性的主题去考察审美活动。具体来说,当代审美观念所出现的重大转型起码表现在三个方面。其一是审美价值与非审美价值的碰撞,其二是审美方式与非审美方式的会通,其三是艺术与非艺术的换位。本篇首先谈审美价值与非审美价值的碰撞。我们知道,传统审美观念是从二元对立模式出发着重从肯定性的主题去考察审美活动,这意味着它必然是在审美价值方面以美为中心。在当代,这种情况出现了根本的转换。美学的边缘地带被重新加以界定,首先是从美到丑,而丑的走向极端,就是荒诞。那么,丑、荒诞在当代审美观念中如何可能?丑、荒诞的美学意义分别是什么?同时,在此基础上,当代的审美价值观念还出现了什么变化?这,就是本篇所要讨论的问题。

本章我们考察在当代审美观念中的从美到丑的转型。

1

在人类美学史中,众所周知,20世纪实在是一个"丑"的开端。似乎是一夜之间,在美学领域突然充盈了侏儒、宵小、庸人、禽兽、无名鼠辈,处处给人以愚昧、粗俗、可鄙、丑陋、颓废的印象。沃兰德曾经感叹:"从艺术的观点来看,难道现代艺术不是魔鬼的作品吗?难道舞台上各种精神错乱和歪扭鄙丑的动作都是艺术吗?各种艺术趣味的感受的否定,所有那些过去被看作丑的和令人厌恶的东西——那些垃圾癖和裸体癖——难道都是艺术吗?"①日本著名美学家今道友信也曾经感叹:"像现代被许多人喜爱的摇滚乐啊、爵士乐啊,或者表现非常剧烈的跳动性动作的美国西部片、炫耀肉体颤动的爵士芭蕾之类的舞蹈等,尽管它们可以显示生命之火的剧烈冲动,但是美在哪儿呢?""这种艺术会像尼采曾经预言的那样,必然是趋向于力量的意志,向往生命的讴歌",然而,"即便在这里,美也不是艺术的理念,在这儿看到的只能说是生命、活力,以及激情"。② 换句话说,在这儿看到的只能说是:丑。

那么,在20世纪,丑为什么会堂而皇之地进入美学殿堂?丑是如何成为可能的呢?要回答这个问题,首先要问:丑为什么不能进入传统美学殿堂?丑在传统美学中是如何不可能的?

传统美学是以美为中心的:这似乎是从特洛伊王子帕里斯颁发金苹果时开始的一种美的崇拜的传统,美是"一种最深刻的希腊信仰"。③ 从古希腊时代开始,希腊人就曾经自豪地宣称:"我们是爱美的人"!无疑,这同时意味着对丑的排斥。因此,他们不惜在法律上明文规定:"不准表现丑"!传统美学当然并不是根本就不曾谈到丑,但是,在传统美学中,对于丑的谈论首先不是全局性的,其二也不是对于审美活动的否定性质的肯定,而只是作为对于审美活动的肯定性质的衬托来谈的。在他们看来,丑根本不存在。因为世界是全知全能的上帝或理性创造的,不论是上帝还是理性,都不会创造丑。因此在美学中不可能存在丑的问题,存在的只有相对残缺的美与更高级的美的区别。结果,在传统美学中丑的问题被取消了。这种情况,一直持续到两个世纪以前,彼时魔鬼靡非斯特公然作为丑的化身跳出来与上帝打

---

① 见《国外社会科学》1978年第四期,第38页。
② 今道友信:《美学的方法》,李心峰等译,文化艺术出版社1990年版,第322页。
③ 中国似乎是从一开始就重视了丑。例如"老树""枯藤""昏鸦""病梅",以及湖石的"透、漏、瘦、皱、丑"。还有对于"苍劲""老气""古拙""高古""野逸""疏宕""清奇""寒瘦""宁拙毋巧""宁丑毋媚"的提倡。这十分值得注意。

赌,意欲一决雌雄,其结果当然是失败的。幸而,这绝不是最后的结局。不到一个世纪,以"疯子哲学家"著称的尼采又出来宣布上帝之死,波德莱尔则干脆在美学领域中宣布了"美之死"。这,就是丑的诞生。

值得注意的是,传统美学竭力排斥丑,并不意味着在生活里就没有丑,而是说,在特定的传统美学的视野里,不可能看到丑,更不可能承认丑。即便是在丑开始大肆泛滥的近代社会,也是如此。为什么会出现这种情况,传统美学是怎样对丑加以排斥并且不予承认的?在这方面,表现最为突出同时也最具代表性的是康德。我们不妨就以他为例作一简单剖析。

康德所生活的时代,应该说是一个丑开始大肆泛滥的时代。康德在建构理论体系时,也遇到了丑的挑战。而康德美学,在一定意义上也可以说正是着眼于这一问题的阐释、解决。平心而论,在康德美学中,是注意到了审美判断实际上具有肯定和否定两个方面的。例如,在他的"快感"中就指的是美,在他的"不快感"中则指的是美的否定。但是遗憾的是,他并没有注意到它的积极意义以及在美学中的重要地位,也没有进而正面对它加以单独讨论,而只是对这否定方面以否定态度去简单地加以否定。他的思路,开始于这段堪称经典的论断:"为了判别某一对象是美或不美,我们不是把(它的)表象凭借悟性连系于客体以求得知识,而是凭借想象力(或者想象力和悟性的结合)连系于主体和它的快感与不快感。"①在这里,"快感"与"不快感"的根本区别在于对象表象方面的合目的性。康德指出:"意识到一个表象对于主体的状态的因果性,企图把它保留在后者里面,于此就可以一般地指出人们所称为快乐这东西;与此相反,不快感是那种表象:它的根据在于它把诸表象的状态规定到它们的自己的反对面去(阻止它们或除去它们)"。②简而言之,或者是"合目的性",或者是反"合目的性"。对象不能与判断力的

---

① 康德:《判断力批判》上卷,宗白华译,商务印书馆1985年版,第39页。
② 康德:《判断力批判》上卷,宗白华译,商务印书馆1985年版,第57—58页。

先验原理("合目的性")相和谐而产生了"不快感",就是不美,就是美的否定。那么,"反合目的性"的"不快感"是不是美(广义的美)? 显然,康德不愿意把"反合目的性"的"不快感"称作美,哪怕是广义的美。"一个本身被认做不符合目的的对象怎能用一个赞扬的名词来称谓它"?① 这样,康德就面临着一大理论困境:面对美的否定,面对丑,面对"反合目的性"的"不快感",判断力的先验原理所谓"自然的客观的合目的性"显然已经不再适用。这无疑是一种理论的难堪! 为此,康德又提出了一个补充原理:"主观的合目的性"。这样,"反合目的性"因为服膺于"主观的合目的性",因此也仍然可以被称作美。于是与主体不相容的对象也被纳入了美。

不过,在这里,所谓被"纳入"并不是直接地被接受,而是被扭曲。换言之,与主体不相容的对象被康德通过扭曲的方式纳入了美。这,就是康德美学中的崇高所面对的问题。康德所谓崇高,可以理解为能够转化为美的丑,也可以理解为向丑迈了一大步的美。"不美""不快感"到哪里去了? 理论的严谨必然表现在对它的解决上。在我看来,康德对于崇高的讨论正是为了解决这个问题。"反合目的性"的存在意味着"合目的性"只在肯定性的层面中存在,而在否定性的层面就并不存在,这显然对康德提出的判断力原理构成了威胁。这是康德在考察美时要回避丑的原因,也是康德在讨论崇高时要讨论丑的原因。而他的法宝,就是"主观的合目的性":"我们只能这样说,这对象是适合于表达一个在我们的心意里能够具有的崇高性;因为真正的崇高不能含在任何感性的形式里,而只涉及理性的观念:这些观念,虽然不可能有和它恰正适合的表现形式,而正由于这种能被感性表出的不适合性,那些理性里的观念能被激引起来而召唤到情感的面前。"② 原来,出于传统美学的预设前提,康德是不可能承认丑的合法性的。因此他没有走上否定性

---

① 康德:《判断力批判》上卷,宗白华译,商务印书馆 1985 年版,第 84 页。
② 康德:《判断力批判》上卷,宗白华译,商务印书馆 1985 年版,第 84 页。

审美活动的路子,也没有承认丑的否定性审美活动的独立地位,而是设法把这不合目的的对象转换为合目的的对象。"主观的合目的性"作为"自然的客观的合目的性"原理的补充原理,就是这样出现的。至于康德对崇高的解释,则是众所周知的:相对于美的对于对象的直接认同,崇高则是对于对象的一种间接的愉悦。它首先是瞬间的生命力的阻滞,然后是因此生命力得到了超常的喷射。这是人对自身相对于任何外在世界的一种自豪感:"人们能够把一对象看作是可怕的,却不对它怕。""假使发现我们自己却是在安全地带,那么,这景色越可怕,就越对我们有吸引力。我们称呼这些对象为崇高,因它们提高了我们的精神力量越过平常的尺度,而让我们在内心里发现另一种类的抵抗的能力,这赋予我们勇气和自然界的全能威力的假象较量一下。"[1]这样,因为被转换为(不如说是被扭曲为)崇高,康德就成功地把通向丑的道路堵死了。结果,不但维护了传统美学的权威性,而且"合乎逻辑"地把真正的丑排除在美学殿堂之外。

在近代条件下,崇高的出现无疑是对美与丑之间的矛盾的一种调和。这调和客观上扩大了审美对象的范围。从时代的角度,是对于传统美学的突破,是对于当时惊心动魄的革命的美学概括。从审美对象的角度,是冲破和谐、精致、典雅的传统,从重质的有形有限的对象转向重量的无形无限的对象,把令人恐惧的、激情的对象,以及非和谐的、粗糙的、简陋的、怪异的对象,纳入审美活动。从审美心态的角度,是从直接的快感转向间接的快感,从"积极的快乐"转到"消极的快乐"。从美学史的角度,是把崇高的本质规定为善,这比起传统的优美对于真的推崇,也堪称一大进步。

丑为什么不能进入传统美学殿堂?丑在传统美学中是如何不可能的?康德的思考显然具有典范的意义。原来,传统美学对于丑的美学思考偏偏并非在美学领域内进行。真正拒绝、排斥了丑的,与其说是传统美学,不如说是传

---

[1] 康德:《判断力批判》上卷,宗白华译,商务印书馆 1985 年版,第 100—101 页。

统美学背后的源远流长的理性主义传统。这理性主义传统处处坚持自己的否定性主题和二元对立模式。既然人的意志、人的人类性、人的道德律令要处处行之有效,那么,人的理性首先就要处处行之有效。这理性使得它认定在世界与自身都应该是秩序井然的、可以理解的。一切偶然性都要有其必然性的阐释,一切现象都要被赋予本质,一切快感都要被强加上理性的痕迹,一切否定的东西都要转换为肯定的东西。在此情况下,丑,显然就是它所根本无法接受的了。因为从否定性主题和二元对立模式出发,它不可能看到否定性的方面,更不可能把否定性的方面当作审美活动的一个组成部分。这,在古代就表现为对于丑的视而不见,在近代就表现为通过理性的直接参与把"反合目的性"转化为对理性的肯定即"主观的合目的性"。① 结果,本来应该是作为否定性审美活动的丑就只能表现为肯定性审美活动的崇高。

这无疑为康德的美学思考带来了莫大的遗憾。本来,他有机会去思考更为广阔的美学问题,尤其是可以越过审美活动的肯定性层面进入为传统美学所从未涉足的否定性层面,现在,他却主动地蒙上了自己的眼睛。正如鲍桑葵在《美学史》中所评价的:一方面,在温克尔曼的影响下,康德是"把表面上的丑带进审美领域中的一切美学理论的真正先驱";然而另一方面,"这样消极地唤起的理性观念只能取得一种贫乏的道德胜利,并没有被承认具有复杂的秩序性和意蕴而普遍存在于可怖的广大无边的外部世界。"② 确实,试想,按照康德的解释,丑的问题固然从表面上是可以被加以阐释了,然

---

① 这也可以从席勒那里看到。席勒把"我们主体的道德优势"作为崇高的三个预设之一,着重强调了崇高的伦理内容、主体内容。"战胜可怕的东西的人是伟大的,即使自己失败也不害怕的人是崇高的。""人在幸福中可能表现为伟大的,仅仅在不幸中才表现为崇高的。"其一是"表现受苦的自然",其二是"表现在痛苦时的道德的主动性"。[席勒:《论崇高》。见蒋孔阳主编:《十九世纪西方美学名著选》(德国卷),复旦大学出版社1990年版,第118、128页]而莱布尼茨甚至把黑夜说成是最微弱的光线、最起码的光明,丑也被说成是最不美的美。
② 鲍桑葵:《美学史》,张今译,商务印书馆1988年版,第357、361页。

而,一方面在崇高中所能够容纳的丑只能是相对的,太丑的对象就根本无法容纳了,而且这对审美主体所提出的要求也实在太高了。面对丑,审美主体需要"一定的文化修养"和"众多的观念",然而假如一旦面对太丑的东西、"一定的文化修养"和"众多的观念"所根本无法无限提升的东西,不难想象,"主观的合目的性"就会顷刻瓦解了。而这无疑正是在审美活动中所面临的现实。恰似看到"一口痰"却不承认它是"一口痰"却要把它想象成"一朵花",何其难也。另外一方面,何况,即便是对于丑的阐释,也只是在传统美学的意义上所作出的合乎逻辑的阐释,却并非对丑所作出的真正的美学阐释,因此,实际上丑依然存在着。

2

经过上述讨论,在 20 世纪初,丑为什么会堂而皇之地进入美学殿堂?丑是如何成为可能的呢? 就不难给出答案了。

回顾美学历程,我们看到:正是在康德关于崇高的经典论述中,丑的因素已经萌芽。① 波德莱尔曾经比较过达·芬奇与米开朗琪罗的美学差异:

---

① 美学家们关于丑的认识,可以从下面两段话中看到。罗丹说:"平常的人总以为凡是在现实中认为丑的,就不是艺术的材料——他们想禁止我们表现自然中使他们感到不愉快和触犯他们的东西。这是他们的大错误。"但他又说:"在美与丑的结合中,结果总是美得到胜利。由于一种神圣的规律,'自然'常常趋向完美,不断求完美!"(罗丹:《罗丹论艺术》,沈琪译,人民美术出版社 1978 年版,第 23、61 页)这似乎还是一种不承认的态度。莱辛说:形体的丑"看起来不顺眼,违反我们对秩序与和谐的爱好,所以不管我们看到这种丑时它所属的对象是否实在,它都会引起厌恶。……也不能得出结论来,说丑经过艺术模仿,情况就变得有利了。知识欲的满足所生的快感只是暂时的,对于使知识欲获得满足的那个对象来说,只是偶然的;而由所看到丑所生的那种不快感却是永久的,对于引起不快感的对象来说,却是有关本质的。前者如何能抵消后者呢?"(莱辛:《拉奥孔》,朱光潜译,人民文学出版社 1979 年版,第 135—136 页)这则是转向了不得不承认的态度。

> 列奥那多·达·芬奇,又深又暗的镜子,
> 那儿,映出的天使们,多么妖娆,
> 在遮蔽天国的冰河和松林荫里,
> 露着充满神秘的甘美的微笑。

米开朗琪罗就完全不同了:

> 米开朗琪罗,辽阔的场所,
> 看到一群赫拉克勒斯之徒混入基督徒队伍,
> 直立起来的强力的幽灵,
> 在黄昏时分伸出他们的手指撕扯身上的尸布。

而在他本人的《恶之花》中,丑干脆就从附属和陪衬地位转向主体,这使得宣称能够对一切敌对因素进行"主观合目的性"转化的崇高甚至根本就手足无措。1853年,德国美学家罗森克兰茨发表了《丑的美学》,在这部著作中,他出人意料地拒绝了把丑作为美的补充接受下来的古典主义的审美观念,而直截了当地提出了把丑看作美的否定方面这一新的审美观念。到了叔本华、尼采的时代,丑,就正式登上了美学的历史舞台,并且成为整个西方现代主义美学的中心。

毋庸置疑,丑的诞生与时代的巨变息息相关。例如两次世界大战的腥风血雨对于人类信念的沉重打击。这是一个研究20世纪文化观念、审美观念转型中所绝对不可忽视的重要课题。对此,特里·伊格尔顿曾经指出:"战争造成的严重创伤,以及由此产生的对于以往所有文化观念的深刻怀疑……也引起了一种'精神饥荒'。"[1]确实如此。海明威在《我们的时代》中

---

[1] 特里·伊格尔顿:《文学原理引论》,中国艺术研究院马克思主义文艺理论研究所外国文艺理论研究资料丛书编辑委员会编,文化艺术出版社1987年版,第37页。

描写过一个士兵,当遭受轰击时,他躲在弹坑里祈祷上帝,然而上帝没来,轰炸过后,他没对任何人讲这件事,但是他从此就不再相信上帝了。黑色幽默作家冯尼古特在二次大战中美国轰炸德累斯顿时恰好在一个肉类冷冻库躲藏。出来后,世界已经成为一片废墟,这感受也无疑彻底改变了他的信念。又如现代科学的影响。每一种新理论都给人类带来了福音与恶魔,现代科学更不例外。爱因斯坦的相对论实际也是一个新文明的前兆,它摧毁了以牛顿的名字命名的科学王国,以至于不少科学家们为此甚至后悔自己没有在发现牛顿力学的局限性之前就死去。正因为如此,高更的诘问才会如此引人瞩目:"我们从何处来?我们是什么?我们向何处去?"这实在是一个20世纪式的提问,在此之前,是不可能提出这类问题的。因为答案是众所周知的:我们是上帝创造的,我们是上帝的臣民,我们要到天堂去。而现在却完全不同了。然而,须知所谓上帝其实只是一种内心需要,上帝死了不等于内心需要也死了,内心需要是始终存在的。存在只要有一天得不到解释,上帝就会存在。难怪马利维奇在1913年就说:他在一个白底黑方块里寻求避难。更为典型的是美国厄普代克的小说《兔子,跑》,实际上,人类的命运就正像这只正在逃跑的兔子。这是一个当代的西西弗斯,到处都是天敌,又不知道往哪里跑。在此情况下,丑的诞生就是必然的。

不过,总的来说,丑的诞生,应该与20世纪出现的人与自然、人与社会、人与自我之间的严重异化息息相关。正是这一系列的异化,推动着西方从对于理性的自由的追求转向了对非理性的自由的追求,从对美的追求转向了对丑的追求。对此,正如古茨塔克·豪克所概括的:"如果一个时代陷入了肉体和精神上的堕落,缺乏把握真正而朴素的美的力量,而又在艺术中享受有伤风化的刺激性淫欲,它就是病态的。这样一个时代喜欢以矛盾作为内容的混合的情感。为了刺激衰萎的神经,于是,闻所未闻的、不和谐的、令人厌恶的东西就被创造出来。分裂的心灵以欣赏丑为满足,因为对于它来说,丑似乎是否定状况的理想。围猎、格斗表演、淫乐、讽刺画、靡靡之音、轰响般的音乐、文学中充满淫秽和血腥味的诗歌为这样的时代所特有。"①不过,对于这方面的讨论并非本书的重点,在此我们要追问的是:从美学思考本身,丑是如何可能的?

丑如何可能,最为重要的是要抛弃丑必须经过转化才能成为美的思路,也就是说,要抛弃从审美活动的肯定性层面去考察丑的传统思路。真正的丑必须真正地具有否定性。否定否定性质,就不可能有丑。正是因此,任何对这种否定性的转化,任何使其变为肯定性审美的努力,都只能是在崇高的诞生中导致真正的丑的丧失。进而言之,丑如何可能就是美的否定方面如何可能。缘此,审美活动的内涵第一次被根本性地加以扩展:从审美活动的肯定性质到否定性质。于是一系列被传统美学压抑到边缘的而且连崇高也容纳不了的与理性主义美学构成内在否定的东西,在当代被突出出来,并且跟随在丑的身后进入了美学的殿堂。

具体来说,丑如何可能实际上就是崇高如何不再可能。因此,对于丑的考察,也就顺理成章地从对于康德的崇高的突破开始。这,是一种特殊的把握丑的美学方式。我们已经剖析过,康德崇高的关键之点是通过崇高对于美和丑的调和。而且,这种调和并非在美学范围内进行,而是借助于美学之外的理性主义的力量。这样,要瓦解康德通过崇高对于美和丑的调和,关键是要对就"反合目的性"进行"主观的合目的性"的逆转的基点——理性加以消解。

这正是从叔本华开始的所有美学家的共同选择。我们知道,西方传统美学从柏拉图开始就是以绝对理性作为本体的,这绝对理性的本体,可以说是西方传统美学的公开的秘密。到了席勒虽然开始以理性与感性的合一作为本体,但却并未出现根本的变化。真正的变化,是从叔本华开始的。在叔

---

① 古茨塔克·豪克:《绝望与信心》,李永平译,中国社会科学出版社1992年版,第161页。

本华,本体不再是绝对理性的,而成为绝对感性的了。这实在是一个大变化。

具体来说,在叔本华那里,本体从"理性"转向了作为西方现代哲学的转折点的"意志"。它的提出,与康德的自在之物直接相关。康德提出自在之物,无疑是意义深远的。因为它不是我们的对象,所以就不可能像独断论那样去做出独断,也无法像怀疑论那样去怀疑了。然而也有其消极的一面。所谓自在之物毕竟是一个非对象的对象,既无法肯定也无法否定,它与我们毫不相关,无异于一个多余之物。于是,康德的本意是要为理性划定界限,然而,不料同时也把理性的局限充分地暴露出来了。"人类理性在它的某一个知识部门里有一种特殊的命运:它老是被一些它所不能回避的问题纠缠困扰着;因为这些问题都是它的本性向它提出的,可是由于已经完全越出了它的能力范围,它又不能给予解答。"①结果在为理性划分界限时也为非理性腾出了地盘。既然理性无法解决"物自体"之谜,无法达到形而上学,非理性便呼之欲出了。换言之,理性既然无法突破经验世界以认识彼岸世界的理性本体,就干脆反过来在自身大做文章。问题十分明显,在理性之外谁能够去面对这个非同一般的领域呢?这显然已经不再是理性的话题,而成为非理性的话题了。理性主义哲学的大师就这样成了反理性哲学的前驱。

叔本华的敏捷恰恰表现在这里。他发现:重要的是非理性的主体。因此他在《作为意志和表象的世界》一书伊始就宣布了他的这一发现:"那认识一切而不为任何事物所认识的,就是主体"②,于是不再借助于客体去达到对于主体的认识,而是直接去认识主体。"唯有意志是自在之物",③"认识的主体"也向"欲求的主体"转换,这就是叔本华提出的"我欲故我在"。对象世界被干脆利索地否定了,然而这样一来,理性主体本身也无法存在了。走投无

---

① 康德:《纯粹理性批判》,蓝公武译,商务印书馆1997年版,第3页。
② 叔本华:《作为意志和表象的世界》,石冲白译,商务印书馆1982年版,第28页。
③ 见贝霍夫斯基:《叔本华》,刘金宗译,中国社会科学出版社1987年版,第16页。

路之际,干脆把它们一同抛弃。而这,正是非理性的思想起点。叔本华就这样顺理成章地走向了非对象的"我要",即意志,也就是非理性。理性的思既然对于自在之物无能为力,就必然要被非理性的"要"代替。不再有对象,只有欲望,这就是叔本华的选择。在此意义上,可以看出叔本华的"意志"与自在之物之间的联系。就自在之物对于对象的否定而言,叔本华的意志说是继承了的,然而就自在之物对于理性的限定而言,叔本华的意志说则根本未予考虑。在他看来,重要的不是限制,而是干脆抛弃掉理性,转而以非理性代替之。结果,在康德是通过对于神性的抛弃走向了理性,使得信仰失去了对象,然而最终却导致了非理性,转而为非理性提供了可能。不再是"理性不能认识自在之物"而是"非理性能够认识意志"。最终,叔本华通过对自在之物的扬弃实现了从康德攻击的传统形而上学到现代非理性主义的转移,完成了从客体到主体的过渡,从理性到非理性的过渡,从正面的、肯定的价值到反面的、否定的价值的过渡,从乐观主义到悲观主义的过渡。

在叔本华之后,崛起的是一个非理性的时代,诸如尼采的酒神精神、弗洛伊德的无意识、柏格森的绵延、克罗齐的直觉、荣格的集体无意识,等等。在这方面,学者们已经作出了详细的考察。例如弗洛伊德。"这一理论之所以激进,是因为它冲击了人类以为自己全知全能之观念的最后堡垒。这种观念作为人类经验的基本事实,长存于人们的意识思维中。伽利略曾打碎了人类关于地球是宇宙中心的妄想,达尔文使人类生于上帝的幻影破灭,但却未曾有人对人类的意识思维这一其尚可依靠的最后根据进行过质疑。弗洛伊德使人类丧失了对自己理想的骄傲。他洞察了人性之底蕴——这就是'激进'的确切含义。"[①]在此,我需要强调一下,其中,最为主要的是:审美活动不再是一个单纯的永恒空间,而是转而与生理欲望联系了起来。历史发

---

① 弗洛姆:《弗洛伊德思想的贡献与局限》,申荷永译,湖南人民出版社1986年版,第153页。

展中的"恶"的力量以及这种力量对人类审美交流的影响终于被正视。本来,西方美学传统认为一直坚持审美活动是自由的象征(例如浪漫美学的个体在审美中获得解放)的观念,以及审美活动是与现实的堕落相对峙的观念,弗洛伊德却反其道而行之,开始了一种新的审美观念。他认为,审美对象的形成恰恰是个体丧失自由的、生活的结果,是人类社会中恐惧、禁忌、文化压抑的结果。弗洛伊德关于美的起源与人类的直立行走的关系的著名分析,就是例证。此后,拉康在此基础上关于个体与对象的分离不是把个体带入一个虚构的纯净的空间,而是进入一个流动的世界,其中充满矛盾、痛苦的著名分析,也可以作为例证。再如柏格森,"坚决肯定的抽象的思考不足以把握丰富的经验,坚决肯定时间的紧要而无法化解的真实性,并且——恐怕到头来这要算最具意义的洞察力了——坚决肯定自然科学计量方法所无法测度的心灵生活的内在深度,应推柏格森为第一人。"[①]

而在美学上对于丑的考察也就并非是一盘散沙,从"人的发现"——"人的觉醒"——"人的行动"——"人的困境"——"人的死亡"……只要抓住了非理性的生命活动,可以说就抓住了其中的根本线索。在传统美学,审美快感怎样具有理性,怎样通过理性的直接参与把反合目的性转化为对理性的肯定,转化为"主观的合目的性",是根本之所在。它所导致的,无疑是美。而叔本华等人关注的却是审美活动本来就是非理性的,是在审美活动中对客体、理性的否定。这一切显然与从理性向非理性的转型密切相关。例如叔本华所强调的"壮美"。这"壮美"一方面与崇高相似,因为"欣赏对象本身对于意志有着一个不利的、敌对的关系",但另一方面又与崇高不同,因为它的快感不是来自崇高的伦理的不可战胜,而是"主体自愿超脱了意志,处于超然物外的状态而争取到的"。[②] 这就是说,是来自非理性的实现。因此壮

---

① 白瑞德:《非理性的人》,彭镜禧译,黑龙江教育出版社1988年版,第13页。
② 参见叔本华:《作为意志和表象的世界》,石冲白译,商务印书馆1982年版。

美显然是更接近于丑。尼采的看法更为典型。他正式提出"上帝死了",这意味着理性形而上学的瓦解。对于尼采来说,道德是预设的,善是预设的,因而都是虚假的。生命活动则与这一切完全对立,只有抗争才是唯一的对策。因此他所提倡的酒神精神和醉,实际上是完全非道德、非理性的,"反合目的性"直接就是美,而不必再进行"主观合目的性"的转换。他认为审美活动的目的就是激发醉境,"把'理想化的基本力量'(肉欲、醉、太多的兽性)大白于天下",①"丑意味着某种形式的颓败,内心欲求的冲突和失调,意味着组织力的衰退,按照心理学的说法,即'意志'的衰退。"②"在某种程度上,它在我们身上稍微激发起残忍的快感(在某些情况下甚至是自伤的快感,从而又是凌驾我们自身的强力感)"。③ 在审美活动中,传统的教化、熏陶、引导之类通通不存在了,只是一堆感受着环境的神经末梢。它成为宣泄个人情绪、沉醉生活、阴暗心理以及焦虑、恐慌、苦闷状态的生命活动。尼采认为,丑与崇高一样是间接性的,但是崇高是意在显示理性、道德的超越与胜利,丑却只是显示生命力的旺盛、勃发,是一种恶狠狠的、自虐性的快感。可以看作对此的剖析。由此,丑为自身奠定了独立地位,这正是康德当年所绝对不愿意承认的。

就是这样,美学一旦失去了源远流长的理性主义传统的保护,就会立即走向自己的反面。对客体世界的否定导致了无形式的对象的出现;对主体的"我思"的否定,走向了我思前的我思即非理性;非理性的主体取代了理性的主体;结果长期以来一直被压抑着的大量的"反合目的性"的东西一下子涌进了美学。美走向了反面,意义被全面消解。真正的丑因此而出现,并作为独立的王国和美的对立面而大肆泛滥。

---

① 尼采:《悲剧的诞生》,周国平译,三联书店1985年版,第367页。
② 尼采:《悲剧的诞生》,周国平译,三联书店1985年版,第350页。
③ 尼采:《悲剧的诞生》,周国平译,三联书店1985年版,第352页。

3

那么,在 20 世纪审美观念中,关于丑究竟是如何评价的呢?概括言之,就审美活动的类型来看,是把丑破天荒地规定为否定性的审美活动,尽管丑的定义五花八门,但是认为丑是不自由的生命活动的自由表现,却是其中的共同之处。这意味着,西方关于丑的观念,一方面决定于从对理性的自由的强调进而强调非理性的自由,一方面决定于从非理性的自由出发的对于 20 世纪的异化现实的反抗。对此,可以从两个方面来说明。

首先就美的类型而言,丑被看作是反和谐、反形式、不协调、不调和的。第一,丑是一种变形、抽象、扭曲。它是对不可表现的表现,是要把不可表现的东西表现出来。换言之,是给一种无限的东西、无形式的东西以形式。在此,传统的理性意义上的一切可指称性的对象都被抛弃了,对象世界的约束不存在了,只能是自己与自己的对话。结果既非"自然的客观合目的性",也非"主观的合目的性",剩下的只是主体的直觉。而这抽象显然只能由不同于自然的抽象的形式加以表现。不过,这里的抽象又完全不同于传统意义上的抽象。它的根本特征是反造型性。所谓反造型性实质上是否定了恒定的精神需要与价值,将艺术的生命表现意蕴消解为完全时间化了的能量运动过程。例如毕加索立体主义就是绘画把立体的东西拆散后再拼组在二度平面上,重组的结果是生命感的消失,世界变得像积木一样简单。这是一种无机的特征,是追求反人性的、无机的状态,以象征否定表现,以变形否定自然,以平面否定立体,以二度空间否定三度空间,是死的艺术。① 第二,丑是

---

① 当代艺术中的刚性线条缘此而生。席勒在《谈美书简》中就说过:两种线条,蛇形线和锯齿形线,前者是美的,而后者是丑的(前者变化柔和,是古典趣味,后者生硬、平直、光滑、硬绷绷,是现代趣味,例如建筑、雕塑、家具、汽车外形、案头摆设,都如此)。席勒说:"这两者之间的区别在于,前者(锯齿形线)方向的变化是突然的,而后者(蛇形线)的变化是不知不觉的。因此,它们对审美情感作用的不同,只能建立

一种非形式的变形、抽象、扭曲。丑之为丑的特征,是在形式上非形式地表现自己。换言之,是以形式的方式对非理性的东西加以表现。原因在于,对象的形式是在理性基础上出现的,理性一旦消失,对象的形式也就不再可能,因此只能非形式地表现自己。康德就认为丑是无形式的东西。这里的无形式即非自然的形式、非理性的形式。而且,既然是无法表现的东西但又要表现出来,这当然就要借助别的形式。这就要变形、抽象、扭曲。而且,形式只能表现具体的东西,要表现抽象的东西,还要变形、抽象、扭曲,再加上在这里所谓无法表现的东西是一个残缺不全的主体,非理性、无意识、孤独、不安、焦虑,要把它表现出来,只能是丑。最后,丑是一种非形式的变形、抽象、扭曲的成功的表现。对丑来说,是否与对象相符并不重要。重要的是,一种非形式的抽象是否成功地加以表现,只要是成功地加以表现的,就是丑的,当然也就是美的。正是在这个意义上,丑成为可能,也最终决定了崇高、喜剧是美的变体,然而丑(当然还有西方后来提出的荒诞)却不是美的变体,独立的丑因此成为可能。

其次,就美感的类型而言,第一,丑被看作是非道德、非理性的。丑是对理性、道德的拒绝。它是非理性主体的自我表现。在对不可表现之物的非

在它们的特性的这种唯一明显的区别上。但是,一个突然改变方向的线条与强制改变方向的线条有什么不同呢? 自然不喜欢跃变,如果我们见到这种情况,那表明它是由暴力产生的。相反,只有我们不能标出任一方向变化固定点的运动才表现出自发性。这就是蛇形曲线的情况,它仅仅通过自身的自由与上述线条才区别开来。"(席勒:《美育书简》,徐恒醇译,中国文联出版公司1984年版,第174页)康定斯基也说:"假如一种来自外部的力量使点按某种方向运动,那么就产生了线的第一种类型。方向一直保持不变,线即具有一直伸向无限的趋势。这就是直线,至于它的张力因而也在它最简洁的形式中表现出运动的无限可能性。"(康定斯基:《点·线·面》,罗世平译,上海人民美术出版社1988年版,第40页)"……假如两种力按不断施加压力的方式同时作用于直线的端点,使两端同样弯曲,那么一条曲线就形成了。"(康定斯基:《点·线·面》,罗世平译,上海人民美术出版社1988年版,第60页)我们甚至还可以说:正弦线、蛇形线提倡的是曲线美,非正弦线、非蛇形线提倡的则是曲线丑。

理性内容加以表现时,它失去了理性的制约,不再对非理性的"反合目的性"进行"主观合目的性"的转换。对于丑,西方往往冠之以"非""反""否"的内涵。它意在寻找美中的丑、理性中的非理性、道德中的非道德,试图解构一切传统中的被抑制的因素,在美感上非道德地、非理性地表现自己,过去被从肯定的方面加以肯定的规定,例如说人是理性的动物、道德的动物,现在都被从否定的方面规定,成为非理性的人、成为荒诞的人、虚无的人。人自身走向自身的反面。第二,丑被看作非理性、非道德的感性存在的释放。理性、道德既然已经不存在,只能把非理性、非道德的东西直接呈现出来。这是一种没有必然的自由、没有一般的个别、没有理性的感性、没有合规律性的合目的性,结果,无意识的升华与满足就会被当作美感的实现。这是一种使人难堪的美感,事实上是无意识对理性的反叛所带来的解放感、性兴奋、犯罪感、罪恶感、放纵感,"在艺术和自然中感知到丑,所引起的是一种不安甚至痛苦的感情。这种感情,立即和我们所能够得到的满足混合在一起,形成一种混合的感情……它主要是近代精神的一种产物。那就是说,在文艺复兴以后,比在文艺复兴以前,我们更经常地发现丑。而在浪漫的现实主义气氛中,比在和谐的古典的古代气氛中,它更得其所。"[1]因此,相对于美,丑只是一种消极的反应,"一种混合的感情,一种带有苦味的愉快,一种肯定染上了痛苦色彩的快乐"。第三,丑被看作非理性、非道德的感性存在的成功释放。由于理性、道德都已经被彻底地抛弃掉(因为它们与整个当代"文明"一样,已经被作为异化的、人类感性存在的对立物),对丑的美感类型来说,是否与理性、道德相符就已经毫无必要,重要的只是非理性、非道德的感性存在的成功释放本身。而且,只要是成功地加以释放的,就肯定会因为能够成功地揭示人类自身而合乎了丑的美感,并从中产生审美愉悦。

---

[1] 李斯托威尔:《近代美学史述评》,蒋孔阳译,上海译文出版社1980年版,第233页。

2
丑的美学意义

1

当丑不再是美的侍从、附庸、陪衬,而是摇身一变,成为美学舞台上令人刮目相看的主角。对此,我们不但要追问:在审美活动中丑如何可能?而且还更应该追问:对于审美活动而言,丑意味着什么?

在我看来,丑的诞生,意味着一种否定性的美学评价的觉醒。

所谓丑,在日常语义中,指的是一种作为客观事实的行为或事件。在这个意义上,丑是指的生活中那些令人厌恶、反感的东西。应当承认,在当代美学中,丑确实蕴含着这方面的涵义。相当多的美学家所使用的丑也是这个意思。然而,当我们仅仅由此入手去把握丑的美学意义时,却难免陷入美学的误区。因为这些令人厌恶、反感的东西是从来就存在着的。当代美学发现了它们,又算得了什么?结果,某种对当代美学的蔑视之情就成为理所当然的了。实际上,在这里存在着一个根本的美学误区。这就是对于丑的理解上的某种"语义向心主义"的错误,或者说,对于语言功能的某种误解。他们把丑与丑所指的对象混为一谈,把语言与语言所指的事物混为一谈,把概念与概念所代表的实体混为一谈。这样,"丑"成为"丑者",对"丑"的考察被偷换为对"丑者"的考察。而对于我们来说,所考察的,却应该是"丑"而不是"丑者"。因为,就语言而论,一个能指可以指向不同的所指,所以在所指为何上,会出现很多差异。不同文化背景、不同美学趣味的人所说的丑也可以截然不同。假如由此入手去考察丑,无疑就只能是对于"丑者"

的考察。但是另一方面,在这里能指却具有一种跨文化的共同性,而且与所指的客观事物没有什么关系。它是一种相同的评价态度、一种极为普遍的经验。从常识的角度,没有人会怀疑自己的辨别丑的能力,然而很少有人会意识到在评价层面的自己的评价丑的态度。常识角度只是着眼于逻辑形式,是对对象的属性作出判断,所谓"是什么"或"不是什么",但是并不去评价对象。同时,常识角度也只是一种事实判断,是主体对客体的服从,是根据客体的规律去认识客体。评价角度却在逻辑形式的基础上更着眼于价值标准,而且要领悟对象对于人类的意义,并作出评价。因此,评价角度是一种价值判断,是客体对主体的服从,是根据主体的需要来评价客体。它固然要以前者为基础,但前者尤其要以它为动力。这意味着:不但要关注"是什么"或"不是什么",还更要关注"应当是什么"或"不应当是什么"。毋庸置疑,我们要考察的就是这样一种具有共同性的评价"丑"的态度,而不是一种客观实在的"丑者"。

从评价态度的层面考察丑,意义极为重大。须知,评价态度是人类心理成熟的特定方式。在人类之初,生命冲动是肆无忌惮的、盲目混乱的、贪婪无度的,既可以走向光明,也可能走向黑暗。而要使之走向光明,就必须通过价值评价的方式把它表达出来,使它现实化。因此,在还没有形成一种评价态度的时候,人类就还只是一群野蛮人。所谓"天不生仲尼,万古长如夜",说的就是这个道理。在这方面,我们可以从神话中得到许多启迪。远古的神话,实际上就是一种表达自身的生活经验的评价态度。它把引起混乱、痛苦、疾病、死亡等的东西,都采用形象的价值评价的方式表现出来。于是过去只能以个别的、生理的方式被体验到的东西,现在可以通过形象被意识到。这形象因此具有了一种能够指导人类作出正确反应的文化功能。进入文明社会之后,人类不再采用形象的方式而是改用范畴的方式,例如真假、善恶,等等。然而以范畴的价值评价的方式把引起混乱、痛苦、疾病、死亡等的东西,都表现出来,从而使得它因此而具有了一种能够指导人类作出正确反应的文化功能,却是完全一致的。马克思指出:"自古以来'条件'就是这些人们的条件;如果人们不改变自身,而且如果即使要改变自身而在旧的条件中又没有'对自身的不满',那么这些条件是永远不会改变的。"①在这里,对"条件""对自身的不满",正是由评价态度引起的。在此意义上,可以说,所谓评价态度,就是以一定方式来满足自己的心理需要的价值评价意识的觉醒的标志。

在美学中也是如此。美、悲剧、崇高,诸如此类的范畴实际上都代表着一种评价态度,都是对于前此未曾领会的一种价值关系的领会,道出的是人类原来无法道出的东西。只是我们往往对它们见惯不惊,甚至会以为是天经地义的而已。例如:

为什么灵魂要寻求美,这是不可问也不可答的。②

只要我们眺望美丽的山河,我们就会沉浸在希望之中。如果我们接触优秀艺术作品中的美,就会为人类的伟大而感动。③

审美需要强烈得几乎遍及一切人类活动。我们不仅力争在可能的范围内得到审美愉快的最大强度,而且还将审美考虑愈加广泛地运用到实际事物的处理中去。④

没有某种来自想象美的刺激或抚慰,人类生活就[是]几乎不可想象的。缺少这样一种盐,人类生活就会变得淡而无味。⑤

仔细体会上述例子,不难发现:他们都有着共同特点,这就是都是一种肯定

---

① 《马克思恩格斯全集》第3卷,人民出版社1960年版,第440页。
② 参见吉欧·波尔泰编:《爱默生集》,赵一凡等译,三联书店1993年版,第20页。
③ 今道友信:《关于美》,鲍显阳等译,黑龙江人民出版社1983年版,第5页。
④ 德索:《美学与艺术理论》,兰金仁译,中国社会科学出版社1987年版,第53页。
⑤ 卡里特:《走向表现主义的美学》,苏晓离等译,光明日报出版社1990年版,第23页。

性的评价态度,而且都是早已浸透在我们的评价态度之中。至于丑,情况明显不同。由于它并非先入为主,而是以反传统美学的姿态后发制人,难免令人一见惊心,更谈不上心悦诚服地欣然接受了。不过,丑同样是一种评价态度,同样是对于前此未曾领会的一种价值关系的领会,道出的同样是人类原来无法道出的东西。只是,它是一种否定性的评价态度。

严格地说,美学的所谓美丑评价,实际上是人类自我创造、自我赋予的一种生存的澄明境界。一切有利于生命存在的东西都最终在某种意义上以这种或者那种方式被美所肯定,一切不利于生命存在的东西都最终在某种意义上以这种或者那种方式被丑所否定。美学就是以这样的方式统摄着人类的生命存在活动。我们说丑是一种否定性的评价态度,原因在此。所谓丑,是对一切不利于生命存在的东西的美学领会。丑指的是生活中那些令人厌恶、反感的东西,它们本身无疑是坏的。然而当它们一旦被引入美学的价值内涵,成为美学上的丑,并因此有了指称和价值授予的功能,就不再单纯地指"坏"这个事实,而成为人类自身的一次评价态度的觉醒了。当我们说某对象是丑的,意味着对于否定性的审美活动的某种评价与判断的形成,审美活动中的负面因素的否定性价值的形成。人类原来无法道出的某种东西被道出了,原来未曾领会的某种价值关系被领会了。可见,丑是对于审美活动的负面因素所蕴含的否定性价值的意识。因此,就丑的评价过程而言,虽然它所导致的价值内涵、身心体验、生命意义都是否定的,但是它给予人类的指导意义却恰恰是肯定的。在丑中,本来只能够被感觉到的东西被明晰地说了出来,这意味着人类从此有了关于丑的美学意识,将对丑者作出正确的审美反应。于是,对于当事人来说,人类终于可以以文化、美学的方式实现对生命冲动的压抑、限制、修正,并以判断对象为丑这一方式,来暗示主体自身:这对象最终是与痛苦、死亡、毁灭联系在一起的,从而使得主体在否定性评价中感觉到羞耻、恐惧、痛苦、负罪,以致可以在不伤害生命的条件下成功地实现对生命冲动的控制。对于后人来说,则使得生命可以被人意识化,使得后人不必亲历这一过程,就可以通过自己有限的经验而内在地体验到它,从而指导自己的行动。而且,更为重要的是,这并不是说人类从此就变成了丑,也不是说人类因此就可以视丑为美或者懂得了以丑衬美,而是说人类从此开辟了全新的美学语境,禀赋了辨别丑的能力,开始了在美丑两极的拓展中开拓生命的艰难历程,开始了人类走向更为广阔、更为深刻的文明的艰难历程。① 这意味着:人类从此不但开始了对世界的批判,而且开始了对于自身灵魂的自我批判。

2

丑作为一种美学评价,来自人类生命活动的需要。

要搞清楚这个问题,必须从人类生命活动为什么需要由美学评价谈起。对于人类生命活动,我在我的《诗与思的对话》中说过:在相当长的时间内,我们往往满足于把它与人类文明等同起来。因此,也就往往认为审美活动就是对于"人的本质力量对象化"的成果的直观,就是对于人类文明的讴歌。结果,或许能够讲清楚肯定性的美作为一种美学评价的意义,但却根本无法讲清楚否定性的丑作为一种美学评价的意义。实际上,要考察人类生命活动,还必须加上自然一极。这就是说,我们所面对的应该是以人类生命活动为轴心的文明与自然的互补关系。幻想终止其中的任何一极,并且以其中的任何一极作为人之为人的现实目标,都只能是一种自杀行为,也只能以人自身的终止作为代价。

具体来说,从表面上看,人是从动物界分化而来。但实际上,人诞生的真正契机和直接根源却是人的以使用和制造工具为标志的实践活动。实践活动是人对于外部世界的一种否定性的客观物质活动,是人对于外部世界

---

① 恩格斯曾经批评说:"但是,费尔巴哈就没有想到要研究道德上的恶所起的历史作用。"(《马克思恩格斯选集》第4卷,人民出版社1972年版,第233页)在我看来,就是这个意思。

的一种物质性否定关系。它是人类与自然、主观与客观、理想与现实分裂的直接根源。我们知道,动物的活动方式是直接肯定的,也是被动、现成的。但人却不同,他的活动方式是间接的,也是主动的、创造的。人之为人就在对于给定性的否定。人只能通过否定自然,通过扬弃自然的直接存在形态并使之成为人类的合目的性之物而存在。由此,人才把自己从动物王国提升出来,打破了原始的人与自然的统一。然而自然并非为人而存在的,不但不是,而且是先于人而存在的。因此,它不可能不抵制人所强加于它的主观目的,与人处于一种对立之中。这,就导致了人之原罪:文明与自然的矛盾。

对此我在我的《诗与思的对话》中已经作过详尽的讨论。我认为,文明与自然的矛盾提示我们,必须注意到文明与自然之间的依赖性与超越性这两重关系。一方面,人不得不依赖自然,否则就无法生存;另一方面,人又必须超越自然,否则就同样无法生存。一方面,要考虑人类对自然的"自由自觉"的主权,另一方面,又要考虑自然本身的再生能力以及恩格斯所一再强调的"大自然的报复"。[①] 人要实现文明,但却要首先面对自然。而且,人在多大程度上实现了文明,同时也就必须在多大程度上面对着自然。人当然要超越自然,但是又可能被自然所异化;人当然要超越文明,但是也有可能

[①] 汤因比认为:"我们通常称之为文明的'进步',始终不过是技术和科学的提高。这跟道德上(伦理上)的提高,不能相提并论。""人类道德行为的平均水平,至今没有提高",而且"跟过去旧石器时代前期的社会相比,跟至今仍完全保持着旧石器时代的社会相比,也没有任何提高"。(汤因比:《展望二十一世纪——汤因比与池田大作对话录》,荀春生等译,国际文化出版公司 1985 版,第 388 页)这可以说是"大自然的报复"。罗马俱乐部的报告对此说得更为具体:无控制的人口增长、各国人民之间的生活差距和分隔,社会的不公正、饥饿和营养不良、贫困、失业、拼命追求物质增长、货币贬值、经济危机、能源危机、民主危机、金融不稳定、贸易保护主义、文盲、不合时代的教育、青年人的反叛、异化、巨型城市的衰退、忽视乡村地区、吸毒、军备竞赛、民间暴力、侵犯人权、无视法律、核疯狂、社会结构僵化、政治腐败、官僚化、军事化、自然系统的破坏、环境退化、道德标准下降、失去信心、不稳定感,等等。这同样可以说是"大自然的报复"。

被文明所异化。这意味着对文明与自然的存在的合理性、合法性的同时确认。这样,我们就不但面临着自然、文明的进化,而且面临着自然、文明的退化。在这里,自然、文明的进化与退化是一对相互依存的矛盾。自然、文明的进化是必然的和普遍的,自然、文明的退化也是必然的和普遍的。① 对此,我在我的《诗与思的对话》中曾经从文明进化的手段与目的的关系、文明进化的内涵、文明进化的目标、文明进化的主体、文明进化的性质等若干方面加以讨论,试图说明:在自然与文明的发展中,任何进步都是相对的,进步当中包含着退步,肯定当中包含着否定,任何真、善也都是相对的,真之中包含着假,善之中包含着恶。然而,在传统美学中,尽管自然、文明的进化被充分地加以理解,也已经有了非常正当的肯定,并且已经把它"理想"地升华为对于美的评价需要。可是,在传统美学中,自然、文明进化的局限性,在自然、文明的进化中所必然伴随而来的自然、文明的退化,却统统被忽视了,这就使得传统美学的对美的评价态度的觉醒以及对于自然、文明进化的肯定都是难免有其盲目性的。

综上所述,我们不难看出,对于人类生命活动而言,美学评价的意义之所在。那么,进而言之,丑作为一种美学评价,意义何在? 对此,从社会学的角度,马克思曾有间接的提示,他指出:资本主义的特殊性矛盾表现为:"单

---

① 请注意如下两段论述。克莱夫·贝尔说:"文明是社会的一种特征,粗略地说,文明就是人类学家用以区分'先进'社会和'落后'社会或'低级'社会的那种特征","其中理性思维是重点,文明的第一步就是用理性纠正本能","野蛮人一旦用理性控制自己的本能,具有初步的价值观念,也就是说,他们一旦能够区分目的和手段或说达到美好状态的直接手段和间接手段,就可以说他们已向文明迈出了第一步。"(克莱夫·贝尔:《文明》,张静清等译,商务印书馆 1990 年版,第 102 页)这是正面的说明。弗洛伊德说:"我们所谓的文明本身应该为我们所遭受的大量痛苦而受到谴责,假如我们把这种文明放弃或者回到原始状态中去,我们就会幸福得多。"(弗洛伊德:《幻觉的未来》,林韶刚译,华夏出版社 1989 年版,第 21—22 页)这则是负面的提倡。同时,必须指出,在我的著作中所使用的"文明",都是在此意义上的"文明",并且是一个与"文化"相对的范畴。

个无产者的个性和强加于他的生存条件即劳动之间的矛盾"。① 这意味着，劳动者的劳动不会使劳动者致富，而只会使资本致富，不会使劳动者文明，而只会使劳动的对象文明。这无疑就是人们常说的所谓人的异化。而能够"认识到产品是劳动能力自己的产品，并断定劳动同自己的实现条件的分离是不公平的、强制的，这是了不起的觉悟，这种觉悟是以资本为基础的生产方式的产物，而且也正是为这种生产方式送葬的丧钟，就像奴隶觉悟到他不能作第三者的财产，觉悟到他是一个人的时候，奴隶制度就只能人为地苟延残喘，而不能继续作为生产的基础一样。"②在这里，"了不起的觉悟"，其中就包括评价的觉悟，而且是对于"丑"的评价的觉悟。我们知道，自然、文明的退化，是一个不容忽视的课题。同样，美的退化，也是一个不容忽视的课题。一般而言，在任何的美中应该都蕴含着丑。任何一项社会进步，从直接的角度看是取得了肯定性的价值，但是从间接的角度却也同时导致了否定性的价值。即便是美本身，虽然在直接形式上是肯定价值，但是在这种肯定性形式中也同样蕴含着否定性的东西。我在前面已经强调指出的资本主义社会中从19世纪出现的商品异化到20世纪出现的文化异化，就是如此。所以对于"丑"的评价的觉悟，就其本质而言，正应是对此的觉悟。而从心理学的角度，弗洛姆曾经指出：人的超越性由创造性与破坏性两种本能构成。在这里，所谓破坏性正与丑对应。而破坏性则正是与自然、文明中的"退化"现象以及人类的本质力量的被束缚密切相关。不难看出，丑作为一种评价态度，不但与美不同，而且与恶不同。恶的内涵来自伦理学，针对的是对他人的伤害。丑的内涵来自美学，对他人并无伤害，而只是针对自身缺乏生命的力度、自身的非自由状态。《浮士德》中的靡非斯特称之为"否定的精神"，很有道理。现实中确实充满了非人性的本质，然而之所以如此，关键正是人类自

---

① 《马克思恩格斯全集》第3卷，人民出版社1960年版，第87页。
② 《马克思恩格斯全集》第46卷(上)，人民出版社1979年版，第460页。

身充满了非人性的本质;现实对于人的异化,关键正是由于人自己对于人的异化,而丑正是这一事实的美学揭示。

而这正意味着,丑作为一种美学评价,起码与两种需要有关。其一是对虚假的无限性的洞察。这可以视作对于自然、文明中的"退化"现象以及人类的本质力量的被束缚的直接揭示。前面已经指出,自20世纪始,自然、文明中的"退化"现象以及人类的本质力量的被束缚,成为一个不容忽视的课题。这无疑就促使人类的美学评价从对于文明的歌颂转向了对于"文明"的批判,从对于实现的自由的赞美转向了对于失落了的自由的追寻。其矛头显然是直接指向自然、文明所提供的那种虚假的无限性的,也是指向在人的本质力量的解放和自然、文明"进化"过程中所掩藏着的"退化"现象以及人类的本质力量的被束缚的,而这正是丑的诞生。这一点,我们从赫尔曼·巴尔对表现主义的评价中可以看到:

这几乎是原始人的处境,人们压根不知道,当他们讥讽地认为这些画如同"野兽"所作,他们又何处在理。市民统治将我们造就成了野兽。为了将人类的未来从他们那里拯救出来,我们所有的人自己得成为野蛮人。原始人由于害怕自然而躲藏到自身中去,而我们却是害怕一种禁锢人类灵魂的"文明"而逃回自我内心中去。原始人在自我内心中找到了勇气来抵御大自然的威胁,这种内在的力量使他们面对一切狂风暴雨的威胁、嘶吼的野兽和一切尚未认识的危险都从不气馁,出于对这种神秘拯救的敬畏,他们便在自己周围用符号的形式画上一个魔圈,这是与威胁他们的大自然为敌的符号,是反抗自然和相信精神的符号,是标示着人类自我的符号。为此,我们这些被"文明"毁掉的人,又在我们的心中找到了这种不会被消失的力量,在我们面对死亡的恐惧时,我们取出了这一力量,我们用它来对抗"文明",我们发誓要向文明展示这种力量:表现主义正是画出了我们所信任的我们内部的未知的符号,可以拯救我们的符号,画出了被禁锢的精神想撕碎监狱的符号,画出了灵魂极为担忧所发出的警报的符号。①

确实,在当代社会,正是人类的"文明"使得人成为"非人"。在这里,所谓"非人"主要的不再是指人的兽性,而是指人的不存在、人的被化为虚无。这无疑比人的兽性更为可怕。文艺复兴时期人类在洞察到自身的无限性之后说:人是天神,人是自己的上帝。当代人在洞察到自身的虚假的无限性之后说:人是野兽,人是自己的地狱!

其二是对于生命的有限性的洞察。假如在对于虚假的无限性的洞察中,丑是直接揭露了自然、文明中的"退化"现象以及人类的本质力量的被束缚,那么在对于生命的有限性的洞察中,丑就是间接揭露了自然、文明中的"退化"现象以及人类的本质力量的被束缚。正如美作为一种评价,是对于超越生命的有限性的洞察,丑则是对于生命的有限性的洞察。人类的一切生命活动无非是在与生命的有限性进行殊死的抗争,然而,人们却往往会沉浸在自己为自己所设定的虚假的无限性之中,乐不思蜀,以致忘记了这有限性的存在(其外在表现正是自然、文明中的"退化"现象以及人类的本质力量的被束缚)。这时,通过揭示这冷酷的有限性来唤起生命本身的觉醒,就是十分必要的。这正是丑的诞生。它不再在肯定现实生活中肯定生活的意义,而是在否定现实生活中揭示生活的无意义(从而也就间接揭露了自然、文明中的"退化"现象以及人类的本质力量的被束缚)。例如,在当代美学中往往偏重于对死亡的表现,道理就在这里。人类在爱生之余,为什么又会喜欢欣赏死亡?原因正在于死亡的阴影本身就是一种需要。人类主动地寻找它,正是出于激励生命的需要。犹如我们总是强调说:地狱是文明的产物。人类灵魂虽然向往着天堂,然而却时时堕入地狱。这是生命的警戒,也是生

---

① 赫尔曼·巴尔:《表现主义》,徐菲译,三联书店1989年版,第92页。

命的保护。只有参照这个世界,才会主动去寻找美,并进入一种美的生活。当人类意识到了自身的非理想性、非完善性,同时就意识到了自身的理想性和完善性。在当代美学中处处可见的罪恶感正由此而生。地狱无疑是鞭策人类的所在。通过这虚拟的、对象化的痛苦,不但满足了人类涤罪的需要,更激励了人类的生命的意志,由此,地狱成为天堂的入口。

由此我们可以联想一下当代人为什么会喜欢自己所害怕的东西。例如世界的荒诞、人生的无意义、主体的失落、人的绝望、精神的危机这类被阿多尔诺称为"20世纪的世界情绪"的东西,例如好莱坞中的噩梦、大白鲨,例如当代文学中对畸形、残缺、死亡、罪恶、贪婪、厌恶、嫉妒、奸诈、邪恶的展现。在英国小说家史蒂文生的《化身博士》中,我们甚至看到一个正派人竟然也想体会一下当恶棍的滋味。人类为什么喜欢欣赏这些东西?原来,它本来就存在于人类的心灵深处,象征着一种对于逼近了的威胁所产生的感觉、一种大难临头的恐惧。人类对它的恐惧,实际上就是对虚无的恐惧,这是一种无法确定具体利害关系的无功利的恐惧,不同于对于功利性的现实的自然灾害、暴力、疾病、丑恶的恐惧。因此,这恐惧最终反而成为心理体验中的一次愉快的经历。因为人们否定的只是这类对象,而感兴趣的则是对于这类对象的态度体验。它将人类从日常的麻木状态中抛出,使人们体会到与外在世界的对立的自我的存在,以及自我的无助、孤独感,从而使人意识到日常生活中自己与他人共同生存状态的虚假性。因此,作为内在动机,死亡的最为重要的涵义就是赋予了生以深刻的内涵。不免一死的意识不仅丰富了生,而且建构了生。没有死的毁灭,就没有生的灿烂。死亡作为归宿,不仅浓缩了生,而且从根本上改变了人类对于生的态度。

3

在讨论了丑作为一种美学评价是来自人类生命活动的需要之后,我们应该进一步追问:那么,丑是怎样满足这一人类生命活动的需要的呢?

在美的类型上,是通过以丑为丑的方式。以丑为丑与以丑为美不同。后者是传统美学的看法。我们已经剖析过,它是对真正的丑的遮蔽。尤其在当代社会,这样做无异于视病态为常态,以肉麻为有趣,化低级为高级,是对事实的颠倒,在其中根本看不到丑的任何真实性。事实上,在人类社会,像真假、善恶是永恒的一样,美丑也是永恒的。人类社会的发展早就证实了人类的渺小,以丑为丑所强调的,正是丑在美学评价中的独立地位。杜尚的《蒙娜丽莎》、达利的《带抽屉的维纳斯》,波德莱尔的"情人肚子里的蛆虫",斯摩莱特的"马桶里陈腐的东西"……还有缺少理想、缺少未来、缺少人道,死亡、黑夜、堕落、犯罪、情欲、淫荡、畸形、变态、疯狂、绝望、瘟疫、脓疮、尸体、蛆虫……面对着丑的大展览、大检阅,我们不能简单地痛斥为人类美学评价的病态和美丑颠倒、嗜痂成癖。应该说,这恰恰是美学的更为成熟。我们知道,欧米哀尔年轻时是十分美貌的,诗人龙李因此而称她为"美丽的欧米哀尔",可是面对年老时的欧米哀尔,罗丹却把她雕塑成"丑陋的欧米哀尔",然而正是因此,葛赛尔却称赞说"丑得如此精美"。为什么呢?正是因为罗丹没有赞颂她的美,而是真实地揭露了她的丑。推而广之,在西方当代美学看来,当代社会在某种意义上已经是"但丁的地狱"。因此已经没有必要从贬义的角度使用"病态"这个词,因为"病态"在当代社会已经成为正常。也正是因此,丑作为一种美学评价,最为重要的是面对当代社会的生活的无意义、现实的非人性、文明的不文明,面对着一个平庸、病态、畸形的荒原,不再是简单地回到传统美学,一味高扬美(狭义的)的大旗,这在当代社会已经太廉价、太做作、太虚假,而是慷慨陈词:只爱美的人性是不完整的人性。甚至,丑不是要转化为美,而是要替代美。他们公开承认自己是平庸的凡夫俗子了,但也正因为如此,他们才成为敢于承认自己是平庸的凡夫俗子的现代英雄。他们不再乞求虚幻的东西来安慰自己,而是在赤裸裸的丑中展示真实的人生。他们直面生命活动中的否定的因素,以一种困兽犹斗的精神,通过自我亵渎来实现自我拯救,通过它的非人性来保持对人性的忠诚。"艺术家搜寻出那些令人不能接受的、反常的、堕落的东西。他们选择邪恶的一面，他们这样做不是因为他们对世界承担义务，而是因为要从同旧的价值体系的不愉快的关系中解脱出来，因为他们再也不相信这种旧的价值体系。"[①]同时，丑作为一种美学评价，在揭露丑的时候并没有远离美，而是在真正的意义上创造美。在丑的自我否定中升华出美。结果，越是远离美，才越是接近了美。

在美感类型上，是通过反和谐的方式。丑作为一种美学评价，关注的是无形式对象的美学评价。假如说在美的和谐形式中，你借此可以知道什么是人类的没有被扭曲的情感，在丑的反和谐中，你就借此可以知道什么是人类的被扭曲的情感。和谐的形式是一种美的形式，往往与生密切相关；反和谐的形式则是一种丑的形式，往往与死密切相关。反和谐是对于人类始终遮遮掩掩、佯作不知的死亡的直面。当生活中的一切看起来都有固定的解释、固定的形式，以至于人们干脆纵浪其中，不喜不惧的时候，正是丑使得人们从中被剥离出来，孤单地立身虚无之中。熟悉的世界消失了，个体被从虚幻的共同存在状态中唤醒。而共同存在状态一旦被破坏，真、善、美之类就失去了市场——它们对于具体的个体来说无意义。萨特就曾经用"恶心"来描述对于这种无意义感的领悟。这是一种上不着天、下不着地的"千古孤独"。结果，人们意外地有了一个评价自己的机会，有了一个在死亡面前正视自己的机会。

由此可见，反和谐的审美活动乃是人类的一种特定的美学评价手段，是对于周围某时时在威胁着生命的僵化了的东西的解脱。塞尔·杜尚指出："蒙娜丽莎是如此广为人知和受到赞美，用它来出丑是颇有诱惑力的。我尽力使胡须具有艺术性。我也发现，有胡须的那个可怜姑娘变得很有男

[①] 卡斯顿·海雷斯：《现代艺术的美学意蕴》，李田心译，湖南美术出版社 1988 年版，第 115 页。

子气——这与雷奥纳多的同性恋很相配。"①这种拿人类文明出丑,越是文明就越是要出它的丑的做法,恰恰与人类对文明的忧心忡忡有关。人类已经逐渐迷失于固定的形式之中,此时,无形式就也成为一种形式。试想,没有丑陋的面孔,卡西莫多还会是卡西莫多吗?恐怕顶多也就是一个非常平庸的好人而已。乌尔夫林在《艺术风格学》中也专门讨论过"入画与不入画"。粗糙的对象反而可以"入画",这意味着生命的一种境界,而精致的对象却反而丧失了生命的活的内涵。②

在审美活动的类型上,是通过不自由的生命活动的自由揭示的方式。它把"危机现实"转化为"危机的意识"。因为揭露了现实的丑恶并且为现实定罪,因此也就揭露了自身的丑恶并且为自身定罪,因为现实丑恶正是人类自身的丑恶炮制出来的。因为感到的不是信心,而是灰心;不是陶醉,而是惊怵;不是温暖,而是凄凉;不是满足,而是幻灭;不是进取,而是沉沦;因此也就更为贴近了生命的真实。因此,所谓不自由的生命活动的自由揭示正是意在使生命受到一种出人意外的震撼,从而缓慢地苏醒过来。戈雅的绘画给时人的感受就正是如此:

大家传看着这些画,在这间静室里顿时就充满了这些似人非人的东西和怪物、像兽又像恶魔的东西,形成了一片光怪陆离的景象。朋友

---

① 转引自吕澍:《现代绘画:新的形象语言》,山东文艺出版社1987年版,第219页。
② 小丑的出现就意味着一种无形式的对象。在日常生活中人人都戴着美的人格面具,而在特定的时候,美会成为一种依赖,人们在美的名义下栖息于一个共同的模式,奶油小生因此而受宠,结果,美成为一种面具。然而在每个人的一本正经的面孔背后,都有一个小丑存在。或者说,人们不希望自己是小丑,但是每个人的内心深处都藏着一个小丑。小丑的化装正是为了卸装,是为了卸去一本正经的人格面具。小丑的出现,无疑拓展了审美活动的领域。再如穿衣服,从美的角度要注意协调,久而久之,成为常规。银幕上的卓别林之所以让人忍俊不禁,正是因为他的衣服不遵守这个常规。当然,小丑必须是某种意义上的弱者,使人们能够因为他产生一种优越感,否则审"丑"活动就无法进行。

们观看着,他们看到这些五光十色的形象尽管有他们的假面具,可是通过这些假面具可以看到比有血有肉的人更加真实的面孔。这些人是他们认识的,可是现在这些人的外衣却毫不留情地被揭掉了,他们披上了另一种非常难看的外衣。这些画片中的形状可笑而又十分可怕的恶魔,尽是些奇形怪状的怪物,这些东西虽然是难以理解的,却很使他们受到威胁,打动了他们的心弦,使他们感到阴森凄凉和莫名其妙,但又足以深思,使他们感到下贱、阴险,仿佛很虔敬但又显得那么放肆,感到愉快天真但又显得那么无耻。①

正是在这个意义上,波德莱尔才会说:恶之花既是"地狱般的",又是"天堂般的"。而且,因为在审丑的同时其实也就否定了丑,而对丑的否定无疑是符合人的理想本性的,所以痛感可以转化为快感;再者,审丑不仅揭示了坏人的丑,而且揭示了一般人的丑乃至自己的丑(通过自我亵渎而自我拯救),揭示了人性的共同弱点,于是审丑者就会在意识到自身的弱点被揭露的瞬间产生快感,在感到他人的境遇被揭示中产生同情,进而使自己的情感得到宣泄。有学者举鲁迅在讲到翻译马克思文艺理论时的例子说,打到别人的痛处时,就一笑;打到自己的痛处时,就忍痛;但也有既打到别人的痛处又打到自己的痛处的时候,大概就先是忍痛,后是一笑。并指出:痛中有笑就是审丑而能够得到美感的原因。我深以为然。可见,像美一样,丑既不消耗能量,也无实际的功利作用,又能够缓和心理的紧张,因此又能够使痛感最终转化为快感,做到在揭示自己的缺点中产生快感,在揭示丑中激发创造美的激情。

---

① 叶列娜.《戈雅传》,姚岳山译,人民美术出版社1993年版,第331页。

4

作为人类生命活动的需要,丑在实现自己的过程中当然并不是对于美的排斥,而是在更为广阔的背景中的美丑并存。

事实上,丑之为丑,本来就是以美作为参照的。这一点,甚至在传统美学中就隐性地存在着。例如当柏拉图开始考察"美是什么"的时候,必然就开始了对"丑是什么"的考察。因为任何一种肯定都意味着否定,肯定性评价的背后无疑应该是否定性评价。"爱美之心"也必然是由"不爱非美之心"来界定的。丑作为一种否定的极端形式即负面的价值,在美的评价态度中所起的作用是显而易见的。当然,在传统美学中,丑是被排斥在美之外的。在当代美学中,丑作为一种美学评价的出现,其独立性同样是只能以美作为参照的。只是,这种参照不再是在美学之外进行,而是在美学之中进行,是通过作为对立的美之一极来确立作为丑之一极。有学者指出:这世界如果没有了美,就将是一片黑暗。然而我们却忽视了:这世界如果没有了丑,就将是一片透明。黑暗固然令人无法前行,透明则干脆令人无路可行。因此,人的世界只能是美与丑的并存,具体来说,美和丑是一对互相依存的范畴,彼此之间存在着同一的关系,也存在着相互斗争、相互转化的关系。在这个意义上,美的历程同时就是丑的历程,丑的诞生意味着美学评价的深化。而它的参照,却仍旧是美。换言之,对丑的提倡不是要证明丑比美高,而是要证明:缺少了丑,审美活动就无法达到一个较高的境界。就像对女性的重视,不是要证明女人比男人高,而是要证明,缺少了女人,人类的文化就无法达到一个较高的境界。

因此,正是因为美的存在,丑才具有了自己的美学意义。离开了美的存在,丑之为丑,就会成为一种自暴自弃,一种绝望无为,一种病态。这种情况,我们在当代美学中也经常看到。而丑之为丑,本来是应该以激发美的创造为内在动机的。我们知道:"爱美之心,人皆有之"。但是这里的美肯定是一种规定,因此它开拓了人类的可能,也同时限制了人类的可能。爱美是以牺牲掉更多的可能换取的。安东·埃伦茨维希的发现则堪称进一步的补充:传统美学把美分成崇高与优雅,只是一种分门别类的标签。为一些缺乏审美能力的观众省去了进行真正的情感体验的麻烦。这些美感似乎代替了真正的情感,或者从开始就不具有真正的情感,或者掩盖了真正的情感。弗洛伊德曾发现一种"遮蔽记忆",人们在回忆童年经验时,只是为了把更危险的记忆遮蔽在内心深处。一个充满了野蛮人的感情的孩子,成了一个生性优雅、文质彬彬的孩子。当孩子抬头仰望高贵的父母时,从他的视线中看到的是崇高;当父母俯首看他的孩子时,从他们的视线中看到的是优雅……种种复杂的感情都被遮蔽掉了。在审美中也如此,一旦面临复杂纷乱的世界,马上就唤起了崇高和优雅两种情感。"在艺术、宗教和科学中,哪里出现了古代情感过分强烈的情况,哪里就会产生崇高和优雅的感情。巴洛克艺术的崇高感伴随着启蒙的理性时代;在这个时代里,中世纪神秘主义最终被克服了。洛可可艺术的优雅感是从逃向天真无邪的童年乐园的愿望中直接产生的。由于卢梭的影响,人们想象人类曾经都生活在一个无邪而正义的世界里,而后来,现代文明夺取了这个世界。隐隐的沉雷宣布了法国大革命高潮的到来,法国的贵族就竭力想逃到一个充满田园雅趣和儿童般无邪的优雅世界里去,竭力幻想出那种已经丧失的原始乐园的安全感。在这种情况下,美感就用于伪造人类历史、把原始冲动和原始记忆保持在极乐世界般的遗忘中了。这些原始冲动和原始记忆仍然在无意识心理躁动不安,在战争和革命的周期性高潮中,它们往往会爆发出来。"[①]这就需要审丑的补充,去冲破限制,使得人类生命得以无限展开。在这个意义上,不但爱美之心要人皆有之,而且爱丑之心,也应该人皆有之。

[①] 安东·埃伦茨维希:《艺术视听觉心理分析》,肖聿等译,中国人民大学出版社1989年版,第89页。

在这个意义上,应该说在当代美学中,丑的出现的意义,就在于:以丑来激发对美的追求,这就是所谓"丑则思美"。在当代美学,美转而成为丑的背景和陪衬。正是因为它的存在,丑对于生活的揭露才同时成为批判而不是一种自暴自弃。至于我们所看到的当代的美,应该说大多都是被丑逼出来的。只有在对丑的自我否定中才能够肯定美,表现出对美的追求。描写死亡就是在描写新生,表现丑就是在肯定美。尤金·奥尼尔强调:"一个人只有在达不到目的的时候才会有值得为之生、为之死的理想,从而才能找到自我。在绝望的境地里继续抱有希望的人,比别人更接近星光灿烂、彩虹高挂的天堂。"①卡莱尔也指出:"如果我们为人类已达到的更纯洁的幻想的高度而欣喜的话,我们可以不再对人们中间存在的这种黑暗的深度感到悲痛和沉默。"②这是更高意义上的审美活动。正如恶的存在,其意义不在于自身,而在于可以激发人类为追求更高的善而努力,丑的存在,其意义也不在于它自身,而在于它可以激发人类去追求更高的美。

进而言之,由此我们看到,传统美学的错误不在于以美为宗,而在于唯美为尊,在于对美的理解过于狭隘,即把美理解为美学评价的全部。而在对当代美学的理解中,也要避免同样类型的错误,这就是对丑的理解过于狭隘,即把丑理解为美学评价的全部。事实上,美,在任何时候都是美学舞台上的风姿绰约的皇后,这是不容否认的。至于丑的诞生,其意义在于为美增加了互补的一极,从而为无限地展开美学评价的广阔空间作出决定性的努力。人类从此不再走向一个太阳,而是走向无限广阔的星空。"公正的理论已经不可能再认为,把美解释为规律性与和谐,或多样的统一的简单表现就够了。"③假如说作为一元的美追求的是和谐,那么,作为两极的美丑并存追求的则是平衡。确实,一切和谐的东西无疑能够体现出某种程度的美,然而

---

① 尤金·奥尼尔:《天边外》,荒芜、汪义群等译,漓江出版社1987年版,第100页。
② 卡莱尔:《英雄和英雄崇拜》,张峰等译,上海三联书店,第6页。
③ 鲍桑葵:《美学史》,张今译,商务印书馆1988年版,第10页。

一切的美并不都是和谐的。因此,美的内涵与边界无疑都应该拓展。一言以蔽之,美可以表现为矛盾的解决即和谐,也可以表现为矛盾的对立即平衡,在平衡中,否定的一面不是作为肯定一面的陪衬而存在,而是以其本身的存在为对立的一面对它的超越提供契机。通过这种超越,人类的本质在更深刻的层面上得到了肯定。平衡是比和谐更为壮观的审美活动。和谐为我们提供的只是一种虚幻的东西,为了获得这一虚幻,我们不惜远离现实,而在平衡中,我们得到的虽然是一个不完整的意象,但是却获得了认识真实的报酬。而且,在平衡中,美不但得到了真实表现,而且丑也找到了自己的真实位置、应有自尊。美不仅受到丑的否定,而且受到非丑的否定;丑不仅受到美的否定,而且受到非美的否定。这样当美为丑留下空间,实际就是为自己拓展空间。因此,以美为宗而不是唯美独尊,美丑并存而不是扬美贬丑,这,就是应有的选择。

3
从丑到荒诞

1

我们已经指出:20世纪上半叶是丑的时代,然而,在20世纪下半叶,由于否定性主题和多极互补模式被逐渐推向了极端,丑也逐渐被荒诞所取代。

伴随着从丑向荒诞转移的,是20世纪50年代前后西方美学思想的重大的转型,这就是所谓现代主义美学向后现代主义美学的转型。

由于丑与现代主义美学、荒诞与后现代主义美学的密切关系,有必要首先对现代主义与后现代主义的根本差异作一个简单的说明。严格地说,所谓后现代主义是一个不确定的范畴,它的出现大体是20世纪中期的事情。最初被用来指称一种以背离、批判某些古典特别是现代设计风格的建筑学倾向,后来被在不同意义上使用它,也从不同思想倾向上使用它,但一般而言,是用来指称文学艺术、哲学、社会学、政治学,甚至自然科学领域中具有反传统倾向的思潮。就哲学领域来说,包括以后期维特根斯坦为代表的分析哲学,以伽达默尔为代表的哲学释义学,以福科、德里达为代表的后结构主义,以蒯因、罗蒂为代表的实用主义,以及法兰克福学派(第二代)、女权主义,等等。有一种意见认为,后现代主义是现代主义的反动,并且与现代主义完全不同。另外一种意见有所不同,这种意见认为,只要看看德里达所致力的对逻各斯中心主义、言语中心主义的批判,福科所致力的对传统认识论的批判,利奥塔德所致力的对元叙事的批判,他们大多表现为反对和超越心物二元论、基础主义、本质主义、理性主义、道德理想主义、主体主义、人类中心论、一元论、决定论、唯一性、确定性、简单性、绝对性,总之,都反对和超越传统哲学,就不难发现,这一切在现代主义中也同样可以看到,例如海德格尔、哈贝马斯、弗洛伊德、马尔库塞、阿多尔诺、维特根斯坦、奥斯汀、波普、库恩、费耶阿本德、丹尼尔·贝尔,等等,甚至尼采、狄尔泰也与后现代主义有着相同之处。在美国哲学家格里芬编的《建设后现代哲学的奠基者》中,人们惊奇地发现,甚至连实用主义哲学家皮尔士、詹姆斯、杜威,和生命哲学家柏格森、过程哲学家怀特海,也被列入其中。这样,按照后现代主义的本义,把它从特定的思潮扩展为20世纪上半期乃至19世纪中期以来的哲学思潮,也是说得通的。这意味着:现代主义与后现代主义实际上是相通的。

其次,在西方,除了20世纪这样一种用法之外,所谓"现代"还被用来特指17世纪以来的哲学(甚至文艺复兴),由此出发,西方在提及现代哲学时,就往往是从笛卡尔开始,在此意义上,后现代实际是指"后近代",是指19世纪中期以来的反传统思潮。就这个思潮而言,倒确实是构成了一种思维方式上的根本变更,并且与传统哲学形成了鲜明的区别。在此意义上,现代主义与后现代主义之间,就其根本特征而言,应该说也是相通的。例如,在罗蒂看来,"德里达的大多数工作继续了一条始于尼采而一直延伸到海德格尔的思想路线。"对逻各斯中心主义的批判,是"把尼采和海德格尔的批判运用到句子和信念的特例上去"。① 而罗蒂自己的反基础主义只是詹姆斯、杜威的继续,利奥塔德对语言的批判只是对维特根斯坦的模仿,后现代主义津津乐道的对人类中心论和主体性理论的批判,实际上也是从尼采就开始了的。当然,后现代主义也具有自己的特点。这特点,第一是发展了现代主义的思路。例如把"上帝之死"发展为"人之死",把海德格尔的"存在"发展为德里达的"痕迹""延异"。第二是推动着现代主义走向了极端。这表现在:现代主义禀赋着怀疑精神,以反传统为主旨。后现代主义虽然仍旧坚持怀疑精神,坚持以反传统为主旨,但是却抛弃了现代主义重建传统的梦想。它否定一切普遍适用的、万古不变的原则与规律,拒绝建立一种新的统一模式,而统一模式正是现代主义无法拒绝的诱惑。例如现代主义虽然批判了传统哲学的追求绝对性的错误,但是却转而追求相对性,企图以相对性统一世界,后现代主义则连相对性也坚决反对,转而干脆追求"游戏"与"解构"。再如,现代主义虽然坚持反哲学传统,但是却并不反对哲学本身。在后现代主义,则连哲学本身也有待消解,干脆从哲学走向非哲学。因此后现代又是对现代主义的超越、批判。在此意义上,沃尔夫冈·威尔什的看法就确实值得重视:"后现代主义并不像它的名称所暗示的以及流行的看法所误解的那样,是一种'反现代'的思潮,应当说,它的基本内容在20世纪上半期作为科学和艺术的主要宗旨便已存在,只不过当初它们大半停留在一种主张、宣言或构想之上,或仅仅是某一领域的特殊现象,而今天它已经全面而深入地成为我们的生活现实。在这种意义上,后现代思维应当理解为现代主义的延续和发展。当然,在一些问题上,后现代主义与现代主义也存在着根本的分

---

① 罗蒂:《后哲学文化》,黄勇编译,上海译文出版社1992年版,第98、149页。

歧:它反对任何一体化的梦想,否定普遍适用的、万古不变的原则、公式和规律,放弃一切统一化的模式。在这个意义上,后现代思维又是对现代主义的批判和超越。"①因此,所谓后现代主义实际上体现的就是"未来的(后)过去(现代)"这一悖论,就是对于现代主义中未能加以呈现的东西的再呈现,并且使这些东西从"无形"转换为"有形"。具体来说,"后现代是一个彻底的多元化已成为普遍的基本观念的历史时期。""'后现代'是一个人们用以看待世界的观念发生根本变化的时代,其标志是机械论世界观已陷入不可克服的危机。这种陈旧的观念将世界视为一部巨大的机器,其中每一个事件都由初始条件所决定,而这些条件原则上是可以精确绘出的。在这样的世界中,偶然性不起任何作用,每一个组成部分都在平衡中按照决定论精确运行,一切均服从于亘古不变的普适规律。然而,最新的科学研究成果和近20多年来的社会发展证明,用这种观念来看待自然和社会,许多现象无法得到解释。对于今天的世界,决定论、稳定性、有序、均衡性、渐进性和线性关系等范畴愈来愈失去效用,相反,各种各样不稳定、不确定、非连续、无序、断裂和突变现象的重要作用越来越为人们所认识,所重视。在这种情况下,一种新的看待世界的观念开始深入人们的意识:它反对用单一的、固定不变的逻辑、公式和原则以及普适的规律来说明和统治世界,主张变革和创新,强调开放性和多元性,承认并容忍差异。"②这意味着:后现代主义是相对于现代主义而出现的,离开了现代主义这一背景,后现代主义就不复存在。后现代主义的实质,不在于与现代主义的对立,而在于对于现代主义的内在悖论的深刻揭示。因此,后现代主义主要应该被看作是一种阐释预设、一种阐释框架,它更多地不是表现为一种传统认识论意义上的"主义",而是表现为一

---

① 《后现代主义》,中国社会科学院外国文学研究所《世界文论》编辑委员会编,社会科学文献出版社1993年版,第98页。
② 《后现代主义》,中国社会科学院外国文学研究所《世界文论》编辑委员会编,社会科学文献出版社1993年版,第97、96页。

种当代解释学意义上的"话语"和"知识态度"。直接面对的也不是晚期资本主义社会本身，而是晚期资本主义社会的知识状态，或者说，是文本世界、语言世界、知识世界。假如说，在此之前是意在认识世界，获得知识，"把丰碑转变为文献"，是从自然到文化，从而形成文献、话语，那么后现代主义就是"把文献转变为丰碑"，是从文化到超文化的重建，是对已有的文献、话语重新进行反省、改写、整合。例如，人们往往以为后现代主义激烈地反对"理性""人道""进步"，事实上却并非如此。后现代主义并不意味着对这一切的否定，但是同样也并不意味着对这一切的破坏或者建设。它只是意在指出这一切的局限性之所在，以及围绕着这一切所建构的种种神话。后现代主义常讲的所谓"解构"，正是这个意思（德里达说："解构总是一种关于寄生物的话语"，确实如此）。

后现代主义美学与现代主义美学之间也是如此。一方面有其一致之处，例如在达达主义、未来主义中，我们就已经可以看到后现代主义美学的那种激进的反美学立场。一方面又有所发展。其中的关键是：现代主义美学的反传统基本上是在传统框架中进行的，后现代主义美学的反传统则是在这一框架之外进行的，它对这一构架本身提出质疑。因此后现代主义美学不但是对于传统美学的超越，而且是对于现代美学的超越。甚至是从对传统美学的超越走向了对美学传统的超越。在美学界，人们往往能够容忍现代主义美学，但是却很难容忍后现代主义美学，道理正是在于它的彻底性、否定性。而之所以如此，则与两者对于非理性在理解上的差异相关。后现代主义美学尽管仍旧以非理性去把握世界，但是它却不但反理性，而且反非理性，并从实体性的非理性发展到功能性的非理性。具体来说，例如，现代主义用神话的方式求助于艺术和文学的连续性来提供整体和统一性，上帝死了就以人的自我来充当上帝。最典型的例子是艾略特《荒原》中的"鱼王"。后现代主义却不相信任何的元叙述，拒绝深度模式，弗洛伊德的显现与隐含的区别、存在主义的确实性与非确实的区别、结构主义的能指与所指的区别等都被对平面化的世界的崇拜取代。世界被还原为文本,文本之外无它。后现代主义也拒绝历史,因为历史只是一堆文本、档案,记录的是一些不存在的事件。它所做的就只是面对当下。对偶像则一律亵渎、拆解,遇佛杀佛。再如,现代主义以元叙述为基础,以纯粹的内部语言来对抗外部世界的混乱,强调艺术形式的自律性,对世界采取逃避态度,而且将日常经验形态笼罩在一种虚构的、具有美学价值的元语言秩序之中,刻意建立起语言形而上学、语言逻各斯传统。读者则可以从隐喻关系中组合出一个所指系统。后现代主义则干脆非诗、非小说、非艺术,文体的单一性消失了,媒介也转向多样化,门类之间更是彼此渗透,而且语言成为不及物的,成为一个辩证空间,从所指回到能指,并且在叙述意义中成为碎片,成为符号与欲望的游戏。又如,现代主义强调权威性、原创性、自律性,强调作者,对于作品更是强调唯一性。后现代主义则强调可写的文本,强调读者,"承认作者是作品意义的唯一权威是资本主义意识的顶点和集中表现……我们知道,文本并不是唯一一个'神学'意义(即作者——上帝的'信息')的一串词语,而是一个多维空间,其中各种各样的文字互相混杂碰撞,却无一个字是独创的。"①再如,现代主义刻意强调精英与大众的矛盾,崇尚古典,鄙视大众,不惜作茧自缚,张扬大众与精英两极,艾略特甚至认为大众不是人,而是一种东西。后现代则提倡社会民主化、生产商品化、文化世俗化,文化既纵向排列,又横向展开,展示出无穷的机遇。再如,现代主义美学是隐喻的,后现代主义美学则是转喻的,等等。

2

而从现代主义美学到后现代主义美学之所以导致从丑到荒诞,关键就在对于非理性的实体的消解。

---

① 转引自张隆溪:《二十世纪西方文论述评》,三联书店1986年版,第162页。

我们已经剖析过,从内在的角度看,现代主义美学对传统美学的批判,是以非理性的实体取代理性的实体,以盲目的本质取代自明的本质,以非理性的形而上学取代理性的形而上学。这无疑是一次思维方式的重大转型,并且为我们从否定性的层面考察审美活动,填补有史以来一直被遮蔽着的巨大的美学空白,作出了决定性的贡献。然而,平心而论,这种做法又实在并没有从根本上超出传统的二元对立模式,因此也就无法从根本上完全超出肯定性主题。为什么这样说呢?因为这种做法充其量无非是以一种绝对取代另外一种绝对,仍旧是在寻求某种本质、某种实体,只不过是以非理性的实体取代了理性的实体而已。也因此,它理所当然地遭到了后现代主义者的猛烈抨击。在他们看来,现代主义无非是以柏拉图方式反对柏拉图,无非是非理性的柏拉图,并没有真正走出柏拉图的阴影,其中的不同只是在理念的位置上换上"意志""权力""生命""力比多",也就是说,只是在旧形而上学的基础上提出了新问题,是一种非理性的理性主义,或者说,是披着非理性外衣的理性。维特根斯坦曾揭示其中的弊病说:"凡是我们的语言暗示有一个实体存在而又没有的地方,我们就想说,有个精神存在。"①德里达也认为:根本不存在既主宰结构又逃避结构的东西,中心在结构之内,又在结构之外,这是无法想象的。假如在结构之外,那就不成其为中心,假如在结构之内呢?又要受其他因素的制约,也不成其为中心。可见,非理性主义的本质也仍然是理性的一种形式,仍然在理性的范围之内,而且是理性构造出来的另一种理性——非理性。

针对现代主义的缺憾,后现代主义提倡一种"流浪汉的思维"。这是一种自由嬉戏的态度,既强化差异,又容忍差异,不赋予任何对象以特权,坚持一种未完成的状态。一切都是不固定的,流动就是一切,并且反对任何观念、范畴、结构的合理性。也因此,它既反对理性设计出来的理性,也反对理

---

① 维特根斯坦:《哲学研究》,汤潮等译,三联书店1992年版,第27页。

性设计出来的非理性,理性的家园不存在了,非理性的家园也不存在了。处处破坏、解构,破坏就是家园,解构就是家园。不再试图以非理性的本体来取代理性的本体,而是尝试着寻找一个视角,来说明一切都是流动的,超越其他现象的根本的性质根本不可能存在,甚至看问题的视角也只是多元中的一个,也是可以超越的。理性不是世界的本原、基础,非理性也不是世界的本原、基础,世界不能够被理性地解释,也不能够被非理性地解释。结果,无本质就是本质,无中心就是中心,无基础就是基础,无目的就是目的,甚至连消解也是不必要的,因为它本身也会成为一种限制,不再是自由的,而是必须的,以致出现强制性。

学术界一般认为:后现代主义与现代主义之间的根本差异是:实体性中心为功能性中心所取代。从实体的非理性转向了功能的非理性,从非理性的理性转向了理性的非理性,从无意识状态的非理性转向了有意识状态的非理性,从有内容的非理性转向了无内容的非理性。与此相应,后现代主义的根本特征,就是不再用一种非理性的本质来取代理性的本质,而是用理性的有限性和非稳定性来考察非理性,既不赞成理性主义的逻各斯中心主义,也不赞成非理性的在场形而上学。这样一来,在现代主义那里在场的内容与在场概念的功能之间的矛盾就被揭露出来而且被有效地加以克服。当然,在避免了现代主义的用理性设立一个在场的非理性的缺点之后,后现代主义的用理性批判理性还仍旧存在着重大的障碍,这就是在批判中要预先假定在批判中要否定的理性的有效性。这里存在着一个悖论:假如理性能够消解自身,这意味着理性本身的有效性,然而这就或者要证明理性的有效性,或者要放弃理性自我消解的企图。后现代主义的方法是只操作而不判断,让理性在操作过程中自我解构,而不去作任何的建构,不再以在场的非理性来取代理性,而是让理性在自我批判中展示自己的破坏性、游戏性、不确定性、差异性,以便自我摧毁、自我否定。就是这样,思维成为一张"无底的棋盘",并且真正从"核桃模式"(或者是"象棋模式")过渡到了"洋葱模式"

(或者是"围棋模式")。

在美学方面也如此。现代主义美学同样是以非理性的实体作为本体、基础,并且将其视为支持审美活动的唯一基础。我们可以把它概括为对笛卡尔"我思"主体的极端发展,或者片面否定客体,或者片面高扬非理性的主体。非理性的主体被加以极端化的发展,并作为审美活动的唯一源泉。这一点,在立普斯的"移情论"和沃林格的"抽象冲动"中,表现为美和艺术远离现实,对非理性的神秘内在加以体验;在精神分析中表现为把美建立在逃避理性监督的潜意识的罪恶快感体验上;在柏格森、克罗齐那里,表现为把美看作非理性的产物;在表现主义美学那里表现为纯粹表现的主体;在符号美学那里表现为作为符号形式创造的主体。而为了保证这一本体、基础的稳固和能够自由地创造,客观的世界被抛弃了,客观的自然形式也被抛弃了,整个客观的对象世界消失了,无对象的世界成为可能。康定斯基说的"构成"的时代的到来,就是如此。这是一种非理性主体的"独白"。所谓艺术就是创造"有意味的形式",就是经典的表述。当然,这一切对于建立美和艺术的独立自主性是必要的,对于把美和艺术从对现实的绝对依赖中解脱出来,也是必要的。然而,它仍旧存在着根本性的缺憾。在这里,以非理性为本体本身就是令人怀疑的,因为它既无自然世界的依托,也无理性甚至神性的支持,可以说是空无依傍。这一点,在19世纪的克尔凯戈尔那里就有所表现,在现代主义中就更是如此了。不过由于在20世纪初还主要是冲击僵化了的客体与理性主体,①因此其中的危机还没有被深刻、全面地意识到,一旦把非理性主体推到了极端,一旦客体与理性主体真的不存在了,非理性主体也就自我消解了。因为人毕竟是对象性的存在物,对象的解体必然导致主体

---

① 外在社会的一切都岌岌可危,只有回过头来寻找非理性的自我。这方面,孔德的实证主义、马赫的经验主义、维特根斯坦的逻辑实证主义对理性主体的批评,以及海德格尔从本体论的角度对于理性主体的批评,弗洛伊德从无意识的角度对于理性主体的批评,结构主义从语义学的角度对于理性主体的批评,值得注意。

的解体。

这一幕在20世纪中期果然出现了。由于对非理性的过分夸大,现代主义的根本缺陷的空洞与虚无很快就暴露了出来。非理性的实体作为本原的事实上的无法兑现,不能不导致对于非理性主体的彻底否定。同时,也不能不导致由于主体与客体的不再对立和同时否定而形成无中心的差异状态(客体的否定导致客体无所指,主体的否定导致主体无所指)。我们在后现代主义美学中,尤其是在作为美学评价的荒诞中看到的,正是这一点。我们发现,非理性的意义本源不再存在,还发现意义的不确定状态与主体性的衰落,现象学美学、阐释学美学揭示的正是这一秘密。在其中,审美价值的确定性和美的普遍有效性被完全破除了。法兰克福学派也对恢复人的主体地位不再信任甚至绝望,并且因此而对主体性加以否定,主体的中心地位不再存在,意义本源不再存在,虚无主义成为根本特征。分析美学更是只相信语言,最大程度地贬低主体,并且不惜因为对本质哲学、对概念思维的消解而导致了美本身的消解。结构主义虽然坚持文本有一个产生意义的深层结构,但是同样没有主体,是文本结构在决定一切,人却被制约于结构。人与现实的关系,主体的作为本源,都被语言游戏和读者与文本关系取代。解构主义的"差异"也对一切总体挑战,处处都强调要"去中心"。而在德里达破坏了在场的本体论建构的同时,罗蒂也解构了先验的认识形式,于是,在后现代主义美学中我们同样看到了一个根本转换,这就是:从实体性中心转向了功能性中心,从实体的非理性转向了功能的非理性,从非理性的理性转向了理性的非理性,从无意识状态的非理性转向了有意识状态的非理性,从有内容的非理性转向了无内容的非理性。而在后现代主义美学中,美学对于文本、结构、阅读、语言、读者、敞开、显现、照耀、呼唤的讨论,尤其是对于荒诞的讨论,则正是这一转换的集中表现。

3

论述至此,作为美学评价的荒诞,也就呼之欲出了。

荒诞取代丑而成为当代美学的中心,大致是在20世纪中叶。二战以后,荒诞从一个不起眼的日常生活用词一下子成为中心范畴。像戏剧、悲剧一样,荒诞同样是来自戏剧。从狭义的角度说,荒诞主要表现在黑色幽默小说、新小说、荒诞派戏剧之中,广义地说,则在后现代主义的美学中都可以看到荒诞的存在。从语源上看,荒诞absurd来自拉丁语absurdus,后者是悖理、刺耳的意思。在一般的字典中,荒诞被解释为不合逻辑、不合情理、悖谬、无意义、不可理喻、人与环境之间失去和谐后生存的无目的性、世界和人类命运的不合理的戏剧性,等等。显而易见,荒诞是丑的极端。在丑那里,是上帝死了,在荒诞那里,是人死了。阿诺德·P.欣奇利夫说:"荒诞若存,上帝必亡,而且在意识到这一点之后还不能企图设想任何一个超验的'另一个我'来替代。"①这里的"上帝"无疑也包括理性,而这里的"另一个我"则无疑也包括非理性的实体。长期在场的上帝终于让位于永远缺席的戈多。这样,从审美活动的类型的角度来看,西方关于荒诞的定义尽管五花八门,但是却仍旧有其共同之处,这就是:荒诞虽然与丑一样,同样是一种否定性的审美活动,但又是丑的极端的表现。因而准确地说,应该是一种虚无的生命活动的虚无呈现。其根本特征为:不确定性和内在性。"在这两极中,不确定性主要代表中心消失和本体论消失之结果;内在性则代表使人类心灵适应所有现实本身的倾向。"②在这里,"中心消失和本体论消失"意味着:世界既在理性之外,也在非理性之外。这样,在丑那里存在着的形式与内容的矛盾,就获得根本的解决。对此,马丁·埃斯林在考察荒诞派戏剧时已经作出

---

① 阿诺德·P.欣奇利夫:《荒诞派》,剑平等译,北岳文艺出版社1989年版,第1—2页。
② 佛克马等编:《走向后现代主义》,王宁等译,北京大学出版社1991年版,第35页。

过令人信服的剖析:

> 从广泛的意义来说,本书所论及的贝克特、阿达莫夫、尤奈斯库、芮奈及其他剧作家作品的主题,都是在人类的荒诞处境中所感到的抽象的心理苦闷。但荒诞戏剧不是仅仅根据主题类别来划分的。吉罗杜、阿努伊、萨拉克鲁、萨特和加缪本人大部分戏剧作品的主题,也同样表明他们意识到生活的毫无意义,理想、纯洁和意志的不可避免的贬值。但这些作家和荒诞派作家之间有一点重要区别:他们依靠高度清晰、逻辑严谨的说理来表达他们所意识到的人类处境的荒诞无稽,而荒诞戏剧则公然放弃理性手段和推理思维来表现他所意识到的人类处境的毫无意义。如果说,萨特和加缪以传统形式表现新的内容,荒诞派戏剧则前进了一步,力求做到它的基本思想和表现形式的统一。从某种意义上说,萨特和加缪的戏剧,在表达萨特和加缪的哲理——这里用的是艺术术语,以有别于哲学术语——方面还不如荒诞派戏剧表达得那么充分。
>
> 如果加缪说,在我们这个觉醒了的时代,世界终止了理性,那么,他这一争辩是在那些结构严谨、精雕细刻的剧作中,以一位18世纪道德家优雅的唯理论和推理方式进行的。
>
> 荒诞派作家们一直试图凭本能和直觉而不凭自觉的努力来战胜和解决以上的内在矛盾。
>
> 正是这种使主题与表现形式统一的不懈努力,使荒诞派戏剧从存在主义戏剧中分离出来。[①]

而"人类心灵适应所有现实本身"则意味着:既然世界在理性与非理性之外,

---

① 伍蠡甫主编:《现代西方文论选》,上海译文出版社1983年版,第358—359页。

那么,在丑对于统一性、合理性的否定以及对不统一性、不合理性的发展的基础上,荒诞干脆把它推向了极端,走向对统一性、合理性和不统一性、不合理性的共同发展,从而导致一种综合倾向。对此,伊哈布·哈桑指出:荒诞"为艺术和社会提供了一种新的调和方式",加缪也强调:荒诞是意在"重新觅得创造性综合的道路",因为只有如此"文明才可能鼎盛"。[①] 然而,由于缺乏理性作为综合的基础,因而事实上这综合也无非只是混合。于是,在丑中出现的人妖颠倒、是非倒置、时空错位,在荒诞中干脆则是人妖不分、是非并置、时空混同,一切既然都不可思议、无可理喻,并且无须表现,也无可表现。我们唯一能够做的就只能是取消一切界限,抹平一切差别,填平一切鸿沟,把世界的既在理性之外又在非理性之外这一根本内涵直接呈现出来。这,就是荒诞。至于其中的具体差异,可以从两个方面来考察。

首先就美的类型而言,第一,荒诞被看作是无可呈现、无以呈现、无从呈现、无力呈现、无意呈现的不得不呈现。我们已经看到,在西方,面对不可表现之物,崇高是通过"主观的合目的性"把它转化过来,并因而达到对主体的肯定,由痛感到快感,可以说是对不可表现之物的正面表现;在丑中由于已经不存在对立的双方,是把不可表现之物与非理性的主体等同起来,因为非理性的主体事实上是无法表现的,只能是一种强硬的表现,所以丑对于非理性主体的表现是永远不可能成功的,而且也不可能达到对主体的肯定,而只能暴露非理性主体的孤独、无助,可以说是对不可表现之物的否定表现;荒诞则不然,假如说丑认为世界是一个需要修补的世界,那么荒诞则认为世界是一个无法修补的世界,既然如此,荒诞就走向了对于不可表现之物的不可表现性的承认,换言之,荒诞是对不可表现之物的拒绝表现。利奥塔德曾经

[①] 加缪:《反抗与艺术》,转引自《文艺理论译丛》(三),中国文联出版公司1985年版,第458—459页。

剖析说：

> 后现代应当是这样一种情形：在现代的范围内以表象自身的形式使不可表现之物实现出来，它本身也排斥优美形式的愉悦，排斥趣味的同一，因为那种同一有可能集体来分享对难以企及的往事的缅怀；它往往寻求新的表现，其目的并非是为了享有它们，倒是为了传达一种强烈的不可表现之感。后现代艺术家或作家往往置身于哲学家的地位：他写出的文本，他创造的作品在原则上并不受制于某些早先确定的规则，也不可能根据一种决定性的判断，并通过将普通范畴应用于那种文本或作品之方式，来对它们进行判断。那些规则和范畴正是艺术品本身所寻求的东西。于是，艺术家和作家便在没有规则的情况下从事创作，以便规定将来的创作规则。所以，事实上作品或文本均具有了某个事件的众多特征；同样，这些特征对于其作者来说总是姗姗来迟，或者说，构成同一事物的那些因素，即它们的被写过作品之中，它们的形象表现总是开始得太快，后现代必须根据未来的先在之悖论来加以理解。①

在他看来，现代主义是把"不可表现的东西当作失却的内容实现出来"，而后现代主义却是把"不可表现的东西"原原本本地"实现出来"，以"传达一种强烈的不可表现之感"。

第二，荒诞因此是无形式、无表现、无指称、无深度、无创造的。这一点，我们可以在以强调客体的呈现为主的新小说，以及在以强调主体的呈现为主的黑色幽默小说、荒诞派戏剧中看到。例如阿兰·罗布-格里耶说："当普遍概念、普遍性格和普遍价值属于共相世界时，人们可以认为真实世界是蕴

---

① 利奥塔德。王岳川等编：《后现代主义文化与美学》，北京大学出版社 1992 年版，第 52 页。

含着意义的,而且只能以一种方式进行描写。但自从认为真实世界包含偶发事件(而且严格讲,主要包含偶发事件,很少有一般因素)之后,小说家就经常处于虚构世界的状态,而不再是再现世界了。虚构世界,就是说小说家的语言在创造(虚构)世界了。""新小说的特点在于:一方面,叙述者置身于故事世界之中,另一方面,存在无意义的细节。"[①]显然,在新小说中人与对象之间处于一种差异的、非对立的、弥散的、无中心的并置状态。因此,在荒诞中是反人物、反戏剧、反小说、反艺术、反技巧、反主题、反情节的。任何细节,在艺术中都地位同等,人与物毫无关系地、冷漠地并列在一起。传统的在存在与价值两极中把存在同一于价值转换为如今的把价值同一于存在,传统的对混乱的反抗转换为如今的对混乱的默认。深度、高潮、空间被夷平了;开头、中间、结尾,前景、中景和背景混同起来了;对称、平衡不复存在了;现象与本质、表层与深层、真实与非真实、能指与所指、中心与边缘也不复存在了;时间被消解了,连续性变为非连续性,过去和现在已经消失,一切都是现在;历史事件成了照片、文件、档案,历时性变成共时性;人的中心地位不存在了,人的为万物立法的特权也消失了;面对令人茫然的世界,精神的运动不再垂直进行,而是水平展开,高与低、远与近、过去与现在、伟大与平凡被平列在一起,消极空间(里面没有事物)的重要性与积极空间(物体的轮廓)相同了;人像则被分裂到画布的各个部位上,"类像"则成为一切艺术的徽章。

其次,就美感类型而言,第一,荒诞被看作是无意义、无目的、无中心、无本源的。其内涵有二:一是这种无意义、无目的、无中心、无本源,不是指生活的某一个方面或人与世界的某种关系,而是指生活的整个存在或人与世界的全部关系。正如耶茨所说:"如此我的梯子已去,我必须在一切梯子开

[①] 阿兰·罗布-格里耶。见《冰山理论:对话与潜对话》,工人出版社1987年版,第529—530页。

始之处躺下,在心中霉臭的破烂摊子里。"这里的"梯子"指的是以理性为基础的深度模式。这样,精神的运动就不再垂直进行,而只是向平面展开。因此过去误以为现象背后有深度,就像是古希腊的魔盒,外表再丑,里面却会有价值连城的珍宝,重要的只是找到一套理论解码的方法。现在却发现,"本源"根本就不存在,一切都在平面上。而且,这里的平面不是指的现代主义所重新征服了的那种平面,而是指的一种深度的消失——不仅是视觉的深度,更重要的是诠释深度的消失。其特点是全称否定,即对所有的中心、意义的否定,没有深度,没有真理,没有历史,没有主体,同一性、中心性、整体性统统消解了,伟大与平凡、重要与琐碎的区分也毫无意义。二是在西方当代美学看来,这种空虚和无意义不是来自理性的某一方面,而就是来自理性本身。荒诞产生于面对非理性的处境而固执理性的态度。当理性固执于要不就一切清楚,要不就一切都不清楚的态度时,荒诞就应运而生了。它很快发现,世界并不像过去所说的那样黑白分明、真假易辨、善恶显然、美丑界清,而往往是互相融合、难分难解、好中有坏、坏中有好。美不一定与善相联,而是与恶甚至罪行相联。这犹如地球上的某个地方的白夜现象,谁能说清它是白天还是黑夜? 也有些像奥古斯丁称异教徒的美德为"辉煌的罪恶",到底是"辉煌"还是"罪恶"? (也犹如刘勰说的"谐隐",即"言非若是,说是若非",究竟是"是"还是"非"?)结果犹如西方逻辑学家发现了悖论,西方物理学家发现了佯谬,西方美学家也发现了荒诞。在这里,所谓荒诞不是靠正常事物的颠倒,而是本身就建立在矛盾的基础上。在没有矛盾的地方引入矛盾,在常识认为有矛盾的地方不引进矛盾。美国学者埃利希·赫勒说:荒诞是一种打开所有可以用得上的灯,却同时把世界推入黑暗中去的力量。确实如此。也因此,荒诞展示的正是生命中的理性限度和非理性背景。所谓荒诞,也无非就是对于生命中的理性限度和非理性背景的意识。它提示我们放弃理性的意识,从而重新走向生命。

第二,荒诞被看作一种生存的焦虑。既然无意义、无目的、无中心、无本源,因此荒诞感不再是单纯的快感或痛感,而是一种"亢奋和沮丧交替的不预示任何深度的强烈经验",杰弗逊称之为"歇斯底里的崇高"。欣奇利夫在比较布莱希特戏剧与荒诞派戏剧时也指出:"在布莱希特希望'激发观众批评的、理智的态度'时,荒诞戏剧则'对观众的心灵深处'倾诉,它激励观众给无意义以意义,迫使观众自觉面对这一处境而不是模糊地感受它,在笑声中领悟根本的荒诞性。"①这是一种尴尬的感受,悲喜混合、爱恨交加、不置可否、没有褒贬、没有希望、无可奈何。不是哭,但也不是笑,而是哭笑不得。相比之下,在美感类型中,荒诞最为复杂。它的愉悦是一种理智的愉悦,与优美的情感的愉悦不同;它的笑是不置可否的笑;②它的痛感是转向焦虑,与崇高的痛感转向快感更不同;它的压抑是在人类理性困乏时产生的,既轻松不起来,也优越不起来,永远无从发泄,也不像崇高的压抑可以一朝喷发。因此,它始终是一种疏远感、陌生感、苦闷感,而不是一种征服感、胜利感、超越感。加缪描述说:"一旦失去幻想与光明,人就会觉得自己是陌路人。他就成为无所依托的流放者,因为他被剥夺了对失去的家乡的记忆,而且丧失了对未来世界的希望。这种人与他的生活之间的分离,演员与舞台之间的分离,真正构成荒诞感。"③埃斯林也指出:荒诞感展现了"在人类的荒诞的处境中所感到的抽象的心理苦闷"。④ 因此,荒诞是一种生存的焦虑。假如说丑尚属心态正常者的感受,那么荒诞则只能是心态不正常者的感受,是用不

---

① 阿诺德·P.欣奇利夫:《荒诞派》,剑平等译。北岳文艺出版社 1989 年版,第 23—24 页。
② 人们很难忘记贝克特的《最后一局》中的主人公纳尔从垃圾桶里伸出头来高喊的"没有什么比不幸更可笑了"。因为找不到出路,只好通过这种自我嘲笑与痛苦拉开距离,这就是荒诞的笑,与喜剧的开怀大笑不同;它的哭又是漫不经心的哭,与悲剧的痛楚的哭也不同(荒诞是"是"与"是"、"非"与"非"之间的冲突,而悲剧是"是"与"非"之间的冲突)。
③ 加缪:《西西弗的神话》,杜小真译,三联书店 1987 年版,第 6 页。
④ 埃斯林。伍蠡甫主编:《现代西方文论选》,上海译文出版社 1983 年版,第 358 页。

属于健康人,而是属于重病患者的观点去分析理解问题,是理性的"呕吐""恶心"所导致的非理性的笑声,是一种虚无中的重负和恐惧的空洞!

4
荒诞的美学意义

1

荒诞作为美学评价,同样是人类生命活动中的一种需要。

荒诞的诞生,无疑与文明的高度发展,与两次世界大战的爆发,与社会弊病的剧增密切相关。其中,最值得注意的,是文明的高度发展。例如,文明的高度发展,导致了从前工业社会和工业社会向后工业社会的转型。我们知道,前工业社会和工业社会主要处理的是人与自然的矛盾(在工业社会是人通过机器与自然的关系),面对的是"我—它"关系,创造的主要是一个生产世界、物质世界,理性主义传统也因此而诞生。人类因此而始终依赖于在预设的中心性、同一性、意义性、二元性的庇护之下,坚信一种超验的不容怀疑的本体,固执于基础、权威、统一,强调以主体性作为基础和中心,坚持一种抽象的事物观,高扬一种元语言,等等。而后工业社会主要处理的是人与人的关系,面对的是"我—你"关系,创造的主要是一个生活世界、精神世界,于是理性主义传统的崩溃也就成为必然。后工业社会是一个信息社会。信息社会是一个高技术社会、传播媒介社会。信息社会的信息爆炸、知识爆炸,瓦解了旧有的分类概念和标准,造成了理性主义的处处碰壁的窘境。福科曾描述说:"分类的主要目标乃是找出'个体'或'种类'之间的共同特征。并将之归入某一总类之下,使此一总类有别于其他总类。然后将这些总类排列成一个总表,在此表中,每一个个体或群体,不论已知或未知,都能各就各位。"①而在信息社会,分类崩溃了,事物之间互相类似、互相模仿,部分地失去了原来的涵义。维纳也曾描述说:在信息社会,"发生了一个有趣的变化:从总体来看,在概率性的世界中,我们处理的不再是涉及一个特定的真实宇宙的数量和陈述,取而代之的是提出一些问题,这些问题在大量相似的宇宙中可以找到答案。因此,偶然性就不仅成为物理学的数学工具被接受下来,而且成了物理学的一个不可分割的组成部分。"②这样,从实在论到存在论,从认识论到理解论,从绝对论到相对论,从决定论到选择论,总之是一切都走上了不归路。

于是,在理性主义时代被世界的连续性、一致性、稳定性人为压抑着的世界的间断性、差异性、多样性被特别地突出出来。犹如质与能之间没有根本区别;犹如电磁波既是波能又是粒子然而又不是二者;犹如我们既是观众又是演员;犹如我们在互补性原理中被告知的,我们分别测量坐标或者变量,但是不能同时测量这两者;也犹如哥德尔定理中指出的,每一数学原理都肯定是不完全的。模棱两可成为新的真理,矛盾逻辑成为根本逻辑。A和非A并不排斥,竟然就是人们要面对的现实。人类在历史上首次发现,现实并非一个圆形的足球,只存在着一个中心,而是一个椭圆形的橄榄球,存在着不同的圆心,因此每次落地反弹的方向都是不同的,根本无法预料,也不必去预料,因为这是人类必须无条件加以接受的现实。③

---

① 转引自王治河:《扑朔迷离的游戏》,社会科学文献出版社1993年版,第16页。
② 维纳:《维纳著作选》,钟韧译,上海译文出版社1978年版,第7页。
③ 科学家经过理论上的推算,把$-273\ ℃$这一温度称为"绝对零度",而当温度降低到$-100\ ℃$以下时,则会出现超低温,在超低温的世界里,软绵绵的铅会变得性情倔强,富于弹性;一个锡壶会变成一团粉末;水银在$-269\ ℃$时会从液体变成固体,电流在通过这样的低温时,电阻会突然消失;铝、锌、锂等23种纯金属和60多种合金,在超低温的情况下,也会发生微妙的变化。在液态空气中,鸡蛋会放射出浅蓝色的荧光;鲤鱼会沉睡,生物的生殖细胞也会冬眠,生命速度会停滞在$0\ ℃$,在几十年后再复原。世界的间断性、差异性、多样性由此可见一斑。

这一切给人类带来的震荡不难想象。一旦离开了传统的客观性、因果性、确定性预设之后，人类必然感到无所适从。发现上帝不存在，就已经令人难以忍受了，现在却发现：人也不存在了。于是，困惑、焦虑、恐惧、焦灼无助、孤独等都是可以想象的。而在这一切的背后，则是人类美学评价意识的觉醒。这就是：从世界的确定性回到世界的不确定性，从世界的简单性回到世界的复杂性。

一般认为，在理性主义传统看来，世界必定事事皆有根据，处处确定无疑，一切都可以还原为简单。然而，事实上这样的世界是从未存在过的，只是一个杜撰的神话。"秩序的秩序""地平线的地平线""根据的根据"也是出自人类的虚构。现在，把确定性还原为不确定性，把简单性还原为复杂性，从表面上看起来是像某些人所气急败坏地痛斥的那样，是把本来十分简单的世界搞复杂了，然而假若我们想到世界本来就是十分复杂的，一切也就释然了。事实上，世界本来就不像我们长期以来所想象的那样确定和简单。它本来就是不确定和复杂的。这正如伯纳德·威廉斯指出的："哲学是允许复杂的，因为生活本身是复杂的，并且对以往哲学家们的最大非议之一，就是指责他们过于简化现实了（尽管那些哲学家本人是神秘莫测的）。"[①]因此，任何试图把"他人"变成自己之"总体谈话"的组成部分的企图，都是虚妄的。世界也不再是黑格尔骑着绝对精神的骏马无情地践踏许多无辜的小草的场所了。昔日被压抑着的边缘、次要、偶然、差异、局部、断裂、非中心化、反正统性、不确定性、非连续性、多元性等通通涌进了人类的视野。这固然令世界充满了矛盾，然而毕竟比过去的隐匿矛盾、否定矛盾要真实得多。世界并不像想象的那样简单，这并不是坏事。没有了神，一切靠人自己，反而为人类开辟了创造性的广阔天地。世界开始充满挑战，但也未必不是充满机会。世界为什么就不能是马赶着自己的路，草也长着自己的草的世界呢？

---

① 伯纳德·威廉斯。见麦基编《思想家》，周穗明等译，三联书店1987年版，第195页。

而在这当中,对于理性的限度与生存状态的非理性(即虚无)的意识,则是人类无可逃避的震撼与觉醒。① 就前者而言,世界的不确定性、复杂性暴露了理性长期以来一直自我遮蔽着的局限性。人类意识到:只有当理性能够认识非理性时,理性才能够获得新生,如果理性只能认识理性,那么被消解的就只能是理性。就后者而言,世界的不确定性、复杂性暴露了传统的意义预设的虚妄。人类意识到:世界的真实性实际上不但在"意义"之中,而且在"意义"之外。

毫无疑问,这一切为人类所提供的是一些全新的东西,全新的生活经验。它必然期待着一种全新的评价态度的觉醒。从美学评价的角度来说,这评价态度不但不同于作为在传统美学中觉醒的评价态度的美、崇高、悲剧、喜剧,而且也不同于作为在现代美学中觉醒的评价态度的丑。菲利浦·拉夫指出的正是这一点:"光知道如何把人们熟知的世界拆开是不够的……真正的革新者总是力图使我们切身体验到他的创作矛盾。因此,他使用较为巧妙和复杂的手段:恰在他将世界拆开时,他又将它重新组装起来。因为,倘若采取别的方式就会驱散而不是改变我们的现实感,削弱和损害而不是卓有成效地改变我们与世界的关联感。"②这无疑意味着一种全新的评价态度,这种评价态度就是:荒诞。

2

那么,作为美学评价,荒诞是怎样满足人类生命活动需要的? 对此,可以从审美活动的类型、美的类型、美感的类型三个方面加以说明。

从审美活动的类型的角度,荒诞是通过对"文明"的反抗的方式来满足人类生命活动的需要的。我们说,丑是不自由生命的自由表现,这说明在丑

---

① 这觉醒不是说要取代理性,而是要使理性从传统理性走向现代理性。
② 菲利浦·拉夫。转引自迪克斯坦:《伊甸园之门》,方晓光译,上海外语教育出版社1985年版,第235页。

中对"文明"还没有绝望。荒诞则不然,它是一种虚无的生命活动的虚无呈现,这说明在荒诞中对"文明"已经不抱希望。文明不再是天堂,甚至也不再是通向天堂的必由之路。文明就是荒原,而且是永远要面对的荒原。面对这一切,人所能做的,是保持自己的超文明的本质。这意味着对"文明"的反抗,并且通过这种反抗来提示人们放弃理性主义的态度,并寻找新的建设现代理性的道路。

因此,应该说,理性限度的发现,是荒诞得以出现的前提。自20世纪始,"从雅斯贝尔斯到海德格尔,从克尔凯戈尔到舍斯托夫,从现象学到舍勒,在逻辑学和伦理学方面,整整一派的思想家,他们因其对往昔的追思而相近,因其方法或目的而相反,但都奋力切断理性的康庄大道,重新发现真理的正确道路。"[1]而"今天的哲学——我这里是指哲学活动——如果不是思想用以向它自己施加压力的批评工作,那它又是什么?它要不是在于努力弄清如何以及在何种程度上才能以不同的方式思维,而是去为早已知道的东西寻找理由,那么它的意义究竟何在?"[2]确实,人类天生的喜欢在理解之前就进行判断,然而现在我们面对的却是一个悖论:"在现代,笛卡尔理性一个接一个侵蚀了从中世纪遗留下来的所有价值。但是,当理性获得全胜时,夺取世界舞台的却是纯粹的非理性(力量只想要自己的意愿),因为不再有任何可被共同接受的价值体系可以成为它的障碍。"[3]于是,我们唯一具备的把握偏偏就是无把握的智慧。在理性的预设下,我们处处从明确无疑的价值规范出发,可是实际上一切事物和每一个人都莫名其妙地卷入了偶然发生的事件之中。生存与世界成为一幕喜剧。在这里,所谓"喜剧"是指的夸张的喜剧即荒诞。它无异于一个捕鼠器,可以一次次地抓住每一个人。因为在每一个人的内心深处,都潜藏着一个理性失落后的惊魂。

---

[1] 加缪。转引自《文艺理论译丛》(三),中国文联出版公司1985年版,第327页。
[2] 福柯(福科):《性史》,黄勇民译,上海文化出版社1988年版,第63页。
[3] 昆德拉:《小说的艺术》,孟湄译,三联书店1995年版,第9页。

假如理性限度的发现,是荒诞得以出现的前提,那么生存虚无状态的发现,就是荒诞得以出现的核心。我们看到:对"文明"的反抗来自文明发展的骤然增强。在这当中,发展是空前的,灾难也是空前的。这灾难,来自人与世界的对立与分裂。按照加缪的说法,就是所谓人类的呼唤与世界的沉默之间的对立与分裂,希望着的精神与使之失望的世界之间的对立与分裂。而按照萨特的归纳,则是所谓"人们对统一的渴望与心智同自然之间不可克服的二元性两者的分裂,人们对永恒的追求同他们的生存的有限性之间的分裂,以及构成人的本质的关切心同人们徒劳无益的努力之间的分裂,等等"。[①]而置身于两者之间,尴尬地保持着一种"之间"状态,则是海德格尔一再强调的人类所必须承当的"事实"。所谓被抛于此,既有且无,既如此又不能如此。结果,本来,在海明威的迷惘、艾略特的荒原中还可以看到历史记忆和信心,还可以看到理性的解释,尽管从中不难洞察到精神的崩溃。现在在荒诞中不但没有正常的时空概念,连人物的对话也是乱七八糟,是无意义的发音。借用一个西方的著名比方来说,是翻阅世界这部书的第零卷第负一页。像《秃头歌女》《犀牛》《第二十二条军规》,我们在其中看到的是人们不再交流,而且故意破坏交流。像《局外人》,莫尔索是以无动于衷来反抗,甚至不惜以"坏"来反抗"好",总之是以自己能够做一个反文化的恶棍来表示自己还是自己,不是文明社会为自己作决定,而是自己为自己作决定。像卡夫卡的小说,它不是去对异化的社会现象进行理性分析,而是突出作者自己的心理体验和直觉感悟,至于其中包含着什么社会内容是根本就不去考虑的,总之是一种偶然的、相对的状态,"把纯粹的状态记载下来,卡夫卡是从不厌倦的。但是在进行这种记载时,他永远带着惊讶的表情。……他把人们脸上的怪相和造成这种怪相的原因割裂开来,于是就得出了一种可以

[①] 萨特:《加缪的〈局外人〉》,参见《文艺理论译丛》(二),中国文联出版公司1984年版,第332页。

供人无穷思索的事物。"①以《麦克白》的"敲门声"与《秃头歌女》中的"门铃声"为例,前者虽然神秘甚至令人恐惧,但却只是恐惧心理的外化、复杂的心理矛盾的外化,在逻辑上反而是清楚的,后者却完全不同,"门铃响就是有人也就是没有人"。在这里 A 与非 A 互不排斥。这样,在荒诞中人类不再是传统意义上的理性动物,世界也不存在可以整体了解的存在秩序,而是被看作一个难以驾驭的怪物,人们能够做的,就是把日常生活中的荒谬、不可解释和无意义呈现出来。每一件事物都值得怀疑,都是一个难题,因此也都值得重新审视。海德格尔所呼吁的"存在的被遗忘",曾经被昆德拉称为一个漂亮的近乎魔术般的名言:"当上帝慢慢离开它的那个领导宇宙及其价值秩序,分离善恶并赋予万物以意义的地位时,堂吉诃德走出他的家,他再也认不出世界了。世界没有了最高法官,突然显示出一种可怕的模糊;唯一的神的真理解体了,变成数百个被人们共同分享的相对真理。就这样,诞生了现代的世界和小说,以及与它同时的它的形象和模式。"②

从美的类型的角度,荒诞是通过平面化的方式来满足人类生命活动的需要的。荒诞的出现是对传统的美的一种反抗。因为世界并不存在传统的美和艺术那样的精心安排。它给我们的,正是我们每天都在默默忍受的生活本身。这个世界本身就是混乱、晦涩、不可理解的。世界的残忍、粗暴是每天都展现在我们面前的。意识到这一点,会造成一种令人痛苦的混乱,但这是人类精神向前推进时所必不可少的代价。荒诞正是着眼于此。它默许杂乱因素的存在,破除一切空洞抽象,发掘一个人的精神匮乏,哪怕暴露出来的是卑微贫乏,哪怕最后自己只剩下虚无,但假如因此自己会显得稍微真实一些的话,假如因此打击了由来已久的僵化了的美学传统,便已获得了精神上的胜利。我们一旦注视被遗弃的世界本身,反而就可以更完整、更不虚

---

① 德·扎东斯基。叶廷芳编:《论卡夫卡》,中国社会科学出版社 1988 年版,第 448 页。
② 昆德拉:《小说的艺术》,孟湄译,三联书店 1995 年版,第 5 页。

伪地赞美世界。总之,在对抗传统审美活动的意义上,反传统审美的活动,也就具备了审美意义。这是一种多元论的美学。正如贡布里希所认为的,它一旦流行就意味着"统一的不可能性被接受了"。① 因此,实际上荒诞破坏了绝对的美、唯一的美的合法性。水平方向上的审美代替了立体方向上的审美。借用笛卡尔的人类知识是一棵大树的比喻,在荒诞中,审美活动的目光不再是从树叶滑到树干、树根上,而是从一片树叶到另一片树叶地平行运动。以往以有限冒充无限的游戏停止了。结果荒诞不再去否定与自我相悖的对方,而是承认一切理由的现实性,尽管并不赞美一切理由。世界不再是对立的,而是多元的、网络的、非线性的。这实在是一种美学的时代宣言!例如人们最不情愿被提及的就是自己的精神匮乏。而最大的精神匮乏就是不知道自己的匮乏。但当代的美和艺术却以坦白承认精神匮乏开始,也以坦白地承认精神匮乏告终。这正是它的伟大,也正是它刺痛人们的所在。例如,西方绘画的深度空间意味着人类精神的转向,意味着人类对于地球的征服,而现在的平面化,则预示着人类的脱离外在世界。它随意处理手中的审美对象,意味着它们已经不再代表外在对象。这种审美对象,是为了弥补外在世界的惊人外化,是一种对于深度空间的粗暴的反抗,是提供一个没有被人类的主观意志梳理过的陌生世界。再如,为了追求破除空洞抽象的观念后给人的快感,人们往往有意使用一些破旧材料,这比起罗丹是显得贫乏,但也正是因此,才把我们带回到真实的无比匮乏的生活世界,逼着你承认它的存在。而一些杂乱无序的东西的使用,则在于防止任何种类的统一的努力的产生的可能性。

平面化的更为深刻的内涵在于:它不但是审美主题的荒诞,而且是审美手段的荒诞。埃斯林指出:

---

① 参见王治河:《扑朔迷离的游戏》,社会科学文献出版社1993年版,第293页。

假如说,一部好戏应该具备构思奇妙的情节,这类戏剧则根本谈不上情节或结构;假如说,衡量一部好戏凭的是精确的人物刻画和动机,这类戏则常常缺乏能够使人辨别的角色,奉献给观众的几乎是动作机械的木偶;假如说,一部好戏要具备清晰完整的主题,在剧中巧妙地展开并完善地结束,这类戏既没有头也没有尾;假如说,一部好戏要作为一面镜子照出人的本性,要通过精确的素描去刻画时代的习俗或怪癖,这类戏则往往使人感到是幻想与梦魇的反射;假如说,一部好戏靠的是机智的应答和犀利的对话,这类戏剧则往往是只有语无伦次的梦呓。①

在这里,传统的表达,诸如情节、人物、主题、故事、性格、动机、对白,由于在体现人与异己文明的关系时总是通过一些相对固定的与理性对应的审美手段体现出来,因此都取消了。因为对于表达的可能根本就是怀疑的,因此转而采取一种虚无表达。尤奈斯库在分析传统戏剧的失败时说:

舞台演出之所以使我反感,正是因为舞台上有真人出场。他们物质形体的出现破坏了虚构。于是,在舞台上就有了两重现实,一重现实是这些在舞台上动作和谈话的活生生的平庸的演员们,这是一重具体的、物质的、贫乏的、空洞的、有限的现实;另一重现实是想象的现实。这两者彼此对立,互不相容,因为两个对立面是不会统一起来、融合起来的。②

结果,人们发现,物因为自身意义的被消解而成为莫名之物,语言因为自身意义的被消解而成为莫名之声,人因为自身意义的被消解而成为莫名之人,

---

① 马丁·埃斯林。伍蠡甫主编:《现代西方文论选》,上海译文出版社 1983 年版,第 356 页。
② 尤奈斯库:《戏剧经验谈》,载袁可嘉主编:《现代主义文学研究》(下),中国社会科学出版社 1989 年版,第 613 页。

因此而有可能以局外人的眼光重新观看大千世界。这样，审美手段的荒诞就破除了一切传统的空洞抽象，即使因此暴露出来的真情至性只是卑微贫乏的，只是虚无的。承认理性的限度与生存世界的虚无，就是它的最大成功。假如因此发现世界无法令人悦服，甚至无法忍受，那也只是因为对世界的整个看法有了重大改变，尽管一时还无法用概念把它表述出来。它揭露的是精神的虚饰。因此审美手段的荒诞并不一定是显示出一种美学的虚无主义，它只是让我们注视被遗弃的存在本身，使得我们更不矫揉造作地看待世界。我们不再知道人是什么，但是我们却明明白白地知道目前存在着什么盲目的力量能够干扰人类自身。我们不再强调人应该超越动物的必然而企达人的必然，但是却开始意识到应该将发生在自己身上的自在的偶然转化为自觉的偶然，并且绝对不做他人的复制品。例如在当代绘画中，人类的肢体被撒得遍地都是，在文学中，那个没有名字的人总是在安全、可靠、有意义、注定的事物之外，处处遭遇到空无，世界成为难以驾驭的东西，荒谬、不可解释、卑微龌龊。正是审美手段的荒诞使我们意识到：传统的人类自身必须重新估价、评判。光明就是黑暗。

从美感的类型的角度，荒诞是通过零散化的方式来满足人类生命活动的需要的。最初，人是理性的动物，是万物的尺度，然而从现代主义开始，人成了"孤独的个体"。不再从理性、思维中推演人的可能性，而从非理性的角度理解人。人的存在不再是一个思辨的问题，而成为一个个人必须热情介入和自由选择的实在。在这里，突出的是每个人的独一无二的主观感受。这就是作为丑的基础的非理性。然而这样做一方面使人与社会结合起来，一方面又使人与社会隔绝起来。结果只是解决了传统理性的一个困境，即理性不是人的全部，但是人与世界的分裂问题不但没有得到解决，而且反而加深了。其中，被确立的仍然是作为主体的人，不同的只是主体的内容从普遍理性改换成非理性的情绪体验，主体的经典概念并未破除。以致海德格尔会认定：从存在论角度看来，他还完全处在黑格尔的以及黑格尔眼中的古代哲学的影响之下。事实上,理性的人和非理性的人都不过是在传统哲学的主客对立二分的思维框架中对人的存在的片面理解。传统哲学是先把理性的人从存在的整体中抽象出来作为主体,然后进而去论证、认识与之对立的客体,从而建立起"思维与存在的统一"。现代主义是先把非理性的人从存在的整体中抽象出来作为主体,然后进而去同化、消解与之对立的客体。海德格尔反对的正是这两种做法。他提出的"此在",也正是对这两种做法的消解。因此,在荒诞中,审美者不再是高贵的浮士德博士,而是肮脏的流浪汉福斯卡。这个远比浮士德还要古老的人,看到了远比丑更为深刻的东西。结果人类再一次"堕落",但是并不同于20世纪前期的"堕落"。那一次的"堕落"是相对上帝而言,是丑。而现在却是相对于自己而言,是荒诞。这感受,可以以皮兰德娄为例,"而对宇宙呈现在每一个思想者的全景图,皮兰德娄最为敏感的是这样一种事实:一个生命纯粹出于偶然而被限定为植物、动物或人,而且命中注定要在这样一种世俗的形式中度过不可逆转的一生。然而,人却不能够像动物那样让自己完全听从自己的潜意识和快活放纵,这就是人区别于动物的根本所在。人一旦产生冲动,他便立即开始运用所谓的理智来对付冲动,而这个理智在大多数情况下只不过是一种他用以使他的冲动理想化和有目的化的欺骗机制。"[1]于是,人类走向了主体的零散化。而这,正是我们在荒诞的美感类型中看到的一幕。不妨以莎士比亚的哈姆雷特和加缪的西西弗斯为例。按照昆德拉的说法,前者可以称之为"重",后者则只能称之为"轻"。丹尼尔·贝尔曾经剖析说:"现代人的傲慢就在于拒不承认有限性,坚持不断地扩张;现代世界也就为自己规定了一种永远超越的命运——超越道德、超越悲剧、超越文化。"[2]哈姆雷特无疑是"拒不承认有限性",总是要在人生中追求一种可能的意义,总是要面对"非如此不可"的

---

[1] 转引自易丹:《断裂的世纪》,四川人民出版社1992年版,第286页。
[2] 丹尼尔·贝尔:《资本主义文化矛盾》,赵一凡等译,三联书店1992年版,第26页。

沉重。西西弗斯则恰恰相反,总是面对不能承受的轻松。世界丧失了意义,人类丧失了家园,反抗丧失了理想,行动丧失了未来,评价丧失了历史。"如果我们生命的每一秒钟都有无数次的重复,我们不会像耶稣被钉于十字架,被钉死在永恒上。这个前景是可怕的。在那永劫回归的世界里,无法承受的责任重荷,沉沉地压着我们的每一个行动,这就是尼采说的永劫回归观是最沉重的负担的原因吧。……相反,完全没有负担,人变得比大气还轻,会高高地飞起,离别大地亦即离别真实的生活。他将变得似真非真,运动自由而毫无意义。那么我们将选择什么呢?沉重还是轻松?"①人类在荒诞中意识到的,正是这"非如此不可"的"轻松"!

3

从美学评价的角度来说,意识到生命的空虚和无意义,无疑是深刻的,然而,这并不意味着审美活动只能如此。事实上,以空虚反抗空虚,以无意义反抗无意义的态度,只能导致双倍的空虚和无意义。因此,荒诞的美学意义只有在以肯定性的审美活动作为参照背景时才是可能的。这意味着,从表面上看,荒诞实在是一种否定一切的胡闹,然而在胡闹的背后有着远非胡闹的东西。它体现了传统理性在创造新文明时所遇到的失败,也体现了人类在适应新文明中所产生的觉醒。人类毕竟只有一个家园,这就是文明。我们可以反抗特定的文明,但是我们却不能反抗文明本身。在荒诞中人类保持自己的非文明的本质,实际上也只是在揭露传统文明的僵化时才有意义。一旦超出这一界限,是没有意义的。例如平面化和零散化。它们毕竟是一种以传统的美和美感为参照系的方式,一旦脱离了这一背景,我们就难免面临一个非人本主义的"美学稗史"的时代。假如一切对象都有了审美性,或者说一切对象的文本性都得到了承认,一切愉悦也都成为审美愉悦,

---

① 昆德拉:《生命中不能承受之轻》,韩少功译,作家出版社1989年版,第3页。

审美活动就不再是一种特殊的活动方式,一种生命自由的理想实现,而成为一种情绪宣泄的仪式。这无疑就是审美活动的自杀了。同时,荒诞的美学意义更只有在以自由的根本内涵作为参照背景才是可能的。自由之为自由,包含着手段与目的两个方面。它展开为对于必然性和与之相关的客观性、物质性的把握,以及对于超越性和与之相关的主观性、理想性的超越。对此,西方美学传统固执一种还原论的审美观念。认为自由的超越性以及与之相关的主观性、理想性是可以而且必须被还原为必然性以及客观性、物质性才能够被把握的。这无疑是一种错误的审美观念,也无疑是西方传统的认识论美学的根本之所在。事实上,自由的超越性以及与之相关的主观性、理想性不是直接从必然性以及客观性、物质性中引申出来的,而是人类生命活动所同时造就的。自由的必然性以及客观性、物质性当然是自由的超越性以及与之相关的主观性、理想性的不可或缺的前提和必要条件,但却并非决定一切的条件与充足条件,它只能规定人类"不能做什么",但却不能规定人类"只能做什么",在"不能做什么"与"只能做什么"之间还存在一个广阔的创造空间。这就是超越性以及与之相关的主观性、理想性的创造空间。① 荒诞的美学意义正在于此。我们知道,自由的超越性以及与之相关的主观性、理想性实际上意味着一种重负、空虚与无聊。在西方美学传统之中自由之所以显得那样美好,是因为有上帝作为支点,然而上帝一旦死去,自由的令人难堪但又异常真实的一面就显示出来了。自由是对一切价值的否定,而且意味着在否定了一切价值之后,必须自己出面去解决生命的困惑。

---

① "人无法超越饮食男女这些基本条件,但是在满足了这些基本条件之后,人能够自我实现到什么程度,却有着极大的自由度,人无法超越外在社会条件的种种限制,但是在这充满了种种限制的社会条件下,人能够做出什么样的贡献,仍有着极大的自由度。"(潘知常:《诗与思的对话》,上海三联书店 1997 年版,第 183 页)我所提出的对于审美活动的生命美学的研究,其最为根本的特征,正是着眼于这个不可还原的"极大的自由度"的生命美学的研究。而西方美学传统与中国当代的实践美学的缺陷正在于忽视了这个不可还原的"极大的自由度"。

这样,当真的想做什么就可以做什么之时,一切也就同时失去了意义,反而会产生一种已经没有什么可以去为之奋斗的苦恼,反而会变得空虚、无聊(空虚、无聊并非自由的负代价,而就是自由之为自由的题中应有之义),同时"生命中不可承受之轻"反而会成为一种"重负"。让·华尔认为存在哲学是一种既表现为自由同时又危及自由的哲学,在其中,自由好像是被它所否定所吞噬或者支配,正是有鉴于此。不过,荒诞尽管不惮于空虚、无聊的重负,但是却因此而陷入绝望,一味为空虚、无聊而空虚、无聊。这无疑又超出了自由的根本内涵。因为,自由的超越性以及与之相关的主观性、理想性所带来的重负、空虚与无聊,只有通过实践活动才能够予以解决。

但是,无论如何,荒诞的敢于承担空虚、无聊,又毕竟是其美学意义之所在。西方美学传统充满了精神贵族的气质,"理想在别处""幸福在别处""爱情在别处""美在别处",是其一贯的思路。然而,它的审美理想在某种意义上又有其虚假的一面,甚至是虚伪的,这是一种骨子里的虚伪,是以屈从于必然性的方式来逃避空虚、无聊。在当代美学看来,这一审美理想更无异于文化幽灵。我们是一颗即将毁灭的行星上的遇难乘客,已经即将要沉入海底。但是,我们要体体面面地沉下去,以便无损人类的尊严。当代美学就是这样为自己在生命旅程中的无票乘车寻找着根据。换言之,这就是:不再是对现实说"不",对未来说"是",而是对现实说"是",对未来说"不"!借用加缪的妙喻,则恰似一个人满怀痛苦地鼓足勇气在澡盆里钓鱼,尽管事先就完全知道最终什么也钓不上来。①

更为重要的是,当代美学亟待否定的恰恰是人类的虚假的希望,人类的自以为是的乐观主义,从而直接地面对人类的失败,人类的希望的无望,人

---

① 维特根斯坦说过,哲学是"给关在玻璃柜中的苍蝇找一条出路"。阿德勒说,说这话的人自己就是这样的一只苍蝇。而波普尔则说甚至在维特根斯坦的后期也没有找到让苍蝇从瓶中飞出去的途径。在我看来,这实在就是荒诞的象征。

类的悲剧性命运。而且,人即悲剧,悲剧即人,舍此一切都无法想象。那么,是"以跳跃来躲避",还是"接受这令人痛苦却又奇妙无比的挑战"(加缪)?荒诞就是对于"以跳跃来躲避"的拒绝。在荒诞看来,即使地上的火焰也抵得上天上的芬芳。它固然需要寻找真实的东西但却并不就是寻找希望的东西,固然需要一种更伟大的生活但也并不就需要生活之外的另外一种生活。孤独的个人是可笑的、屈辱的,然而仍旧值得重视。虽然没有了胜利的事业,但是失败的事业也同样令人感兴趣。人生有意义,所以才值得一过,人生没有意义,同样值得一过。爱默生说:"凡墙都是门。"荒诞就是一种不在我们所面对的"墙"之外去寻找"门"的美学探索。只有在预期胜利、成功、希望、把握、幸福的条件下,才敢于接受挑战,那岂不是连懦夫也敢于一试?人的生命力量不仅表现在能够征服挑战,而且尤其表现在能够承受挑战,不仅表现在以肯定的形式得到正面的展示,而且尤其表现在通过否定的形式得到负面的确证。坦然面对失败,承受命运,是人之为人的真正的力量所在。所以,荒诞坦然地"接受这令人痛苦却又奇妙无比的挑战"。而且,这挑战不是由希望而偏偏由失望所激起,同样,不是由幸福而偏偏由死亡所激起。例如加缪笔下的西西弗斯就是一个在荒诞的世界中不得不理性地生活下去的英雄(维纳斯也诞生于一片虚无的泡沫)。确实,他不得不如此,但是他也可以把这种"不得不"转化为一种乐意、一种无所谓、一种反抗(把宿命转化为使命)。这对事实来说当然无意义,因为改变不了事实,但是对人有意义,因为它在造成人的痛苦的同时也造成了人的胜利。其中的关键是:"承当"。于是人类发现命运仍旧掌握在自己的手里。切斯特顿曾经用"风中的树"来比喻这一现象:

每一种优美弯曲的事物中,必定存在着反抗,树干在弯曲时是完美的,因为它们企图保持自己的刚直。刚直微曲,就像正义为怜悯所动摇一样,概括了世间的一切美。万事万物都想笔直地生长,幸好这是不可能的。①

在荒诞中,人类也是"弯曲"而并非"笔直"的,但也正因为如此,它才概括了当代"世间的一切美"(因此加缪才会疾呼:值此疯狂时代,真正的写作成为一种荣耀)。

也因此,荒诞所体现的美学评价往往表现为一种幽默、一种笑。我们知道,讽刺是面对他人的,而幽默则是面对自己的。因此大凡幽默就往往总是含泪的。日常生活本来是最为熟悉的,但是人们偏偏最不熟悉,只有通过艺术,才能一下子被重新带回到其中,于是兴奋、快乐、痛哭。更进一步,当终于发现日常生活甚至连没有意思也没有意思之时,某种自我解嘲、自我宽容的幽默就产生了。于是甚至觉得在其中生活也挺有意思。笑也如此。在我看来,笑实在是人类抵抗悲剧命运的最后法宝。迪克斯坦曾经把笑定位在某种"断裂点"上,认为一旦达到这一点,精神上的痛苦便迸发成一种喜剧和恐惧的混合物,因为事情已经糟到了你尽可放声大笑的地步。在荒诞艺术中为什么更多笑声、更多幽默,原因正在这里。它事实上标志着人类的自我认识、自我保护的能力已经远远超过传统美学所能想象的地步。面对当代世界,人类终于学会了不再用哭,而是用笑来迎接无可抗拒的命运了。何况,笑还是小人物的专利。人们常说,小孩比大人爱笑,笨人比聪明人爱笑,老百姓比贵人爱笑,天真的人比造作的人爱笑,善良的人比丑恶的人爱笑,爱着的人比恨着的人爱笑。正是笑,使得小人物能够在这个世界上存在下去。它所拨动的,正是生命中那根极为虚弱但又极为空灵的生命之弦。在这当中,透露出当代美学从"我们"(大写的我)向"我"(小写的我)、从强者的美学向弱者的美学的历史转型。

---

① 参见李普曼:《当代美学》,邓鹏译,光明日报出版社1986年版,第406页。

因此,在作为美学评价的荒诞看来,世界并没有意义,为此埋怨它实在愚蠢,但假如不知道世界又必须由人赋予意义,也许更是愚蠢。生命的伟大难道不正在于它"不得不"面对无望的处境,而又能够坦然地予以"承当"?在某种意义上,人活着,就是让荒诞活着,既然世界是空虚而又毫无意义的,那么,勇敢地面对它,这本身就已经是人类为自身所创造并确立的一种神圣的、富有温情的、永恒的意义了。而且,我们有充分的理由相信:在荒诞中,人类仍旧是快乐的(这又正是弱者的坚强之处。老子云:"守柔曰强")。这,就是面对荒诞所必须要说的最后一句话。

5

审美与生活的同一

1

当代审美观念的从多极互补模式出发,着重从否定性的主题去考察审美活动,推动着当代审美观念走向了生活的审美化与审美的生活化,也就是走向了审美与生活的同一。

我们知道,传统美学尽管见解纷纭,然而在以压抑非审美活动、非审美价值、非审美方式、非艺术为前提,把自己列入与物质王国所发生的一切完全相反的自由王国这一点上,却是始终一致的。它通过"审美非功利说"切断了美与生活之间的联系,使得美与生活完全对立起来,彼此成为互相独立、各不相关的两个领域。这就是说,审美与生活的对立,是传统美学的基本特征。

之所以如此,无疑与传统美学的肯定性主题与二元对立的思维模式密切相关。在这当中,审美活动被着重从抽象化的角度加以考察,同时又被着重地推向与生活截然对峙的神圣殿堂之中。审美活动与非审美活动、审美价值与非审美价值、审美方式与非审美方式、艺术与非艺术、文学与非文学之间,存在着鲜明的界限,而且,审美活动、审美价值、审美方式、艺术、文学之所以可能,就是建立在对于非审美活动、非审美价值、非审美方式、非艺术、非文学的超越的基础之上的。前者是中心,后者只是边缘;前者是永恒的,而后者只是暂时的。相对于后者,前者禀赋着持久的价值和永恒的魅力(本雅明称之为"美的假象"、艺术的"光晕"),是在时间、空间上的一种独一无二的存在。这是永远蕴含着"原作"的在场,对复制品、批量生产品往往保持着一种权威性、神圣性、不可复制性,从而具有了崇拜价值、收藏价值。显然,这种观念对于准确地把握审美活动的特征意义重大,而且也确实在审美与生活之间的差异性方面取得了重要发现。然而,必须指出,审美与生活之间不但存在差异性,而且存在同一性。遗憾的是,对于后者,传统美学一直持排斥态度,而且讳莫如深。之所以如此,无疑如同传统哲学中的理性崇拜、传统科学中的客观理想一样,出之于一种传统(印刷)文化的积淀。"这种观念认为,为了认识现实,人必须站到现实之外,在艺术中则要求画框的存在和雕塑的底座的存在。这种认为艺术可以从它的日常环境中分离出来的观念,如同科学中的客观性理想一样,是一种文化的积淀。"[①]

这样,在审美与生活的关系方面,传统美学就不能不暴露出明显的局限。例如,在美学内部,传统美学往往以艺术为核心,而排斥自然美、社会美。在它看来,真正的审美活动只是艺术活动,而自然美、社会美则只是附庸。因为它们所蕴含的美比较分散,不如艺术美所蕴含的美集中、纯粹。我们看到,传统美学一直只是醉心于艺术。从柏拉图、亚里士多德开始,都是以艺术为对象。鲍姆嘉通虽然确立了美学学科的地位,然而却同样把美学

[①] 伯恩海姆。见《艺术的未来》,王治河译,北京大学出版社1991年版,第98页。

作为艺术的哲学理论。黑格尔从"美是理念的感性显现"的命题出发,更是认为美在现实生活中是没有的,美不过是我们想象力的创造物,"艺术美是由心灵产生和再生的","只有心灵才是真实的,只有心灵才涵盖一切,所以一切美只有在涉及这较高境界而且由这较高境界产生出来时,才真正是美的","我们可以肯定地说,艺术美高于自然"。① 因此,他认为美学的名称应该是"艺术哲学"。车尔尼雪夫斯基在美学史中第一次提出了"美是生活"的命题。但是他在给美学下定义时,仍旧认为美学其实就是一般艺术,特别是诗的原则的体系。这样,本来应该通过人在现实中的审美活动来了解艺术审美活动,然而在传统美学中被颠倒了过来,成为通过艺术审美活动来了解人在现实中的审美活动。

即便是在艺术之中,传统美学也并非一视同仁。它竭力抬高精英艺术,贬低通俗艺术。认为前者是"高贵的""纯粹的""优雅的""非肉体的""非世俗的",后者则是"低贱的""通俗的""粗俗的""肉体的""世俗的"。柏拉图在《会饮篇》中就说过:有两个维纳斯,一个是"天上的",一个是"世俗的",后来传统美学把它们分别表述为"神圣的维纳斯"和"自然的维纳斯"。不难看出,这种区分显然是被人为地从生活中加以剥离的结果。在这当中,对于通俗艺术的竭力排斥的结论早已包含在传统美学的那些在当代美学看来已经并不可靠的理论前提之中,而浪漫主义把美抬到极高的位置,凡不美的就通通排斥,现实主义的即使写丑,也是为了丑中写美,更是出于对通俗艺术的误解。这恰恰说明,在传统审美观念中是顽强地坚持着与现实生活之间的彼此对峙的基本原则的。

在美学外部,传统美学则往往高扬审美活动的超越性,排斥生活与审美活动之间的密切关系。在这里,最为内在的奥秘就是审美活动"非功利性"的提出。美学思考强调的只是审美活动严格区别于生活的、高于生活的一

---

① 黑格尔:《美学》第1卷,朱光潜译,商务印书馆1989年版,第4—5页。

面,美感被限定在独立于生活的情感领域之中。美感与生理欲求、实用目的等快感无关,审美对象也与事物的现实存在无关,而是事物的类化或者提升。结果,独立于生活的情感,超出于生活的对象,成为审美活动的前提。更进一步,美更被界定为先于美感的存在。在审美活动中,面对的都是既定的审美对象,它本身就是美的,功利与非功利固然可以中断与它的关系,但是不能改变它依然是美的这一客观规定性。如果对象不美,即便是非功利性也不行。非功利性只能改变美感,但是不能改变美。美的普遍有效性先在于美感的非功利性,是对象的存在要求着审美态度,而不是相反。对象是主动的,而美感只是被动的。这样一来,审美活动就被从生活中抽象了出来,成为一个抽象的活动类型。然而,这还远不是事情的结束。在此以后,非功利性的美学命题不但没有被限制,而且在主体方面通过审美态度理论,在客体方面通过形式主义理论,被人为地一再拼命扩大,直至被推向极端,最终日益脱离生活实践、文化实践,走向了狭隘化、僵化。

不难看出,审美活动与生活之间的对立与我在前面已经剖析过的审美活动与商品经济的某种特定关系有关。正是审美者的物质需求基本上可以通过审美活动之外来加以解决这一特定背景,构成了审美活动与生活之间的对立。显然,从历史的角度看,这对立是十分必要的。因为正是这对立划定了审美活动与非审美活动之间的界限。它保护了审美活动的发展,纯化了审美经验,提高了审美创造能力、审美欣赏能力,同时也造就了大批精品的产生。然而另一方面,也应该看到,审美活动的脱离生活,只能是相对的,一旦不仅忽视它们之间的联系,而且把它们之间的对立绝对化,并沿着绝对化的道路一直走下去,就会不但无法纯化自己,而且反而使得自己异化、僵化了。至于生活领域本身,则同样也由于缺乏美的滋养而残缺不全,也被异化、僵化了。

我们在现代主义美学中看到的,正是这样的一幕。由于一种与现代异化了的消费文化与技术文化殊死抗争的心态的驱使,在现代主义美学,审美活动与生活的对立并未得到纠正,不但没有,而且反而被变本加厉地发展到了极端。在20世纪初,我们就看到了奥尔特加对于艺术的非人化的强调,齐美尔对于艺术的必须通过远离现实的方式来实现自己的自律性的强调，韦伯对于认知—工具合理性、道德—实践合理性、审美—表现合理性三者之间的区别的强调，在现代主义美学之中，以艺术以及艺术家的特权作为基础，把审美与艺术界定在与现实根本对立的事物的基础之上，以压抑非审美活动、非审美价值、非审美方式、非艺术、非文学作为前提，为美学而美学、为艺术而艺术，更成为现代美学家们的共同选择。审美、艺术则成为一个完全独立、封闭的特权系统。例如，在传统美学，审美活动与生活之间固然是对立的，但毕竟只是相对的，其中欣赏艺术的能力与欣赏生活的能力也只是相对地加以区分。然而在现代主义美学之中，审美活动与生活之间却是绝对的对立，其中欣赏艺术与欣赏生活的能力截然两分。再如，现代美学一方面更为重视精英艺术，唯独注重形式，通过符号的能指革命把自身推入了狭隘的区域，拒绝社会、拒绝道德、拒绝传统、拒绝解释、拒绝交流，一方面更加忽视通俗艺术。它把传统的贵族艺术与民间艺术的对立，转为现代的先锋艺术与大众艺术的对立，克利就曾哀叹：民众不支持我们。加塞特也指出："现代艺术总有一个与之相对立的大众，因而它本质上是注定不会通俗的。更进一步说，现代艺术是反通俗的。……现代艺术把大众分解成两部分：一小部分热衷于它的人，以及绝大多数对它抱有敌意的民众。"①因此，先锋艺术完全不同于贵族艺术，贵族艺术只是暂时无法为世人接受，先锋艺术则是根本无法为世人接受，而且贵族艺术是因为理解了之后却无法接受，先锋艺术则是因为根本无法理解所造成的无法接受，人们称现代主义美学为一种典型的美学霸权主义，颇有道理。结果，先锋反而成为传统。

2

然而到了20世纪50年代以后，这一审美观念却出现了根本的转换。美与生活的对立关系的绝对化，以及对于形式的绝对强调，使得现代主义美学

---

① 加塞特。见《文艺研究》1996年第5期，第24页。

对美的理解达到了主观任意和绝对自由的地步。然而主观的任意性使得什么都是,同时也就使得什么都不是。自由一旦成为绝对的,反而就成为生活本身。于是现代主义美学的严格确立自身同时就是后现代主义美学的彻底丧失自身。现代主义美学的孤傲最终必然会转化为后现代主义美学的妩媚,现代主义美学的艰涩也只能导致后现代主义美学的通俗。截然相反又彼此相通,这奇特现象就真实地构成了20世纪审美观念转型的图景。犹如贫富的分化而又互补是社会发展的需要,艰涩与通俗的分化而又互补也是审美观念的发展的需要,而且,更为重要的是其中被开辟而出的美学的新的边缘地带。① 于是,人们开始否定传统的具有特权的审美王国、审美空间。相比之下,假如说传统美学是"倚天屠龙",当代美学则是"立地屠龙"。当代美学致力于消解传统美学,消解传统美学所人为设立的种种僵硬的障碍,消解审美活动与非审美活动、审美价值与非审美价值、审美方式与非审美方式、艺术与非艺术之间的区别,总之,是着眼于被传统美学忽视了的审美与生活之间的同一性的考察,消解审美与生活之间的界限,强调审美活动的无处不在。这样,它的指向生活一极的任何一种发现就同时似乎都是对人类自尊的消解,使得人类的审美神圣感深受污辱。但是,另一方面,这同时也是人类的自尊的提高,因为人类的自尊不能建立在对于自身的无知的基础上。② 美国当代美学家格利克曼指出:"人人皆知,艺术家不应制作他所要创作的作品。雕塑家可以把钢铁雕塑计划送到工厂里去,由那里去制造……艺术家甚至不应画自己的作品。当杜尚拿出小便池,并为它起名"喷泉"的

---

① 当然,它们在客观上也可以说是以不同的动机和方式造就了一个共同的中心化价值解体的事实,并且分享着一个共同的美学效果。
② 在传统美学,对深度的关注也并非完全无懈可击。因为它往往更多关注的是本质与现象的差异,这难免导致对生命存在的挑三拣四、挑肥拣瘦,以及对生活的重新组合,一旦加以绝对化,以致认为所有的人类生命活动都是对深度的追求,只有深度才是生活如何可能的标志,也才是生活之为生活的永恒的动机,实际上就成为一种荒诞不经、滑稽可笑的深度,成为一种疯狂的乌托邦。

时候,他既没有制作,也没有画它,但还是创作了《喷泉》这件艺术作品。或者,如果有人像杜尚那样,拿出一件成品来作为艺术品,比方说,一个瓶架子,并把它叫做"瓶架",而它也被人承认是艺术品,这就意味着他创作了《瓶架》这件艺术作品。他创作的方法如下:做到使一个在此之前不被视为艺术品的物品被承认是艺术品,这也就等于他创作出了一件新的艺术品。他的新概念,就在于把这一客体作为艺术客体来看待。"①奥尔登堡指出:"我所追求的是一种有实际价值的艺术,而不是搁置于博物馆里的那种东西。我追求的是自然形成的艺术,而不想知道它本身就是艺术,一种有机会从零开始的艺术。我所追求的艺术,要像香烟一样会冒烟,像穿过的鞋子一样会散发气味。我所追求的艺术,会像旗子一样迎风飘动,像手帕一样可以用来擦鼻子。我所追求的艺术,能像裤子一样穿上和脱下,能像馅饼一样被吃掉,或像粪便一样被厌恶地抛弃。"②因此,在当代美学看来,认为只有纯美学才有权使用"美学"一词的唯一合法权的假定是站不住脚的,贵族式的对于纯美学、纯艺术的提倡也是站不住脚的。

在这里,值得注意的是手工艺品的被重视。与"女性的针线活"相联的以"图案""装饰"为特征的手工艺品,在西方美学历程中一直就象征着长期被纯粹性的审美活动压抑着的人性的复归,象征着对传统美学的顽强的排他性的一种反抗。巴恩斯在《绘画里的艺术》中谈到手工图案装饰时说过:"这种装饰美之所以有感染力,大概是因为它能满足我们自由而愉快的感知活动的一般要求,我们的感官需要适当的刺激……装饰就能迎合并满足运用官能以寻愉悦的需要。"③李格尔也说:

---

① 格利克曼。见王治河:《扑朔迷离的游戏》,社会科学文献出版社 1993 年版,第 284—285 页。
② 见塞尔:《现代艺术的意义》,陈世怀等译,江苏美术出版社 1992 年版,第 417 页。
③ 巴恩斯。见苏珊·朗格:《情感与形式》,滕守尧等译,中国社会科学出版社 1986 年版,第 73—74 页。

编结物和织物由于技术上的影响,限定了它只能织成线型装饰图案,属于技术性的美术。但是,就像编篱笆和织衣物时所能见到的纹样骨骼那样,几何学风格的线条主题(图案)在人们眼里,最初是怎样发现、被认可的呢?当各种颜色的树枝、藤条有趣地结合在一起时,一幅幅意想不到的曲折"图案"就产生了。人们对于织成这种图案的左右对称性(箭翎状花纹)和那种有节奏地来回反复的图案大概会感到一种愉悦吧。这种快感又是从何而来?原始人类通过什么东西才产生这种感受?这恐怕是与所谓的人类灵智有关吧。但是我想人类一定不会满足于已经取得的东西。几何学风格的装饰纹样仅仅是由于人类在实际生活中的需要而派生出来的,是人类的双手不知不觉带来的。这样,一旦几何学装饰图案产生,就有被人类模仿的可能。当用黏土制作的一只高脚杯上,就像在织物中的箭翎纹一样,并不是为了生存目的不得已而绘制的纹样。相反,人们在织物上显示这些图案完全是为了审美目的,即使是那种并非自然形成的图案(如陶瓷上的)也是因为想给人以赏心悦目吧。所以,起先是在纯技术过程中偶然发现的曲折的几何形图案,就成了一种装饰,一种美的图案了。①

确实,传统的对于纯粹的审美活动的强调使得生活中的审美活动被放到了不重要的地位,然而,这种强调是片面的。1919年包豪斯学校的建立,象征着工艺艺术与现代艺术的结合,也象征着手工艺术的崛起。可以肯定地说,现代艺术的几乎一切流派都从工艺艺术中得到了自己想得到的东西。在印象派、后印象派、野兽派、表现派的作品中,我们常常看到日本的扇子、和服、浮世绘,中国的瓷器、民间美术。在塞尚的绘画的许多细部,我们也可以看到表现出相同的镶嵌画的表面结构,以至赫伯特·里德会说他的绘画太富

---

① 李格尔:《几何学装饰风格》,载《工艺美术参考》1989年第4期。

于结构意义,太富于几何形意义。我们也看到马蒂斯走向了工艺性的剪纸艺术,蒙德里安走向了均衡的、规则的矩形图案……当然,昔日为传统艺术家所不齿的手工艺术之所以被现代艺术家极力推崇,还是因为对于形式的关注,然而,对于形式的绝对强调一旦被消解,手工艺术品的对生活美的关注,就真正地引起了当代美学的关注。

由此,对于审美的生活化与生活的审美化的强调成为当代审美观念中不可抗拒的历史进程的两个方面。① 就前者而言,审美的生活化意味着审美被降低为生活,②审美开始放弃了自己的贵族身份,不再靠排斥下层阶级的代价来换取自身的纯洁性,同时也从形式的束缚中解脱出来,于是,审美内容、读者趣味、艺术媒体、传播媒介、发行渠道,都在发生一场巨变;过去美和艺术只与少数风雅的上流人物有关,现在却要满足整个社会的需要;过去美和艺术是沿着有限的渠道缓慢地传播到有限的地方,现在却是把美和艺术的各种变化同时传播到全世界;过去美和艺术的选择要受到权威、传统、群体的限制,现在对于美和艺术的选择却更自由、更广泛、更为个体化;过去美和艺术所要求于每一个人的是"什么是美",而现在美和艺术所要求于每一个人的则是"什么可以被认为是美的";过去美和艺术所塑造的是一系列固定不变的形象,现在美和艺术所提供的则是一系列瞬息万变的影像……西方把这种情况比喻为"无墙的博物馆"。"博物馆"在西方历来是展示审美精品的殿堂,阿多尔诺曾比喻说:博物馆是艺术作品的家族坟墓。可见博物馆正是传统审美的象征。现在,它的围墙没有了,这意味着审美与非审美的界限的消失。从当代艺术的发展历程中,这些都不难看到。例如当代艺术家不惜把垃圾变废为宝,处处"化腐朽为神奇",直接在现成品的基础上加上一些设计,就构成了所谓偶发艺术。再进一步,加上环境效果的安排,又构成

---

① 中国也有从庄子的"天地",到郭象的"自然",到禅宗的"人间"的审美与生活的同一的过程。
② 审美活动的从肯定性主题转向否定性主题,与此有关。

了所谓环境艺术。然后再把这一切扩大到室外、街头、大自然,通过对对象的加工,使得人们对它另眼相看,于是又产生了大地艺术。在当中,审美逐渐生活化的痕迹清晰可见。再如当代艺术的从远离大众媒介到大量运用大众媒介,从反感工业机械到与工业机械结合,从重视原作的价值到重视复制品的价值,从强调主观感情到重视客观世界,其中,审美逐渐生活化的痕迹同样清晰可见。审美与非审美的界限的消失还可以从当代艺术流派本身看到,例如波普艺术,传统艺术无论怎样转换,哪怕是根本看不懂,人们往往还是会承认它是艺术。因为它毕竟是固守着生活与艺术的界限,毕竟只是在象牙之塔内创作。而波普艺术的通过东拼西凑把生活中的废品拼贴在一起,就很难被承认为艺术了。因为这里看到的完全是生活本身。然而,这正是波普艺术的成功之处。它打破了艺术与生活的界限,冲破了传统的绘画界限,并且把它从狭隘的圈子里解放出来。我们知道,波普艺术是针对抽象表现主义的弊病诞生的。艺术与现实究竟是什么关系,是它所极为关注的问题。为此,它不像现代主义那样与生活中的丑恶不共戴天,而是置身于生活,观察生活本身的那种独特的魅力与个性。这种观察使得我们第一次意识到这些东西的存在,意识到我们和周围文化环境的关系。既然每天都生活在充满废物、现成品、广告、电视的现实之中,为什么不对它们加以表现呢?何况,任何一件材料都有独特的品质,都可以对艺术作出贡献,因此也都应该受到尊重。1953年,波普艺术家举办了"生活与艺术等同"的展览。"生活与艺术等同",恰恰说明了波普艺术的美学观念的根本转换。因此,说波普艺术叩开了后现代之门,是有其道理的。

就后者而言,更为值得注意。生活的审美化意味着生活被提高为审美。当代美学开始冲破传统的与生活彼此对峙的藩篱,向生活渗透、拓展。在当代美学看来,现实世界无所不美,因此传统美学的通过在生活与美之间划道鸿沟的方式来把美局限于一个狭隘的天地的做法是有其局限性的。这一点,可以从维也纳建筑师汉斯·霍利因所设计的具有后现代美学风格的阿布泰伯格博物馆看到:在阿布泰伯格博物馆,人们从都市化的入口大厅来到的一处厅堂,是博物馆的咖啡厅。若非在一面墙上有一扇巨大的方窗,这只是一个普通的地方。窗外是雄伟的建筑和美丽的自然风景——古树环抱的悬岩上的一座哥特式教堂。这扇窗成了周围景色的一个巨大的画框。这里主导的感觉形式无疑是经过精心设计而成的,是整个博物馆中最重要的形式。它把外部世界变成具有审美价值的世界——这是通过博物馆的角度取得的。真实由此变成为一种故意造就的场景,哥特式教堂成了它自身入画的影像。[①] 显然,这意味着在建筑师的眼睛里整个世界都具有着审美价值。而这在传统美学乃至现代美学中都是不被重视的。这无疑与审美观念的转型相关。正如杜夫海纳所发现的:"环境本身就包含着一个艺术的活动领域,公众在想到城市规划之前就已经接受了这种观念。"[②]于是,美与生活,审美与科学、技术第一次携手并进,开始了全新的美学探索。传统的美与艺术的外延、边缘不断被侵吞、拓展,甚至被改变。一个不折不扣的美学扩张的时代诞生了。美学将是任何东西,而且可能是任何东西。这样,就必然导致美与科学、美与技术、美与管理、美与商品、美与传媒、美与广告、美与包装、美与劳动、美与交际、美与行为、美与环境、美与服装、美与旅游、美与生活的相互渗透……导致科学美、技术美、管理美、商品美、新闻美、广告美、包装美、劳动美、交际美、行为美、环境美、服装美、旅游美、生活美等的诞生,企业形象的设计,美容、化妆的风行,人体、容貌的进入赛场,优美景观的成为商品,例如橱窗装潢、霓虹艺术、时装表演、健美比赛、艺术体操、冰上芭蕾……美学就是这样一下子结束了自己的高傲与贵族偏见,从传统的作茧自缚中脱身而出,成为一只从坚茧中飞向街头巷尾("艺术就在街头巷尾")的飞蛾,一只"飞向寻常百姓家"的"旧时王谢堂前燕"!

---

① 参见王治河:《扑朔迷离的游戏》,社会科学文献出版社1993年版,第285页。
② 杜夫海纳主编:《当代艺术科学主潮》,刘应争译,安徽文艺出版社1991年版,第10页。

而审美的生活化与生活的审美化的集中体现,则是当代审美文化的诞生。文化作为独立的研究对象,应该说,是20世纪的特定的研究对象。而文化进入美学研究的视野,则大体是20世纪50年代以后的事情。这就是我们开始逐渐熟悉起来的所谓"当代审美文化"。所谓当代审美文化,是指的发展到当代形态的以审美属性为主的文化,意味着人类文化在20世纪50年代出现的一种整体转型。其中的"当代形态",是一种历史的描述,指的是自身的形态得以充分地展开的20世纪50年代以后的文化。这主要包括内容与内涵两个方面。从内涵的角度说,传统文化可以说是一种精英的、印刷的、教化的、男性的、传统的、本土的、意识形态性的文化,而在当代,它则在内容方面从精英文化中拓展出大众文化,在功能方面从教化文化中拓展出娱乐文化,在性别方面从男性文化中拓展出女性文化,在时间方面从传统文化中拓展出当代文化,在空间方面从本土文化中拓展出世界文化,在性质方面从意识形态文化中拓展出非意识形态文化,等等。从内容的角度说,传统文化只是一种狭义的精神文化,而在当代,它却由于商品性与技术性的空前的介入,渗透到了社会的每个角落,成为整个社会的象征。其次,其中的"审美属性",则是一种逻辑的定性。它是指当代文化开始从传统的以满足人类的低级需要为主(审美、艺术因此被独立出来,作为专门的对高级需要的满足的一种文化类型而存在)转向了既满足人类的低级需要又满足人类的高级需要(审美、艺术因此而不再高不可攀),甚至去满足人类被越位了的商品性与技术性(媒介性)刺激起来的超需要(审美、艺术因此而成为空虚的类像、媚俗的畸趣),在此基础上,当代审美文化面对的显然就不是美学上的老问题(否则它不必出现,尽管它有助于解决老问题),而是新问题。这个新问题是:人类生存的新的可能性如何、新的人文要求如何、新的生存要求如何、新的审美追求如何。也因此,当代审美文化就把审美的生活化与生活的审美化所体现的美学问题集中表现为:文化的审美化如何可能?不过,这个问题实在太大,只有待来日详加讨论。

3

当代美学从审美活动与生活的对立走向同一,原因极为复杂。但就其根本而言,则有外在与内在两个方面的原因。

首先,是外在方面的原因。在这方面,市场经济高度发展条件下审美活动的回归自身,以及审美者的物质需求必须通过审美活动本身来解决,无疑是一个重要的原因。这使得审美活动必然要把自身降低为现实生活,走上审美的生活化的道路。同时,物质需求本身随着社会的发展也越来越蕴含着美学含量,也是一个重要原因。这使得生活本身必然要把自身提高为审美活动,走上生活审美化的道路。"食必常饱,然后求美;衣必常暖,然后求丽;居必求安,然后求乐"。① 物质生活的改善,精神生活的充实,必然导致生活质量的提高,也必然导致对审美活动的追求。这一点,哪怕是在日常生活衣食住行的变化中也不难见到。在物质生活水平高度繁荣之前,自然不会意识到审美活动的重要性。在物质生活水平高度繁荣之后,审美活动的重要性无疑也就会被提上日程。过去是为了"身上衣衫口中食",现在却是要美化自己、美化生活,通过生活的审美化来更大程度地解放自己。人人都开始从美学的角度发现自己、开垦自己,发现生活、开垦生活。结果,生活成为一门艺术,或者说,被提高为艺术。

其次,是内在方面的原因。在这方面,可以从两个方面来讨论。第一,从美学内部来看,是作为美的集中体现的"艺术"的自我消解与自然美、社会美的相应崛起。正如约翰·拉塞尔指出的:在当代美学,"艺术"已经不再独立存在,这"主要是作为现有价值保证的艺术的社会作用的信念崩溃了。20世纪中叶的观点是:既然大多数已接受的价值观是有害的,那么维护这些价值观念的艺术就不再是艺术了"。"艺术杰作的高雅概念本身具有某种自我

---

① 《墨子》。

恭维的因素,这也是事实。"爱因斯坦的相对论之后,"如果物质不再是物质,如果我们脚趾踢到的石头不是真正的固体,那么我们将选什么东西作为真实的标志呢?作为独块巨石的名作——字典上的解释是:'一块单独的石头,尤其是一块体积巨大的石头',——如果这种'单独的石块'其实质不是它外表所在,那么它就有必要贬值。"①由此,传统美学的以"艺术"来抵御生活的带有明显局限性的审美主义的做法不再有效。

还可以换个角度来看,在当代美学看来,事实上当"艺术"自身被消解之后,就只能回到生活。以现代绘画为例。康定斯基发现,以画框作为"艺术"的边界其实意义并不重要,因此正着放、反着放都可以,这意味着不需要具体的形象就可以使人们激动。这样一来,架上绘画的边界就被冲破了。由此出发,人们会很自然地去联想:既然画中的抽象物可以感动人,那么画外的抽象物呢?应该也可以感动人。何况,在20世纪之初现代绘画刚发现自然界是锥体、球体和柱体的构成时,就应该意识到,这一切在架上绘画中是根本无法体现的,只有在画外环境中才能实现。"过去,艺术是一种经验,现在,所有的经验都要成为艺术。"②进而言之,绘画中的艺术形象无疑无法进入生活,因此绘画长期以来总是傲视生活本身。然而抽象物却是可以被搬入生活的。这实在是当代美学的重大发现。一旦意识到这一点,就不难发现,在两度空间中上下驰骋的架上绘画实际已经严重限制了抽象艺术的发展,限制了审美空间的拓展,再不迈出这个虚假的两维空间,就必定是绘画的灭亡。因此,艺术家不再只是在画布上体现抽象物,而是直接在生活中体现抽象物。甚至,人们会用工业生产的方式去大规模生产抽象物(这使人想起包豪斯学校的创造)。这样,架上艺术被环境艺术、设计艺术取代,就是必

---

① 约翰·拉塞尔:《现代艺术的意义》,陈世怀等译,江苏美术出版社1992年版,第398—399页。
② 丹尼尔·贝尔:《后现代社会的来临》,王宏周等译,商务印书馆1986年版,第529页。

然的,二维空间艺术被三维空间艺术环境取代,就也是必然的。而这就导致了艺术美向生活本身的倾斜。这里,值得一提的是设计意识的出现。① 在我看来,当代艺术的真正贡献与设计意识密切相关。假如说艺术创造是对于画布的美化,那么工业设计就是对于环境的美化。由此我们可以说,在当代美学中艺术固然是自我消解了,然而假如因此而推动着现实生活进入了艺术的殿堂,应该说,那也不是一件坏事。

不难想象,既然"艺术"本身已经自我消解,显然精英艺术对于通俗艺术的排斥也就成为不可能,大众艺术因此就应运而生。不过,这里要强调的是,这里所讨论的审美与生活的同一是指的当代美学中的一种普遍现象。因此,与在狭义的后现代主义美学中出现的打破雅俗分立还稍有不同。具体来说,在狭义的后现代主义美学,所谓反艺术、反文学、反戏剧、反审美、反传统的艺术,所谓从雅到不能再雅(马尔库塞所谓"小圈子里的艺术")到俗到不可再俗、从唯美艺术到废品艺术,虽然从客观上看是回到了生活,但是就其本意来说,却并非意在回到生活,而是着眼于破坏传统形式、规范、法则。换言之,实际上是一种拒绝解释、拒绝交流的作为反文化和对抗文化而存在的颠覆力量,是用故意捣乱的方式来维护自身的地位,是对审美活动自身的特殊价值、功能、标准、理想的全面失落的反抗,因此主要是针对现代主义美学的把艺术的形式主义、孤立主义、表现主义推演到极端(物质文化的丰富使得个体心灵只能通过远离物质文化的丰富的方法来发展自己)这一现象,是对把审美活动绝对封闭化、自律化的反抗,是在以扭曲的方式嘲笑扭曲的社会,以扮鬼脸的方式揭示当代社会、当代人的精神危机,因此不能与审美与生活的同一简单地等同起来。

在美学外部,是审美活动的独立性的消解以及审美活动的向生活的渗

---

① 塞尚、康定斯基、蒙德里安的作品会让你发现:这实际上已经不是一幅画的创作,而是一块花布的设计了。蒙德里安画的那些格子,更是在布料印花、书面装饰、包装设计、建筑设计方面产生了巨大的影响。

透。在这里,最为内在的奥秘就是审美活动"功利性"的提出。这无疑与先在的美的消失与生活美的出现密切相关。就前者而言,"今天的美学继承者们已经是一些主张审美态度的理论并为这种理论作出辩护的哲学家。他们认为存在着一种可证为同一的审美态度,主张任何对象,无论它是人工制品还是自然对象,只要对它采取一种审美态度,它就能变成为一个审美对象。"[1]"传统美学把'审美'的东西看作是某些对象所固有的特质,由于这些特质的存在,对象就是美的。但我们却不想在这种方式中探讨审美经验的问题。"[2]这意味着:先在的美已经不复存在。这一点,在当代的几乎所有美学家那里都可以看到,例如阿恩海姆从"知觉模式"到"万物皆表现"到"万物皆美",克莱夫·贝尔把"有意味的形式"解释为"能激起审美情感的形式",等等。审美活动的前提从美转向审美态度,审美态度成为美的决定者。先审美活动而存在的美不存在了,美之为美的客观标准不存在了,美的绝对性不存在了,美与非美的界限也不存在了。美的普遍有效性不再决定于对象(理性),而是决定于态度(非理性)。审美态度就是普遍有效性的根据。就后者而言,审美活动的从与生活的对立走向同一,至关重要的是生活美的应运而生。传统美学对于生活美是竭力压抑的。在它看来,生活美是分散的、不纯粹的。然而,这只是从艺术美来考察生活美的结果。然而,能否用艺术美解释生活美?艺术美与生活美之间有什么区别?总之,生活美与艺术美的关系是否等同于生活与艺术的关系?在当代美学看来,艺术美与生活美之间不能够以存在领域的宽窄以及内容的深浅来界定,而应从它们之间存在方式的特殊性的角度入手。事实上,艺术美代表着审美活动的一极即非功利性,生活美则代表着审美活动的另外一极即功利性。关于艺术美,人们十分熟悉,它一般为虚构的、欣赏的,是审美活动的二级转换即审美活动的

---

[1] 乔治·迪基。见朱狄:《当代西方美学》,人民出版社1984年版,第241页。
[2] 斯托尔尼兹。见朱狄:《当代西方美学》,人民出版社1984年版,第242页。

物态化表现,是一种纯粹形式。即便是借助物质材料,例如绘画的颜料,雕塑的石膏、大理石,也只是用来传达信息,充其量也只是美的载体。生活美就不同了。它是功能的、实用的,既是材料又是本体,在其中,实用功能与审美形式是彼此交织的。人们经常说:木石的史书、钢筋混凝土交响曲、铝合金与玻璃的乐章。就正是着眼于木石的抗压强度、天然质感,混凝土的可塑性能,钢材的拉力,玻璃的光洁、透明、反射,等等。可见,在生活美中,功能与形式是统一的。这有些类似于康德说的"依存美"。建筑师萨利文说得更为明确:"形式依随功能",这意味着:产品只要明显表现了它的功能,就是美的。

  进而言之,生活美本来就是审美活动的应有之义。它构成了审美活动的真实的一极。对此,可以从三个方面加以说明。第一,从社会看,生活美是始终存在的。然而在传统社会,由于物质生产与精神生产的分工,造成了物质享受与精神享受的分离,生活美因此而被压抑。美被从艺术美的角度加以强化,艺术美取代了生活美。进入当代社会,由于物质生产与精神生产的日益融合,生活美的由隐而显,是必然的。第二,从劳动过程看,在传统社会,人们往往更重视精神产品,轻视物质产品。劳动过程也被区别为"动脑"(设计)和"动手"(制作)两部分。对此,恩格斯早就提出批评:"在所有这些首先表现为头脑的产物并且似乎统治着人类社会的东西面前,由劳动的手所制造的较为简易的产品就退到了次要的地位;……迅速前进的文明完全被归功于头脑,归功于脑髓的发展和活动。"[①]马克思也提示我们要注意传统社会"高傲地撇开人的劳动的这一巨大部分"[②]即物质生产这一根本缺憾,因为它造成了技术与艺术的分离。人们称机器为"钢铁的怪物""丑陋的机器",正是着眼于此。在当代社会,物质生产与精神生产的逐渐合一,同样也

[①]《马克思恩格斯选集》第3卷,人民出版社1972年版,第515页。
[②]《马克思恩格斯全集》第42卷,人民出版社1979年版,第127页。

导致了"动手"的魅力、技术自身的美的被发现。第三,从发展的角度看,审美与生活的对立只是生命活动在特定社会中的一种特定表现,在人类之初,物质活动与精神活动混淆不分,审美活动也厕身其间。后来物质活动与精神活动两分,审美活动被通过艺术活动的方式部分地独立出来,但是审美活动不能总是停留在艺术之中,因为这也会限制审美活动的发展。于是随着物质活动与精神活动的再次合一,审美活动也就从艺术活动扩展到物质生产之中,从而进入全部社会生活。生活美就是此时的必然产物。① 这一切,不难从当代社会的发展中看到:

> 附近有没有引人注目的艺术环境,已成为公司设点和人们决定工作地点时考虑的重要因素。
> 商业理论家、麻省理工学院社区及地区发展研究中心主任大卫·L.伯奇说:"要吸引人们到这里来工作,各社区城市就必须重视交响乐团、歌剧、美术和芭蕾的发展。美国人对这一点看得很清楚,92%的人说艺术是某一地区生活质量的重要因素。"
> 印第安纳州众议员李·汉密尔顿说:"艺术不仅是文化资源,也是经济资源。花在艺术上的钱对整个社区经济的发展不仅有积极的影响,而且有增值效应。艺术是旅游业的财源,艺术吸引了工业和商业,提高了房地产的价值。"②

以工业设计为例,当代社会,人们首先从美与产品的材料、结构之间的内在

---

① 社会的发展还提供了生活美产生的基本条件,它包括两个方面,外在的方面,是从产品中生产了实用价值、审美价值,内在的方面,是从形式快感到功能情感,成就了一种形式感,人的心理向多功能的心理活动发展、成熟,成为一种合规律性、合目的性,以及两者的超越的综合感受。
② 参见奈斯比等著:《2000年大趋势》,军事科学院外国军事研究部译,中央党校出版社1990年版。

联系的角度,继而从与产品的功能相联系的材料、结构本身去寻找美。"'艺术的'实践必须同'技术的'实践结合以保证工具的效率。这是一种神奇的形式,甚至在工业美学中我们仍能看到它的遗韵:美的产品卖得更快。"[1]这一点,最早在包豪斯中体现出来,它主张"艺术与技术的新统一",松下幸之助则在1951年就提出:"今天是设计的时代"。20世纪80年代,撒切尔夫人更大力强调:工业设计的重要性甚至超过她的政府工作。

由此我们看到,正如有学者指出的,人们经常说"适者生存",然而在"适"中求得生存,却是人与动物所共同具有的。只有"美者优存",在"美"中求得生存,才是人所独有的,也是人之为人的根本规律。审美活动的诞生,正是"美者优存"的具体表现。美与人类生命活动同在。在此意义上,根本不存在功利性的审美活动并不存在,其中存在的只是功利性或多或少的问题。生活美的诞生,正是在此意义上成为可能。它是对审美活动的边缘地带的新拓展,也是对审美活动的内涵的深化。正是它,把"爱美之心,人皆有之"这一理想真正变成现实。

4

审美活动的从与生活的对立走向同一,在当代审美观念的转型中意义重大。

首先,它开始了对于审美活动与生活之间的同一性一面的探索。在这方面,我已经谈到,所涉及的正是审美活动的功利性一极,这是传统美学所长期遮蔽起来的一个模糊性的审美空间、一个美学空白。对于这个审美空间、美学空白的研究,将会极大地丰富美学本身。其次,对于审美活动与生活之间的同一性一面的探索,其重要意义并不在于真的要把审美与生活等

---

[1] 杜夫海纳等著:《艺术科学主潮》,刘应争译,安徽文艺出版社1991年版,第7页。

同起来,①而是要通过审美活动的功利性与非功利性这两极的充分展开而大大地拓宽审美活动的内涵与外延,从而剥夺传统美学所划定的特权,开拓美学的全新思路,使被忽略的地方获得重视,被简单化的地方得以复杂化。审美活动的内涵与外延不是一成不变的,它所构成的审美活动的边缘同样不是一成不变的。别林斯基说:有人想把艺术和凡是不属于严格意义上的艺术的东西清楚地隔离开来。然而,这些界线与其说是实际地存在,毋宁说是想象地存在着;至少,我们不能够用手指,像在地图上指点国界一样地把它们指出来。艺术越接近到它的界线,就越会渐次地消失它的一些本质,而获得界线那边的东西的本质,因此,代替界线,却出现了一片融合双方方面的区域。当代美学在研究中所得以展开的正是这样"一片融合双方方面的区域"。最后,通过对于审美活动与生活之间的同一性一面的探索,最终改变了美学与生活之间的关系。只要稍稍回顾一下人类的文化内涵的历程,就不难发现,文化最初是与自然对立的概念。在近代社会,文化又成为人类的精神层面的代名词,在现代社会,文化则被等同于意识形态。到了当代社会,文化引人瞩目地回到了生活本身,成为一种生活方式。人类审美观念的演变正与此有关。在传统美学,关于审美与生活之间的统一性关系存在着一种贵族化的观念。在这方面,实际上,传统美学是用贵族化的态度(只面对艺术而拒绝面对生活)来掩饰自己潜意识中存在着的对于日常生活的恐惧以及认为日常生活必然无意义的焦虑。在传统美学,日常生活往往只被看做有待改造的对象。它本身一直无法获得独立性,无法获得意义。然而为传统美学所始料不及的是,以日常生活为"人欲横流",正是站在生活之外看生活的典型表现(即便在中国的"文革"期间,日常生活虽被人为地组织起来,也仍然非但没有接近深度目标,而且反而离它越来越远)。这样,日常生

---

① 尽管打破生活与艺术之间的界限,真正地把生活艺术化,是人类自古以来就梦寐以求的理想,而且这理想在当代已经被部分地实现了。

235

活就成为一块失重的漂浮的大陆,成为"无物之阵",以致美学根本无法把握到它的灵魂、内涵。而这一偏颇一旦不被限制而且反而被推向极端,就不但会导致传统美学的无法影响日常生活,而且会导致传统美学的凌空蹈虚并远离坚实的生活大地。当代美学正是震惊于这一同一性的尴尬,同时面对着当代社会中的日常生活的崛起,用生活"是这样"以及生活"怎么是"(重特殊与个别)拒绝了生活"应当是这样"和"是什么"(重一般与抽象)等"乌托邦"和"罗曼蒂克"。当然,这无疑是以一种偏颇来取代另外一种偏颇,然而,它在偏颇中所要提倡的正是为传统美学所忽视的日常生活无罪的观念,以及日常生活中的诗情。在这里,审美活动不再与日常生活为敌,而是转而开始与日常生活为友了。①

对于上述最后一点,还可以再作讨论。在传统美学看来,生活的"是这样"和"怎样是"并不重要,重要的是生活"应当是这样"和"必须是什么"。因此它完全以后者为唯一正当的理由,我们在崇高中看到的正是这一点。在传统美学中,生活被人为地梳理为过去、现在、将来,并且线性地向前发展着。在此逻辑系列中,关系是确定的。然而关系越是确定,生活就越是抽象。一切都是为了明天,"生活在明天""理想在明天""审美在明天",而明天又总是处于无法触及的所在,这就是传统美学中所蕴含的秘密。然而,这一切却毕竟并非审美活动的全部。当代美学对生活的"是这样"和"怎样是"的关注,也正是着眼于此。在当代美学看来,审美不但存在与生活对立的一面,同时也存在与生活同一的一面,一旦片面地把审美与生活的对立等同于审美活动的全部,就会人为地与日常生活对立起来,生活就不能不丧失了自

---

① 较之"回到康德""回到黑格尔"之类原教旨主义的口号,"回到事实本身""回到生活本身"要远为准确。它意味着"逐物"与"迷己"都是不妥的。真正重要的就是物回到物之为物的物性,人回到人之为人的人性,也就是人与物的亲近。而且,这还并非常识意义上的"亲近"。当代科学技术的发展也带来了人与物的接近,但是这接近却并非亲近。而且恰恰在这接近中,人与人之间、人与物之间反而疏远了。"回到事实本身""回到生活本身"不是指距离的接近,而是指存在的亲近。

身的意义。而要恢复生活自身的意义,就首先要把美学的边缘地带向审美与生活的同一方面拓展。

在当代美学看来,问题的关键在于:人是否有权利为自己而活着?人固然没有理由只为自己而活着,但是,假如一味强调不能为自己活着,这恐怕也会导致另外一种失误,导致对于人类的尊严的另外一种意义上的贬低。应该说,回答这个问题的关键在于:应该在无我与唯我之间有一个"存我"。所谓"存我"来源于我的正当性,生活的正当性。生命的权利意味着每个人都有权利作出自己的选择,有权利正当地创造、享受,实现自己的生命。有权利各竭一己之能力,各得一己之所需,各守一己之权界,各行一己之自由,各本一己之情感。在这方面,马尔库塞强调的"人的自由不是个人私事,但如果自由不也是一件个人私事的话,它就什么也不是了",[1]弗洛姆强调的从自私走向自爱,生命与自私对立,但是与自爱并不对立,生命自爱但是并不自私,等等,应该赋予人们以重要的启示。生活的全部乐趣首先在于生活本身就有乐趣。因此生活不是被想象出来的,而是被实实在在地度过的。人们经常发现:人们总是渴望另外一种生活,但是却总是过着这一种生活,因此所谓的另外一种生活,事实上也只能是这一种生活。因此如果这一种生活是荒诞的,那么另外一种生活也只能是荒诞的。而且,相比之下,某一瞬间的沉重打击倒是易于承受的,真正令人无法承受的是无异于一地鸡毛的日常生活。它使人最难以忍受,同时给人的折磨也最大。美国学者斯达克的研究表明:全世界大约百分之六十的宗教团体都是20世纪60年代以后出现的。看来,人类面对的问题无法用理性阐释时,就会给宗教留下巨大的空缺。而无意义的日常生活恰恰是一个从未触及的而且是用理性无法阐释的课题。如何克服日常生活中的平庸但又不是回到传统的"平凡而伟大"或

---

[1] 马尔库塞:《爱欲与文明》,黄勇等译,上海译文出版社1987年版,第166页。

者宗教的"拒绝平凡"的道路,①对于每一个人来说,就不能不是一场挑战。由此,人们发现:丧失意义的日常生活与丧失日常生活的意义都是无法令人忍受的。并且,以意义来控制日常生活或者以日常生活来脱离意义,肯定是错误的。在日常生活之外确立意义,一旦达不到就仇视日常生活,也肯定是错误的。日常生活并非人类的敌人。而且,即便是日常生活的平面化、无意义、缺乏深度,也不可怕,意识到此,就正是一种意义与深度。意义与深度并不排斥平庸。结果,西方美学家理直气壮地宣称:生活无罪!

当然,在当代美学对于审美与生活同一的强调中,也会出现某种严重失误。这就是从泛美走向俗美,从通俗化走向庸俗化。通过走向审美与生活的同一,不但不能转而成为对于审美与生活的对立一面的否定,而且还要意识到这本来就是着眼于抬高生活(从而着眼开拓美与生活之间的边缘地带),从而在更深刻的意义上着眼于抬高审美本身,然而一旦审美与生活根本不分,却可能出人意料地在抬高生活的同时降低了审美,可能播种的是龙种,收获的却只是跳蚤。因为审美与生活之间毕竟存在着鲜明的差异。歌德在《少年维特的烦恼》中,曾经对此作过精辟的比较:

> 比如谈恋爱,一个青年倾心于一个姑娘,整天都守在她身边,耗尽了全部精力和财产,只为时时刻刻向她表示,他对她是一片至诚啊。谁知却突然出来个庸人,出来个小官僚什么的,对他讲:"我说小伙子呀!恋爱嘛是人之常情,不过你也必须跟常人似的爱得有个分寸,喏,把你的时间分配分配,一部分用于工作,休息的时候才去陪爱人。好好计算一下你的财产吧,除去生活必需的,剩下来我不反对你拿去买件礼物送她,不过也别太经常,在她过生日或命名日时送送就够了。"——他要听

---

① 某些传统美学的捍卫者所开展的美学"圣战"正是为此。其实,以崇高的名义宣判普通人有罪,这事实上就是宣判日常生活有罪。

了这忠告，便又多了一位有为青年，我本人都乐于向任何一位侯爵举荐他，让他充任侯爵的僚属，可是他的爱情呢，也就完啦，倘使他是个艺术家，他的艺术也就完了。①

在这里，最为重要的是：审美活动可以走向泛美但是却绝不可以走向俗美，可以走向通俗化但是却绝不可以走向庸俗化。所谓庸俗化，是一种从内部出发的对于审美活动的错误理解。它把审美活动简单地理解为一种生活中的技巧、方法、窍门，类似于所谓交往的艺术、讲演的艺术、语言的艺术，等等。它意味着一种轻松、潇洒、逗乐、健忘、知足、闲适、恬淡、幽默的生活态度，对苦难甘之若饴，在生活的任何角落都可以发现趣味，意味着"过把瘾就死""跟着感觉走"，而且"潇洒走一回"。在它看来，既然严酷的现实无法改变，那不妨就改变自己的心理方式以便与之相适应。因此，承认在现实面前的无奈就是它的必然前提。然而，假如作为一种应付生活的而并非针对审美活动的生活态度，它或许无可指责。但是作为审美活动，它却存在着根本的缺憾。因为它无视人类的任何罪孽和丑行，充其量只是对于生活的抚慰、抚摸，只是教人活得更快活、更幸福的生活的调节剂，只是对精神的放逐，而不是对精神的恪守。但是审美活动之为审美活动，其最为本质的东西，就是昆德拉所疾呼的去"顶起形而上的重负"。在生活中可以现实一点，可以不去与生活较真，这无疑是一种聪明的生活策略，但是在审美活动中却不可能如此。审美活动永远不能放弃自身的根本内涵。审美活动永远要使人记住自己的高贵血统。安娜·卡列尼娜为什么要自杀？俄狄甫斯为什么要把眼睛刺瞎？贾宝玉为什么要出家做和尚？唯一的理由是：只能如此。"当每日步入审美情感的世界的人回到人情事物的世界时，他已经准备好了勇敢地，

---

① 歌德：《少年维特的烦恼》，杨武能译，人民文学出版社1990年版，第11页。

甚至略带一点蔑视态度地面对这个世界。"①"艺术家的生活不可能不充满矛盾冲突,因为他身上有两种力量在相互斗争:一方面是普通人对于幸福、满足和安定生活的渴望,另方面则是残酷无情的,甚至可能发展到践踏一切个人欲望的创作激情。艺术家的生活即便不说是悲剧性的,至少也是高度不幸的。……个人必须为创作激情的神圣天赋付出巨大的代价,这一规律很少有任何例外。"②因此一旦简单地完全把审美与生活混同起来,就会导致误区。例如,审美与非审美的界限不复存在,审美的客观标准不复存在,审美的相对稳定性也不复存在,等等。所谓泛美,则是一种从外部出发的对于审美活动的理解。其根源,在于商品性与技术性(媒介性)的肆无忌惮的越位。在当代社会,由于商品借助技术增值,技术借助商品发展,无可避免会出现误区:消费与需要相互脱节,生产与消费也相互脱节,结果不再是需要产生产品,而是产品产生需要。欲望取代激情,制作取代创作,过剩的消费、过剩的产品,都以过剩的"美"的形象纷纷出笼,整个世界都被"美"包装起来(阿多尔诺称之为"幻象性的自然世界"),以致幽默成了"搞笑",悲哀成了"煽情",审美的劣质化达到前所未有的地步,甚至成为美的泛滥、美的爆炸、美的过剩、美的垃圾……人人都是艺术家,艺术家反而就不是艺术家了;到处都是表演,表演反而就不是表演了。一方面是美的消逝,一方面是美在大众生活中的泛滥。美成为点缀,成为装饰,成为广告,成为大众情人,美就这样被污染了。这无疑也是十分值得警惕的。③

---

① 克莱夫·贝尔:《艺术》,周金环等译,中国文艺联合出版公司1984年版,第198页。
② 荣格:《心理学与文学》,冯川等译,三联书店1987年版,第140—141页。
③ 对此,可参见我的《反美学》(学林出版社1995年版)"生命中不可承受之轻"一节,此处不赘。

6
从形象到类像

1

从否定性主题和多极互补模式出发,传统审美观念中的形象在当代的转型之一,就是类像。

"类像"是法国学者提出的著名范畴(simulacrum),与传统美学、文艺学所频繁使用的"形象"一词相对应。所谓"形象",类似法国学者福科提出的一个著名概念:"摹本"(copy),它是内容的表现,是意义的指称,意味着对于现实的再现,而且永远被标记为第二位的,与其相对的,则是对于原本的"模仿"。"类像"则指那些没有原作的符号,其特点是意义的丧失,形象的本义也被废弃,成为没有本体的存在之物,在其中物质的他性消失了,从事物变成事物的形象,而且可以无限复制,消解掉了个人创作的痕迹,完全出自一种机械的制作,等等。与其相对的,则是根本没有原本的"模拟"。

作为新的审美观念,类像的出现,是对于传统美学独尊形象中的偏颇的反动。类像是对于传统的形象与现实之间的写实的、反映的关系的逆向转换。在传统美学,形象与现实之间存在着写实的、反映的关系。这写实的、反映的关系无疑是必要的。假如完全没有这一关系,传统艺术的创作与欣赏就都是不可能的。尤其是在近代社会,审美活动还必须伴理性活动而行,就更要如此。因为作为认识的对象的形象,必须是写实的、反映的。但是,一味如此,也会给审美与艺术造成伤害。其一是因为这种形象对于审美者来说太对应化了,往往只起到一个对号入座的作用,最终会使人远离在审美活动中最为根本的鲜活的想象力。其二是因为这种联系太理性化了。艺术的形象感悟力会因此而丧失,并转而成为某种理性认识的代言,像火焰与情欲、狼与贪婪,等等。最终审美与艺术会成为纯意义的领域,出现思想把表象挤在一旁的缺憾。进入20世纪,美学家开始尝试着把审美与艺术从写实的、反映的关系中解脱出来。其美学努力就是把形式本身当作目的,增加形式难度,并且因此而与现实隔离开来。这一点,可以从未来主义绘画中看出。未来主义画家波丘尼就曾介绍说:"如果不同时更新一种艺术的本质,即形成雕塑表面花叶饰的线条和体块的视觉和观念,也就不存在这一艺术的更新。""未来主义绘画超越了有关某一形象中轮廓的富有节奏的连续性的这一形象的绝对孤立观念。"①同时,可以从"陌生化"手法看出。霍拉勃认为:"陌生化行使着两种功能,一方面,该设计揭示了语言常规与社会传统,迫使读者用新颖的、批判的眼光看待它们……另一方面,该设计使人们注意到形式自身,在某种意义上,通过把人们的注意力引向作为一种艺术因素的陌生化过程,使得读者不去留心社会派生物。"②美学家们首先改变形象与现实之间的传统联系,不再关注表象与思想之间的单一的、明确的、固定的、直接的对应关系,而且转而突出过去不被注意的那些联系。其次是对大量的传统的形象加以改造,尝试着把它与其他意义联系在一起。第三是隔断形象与现实的任何联系,为形象而形象,为艺术而艺术,使形象成为一个单独的自足体。我们注意到:新小说派的有意不"触境生情",不"浮想联翩",而是处处向传统的人与自然的观念挑战,破坏读者的阅读习惯,让那些沉浸在传统美学构筑起来的观念中长睡不醒的人清醒过来,冷静地承认面前的陌生世界的存在,承认自己必须以一种新的生存方式来适应之,并且接受新的对于世界的解释,就正是出于这样的美学努力。更有意思的是,当年在建

---

① 波丘尼。见罗伯特·L.赫伯特编《现代艺术大师论艺术》,林森等译,江苏美术出版社1992年版,第59页、第62—63页。
② 尧斯、霍拉勃:《接受美学与接受理论》,周宁等译,辽宁人民出版社1987年版,第295—296页。

造埃菲尔铁塔时,人们本来以为会是一座纪实的纪念碑,应该有精美的浮雕画面形象,而事实上小仲马、莫泊桑等人在上面所看到的却是数千吨大大小小镰刀形的铁板叠成的"一个钢铁怪物"。原来它是把这数千吨大大小小镰刀形的铁板的视觉元素本身——直线、曲线、结构、色彩……当作欣赏的对象。当年莫奈画的各种色调下的草垛,被人们仍旧看成草垛,因此不禁指责:"草垛也是艺术吗?"卢那察尔斯基却在其中看到了"时而庄重,时而欢悦,时而悲凉,时而安宁……的美丽的绘画诗章"。应该说,也是出于同样的美学努力。而一旦隔断了形象与现实的联系,形象就不再是"形象",从而距离类像也就仅仅一步之遥了。再进一步,从现实主义的与现实的完全相关到现代主义的与现实的部分相关到后现代主义的与现实的完全不相关,当这"形象"进而取代了现实,并且就是现实甚至是比现实更现实之时,类像的观念也就应运而诞生了。

  作为新的审美观念,类像的出现,也是审美活动从理性主义走向非理性主义的必然结果。我们知道,在以理性主义为基础的审美活动,是以非功利性、审美距离为中心。缘此而生的形象只能是日常生活的中断,是他性的。而在以非理性主义为基础的审美活动,则是以功利性、无审美距离为中心,不需要中断日常生活,不离开日常生活,是我性的。换言之,假如说形象是理性的对象,那么类像就是非理性的对象。在类像,完成的是一个事物变为事物的形象的过程。在这事物的形象完成的同时,也就是事物丧失之日。"在美国只要你和任何人交谈,最终都会碰到这样一个词,例如说某某的'形象',里根的形象等,但这并不是说他长得怎么样,不是物质的,而是具有某种象征意味。说里根的形象,并不是说他的照片,也不光是电视上出现的他的形象,而是那些和他有关的东西,例如,他给人的感觉是否舒服,是否有政治家的魄力,是否给人安全感等。"[①]这种情况是十分典型的。事物的深邃的

[①] 杰姆逊:《后现代主义与文化理论》,唐小兵译,陕西师范大学出版社1986年版,第190页。

内涵被事物的表面的形象取而代之,没有人去关注形象背后的东西,而且也无法去关注形象背后的东西,因为已经消失了。

这里,需要强调的,是在从理性主义走向非理性主义的背景上出现的典型与原型的美学转换。在传统美学,我们已经熟知,有"理式说""类型说""性格说""共性个性统一说"等说法。其中,最主要的是"类型说"与"典型说"。前者,可以以柏拉图为代表。柏拉图指出:

> 苏:假如画家画了一幅美得绝无仅有的人像的典型,每一笔都画得完好无比,可是他不能证明世界上确有这样的人,你以为这位画家的价值就减低了么?
> 格:并不低。①

这是要在所有的人中整合出神。后者,可以以别林斯基为代表。他指出:"创作的新颖性——或者,毋宁说创造力本身——的最显著标志之一即在于典型性;假如可以这样说,典型性就是作家的徽章。在真正有才能的作家的笔下,每个人物都是典型读者,每个典型都是熟悉的陌生人。""典型性是创造底基本法则之一,没有它,就没有创造。"②但无论如何,理性主义都是其中的逻辑前提。正如黑格尔所强调的:存在属于本质;本质是事物所是的东西;本质必然要表现出来。而典型性格正是本质得以表现出来的最佳途径,强调的是社会内容、人物本质的确定性。理性主义的美学就是通过典型性格来告诉你:"或者这样,或者那样"。这是在个体中创造出神。然而,进入20世纪,上述看法却发生了重大转换,对此,阿兰·罗布-格里耶描述说:"其

---

① 柏拉图:《理想国》,见《欧美古典作家论现实主义和浪漫主义》(一),中国社会科学出版社1981年版,第24页。
② 别列金娜选辑:《别林斯基论文学》,梁真译,新文艺出版社1958年版,第120—121页。

实,传统意义上的人物创造者只能给我们提供连他们自己也不相信的傀儡了。人物小说完全属于过去,它曾标志一个时代,即标志个体至上的时代。……专一的对'人'的崇拜让位于一种更为广博的意识,即一种较弱的人类中心论的意识。小说显得动摇了,因为失去了昔日最好的支架:主人公。它之所以站不住脚,因为它的生命是与一个现时已过时的社会生活联系在一起的。"①现在是存在先于本质,以至现实世界不再是可以解释的,于是认识让位于体验,在写作之前,根本就没有什么预先的意义存在,也没有什么人生秘方、真理,重要的只是作为参与、关照、体验、经历、对话、交流而写作的过程本身。而写作所表现的也完全是人类心灵的交响曲。在这里所有的命运都互相补充、相互交织。结果,从表面上看是没有了人,但是人的情感、人的眼光却沉浸在作品的每一页、每一行、每一个字中,因为它写了人的灵魂,从而打开了人类的内在的眼睛,使他看到了更为丰富的东西(典型性格并不涉及每个人,但是灵魂却涉及每个人),并且更为深刻地理解了自己。阿兰·罗布-格里耶甚至断言:"总之,此刻我所处的社会是一个神话的社会。我周围的一切成分都是神话的成分。"②以荣格为代表的原型说,正是因此而应运诞生。荣格说得十分清楚:"我用它来指一种维持在意识阈下,直到其能量负荷足够运载它越过进入意识门槛的心理形式。它同意识的联系并不意味着它已经被意识同化,而仅仅意味着它能够被意识觉察。它并不隶属于意识的控制之下,因而既不能被禁止,也不能自愿地再生产。这一情结的自主性表现为:它独立于自觉意识之外,按照自身固有的倾向显现或消逝。"③不难看出,在此原型理论的影响下,审美活动必然成

---

① 阿兰·罗布-格里耶:《关于几个过时的概念》,见柳鸣九主编:《二十世纪现实主义》,中国社会科学出版社1992年版,第159页。
② 阿兰·罗布-格里耶。见叶舒宪:《探索非理性世界》,四川人民出版社1988年版,第4页。
③ 荣格:《心理学与文学》,冯川等译,三联书店1987年版,第117—118页。

245

为移位的神话,①也必然向广义的文化领域拓展。总之,对人类潜意识心理的关注,必然使得传统的形象观念出现转型,而类像则正是这一转型中的一个重要方面。

正如形象的与创作相关,作为新的审美观念,类像的出现与复制相关。这无疑与商品性、技术性的史无前例的介入有关。商品性、技术性的介入出现了商品的审美化与审美的商品化、技术的审美化与审美的技术性,其中的核心,都是类像。以技术性为例,在当代的大工业社会和技术社会,审美活动不再仅仅是个人的创作,而且可以成为机械的复制。沃霍尔疾呼:"我想成为一架机器",强调的就正是这一世纪性的审美转型。而本雅明之所以不问"一部作品与时代的生产关系的情况怎样,而想问:作品在生产关系中处于什么地位?"道理也在这里。在此,审美活动不再是对原本的艺术再现,而只是对原本的机械复制。瑞士现代艺术评论家伯尔热指出:

> 我们最有力的观念已失去了它们的支撑物。复制不再像人们所相信的那样(他们从语源学或习惯汲取原则),单纯是一种重复现象;它相应于一组操作,它们像它所使用的技术一样错综复杂,它所追求的目的,它所提供的功能像它们一样多,它们使它成为一种生产……其重要性不仅在于它不一定要参照原件,而且取消了这种认为原件可能存在的观念。这样,这个样本都在其单一性中包括参照其他样本,独特性与多样性不再对立,正如"创造"和"复制"不再背反。②

---

① 需要注意的是,这里的神话是一种新神话。正如戈尔丁所说:"新神话是在旧神话的废墟上建立起来的,它似乎把人们往下带,实际上却是领人们往上走。"(戈尔丁。见叶舒宪:《探索非理性世界》,四川人民出版社1988年版,第4页)这里的"向上走"正是对非理性主义以及新神话的积极意义的描述。
② 见米凯尔·迪弗雷钠:《现今艺术的现状》,《外国文学报道》1985年第5期。

对此,在美学家中本雅明的探索应该说是较早的。他指出:现代社会进入了"机械复制时代",一切艺术品都被通过大批量的复制来加以传播。于是,艺术的本来形态改变了。"复制技术把被复制的东西从传统的统治下解脱出来……它使被复制的对象恢复了活力,这两种进程导致了作为和现代危机对应的人类继往开来的传统的大崩溃。"[1]"技术复制比手工复制更独立于原作","技术复制能把原作的摹本带到原作本身无法达到的地方"。而法国社会学家鲍德利雅尔的研究则更为精辟、深刻。他认为:在审美活动中存在着从"仿制"—"生产"—"类像"的历史演进。不过,需要指出的是,类像本身的从作为现实的反映到与现实毫无关系,并不意味着它不再是一种真实的方式,而意味着它已经是一种比现实更为"真实"的方式,所谓以假乱真的"极度真实"。这无疑与复制的高度技术化秘密相关。与之相关的则是以工具理性取代审美表现性、以机械性取代韵味、以表演取代抒情、以欲望取代激情、以平面取代深度、以复制取代创作,等等。

2

因此,类像的最大特征就是没有原作。正如雅克·莱纳尔所说:"由于成为成批生产的艺术品,它抛弃了孤本或原件的观念。"[2]类像不是模仿现实的,也不是自我创造的,而是没有原本的摹本。对它来说,"真本"与"摹本"之间的区别不再存在,而是模式化与一体化的,唯一性、独一无二、终极价值、深度等都被消解了。就像"万宝路"香烟,只要是冠以"万宝路"标志,就每一根烟都是一样的。我们记得,柏拉图对艺术的憎恶,其中有一个重要的原因,就是怕艺术会成为类像,真正的现实反而因此而不存在了。因为幻觉

---

[1] 本雅明:《机械复制时代的艺术作品》,见陆梅林选编:《西方马克思主义美学文选》,漓江出版社1988年版,第243页。
[2] 雅克·莱纳尔。转引自杜夫海纳主编:《当代艺术科学主潮》,刘应争译,安徽文艺出版社1991年版,第77页。

和现实一旦混淆,人类再也无法确证自己的实际位置。于是,生活从哪里开始,又到哪里结束? 一切都成为未知。不过,类像的出现与柏拉图的担心恰恰相反,是现实早就不见了,类像的出现正是对于这"不见"的揭示。美国的安迪·沃霍尔曾创作了一幅很有名的作品,把名演员玛莉莲·梦露的照片底片复制出50张,深浅不一,色彩不同,就是意在指出:人们信服的事物实在都是虚假的,作为照片的她实际上已成为一种类像。① 当然,类像的出现也可能是对于这"不见"的利用。例如电影、摄影。杰姆逊指出:绘画与电影、摄影的区别与类像有关。看画你可以说这不是现实,但电影、摄影就不同了,距离感的消失使你认定它就是现实。尤其是彩色电影。黑白电影还仍然是为叙事服务的,有中心的情节,细节、道具都是为中心服务的。彩色电影就不然了,画面一下子灿烂起来,观众的感官被吸引住,注意力被分散了,每一细节都可以单独欣赏。因此其中的形象都是不真实的,没有什么历史感,用它来表现历史会使历史变为历史形象,以致最终失去历史(胶片被称为拷贝,但实际上不是摹本,而是类像)。这意味着:在电影、摄影中,形象已经成为类像。审美活动失去了传统的精神之维。

而类像的最为根本的内涵则是传统的"韵味"的消失。所谓韵味,决定于独一无二的存在,与必不可少的距离感。本雅明指出:韵味即在"非意愿回忆之中自然地围绕起感知对象的联想"。"韵味的经验就建立在对一种客观的或自然的对象与人之间的关系的反应的转换上。……我们正在看的某人,或感到被人看着的某人,会同样地看我们。感觉我们所看的对象意味着赋予它回过来看我们的能力。"② 而在当代社会,情况出现了根本的变化。其

---

① 因此,轻易地指责类像没有深度是有失偏颇的。在没有深度的时代,指出深度的欠缺,正是一种深度的表现,并且因此而使得类像的本身获得了一种批判性的价值。而且,越是没有深度的时代,对于深度的欠缺的揭露就越有价值,才越具备积极的价值。

② 本雅明:《发达资本主义时代的抒情诗人》,张旭东等译,三联书店1989年版,第159、161页。译文有改动。

中的原因,与韵味本身的局限有关。这一点,梅·所罗门作出了深刻的揭示:"在大部分艺术形式里,都发生着一场无机物的欲望化过程,一种人与人之间的社会关系的石化过程。人类的感觉,从主体—客体关系("我—你"关系)里退缩回来,注入艺术品之中,这些艺术品也就随之变得神圣化,崇高,被'韵味'所掩盖。"①杰姆逊也指出:"韵味的客体(对象)则可能是一种乌托邦的确立,一种乌托邦的现在,它不是被剥夺了过去而是被吸收了过去,是事物世界上某种充分的存在,哪怕是在极短暂的瞬息之内。"②同时,也与时代背景的根本转换有关。"倘若你在一个夏日的下午,一边休息着一边放眼看地平线上的一条山脉或者一根在你身上投下绿荫的树枝,你就体验到那峰峦、那树枝的韵味。这种形象使人很容易理解韵味在当代衰微的社会基础。"③而在这当中,最为根本的转换无疑就是复制技术的出现。"即使是艺术作品的最完满的复制物,也会缺少一种成分:它的时空存在,即它在其偶然问世的地点的独一无二的存在。艺术作品的这种独一无二的存在,决定了它的历史。"④"人们可以把已被排除掉了的成分纳入'韵味'这个术语之中,并断言:在机械复制时代萎谢的东西是艺术作品的韵味。这是一个有明显特征的进程,其影响范围是在艺术领域之外。"⑤最终,剩下的不是对于韵味的把握,而只是对物的渴望。"这种渴望,就和他们接受每件实物的复制品以克服其独一无二性的倾向一样强烈。这种通过占有一个对象的酷似

---

① 梅·所罗门:《马克思主义与艺术》,文化艺术出版社1989年版,第584页。译文有改动。
② 杰姆逊:《马克思主义与形式》,钱佼汝译,百花洲文艺出版社1995年版,第64页。
③ 本雅明:《机械复制时代的艺术作品》,见陆梅林选编:《西方马克思主义美学文选》,漓江出版社1988年版,第245页。
④ 本雅明:《机械复制时代的艺术作品》,见陆梅林选编:《西方马克思主义美学文选》,漓江出版社1988年版,第241页。
⑤ 本雅明:《机械复制时代的艺术作品》,见陆梅林选编:《西方马克思主义美学文选》,漓江出版社1988年版,第243页。

物,占有它的复制品,来占有这个对象的愿望与日俱增。"①至于所谓"象外之象""言外之意""韵外之致",则全部消失了。

关于传统美学的形象与当代美学的类像,本雅明曾经作过深入的考察。例如,本雅明不但最早地将现代、当代美学的问世与现代复制手段联系起来,而且指出:形象的韵味与最初的巫术崇拜仪式有关,具有膜拜价值,但是艺术一旦被大规模地复制,艺术作品的手工艺技术一旦被大规模的机械技术取代,形象的中心——韵味就被挤掉了。"机械复制在世界上开天辟地第一次把艺术作品从它对仪式的寄生性的依附中解放出来了。……一旦真确性这个批评标准在艺术生产领域被废止不用了,艺术的全部功能就颠倒过来了。它就不再建立在仪式的基础之上,而开始建立在另一种实践——政治的基础之上了。"由此入手,在《德意志悲剧的起源》中,本雅明通过对德国17世纪悲剧的考察,指出了象征艺术与寓言艺术的对比,在《机械复制时代的艺术作品》中,本雅明指出了膜拜价值与展示价值、凝神专注式接受方式与消遣性接受方式的对比,在《发达资本主义时代的抒情诗人》中,本雅明指出了经验与体验,非意愿记忆与意愿记忆的对比,它们之间的差异无疑正是形象与类像之间的差异。

至于类像的形态,则可以说包含了两个方面:或者是同一形象的无穷重复,这一点在电影中表现得最为典型;或者是没有原本的无穷仿制。中国的"世界公园"就是一个复制的典范(它是以类像为特征的)。在这里,能指与所指之间的关系不存在了,一切都是根据对象自身的形象复制出来的。它不再强调物的本质的真实"模仿""再现",而是强调要对于物的形象本身加以"机械复制"。

也因此,类像从形象的与生活现实互为参照转向了自身的互相参照。

---

[1] 本雅明:《机械复制时代的艺术作品》,见陆梅林选编:《西方马克思主义美学文选》,漓江出版社1988年版,第245页。

在这里,一方面,"所指"已死,现实已遭谋杀,另一方面,则是"能指"在自由地四处浮动。这就是所谓的类像。它取代了传统的二元对立,不再反映、代表现实,也不再指涉反映外在世界,而是着眼于创造自身的现实。这样,由于类像不再是被主体观赏的客体,人也不再是主体,它们彼此缠绕在一起,导致了现实与类像的距离的消失。类像成为一部字典,其意义不再取决于外在世界,而取决于与其他词汇的互相指涉和对比。主体、作者已死,阅读被非中心化,已不再客观存在于文本,也不再由作者垄断,而是来回往复于阅读过程。总之,类像已经不能反映现实,只能复制现实,已经喧宾夺主,本末倒置了。最终,因为已无对错的依据,类像甚至进而颠覆我们对"真实世界"的信念。它复制现实,驾驭现实,表现得比现实更真实。其实质是把现实全部抽空了,以表面的形象蛊惑人。海明威《士兵的家》中的克勒布斯从战场回到家乡,发现必须编一些更为迷人的打仗的故事,因为同胞们已听惯了关于战争的虚假故事,就是一个非常典型的例子。

3

类像的出现,有其深刻的社会背景。鲍德利雅尔提示说,在这里存在着一个从生产的社会到消费的社会的转型。我以为,还可以加上一个向媒介社会的转型。在消费的社会与媒介的社会,我们已经开始生活在一个我们自己制造的世界之中。就在20世纪初,"自然"的形象还仍旧是打开审美活动的眼光的钥匙。风霜雨雪,为审美活动提供了无穷无尽的支配性的隐喻。它借助这些隐喻去理解世界,从而提供一种颇具深度的阐释。而现在这种美学观念却暗淡下来,审美活动的内涵已经被无孔不入的超负荷的"符号"取代了。人们像"填鸭"一样被塞饱了刺激。例如,人们是通过一个广泛的滤光镜来看一个建筑物的。这滤光镜包括他们参观过的或在照片上见到过的关于其他建筑物的知识,包括该建筑物外面的广告,包括电影、电视上所看到的形形色色的建筑物。在此之前,眼睛对一件东西只能看一次,耳朵对一件东西只能听一次,每个作品都是单一的,因此眼睛和耳朵都是及物的。"独一无二"就是对于审美对象的最高赞美。现在却不然,审美对象的"独一无二"的性质就在于它能够不断地增殖自身的类像,把几万个重复的类像复制出来,以至于:过去是审美活动源于现实生活,而现在在某种意义上却是现实生活"源于"审美活动了。

就是这样,类像取代个人的亲身经历,成为主要的知识来源。除此之外,已经很难找到独立于类像之外而存在的经验。观众不再是驾驭类像的主体,而是被类像生产出来的存在。在强调形象的时代,客观现实是终极根据。故透视法、解剖学应运而生,意义、深度也成为追求的目标,意在达到一种理性的真实。现在,类像与现实之间的关系却已"本""末"倒置、喧宾夺"主"。现实与非现实的区别不再存在,存在的只是类像。它犹如一部字典,字词的意义不取决于外在世界,而纯粹是与其他字词互相指涉和对比,单一的话语(即罗兰·巴尔特讲的"命名与价值判断同一"的话语逻辑)成为众声喧哗,多种话语被并置在一起,不再是以一种为主,而是对等地和平共处。不同价值体系的话语被并置在同一文本中,各自消解掉自身的统一的确定性的内涵。过去的种种边缘性话语也都希望有自己的话语权,其中的意义也只决定于如何被复制,如何被拼贴、放大、缩小、凑集。"何为本源?""何为原本?"再也无法找到。结果,自然混同于人工,人工混同于自然,世界的一切就无非只是类像,人们也竟然只会享受这既非自然又非人工的类像了。可谓"天下无净土"。

而人们的"享受",无非是为看而看。我们知道,过去是为把握本质而看,因此事实上是一种"读"。现在却只需要看不需要想。因而不再是求知而是好奇。西方学者有一句名言:商品拜物教的最后阶段是将物转化为物的形象。确实如此。在当代社会,一切东西假如需要引起他人的注意,就一定要设法让人能够看到。因为人们只有看见才会愉快。在这背后,是一种物的占有欲望在起作用。它在激发着人们的消费欲望。"人已经创造了一个前所未有的人造物的世界"(弗洛姆),它已经远远地超出了人类的消费需要,为了使这过剩的"人造物"能够被推销出去,就只有通过无限地"撑大"人类的消费需要的胃口的途径来解决——这就是物的形象的出现的原因之所在。例如在广告中的商品的形象就并非反映需要,而是构成需要。是把顾客的幻想包装起来,然后再卖给顾客(其中极端的情形是先把商品的真实意义掏空,然后让商品的形象乘虚而入)。同时,世界的突飞猛进的发展,已经使得人们的实际消费能力根本无法达到或者起码是无法全部达到了。于是,人们转而以幻想的方式去占有之。既然追求不到"幸福的感觉",那么干脆就去追求"感觉的幸福"。而从心理需要的角度看,这种从"幸福的感觉"到"感觉的幸福"的转化也有其根据。在传统社会,由于生产与消费、消费与需要之间的一致性,人们出现的是维持基本需求的简单需要;在当代社会,由于生产与消费、消费与需要之间的逆反,人们出现的却是对于需要的需要这样一种复杂需要、超需要。在传统社会,是对于基本需要的满足,一旦满足,就停止发展,甚至人为地回到开端并重新开始发展。在当代社会,是对于需要的刺激,结果一个需要刺激另外一个需要,并且不断地循环推进,最终干脆以虚拟的需要取代现实的满足。有学者把这种现象归纳为:前者是饥饿产生食物,而后者是食物产生需要。很有道理。因此,不断地好奇就成为当代审美活动中的重要追求,以致大美人像竟会比《蒙娜丽莎》更耐看,摄影也比绘画更受欢迎。我们经常说,当代审美文化的一切都是从视觉开始的,也是通过视觉维持的。对于视觉经验的好奇、体验、消费、描述,是当代文化的重点。这视觉停留在对表层生活的复制上,不是某种形而上观念的转述,观念深度、情感深度、社会深度都烟消云散了。例如现代空间给人的经验就是视觉方面的经验,通过对于这种视觉经验的把握可以发现一种全新的经验方式、全新的意识形态框架。时装表演也如此,它标志着灵魂消失之后的表面化,是当代最好的美学文本和乌托邦寓言。制造时尚是它唯一的使命。至于是否实用、是否可以穿着、是否可以穿出个性之类问题,在它是根本就不加考虑的。在这当中,人类与世界的联系开始为时尚所左右,人成为服装的一部分,高贵的灵魂则干脆被悬搁了,人与人之间的交际为观看活动所取代。似乎丰富多彩的是时装,而不是人。于是,人沦为衣架,至于那些"各领风骚三五天"的影视明星、体育明星,事实上也只是一种视觉方面的时尚的代表而已。

在此值得一提的,是现代语言学的影响。我们经常说,没有空气和水,就没有生命。实际上,没有语言,人类也没有生命。类像的出现,正是对语言意义的确定性和外在性的否认。早在19世纪,兰波就说:不是诗人在说语言,而是语言在说诗人。在20世纪,克罗齐认为语言是历史诞生的前提;罗兰·巴尔特认为语言是人形成的条件;卡西尔认为人是符号的动物;海德格尔认为语言是存在的家园;维特根斯坦认为意义即用法。福科认为不是人说语言,而是语言说人。这,当然就是我们所强调的20世纪美学的语言论的转向,应该说,语言论的介入是美学观念的转型的一大契机。因为传统的美学只关注内在的东西,现在转向外在的语言,无疑就为审美活动走向外在的现实世界打开了一条广阔的道路。同时,从消极的方面说,也可以对语言为传统审美观念所造成的许多混乱加以澄清。不过,这里的语言观念又不同于传统。在传统语言学,是对于语言与现实之间的唯一的对应关系的确认。但是现代语言学发现,在语言与现实之间的唯一的对应关系并不存在,真正存在的是多对多的对应关系。于是,语言转而成为存在的基础,世界转而成为一种无限的文本。世界上的一切都成为文本了,而语境中的一切则都成为互文本。文本性代替了文学性,互文性代替了再现性。任何符号都不再是对现实的再现,而是对于过去已经存在的某符号的再次符号化。所谓"文本间的对话",越来越为人们所提起。这样,传统的客观性和因果性范畴首先受到冲击。伽达默尔指出:"能够理解的存在是语言。"解构主义的名言称"书写仅仅是书写"。德里达说:"不是我在说话,而是话在说我。"在谈到列维-斯特劳斯的研究时,德里达也说:"最令人倾倒的是他对与某个中心、某个主体、某个特殊的参照系、某个本源或某个绝对始基相关的全部东西的公开放弃。"①由此出发,德里达一再强调"再现"实际只是一种补充。它不可能呈现原物之真,不能完全等同于原物,既然不能,就永远存在补充的可能。这样,所谓"再现"充其量也只能是对原物的"补"和"充",只能是原物的补充物。而原物既然总是自然性与人为性的统一,长期以来,彼此就形成了某种同一,自然现实就永远不在场了。原物不存在,存在的只是一个不断补充的过程。结果传统美学总是以为自己在与原物打交道,实际却只是与补充物打交道。对此,中国美学有着清醒的认识。庄子就说:"言者有言,其所言者特未定也。"老子也说:"无名万物之始,有名万物之母。""道可道,非常道。"

不难看出,现代语言学的转向所导致的正是类像的出现。正如哥德尔定理指出每一数学原理都肯定是不完全的一样,语言也是既无"词项"也无"主体"更无"事物"的系统。例如主体就并不存在,所谓"主体"只是由语言确立的。是语言说我而不是我说语言。而且,语言本身也是多样的。维特根斯坦把它比喻为一座语言古城,其中有错综复杂的街道和广场、新旧不一的房屋、大片的新区。"自我"作为中心概念,被拉康贬低为"便利的幻觉""想象的结构"。狄康姆说:"你们都想成为世界的中心,你们必须明白,既没有中心,也没有世界,有的只是游戏。"②正是在这个意义上,我们发现,类像成为自我关涉的语言游戏。它不反映外在现实,也不反映主体情感。艺术家瓦豪说得好:当我照镜子时,我什么都没看见,人们称我是一面镜子,镜子照镜子,能照见什么呢? 这就是类像。传统的形象强调确定性,强调共时性,强调与其他形象的区别。而现在类像则强调非确定性,强调历时性,强调自身的与其他类像的联系。类像在语言之外没有起点,同时,也没有终

---

① 德里达。见王治河:《扑朔迷离的游戏》,社会科学文献出版社 1993 年版,第 74 页。
② 狄康姆。见王治河:《扑朔迷离的游戏》,社会科学文献出版社 1993 年版,第 72 页。

点。类像就是一股川流不息的能指,彼此之间或者存在着直接的互文关系即有意识的文本改写,或者间接的互文关系即无意识的文本改写,如此而已。

进而言之,类像以承认审美观念中的局限性为前提,因此把偶然性带入了美学。在它看来,差异不是同一的原因而是前提。差异性与同一性、多样性与统一性、不确定性与确定性,是同一个事物的两个方面,是事物的两个环节,在过程中存在。所以在注意同质性、统一性、整体性、必然性、连续性、普遍性的同时,也应注意异质性、不统一性、个体性、偶然性、断裂性、非连续性。为了说明被看作中心的事物必须借助被看作边缘的事物,为了完成理论的抽象必须借助理论的消解。换言之,中心必须被边缘所规定,抽象必须被消解所规定。因此,不再追求永恒不变的终极真理,不再将虚设的真理作为崇拜对象,也不再玄而又玄地去设想终极存在,而是通过对整体性的瓦解走向差异性,在与现实的对话中去尝试着理解和解释世界,并且在理解和解释世界中去不断达到真理。类像就是这样出现的。它放弃对同一性、确定性、本质性的追求,转而去追求差异性、不确定性、现象性。不再强调主动与被动,而是强调互动。正如德里达指出的:文本的特定语境不可能凝固文本的意义,当文本置入其他语境时,还有可能衍生出新的意义。类像强调的正是这一衍生的意义。所以对于类像来说,各种角度是互补的,各种观点也是互补的。它们都面对同一对象,但是不能把它们还原成一种单一的描述,而要通过对象的互补互证去呈现对象的动态过程。

4

类像观念意味着西方当代美学本身思考的深入。审美活动是一种符号性的文化活动,其中充满了意识形态问题,意识到这一点,应该说是当代审美观念的转换的一个重要标志。在当代社会生产与消费、需要与消费之间出现一系列的颠倒所导致的意识形态的复杂性,人类生命活动中不但存在着"对象化",而且存在着"颠倒化",由此而在审美活动中所出现的复杂性、内在矛盾以及文化机制,正是类像观念应运而生的深刻背景。在这里,审美的虚幻世界终于被打破,意识形态对于审美活动这"水中之月""镜中之花"的强制性也得以充分暴露出来(回顾一下马克思在经济学中如何分析商品,对于我们如何在美学中分析类像很有启示)。

同时,类像观念意味着西方当代美学对于类像本身对美学的影响的正面与负面的影响的洞察。对此,我们恰恰可以在利奥塔德与鲍德利雅尔的研究中看到。他们都极为关注类像的出现,但是关注点却不同,前者是赞颂,后者却是批评。总的来看,一方面,正如利奥塔德所揭示的,类像结束了形象对于美学的贵族垄断,体现了人类的使美学走向现实生活的努力。马尔罗就曾指出,以大规模复制的方式产生的类像恰恰揭示了被人们忽视的一些方面:细部,或新的角度,它们在一定程度上构成了新的审美对象。在这里,传统的自足、自主的文本观念,文本的作者即所谓创造者和天才的观念,作者个人的主体性以及对文本的权威的观念等都遇到了挑战。形象被真实地还原为文本间的相互游戏,文本边界消除了,每一个文本都向其他文本开放,任一文本与其他文本成为互文本。这无疑打开了我们的美学视野。例如,传统美学虽然也强调文本之间的影响,但是与类像的互文本不同,它注重的是文本与前文本的作者之间的关系,类像则更加重视文本与后文本的读者的关系;它注重的是前文本对文本意义的影响,类像却更注重文本内容被组成的过程;它更为关注的是找出文本的正确意义,类像干脆拒绝这种固定不变的意义,主张语义的流动性;它注重的是一个文本对其他文本的具体借鉴,类像注重的是更为广阔的无所不在的文化传统的影响,或者干脆成为自身自我指涉的、封闭的、自律的类像逻辑的模拟。

另一方面,也正如鲍德利雅尔所揭露的,类像也为人类带来了新的困惑。作为越来越逼真的模拟,它使得自己比现实世界更真实,现实世界则比类像更为陌生。人们开始以此来了解现实,其结果是:现实却惨遭谋杀。同时,出现了类像的暴力、过剩的类像。类像插入现实与非现实之间,一切就都成为它的附庸(整个后现代社会自身的独特语言系统,就是完全按照类像的原则建立起来的)。人类心目中所认定的"现实"无非是重复着类像对现实的解读,与现实完全割裂、疏离。结果在类像利用图像的变幻的同时又遗忘掉任何存在、永恒的东西。虚构的世界取代了现实的世界。类像成为一种"超现实",当年阿多尔诺预言的"生活模仿艺术"现在成为现实,以致明明现实世界已经失去了原创性,而类像却偏偏对此加以掩饰。例如,类像甚至比现实的真实更为真实。这因为,传统的模仿是以理性的尺度来观察现实的,其内在标准无非是人的肉眼,对此,我们可以称之为第一现实。现代的复制对于现实的观察则远远超出了理性的尺度,放大镜、显微镜、照相术、录像机、电影、电视……通过逼真地放大或缩小,把人类肉眼所无法企及的大千世界,诸如心灵世界、情绪世界、幻想世界、精神世界、宏观世界、微观世界(例如指纹上各种线条构成的有韵律的抽象图像,昆虫羽翼上各种色彩与线条构成的美丽图案)、透视世界(不再表现可见之形态,而是表现不可见的隐藏形态)……都逼真地模仿了出来。对此,我们可以称之为第二现实。而且,不难想象,既然对于一切的放大或者缩小都是可能的,那么对于一切的放大或缩小也就都是合理的。于是,私人话语空间与公共话语空间被混同了。暴力、色情、丑恶、残忍、恐怖,凶杀、暴露症、窥探症等禁忌也不再存在。技术就是这样唤起着被传统美学所压抑着的真实欲望。又如,类像还混淆了类像与政治、现实、娱乐、真实、想象之间的区别。连海湾战争也在类像的影响下被看作是一场电视战争,一种景观。再如现代科技的电脑绘画,也是以表面的类像蛊惑人,其实质是把现实全部抽空了,在一定程度上也颠覆了我们对"真实世界"的信念。其中死亡就已不再是人生的真实经验,而成为恐惧、残忍、感伤、悲怆的类像。由此类像甚至成为非人性化的过程。另一方面,面对类像,人类又有可能成为视觉心理上的速食主义者,沉溺于过度的图像化、幻觉化的世界。追求简单、快速、刺激,无需费力,无需用脑,天天"暴饮暴食",想象的空间因此而萎缩(味外之味、象外之象都消失了),成为一味沉浸于观看的颓废者。而且,不思索,故一切都无深度;不回忆,故一切都是新的;不感受,故一切都无意义。它意味着某种普泛化了的集体仿同和闲暇追逐,是精神的松懈而不是精神的执着,并且以被动接受了懒惰的本质。因此,在当代文化中,这种对于平面的追求,多半不是借此得到什么,而是借此忘掉什么。大众就这样成为在观看中遗忘掉自己的一群。在这个意义上,类像的被观看,无异于慢性吸毒。而且,其后果有点像醉汉骑车,醉后一旦失去平衡感,不加速直行就会跌倒,脚一停止车子就会倾斜,结果只好盲目地用力踩蹬,结果车子便越来越快,最终仍难免跌倒。沉沦于类像的社会,其后果也只能如此。由此我们意识到:传统美学的形象只是为了真实的再现或者表现现实,但是类像就不同了,对于它来说,现实根本就不存在。一方面,它是意义的消解,是把事先预设、简化了的意义直接置于自身之中,另外一方面,则是能指与所指的严重分离,从此现实的意义被搁置起来。对于类像来说,最为重要的不是深层的意义,而是表面的幻象,而且是只有表面的幻象。例如封面女郎,就是这种除了美艳其余一无所有的类像,为人们所津津乐道的以炫耀形体为特征的影视明星、体育明星,也是如此。[1]

结果,人类的审美活动陷入了危机之中,每个人固然都在说话,但却说的是谁也听不懂的话。在空前热闹的嘈杂中,同样存在着空前离奇的失语

---

[1] 类像的出现在这个意义上与我一再提及的"看"文化密切相关,在此意义上,类像不同于形象,它不再是思想艺术,而是身体艺术。我们发现,在当代美学中,看文化往往与女性的身体艺术(例如时装表演、电影女明星),与男性的身体艺术(例如体育运动、电影中的武打)直接相关。人们注意到,这些男女明星的照片往往会被悬挂在家庭中,而思想家、科学家的照片却很难被悬挂在家庭中,正与前者是人们生活中的一部分,而并非思想中的一部分有关,而看文化的误区往往也正是这两个方面的延伸。其一,就女性的身体艺术来说,是导致色情艺术,其典范文本是麦当娜;其二,就男性的身体艺术来说,是导致暴力艺术,其典范文本是泰森。有识者倘若循此作深入的文本批评,当会有深刻的洞察。

症。语言与事实的同一性已经全面动摇,语言也不再透明,与跟它对应的事实发生断裂,甚至承载了完全相反的涵义。但人们执迷不悟,还在迷信这所谓的语言。实际上,真正的权威有时竟是类像。类像成为一个现代的"隐秘的说客"。它是一座囚室,无论怎样挣扎也不可能逃出来,尽管它没有围墙。何况,也没有人想过要逃出来。因为每个人都以为自己还在发出自己的声音,却忽视了,只要依赖类像,怎么走路都是不会走上自己的路,甚至搬起石头砸自己的脚却偏偏不知道喊痛。即便反抗,也只是成为新的反讽而已。正如杰姆逊所指出的:最终,"通过艺术的影像语言或者对模式化过去的拼凑来探讨现在,会使现在的现实和现在历史的直接性获得一种光彩美丽的海市蜃楼的魅力和距离。但是,这种使人入迷的新美学方式本身,呈现为一种精心策划的使我们的历史性消逝的征象,使我们以某种积极的方式经验历史的实际可能性消逝的征象。""我们注定要通过自己对那种历史的流行形象和假象来寻求'历史',而那种历史本身永远无法触及。"[①]由此,假如以人们所熟知的那则寓言为例,那么应该说:我们正生活在一个虚构的甚至是为虚构而虚构的时代,一个外表比内容更为重要的时代,因此,目前的问题不是国王没有穿衣服,而是,在衣服之下根本就没有国王!

[①] 杰姆逊。见王逢振等编:《最新西方文论选》,漓江出版社 1991 年版,第 347、350 页。

第三篇

心理取向的重构：审美方式与非审美方式的会通

1

认识·直觉·游戏

我们已经讲到,当代审美观念所出现的重大转型,就是从多极互补模式出发着重从否定性的主题去考察审美活动。具体来说,当代审美观念所出现的重大转型起码表现在三个方面。其一是审美价值与非审美价值的碰撞,其二是审美方式与非审美方式的会通,其三是艺术与非艺术的换位。本篇谈审美方式与非审美方式的会通。

审美方式与非审美方式的会通,包括三个方面的问题。其一是在审美方式的地位方面的审美方式与非审美方式的会通,其二是在审美方式的特征方面的审美方式与非审美方式的会通,其三是在审美方式的性质方面的审美方式与非审美方式的会通。本章首先谈在审美方式的地位方面的审美方式与非审美方式的会通,这就是:从认识到直觉、游戏的转型。

1

也许应该说,传统美学从一开始就蕴含了某种内在的偏颇,因为它把审美活动与认识活动等同起来,认为审美活动只是一种理性思维的形象阐释,而没有能够意识到审美活动应该是一种特殊的生命活动,因此也就更不可能对这种特殊的生命活动作出认真的考察了。

导致这一偏颇出现的原因,无疑应该在理性主义传统中去寻找。对此,我已经在第一篇中作出过分析。简单来说,在理性主义传统,不论其中存在着多少差异,在假定存在一种脱离人类生命活动的纯粹本原、假定人类生命活动只是外在地附属于纯粹本原而并不内在地参与纯粹本原方面,则是十分一致的。因此,从世界的角度看待人,世界的本质优先于人的本质,人只是世界的一部分,人的本质最终要还原为世界的本质,就成为理性主义的基本的特征。而且,既然作为本体的存在是理性预设的,是抽象的、外在的,也是先于人类的生命活动的,显然只有能够对此加以认识、把握的认识活动才是至高无上的,至于作为情感宣泄的审美活动,自然不会有什么地位,而只能以认识活动的低级阶段甚至认识活动的反动的形式出现。当然,这是完全合乎理性主义传统的所谓理性逻辑的。在历史上,我们看到的,也正是这样的情景。可以说,从亚里士多德的"'何谓实是'亦即'何谓本体'",一直到笛卡尔的"我思故我在",都是从理性、本质的角度对于巴门尼德的"能被思维者和能存在者是同一的"这一命题的片面阐释。

在这方面,关于诗歌与哲学的争论颇具代表性。早在公元前,在希腊就存在诗歌与哲学谁更具有智慧的争论,柏拉图称之为"诗歌和哲学之间的古老争论"。柏拉图本人的选择更能说明问题。柏拉图原打算做个戏剧诗人,但是青年时代遇到苏格拉底以后,他把自己所有的原稿都烧掉,并且献身于智慧的追求,这正是苏格拉底舍命以赴的。从此柏拉图的余生就跟诗人奋战,这个战争,首先,乃是跟他自身里的诗人作战。经过那次跟苏格拉底改变命运式的会面以后,柏拉图的事业一步步地进展,可以命名为:"诗人之死"。[①] 对于那场"诗歌和哲学之间的古老争论",柏拉图竟然遗憾自己没能赶上,而从他在著作中罗列的"诗人的罪状"以及宣布的放逐诗人的决定来看,他的立场是十分清楚的。至于亚里士多德,他虽然说过诗歌比历史更富于哲学意味,但这只是为了说明它更接近哲学,而且也只是为了在比附的意义上把它称作一种"比较不庸俗的艺术"而已。假如说柏拉图是在理想中放逐艺术,亚里士多德就是在现实中放逐艺术。直到康德,仍然如此。康德同样贬低艺术。他虽然强调审美活动是某种中介,但之所以要这样强调还是

[①] 白瑞德:《非理性的人》,彭镜禧译,黑龙江教育出版社1988年版,第78页。

为了强调审美活动的相对于理性活动而言的特殊性。确实,他不再强调艺术只会说谎话了,但是也并没有强调艺术可以说出真理。因此,康德对于审美活动的看法实际上只是提供了从另外一个角度去贬低艺术的路子。这种贬低同样出于"诗人之死"的古老传统。黑格尔也是如此。他对审美活动的兴趣,同样是一种"哲学兴趣"——而且连康德还不如(起码莱布尼茨是退回到了把艺术当作认识的预备阶段)。他只是出于一种精神发展的完整性的考虑才把艺术纳入其中(这一点,从他提出的直观—表象—概念与艺术—宗教—哲学的对应可知)。甚至连经验主义哲学大师洛克,在谈到审美活动、艺术的时候,也是如此。总而言之,只有理性本身才是世界的本体、基础。它或者是在客体中表现为必然性,与人对立,或者是在主体中表现为理性,与感性对立。至于审美活动,则只能是一种作为本体的理性世界的附庸的生命活动。因此,"对象的客观合目的性","绝对精神的感性显现",就是它最好的定义。审美活动是认识活动的低级阶段,也就成为对于审美活动的本质规定了。当然,传统美学也可以承认直觉,例如柏拉图,但是却只是出于要证明审美活动不具备尊贵的理性地位的狭隘目的,因此,也就谈不上承认它的独立性、本体地位了。克罗齐指出:西方美学就是以哲学与诗歌的对立为开端的,正是有鉴于此。

值得欣慰的是,这种看法,在20世纪美学中终于遇到了强劲的挑战。

不过,一切的一切还要从康德说起。作为一位真正深刻的美学大师,康德尽管没有能够真正走出传统美学的藩篱,但是却毕竟最早意识到了理性思维的失误。他所做出的本体界与现象界的著名二分,或许无论在什么意义上都应该被视为消解根深蒂固的理性思维的第一声号角。正是康德,导致了传统本体论的终结。他摧毁了人类对传统本体论的迷信,并且只是在界定认识的有限性的意义上,为本体观念保留了一个位置。对此,只要回顾一下康德《纯粹理性批判》一书的"本体论的证明"部分,以及他所强调的:"存在(Sein)显然非一实在的宾辞,即此非能加于事物概念上之某某事物之概念。"①就可以一目了然。对此,尼采可以说是心领神会的:"当此之时,一些天性广瀚伟大的人物竭精殚虑地试图运用科学自身的工具,来说明认识的界限和有条件性,从而坚决否认科学普遍有效和充当普遍目的的要求。由于这种证明,那种自命凭借因果律便能穷究事物至深本质的想法才第一次被看作一种幻想。康德……的非凡勇气和智慧取得了最艰难的胜利,战胜了隐藏在逻辑本质中,作为现代文化之根茎的乐观主义。当这种乐观主义依靠在它看来毋庸置疑的永恒真理,相信一切宇宙之谜均可认识和穷究,并且把空间、时间和因果关系视作普遍有效的绝对规律的时候,康德揭示了这些范畴的功用如何仅仅在于把纯粹的现象,即摩耶的作品,提高为唯一和最高的实在,以之取代事物至深的真正本质,而对一种本质的真正认识是不可能借此达到的:也就是说,按照叔本华的表述,只是使梦者更加沉睡罢了。"②

而在康德关于鉴赏判断的考察中,应该说已经包含了直觉的成分,并且已经开始了对于审美活动的独立性的追求,这一点,如前所述,就体现在康德对于审美活动的"中介"性质的强调上,然而毕竟并非审美活动的彻底性的实现。这原因,无疑与康德哲学的主要目的是为了把"理性"从"神性"中剥离出来密切相关。康德虽然把审美活动作为中介,而且赋予它自己独特的先验原理:"对象的客观合目的性",及其变体"对象的主观合目的性",但毕竟只是中介,没有进而把它推进到独立的审美活动的世界之中。在我看来,康德之所以要通过四个悖论来不无艰难地考察审美活动,奥秘正在这里。因此,康德所考察的问题只是:一方面,通过审美活动,理性的自由原则怎样到达那充满诗意的必然性的王国,理性的原则怎样渗透到感性中去?显然,这是从理性化的角度出发。另一方面,通过审美活动,自然的机械的

---

① 康德:《纯粹理性批判》,蓝公武译,商务印书馆1960年版,第433页。
② 尼采:《悲剧的诞生》,周国平译,三联书店1986年版,第78页。

世界怎样具有道德意义,美为什么是道德的象征？显然,这则是从道德化的角度出发。

康德之后,出人意料的是,黑格尔并没有从康德出发,去完成他的工作,而是逆向而动,把理性思维发展到了极点,构筑了一个泛逻辑主义的美学体系。在其中,理性甚至成为精神实体,而人实际上已经失去了自主、独立、个性,失去了自由,结果就更为严密地窒息了空灵的审美生命。因此,在"绝对正确"的背后又隐含着绝对的错误。不过,革命已经无可避免。稍加审视,就不难发现,与此同时,甚至一些哲学大家也开始把目光投向了理性思维后面的审美之思。谢林把消除一切矛盾,引导人们达到绝对同一体的唯一途径设定为审美直观,甚至宣称:"我坚信,理性的最高方式是审美方式……没有审美感,人根本无法成为一个富有精神的人","不管是在人类的开端还是在人类的目的地,诗都是人的女教师。"[①]席勒则从对于人类的沦为"断片"的生存困境出发,指出通向自由生存之路即审美("游戏")之路,从而在美学史上首次把审美之思提到了与理性思维彼此平等的高度。

不过,更为令人瞩目的还是两位最为当时学界切齿难容的美学家,他们是叔本华和尼采。

叔本华服膺于康德,同时又超出于康德。他与德国几位著名的美学家生活在同一时代,但美学禀赋却又截然不同。对于当时人们所津津有味、争论不休的种种话题,他似乎绝无兴趣,但对理性思维所造成的生命消解却又深恶痛绝。在他看来,最为根本的东西,不是上帝,但也不是物自体,而是生命意志。它不受理性思维的支配,是一种盲目而不可遏止的生命冲动("痛苦")。同时,在本体论上也应该由传统的理性本体论转向现代的生命本体论,这样,一向为人们所奉为唯一的、神圣的思维方式——理性思维也就必然要转向一种新的思维方式——审美静观。在美学史上,审美之思第一次

[①] 谢林。见刘小枫:《诗化哲学》,山东人民出版社1986年版,第35、36页。

凌驾于理性思维之上,并且成为生存的根基。毫无疑问,这实在是石破天惊的发现。如是,西方源远流长的美学理论以及顽强支撑着这一美学理论的理性思维本身,就不能不面对着有史以来第一次发生的认真的挑战。

比之叔本华,尼采虽只是一个后来者,但又实在是有过之而无不及。他同样自觉地拒斥根深蒂固的理性本体论,而瞩目于生命本体论;同样自觉地拒斥理性思维,而瞩目于审美沉醉。在他看来,源远流长的西方理性传统应该一笔勾销。长期以来,人们已经习惯于通过理性思维去追求外在世界,却偏偏遗忘了内在的生命世界。但问题的重要性恰恰在于:人类绝不可以遗忘了内在的生命世界。因此,必须消解掉理性思维并且代之以审美"沉醉",这个沉沦了的世界才能最终得到拯救。"人作为文化的创造者,首先是一个艺术家,然后才是科学意识"(狄尔泰的概括),这就是尼采的结论。不过,尼采又与叔本华不同,后者是否定生命,强调悲观的生命意志,他却是肯定生命,强调乐观的强力意志。然而,也正是因此,尼采也就更为深刻地觉察到了20世纪人类生存中的"颓废"与"虚无"境遇。

2

迄至20世纪,我们看到的更是极为壮观的一幕。值得注意的是,这一点在1900年就已经清清楚楚地显现出来了。就在这一年,胡塞尔出版了他的《逻辑研究》,弗洛伊德出版了他的《梦的释义》,桑塔耶那出版了他的《诗和宗教的说明》……20世纪声名昭著而且一直影响到今天的现象学美学、精神分析美学、表现主义美学、直觉主义美学、自然主义美学,应该说在20世纪初就分秒不差地应运而生。而在这些美学流派纷繁复杂的内容中,我们不难再次谛听到从康德、叔本华、尼采一脉相传下来的主旋律:彻底消解理性主义,使美学真正服从于自己的天命。Iu den Sachen Selbst(直面事物本身),这就是胡塞尔在《逻辑研究》中大声疾呼的一句名言。以他提出的"本质直观"为例,本质而又可以被直观,这在传统的理性思路中是不可想象的。

267

而胡塞尔认为:通过"悬置"和"加括号"的方法,把理性思维放在一边,使人类不再受其所累,就不难达到对"逻辑背后"的事物自身的"本质直观"。为此,他十分强调"幻想",认为"幻想"是构成现象学的关键因素。而诗歌、艺术正是通过幻想而达到本质直观,弗洛伊德则超出理性思维的基础——意识,转而走进了更为深层的无意识,并且从充盈着"焦虑"的无意识深渊的角度重新解释了审美活动,从而也就高扬了人类的审美方式。克罗齐也十分类似。他指出:人类的思维方式应该是两种而并非只有一种,即除了理性思维(逻辑)之外,还存在审美直觉。而且,前者依赖于后者,后者却并不依赖于前者。柏格森以"绵延"来界定对象世界,从而把本体论从实在的、存在的转向生命的、生存的本体论。与此相应,他指出:认识世界的唯一方式,就是审美直觉。至于桑塔耶那,自然也不例外。在"美是客观化的快感"的定义中,同样隐含着对于远远超出于理性之外的全部感性存在的瞩目:"人体的一切机能,都对美感有贡献。"[①]原来如此!

再从19、20世纪之交艺术思潮的演变看,也是如此。与从肯定性主题向否定性主题的转换这一美学潮流相一致,19、20世纪之交的艺术思潮表现为:在内容方面是非道德、非理性、非历史的自我表现,在形式上是非形式的自我表现。无对象的审美,是其根本特征。一方面是消解客体,对世界的否定,一方面是高扬非理性的理性、实体的非理性。具体来说,学术界一般认为:在19、20世纪之交现实主义走向了自然主义,浪漫主义走向了唯美主义、象征主义。印象主义则经过了一个从客观到主观,最终又转化为主观的客观化的过程,其中的内在原因,在我看来,就是源于对非理性的主体的强调,以及对于超出理性思维之上的审美方式的高扬。而从移情说、模仿说到抽象说的转移,同样可以看到,只有当艺术活动与世界之间的关系从认识关

[①] 参见桑塔耶纳(即桑塔耶那):《美感》,缪灵珠译,中国社会科学出版社1982年版,第36页。

系转化为生命关系之时,由我及物的移情才可能被注意到。移情势必是全身心的,因此又有了由物及我的模仿,最终,就导致抽象的出现。它强调非理性的主体可以自由地自我创造审美对象,是对不可表现之物的表现。因此,距审美直觉的出现也就一步之遥了。再如有"意味的形式"以及新批评、格式塔、符号学美学等的出现,也是如此。审美活动一旦成为生命的内在需要,而且是独立的、自足的需要,作品就势必只是与生命的内在体验一致而不再与外在的世界一致(点、线、面、光、色都成为独立于外在世界的存在),这样,就必然转向对艺术的独立与自足的讨论。从美术的角度考察的"有意味的形式",从文学的角度考察的新批评,从形式的表现属性的角度考察的格式塔,从广义的角度即抽象美感与抽象对象考察的符号学美学,都因此应运而生。同样与对于非理性的主体的强调,以及对于超出于理性思维之上的审美方式的高扬密切相关。

在这当中,最值得注意的是克罗齐。从美学史的意义上看,他的美学贡献有其独特之处。在席勒,是通过审美方式(游戏)完成感性冲动与理性冲动的审美融合,而叔本华则是把理性冲动抛在一边,唯独以感性存在为基础,通过审美方式(静观)以达到"弃生"境界,尼采同样是把理性冲动抛在一边,唯独以感性存在为基础,但是方式又有不同,是通过审美方式(沉醉)以达到"乐生"的境界。克罗齐同样坚持了这一高扬审美方式的思路,但是没有采取上述那样两种极端的方式,既不坠入生命之地狱,也不升入生命之天堂,而是就停留于生命之中,去内在地体验生命。当代审美观念中强调在生活中保持一种直觉、体验的心境,强调审美创造与生活创造的同一性的倾向,显然与克罗齐有关。[①] 从美学的意义上看,则正是他,为审美方式的独立地位作出了决定性的贡献。克罗齐把审美活动作为直觉活动从理性活动、

---

① 马斯洛的审美观念类似于克罗齐。只是克罗齐相对于叔本华、尼采,他则相对于弗洛伊德。他同样是在心理的、实体的角度考察生命本身的体验,但却没有了弗洛伊德的悲观色彩,而是代之以乐观色彩,而且同样是强调在生命中内在地体验生命。

道德中剥离出来,确立为独立于理性活动、道德活动的一种活动。这样,直觉就不再是理性、道德的奴仆了,而是审美的源头和唯一源泉。它可以支撑所有审美现象并解释所有审美现象,但却不必为其他原则所解释。而且,既然"人的心灵是一个毫不间断的、永不停息的意识的川流",因此,就应该是认识依赖于直觉,而直觉却并不依赖于认识。必须指出,克罗齐的发现是十分深刻的。它通过消解对象世界的方式,简洁明快地把康德提出的四个悖论统一为直觉。作为理性思维的反题,直觉不再是低级的(黑格尔),也不再是中介的(康德),而成为一种高级的从整体上把握世界的方式。同时,直觉也不同于传统的直觉。因为在传统的直觉那里,只是对一个对象的直觉,是空间化了的直觉。这个空间化的直觉,在古代社会表现为对于一个有限、静态的宇宙的把握(模仿),即通过外在形式去把握世界或者去象征世界,在近代社会表现为对于一个动态、无限的宇宙的把握(想象),此时形式已经无能为力,因此转而强调内在感官(天才)。但是克罗齐的直觉却是时间化的,表现为对于一个相对宇宙的把握。这一直觉是模仿与直觉的断裂的结果,因此不同于模仿、想象。它没有直接的对等对象,而是直觉到什么就是什么,因此根本就不存在什么对象,完全就是心灵的创造。所以克罗齐才会说:"世界全是直觉品,其中可证明为实际存在的,就是历史的直觉品;只是作为可能的,或想象的东西出现的就是狭义的艺术的直觉品。"[1]因此,在康德以及传统美学那里的对象与主体、感性与理性、必然与自由、内容与形式之间的矛盾,在直觉中就不存在了。直觉创造了内容,直觉创造了形式,直觉也创造了美(丑)。于是,审美活动有史以来第一次既不依赖于外部的客体世界的束缚,也不依赖于内部的理性世界的束缚,成为一种独立自主的而且是根本性的生命活动。而且,由此推论,以直觉为满足的精神活动就是表现,

---

[1] 克罗齐:《美学原理·美学纲要》,朱光潜等译,外国文学出版社 1983 年版,第 37 页。

表现的最高境界就是艺术,从直觉—表现—艺术,就构成了一个巨大的研究空白,也构成了一块美学真正可以独享的领地。对它的内容、特征、价值、功能加以考察,就正是20世纪美学的重大使命。

而在这一切背后的,正是关于审美方式的地位的观念的转型。我们看到,不论是叔本华的以"静观"超越"理性",还是尼采的以"沉醉"超越"理性"、柏格森以"绵延"超越"理智"、弗洛伊德的以"无意识"超越"意识",抑或克罗齐的以"直觉"超越"认识"……都隐含着对于审美方式的地位的一种全新的观念。这就是:人类的审美方式不再只是一种认识方式,而是转而成为一种生存方式、超越方式,已经不再是可有可无的东西,而是成为生命存在中最为重要的东西。"我直觉故我在",审美活动成为生命的根本需要,审美方式成为生命的根本方式。这意味着,美学家们开始从超越理性、本质的角度对于巴门尼德的"能被思维者和能存在者是同一的"这一命题中的"能存在者"方面加以阐释。这就是说,开始从非理性的角度去理解人的存在方式。它不再是对"我们"的存在方式的理解,而是对"我"的存在方式的理解。不难想见,既然是"我"的存在方式,那无疑就不是一个思辨的问题,而是一个体验的问题。"我"的存在无法用理性来表达,而只能是一种主观的体验。而且,"我"也不可能与抽象本质等同,不可能以种或者属的形式出现,而只能是个体的,与变化、过程、偶然、死亡息息相关。在这个意义上,人的本质就不再是被理性演绎出来的,而是选择而来的。显而易见,鉴于审美活动与人类的非理性的存在方式的密切关系,这也就必然导致对审美方式的地位的重新理解。

至于审美活动与人类的非理性的存在方式的密切关系的关键所在,无疑应该是情欲、情感。马克思说过:人"是有情欲的存在物,情欲是人强烈追求自己的对象的本质力量"。[①] 皮亚杰更从动力的角度强调说:"当行为从它

[①] 马克思:《一八四四年经济学—哲学手稿》,刘丕坤译,人民出版社1979年版,第122页。

的认识方面进行研究时,我们讨论的是它的结构;当行为从它的情感方面进行考虑时,我们讨论的是它的动力。"[1]事实上,情感是人与世界的根本通道。它的自我实现与否,将会对人本身产生根本性的影响。有史以来,审美活动都是情感的自我实现的载体。杜卡斯就把"对情感的内在目的性的接受"[2]称为审美活动,而科林伍德则指出:"如我们所看到的,一种未予表现的情感伴随有一种压抑感,一旦情感得到表现并被人所意识到,同样的情感就伴随有一种缓和或舒适的新感受,……我们可以把它称为成功的自我表现中的那种特殊感受,我们没有理由不把它称为特殊的审美情感。"[3]在这个意义上,我们可以把内在的情感的自我表现、自我实现以及情感的内部的自我调节而不是外部的人为调节,作为审美活动的根本内涵。在此意义上,尽管在传统美学中,由于理性传统的压抑,作为情感的自我表现、自我实现的终结的审美方式未能受到重视,在19、20世纪之交,由于理性传统的失落,情感的本体地位被极大地突出出来,因此,审美方式的高扬,也就是必然的了。

3

在克罗齐之后,从康德、叔本华、尼采一脉相传下来的主旋律更是响彻西方天宇。经过长期的左拼右突,上下求索,恰似佛教的由小乘而大乘,西方美学也开始日益清醒,逐渐把目标集中在彻底消解理性主义,集中在刻意去探求某种先于对象性思维的审美方式上。在西方美学看来,源远流长的传统美学必须全盘予以重新审视和检讨,长期雄霸天下的理性思维必须彻底予以深刻反省和批判。原因很清楚,甚至也很简单:西方美学一贯以理性思维作为人类最为根本、最为源初的思维方式甚至生存方式,并且在此基础上推演出了数之不尽的美学体系、美学派别,然而,这一切却绝非真实。实

---

[1] 皮亚杰等著:《儿童心理学》,吴富元译,商务印书馆1981年版,第18页。
[2] 杜卡斯:《艺术哲学新论》,王柯平译,光明日报出版社1988年版,第108页。
[3] 科林伍德:《艺术原理》,王至元等译,中国社会科学出版社1985年版,第123页。

际上,在理性思维之前,还有先于理性思维的思维,在传统美学所津津乐道的我思、反思、自我、逻辑、理性、认识、意识之前,也还有先于我思、先于反思、先于自我、先于逻辑、先于理性、先于认识、先于意识的东西。只有它,才是最为根本、最为源初的,也才是人类真正的生存方式。因此,美学也就必须把理性思维放到"括号"里,悬置起来,而去集中全力研究先于理性思维的东西,或者说,必须从"纯粹理性批判"转向"纯粹非理性批判",必须把目光从"认识论意义上的知如何可能"转向"本体论意义上的思如何可能"。

在克罗齐之后的形形色色的美学派别中,我们看到的,正是这样一种共同的美学追求。叶维廉指出:"所有的现代思想及艺术,由现象哲学家到Jean Dubuffet的'反文化立场',都极力要推翻古典哲人(尤指柏拉图及亚里士多德)的抽象思维系统,而回到具体的存在现象。几乎所有的现象哲学家都提出此问题。"①应该说,叶氏的洞见是准确的。

具体来说,弗雷泽、马雷特、列维-布留尔、卡西尔、荣格和拉康是立足于从时间上的"先于"去探求某种先于理性思维的东西。在这方面的探索,甚至可以追溯到18世纪的维科,它对于"想象的类概念"的考察,应该说,开了从时间上的"先于"去探求某种先于理性思维的东西这一路径的先河。当然,与他相比,弗雷泽、马雷特、列维-布留尔、卡西尔、荣格和拉康的工作要更为深刻。例如列维-布留尔通过对于"原始思维"的研究,指出:"在同一社会中,常常(也可能是始终)在同一意识中存在着不同的思维结构。"②并且实证地说明了"原始思维"在时间上的早于"逻辑思维"(阿瑞提在《创造的秘密》中也指出审美活动与"旧逻辑思维"的关系)。例如卡西尔也提出了一种神话的隐喻思维,并且强调:人早在他生活在科学的世界中之前,就已经生活在一个客观的世界中……给予这种世界以综合统一性的概念,与我们

---

① 叶维廉:《比较诗学》,台北东大图书公司,第56页。
② 列维-布留尔:《原始思维》,丁由译,商务印书馆1985年版,第3页。

的科学概念不是同一种类型,也不是处在同一层次上的。它们是神话的或语言的概念。因此,除了纯粹的认识功能以外,我们还必须努力去理解语言思维的功能、神话思维和宗教思维的功能,以及艺术直观的功能。苏珊·朗格在为卡西尔《语言与神话》所写的序言中说:卡西尔要求郑重研究"先于逻辑的概念和表达方式","这样一种观点必将改变我们对人类心智的全部看法。"①确实如此。荣格则一方面继承了弗洛伊德的衣钵,一方面又受19世纪末开始兴盛起来的人类学、神话学、语言学的影响,从集体无意识的角度,论证了先于理性思维的思维的存在。这先于理性思维的思维,在进入文明社会之后,则只能被保护在审美活动之中。至于拉康,则从个体发展的早期状态的角度说明,在婴儿的身上,同样存在着某种先于理性思维的东西。

更多的美学家却"百尺竿头,更进一步",从不同的角度论证说:审美方式不仅仅在时间上,而且在逻辑上就是先于理性思维的。从克罗齐的表现主义美学出发,闵斯特堡从"孤立"角度,谷鲁斯从"内模仿"角度,立普斯从"移情"角度,布洛从"距离"角度论证了审美活动的基本特征。科林伍德则把克罗齐的"直觉"改造为"想象",全面突出了与理性思维的对立。杜威继承了桑塔耶那的衣钵,从"人们经验可以具有美"的角度论证了审美活动的特殊性格。风靡西方世界的现象学也如此:"现象学并不纯是研究客体的科学,也不纯是研究主体的科学,而是研究'经验'的科学。现象学不会只注意经验中的客体或经验中的主体,而要集中探讨物体与意识的交接点。因此,现象学要研究的是意识的意向性活动,意识向客体的投射,意识通过意向性活动而构成的世界。主体和客体,在每一经验层次上(认识或想象等)的交互关系才是研究重点,这种研究是超越论的,因为所要揭示的,乃纯属意识、

---

① 苏珊·朗格。卡西尔:《语言与神话》,英文版序言。

纯属经验的种种结构;这种研究要显露的,是构成神秘主客关系的意识整体结构。"①这种"意识整体结构",正是指的主体与客体同一的意向性活动——直觉。杜夫海纳则从胡塞尔现象学美学起步,指出:"在人类经历的各条道路的起点上,都可能找出审美经验;它开辟通向科学和行动的途径。原因是它处于根源部位上,处于人类在与万物混杂中感受到自己与世界的亲密关系的这一点上。"并且详细论证了审美经验本身的两大方面:"既包括构成审美经验的东西,又包括审美经验所构成的东西。"②作为卡西尔的弟子,苏珊·朗格进一步论证了"常新的、无限复杂的审美活动",在其可能采取的表达方式也有无限多样的变化。至于阿恩海姆所创建的格式塔美学,则别出心裁地从"完形"的角度消解了二分的对象性思维,为审美活动的研究奠定了心理学基础。还值得一提的是维特根斯坦。他所开创的分析美学,以严密的剖解拒对象性思维于美学之外。"凡是不能说的事情,就应该沉默。"Don't think, but look!(不要想,而要看!)你看,维特根斯坦的这一名言与胡塞尔"直面事物本身"的名言又是何其相似!

迄至20世纪50年代前后,从康德、叔本华、尼采一脉相传下来的主旋律尽管仍旧令人瞩目,但是其中的内涵却有了根本的变化。这变化,从"直觉"的范畴逐渐被"敞开""显现""澄明""照耀""呼唤""游戏"等范畴所取代中可以看到。其中的原因,可以从两个方面加以说明。首先,从外部的角度来看,是由于在20世纪初,西方首先将外在的世界消解为虚无。这可以叔本华的"世界是我的表象"为例,它意味着两个东西的消解。其一是外在的对象世界,其二是内在的理性世界。其结果,是人类失去了外在的根本依赖,而只以非理性的实体作为依赖。尼采称之为:"上帝死了"。然而,由于失去

---

① 美国学者詹姆士·艾迪语。参见郑树森:《现象学与文学批评》,台湾东大图书公司1984年版,第2页。
② 杜夫海纳:《美学与哲学》,孙非译,中国社会科学出版社1985年版,第8、1页。

了外在世界,内在的非理性的世界最终也就难以维持。到了20世纪50年代,西方又将内在的非理性世界消解为虚无。其结果,是人类又失去了内在的根本依赖。德里达称之为:"人死了"(作为非理性实体的人死了)。对于前一个过程,我们可以把它概括为从外在的世界到孤独的人;对于后一个过程,我们可以把它概括为从孤独的人到此在。至此,不但理性主体不复存在,非理性主体也不复存在。① 对于非理性的理性、实体的非理性的高扬,转向了对于理性的非理性、功能的非理性的高扬。这一切,积极的意义在于从反主体性深化到了反主体性的基础主客二元,同时真正地把人的自我超越问题提了出来,消极的意义在于事实上又把这些问题推向了无法解决的绝境,而这无论积极还是消极的意义,无疑都会影响及审美观念的转换。

其次,从内部的角度来看,则是由于审美观念的转换所致。具体来说,正如杰姆逊所指出的:"只有透过某种主导性文化逻辑或者支配性价值规范的观念,我们才能够对后现代主义与现代主义之间的真正差异作出评估。"② 那么,代表着20世纪50年代审美观念的转换的"支配性价值规范的观念"是什么呢? 马丁·埃斯林认为:"最真实地代表了我们自己时代的贡献的,看来还是荒诞派戏剧所反映的观念。"③ 这显然是有其充分的根据的。具体来

---

① 例如对于弗洛伊德的作为非理性的主体的无意识的存在,列维-斯特劳斯与拉康就通过语言(与弗洛伊德认为在精神分析中最为重要的考察对象是梦不同,拉康认为最为重要的考察对象是语言。并且把弗洛伊德的组合—移置转换为换喻,把弗洛伊德的聚合—压缩转换为隐喻,从而把结构语言学引入了精神分析学)的中介进而指出:这无意识的存在中还存在着一个内在的结构。而这结构又是与社会文化因素密切相关的。具体来说,列维-斯特劳斯主要着眼于人类群体的心灵结构,拉康主要着眼于人类个体的心灵结构。但是目的都是一个,所谓无意识的存在只是一个构造与结果,而不是一个源泉。这样,弗洛伊德的作为先天的人的本质的无意识的存在就被否定了。
② 杰姆逊:《晚期资本主义的文化逻辑》,张旭东译,三联书店1997年版,第432页。
③ 马丁·埃斯林。参见伍蠡甫主编:《现代西方文论选》,上海译文出版社1983年版,第357页。

说,从审美方式的角度来看,荒诞,意味着无主体的审美、虚无的审美。在20世纪初,审美方式与非理性的实体密切相关。或者说,是以非理性主体作为唯一的支撑。这样做,固然是禀赋着以一个内在的形式世界去抵制外在的异化世界的良好期望,然而由于这是建立在对整个客体世界的否定的基础上的,因此对于非理性主体的高扬实际上同时就是对它的消解。我们在现代美学中所看到的不断内缩、不断向内转的趋势,就是出于这一原因。① 最终,非理性主体一旦耗尽,就必然窘迫地发现:非理性主体也是不真实的。于是,相当一部分人陷入了精神上的绝望。嬉皮士、垮掉的一代、朋克的出现,可以作为典范的例证。在绝望中,他们失去了信心,干脆对文明及其一切大打出手,然后就抽身遁入伊甸园之门。

然而,伊甸园之门却根本就不存在。那么,新的出路何在?在更多的美学家那里,"敞开""显现""澄明""照耀""呼唤""游戏"等范畴由此应运而生。这意味着:这一时期,美学家纷纷从非理性主体再向后撤,毅然举起了反对唯我论、超越主客二元的旗帜,在这方面,海德格尔的看法堪称典范。我们知道,西方对于审美方式的内在奥秘的真正觉察,是从康德的真正把审美方式与自由联系起来加以考察之时开始的。所谓自由,我们可以理解为在把握必然的基础上的自我超越。传统美学也并非就不把对于审美方式的考察与对于自由的考察联系起来。但是在他们那里,自由意味着对必然的把握。因此,从认识方式的角度去理解审美方式,从必然、一般、本质、历史、世界的角度去理解审美方式,在他们来说,就是必然的。而从康德、席勒、叔本华、尼采开始,却转而从自我超越的角度去理解自由之为自由。这无疑是登堂

---

① 因此,现代美学与传统美学有着重大区别。例如对于客体对主体的依赖关系的强调;例如艺术的形式不再不以人的意志为转移,而是开始以人的意志为转移;例如从传统美学的对于人的主人地位的美化到对于人的可悲处境的揭露;例如从人只是社会关系的不自觉的产物到自觉地意识到异化,而且自觉地反抗着这异化,从对于物质困境(政治压迫、经济压迫)的揭露到对于人的精神困境的揭露,等等。

入室,真正地把握了自由的内涵。这种转向的真正完成,是在20世纪50年代,它意味着从不但超越理性而且超越非理性的生存方式的角度去理解审美方式,从不但超越理性而且超越非理性的偶然、个别、现象、可能、自我的角度去理解审美方式。结果,自由第一次成为超出于必然性的东西。它并非逻辑所可以论证,也并非理性所可以阐释。换言之,自由在必然性、逻辑、理性之外。而海德格尔的重大贡献,恰恰在此。

在海德格尔看来,与从理性的角度来理解的人相比,人之为人的奥秘要更多一些,与从非理性的角度理解人相比,人之为人的奥秘要更少一些。由此出发,他从既非理性实体,也非非理性实体的角度,提出了一个区别于"理性的人"和"孤独的人"的新范畴:"此在"。并且,融合此前的全部研究成果,建立了自己的基本本体论,以区别于传统的一般本体论。在他看来,最为值得注意的不是存在物,而是存在。

> 万物与我们本身都沉入一种麻木不仁的境界,但这不是单纯的全然不见的意思,而是万物在如此这般隐去的同时就显现于我们眼前。①

这个"如此隐去"却又"显现于我们"的,就是存在。它代表着人与世界之间的一种更为根本、更为源初的关系。而要使存在彰显出来,恬然澄明,就必须要把存在延伸到个体的感性存在之中,或者说,个体的人必须主动站出来生存,主动承当这一切。然而主客二元的理性思维却把这一切统统遮蔽了起来,存在因此也不得不抽身远遁。这样,要重返真实的生命存在,就必须走出主客二元的模式,"站出自身""站到世界中去"。由此,他提出了由此在与世界所构成的"在之中"这一人与存在一体的思路。这个此在与世界所构

---

① 海德格尔:《形而上学是什么》,见洪谦主编:《西方现代资产阶级哲学论著选辑》,商务印书馆1982年版,第350页。

成的"在之中",是"存在的敞开状态",是二元对立的超越,不同于传统的二元对立基础上的主体与客体所构成的"在之中"(那是彼此外在、相互对立的两个实体,存在着空间关系),而且前者先于后者。前者是超出于必然性的领域,后者是必然性的领域(在必然性领域并非不能达到主客统一,但那只是外在性的,只是对必然性的认识)。前者涉及的是超必然性的自由情感,后者涉及的是必然性的自由知识(这使我们意识到,康德之所以提出限制知识,就是在强调真正的自由是在知识之外的,只有超出知识,才能面对自由)。前者不是理性思维为基础的认识活动,然而,也不再是以非理性思维为基础的直觉活动,后者却只是理性思维为基础的认识活动,或者是以非理性思维为基础的直觉活动,对此,乔治·斯坦纳有着深刻的颖悟:"思基本上不是分析而是怀念、回忆在,从而把在带入发光的显示之中。这样的怀念,海德格尔奇怪地再次拉近于柏拉图——是前逻辑的。因此,思想的第一法则是在的法则,而不是逻辑的某个法则。"[1]所谓审美方式(怎样是),与前者有关,而认识方式(是什么)则与后者有关。因此,审美方式超出知识,也超出主客二元,但是又并非抛弃知识与主客二元,而是高出于它们。它从根本上超出于主体与客体、有限与无限、现实与理想、经验与超验之类的对立。正是通过审美方式,存在之为存在出场,彰显自身,趋达恬然澄明之境。

毋庸置疑,海德格尔的贡献是极为重要的。因为,直觉虽然开风气之先,但是却毕竟是依赖于对客体的否定和对非理性主体的高扬,例如在叔本华那里"我思"变成"我"即意志,在尼采那里干脆就是"我来了,我征服,我胜利"(尼采),同样都是只有非理性而没有理性,客体的一方被消解了。其中的缺点已如前述。而从海德格尔开始,这一缺陷开始得到纠正。在海德格

---

[1] 乔治·斯坦纳:《海德格尔》,阳仁生译,湖南人民出版社1988年版,第175—176页。

尔,是把这主体往客体的方向转化,所谓"主体的退让"。① 这正是对于从生命哲学开始,又在柏格森、克罗齐思想中得以发扬的单一非理性的抑制。于是,人只是"存在得以呈现的场所",成为存在的牧羊人。在这里,人不再是任何的"什么",而就是"是"。他既不在逻辑之先,也不在时间之先,而是就在时间之中,最终从"能被思维者"走向了"能存在者",从知识世界走向了自由境界。至于审美方式,也已不再通过直觉以及表现、符号等方式出现,因为这都是奠基于情欲、情感、生命力的基础之上的,在海德格尔看来,它们都是一些先在的东西,真正的人应当是一个一切尚付阙如的"此在",审美活动就产生于这一"此在"向真正的存在敞开、显现的澄明状态之中。结果,在这里,此在不是被决定、被限制的东西,而第一次成为自我决定的东西。他设法寻求着人与世界的和谐、主体与客体的和谐、人与自然的和谐,同时也避免了两个方面的失误,既没有像理性认识那样把我抽象为我们,也没有像非理性的直觉那样把我逼入自我封闭的险境,这是后期工业社会相对于20世纪之初的对于早期工业社会的异化的反抗,我们可以把海德格尔的探索看作20世纪中叶开始的对于后工业社会的异化的再次反抗的先声。当然,这反抗并非问题的真正解决。因为它虽然否定了非理性主体,但是却把自由的内涵即自我超越与自由的条件即对于必然性的把握割裂了开来,因此也就仍旧不能达到与客体世界的真正统一。结果,所谓审美方式,必然同时就是荒诞的展示方式。

从海德格尔开始,我们发现:审美方式往往建立在"被抛""怕""畏""虚无"的基础上,原因就在这里。取"直觉"而代之的"敞开""显现""澄明""照

---

① 在胡塞尔,是把它还原到了"前我思"的纯粹意识状态,同时把主体方面的理性搁置起来,但也不承认物质存在的第一性。于是把客观的世界也搁置起来,回到事物本身,尽管回到的却是纯粹意识这种我思前的我思。这样,主体的主体性的霸主地位被削弱了,又设想了"主体间性"这东西,以便承认"他者"的地位和存在的不可取消性。

耀""呼唤""游戏"等范畴,都是以虚无为根据,以无为依托,并且由此出发去寻找人之存在的意义,或者说,都是以审美方式作为意义寻找的方式、途径。当然,它已经不再像直觉那样是象征的,而是隐喻的、呈现的。因此,它立足于暴露非理性主体的全部否定的性质:孤独、绝望、无助,并且对这种否定性的主体加以全面的肯定。这意味着:过去没有意识到非理性主体的虚无,现在却完全意识到了。既然世界根本就没有意义,既然人毕竟还是要在这无意义的世界中存在,同时毕竟不能永远生存于无意义之中,因此就总是要为自己找到存在的理由。唯一的可能就是:行动。不论行动会具有什么本质,只要行动,就有了寻找本质的可能性。行动是人的存在获得肯定的唯一方式。萨特说的"人被判定是自由的"与"绝望者的希望",就是这个意思。其典范的例子是西西弗斯,做不到也要做,选择就是自由。在寻找意义的过程中寻找意义,于是,重要的就不再是逃避无意义,而是在选择中揭露这无意义。当代文学中的"反英雄"大量出现,以及卡夫卡的《诉讼》、约瑟夫·海勒的《第二十二条军规》,无疑都以这一审美方式为背景。在萨特那里,"虚无"并非一个消极的范畴,所谓"虚无"就是"非存在"。它不是是其所是,而是是其所不是,也不是对现实生活、生命的绝对否定,而是对现实生活、生命的绝对肯定。正因为什么都不是,所以就什么都可以是。这显然给每一个人去成就任何事业以巨大的鼓舞。联想到佛教的"缘起""性空",对萨特的"虚无"当不难理解。"天高任鸟飞",在这里,审美方式就是自由方式,既然所谓本质是通过不断地选择而达到的,那么,重要的就不是什么是本质,而是不断地去选择本质。长期以来为传统美学所忽视了的偶然性、过程、创造、不确定的一面,因此而获得阐释。这无疑是积极的。正如萨特所强调的,人的存在是自由的。然而,由于离开了自由的条件即对必然的把握,我们又可以说,这实际上又是一种无意义的选择。在这个意义上,又正如加缪所强调的,人的存在是荒诞的。

这正是我们在 20 世纪 50 年代以后所看到的审美方式的另外一面。与直觉相比较,不难发现,直觉是在"破碎的意象堆积"的背后,还希望建立终极理想、终极意义,现在则干脆是历史的断裂化,时间的空间化,意象的离散化;直觉在内容上固然是非逻辑的,但是还存在着一个有机的整体形式,但是现在连有机的整体形式也消失了。这是因为,20世纪50年代以后,在对审美方式的考察中,一方面,是对于内在非理性实体的否定,但另一方面,尽管竭力向外转,但又无法真正地转向客体世界,因为一旦以非人的面目冷漠地面对世界,世界也只好冷漠地面对人。这就是阿兰·罗布-格里耶所看到的:"但在我这里,人的眼睛坚定不移地落在物件上,他看见它们,但不肯把它们变成自己的一部分,不肯同它们达成任何默契或暧昧的关系,他不肯向它们要求什么,也不同它们形成什么一致或不一致。他偶尔也许会把它们当作他感情的支点,正像把它们当作视线的支点一样。然而,他的视线限于摄取准确的度量,同样,他的激情也只停留于物的表面,而不企图深入,因为物的里面什么也没有;并且也不会作出任何感情表示,因为物件不会有所反应。"①这,也就是现象学、阐释学的对意义本原的怀疑,以及法兰克福学派的对意义本原的绝望。这样,就只能转入在其中人的荒谬性和世界的无意义同时得到了前所未有的揭示的荒诞的审美方式。它从自我变为非我,从人变成非人,从人与物的世界变成物与物的世界。物与人物行为之间的统一性也丧失了(例如阿兰·罗布-格里耶的《窥视者》),叙事也转向客观化、非情感化。显然,它充其量也只是一种绝对不自由中的绝对自由,并非面对异化世界的巨大困惑的正确解决。不过,这种解决方式本身却毕竟已经区别于直觉。它是面对意义的缺席、面对无处可逃所采取的一种嘲笑的态度,所谓一笑了之。这样,正如利奥塔德指出的:以直觉为代表的审美方式是把"不可表现的东西当作失却的内容实现出来",而20世纪50年代以后的审美

---

① 阿兰·罗布-格里耶。见伍蠡甫主编:《现代西方文论选》,上海译文出版社1983年版,第319—320页。

方式(游戏)却是把"不可表现的东西"用"排斥优美的形式的愉悦"的方式实现出来,而且,其目的"并非为了享受它们",而是为了"传达一种强烈的不可表现之感"。简而言之,假如说以直觉为代表的审美方式是对不可表现之物的表现,那么现在就是对于不可表现之物的不可表现性的承认。

4

我们看到,通过审美方式(传统的)与非审美方式的会通,当代美学建构起了一个关于审美方式的地位的新观念。这就是:审美方式的从认识方式向生存方式的转移。这转移,无疑给我们以重大启迪。

首先,审美方式的从认识方式向生存方式的转移使我们意识到:在当代社会,审美方式已经不仅仅是反映、再现、表现,而被赋予了更为重要的使命。它禀赋着人类自我超越、自我复归的天命。胡塞尔说人是意义的源头,海德格尔说人是存在的澄明之所。而现在存在的意义却被"客观主义的思维方式"所一笔勾销,存在的澄明之所也被"对思想的技术性阐释"所遮蔽。当代文明造成了人与现实、生活、物质的空前接近,但是"接近"并非"亲近",而且恰恰是在"接近"中人与世界空前地被疏远了。置身于20世纪,却要掉过头来去寻根,这无非是因为已经失去了根。置身于理性世界之中,却要掉过头来去寻找感性世界,也无非是因为已经失去了感性世界。在当代,感性之所以越来越重要,无非是因为它越来越成为问题;感性之所以一再被关注,也无非是因为它一再被丧失。值此之际,人类所关注的,已经不是距离的"接近",而是存在的"亲近"。然而,生命存在已经成为"断片"(席勒)、"痛苦"(叔本华)、"颓废"(尼采)、"焦虑"(弗洛伊德)、"烦"(海德格尔),怎样才能回到对于存在的"亲近"?于是,当代的美学家纷纷给出了自己的答案:"游戏"(席勒)、"静观"(叔本华)、"沉醉"(尼采)、"升华"(弗洛伊德)、"回忆"(海德格尔)……由此,审美方式的地位便得以空前地提高(值得注意的是,几乎所有的存在主义者在追问了存在之后,都走向了审美)。在我看来,"歌即生存"(荷尔德林),以审美之路作为超越之路,以审美方式作为自我拯救的方式,通过审美方式去创造生活的意义,以抵御技术文明的异化对人的侵犯,强调人的感性、生命、个体、生存与审美方式的关系,这无论如何都是极为值得关注的。因为,正是它,提醒着人类既不"逐物",也不"迷己",回到人的自然,回到物之为物的物性和人之为人的人性,当然,另一方面,审美方式又毕竟不是万能的。正如我在前面已经剖析过的,文明使人人化,使人成其为人,但是文明也使人异化,使人不成其为人。文明只能通过压抑人性的某个方面的方式来发展人性本身。因此,文明自身无所谓异化。文明的异化来自人的自我异化,即文明本来是为人自身创造的,结果却成为人的异己力量(文明拜物教),其中包括文明对物的自然的束缚和文明对人的自然的束缚。而这就有必要根据个体感性的需要重塑文明。这个工作,离开了实践活动本身,是不可想象的。从文明的异化中复归,是文明的延续,而不是文明的中断;是文明的进步,而不是文明的落后;是文明的发展,而不是文明的毁灭。因此,克服文明的异化的最有力的武器,事实上还是文明本身。而这就离不开实践活动。离开了实践活动,走向文明会使人异化为天使,回到自然则会使人异化为野兽。而当代美学的最大缺憾则恰恰是对于实践活动这一根本环节的无视,这样,其中存在的美学乌托邦、审美乌托邦、审美主义倾向,又是我们时时需要加以高度警惕的。①

其次,审美方式的从认识方式向生存方式的转移,意味着它开始与自我

---

① 我多次指出:与现代性对于人性的无情侵吞这一负面效应进行殊死抗争的审美主义思潮,是20世纪最为重要的美学现象。就其源头而言,应该说它开始于卢梭,荷尔德林、施莱格尔、诺瓦利斯等人,都曾率先响应。而最早在美学上为其奠定理论基础的,无疑是康德。康德之后,费希特、谢林、席勒、叔本华、尼采,都是极为重要的提倡者。而卢卡契,则是把审美主义引入马克思主义美学的第一人(法兰克福学派均步其后尘)。在此之后,审美主义就在20世纪蔚为大观,其中,包括西方的艺术实验(例如现代主义与后现代主义),也包括东方的政治实验(例如中国的文化大革命)。其中的美学内涵极为丰富,亟待认真考察。

超越密切相关。假如说,在传统美学中人类是走向了自由的一极,即自由的条件一极,在当代美学中人类则走向了自由的另外一极,即自由的理想一极。这使得它不再是认识自由,而开始体验自由。或者说,它本身就成为自由。于是,审美方式与超越性的关系就不能不引起我们的高度重视。由此入手,直觉性、创造性、愉悦性、无功利性,都可以得到深刻说明。不过,这里的超越性又不同于传统美学所强调的超越性。它关注的不是一事物与其本质之间的关系(庄子称之为"以物观之,自贵而相贱"),而是一事物与其他事物之间的关系(庄子称之为"以道观之,物无贵贱"),我想,是否可以理解为,是对于系统的把握。换言之,假如传统美学所谓的超越性是执着于在场的东西(所以才要借助思维、概念),当代美学则执着于不在场的东西,或者说,执着于在场者与不出场者的关系(这类似中国的"隐"与"秀"、"形"与"神"、"意"与"境")。不是确定性而是不确定性,不是现实性而是可能性,不是同一性而是差异性,成为关注的中心。审美方式也因此而超出思维所能达到的可能性,超出亚里士多德所强调的"可能发生的事情""应当有"的样子,而达到思维不能达到的可能性。而从方式的角度看,它完全是一个功能中心,不排斥思维,但是又超越思维。不是无家园,但却是以无家园为家园,也不是无理想,但却是以无理想为理想,所以后期维特根斯坦竟然会说,不妨一边玩一边制定规则,甚至一边玩一边修改规则。所谓"家族相似"。德里达则甚至说游戏规则就是"自由游戏"的一个组成部分。因此,置身于当代的审美方式,很像是置身于一种围棋的境界:根本没有一个中心(传统美学则像象棋,始终存在一个中心)。但无中心即多中心,到处都不在,实际上也就是无处不在。结果,这种审美方式就成为一种边缘性的审美方式,正如人们常说的那样,它不关注他人的眼光,因为自己也是眼光;不承认法则,因为自己就是法则;不模仿世界,因为自己就是世界。而且在边缘已经无路可走,因为,自己的行走就是道路。

再次,审美方式的从认识方式向生存方式的转移还意味着,超越主客二元的提出无疑是十分重要的。它意味着审美活动从主客对峙的关系回到了超主客对峙的源初的关系。杜夫海纳指出：

> 在审美经验中，如果说人类不是必然地完成他的使命，那么至少是最充分地表现他的地位，审美经验揭示了人类与世界的最深刻和最亲密的关系。①

这个发现对人们正确认识所谓"源初的关系"很有帮助。在这里，"源初"并不是指原始，而是根本。它强调：从被主客对峙关系抽象化、片面化了的存在，重返超越它的丰富多彩的感性之根。只有如此，才能建构起"人类与世界的最深刻和最亲密的关系"。同时，还意味着审美活动从彼此的认识回到相互的对话。由于从主客对峙的关系回到了超主客对峙的源初关系，物我之间就不再是一种对象性的"我—它"关系而是一种非对象性的"我—你"关系。联想到杜夫海纳所发现的："意向性就是意味着自我揭示的'存在'的意向——这种意向，就是揭示'存在'——它刺激主体和客体去自我揭示。""它永远表现客体与主体的相互依赖关系"②。我们当不难悟出其中的深刻意蕴。杜夫海纳又说：

> 价值表现的既非人的存在，也非世界的存在，而是人与世界间不可分割的纽带。
> 我在世界上，世界在我身上。③

这使我们意识到：物我双方的融契所联接的，也并非别的什么，而是一根最

---

① 杜夫海纳：《美学与哲学》，孙非译，中国社会科学出版社1985年版，第3页。
② 杜夫海纳：《美学与哲学》，孙非译，中国社会科学出版社1985年版，第52页。
③ 杜夫海纳：《美学与哲学》，孙非译，中国社会科学出版社1985年版，第33页。

具人性的审美纽带,一根确证着"人与世界之间不可分割的纽带"。正是这一纽带,导致了当代的审美方式的出场,或者说,使当代的审美方式成为可能。

因此,当代的审美方式的诞生意味着消解了理性思维的魔障,从形形色色的心灵镣铐中超逸而出,并且转而以活生生的生命与活生生的世界融为一体,所以,人才得以俯首啜饮生命之泉,得以进入一种自由的境界,得以禀赋着一种审美的超然毅然重返尘世。杜夫海纳就十分强调审美主体与审美对象、"知觉"与"知觉对象"、"内在经验"与"经验世界"的"不可分",强调审美活动"所描述的事物乃与人浑然一体的事物",主张"追源溯源,返归当下,回到人与世界最原始的关系中",并且大声疾呼:为了方便说明,我们立刻就提出现象学的口号:回到事物本身。① 胡塞尔也强调人应该从我思中超逸而出,回到"那种未经污染的原初状态"中,寻找"纯粹内在意识",对万事万物进行"本质直观"。梅洛-庞蒂同样指出:

  回到事物本身,那就是回到这个认识以前而认识经常谈起的世界,就这个世界而论,一切科学观点都是抽象的、只有记号意义的、附属的,就像地理学对风景的关系那样,我们首先在风景里知道什么是一座森林、一座牧场、一道河流的。②

海德格尔则强调人必须"出到自身之外去","回到无典可稽的起点"上去,因为"最初的'无典可稽'的东西,原不过是解说者即人类的不证自明的原初经验"。白瑞德对此曾作过详瞻剖析,他指出:

---

① 参见杜夫海纳:《文学批评与现象学》,载杜夫海纳:《美学与哲学》,孙非译,中国社会科学出版社1985年版。
② 梅洛-庞蒂:《知觉现象学》英文版前言。

在海德格尔看来,人与世界之间并没有隔着一个窗户,因此也不必像莱布尼兹那样隔着窗向外眺望。实际上,人就在世界中,并且与世界息息相关。故"现象"这个词——时至今日,这个词已经是所有欧洲语言中的日常用语——在希腊文里的意思是"彰显自己的事物"。所以,在海德格尔来讲,现象学的意义就是设法让事物替它自己发言。他说,唯有我们不强迫它穿上我们现成的狭窄的概念夹克,它才会向我们彰显它自己……照海德格尔的看法,我们之认识客体,并不是靠着征服式击败它,而是顺应其自然,同时让它彰显出它的实际状况。同理,我们自己的人类存在,在它最直接、最内部的微细差别里,将会彰显出它自己,只要我们有耳朵去聆听。①

这意味着,不是我思故我在,而是我审美故我在。它是人之为人的根本,也是人类根本的存在。人正是最为根本、最为源初、最为直接地生存在审美活动之中,才最终地成之为人。当代美学对于审美方式的地位的关注,实际上是人类自身生存方式上的美学革命,是人类精神生命的自由、解放。道理很简单,"我思"只是在"我审美"的基础上,对人与世界的某一方面的描述、说明和规定。它并非人类生存本身,而只是人类生存的一种工具、手段。任何一种审美对象,与审美自我都禀赋着一种全面的、丰富的关系,一旦把它放在理性思维的层面上,不论"是什么",都是一种割裂、歪曲、单一的处理,都会导致全面的、丰富的关系的丧失。只有把"是什么"加上括号,根本就不关注它"是什么",而是直接回到主客同一的源初层面,审美对象才会真实显现出来,审美自我也才能在全面的、丰富的关系中体验到真实的生命存在,体验到一种精神生命的自由、解放。正像杜夫海纳指出的:"我在认识世界之前就认出了世界,在我存在于世界之前,我又回到了世界。""我们不妨滑稽

---

① 白瑞德:《非理性的人》,彭镜禧译,黑龙江教育出版社1988年版,第216页。

地模仿康德有关时间的一句名言,说:我在世界上,世界在我身上。""我出现在世界上,但好似在我的祖国。所以我能够赞成世界。"里尔克借俄耳甫斯说:"这里的存在就是辉煌。"①

2

距离与超距离

1

从审美方式的特征的角度,强调审美活动与现实活动之间的距离,强调审美活动的间接性(这间接性不同于布洛提出的"心理距离"),是传统审美观念的重要特征。这一特征,与传统美学的理性主义基础密切相关。

传统美学以理性主义为基础,正如康德指出的:美感是一种"反思性"的判断力,它是美感产生的必要条件。"如果那普遍的(法则、原理、规律)给定了,那么把特殊的归纳在它的下面的判断力就是规定着的。……但是,假使给定的只是特殊的并要为了它而去寻找那普遍的,那么这判断力就是反省着的了。""美直接使人愉快(但只是在反味着的直观里,不像道德在概念里)。"②显然,在传统美学看来,美感与理性是密切相关的。在这当中,对于感觉器官的不信任,是其中的奥秘之所在。在传统美学,审美主体成为一面中了魔法的镜子(透视镜),其中的一切都打上了美的、理性化的底色。眼睛则成为这面镜子的透明的中介。只有当被看的东西与看发生了分离之后,

---

① 杜夫海纳:《美学与哲学》,孙非译,中国社会科学出版社1985年版,第26、33、50页。
② 康德:《判断力批判》上卷,宗白华译,商务印书馆1985年版,第17、202页。

才有所谓"物"的出现。看因此而失去了直接性。我使用的是"我们"的目光,它已经把我的目光组织进去了。只有当我站在环境和历史之外的时候,才有可能去客观审视对象;也只有当我学会把自己当成主体,从客体中自我分离的时候,才有可能回过头来客观地审视对象。传统美学意义上的审美活动正是这样发生的。结果审美活动成为固定距离之外的理性"阅读"。审美客体也如此。所谓审美客体,是在传统哲学的"客体"的基础上形成的。这"客体"完全是独立于人之外的。17世纪的英国哲学家霍布斯提出"空间是心外之物的影像""时间是运动先后的影像",在这里空间、时间就都独立于人之外,毋须人的参与,与人构成的是一种外部关系而并非内部关系。客体也是如此,由于人与自然的对立,外在对象成为人类的认识对象,它需要人类站在外面去冷静认识,需要人类与之拉开一定的距离。在审美客体也如此。它是通过外在世界表象的收集乃至整理、提高、升华、提炼而创造的一种美的形式。可以看作审美者对现实的形象认识,而并非审美者对现实的情感体验。因此它要求远远站在世界外面去观察,而不是潜入其中去感受。"对于艺术家来说,想象并不是刺激他去想到一些东西,而是要把这些东西像他心中所想的那样去组织起来,从而按照他自己的打算使之形成画面,形成为形象。"[①]这样,审美客体的实现实际是在与心理体验分离的条件下出现的,是由外及内、由表及里地加以整合的结果。由此我们看到,要获得美感,就只能进入一种静观的状态,只能在人与对象之间插入一种反省判断力,只能把审美对象从审美活动中剥离出来并且从空间的角度去加以考察。换言之,传统审美观念往往认定美对立于现实、艺术对立于生活,结果,在审美活动中就需要在一定距离之外。这正如休谟指出的:"哲学家们通常承认,呈现于眼前的一切物体都似乎涂绘在一个平面上,而且它们和我们相

[①] 德拉克洛瓦:《德拉克洛瓦日记》,李嘉熙译,人民出版社1981年版,第561页。

距的各种距离程度都是被理性,而不是被感觉发现的。"①

为西方所熟知的传统美学的对于审美距离以及审美活动的间接性的强调正是在此基础上提出的,并且,在推进西方的审美活动方面,也起到了重要的作用。然而,审美活动本身是丰富和多样的。因此,对于审美距离以及审美活动的间接性的强调甚至风行一时,就并不意味着可以无视新的审美活动的实践,更不意味着可以毫无限制地推而广之并奉为"绝对真理",以致使其中原来所禀赋着的局部真理丧失殆尽。原因很简单,假如审美活动本身发生了根本性的变化,建立于其上的对于审美距离以及审美活动的间接性的强调自然也就要发生根本性的变化。

事实正是如此,19世纪以来,人类的审美活动开始酝酿着一场巨变——其中的一个重要方面,就是审美活动与现实活动之间的审美距离逐渐不复存在。以画家马奈的作品为例。他的《奥林匹亚》在入选1865年的沙龙时,曾引起观众的极大反感,人们纷纷挥动手杖和雨伞加以怒斥。现实主义画家库尔贝也批评这幅画是"刚出浴的黑桃皇后"——因为它缺乏纵深的立体感,好像扑克牌上的平面图案。但为他所始料不及的是,马奈的本意正在于超越传统美学所规范的那种所谓"纵深的立体感"。他着眼于绘画空间的"超中心化",不再在画面之外的固定点上虚构一个作为"普遍评判者"的视角,而是随意选择自己的视点。如此,审美活动与现实活动之间的审美距离就变得模糊了许多。进入20世纪,审美活动与现实活动之间的审美距离进一步被消解。其原因,正如莫里斯·得尼所大声疾呼的:"我们必须关起百叶窗"。传统的以模仿为目标的美学瓦解了,外在现实不再唯一重要,而且,我们对外在世界知道得越多,我们对外在世界失去得也就越多。因此进入20世纪之后,人们纷纷关起了心中的"百叶窗",开始把自己的那点体验比对外部世界的反映看得重要得多(这就无必要去拉开距离以认识外部世界

---

① 休谟:《人性论》,关文运译,商务印书馆1980年版,第71页。

了)。换言之,审美活动不再斤斤计较于按照已知常态来观照外在的对象,也不再一定要在外在现实中去寻找某种抽象的本质,而是立足于表现自己在审美活动中的"所感"。审美活动从对于目的的执着转向了对于过程的体验,一度被传统美学放在括号内的"时间"被拯救出来了,一度被"分门别类"的法则所僵化处理的视觉空间又一次因为时间的重返其中而成为自由的视觉空间。

自由的视觉空间一旦出现,就为人类的审美打开了新的道路。丹尼尔·贝尔指出:

> 现代主义摈弃了从文艺复兴时期引入艺术领域,后来又经艾尔伯蒂整理成型的"理性宇宙观"。这种宇宙观在景物排列上区分前景和后景,在叙述时间上重视开头、中间和结尾的连贯顺序,在艺术类型上细加区分,并且考虑类型与形式的配合。可是,距离销蚀法则一举打破了所有艺术的原有格局:文学中出现了"意识流"手法,绘画中抹杀了画布上的"内在距离",音乐中破坏了旋律与和弦的平衡,诗歌中废除了规则的韵脚。从大范围讲,现代主义的共通法则已把艺术的模仿(mimesis)标准批判无遗。①

在这里,审美活动与现实活动之间的审美距离销蚀了,转而以获得一种即刻反应、直接感、同步感、煽动性、轰动性、冲撞效果为目的。审美活动被投入一种以直接体验为特征的无穷覆盖之中,现实不再代表什么,也不再象征什么,而是就是什么。诠释景物也成为多余,而只须作为一种激动来接受。思考、回味统统不再有地位,生理本能被着意加以强调,审美效果不是来自内

---

① 丹尼尔·贝尔:《资本主义文化矛盾》,赵一凡译,三联书店1989年版,第31—32页。

容而是来自技巧,人被扔来扔去,追求一种进入疯狂边缘的快感。① 具体来说,是从"韵味"走向了"震惊"。前者是观照一个人所构造的自然的镜像。它有一个与世界有一定距离的完整的、内在统一的结构。画框、舞台的存在都意味着结构的存在。其深层的秘密则是不顾生活中的实际感受,接受某种抽象的定点——这抽象的定点是一切对象的判断者,而不仅是个别艺术家的眼睛,从而形成一种因画面向自身深度的收敛而得到的统一的艺术空间,此之谓"韵味"。后者则是在接触一个真实的现实,既不需要一个有距离的结构,也没有生命的节奏感,充溢其中的是一种令人眼花缭乱的无机性节奏,可长可短,可激烈可平缓,一切视需要而定。以音乐发烧友为例。传统的音乐欣赏是一种群体性的审美活动,是仪式性的,只能在音乐厅进行,当代的音乐发烧友则是从公共空间回到私人空间。欣赏音乐的场所的挪移意味着距离的消失,带有了更多的私人选择性。随意性代替了严肃性,随时换唱片的做法更使得音乐本身成为音响的蒙太奇,类似于不时地加以拼贴。传统的由于距离而产生的交流的气氛丧失了。再者,前者的表现形式与内容之间,可以描述为一种异质同构的关系。内容是人的心灵状态外化为具有空间形态的观照对象,通过形式化,人的精神被纯粹化了,是一种恒定的模式,客观的形式,空间的造型,是有意识要构成的。而观众的任务则是站在一个指定的位置上去解读这个模式。传统的"作品表现了什么"之类的追问正是作者与读者之间形成的默契。后者的表现形式与内容则可以描述为一种同质同构的关系,是为表现而表现,同样是超越日常生活经验,但它的方向是回归到直觉。审美者追求的也只是瞬间的"震惊"。

还以绘画为例,人们发现,在20世纪的绘画作品中,人物和底色融为一

---

① 19世纪的雪莱在《阿波罗之歌》中宣称:"我是一只巨眼"。这象征着传统意义上的"我们"之眼。而20世纪的诗人保罗·策兰却在《冰伊甸》中直陈:"一只眼就是一个闪亮的地球"。这象征着当代的"我"之眼。

体,前景和后景毫无区别,图画向人腾跳过来。例如毕加索的《格尔尼卡》,在其中你甚至无法确定事件发生在屋内还是屋外,现实不再是一个唯一的、有统一性的盒子,一切都成为不确定的。像毕加索一样,画家在创作时总不再刻意造成一种深度错觉,而要创造一种让直接因素从中起主导作用的单一画面。或许,这意味着对经验的全面提升,使其贴近人们的感应。立体主义强调同步性,抽象表现主义重视冲击力,都是强化感情的同步性,把观众拉入行动,而不再让他静观。未来主义则宣称:艺术家组织一幅画的目的就是"要把观察者放在图画的中心","要把世界揉进观众的心里"。他们追求的也是物体与感情之间的一致性,一种不再通过观照而是通过行动达到的一致性。立方主义则认为,存在着各种空间框架,它们彼此迥异,又各自成立。因此把握现实就意味着从四面八方去观察事物,把不同物体的许多平面重叠到绘画的平坦表面的一个平面上来,从而把单个角度在同时经过同一平面的、相互割裂的多角度中遮蔽起来。不难看出,这也是一种同步感。行动画家也说:"从某一时刻起,画布对一个又一个的美国画家来说开始像一个行动的场所——而不是一个赖以再现、重新设计、分析或'表现'一个真实或想象的物体的空间。在画布上进行的不是一幅图画,而是一起事件……在这种动作中,美学同材料一道,也成了附属品。形式、颜色、构图、绘画等都可以省去。关键的问题总是包含在动作中的启示。"①当然,这也是一种同步感。至于在空间艺术中,同步感表现得就更为突出了,观众甚至站在画内而不是站在画外。李希特解释说:"过去,空间仅仅是艺术品的一种属性。它由绘画中想象的手法来表现,或由雕塑中的体积移置来处理。把观众与物体分开的空间却被作为正当距离而忽视了。这种看不见的尺寸现在正被当作一种活跃的成分来考虑。它不仅仅被艺术家描绘出来,而且被他们塑造出来,赋予性格特征。这一看不见的尺寸现在能够把观众与艺

---

① 丹尼尔·贝尔:《资本主义文化矛盾》,赵一凡等译,三联书店1989年版,第173—174页。

融合在一种范围更大的情景中。事实上,现在观赏者进入了艺术作品的内部空间——一个从前仅仅在视觉上从外部经历、接近,但却不可侵犯的领域——作品的表现借助于一套条件,而不只是一个限定的物体。"①请看,在这里审美距离销蚀得何等彻底!

在文学作品中也是如此。人们最熟悉的,或许要推意识流了。根据学者的研究,它的真实含义是:即便在有时间间隙的地方,位于一段消逝了的时间之后的意识仍然与这一间隙之前的意识重叠,因此被经历的时间不是按时间顺序排列,而是同步的。空间距离也是如此。约瑟夫·弗兰克写道:"建立在一种空间逻辑的基础之上,这种逻辑要求读者对语言的态度彻底加以重新定向。既然任何词组基本上都同诗歌的内涵相关联,现代诗歌中的语言实际上就是反射性的。意义关系仅仅由词组之间的同步感来加以完成,但是这些词组在按时间顺序阅读时,彼此之间没有可以理解的关系。"②因此,所谓距离在意识流中不复存在。作者只是从内在的层面,以多元的视角,去呈现世界。在这里,所谓内在的层面,是指它不关注外在世界中所发生的事件,而只是关注这事件在人们心中的印象或感受。詹姆斯称之为"感觉中的现在"。这使得传统的外在世界从外在的空间世界转向了内在的时间世界。这一点,甚至在文学语言的转换中都能够看到。传统的所有词句,以及字典上的定义、句法、语法的固定规则,忠实于一种由中介词衔接起来的井然有序的实词感,统统是根据外在世界的需要而建立起来的,因而难免是虚假的,甚至是为学究、僵尸准备的。当代美学干脆把注意力集中到词本身和它们在短语与句子内的关系上。把每个词都作为传递感觉神经冲动的突触点来强调,都把它作为一个"萦绕心头的谜",因此不惜打碎语言顺序的连贯性,并进行前后切割,从而突破传统的距离,直接传达对于世界的感受。

---

① 丹尼尔·贝尔:《资本主义文化矛盾》,赵一凡等译,三联书店1989年版,第177页。
② 约瑟夫·弗兰克。见丹尼尔·贝尔著:《资本主义文化矛盾》,赵一凡等译,三联书店1989年版,第161页。

所谓多元的视角,是指内在真实的多元性、相对性,这意味着从叙事的单调转向了叙事的复调。作者不再像在电台中听体育讲解员那样,要通过一种特定的距离(他者)去了解体育比赛的情况,而是像在电视中那样,直接置身于比赛之中去观看比赛。于是,作者不是只能站在一个外在的角度去观察世界,而是可以从里到外、从上到下、从前到后、从左到右……总之是可以从任何一个位置去观察世界。

摄影、电视、电影在消解审美活动与现实活动之间的审美距离方面影响最为广泛,走得也最远(这里且不去说应用美学方面的情况。例如雕塑与城市的融为一体,工艺审美、广告艺术、服装美学,以及劳动过程的美化、工业产品的美化、企业形象的设计,等等)。① 摄影的出现,使审美的距离开始消失,摄影形象成为真实的物像。电影的问世,更是以距离的消解为代价。巴拉兹曾比较戏剧和电影的不同:戏剧的第一个原则是观众可以看到演出的整个场面,始终看到整个空间;第二个原则是观众总是从一个固定不变的距离去看舞台;第三个原则是观众的视角是不变的。电影的原则却有所不同。首先是在同一个场面中,改变观众与银幕之间的距离;其次是把完整的场景分割成几个部分,或几个镜头;再次是在同一个场面中改变拍摄角度、纵深和镜头的焦点。② 他更明确指出:"电影在艺术上的独特创举"就表现在距离的销蚀。"好莱坞发明了一种新艺术,它根本不考虑艺术作品本身有完整结构的原则,它不仅消除了观众与艺术作品之间的距离,而且还有意识地在观众头脑里创造一种幻觉,使他们感到仿佛亲身参与了在电影的虚幻空间里所发生的剧情。""电影使欣赏者和艺术作品之间的永恒的距离在电影观众的意识中完全消失,而随着外在距离的消失,同时也消除了这两者之间的内在距离。"③本雅明则在他的《机械复制时代的艺术》一文中指出:电影摄影机

---

① 参见本书第一篇第四节以及我的《反美学》(学林出版社 1995 年版)中关于摄影、电影、电视等的讨论。
② 巴拉兹:《电影美学》,何力译,中国电影出版社 1982 年版,第 15—16 页。
③ 巴拉兹:《电影美学》,何力译,中国电影出版社 1982 年版,第 33 页。

的能力就像外科医生的能力,对他来说,现实和操作工具之间的差距不复存在。摄影机潜入大自然,就像手术刀潜入体内。它迫使观众更积极地参与,与摄影机一起主动补足画面。电视的作用更是不可低估。假如在广播或报纸中,一张照片、一个报道、一件事都表现出一种"它性",发生在外界,与你无关,和你无直接联系——即便是大屠杀,因而保持着一种客观性。电视则不然,它就在你的家中,出现的一切都是属于你的,"它性"神秘地消失了,距离自然也消失了。或者说,电视改变了世界的空间距离,使中心地区和边缘地区具有同时性。

2

既然对于审美距离以及审美活动的间接性的强调并非"绝对真理",那么在相当长的时期内西方美学家为什么对它奉若神明呢?关键在于未能意识到:它只是一种权力话语。贡布里希提出过一个颇值回味的悖论:"世界看上去不像一幅画,而一幅画看上去却像一个世界。"意思是说作品实际是人类通过文化强加给现实的秩序。同时,我们都知道物象投射在视网膜上,不是在平面上而是在凹面上,因此眼睛会把世界"看成"曲线,可为什么我们又同意平面透视为我们描绘的所"看到"的世界呢?无疑是以人为中心的文化心理使然。而且,东方的"运动的观看"与西方的"静止的观看"的不同,也因为文化心理的不同而不同。那么,对于审美距离以及审美活动的间接性的强调呢?

除了前面提示的理性主义传统的深刻影响之外,对于审美距离以及审美活动的间接性的强调与传统的特定的审美心理有着密切关系。其根本特征是:把审美对象与功利关系隔离开来,使之单独呈现。而要做到这一点,当然需要对于客体所提供的条件与主体所提供的条件的强调,但在其中,无疑又以前者为主。换言之,在传统的审美心理中,审美对象是先在的,在审美活动之前审美对象就已经存在。至于对于功利关系的中断与否,虽然可以决定审美对象的是否出现,但是无法决定审美对象的是否存在。倘若审美对象不存在,审美态度本身无法导致审美对象的出现的。而且,相对来说,在审美活动之中,审美对象是处处主动的,而审美态度却是处处被动的。正如人们所熟知的,美感是美的反映。是美决定美感,而不是美感决定美。审美对象是对象本身固有的特质,这些特质存在,审美对象就必然存在,至于审美态度,则只是一个次要条件。这样,在进行审美活动之时,对于审美态度、非功利性、主客体关系、无概念的普遍有效性、"对象的合目的性"等的强调,以及保持一定的审美距离,通过把审美对象与功利关系隔离开来的方式,使审美对象单独地呈现出来,就成为必不可少的条件。①

这一点也可以在原始人的审美活动之中得到说明。对于审美距离的强调并非古已有之。在原始人的审美活动之中,由于他们的空间是行动的、变幻无常的,也是与时间融会不分的,这使得他们以为有许多可见与不可见的

---

① 在这方面,安东·埃伦茨维希的反省可以作为精辟的例证:"冷静的'古典'美概念当然来自我们对古希腊雕刻的有距离的审美欣赏。古希腊雕刻的大理石材料的冷静性质唤起我们最高级的审美赞赏,却极少唤起狄奥尼索斯观淫快感。两个世纪以前,对古典艺术的兴趣成为一种时尚。人们认为,真正的艺术家必须站在审美的角度去赞赏人体,而不应该被人体激起性的吸引。希腊雕像的冷静美极有力地表明了这种保持感情距离的态度。后来,尼采揭示了这些躁动不安的狄奥尼索斯情感,指出它们隐藏在古典艺术表面的崇高和优雅下面。我们开始认识到,皮格马利翁(古希腊神话中的塞浦路斯王,善雕刻,他爱上了自己雕刻的一个少女,雅典娜把这座雕像变成人,与他结了婚。——引者)的神话表明:古希腊艺术家对模特儿的真实态度比我们冷静的审美情感态度要好得多,我们错把这种冷静态度投射到了(即倒溯联系)原来的古典体验中。毫无疑问,正是希腊文化的永无止息的观淫癖,才冲破了羞耻感的桎梏,造就了希腊雕刻的狄奥尼索斯狂喜。希腊雕刻的冷静而有规则的美是我们自己极端的继承作用造成的。艺术中最无拘束的观淫癖必须被转变为与之极为相反的东西,即一种受到限制,在感情上保持距离的审美赞赏。对希腊雕刻的近于科学的模仿(如丹麦人托尔瓦德森所进行的模仿)之所以成功,实际上是因为这种模仿使我们保持了冷静态度。这种模仿在情感上是失败的,这是因为它并不产生狄奥尼索斯兴奋,而这种兴奋曾经使希腊雕像原作充满生机。现在对于这种兴奋来说,这些雕像使人们产生的美的印象只不过是继发润饰而已。我们现在对'古典美'过于平静的体验,最雄辩地说明了我提出的美感动力概念,这就是:美感是一种纯粹摧毁性的和纯粹限制性的'后期快感'。"(安东·埃伦茨维希:《艺术视听觉心理分析》,肖聿译,中国人民大学出版社1989年版,第181—182页)

危险包围着自己,因此他们的感觉是恐惧的,充溢着失落感,以致认定面对的世界不可能是绝对客观的物质世界而一定是情绪化的心理世界。其中最重要的也不是物理空间、物理属性,而是心理空间、心理属性。在此背景下,假如要求原始人按照自然世界的三维结构去真实地模仿对象,那实在是异想天开。他们在自然世界中已经恐惧万分了,怎么可能在艺术中还去模仿它呢?也因此,还是沃林格说得精辟:对现实世界加以改造、删减、变形……使得自然世界成为被恐惧心理压扁了的二维平面即只有高度、广度的二维平面,是原始人的共同选择。"这种对空间的恐惧本身也就被视为艺术创造的根源所在。"

它"一方面以平面为主,另一方面竭力抑制对空间的表现,并单独地复现单个形式"。① 这显然是出于原始人的空间恐惧。他们通过一个平面把大自然熨平,转换为直线、圆形、方形,从而把大自然带来的巨大威胁排斥在外,以抚慰自己的心理焦虑。而当代艺术对于二维平面的追求,显然与原始人的情况极为类似。我们知道,进入文明社会之后,随着人类对于自然的征服,对于自然世界的三维结构的模仿,就成为新的审美取向。其中的道理十分简单。所谓模仿本身就是一种占有的内在需要,萨特说的:被看就是被占有,就是这个意思。然而,进入当代社会,人类却再一次陷入巨大的空间恐惧。不过,不再是为了人类的自然世界,而是为了人类的文明世界。面对人类的文明世界,每个人都领悟到了"世界的不可理解性",以及因此而出现的"无助的畏惧"和"令人沮丧的自由"。于是,当代艺术再一次回到二维平面,即用二维平面打破在某些人当中还存在着的以为还可以把握这个世界的自我欺骗,又用二维平面把人类阻挡在外。这个文明的世界灵魂既然无法居住于其中,就干脆在二维平面中也把人类的灵魂阻挡在外。自从19世纪60年代马奈的《奥林匹亚》推出的那个令人触目惊心的二维平面,此后的野兽

---

① 沃林格:《抽象与移情》,王才勇译,辽宁人民出版社1987年版,第14、22页。

派、立体主义、表现主义、抽象派、未来主义、超现实主义等,之所以都毅然走向了平面之路,原因在此。现在人们经常说:"绘画就是绘画",这意味着人们所看到的首先是一幅画,而不是画的内容。但是,这里的所谓"绘画"不就是一种平面的存在吗?因此,所谓"这是一幅画",像原始人的艺术一样,同时就意味着传统美学的审美距离的消解。

在原始人对于事物细部的关注中也可以看到对于审美距离的拒绝。桑塔耶那指出:"野蛮艺术的特点就是:庞大的体积,某些细节的突出,花样复杂,仅仅这些特点就足以产生一个神秘的奇迹,人们世世代代为此所吸引。野蛮艺术一半是巫术魔法。"[1]列维-布留尔也发现:在原始人眼里,"这种或那种家庭用具、弓、箭、棍棒以及其他任何武器的'能力'都是与它们形状的每一细部联系着的,所以,这些细部仿制起来,总是与原来的毫厘不差。"[2]这说明原始人较为注意世界的局部,而且要赋予局部以意义即神秘。所以在原始人的一些工艺品上面,我们可以看到一种固执的对于细部的执着。任何东西,只要一被从世界中隔离开来,就获得了神秘感。看来,细部的突出可以为原始人带来某种心态的稳定。这正如阿瑞提所指出的:一种抽象的"某物"一旦因为过于抽象而呈现无法分辨清晰的状态,它便不易察觉,这就会有不可言说的危险,"这种抽象的'某物'必须加以具体化,成为生活中的某个具体方面。于是世界上充满无数个小小的、有着具体形象的神灵。"[3]而这个事物的细部显然也是与原始人的情感紧紧缠绕在一起的,同样不可能存在着审美距离。例如原始艺术中的动物,就都是与人同化的,实际上只是为了征服动物。说原始艺术是模仿的,是没有道理的。

综上所述,对于审美距离的要求显然出现于当西方开始出现自我意识之时。这意味着开始于西方自觉自己在宇宙的位置,自己与宇宙的关系之

---

[1] 桑塔耶那。见《美学译文》第1辑,中国社会科学出版社1981年版,第33页。
[2] 列维-布留尔:《原始思维》,丁由译,商务印书馆1981年版,第32页。
[3] 阿瑞提:《创造的秘密》,钱岗南译,辽宁人民出版社1987年版,第315页。

时。其中有三个东西值得注意,其一是古希腊哲学家关于宇宙本原的数学逻辑的思考;其二是柏拉图关于理念的普遍性的概念;其三是基督教关于精神与肉体分裂的思想。这一切都导致了把世界推到遥远的彼岸。人与世界之间成为对象性关系,支配与被支配关系、主体与客体的关系。此为一方,彼为一方,彼此相对,"由于对意识的高扬(在近代形而上学看来,意识的本质便是表象),表象的地位与对象的对立也被高扬了。由于对象的意识被拔得愈高,有此意识的存在者便愈多地被排斥在世界之外。……人不被接纳到敞开之中,人站在世界的对面。"①人类与世界之间的距离缘此而生。而美学也必然把这距离推崇为审美对象诞生的前提。康德提出:空间和时间的范畴乃是一种先天综合,正是意在为人类组织自身经验提供一种固定的思维格局。而西方传统美学所关注的也只是围绕着对空间和时间的理性组织以建立起一个正式的造型原则,隐藏在这一切之下的是一幅关于世界的基本宇宙观的图画:深度,这一三维空间的投影,创造了一种对真实世界进行模仿的内在距离;模仿则提供了一种有始有终的时间链条,艺术家通过模仿来解释现实。换言之,西方美学家误以为艺术只是现实的一面镜子,是生活的再现,是观照性的,不是生活而且高于生活,应该以"所见"为目标。我们知道,假如对事物的判断要靠它的持久性、不朽性,这必然意味着使自己同一种物体或一种经验保持一定的距离、一种审美距离,以便确立必要的时间和空间去吸收它,判断它。而这就需要通过镜面对外在的事物的反思,即通过意识对反映事物的展示进行理解,通过把自己置于对象之外假定的某一点上,然后表现自己在某一点上所看到的对象来加以实现。②

---

① 参见张世英:《谈惊异》,载《北京大学学报》1996年第4期,第40页。同时,以印刷文化为代表的书面文化与现实生活之间本来就是以距离为前提的,参见关于电子文化的讨论。
② 因而西方艺术关注世界的合规律性的形式。美之所以被西方美学家阐释为合规律性的形式,道理在此。

以"定点透视"为例。"定点透视"显然是以观察者的优越地位为前提的。它其实并非人类唯一的观察方法,而是人类的一种特定的观察方法。日本一位画家在他的童年回忆录中写道:他的父亲看到小学生图画教材中以正规透视画法绘制的方盒子,惊问:这哪是方盒子? 我看它歪歪斜斜的。而过了九年之后,他父亲又看到同一本图画教材,却感叹说:真奇怪! 这只盒子过去看上去是歪歪斜斜的,现在看上去真是方的。这正是他的审美规范在九年中逐渐发生转变的写照。那么,"定点透视"是怎样产生的? 以绘画为例,它要解决的主要矛盾是三维度的深度空间和四维度的运动空间以及多维度的心理空间怎样转化为平面的问题,以近大远小为特征的"定点透视"由此而生。在这里,所有的线条都朝一个特定的中心聚合。没有任何东西是因为自身的价值而具有观看的价值,而是只有进入一个中心才有意义。汉娜·阿伦特在为传统美学辩护时就曾经如此强调:"艺术品是为外观这个唯一的目的而创作的。用来鉴定外观的正当标准就是美……为了了解外观,我们首先要在我们自己和物体之间自由地确立一定的距离……"[1]而欧文·潘诺夫斯基在批评传统美学时也这样认为:"……把一幅画比作一扇窗户,就是限定或要求艺术家把视觉当成是接近现实的一种直接渠道……人们只相信画家根据他眼睛里的光学影像来作画……总而言之,希腊和罗马绘画中假定和表现的空间,直到毕加索为止,一直缺少现代艺术中假定和表现空间时所具有的两个特点:连续性(因此就有可测量性)和无限性。"[2]可见"审美距离"的存在,是由于它已成为一种审美的规范,而西方当代美学要反对这一审美的规范,也只是因为不再简单地接受这一规范,而是要对之加以合理的拓展。

---

[1] 汉娜·阿伦特。见丹尼尔·贝尔著:《资本主义文化矛盾》,赵一凡等译,三联书店1989年版,第173页。

[2] 欧文·潘诺夫斯基。见丹尼尔·贝尔著:《资本主义文化矛盾》,赵一凡等译,三联书店1989年版,第159页。

例如在西方社会中占绝对优势的长方形器物和建筑,就正是"定点透视"的结晶。在非洲土著中占优势的是半圆或抛物线状的建筑,几乎不存在长方形,原因在于不存在定点透视。对此,麦克卢汉的分析颇为精到:这其中体现的是"触觉空间和视觉空间的分别。帐篷或棚屋不是一块围界分明的空间或视觉空间。山洞或地穴居所亦非如此。……因为它们遵循的是动态的力线,如像三角形一样。建筑被围起来或转换成视觉空间之后,趋向于失去触觉的动态压力。方形是一块视觉空间的圈定图形,换言之,它包含从明显张力中抽象出来的空间属性。三角形遵循力线原理。这是固定纵向物体最省事的办法。方形超越了这种动态的压力,它包容着视觉空间关系,同时又依赖对角线来支撑。视觉压力与直接触觉和动态压力的分离,以及这一分离向新型居住空间的转换,只有等到人们实行感官的分离和劳动技能的分解之后才会发生。"①这里的"分离"就是指的"定点透视"的出现,它使得人们在平面中看到立体的物,看到"纵深感",难怪阿恩海姆会认为定点透视是人类精神对于机械式的精确标准投降,由此我们又一次看到了它作为特定的观察方法的属性。②

---

① 麦克卢汉:《人的延伸》,何道宽译,四川人民出版社1992年版,第139页。
② 透视并非造型艺术的一种手段,而是西方美学中的数学逻辑和理性思维的典范代表。马蒂斯在反叛三维的具象空间时,借助的就是表现透视的平面。马蒂斯把透视从客观的视觉幻向转向了情感幻向:"关于透视,我的总结,有效的钢笔画,常常有它们'光的平面',而它们所构成的对象是具不等的层次,这就是说,是透视的;但它是在情感里的透视,它是在一种透视里,这是从情感所启示的。"这是透视美学传统的消解。"透视图和地图一样,只能指导理智,而不能使我们看到真实……正如麦卡托投影不能正确表现从天狼星上看地球的真实面貌一样。"(赫伯特·里德:《现代绘画简史》,刘萍君等译,上海人民美术出版社1979年版,第7页)当代只是对于一种曾经是传统的透视方法的背叛,对透视的根本原则,仍旧遵循,只是把静止的、只有固定焦点的透视转化为一个新的、动态的透视模式。

3

在传统美学中被奉为神圣的审美距离遭遇到强大的挑战,从审美方式的特征的角度,意味从审美方式的间接性转向了审美方式的直接性。如何阐释审美方式的直接性,是一个理论课题,此处不拟予以讨论。可是,如何理解这一转向本身呢?在我看来,首先,与审美心态的转换密切相关。我们知道,在传统审美心态,是审美对象先于审美态度而存在,而在当代审美心态,则是审美态度先于审美对象而存在(康德把美作为审美观念的表现,事实上就已经有了强调审美态度的意味)。斯托尔尼兹指出:"传统美学把'审美'的东西看作是某些对象所固有的特质,由于这些特质的存在,对象就是美的。但我们却不想在这种方式中探讨审美经验的问题。"[①]萨特也认为:审美对象具有非现实性。实在的东西永远不可能是美的,美只是适应于想象的事物的一种价值。如果我们只观察画布、画框,审美对象就不会出现,只有在进入想象境界时,审美对象才会出现。审美对象的本性决定了它只能在这个世界之外,既不可能现实化,也不可能客观化。它不存在于世界之中,而只是通过世界而得到了体现。那么,审美对象是怎样产生的呢?无疑只能产生于审美态度。在这里,审美态度是第一性的,对于审美态度来说,美的客观标准是不存在的,审美对象与非审美对象的区别不存在,没有什么东西可以既定地成为审美对象和既定地不成为审美对象。审美对象成为审美态度的对象。一方面是任何对象都能成为审美对象,一方面又是没有什么固定不变的审美对象,一切依审美态度而改变。乔治·迪基指出:"今天的美学继承者们已经是一些主张审美态度的理论并为这种理论作出辩护的哲学家。他们认为存在着一种可证为同一的审美态度,主张任何对象,无论它是人工制品还是自然对象,只要对它采取一种审美态度,它就能变成为一

[①] 斯托尔尼兹。见朱狄:《当代西方美学》,人民出版社 1984 年版,第 242 页。

个审美对象。"①而梅尔文·雷德则甚至说:"没有任何一种事物能绝对排除它对人刺激出审美兴趣,哪怕是一片树叶。"②而在这个意义上,审美态度就类似于审美直觉。所谓审美直觉,我已经指出,不但是独立的,而且是自足的。它不依赖于理性、道德,本身就是审美活动,只要是直觉的表现就是美的,对象自身的美是否存在倒成为次要的问题了。只要它自身具有表现性,是否与我们的目的相合倒无所谓。这样,非功利性、主客体关系、无概念的普遍有效性、审美态度、"对象的合目的性",等等,都成为不存在的问题。传统审美心态的借助于理性、道德来解决审美问题的思路因此也就不再存在。同样,审美距离也已经不再必要。③

其次,与审美活动的从空间状态向时间状态的转型有关。把时间引入审美观念,是20世纪审美观念的一大特征。这一点,从海德格尔把"存在"与"时间"密切联系在一起的哲学名著《存在与时间》,就可见一斑。不过,要追究其中的线索,则必须从20世纪初开始。

如前所述,20世纪初的审美观念是以对于主体的高扬为特征,这就必然导致直觉的诞生,而直觉的诞生又必然导致客体的否定。这无疑是极为值得注意的趋向。在传统美学中,在审美活动问题上,应该说,是把空间引入审美观念。因此客体的存在形式也主要是一种空间形式。这显然对应于理性主体的存在。从理性主体出发,并且把这理性主体投射在外在的对象之中,只能把审美对象构造成为一个静态的、空间的结构,而不能直接表现为时间的形式,结果产生了与时间本质相反的假象,产生了与"绵延"相对立的

---

① 乔治·迪基。见朱狄:《当代西方美学》,人民出版社1984年版,第241页。
② 梅尔文·雷德。见朱狄:《当代西方美学》,人民出版社1984年版,第243页。
③ 然而,审美态度只关心"审美经验是什么"但是却不再关心"审美所经验的是什么",过分关注审美经验的主观性质,这有其失误之处,关键是把审美对象与艺术对象混同了起来。对于审美态度的判断,关键还是要看审美者看到了什么,人们为什么更欢迎艺术品的欣赏,而毕竟不会随便把什么东西都"审"成美的对象?值得深思。

关于过去、现在、未来的认识。莱辛在《拉奥孔》中就暗示说：近代艺术是时间艺术，古典艺术是空间艺术。这正如柏格森所详瞻论析的："分析的做法，则是把对象归结成一些已经熟知的，为这个对象与其他对象所共有的要素。因此进行分析就是把一件东西用某种不是它本身的东西表达出来。"①在传统美学中，客体作为审美对象，显然就是从空间形态角度人为构造的"某种不是它本身的东西"。这一点，我已经剖析过，最为典型地体现在绘画的"焦点透视"之中。所谓"焦点透视"，实际就是理性透视。也因此，在绘画、建筑中往往都是以空间形态的客体作为审美对象。威廉·弗莱明分析说：

> 由于画面中所有的线条都集中于地平线上的一点，从而形成了空间的统一，这一现象也是对观赏者个人身价的一种高扬。通过这种对线条和平面的条理清晰的组织工作，向心透视所规定的前提是，一切景物都是从一个优越的视觉方位去观察。它既是艺术家的优越视觉方位，艺术家又使它成为观赏者的优越视觉方位。……由于一切都被置于观赏者的把握之中，观赏者能够轻而易举地理解它们，于是，他的心灵和视觉都感到一种安慰和恭维。阿尔伯蒂、布拉曼特以及后来的米开朗琪罗和帕拉迪奥都喜欢设计向心型的教堂建筑，在这种教堂建筑中，空间被统一于一个圆顶之下，这种建筑形式也表达了同样的思想。哥特式教堂建筑有意识地把人们的视线和想象引向超然的彼岸世界，而向心型建筑则把一切集中于人的周围。当观赏者站在圆顶之下，他将意识到，这座建筑物的轴心不是客观地游离于建筑物的外部或超然的彼岸，而是主观地落在他自己的身上。至少在此时此刻，他就是这一建筑空间的中心。由此，宇宙的中心不是在超越地平线的渺远的某一

---

① 柏格森。见蒋孔阳主编：《二十世纪西方美学著作选》（上），复旦大学出版社1987年版，第128页。

点,而是在他自己的脚下。①

毋庸多言,在艺术的其他类型乃至在文学类型中,审美对象也往往是以空间形态表现出来的。这一点,我们从苏珊·桑塔格在建立当代美学时的困惑中就可以体会到了:"困难之一是我们关于形式的概念是空间的(所有希腊关于形式的比喻都从空间观念引申而来),所以比较起来我们更容易形成空间艺术形式词汇而不是时间艺术词汇。"②

在相当长的时间内,上述观念并没有引起怀疑。在相当多的美学家那里,甚至以为这是理所当然的。审美活动只能表现为这样一种情况,别无可能。然而,20世纪伊始,这一看法受到了毁灭性的打击。非理性主体对于理性主体的取代,使得人们开始重新思考作为空间形态存在的审美客体的合法性。在他们看来,理性结构本身就是非法的,那么,它所结构的客体难道就不是非法的吗?事实上,传统美学尽管在审美对象的建构上作出了巨大的努力,然而,这一努力却是失败的。因为在传统美学的审美自我与审美对象之间,悬隔着一层厚重而又不透明的黑幕,这就是:"我思"(认识结构)。在审美活动中,真正的主体并不是审美自我,而是"我思"。在审美活动中,只有"我思"的存在,所谓"我思故我在"。但是,令人吃惊的是,传统美学似乎从未反省过,"我思"究竟能不能真实地建构审美对象。结果,历史偏偏跟传统美学开了个天大的玩笑:我思实际上并不能真实地去建构审美对象。要知道,当传统美学推出那个至高无上的认识结构——"我思"的时候,实际也就相应地把世界人为地割裂成"我思"和"我思"的对象,割裂成认识结构和作为认识结构的对象的人和世界。这样一来,虽然人和世界都可以被放在对象的位置上分门别类地给以概念化、逻辑化、抽象化地描述、说明和规定,虽然造就了令人眼花缭乱的客体,但"我思"建构的客体毕竟是通过把它

---

① 威廉·弗莱明:《艺术与观念》,宋协立译,陕西人民出版社1991年版,第364—365页。
② 苏珊·朗格,见王潮选编:《后现代主义的突破》,敦煌文艺出版社1996年版,第380页。

们分门别类的方式来在空间形态中实现的。那么,是否有必要追问:被分门别类地组合、拼凑之后的人和世界,还会是真实的人和世界吗?例如亚里士多德曾把人和世界的美分门别类地规定为"秩序、匀称与明确",但它能和真实的人和世界画等号吗?答案无疑只能是否定的。正是有鉴于此,柏格森才把"我思"比作一张大网和"冷而且硬的地壳",休谟也指出在自然与我们之间,甚而至于在我们与我们自己的意识之间,都隔着一重帷幕,即"我思"。"我看,我听,我以为我看到了我所能看到的一切,我以为我是在省察我自己的心灵;然而,事实上我都没有做到……事物全按照我认为它们所具有的用途而加以分类。正是为了分类,于是我再也知觉不到事物的真相,除了仅仅留意到一样东西所属的类——也即我应该加到那样东西上的标签之外,我简直看不到那一样东西。"①兰逊则无比愤慨地说,"我思"使人类成了"谋杀者","他们的猎物便是形象或物象,不管它们在哪里他们都会追杀,就是这种'见物取构'的行为使得我们丧失了我们想象的力量,不能让我们对丰富的物性冥思。"②所以克尔凯戈尔和弗洛伊德才会痛陈己见地说:"我思故我少在","我在我不在处思,故我在我不思处在"。

如是,就必然导致审美活动的时间状态的出现。其一,这审美活动的时间状态,就对象而言,是构成的。康定斯基指出:"在我看来,我们正迅速接近有理性和有意识的构图的年代,到了那时,画家将自豪地宣称他的作品是构成的。"③在这里,所谓"构成",意味着艺术就是艺术,不再模仿什么,艺术与对象世界之间的依附关系被彻底取消了。色彩、线条、表象、细节,人物都与对象世界无关,一切来自现实对象的视觉因素都被破除了,从而使之有可能作为结构因素,重组成为自身独立的审美对象。这就是所谓"构成"。富

---

① 参见刘文潭:《西洋美学与艺术批评》,第130—131页。马尔克斯也曾感叹:一些人之所以看不到神奇的现实,全然是因为理性的妨碍。
② 参见叶维廉:《寻求跨中西文化的共同文学规律》,北京大学出版社1987年版,第116页。
③ 康定斯基:《论艺术里的精神》,吕澍译,四川美术出版社1986年版,第108—109页。

奎尔在当时的《国民月刊》上批评莫奈的画《左拉肖像》："画中的道具没有依照透视法去画，裤子也不是用布料做的。"这显然是一句蠢话，然而其中也包含了某种无意中的发现：裤子确实不是用布料做的，而是用颜料做的。这，正是当代的审美对象的特点：艺术的本质被理解为某种独立于自然之外的东西，理解为记忆中经验的综合，而不是直接的知觉经验中的东西的现在。例如绘画无非是一块摊开的画布，是一个用油画颜料的特性和质感的厚度所规定的两度平面世界，其中的一切都与现实无关。它本身就具有一种真实性，就是表现的目的，就有自己的法则、自己存在的理由。艺术家的作用，也只是去解释这个世界。这无疑是一种最富于革命性的观念。它改变着人类的观看方式。

其二，就主体而言，是抽象的。所谓抽象，与传统美学强调的抽象不同，后者是作为一种修辞手法，是对审美对象的局部的变形，前者的变形则是对审美对象的整体的变形。它强调的是：艺术的全部意义只来自自身的艺术规则。因此需要排除任何的现实参照对象，把语义信息减少到最低限度，语义的指称内涵也要完全加以摆脱，而且不但要从自然对象退出，而且要从自然对象的意义退出。这就必须抑制对空间的表现，转而表现平面，把表现对象限制在高度与广度的展开上，限制在对马蒂斯所强调的自然物象解体之后的结构关系的把握上，限制在对材料的封闭性个性（自足性）以及严谨的几何合规律性的描写上。这使得人们见到它时，不再引发超越于作品本身的兴趣，并最终通过与外在的自然对象毫无语义关系的抽象符号去建立一个表现的世界，一个有意味的形式，①使得艺术成为纯粹的艺术语言，成为以装饰性为特征的纯形式、结晶体，从而彻底回到艺术的自律属性。

---

① 这里的有意味的形式并非康德的形式美的继续。在康德，所谓形式美是自然形式即自然的客观合目的性的自由呈现，是自然的形式，而有意味的形式只是抽象形式，是构成的形式。由此，20世纪的形式美学实际上并不是来源于康德的自然的形式，而是来源于构成的形式。这一点，在我看来，是考察20世纪形式美学的关键。这一点，从当代美学家强调的在欣赏有意味的形式时，只需要形式感、色彩感、三度空间感，可见一斑。

如是,审美活动的时间状态就必然导致三个方面的美学转换。其一是从静态到动态。其中,时间状态的凸出造成空间的根本断裂。不再井然有序,不再有开始和结束,也不再有过去、现在、将来的线性划分。而空间的退出也造成了匀速、固定、不变的时间的消失。这感受,类似于飞机所给予人类的感受:景色的连续和重叠,像是倏忽闪现的浮光掠影,以致在同一时间里压缩了众多的母题,根本没有什么时间去详述任何一件事物,因此而出现了速度的美。它不是那种人们熟悉的运动,即从A到B的匀速运动——那只是一种固定的、循规蹈矩的传统运动,而是一种新的时间观中的运动,即四维时空中的能量与速度的延伸。速度的美,使人意识到世界稳定性的虚伪性,使人意识到同时性世界观的存在。那么,在同时性的世界里,审美何为,艺术何为? 正是要展现这种全新的美。所以叙述不再是一种历时性过程,而是共时性的聚合,一匹马不再是四条腿而是二十条腿,甚至连语法的顺序也不再能够容忍。在这方面,未来主义的审美实践值得注意。20世纪初,未来主义最早举起的正是速度之美的大旗。在汽车、飞机身上,他们发现,传统的"时间和空间在昨天死了",人类开始为自己创造了一种"无所不在的速度"、一种全新的时间。它不再是那种匀速的从A到B的运动,而是一种"四维时空"的运动、一种"速度的新宗教"。这是一种新的美——"速度的美"。马里内蒂曾经以一种狂热的心态体验过汽车的速度之美。他开着汽车横冲直撞,狂奔不已,直到翻到路边的臭水沟里。"啊! 母亲般的水沟,几乎装满了污水! 美妙的工厂排污沟! 我饥渴地吞咽着你营养丰富的污泥,回忆起我的苏丹护士那黑色的神圣胸脯……当我从翻了个的汽车里爬出来——衣衫褴褛、污秽不堪、臭气冲天——我的心里充满了火红的钢铁般的快乐!"[①]这种对于稳定的虚无使他们获得一种解放,他们甚至说:我们宣布,世界的壮丽由于一种新的美而得到丰富,这就是速度的美。一辆有像吐

---

① 参见易丹:《断裂的世纪》,四川人民出版社1992年版,第93—94页。

着爆炸性毒气的巨龙似的管子的赛车……一辆像爆炸一般向前飞驰的赛车比萨莫色雷斯的胜利更美。这是对汽车的体验。对飞机也是如此。马里内蒂描述说:在一架飞机里,他坐在油箱上,驾驶员的头暖和地靠着他的腹部,他猛地意识到他们从荷马那儿继承下来的古老语法的可笑和愚蠢。一种解放词语,把它们从拉丁语法的牢房中拉出来的迫切需要油然而生。这就是当他在两百米高度从米兰的烟雾上空飞过时,那飞转的螺旋桨给他的启示。这是对飞机的体验。原来,绝对和稳定的空间观念只是人类用来掩饰自身对于偶然的世界的恐惧的一种虚假的信仰。从荷马时代沿袭下来的语法中的过去时、现在时、将来时,在新时代的速度中被混淆在一起了。于是,变化的观念取代了稳定的观念。速度所告诉人类的不再是朝向目的的运动,而是过程本身。"一切事物都在运动,都在奔跑,都在变化。"同时性的观念的觉醒带给人们的是一种对于传统美学的摈弃。

其二是色彩、线条被独立地运用。审美活动的从空间状态向时间状态的转换,导致了色彩、线条的运用在美学史上第一次与内心保持一致,而不是与现实保持一致。这一点,康定斯基的发现可以作为代表:"由此可见,色彩的和谐必须依赖于与人的心灵相应的振动,这是内心需要的指导原则之一。"[1]而且,有人说,马蒂斯从不谈及空间问题,确实如此。这是因为在他的绘画里从不存在空间,不存在透视,不存在阴影,不存在为了模拟立体感而制造的深度。一切都是透明的,一切都是平面展开,空间形式、体积都转变成了线条、色彩。在他看来,"色彩有助于表现光,但这不是物理现象的光,而是那真正存在的唯一的光,那存在于艺术家头脑中的光。"[2]其中的奥秘在于:色彩、线条从客观转向了主观,不呼应任何东西,完全成为心灵状态的表现,被从事物一一分离出来,成为独立因素。物质的实在性被抛弃了,由色

---

[1] 康定斯基:《论艺术里的精神》,吕澍译,四川美术出版社1986年版,第62页。
[2] 马蒂斯:《马蒂斯论艺术》,欧阳英译,河南美术出版社1987年版,第148页。

彩、线条来组合,在超空间的相互关系中,相互堆叠着,自由来去。这就是所谓色彩、线条的被独立运用。①

其三是对于音乐性的趋近。在所有的艺术门类中,音乐是最早走向时间状态的。故当代审美活动要向时间状态趋近,实际上也就是向音乐性的趋近。难怪从浪漫主义开始,就提倡"所有的艺术都趋向于音乐"。值得注意的是,康定斯基早期的梦想竟然就是成为音乐家。所以,当他以音乐为参照来谈论绘画时,应该是并不奇怪的事情:"一个画家如果不满足于再现(不管是否有艺术性),而渴望表达内心生活的话,他不会不羡慕在今天的艺术里最无物质性的音乐在完成其目的时所具有的轻松感。他自然要将音乐的方法用于自己的艺术。结果便产生了对绘画的韵律、数学的抽象的结构、色彩的复调,使色彩运动的现代愿望。"②而立体主义、野兽派、未来主义、意识流把自然物象的三维空间改变成平面的,将其解体和变成意识中流动的东西,也与此有关。③

而审美活动的时间状态的正式确立,无疑应该以海德格尔的把时间正式引入审美观念作为标志。在他看来,传统的存在要想真正地存在,就必须把时间引入其中(并非物理学时间,而是本源时间)。由此,它便成为一个有始有终的存在,有限的存在。这,就是海德格尔所说的此在。"此在"是一个具体的存在,也就是在有限的时间中的存在。而它所引发的思,不同于传统美学的概念思维,而是"思念"。这是一种眷恋的、缅怀的,而不是客观的抽象的思。而世界上的万事万物正是通过"思念"而展现为"存在",进入澄明

---

① 从中我们可以看到从浪漫主义—象征主义—唯美主义—表现主义的一个演进过程,象征主义、唯美主义是着眼于切断艺术与现实的关系,它使得人们意识到,艺术是主观精神的创造,而在表现主义那里,则已经完全落实到对于形式问题的关注上。
② 康定斯基:《论艺术里的精神》,吕澍译,四川美术出版社1986年版,第66页。
③ 关于20世纪初审美活动从空间状态向时间状态的转型,参见牛宏宝:《二十世纪西方美学主潮》,湖北人民出版社1996年版,第174—181页。

之境。对此,乔治·斯坦纳有着深刻的颖悟:"思基本上不是分析而是怀念、回忆在,从而把在带入发光的显示之中。这样的怀念,海德格尔奇怪地再次拉近于柏拉图——是前逻辑的。因此,思想的第一法则是在的法则,而不是逻辑的某个法则。"①白瑞德的颖悟更为精彩:"'思想'(think)和感谢(thank)是相近的词根,而德文 Andenken——本意是'想到'——意思是回忆,因此,在海德格尔来说,思想、感谢,和回忆的意思相近似。真正的思想——以存在为根本的思想——同时也是一种感谢和回忆的动作。一个密友分离时候说,'想想我!'这并不是说'在心里塑一个我的像!'而是说,'让我(即使当我不在的时候)与你同在。'同理,当我们想到存有,一定让它与我们同在,尽管我们心里想不出它是什么模样。说真的,存有正是这种存在,目不能见却无所不透,不能装进任何心智概念里。想到它便是感激它,满心感激忆起它,因为我们人类的存在,归根结底是以它为本的。""存有不是一个空洞的抽象名词,它是和我们大家息息相关,不可或缺的东西。我们都知道日常生活中'是'(is)这个字的意义,虽然我们不必给它做一个概念上的说明。我们日常的人生对存有具有一种先乎概念的了解;也就是在这种对存有的日常了解里,我们生存、活动,并且获得海德格尔这个哲学家梦寐以求的存有。存有根本不是最遥远最抽象的观念,而是最具体最密切的实在;质言之,就是和每个人利害相关的东西。大多数人都具有这种对存有的先乎观念的了解——我对一个邻人说,'今天是星期一',没有人问'是'这个字什么意思,也不必要问;而若是没有这种了解,人无法了解其他任何事物。"②

综上所述,在当代审美观念看来,真正的审美活动,只能是时间形态的存在。而其中的理由,则首先与新审美观念的建立在内在原则上有关。这

---

① 乔治·斯坦纳:《海德格尔》,阳仁生译,湖南人民出版社 1988 年版,第 175—176 页。
② 白瑞德:《非理性的人》,彭镜禧译,黑龙江教育出版社 1988 年版,第 238—239 页、第 214—215 页。

一点,在狄尔泰的把经验与体验加以区别,并且独尊体验中就可以看出。有学者把狄尔泰对于体验的看法概括为个体性、亲历性、内在性,这恰恰提醒我们从时间状态的角度去把握审美活动。20世纪初,柏格森也把自我区分为基本自我与空间化自我,前者是生命的被异化,它借助于理智,在外面围绕着对象打转,依赖于人们的观察与表达的符号,从外面去分析对象(这类似于中国美学批评的"欺心以炫巧""强括狂搜""拟议""烦其踌躇")。前者则是生命本身。它借助于审美直觉,既不依赖观察也不依赖符号,"在运动本身中""从里面""从内部"直接进入生命,"与其打成一片","使我们置身于对象的内部,以便与对象中那个独一无二、不可言传的东西相契合。"① 在此之后,审美活动的内在性则成为普遍的原则。杜夫海纳强调"内在经验"与"经验世界"的"不可分",强调审美活动"所描述的事物乃与人浑然一体的事物",卡西尔指出:"从人类意识萌发之时起,我们就发现一种对生活的内向观察伴随着并补充着那种外向观察。人类的文化越往后发展,这种内向观察就变得越发显著。"② 阿恩海姆关注于"直接理解一个场或格式塔情境中所发生的相互关系",罗斯洛斯瞩目于"如何可以跃过(或撇开)认识论的程序",奥逊也提醒说:"一个感物的瞬间,需马上直接地引向另一感物的瞬间,就是说,时时刻刻……与之挺进,继续挺进,依着速度,抓住神经,抓住其进展的速度、感物的瞬间,每一行动,说时迟那时快的行动,整件事,尽速使之挺进,朋友,如果你立志成为诗人,便请用,请一定用,时时刻刻地用整个过程、随时任一个感物的瞬间移动,必须、必须、必须移动,一触即发地,向另一

---

① 柏格森。见蒋孔阳主编:《二十世纪西方美学著作选》(上),复旦大学出版社1987年版,第127页。在传统美学中,审美直觉同样存在,然而它只是空间化的,是通过物象的空间形式而凝固化的表述,只有借助对象世界才能被激发、把握,是内在生命的客观化。审美直觉被看成生命的内在形式,并且被从审美的内在方面确定下来,应该说是自柏格森始。
② 卡西尔:《人论》,甘阳译,上海译文出版社1985年版,第5—6页。

瞬间移动。"①而"在海德格尔看来,人与世界之间并没有隔着一个窗户,因此也不必像莱布尼茨那样隔窗向外眺望。实际上,人就在世界中,并且与世界息息相关"。②

另外,也与对于这种内在原则的表现所导致的客体的瓦解有关。非理性主体必然导致心灵自身形式的表现,柏格森称之为从空间自我到时间自我。在此意义上,审美直觉就是生命的时间状态。它是对无法表达的东西的表达,因此没有必要再采取既定的现实形式即空间状态,而是只能采取一种无形式即时间状态。非理性的无形式显然不可能对象化到对象身上,这样,对不可表现之物就只能采取非自然的形式、反自然的形式。因此,审美活动不是由主体与对象世界发生关系而形成的,而是由非理性主体在无对象世界的情况下构成的。换言之,人的内在的东西是一个时间之流,由此出发的审美直觉无疑不会限制于对一个对象的观照,而是生命本身的流溢,这,只能表现为时间。不过,又并非传统意义上的时间。在传统美学中,时间是通过空间来理解的,空间的变化意味着时间的流逝。当空间被人为地稳定下来、凝固下来之后,人类就在对于缓慢的空间变化的体验中建立起了时间观念。这种时间实际上是静止的,最终表现为一种虚假的信仰,是人类面对偶然的世界时的一种懦弱的表现。客体对象的瓦解因此也就是对其空间形式的瓦解,而对空间形式的破除就是对传统审美观念的破除。现在空间被消解掉了,也不再是时间的对应者,用海德格尔的话说,叫作"存在对时间的开放"。于是,时间恢复了它的本性,这就是:"绵延"。有限与无限、绝对与相对、过去与未来、主体与客体、东西南北、上下左右⋯⋯都被"绵延"为

---

① 奥逊。见叶维廉:《寻求跨中西文化的共同文学规律》,北京大学出版社1987年版,第76页。又,中国的美学家也关心"灵心巧手,磕着即凑""不资思考,不入刻画""不假思量计较""岂复烦其踌躇哉"俱是造未造、化未化之前,因量而出之,一觅巴鼻,鹞子即过新罗国去矣。

② 白瑞德:《非理性的人》,彭镜禧译,黑龙江教育出版社1988年版,第216页。

一体。一切都不再是历时性的过程,而是共时性的聚合。而且非割裂、非局部、非片断、非枝节、非层次、非抽象,不再是时间状态的空间化,而是坚持时间自身固有的本性,从理性的世界回到原初的世界,从物理真实回到心理真实,所谓"回到事物本身"(胡塞尔),全然是"存在物本身的呈现"(海德格尔)。

需要指出的是,在这里,由于离开了作为对应物的空间,所谓时间,其意义已经不同于传统的"永恒",而是"瞬间"。这是一种破碎的时间,由于以瞬间的方式处理时间,时间被割裂为无数的当前。而一个没有过去没有将来的现在是不包含任何因果性和确定性的,因此,意义就是无意义。其目的,也并不是为了达到永恒,而是为了勇敢地承受在时间背后的那个真实存在的冷酷的真实。乔伊斯描述说:"头脑接受无数的各种印象——普通的印象,奇幻印象,转瞬即逝的印象,刻骨铭心的印象。这些印象从四面八方袭来。犹如由无数微粒构成的大雨倾盆而降……"①这正是当代美学中的真实一幕。于是,相对性代替了绝对性、稳定性,到处是所指时间的缺失与能指时间的漂浮。在脱落了的能指与所指的因果链之间呈现着无因之果和无果之因。时间的无意义延续,则造就了对无形式的高度自由的构造。理性的内容、冗长的描写、严密的结构、循规蹈矩的历时叙述、典型环境的典型人物……统统消失了。形式脱颖而出,象征、隐喻出现了,还有艺术的共时性聚合、小说的同时性手法、电影的蒙太奇、流行文化中的拼贴手法。从宏观角度讲,则是印象主义、象征主义、立体主义、达达主义、表现主义、未来主义、超现实主义、意识流文学的问世……这一切,都预示着,一个全新的关于审美方式的特征的审美观念已经被带进了新世纪。

综上所述,当代美学单纯从时间状态强调审美活动的内涵无疑是有缺陷的。因为审美活动本来应该是空间状态与时间状态的统一。传统美学单纯地强调前者,是错误的;当代美学单纯地强调后者,也是错误的。它最终

---

① 乔伊斯。见《英国作家论文学》,汪培基译,三联书店 1985 年版,第 435 页。

会导致主体的耗尽,会导致反艺术的结局。然而,这只是从理论的角度去思考问题,人类审美活动的历史无疑不会这样完美无缺。因此,当代美学对于时间状态的强调,无疑有助于推动美学的对于形式问题的研究。这一点,从后来的英美新批评、俄国形式主义、结构主义、叙述学、符号学美学、格式塔心理学、原型批评等的崛起可以看出。同样,也有助于强调艺术的独立自主的属性。而且,还强调了想象力的解放,强调了生命自身的解放。尤其是它所导致的完全不再依赖自然,纯粹由人创造的艺术,实际上已经远远超出了文艺复兴时期所带给人类的审美观念的拓展。这可以说是开辟了新的艺术天空。它使得审美者恍然大悟:原来,还可以这样去创作艺术,原来,还可以这样去从事审美活动!

最后,从更深的层次讲,审美活动与现实活动之间的审美距离的销蚀,还与审美活动的从理性主义向非理性主义的转型有关。显然,从理性主义的角度出发,审美活动与现实之间只能是有距离的。因为它必须将自身置于对象之外的某一假设的定点的位置上,然后再去审对象之美,而这正是"为了将画家的理性从日常的感性中解放,与普通的理性('自然的知性')合一的一种操作和努力。在他们的想法中,假设的定点就是'一切物象的普遍的判断者',而不只是某些画家的眼睛"。[①] 从非理性主义的角度出发,审美活动与现实之间则只能是无距离的。例如,在当代思想中,人们发现存在着一种"行走的意象",尼采的"漫游"、海德格尔的"散步"、德里达的"踪迹"……它不同于传统的"在场"。"在场"是我之外的"它物"。因为在我之外,所以与我存在着距离,与我对立;同时因为是在场的,所以就不是无,而是有、存在。这样,对存在之为存在的探索就肯定要在距离下发展起来,而人类的一切努力就无非在于认识和占有这个它物。它是言语指称的对象,

---

[①] 中川作一:《视觉艺术的社会心理》,许平等译,上海人民美术出版社1991年版,第74页。

思维追求的对象，行动努力的对象。而"行走"则不同了，它并非源于对某物的追求。而且因为行走，我与物的距离不断在改变着、产生着、消失着。因此"行走"意味着距离的消失，意味着走进世界，意味着在世界中存在。在"行走"中，由于视野的不断转换，事物就也只能呈现出流动的形态。结果没有永恒不变的实在、在场，而只有随着视野的转变而转变的世界，于是万物也在"行走"中生成变化，和我们一样。不难看出，这一思想给当代审美观念以深刻影响。因此，审美活动与现实活动之间的距离的销蚀是有其积极意义的。它意味着人类不再自以为是地为自己设定安身立命的精神家园，而是时时自我提示着人类的作为无家可归的文化的漂泊者的身份。世界不是静止不动的、秩序井然的，而是不断变动的。人类只有失去对经验的控制才能够退回来与艺术对话。在这个意义上，传统理性已经无法给人们提供美感，审美活动的诞生，也不再是供对世界加以判断的而是供纠正对于世界的判断的。它所展示的是对于世界的体验。这一点，我们从塞尚的绘画中可以清晰地看到。对此，罗洛·梅有精辟的剖析：

  本世纪初，塞尚首先以一种新的方式观察和表现空间。这种新方式已不再是一种透视，而是作为自发的整体，对空间形式作直接的瞬间的领悟。他在绘画中表现的是空间的存在而不是空间的测量。当我们注视他画布上的岩石、树木和山峦的时候，我们不是去想"这座山在这棵树后面"，而是被一种直接的瞬间的整体感所牢牢攫住。这是一种虚幻的整体感，它在我们与世界融为一体的瞬间中，同时包含了近与远、过去与现在、意识与无意识。……这种直接呈现有力地改变了我们在写实主义绘画面前的被动局面，比现实主义更多地给我们启示出人生的真谛。最重要的是，它告诉我们，只有参与到画面中去，我们面前的绘画才会对我们开口说话。

  塞尚给我们揭示的这个新世界，其最大特征是它超越了原因与结果。这里根本不存在 A 产生 B 产生 C 那种直线式的关系；形式的各个方面都共时地产生在我们的幻觉中或者全部都付诸阙如。

最重要的是,如果我完全置身局外,我可能根本看不见这种绘画;只有当我参与到其中,它才可能向我传达其中的意味。①

当然,审美距离的销蚀对于冲击一味强调审美距离的传统美学虽然有其积极作用的,然而这并不就意味着它是正确的。事实上,一味强调审美距离的销蚀,无疑又会导致新的片面性(直接性并不就是审美活动自身的特点,事实上所有情感活动都有这一特征)。而且,在当代审美观念中,我们也已经看到了这一片面性的存在。例如,美与非美的差别、美的相对稳定性、美感的相对稳定性因此而都不再存在了。在我看来,就审美活动而言,实际上是介于有审美距离与无审美距离之间的。因此,正确的选择应该是:在有审美距离与无审美距离这两者之上建立一种新的审美观念。换言之,审美距离与审美距离的超越是可以共存于新的审美观念之中的。不过,这已经是理论研究的课题,超出了本书的主旨,此处不赘。

3
从非功利性到超功利性

1

审美方式的性质从非功利性到超功利性,是当代审美观念的转型中的最为核心的问题之一。它同样期待着从理论上给以阐释。

对于审美活动的超功利性的提倡,是当代美学的一大特征(当然,这并

---

① 罗洛·梅:《爱与意志》,冯川译,国际文化出版公司1987年版,第368—370页。

不是说,在当代美学中对于非功利性的研究就完全消失了)。其中的原因,正如迈克尔·柯比所陈述的:

> 把审美经验看作是与世隔绝的、封闭的、与生活没有联系的看法,是传统美学一个完全不能令人满意的观念。按照这种看法,艺术必须"仅仅为它本身的缘故"而被感受,对它必须采取与日常知觉方式相异的分离或心理距离的态度。
>
> 即使是在一种与世隔绝的审美静观的状态中,也并不意味它真的是与世隔绝的。因此,当我们考察整个知觉系统时,所谓的与世隔绝很难具有实质性意义,在决定性的水准上它其实并不存在。①

而美学家的真实心态,则正如美国长岛大学哲学系教授伯林特在1992年9月召开的第十二届国际美学会议上所说的,一方面,作为康德美学核心的"审美无功利性"理论,从今天的眼光看,仅仅是同传统艺术相吻合的。随着本世纪以来的现代艺术的发展,欣赏者的参与已成为审美观的重要特性,而像解构主义、后结构主义等的理论运动,也削弱了无利害依存的认识结构,因此,无利害性观念具有"时代错误",对于审美理解已成为明显的障碍,应予以舍弃。另一方面,他又指出,审美观无利害性的观念是与"普遍性""艺术对象""观照""距离""孤立"及"价值"等观念互相联系的,而这些相互关联的某些观念在舍弃"无利害性"理论和它们的传统形式,并彻底改造后,仍然可以在现在条件下对解释审美观经验发挥有益的作用。总之,舍弃"无利害性"观念不是抛弃审美观,而是要重新发现它的更大范围和更大能力。

我们知道,传统美学的核心是审美无功利说。彼得·基维指出:

---

① 迈克尔·柯比。见朱狄:《当代西方美学》,人民出版社1984年版,第345页。

自从18世纪末以来,有一个观点已被许多持不同观点的思想家所认可,那就是认为审美知觉不是某种具有特殊性质的日常知觉,而是一种具有日常知觉特质的特殊种类的知觉。这种说法也就被称为"审美的无利害关系性"。①

杰罗姆·斯托尔尼兹的介绍也十分类似:"除非我们能理解'无利害性'这个概念,否则我们就无法理解现代美学理论。假如有一种信念是现代思想的共同特质,它也就是:某种注意方式对美的事物的特殊知觉方式来说,是不可缺少的。在康德、叔本华、克罗齐、柏格森那里都可以遇到这种情况。在那些坚决反对审美无利害性这个命题的马克思主义者那里,则显示出这一信条是怎样变得更为牢固了。"②

说到审美活动的非功利性,康德的美学就不能不提(当然,在此之前,柏拉图已经借苏格拉底之口提出美与功利性无关,普洛丁、托马斯·阿奎那也曾有所涉),他在《判断力批判》中综合前人的研究提出的"鉴赏判断的第一契机——"美是无一切利害关系的愉快的对象",③堪称是传统美学正式诞生的关键。它揭示了审美活动的本质特征,作为一个重大的美学命题,它的诞生不但揭示了审美活动的非功利性,而且也标志着传统美学的真正建构完成。

为什么这样说呢?主要是因为它从外在和内在两个方面从根本上完成了传统美学的建构。在外在方面,传统美学与近代资产阶级的兴起密切相关,同时也与西方近代社会的审美活动的精神性需求与物质性需求之间矛盾的特殊解决方式(可以在审美活动之外得以基本解决)以及印刷文化的深

---

① 彼得·基维。见朱狄:《当代西方美学》,人民出版社1984年版,第280页。
② 杰罗姆·斯托尔尼兹。见朱狄:《当代西方美学》,人民出版社1984年版,第279页。
③ 康德:《判断力批判》上卷,宗白华译,商务印书馆1985年版,第48页。

刻影响密切相关。传统美学之所以只是精英美学，无非是因为提倡传统美学的是当时社会的精英；传统艺术之所以只是精英艺术，无非是因为提倡传统艺术的是当时社会的精英。这使得传统美学必须着眼于主体性、理性以及从耻辱感向负罪感的转换的美学阐释，必须着眼于资产阶级的特定审美趣味的美学阐释，换言之，使得它必须在美学领域为资产阶级争得特定的话语权。由此，对于审美与生活之间的差异（以及艺术与生活之间的差异）的强调，就成为其中的关键。康德之所以对所谓"低级""庸俗"的趣味深恶痛绝，之所以大力强调真正的美感与"舌、颚、喉的味觉"等肉体性的感觉的差异（认为后者是媚而不是美，是娱乐、消遣而不是愉悦、升华），之所以要强调先判断而后愉悦，简而言之，之所以强调审美活动的非功利性，原因在此。

而在内在方面，则与对于审美活动乃至美学的独立地位的确立有关。美学固然在1750年已经由鲍姆加登正式为之命名。但他对审美活动的理解却很成问题，所谓"感性认识的完善"，仍旧是把美感与认识等同起来，把审美活动从属于认识活动，并且作为其中较为低级的阶段，这样，美学不过就是一门"研究低级认识方式的科学"。另一方面，英国经验主义则把审美活动与功利活动混同起来，把美学混同于价值论，借以突出审美活动的与价值论有关的"快感"，但就美学本身而言，却仍旧没有找到自身的独立地位，因为它研究的对象——审美活动只是价值活动的低级阶段。[①] 康德提出审美活动的非功利说，所把握的正是这一关键。他指出："快适，是使人快乐的；美，不过是使他满意的；善，就是被他珍视的、赞许的，这就是说，他在它里面肯定一种客观价值。……在这三种愉快里只有对于美的欣赏的愉快是

---

① 从表面看，经验主义美学与理性主义传统拉开了距离，但是"这些著作者以一种新的机械论——人性论体系工作着，但是他们生产的产品，与符合笛卡尔的理性主义的那种产品，却几乎没有惊人的区别"。因此，经验论美学在"经过一段短暂的独立旅行之后，又重新返回到17世纪的理性和新古典主义的审美趣味的陈腐轨道上来了"。（吉尔伯特等：《美学史》，夏乾丰译，上海译文出版社1989年版，第306—307页）

唯一无利害关系的和自由的愉快;因为既没有官能方面的利害感,也没有理性方面的利害感来强迫我们去赞许。"①这样,康德就从既无关官能利害(用"生愉悦"把审美活动与"功利欲望快感"相区别)又无关理性利害(用"非功利"把审美活动与"感性知识完善"相区别)这两个层次把美与欲、美与善同时区别开来。审美活动因此而第一次成为一种独立于认识活动、道德活动的生命活动形态②,美学学科也因此而真正走向独立。

在美学史上,对于审美活动的非功利性的揭示的重大意义,已经为美学家所公认。然而,也正是因此,几乎所有的美学家在肯定审美活动的非功利性的重大意义时,都忽略了它的局限性。实际上,把审美活动与非功利性完全等同起来,只是从某种特定的视角考察审美活动的结果。这个特定的视角,就是理性主义、道德主义。其中的关键是:以审美活动作为理性活动、道德活动之间的中介。这样,在传统美学那里就没有真正划分开审美活动与认识活动、道德活动的界限。由于它必须说明美感为什么还具有理性的、道德的性质,结果在把认识活动、道德活动从前门请出去之后,最终又不得不把理性、道德从后门请回来。这里最为典型的是崇高。崇高之为崇高的奥秘,就在于它根本就不是在审美活动范围内实现的,而是在理性、道德王国里实现的。对于审美活动本身的考察也是如此。由于坚持理性主义、道德主义的视角,就只能从肯定性的主题以及二元对立的思路去考察审美活动,结果就只能在肯定性的层面以及在最为纯粹的一元去界定审美活动。而这种界定就是非功利性。③

因此,传统美学的对于审美活动的非功利性的强调,事实上就已经不是

---

① 康德:《判断力批判》上卷,宗白华译,商务印书馆1985年版,第46页。
② 在此意义上,假如说康德是以第一批判为求真活动划定界限,从而确定其独立性,以第二批判是向善活动划定界限,从而确定其独立性,那么第三批判就是为审美活动划定界限,从而确定其独立性。因此,与其说它是美学的,毋宁说它是哲学的。
③ 当然,传统美学内部并非都是持非功利性看法,这类似于当代美学中也并非都持超功利性的看法。本书只是就其中的基本倾向而言。

针对审美活动本身,也不只是一种超然的审美趣味,而已经是一种美学特权、理论话语。尽管它隐藏在无意识化了的审美观念背后,以至于令人难以察觉。它之所以被独尊,不仅仅是因为它毕竟道破了审美活动的某种内在禀性,而且是因为它是一种特定的美学编码。对此,在当代的美学家中已经逐渐有所察觉。杜夫海纳指出:康德审美判断的普遍性来自"社会惯例的权威性","是专家们的一致,而这些专家们本身更多地不是如休谟所说,是由他们发达的审美力所决定的,而是由他们的社会地位决定的。"[①]朱狄也引用斯坦克劳斯的研究指出:在审美活动中,对音乐、舞蹈、雕塑的欣赏往往只限于有钱的少数在经济、文化上享有特权的人,"绝大多数美国和欧洲美学家今天还是白种人,并且在经济上和社会地位上是高度享有特权的人,他们和普通老百姓是不来往的。"因此,提倡审美判断没有标准倒是对特权阶层的一种反抗。[②] 由此出发,传统美学把某种类型的审美活动确定为审美活动(其他类型的审美活动则被排斥),并且作为人们进入审美活动的唯一反应模式,然后再以它为尺度将审美与非审美、艺术与非艺术乃至雅与俗、精英与大众分开,并且将其中的后者作为一种反面的陪衬。我们承认这样做在美学史上意义重大:从此审美有了独立性。然而,由于这种独立性并非真正的独立性,而是在理性主义的保护之下实现的,一味如此,就难免使美学陷入困境,最终走向一个令人难堪的极端:具备了超越性,却没有了现实性;使自己贵族化了,却又从此与大众无缘;走向了神性,却丧失了人性。试想,假如审美活动只会让别人去教会自己如何喜爱美的东西,从而在别人所期望的地方和时候去感受别人希望他感受到的东西,这实际上就不再是一种审美活动,而只是一种交易,一种可以在市场上卖来卖去的东西。事实上,要想在别人告知自己为美的东西之中感到一种真正的美、一种个人的东西,无

[①] 杜夫海纳主编:《当代艺术科学主潮》,刘应争译,安徽文艺出版社1991年版,第95页。
[②] 参见朱狄:《当代西方美学》,人民出版社1984年版,第231页。

疑是天方夜谭,也无疑是审美天性的异化。可见,通过片面的方式去膜拜审美活动,并不是对审美活动的尊重。通过片面的方式去强调审美活动的超越性,也无非是美学本身的画地为牢。

意识到这一点,从叔本华开始的百年来的美学家们的艰苦卓绝的努力,就不再令人费解。在他们看来,传统的审美观念应当被彻底改变。在传统的强调非功利性的审美观念看来,审美活动或者是人类逃避现实的一种方式,或者是人类认识现实的一种方式,总之是人类离开现实(现象、非理性)进入概念(本质、理性)的结果,因此只成就了一种贵族的、高雅的美和艺术,而现在所亟待从事的,是把审美活动从对于现实的逃避或认识转向与现实的同一(体验)。

我们注意到,从叔本华开始,源远流长的彼岸世界被感性的此岸世界取而代之,被康德拼命呵护的善也失去了依靠。在康德那里是先判断后生快感的对于人类的善的力量的伟大的愉悦,在叔本华那里却把其中作为中介的判断拿掉了,成为直接的快感。尼采更是彻底。康德也反对上帝,但用海涅的话说,他在理论上打碎了这些路灯,只是为了向我们指明,如果没有这些路灯,我们便什么也看不见。尼采就不同了,他干脆宣布:"上帝死了!"应该说,就美学而言,关于"上帝之死"的宣判不异于一场思想的大地震。因为在传统美学,上帝的存在提高了人类自身的价值,人的生存从此也有了庄严的意义,人类之所以捍卫上帝也只是要保护自己的理想不受破坏。而上帝一旦死去,人类就只剩下出生、生活、死亡这类虚无的事情了,人类的痛苦也就不再指望得到回报了。真是美梦不再!但是,一个为人提供了意义和价值的上帝,也实在是一个过多干预了人类生活的上帝。没有它,人类的潜力固然无法实现,意义固然也无法落实。但上帝管事太多,又难免使人陷入依赖的痴迷之中,以致人类实际上总是一无所获。这样,上帝就非打倒不可。不过,往往为人们所忽视的但又更为重要的意义在于:"上帝之死"事实上是人类的"自大"心理之死。只有连上帝也是要死亡的,人类数千年中培养起来的"自大"心理才被意识到是应该死亡的,一切也才是可以接受的。难怪西方一位学者竟感叹云:"困难之处在于认错了尸体,是人而不是上帝死了。"只有意识到这一点,我们才会懂得尼采何以混同于现实,反而视真、善为虚伪,并且出人意外地把美感称为"残忍的快感"的原因之所在。

而在20世纪初,西方的美学家们则真正开始对于审美活动的功利性的考察。其中,少数美学家是直接地对功利性加以提倡。例如桑塔耶那,他就公开地提倡审美活动的功利性,甚至把审美活动的功利性加以泛化,认为视、听、嗅、味、触,"喉头""肺部感觉""吐纳""深长呼吸",乃至家庭之爱、祖国之爱、社会交际,都与审美活动有关。再如弗洛伊德,他所关注的人类的无意识、性之类,正是意在恢复审美活动的功利性的一面。正如尧斯所指出的:"弗洛伊德美学的一个尚未被充分利用的长处是,它允许从某一审美愉快观念出发,对审美经验的生产和接受功效加以发展。这种观念支撑着生产与接受两个方面。"[1]或许,在他看来,审美活动走向神性,并不就是好事,把审美活动当作神,未必就是尊重审美活动。而他借提倡功利性("审美愉快观念")所恢复的,正是审美活动中的人性因素。不过,大多数的美学家们则是采取了一种把无功利性推向极端的方式。这一点,可以从20世纪初盛行的心理距离说、孤立说、静观说等中看出。从表面上看,它们是由康德所奠定的西方无功利美学传统的内在拓展,但实际上,它们却是由康德所奠定的西方无功利美学传统的外在断裂,在康德,是从审美活动的性质的角度讲无功利,心理距离说、孤立说、静观说等却是从心理构成(特殊心理状态、注意方式)的角度讲无功利。而且,在康德,对无功利的提倡并不是作为前提,而是作为状态的描述,着眼于客体决定主体,以及对于对象没有偏爱、欲求、自私心的纯粹形式观照的愉悦,因此不是一种独立的、能够把对象转换为审

---

[1] 尧斯:《审美经验论》,朱立元译,作家出版社1992年版,第76页。

美对象的活动。① 这正如乔治·迪基所指出的:"对叔本华来说,审美的静观决定着美,他因而坚持着一种强烈的审美态度理论的立场。"②在距离说、孤立说、静观说等,对无功利的提倡却并不是作为状态,而是作为前提的描述,着眼于主体决定客体,以及现实生活、意志、欲求的超脱、抛弃和观察方式的改变,例如,一般认为,距离说是从一种特别的心理状态的角度看审美活动,孤立说是从一种专注于对象的特殊的观看方式的角度看审美活动,静观说是从一种特别的精神境界的角度看审美活动,因此是一种独立的、能够把对象转换为审美对象的活动。在此意义上,应该说,距离说、孤立说、静观说等,代表着一种与康德无关的新的美学传统的萌芽。③ 它们把审美活动的无功利性推向了极端,但是物极必反,一旦非理性的主体被"耗尽",就必然使得一切都无功利性而实际上转换为一切都有功利性。对于审美活动的功利性的强调,由此应运而生。

---

① 斯托尔尼兹:"我们是根据不同的'观看'方式来界定审美的领域。而关于在这种方式中被领悟的对象则没有什么可谈的。这些对象像什么,它们互相之间具有什么特性,这些都搁置起来暂不解决。"(见《外国美学》第8辑,商务印书馆1992年版,第154页)
② 乔治·迪基。见《美学译文》第2辑,中国社会科学出版社1982年版,第20页。
③ 在讨论审美活动的功利性问题时,要注意防止两种错误。其一是以功利先于审美来论证审美活动的功利性。但这只是对于审美活动的起源的论证,而并非对于审美活动的性质的论证。普列汉诺夫的错误就在于此。其二是以效果的角度来论证审美活动的功利性。但是,实际上,康德的审美活动的无功利说并不是指审美活动的效果是非功利的,而是指审美活动的心理过程是非功利的。在当代美学中,审美功能成为核心问题,在当代文明的重建中,审美功能也成为核心问题。审美活动不再是笑料而是药剂,甚至直接成为战斗的武器。人们发现,过去是以哲学与宗教来支撑精神的头颅,现在却是以审美活动来支撑了。审美活动成为沉沦中的生命的自我拯救方式。更有甚者,审美活动竟然加入了"造反"的行列。例如法兰克福学派的美学思想。但这些讨论与审美活动的功利性问题的讨论无关。

2

在当代美学看来,注重审美活动的功利性一面的考察,是美学之为美学的题中应有之义。这绝非对于审美活动的贬低,而是对于审美活动的理解的深化。只有如此,审美活动才有可能被还原到一个真实的位置上。其中的原因十分简单,康德独尊想象、形式、自由以及审美活动的自律性,强调现实与彼岸、感性与理性、优美与崇高、纯粹美与依存美、艺术与现实、想象与必然性、艺术与大众的对立,强调审美活动与求真活动、向善活动的区别,显然有其必要性,①但是却毕竟有其幼稚、脆弱、狭隘而又封闭的一面,充满了香火气息的一面。审美活动不但要借助于"无目的的目的性"(非功利性)从现实生活中超越而出,与求真活动、向善活动相互区别,而且更要借助于"有目的的无目的性"(功利性)重新回到现实生活(这就是我们所看到的当代审美文化),与求真活动、向善活动相互融合。这,应该说是当代美学的共同抉择!

具体来说,对于审美活动的功利性的强调,是一个复杂的问题。对此,我已经在前面讨论美学的主题、模式、审美活动与市场经济、电子文化的关系,审美活动与丑以及荒诞的关系,审美活动与现实生活的关系等一系列问题时,从不同角度、不同层面,作过反复的说明。这里,只想从美学本身的角度作一点更为深刻的考察。

在我看来,就美学本身的角度而论,对于审美活动的功利性的强调,与理性化、道德化的视角向着非理性化、非道德化的转型是一致的。按照荣格的看法,这是一种特殊的体验:

---

① 我们发现:从传统美学的立场上去考察审美活动,往往要把审美活动与功利性截然对峙起来,康德认为任何功利性都会败坏趣味判断,莫里兹认为美的对立面不是丑,而是功利性。施莱格尔、伍尔德也是如此。道理就在这里。因为让审美活动与功利性轻易统一,导致的只能是传统美学的深刻性的丧失。

这里为艺术表现提供素材的经验已不再为人们所熟悉。这是来自人类心灵深处的某种陌生的东西,它仿佛来自人类史前时代的深渊,又仿佛来自光明与黑暗对照的超人的世界。这是一种超越了人类理解力的原始经验,对于它,人类由于自己本身的软弱可以轻而易举地缴械投降。这种经验的价值和力量来自它的无限强大,它从永恒的深渊中崛起,显得陌生、阴冷、多面、超凡、怪异,它是永恒的混沌中一个奇特的样本,用尼采的话来说,是对人类的背叛。它彻底粉碎了我们人类的价值标准和美学形式的标准。怪异无谓的事件所产生的骚动的幻象,在各方面都超越了人的情感和理解所能掌握的范围,它对艺术家的能力提出了各种各样的要求,唯独不需要来自日常生活的经验。日常生活经验不可能撕去宇宙秩序的帷幕,不可能超越人类可能性的界域,因此,无论它可能对个人产生多大的震惊,仍能随时符合于艺术的要求。然而原始经验却把上面画着一个秩序井然的世界的帷幕,从上到下地撕裂开来,使我们能对那尚未形成的事物的无底深渊给予一瞥。

而在评价毕加索的艺术时,他说得更为明确:

　　在现代人心底涌起的就正是这样一些反基督的、魔鬼的力量,从这些力量中产生出了一种弥漫着一切的毁灭感。它以地狱的毒雾笼罩白日的光明世界,传染着、腐蚀着这个世界,最后像地震一样将它震塌成一片荒垣残堞,碎石断瓦。[①]

由此,假如说理性化、道德化导致了对于审美活动的非功利性的关注,非理

[①] 荣格:《心理学与文学》,冯川等译,三联书店1987年版,第128—129页、第174—175页。

性化、非道德化则导致了对于审美活动的功利性的关注。

具体来说,这一点,在叔本华、尼采那里就已初露端倪。① 在叔本华,我们发现,一反康德在考察审美活动时处处要维护理性化、道德化的有效性,他是直接以非理性、非道德作为审美活动的源泉。于是,一向为传统美学所不齿的非理性、非道德、欲望、感性等光明正大地进入了美学殿堂。尼采就更是如此了。这可以从他的大量言论中看到:"对于一个哲学家来说,宣布'善与美是一回事'是一种卑鄙行为,如果他竟然还要补充说'真也如此',那他真该打。真理是丑的。""把'理想化的基本力量'(肉体、醉、太多的兽性)大白于天下";"把艺术的不道德大白于天下";"丑意味着某种形式的颓败,内心欲求的冲突和失调,意味着组织力的衰退,按照心理学的说法,即'意志'的衰退";"艺术使我们想起动物活力的状态,它一方面是旺盛的肉体活力,向形象世界和意愿世界的涌流喷射,另一方面是借助崇高的形象和意愿对动物性机能的诱发,它是生命力的高涨,也是生命感的激发。丑在何种程度上也具有这种威力? 是在这种程度上:它多少还是在传达艺术家获胜的精力,而它已主宰了这丑和可怖。或者在这种程度上:它在我们身上稍稍激发起残忍的快感(在某些情况下甚至是自伤的快感,从而又是凌驾我们自身的强力感)。"② 不过,在尼采,对于非理性、非道德的认识还主要是出于一种直觉,而且是作为苏格拉底之前的非压抑文明与苏格拉底之后的普遍性压抑文明对立起来。只是从弗洛伊德开始,才开始意识到这非理性、非道德更为真实地存在于每一个人的潜意识之中。于是,他把非美的、非规则的、非对称的、阴森的、可怖的、变态的、丑恶的东西引入审美活动,并且作为审美活动的本体。这无疑比叔本华、尼采走得更远。审美活动成为被压抑的无

---

① 在此之前,休谟就说过:美引起生理的追求。席勒也说过:在迟钝的感官感觉不到需求的地方,在强烈的情欲得不到满足的地方,美的幼芽都不会萌发。
② 尼采:《悲剧的诞生》,周国平编,三联书店 1986 年版,第 365、367、350、351—352 页。

意识的升华与满足,追求的是魔鬼之美、罪恶的快感。这,推动着20世纪西方美学开始从结构、系统、语言、他人、存在、行为等许多方面去揭示无意识的存在,并且为审美活动重新立法。审美活动的功利性也因此凸现而出。

最为典范的是弗洛伊德关于性与美之间联系的考察。弗洛伊德指出:

> 生活中的幸福主要是在对美的享受中得到的,无论美以什么形式——人类形体和姿态的美,自然物体和风景的美,艺术创作甚至科学创造的美——被我们所感知和评价都不例外。这种对生活目标的美学态度是不能抵御痛苦的威胁的,但是它能弥补很多东西。美的享受有一种独特的令人微醉的感觉;美没有显而易见的用途,也没有明确的文化上的必要性。但是,文明不能缺少它。美学所要探讨的是在什么情况下才被人们感觉为美;但是,它不能解释美的本质和根源,而且,正像经常出现的情况一样,这种失败被夸张而空洞的浩瀚词藻所掩盖。不幸的是精神分析几乎没有谈到美。唯一可以肯定的便是美是性感情领域的派生物,对美的热爱是目的受到控制的冲动的最好的例子。"美"和"吸引"最初都是性对象的特性。这里值得指出的是虽然观看生殖器可以产生兴奋,但是生殖器本身不能被看成是美的;相反,美的性质似乎与某些次要的性特征相关。[1]

> 美的观念植根于性的激荡。[2]

> 美的享受具有一种感情的、特殊的、温和的陶醉性质。美没有明显的用处,也不需要刻意的修养。但文明不能没有它。美学考察了事物

---

[1] 弗洛伊德:《文明及其缺憾》,傅雅芳等译,安徽文艺出版社1987年版,第23—24页。
[2] 弗洛伊德:《爱情心理学》,林克明译,作家出版社1986年版,第53页。

的美的条件,但是它不能对美的本质和起源作任何说明,像往常一样,失败在于层出不穷的、响亮的,却是空洞的词语。不幸,精神分析学对美几乎也说不出什么话来。看来,所有这些确实是性感领域的衍生物。对美的爱,好像是被压抑的冲动的最完美的例证。"美"和"魅力"是性对象的最原始的特征。

我们会说,戏剧的目的在于打开我们感情生活中快乐和享受的源泉,恰像开玩笑或说笑话揭开了同样的源泉,揭开这样的源泉都是理性的活动所达不到的。毫无疑问,在这一方面,基本因素是通过"发泄强烈的感情"来摆脱一个人自己的感情的过程;随之而来的享受,一方面与彻底发泄所发生的安慰相和谐,另一方面无疑与伴随而来的性兴奋相对应,因为正如我们设想的那样,当一种感情被唤起的时候,性兴奋作为副产品出现,向人们提供他们如此渴望的引发精神状态中潜能的感觉。[1]

联想到弗洛伊德一再强调美的起源与人类的直立有关,强调美始终是与母亲联系在一起,强调蒙娜丽莎的微笑与达·芬奇的恋母情结的关系,强调"俄狄甫斯情结",以及荣格对母系氏族时代所创造的原始意象的剖析,拉康以想象界为中心的理论阐释,不难看出,弗洛伊德的看法是:美感即性快感的升华。值得指出的是,正是在这里,构成了与传统美学的最为根本的区别。传统美学的那种唤起主体优越性的"主观的合目的性"消失了,丑已经无须再转化为美,而是直接地破门而出。它为神圣的美感加上了罪恶的因素。换言之,所谓"升华",只是对性冲动加以改变、伪装、润饰,并不存在理性化、道德化的转换过程,也并不是改变了性冲动的意义而具有了审美的意

---

[1] 弗洛伊德:《弗洛伊德论美文选》,张唤民等译,知识出版社1987年版,第172、20—21页。

义,而就是被压抑的愿望、解放感、性兴奋、性陶醉、罪恶的快感、非理性的快感的实现。

不过,更为重要的是,在弗洛伊德,审美活动只是间接地与性相联系,却直接地与压抑相联系。正如弗洛伊德提示的:"我们从一开始就把促进压抑的机能归因于自我中道德和美学的倾向。"①因此人们常常以为弗洛伊德就是提倡把审美活动与性宣泄等同起来,实际上是不准确的。严格言之,对于文明对于欲望的压抑,弗洛伊德是赞同的,而且认为人类必须设法适应之。《文明及其缺憾》的书名就揭示了他的文明建立在缺憾上这一看法,"文明在多大程度上要通过消除本能才能得到确立,在多大程度上(通过克制、压抑或其他手段)要以强烈的本能不能得到满足为前提条件,这个问题是不可能被忽略的。这种'文化挫折'在人类的社会关系中占据很广泛的领域。我们已经知道,它造成了一切文明都必须反对的对文明的敌意。"②然而,审美活动又不同于文明,否则它就只是压抑而没有快感了。那么,审美活动是什么呢?它是一种幻想,是本能冲动或者无意识对付压抑的有效方法。它的根本特点是:只在内部实现性的满足,不涉及行动,因此可以逃避检查。在这个意义上,审美活动类似于孩子的梦、成年人的游戏。"产生幻想的那个领域是对生活的想象,当现实感发生了的时候,这个领域显然避开了现实检验所提出的要求,并为了实现这难以实现的愿望而保留下来。幻想带来的快乐首先是对艺术作品的享受——靠着艺术家的能力,这种享受甚至被那些自己并没有创造力的人得到了。那些受了艺术感染的人并不能把它作为生活快乐和安慰的源泉,从而给它过高的评价;艺术在我们身上引起的温和的麻醉,可以暂时抵消加在生活需求上的压抑⋯⋯"③在此意义上,不难看到,

---

① 弗洛伊德:《弗洛伊德著作选》,贺明明译,四川人民出版社1986年版,第288—289页。
② 弗洛伊德:《文明及其缺憾》,傅雅芳等译,安徽文艺出版社1987年版,第40页。
③ 弗洛伊德:《弗洛伊德论美文选》,张唤民等译,知识出版社1987年版,第171页。

弗洛伊德的美学无疑是激进、片面的,但是并非就毫无意义。这意义,就正如弗洛姆所提醒的:"这一理论之所以激进,是因为它冲击了人类以为自己全知全能之观念的最后堡垒。这种观念作为人类经验的基本事实,长存于人们的意识思维中,伽利略曾打碎了人类关于地球是宇宙中心的幻想,达尔文使人类生于上帝的幻影破灭,但却从未有人对人类的意识思维这一其尚可依靠的最后根据进行过质疑。弗洛伊德使人类丧失了对自己理想的骄傲。他洞察了人性之底蕴——这就是'激进'的确切含义。"[1]另一方面,弗洛伊德的所谓审美活动显然根本区别于康德美学的客观的合规律性以及主观的合目的性,也根本区别于亚里士多德的净化说,更不同于康德的艺术是道德的象征,可以称之为一种"诗性的越轨"或者"诗的破格"。它是对所有传统美学的突破,是从理性化、道德化的审美活动向非理性、非道德的审美活动的转型。在这当中,审美活动所涉及的升华概念只局限于"表明性冲动与其他非性的冲动的关系"这一范围内,充其量也就是一种性冲动的化装舞会,至于其他一切附加的理性、道德的含义,则都不是弗洛伊德美学的本来含义。这样,假如从理性而来的审美活动是非功利的,那么,从非理性(性)而来的审美活动就无疑只能是功利的。

值得指出的是,在当代美学的从非功利性向功利性的转型中,最为重大的转换,是对审美活动与欲望问题的考察。在传统美学,欲望被视为从所罗门的瓶子里跳出来的魔鬼,审美活动正是从拒绝欲望开始的。但实际上欲望也不全是坏东西,在欲望之河中有恐惧的险关、莫测的暗礁,也有美丽的浪花、怡人的港湾。欲望带给人类的是一种尴尬的处境:一方面是生命的生机,一方面是死亡的悲剧。然而更为尴尬的是,不论是生机还是悲剧,人类都只能在这尴尬之中生活下去。由此,传统美学竭力回避着这尴尬,并且力

---

[1] 弗洛姆:《弗洛伊德思想的贡献与局限》,申荷永译,湖南人民出版社1986年版,第153页。

图在这尴尬之外建立自己的美学大厦。例如康德就是用理性、道德甚至上帝去压抑之,肉体愉悦的全部过程都被省略了。① 毫无疑问,这在一个封闭的传统社会中,是必须的也是可能的。然而,欲望的宣泄却始终是一个问题。进入20世纪,美学开始注意到了这一问题。在它看来,传统美学在二元的灵与肉、精神与物质的对立中,把欲望给了肉体、物质,是错误的。例如阿多尔诺就批评这是"肉体的否定性的缺席",是一种"被阉割了的享乐主义悖论"。结果,美学关注的不再是彼岸的神圣,而是此岸的诗情,不再是"神圣叙事",而是"欲望叙事"。例如马斯洛的需求理论就把精神需要也作为人类的欲望。审美活动的目的转而着眼于进入此岸,而不是向彼岸的超越。弗洛伊德也如此。他认为,对当代美学来说,当然不再是对于欲望的压抑,然而也并不是对于欲望的放纵。其中的关键是力图成功地把欲望转换为叙事的问题。从而既保证感官欲望的满足(细节的放纵),又加以叙事上的升华。对此,弗洛伊德的解决方法为:既通过自由联想来满足肉体欲望的隐秘快感,又借助"超我"的力量来达到升华的目的。由此形成了欲望叙事的基本结构。以著名的一个小孩子的游戏的故事为例,这里的"噢!"(玩具不见了)——"哒!"(玩具回来了),就是欲望客体(母亲)离开孩子这一创伤性记忆的替代。尽管这只是一个典型的童话叙事的结构,然而与成年人的叙事的结构却仍旧是相通的。拉康的欲望理论也是如此。在他看来,正是最初的丢失物即母亲的躯体引出了我们的全部的生命故事,它驱使人类在欲望的无休止的转喻中寻求那失去的天堂的替代物,不过,他的中心问题只是"噢!"(不见了)。他的叙事结构可以表述为"噢!——噢!——噢!……"这是个无法结尾的叙事结构。正如卡夫卡的长篇小说总是无法结尾。于是,生命之外的救赎之路转向了生命之内的升华之路。

---

① 相比之下,倒是中国美学中始终存在着一种伟大的与头脑辩证法相对的肉体辩证法。在中国美学,审美活动被融进了整个肉体的运行过程(气的运行),既满足了感官的欲望,又达到了升华(成仙)的目的。诗、书、琴、画、品茗、斗酒,都如此,都是欲望的升华。

更进一步,对于审美活动与欲望之间关系的关注,实质上是对作为生命体验的美感体验的关注。在传统美学,往往只把审美活动与视、听两个感官联系起来。柏拉图、亚里士多德、狄德罗、康德、黑格尔、车尔尼雪夫斯基等都如此。① 一般而言,触觉、嗅觉、味觉都有消耗对象的可能,视觉、听觉却是非消耗性质的。因此,只把审美活动与视、听两个感官联系起来,就意味着否定触觉、嗅觉、味觉等与直接消费对象的感官会产生美感,否认饮食色欲之类快感之中也有美感。而在当代美学,却有不少美学家都注意到了审美体验与生命体验的关系。倒如,他们发现:人的全部器官都参与了美感体验,只重视视、听在审美体验中的作用是不对的,实际上触觉、嗅觉、味觉都在起作用。苏联的斯托洛维齐就指出:"气味、冷暖和肉体疼痛等的感觉,也可能包含在审美体验中","这种可能性的存在是因为现实的对象和现象的各种性质是相互联系的"。它们能起作用是在"它们同视觉和听觉联系在一起时"。② 更多的美学家则直接就审美体验与生命体验的关系发表了意见。例如卡里特说:"在美是排除欲望而令人愉悦的东西这个通常的否定描述中,倒是包含了更多的真理。不过需要对它加以重要的限定和阐释。""那些认为美具有最高意义的人,实际上就是在欲望着美,不过仅仅是为了观照的目的。"③桑塔耶娜说:"快感确实是美感的要素,但是显然在这种特殊快感中,掺杂了一种是其他快感所没有的因素。"④弗雷泽说:在西方文明中,"灵魂外在于肉体、灵魂可以与肉体分离的思想,乃是如同人类本身一样古老的思想。"⑤乌纳穆诺也说:"能够区分人跟其他动物的,是感性而不是理智。"

---

① 例如柏拉图在《大希匹阿斯篇》中强调,"美就是由视觉和听觉产生的快感"。
② 斯托洛维齐:《现实中和艺术中的审美》,凌继尧译,三联书店1985年版,第56页。
③ 卡里特:《走向表现主义的美学》,苏晓离等译,光明日报出版社1990年版,第17—18页。
④ 桑塔耶纳(即桑塔耶那):《美感》,缪灵珠译,中国社会科学出版社1982年版,第24页。
⑤ 转引自布朗:《生与死的对抗》,冯川等译,贵州人民出版社1994年版,第170页。

"感到自己存在,这比知道自己的存在具有更大的意义。"①确实,理性活动与整个生命活动是无法分开的,否则所谓理性就只能是缺乏灵魂的僵死形式。传统美学片面地认定只有理性才是人类的财富,把情欲视作罪恶的代名词,实际上情欲本身并非罪恶,只有以情欲排斥理性甚至一味泄欲才是罪恶。因此贬低感性事实上就是对于理性的同时贬低。何况,灵肉之间的二元对立模式本来就只是一种虚构,是出于一种精神的自恋。既然认为人是以精神与动物相区别,结果就转而排斥欲望乃至肉体。然而却忽视了:对欲望的剥夺实际就是对生命的剥夺。美感不在肉体之中,但也并非与肉体毫无关系。灵与肉并非二元,而是一体。美感就真实地植根于感性之中。在无欲的世界,绝不可能有真正的美感,而且,甚至生命本身事实上也已经名存实亡了。因此,我们不应在欲望与精神之中作出选择,而应辩证地坚持一种身心一体的立场,一种审美活动是味、嗅、触、视、听乃至心觉神会的全身心的体验的观念。中国美学讲的"赏心悦目",就是这个意思。离开了生命体验,我们根本就无法完成对于生命的确证。有学者引"年年不带看花眼,不是愁中即病中"来说明这一问题,确实如此。在此意义上,所谓美感实际上就是享受生命或生命享受。

同时需要注意的是,对于审美活动的功利性的提倡,还在于在当代它在某种程度上已经成为一种变相的工作形式,或者说,成为工作时间的继续。"所谓'自由'时间实际上可能是由一种秘密工作所支配,这种秘密工作在三个不同的水平上给社会和经济组织带来活力:工作的组织、教育和训练,以及社会关系。""一个人在工作上付出的代价越大,其职业越成功,其闲暇活动的组织仍然是紧密地依赖于由工作所创造出的社会的条件……""事实是,娱乐活动根本不是无缘无故的——自由时间已经变得像工作时间一样

---

① 乌纳穆诺:《生命的悲剧意识》,上海文学杂志社1986年版,第101页。

可贵,因为它可以'被搞得能获利',因而必须对其进行投资。"①至于个中的原因,奈斯比特分析得十分清楚:"随着技术无孔不入的侵袭,还有其他的事物也在成长。人们对周围高技术的反应就是发展出一种非常个人化的价值系统,对技术的非个人化性质加以补偿。"②而作为一种工作的继续,一种与高技术相对的高情感即当代的审美活动正是因此应运而生。也因此,当代的审美活动才不再仅仅是一种非功利的审美活动,而且是一种功利性的审美活动,甚至是一种消费性的审美活动。

3

当代审美观念的转型给我们以深刻的启示。在我看来,就审美方式的根本性质而言,应该说它是超功利性的,即既有功利但又无功利。因此,"无功利"说毕竟并非美学的完成形态,因为审美活动不但有其非功利的一面,而且有其功利的一面。③ 只是在传统文化的逼迫之下,审美活动、艺术活动在现实中完全处于一种被剥夺的状态,审美活动、艺术活动才不得不以一种独立的形态出现。

而当代美学从对于无功利的传统推崇,转向对于功利的推崇,则正意味着:对于审美活动、艺术活动是否必须作为一个独立范畴而存在的一种完全正当的怀疑。这是从原始时代以后就再也不曾有过的一种怀疑。在某种意义上,作为一种独立的精神状态,审美活动的传统形态就是一个千年来的美学误区。因此,只是当我们站在传统美学的立场上才会说这是一种退步,假

---

① 古尔内:《信息社会》,张新华译,上海译文出版社1991年版,第228、233、242页。
② 奈斯比特:《大趋势》,梅艳译,中国社会科学出版社1984年版,第38页。
③ 即便在传统美学之中,对于审美活动的功利一面的认识也从未消失,一般认为,在康德美学中,涉及利益、目的、意蕴的"美的理想"与非功利、纯形式的"美的标准"恰恰处于二律背反的地位。"美在形式"与"美在道德的表现"、非功利的形式与形式的功利都统统尖锐对峙。

如站在当代美学的立场上则完全可以说这是一种美学革命,是对原始时代的一次美学复归。这使我们意外地发现:功利性就真的一无是处吗?在远古时代,人类不就是因为游戏而成为人的吗?我们有什么理由否认,当代人就不能通过游戏而成为更高意义上的全面发展的人呢?而且,从根本的角度来看,审美活动就是有功利的。① 只是这种功利不同于传统美学所批评的功利。传统美学所批评的功利,是一种从社会、理性的角度所强调的功利,它要求审美活动抛弃自己的独立性,成为社会理性的附庸。毫无疑问,这种功利是必须反对的。但在传统美学,却因此形成了一种错误的观念,以为审美活动就是无功利的,这则是完全错误的。

这一点,我们完全可以从马尔库塞对于当代文化的研究中受到重大启发。在我看来,马尔库塞十分关注的爱欲对文明的压抑,以及对禁欲主义的批判,正是着眼于传统美学的无功利性的缺陷。这是在人类进入文明之巅之时的一种自我批判。马尔库塞指出:"人对人的最有效征服和摧残恰恰发生在文明之巅,恰恰发生在人类的物质和精神成就仿佛可以使人建立一个真正自由的世界的时刻。"②这是因为,在文明时代,理性成为统治原则,但也正是因此,理性的统治本身,又成为一个巨大的创伤事件。它"构成了文明的禁忌史和隐蔽史。研究这个历史,不仅可以揭示个体的秘密,还可以揭示文明的秘密"。③ 这意味着:审美活动的真正奥秘,是在于纵欲与禁欲之间,而这是极难掌握的。过分地纵欲,固然并非审美活动,但是过分地禁欲,也并非审美活动。在马尔库塞看来,当代社会的困惑正在这里。"文明"的自由竟然是靠不自由来实现,理性的自由竟然是靠禁欲来实现。"唯一与理性

---

① 人类的进化史告诉我们,它绝对不会允许任何一点毫无用处的东西的存在。即便是阑尾也不例外。过去一直以为无用,后来科学家发现,还是有用的。审美活动的出现不会成为人类进化史中的一个疏忽。
② 马尔库塞:《爱欲与文明》,黄勇等译,上海译文出版社1987年版,第19页。
③ 马尔库塞:《爱欲与文明》,黄勇等译,上海译文出版社1987年版,第6页。

这个心理机制的新组织相'分离'而继续不受现实原则支配的思想活动是幻想。"①而被"幻想"携带而出的,正是被理性长期压抑着的感性欲望。马尔库塞指出:"本能的解放乃是向野蛮状态的倒退。但这样的解放,如果发生在文明之巅,导源于生存斗争的胜利而不是失败,并得力于一个自由社会,则很可能具有截然不同的结果。它仍然是文明进程的一种逆转,仍然是对文化的一种颠覆,但这是在文化完成了自己的使命,并创造了自由的人和世界之后才发生的。"②这是感性的解放,也是无压抑的解放。在此意义上,审美活动就必然是功利性的。

当代美学的对于审美活动的功利性的关注使我们意识到:严格地说,任何活动都是有功利的,审美活动的趋美避丑不就隐含着趋利避害的功利吗?何况,人类对于功利的追求本来就是最为合乎人性的。不少学者一味强调审美活动的无功利,强调对于功利的否定,是不对的。美感的存在只是为了强调不宜片面地沉浸于功利之中,那是非常危险的,也是不符合人类追求功利的本义的。这就是审美活动的"不即不离"、审美活动的超越性的真实涵义。换言之,美感并非不去追求功利,它只是不在现实活动的层面上去追求功利性,而是在理想活动的层面上去追求功利,而且,是从外在转向了内在,即不再以外在的功利事物而是以内在的情感的自我实现,不再以外部行为而是以独立的内部调节来作为媒介。美学家经常迷惑不解:为什么在美感中情感的自我实现能成为其他心理需要的自我实现的核心或替代物呢?为什么在美感中情感需要能够体现各种心理需要呢?为什么美感既不能吃又不能穿更不能用但人类却把它作为永恒的追求对象?在我看来,原因就在这里。试想,对于自由生命的理想实现的追求,不就正是人类的最大功利吗?换言之,假如我们从理性主义传统的角度去考察,就不难发现,传统美

---

① 马尔库塞:《爱欲与文明》,黄勇等译,上海译文出版社1987年版,第5页。
② 马尔库塞:《爱欲与文明》,黄勇等译,上海译文出版社1987年版,第145页。

学关于功利与非功利的划分,完全是以理性的标准来衡量的。所谓无功利,实际上只是说,在理性的层面上无功利。然而,在这个层面上,事实上,即便是非美感的快感,其实也是无功利的。桑塔耶那就发现:"每一真正的快感在某种意义上都是无私念的,我们并不带着另外的动机去追求它;充满我们心中的不是得失计较,而是感情所倾注的事物形象。……自私的内容本是一片无私。"[1]恩格斯也说过:"人的心灵,从一开始,直接地,由于自己的利己主义,就是无私的和富有牺牲精神的",[2]因此,在我看来,审美活动应当是有功利的——实际上只要有需要就肯定有功利,康德的无功利说实际上只是一个不彻底的理论,也只能暂时起到规定审美活动的特殊性质的作用(何况,审美非功利在阐释对于自然审美中确实有用,但是在阐释艺术审美时却等于什么也没说)。而且,甚至康德自己提出的"无目的的目的性"就可以理解为"无功利的功利性"。可惜,他的这一思想并未引起那个时代的认真关注。那么,当代美学的对于审美活动的功利性的关注,意义究竟何在呢?关键是要从"系统"而不是"系综"的角度来理解生命活动。在生命活动中,"不是所有的功能与目的都是严格对应的。所以,我们面对生命活动时不能只注意到事实、实体而偏偏忘记了系统与关系。具体来说,所谓功利可以在生理、心理、意识三层水平上存在。其中在生理、心理两个层面上存在的功利只是一种隐秘的存在,它深刻地影响着生命活动的发展。然而长期以来我们总是把人类生命活动预设为实体、事实的存在,而并非系统、关系的存在,因此往往只是在意识水平上来理解'功利',把'功利'当作可以意识到东西,然而审美活动的'功利'是意识不到的,所以,就认定审美活动是非'功利'的。实际上,审美活动也是有其功利性的,只是,这种功利性不在意识水平

---

[1] 桑塔耶纳(即桑塔耶那):《美感》,缪灵珠译,中国社会科学出版社1982年版,第26页。
[2] 《马克思恩格斯全集》第27卷,人民出版社1972年版,第12页。

上出现而已。"① 由此我们看出,西方当代的一些美学家从效果、目的的角度去批评无功利,是不对的,但是即使从心理过程的角度批评,也是不对的。

而且,当代美学对于审美活动的功利性的关注,也提醒我们:对于功利本身也要进行具体分析。从横向的角度看,功利的内容可以分为个人、社会、人类三个方面。当它们与审美活动相矛盾时,无疑是妨碍审美的,但假如与审美活动不相矛盾,就不会妨碍审美。"美的欣赏与所有主的愉快感是两种完全不同的感觉,但并不是常常彼此妨碍的"。② 车尔尼雪夫斯基的看法不无见地。同时功利的性质还有正反、高低、长期短期、直接间接的区别。就正反而言,由于传统社会的生产条件的限制,传统美学较多地注意到了功利的反面的作用,但是却忽视了功利的正面的作用。就高低而言,功利又有物质与精神之别。审美活动并非与人没有"一切功利关系",传统美学着眼于以精神功利去超越物质功利,然而却忽视了精神功利也是一种功利。就长期短期而言,审美活动可能与短期功利无关,但却与长期功利有关。就直接间接而言,审美活动可能与直接的功利无关,但却与间接的功利有关。另外,传统美学往往强调非功利性与自由的关系,实际上功利性与自由也密切相关。没有功利性的追求,人类根本无从谈及自由。过分抬高非功利性与自由的关系,并且把它作为唯一的关系,是不对的。因此,在这个意义上,即便是功利性对审美活动也是非常必要的。例如,按照传统美学的看法,没有非功利性,人类就无法审美。然而,假如没有功利性,人类实在也就不必审美了。再从纵向的角度看,从功利到无功利,是人类审美活动的历程中的一大进步。康德哲学说明的正是这一事实。而从无功利到功利,或许也是人类的一大进步。因此,就审美活动的根本属性而言,应该说它是有其功利

---

① 潘知常:《诗与思的对话》,上海三联书店 1997 年版,第 196 页。
② 车尔尼雪夫斯基。见北京大学哲学系美学教研室编:《西方美学家论美和美感》,商务印书馆 1980 年版,第 258 页。

的,而且,假如说康德是从审美与生活的差异的角度去考察审美活动的内涵,那么,现在要做的就是从审美与生活的同一的角度去考察审美活动的内涵。并且,这显然是一种更为艰巨,同时也更为深刻、更有意义的考察。

总之,承认审美活动的功利性的一面,既是一种逻辑的必然,也是一种历史的选择。不过,审美活动又并非只有功利性。因此,准确的说法应该是:超功利性。这意味着美感实际是有功利的,只不过不是实践活动或者认识活动所需要的功利性而已。因为前面两者是现实活动,而审美活动只是理想活动,不是现实活动,因此不可能有现实的功利性,但是却仍旧有其理想的功利性。

不过,犹如真理多走半步就会成为谬误,对于审美活动的功利性的强调也不能超越必要的界限。假如一旦为功利而功利、唯功利而功利,无疑就会走向另外一个极端。在这方面,当代的"一切皆艺术"所造成的艺术的消亡,当代的"一切皆审美"所造成的审美的消亡,就是一个明显的例子。而在当代的美学舞台上,更出现了大量令人不齿的现象:玩文学的作家、炒文学的批评家、出卖文学的出版家串通一气;艺术在某些人那里从人类精神的慈母变成人尽可夫的娼妓;美成为精神的弃儿,丧失了歌唱与倾听,观看癖实际是观淫癖,情感表现成为情感抚摸;作家艺术家争相对大款、金钱虚与委蛇甚至胁肩谄笑;美丽动人的世界风景人为蜕化为按照时尚设计的世界公园;不再因为追寻意义而受尽折磨,转而却因为追寻不到意义而变得百无聊赖;生活中的方方面面都被宣布为美,结果当代的审美活动竟然成为一个巨大的文本垃圾场……进而言之,在某种意义上,审美活动的唯功利化,还隐含这一种内在的对于"精神"的不屑。在此意义上,当代的审美活动就不能不沦为一种"挡不住的感觉"。这是审美的颓败,艺术的颓败。因为"善"的虚伪,人们学会了嘲弄一切的善;因为真假的颠倒,人们干脆拒绝一切的真假评判;因为无法达到乌托邦,人们就义无反顾地抛弃了乌托邦。审美活动丧失了问题与深度,曾经赋予很多的美学家的那种非凡的精神力量突然变得软弱无力,发出的声音如同呓语,是不再清晰的声音,也不再"言之有物"。确实,现在人们喜欢指责高贵的精神不真实,然而,在我看来,这种不真实的精神却比金钱、美女更为重要。归根结底,美学的天命正在于敢于面对世界的无意义,而且推动这无意义在更高的境界中展现为意义呈现之宇。对此,也理应引起我们的高度重视。

第四篇

边界意识的拓展：
艺术与非艺术的换位

1
"何为艺术"与"何时为艺术"

当代审美观念所出现的重大转型,意味着从多极互补模式出发着重从否定性的主题去考察审美活动。我已经一再提示,当代审美观念所出现的重大转型起码表现在三个方面。其一是审美价值与非审美价值的碰撞,其二是审美方式与非审美方式的会通,其三是艺术与非艺术的换位。本篇谈艺术与非艺术的换位。

在20世纪,最为重大的艺术事件,莫过于杜尚的公然把小便池放入美术馆,并且作为艺术品来展出。从此以后,每个美学家就都要面对这一事件,而且都要以对于这一事件的回答作为自己的美学思考的开始。然而,人们惊奇地发现,面对这一事件,传统的美学理论显然是无效的,"模仿""再现""抒情"等似乎都无法用来说明这一事件。于是,人们同样惊奇地发现:传统的艺术审美观念正在面临着某种前所未有的转型。

对于传统的艺术审美观念的转型,我们可以从五个角度来加以说明。其一是从整体的角度,说明艺术观念的转型;其二是从过程的角度,说明创作观念的转型;其三是从结果的角度,说明作品观念的转型;其四是从接受的角度,说明阅读观念的转型;其五是从分类的角度,说明雅俗观念的转型。本章首先谈艺术观念的转型。

1

我们知道,当代审美观念存在着从肯定性主题到否定性主题以及从二元对立模式到多极互补模式的转型,这无疑也会导致艺术观念的重大转型。

克罗齐之所以提出直觉即表现、表现即艺术,正是有鉴于此。① 而众多美学家的发现,更清晰地揭示:"把我们的时代看作是艺术史上变化最猛烈的时代,这是毫不夸张的"。② 结果,"艺术与非艺术的界限就变得不那么确定了"。③ 连"一般的公众都相信那些'门外汉'对当代艺术经常作出的那种批评:'比起 1890 年以前老的艺术大师们的作品来,艺术的创造不再是美的了'"。④ "只有艺术才可能是革命的,尤其是在当前人们通过从艺术范围走向'反艺术',走向动作和行为,从而把艺术的概念从传统的技巧意义上解放出来,使得艺术完全由人类支配。这就出现了:艺术等于生活,艺术等于人。"⑤ "我们用'艺术'这个抽象名词,并不意味着被我们称之为艺术的那种事物必须有某些东西是共同的。'艺术'一词可以代表一些事物的群……'家族相似'这个短语在现代逻辑中正好用来对事物的命名作出分类,是这种分类的一种言词表达"⑥……而这转型的实质,则是非理性意义上的艺术观念的诞生。

　　艺术之为艺术,无疑是一个模糊范畴。因此,人们所谓的艺术观念,也无非是依照列维-斯特劳斯所说的"修补术"修补出来的。不过,就其根本立场而言,应该说,传统美学的艺术观念与当代美学的艺术观念又都有自身的一致性,这就是前者表现为艺术与美的同一,后者表现为艺术与美的断裂,以及前者表现为艺术与生活的对立,后者表现为艺术与生活的同一。

---

① 1966 年 5 月 6 日,马格利特在读了福科刚刚出版的《字与事》之后,给他写信,对书中区别"seaemblance"与"similitude"表示赞赏,并附去自己的作品"这不是烟斗"的复制件。这个例子可以用来说明当代哲学、美学与当代艺术之间的一致性,说明它们考虑的是同一问题。
② 亨特尔。见朱狄:《当代西方艺术哲学》,人民出版社 1994 年版,第 53 页。
③ 农伯格。见朱狄:《当代西方艺术哲学》,人民出版社 1994 年版,第 53 页。
④ 亨特·米德。见朱狄:《当代西方艺术哲学》,人民出版社 1994 年版,第 41 页。
⑤ 博伊于斯。见爱德华·路希·史密斯:《西方当代美术》,柴小刚等译,江苏美术出版社 1992 年版,第 177 页。
⑥ 加利。见朱狄:《当代西方艺术哲学》,人民出版社 1994 年版,第 49 页。

上述差异，就后者而言，无疑有其积极意义，因为艺术活动与审美活动毕竟存在区别，但就前者而言，也有其合理之处。在历史上之所以要把它们拴在一起，主要是为了给艺术"正名"。具体来看，艺术之诞生，与美并无直接的关系。在古希腊、罗马，人们关注的是艺术模仿的问题，例如模仿什么，怎样模仿，哪些模仿更好，等等，无人以美为艺术的特殊属性。古拉丁语中的arts，类似希腊语中"技艺"（中国的"艺"也是指的技能，如"求也艺""艺成而下"），古拉丁语中的"诗人"则与"先知"同义。而柏拉图、亚里士多德在描述艺术的效果时所使用的快感、愉悦、净化等范畴也只部分地与美感的特性有关。到了中世纪，艺术一词的内涵开始升华，但也只是把文法、修辞学、辩证法、音乐、算术、几何学、天文学等称为"自由艺术"。

真正把美与艺术联系在一起的，是近代。当时，为了把艺术从技艺的层面上提升起来，不得不求助于"美"。正如钱伯斯在谈到文艺复兴时所说的：文艺复兴的重要性并不在于古代遗迹的发掘，因为这些遗迹早已为人所知，而在于发现这些遗迹是美的。从此艺术就依靠美来征服人们，并使人们乐于接受。

在这方面，弗朗西斯科·达·奥兰达可以说是最早使用"美的艺术"一词从而把"美"与"艺术"联系在一起的人。在此之后，"美的艺术"，就成为那个时代的共同看法。这方面的分界，可以法国美学家巴托1747年出版的《简化成一个单一原则的美的艺术》为代表，他不但正式使用了这一范畴，而且在使用这一范畴时把它分为五种：音乐、诗、绘画、雕塑、舞蹈。从此，"艺术"才成为"美的艺术"。于是，美成为艺术的根本，艺术活动成为审美活动的典范表现，艺术通过美学而终于为自己争得了一席之地，艺术也通过美学使得自己切断了与善的联系、与真的相通，并且与生活拉开了明显的距离，划分了清晰的边界，从一个广阔的天地进入"画廊""展厅""沙龙"，从现实的天地升入"艺术乌托邦"。

而到了德国的几位美学大家那里，这一趋势更是变本加厉。康德在把审美活动第一次抬高到至高无上的中介地位的同时,对艺术也从美学的角度做出了极大的肯定。这就是从形式主义的角度对于艺术的强调。当然,这种做法在后人看来是难以苟同的。迦达默尔就颇有非议之词。在《真理与方法》《美的现实性》中,他都一再强调康德这样做是开了一个不好的头。在他看来,康德把审美经验与其他经验截然分开,切断了艺术与真理的关系,是一种"异化的意识"。不过,假如不用过分苛求的眼光去看康德,那么应该说,康德这样做并不意味着浅薄,而恰恰意味着深刻。因为他正是用这种特殊的方式强调了审美活动、艺术活动的独立性。在康德之后,谢林发表《艺术哲学》,指出:美学的研究对象就是艺术。黑格尔更为明确地表示了这一观点。他的三大卷《美学》实际就是讨论艺术的。他在著名的《美学》一书伊始就宣称:"这些演讲是讨论美学的;它的对象就是广大的美的领域,说得更精确一点,它的范围就是艺术,或则毋宁说,就是美的艺术。"美学"这门科学的正当名称却是'艺术哲学',或则更确切一点,'美的艺术的哲学'。"[1]于是,正像西方学者所评述的:从此"基本上已中止了对自然美作任何系统的研究","一种势不可挡的倾向就是由艺术对自然美所作出的压倒优势的占领,自从黑格尔以后,我们已很难发现像过去那样,美学家会对自然投入更多的注意。"[2]艺术之为艺术,成为美学的全部内容。这就是美学界所谓"美学的艺术哲学化"的转换。一般认为,它是当代艺术研究的开端。对此,我的看法不尽相同。事实上,这只是进一步强调了艺术的"美的"属性,而当代的反美的艺术则正好相反。

从上述简单的回顾,我们不难发现,"美的艺术"只是对于艺术的本性的"传统"规定,而对于艺术的这样一种美学要求也只是一种特殊历史时期的

---

[1] 黑格尔:《美学》,第1卷,朱光潜译,商务印书馆1979年版,第3—4页。
[2] 参见朱狄:《当代西方艺术哲学》,人民出版社1994年版,第1—2页。

特殊要求,是世界范围内的审美主义思潮的典型例证。①"美的艺术"即"近代的艺术"。看不到"美的艺术"的进步性固然是错误的,但是,看不到"美的艺术"的话语性也是错误的。果然,随着时代的演变,美和艺术的联系开始出现了触目惊心的断裂。19世纪中叶,批判现实主义诞生了,它虽然尚未把美全部丢开,但暴露、批判已经占了主导方面,只是仍以美作为理想(在此意义上,可以把王尔德的"唯美主义"看作是对此的一次反击)。到了自然主义、颓废主义,情况就出现了根本的变化。迄至当代,艺术就完全与美彼此脱离了。"艺术学鼻祖"康拉德·弗德勒在19世纪下半叶就提出美学与艺术学的区别:美学的根本问题与艺术哲学的根本问题完全不同。赫伯特·理德也认为:"艺术和美被认为是同一的这种看法是艺术鉴赏中我们遇到的一切难点的根源,甚至对那些在审美理念上非常敏感的人来说也同样如此。当艺术不再是美的时候,把艺术等同于美的这种假设就像一个失去了知觉的检察官。因为艺术并不必须是美的,只是我们未能经常和十分明确地去阐明这一点。无论我们从历史的角度(从过去时代的艺术中去考察它是什么),还是从社会的角度(从今天遍及世界各地的艺术中去考察它所呈现出来的是什么)去考察这一问题,我们都能发现,无论是过去或现在,艺术通常是件不美的东西。"②不过,在我看来,在艺术的存在有了合法性之后就开始否定美学本身存在的合法性,未必就是可取的。因为当代艺术固然是"反美学"的,但当代美学就不是"反美学"的吗?须知,所谓"反美学"是反传统美学,而并不是反对美学本身。那么,当代艺术的"反美学"是反什么呢?无疑

---

① "所谓审美主义,不同于审美,它指的是一种审美活动的泛化。或者说,指的是一种以审美活动取代一切生命活动的倾向。"20世纪有一种世纪性的思潮,这就是对于审美活动肆无忌惮地越过自身边界的突围活动的强调。这无疑与近代以来对于"现代性"的负面效应的抗衡和以审美来拯救世界有关。审美主义思潮则是这一突围活动的理论折射。参见我的《中国美学精神》,江苏人民出版社1993年版,第164页,以及《反美学》,学林出版社1995年版,第306—307页。
② 赫伯特·理德。见朱狄:《当代西方艺术哲学》,人民出版社1994年版,第4页。

也只是传统的美,而不应是美本身。因此,真正的回应"应该是老老实实地承认:需要一种新美学"。① 而且,从艺术的本性要大于"美的"的角度而言,艺术就是艺术,而不应只是"美的艺术",因此艺术应该从"艺术乌托邦"这样一种"传统"的象牙塔回到现实世界,艺术研究也应该回归于艺术哲学,②例如兰色姆的否定结构转而推重机制,雅各布森的否定文学作品转而推重文学性,穆卡洛夫斯基的否定标准语言转而推重诗歌语言,维姆萨特和比尔兹利的对于作家的意图和读者的感受的消解,以及英加登的对于作品构成的考察,苏珊·朗格的对于作品之为作品的考察,弗莱的对于作品的深层意蕴的考察,等等,或许就应该属于艺术哲学。但就艺术的本性仍然包含着美的属性而言,艺术又可能也不应该与美完全对立起来,换言之,艺术美的研究,仍然应该是美学的重要研究对象。但,无论如何,在当代艺术观念之中,艺术与美的断裂毕竟是一个无可争辩的事实。

进而言之,当代艺术观念的从艺术与美的同一到艺术与美的断裂,在更深的层面上,则表现为从艺术与生活的对立到艺术与生活的同一。特雷斯坦·查拉就曾指出:现代艺术观念的根本原则是"生活比艺术更有兴味"。理查德·赫尔兹则在其《现代艺术的哲学基础》一文中将其基本公理规定为:

---

① 理查德·科斯特拉尼茨。见朱狄:《当代西方艺术哲学》,人民出版社1994年版,第67页。
② 这种"回归",可以从一个重要的范畴看出,这就是"游戏"。在康德那里,"游戏"还隶属于一种审美主义的思考。离开了"自由""主体中心论""审美活动","游戏"就无法得到美学的定位。而"美的游戏"即"美的艺术"。在当代的美学大师里,情况出现了根本的变化。海德格尔、伽达默尔等在论及"游戏"时,都有意识地对其中的"自由""主体中心论""审美活动"的传统内涵加以清洗,"游戏"不再是"美的游戏",而是就是游戏。一种人类的一般交流性质,取代了传统的单一的审美交流性质。结果,"游戏"即艺术,在此基础上的艺术研究,就不再是美学的,而是艺术哲学的。

公理一，艺术与非艺术的区别是无法确定的。

公理二，观念本身与这些观念在实践中的实现同样重要。

这是因为，传统的艺术观念是建立在理性主义基础之上的。在它看来，艺术无非是一种以个别来反映一般的准知识。是否能够体现"普遍""本质""本体""共性""根据""共名"，是其艺术性的高与低的根本尺度。而传统的美就正是这一尺度的集中表现。不言而喻，传统美学对艺术的看法，显然应该是以艺术与生活的对立作为根本特征的。而事实上我们也不难看到：在传统艺术观念之中，艺术与生活的关系虽然历来就是一个争论不休的话题。但无论怎样争论，认为艺术与生活相分离，认为艺术是独立于生活之外的天地，认为艺术高于生活，认为艺术是生活的参照系，认为艺术根本无需把生活纳入它的范围之内，却是其中的共同之处。而当代的艺术观念却是建立在非理性主义的基础之上的。在它看来，艺术不再是一种以个别表达一般的准知识，而是一种独立的生命活动形态，一种个别对于一般的拒绝以及个别自身的自由表现。由是，代表着"普遍""本质""本体""共性""根据""共名"的传统的美，自然也就无法再与当代的艺术观念同日而语。而在这一切的背后，无疑正隐含着对于艺术与生活的同一的追求。

我们在当代的审美实践之中，看到的正是这样的一幕。早在20世纪初，马塞尔·杜尚就令人啼笑皆非地给《蒙娜丽莎》添上了两撇小胡子，[1]又把小便器签上大名，送到展览会上去，当作艺术品堂而皇之地予以展出。几乎没有人会不把这个事件看作当代艺术历程的一个重大转折。这确实是冷不防地给艺术高雅、正统的形象捅了致命的一刀，无异于是在为艺术"破相"，类似于中国的"道在矢溺""呵佛骂祖"。对此，杜尚是十分清楚的，他说："蒙娜丽莎是如此广为人知和受到赞美，用她来出丑是颇有诱惑力的。

---

[1] 题名为《L.H.O.O.Q》，意为："下面有火。"

我尽力使胡须具有艺术性。我也发现,有胡须的那个可怜姑娘变得很有男子气——这与雷奥纳多的同性恋很相配。"①不难看出,他已经根本不把传统美学放在眼里。他固然未曾提出新的美学,但每一个美学史家都会意识到,新的美学已经出现——反对传统美学这行动本身就已经是一种美学。此后,从未被人怀疑过的关于艺术是独立于生活之外的观念开始受到严峻的挑战。

事后,我们所看到的历史事实也确实如此。"达达"的代表人物让·阿尔普认为:"每一种存在或者由人制造的东西都是艺术。"波普艺术的显赫人物安迪·沃霍尔甚至毫不讳言地宣称:"我是一部机器。"这显然意在取消艺术与生活的界限,把世界上存在的一切直接视为艺术,即所谓"反艺术"。其他艺术家也纷纷赤膊上阵:"艺术使我生厌"(萨蒂耶),"艺术是给傻瓜的药品"(毕卡比亚),"艺术不再严肃"(扎拉)。我们所看到的"行动绘画""偶发艺术""波普艺术""表演艺术",乃至西方艺术的主流,都可以追溯到这个企图消除艺术与生活的区别的"反艺术"的源头。正如柯索思所说:杜尚以后的所有美术(从性质上说)都是观念,因为美术只是以观念的方式而存在。

严格地说,当代艺术观念对于艺术与生活之间的同一性的强调,并不就是反对"艺术"这一谁也说不清的东西,而是要无限制地跨越传统的艺术观念所划定的边界,并光明正大地反对西方传统的关于艺术是独立于生活之外的精神产品的艺术观念。换言之,艺术与生活事实上不可能完全等同,当代艺术强调它们的等同只是为了揭示过去长期被掩饰的艺术与生活之间的同一的一面。在当代社会,生活一次又一次地突破传统的艺术观念。而当代艺术作为全新的艺术与其说是为了争取成为艺术,毋宁说是意在从传统艺术的任何一种定义中解脱出来。当代艺术的真正目的似乎只在于取消传统的艺术。因此,反叛传统的艺术赫然已成为一种专业。人们不惜强调:没有传统艺术的艺术才是真正的艺术。结果,当代艺术家们并不是在创造新

---

① 见吕澎:《现代绘画:新的形象语言》,山东文艺出版社1987年版,第219页。

的艺术,而是在创造新的艺术观念。其目的是要同人们开个玩笑,嘲笑人们对于传统艺术的忠诚,嘲笑把传统艺术看作神圣的观念。小便池的被当作艺术品搬进美术馆,也只是想说传统艺术没有什么了不起,何苦神圣地对待传统艺术。杜尚宁肯去夜夜眺望美国的灯火,也不愿意去作画,道理也在于此。奥尔顿伯格把一张真床送进艺术博物馆,更是意在冲击传统艺术。为什么画家对于木匠的床的模仿就是作品,而木匠的床反而不是作品?这样,为传统艺术观念所完全忽视了的艺术的非艺术性一面以及非艺术的艺术性一面都被充分地强调。正如格林贝格在《近期雕塑》中概括的:"过去一百年间,最具有首创性的,同时也就是延伸得最边远的艺术总是达到了这么一个地步,以致叫人看来它们仿佛与那些原先被认为是艺术的东西毫不相干似的。换句话说,最远的边缘通常总是位于艺术与非艺术的交界上。"

当然,当代艺术观念的转型又有其演变过程。最初,是把艺术与生活的对立推向极端。这,就是我们所看到的现代艺术。假如说,在传统艺术中主客相遇的中介是"内容",那么,在现代艺术中主客相遇的中介则是"形式"。它意味着艺术回到了自身构造这样一个现代的出发点,重视的是形式及其相互关系。克莱夫·贝尔指出,这意味着艺术和现实完全不发生关系。其实,也并不完全如此,现代艺术并不是不重视外在世界,而是对于艺术与外在世界发生联系的目的和对于外在世界的观照角度的强调不同了而已。在传统美学中,把世界作为对象,作者的任务就是去进行外在的描绘,但是这世界时时处处都受到社会的价值体系的干扰,因此实际上只能做到在人为的价值体系的范围里揭示它的意义和价值。至于世界自身的含义,则从来就并未被如其所是地揭示出来。现代艺术有鉴于此,决心干脆把这一人为的价值体系消解掉,让世界从被动转向主动,从而展示出一种空前的重要性,前所未有地以一种本真的方式自言自语,揭示出自己被长期遮蔽的本真。可见,现代艺术的"目的"和"角度"在于创造一个属于第二自然的艺术本体。因此才要把形式和内容加以分离,并且为了着意强调形式对于内容的独立,不惜逐步放弃线条、色彩、空间、体块的描述功能,以便把媒介、关系、结构作为审美创造的对象。

为此,现代艺术广泛采用了变形的语言,例如在绘画中人体变得细长或粗壮了,其比例与现实人体的比例不合,再如用线条(弧线、直角线)去改变现实物体的物理尺度。有人说这是现代艺术在从主观出发去解释物体,或用变态的形体去附合人们的感情。其实不然。现代艺术恰恰是在为了显示惊人真实时才采用变形的方式,它通过改变人们习惯的观看世界的方式,来提醒人们,从而揭示出在古典美学中无法揭示的世界的真相。

例如雕塑所强调的"量感"。雕塑实际就是一种量感减缩或扩张的语言。日本雕塑家本乡新在谈到量感时举过一个例子:一个30厘米的空木箱和一个同等尺寸的木块,还有一个同等尺寸但去掉一个角的木块,三者比较,最有量感的是最后一个,最没有量感的是第一个。为什么呢?木块比木箱有量感,是对量的反映,去掉一角的木块比原来的木块更有量感,则是因为对量的超越:面的增加和形的丰富,使我们对分量轻的对象产生了分量重的感觉。可见构成量感的依据不仅在客观对象和物质材料,而且在于雕塑作品本身的构成关系,是创造赋予作品以超越现实的美和力量。艺术家正是在作品的构成中通过种种手段来造就体量,从而表现出自己的精神指向的。

而世界一旦不再是对象而成为人自身,人与世界也就不再可分了。这样在揭示外在世界的同时,也就同时揭示了内在的世界。犹如上面把艺术本体加以分解一样,在这里是对心理元素的逐一分解。不过这种分解与传统美学又有所不同。它不是对内在的世界作理性的逻辑的解释,而是对其加以整体的呈现。如意识流对内在世界的挖掘。再如绘画作品,人们不再能够用认形和联想去解释这些作品,而是转而用灵魂去撞击和感受。看来现代画家已经深知:人们的情感不可能在对象物中找到直接的语言,于是转而去寻找一种色与情的特殊结合,并且借助这种形式去敲响情绪之钟。或许,这就是康定斯基所谓的"内在需要的原则"?

不难看出,正如我在第二篇第5章中所指出的:现代艺术的把美与生活的对立关系的绝对化,以及对于形式的绝对强调,使得它对艺术的理解达到了主观任意和绝对自由的地步。然而主观的任意性使得什么都是,同时也就使得什么都不是。自由一旦成为绝对的,反而就成为生活本身。于是现代艺术的严格确立自身同时就是当代艺术的彻底丧失自身。于是,现代艺术的把美与生活的对立关系的绝对化最终必然导致当代艺术的走向艺术与生活的同一。两者截然相反而又彼此相通,这一奇特现象就真实地构成了20世纪艺术观念转型的图景。

具体来说,当代艺术观念的转型表现在两个边界的"延伸"上,其一,它是艺术创作与艺术观念、手与口之间的关系的颠倒。这意味着,艺术作品不再存在,存在的只是艺术情境。在传统的文学与艺术中,一般是"君子动手不动口"(只是直接从事文学与艺术实践,而不去直接从事理论观念的张扬),不但不"动",而且以"动口"为违反了文学、艺术活动的基本规范。当代文学与艺术则不然,往往要既"动手"又"动口",甚至要先"动口"然后再"动手"。勒维特指出:所有计划和决定都是在动手之前就已经作出了的,动手制作只是例行公事而已。萨维道夫也指出:"我们之所以能把一件客观事物当作艺术作品去看待,是因为有一些观念在围绕着它。这些观念决定着我们对作品进行解释的方向。……一些哲学家在用同样的观念解释着达达主义、大众艺术以及艺术与非艺术的区别。因为,一件艺术作品可以看作为完全不是艺术的另一种东西,艺术状态不可能是一种事物固有的物质状态。"[1]丹陀则提出:"依靠了艺术理论,才构成艺术的领域,所以艺术理论的运用除了能帮助我们辨别艺术与非艺术的区别外,还在于它能使艺术成为可能。"[2]

---

[1] 萨维道夫。见朱狄:《当代西方艺术哲学》,人民出版社1994年版,第61页。
[2] 丹陀。见朱狄:《当代西方艺术哲学》,人民出版社1994年版,第123页。

美学评论家沃尔夫干脆简单概括为"先信后看",此言不谬。本来,艺术理论是依赖于艺术作品的,现在却颠倒了过来,是不是艺术作品反而要靠一种艺术理论来裁决。这意味着当说某物是艺术作品时,只是因为我们是在特殊方式中使用"是"这个词的,在"某物是艺术作品"的语句中,谓语"是"是一种艺术作品身份证明的"是",这种对"是"的用法需要一种专门的理论去对它作出说明。换言之,这意味着,艺术本身成为一种同语反复系统。艺术除了为艺术下定义,除了对现有的艺术概念的扩展之外,什么也不是。这也意味着,最重要的不是艺术曾经是什么,而是艺术应该是什么、现在是什么。在这里,最重要的不再是作品,而是想法。① 显而易见,当代艺术观念要冲击的主要不是艺术,而是传统的艺术观。

因此当代艺术家在创作的时候,往往更多地着眼于艺术观念的更新,着眼于重新建立艺术与人的关系。不但每位艺术家在创造着自己的艺术观念,而且每一件艺术品也都在创造着自己的艺术观念。例如杜夫海纳就曾指出:在当代社会,艺术"被用来公开反对一切使人受蒙蔽、受压迫并异化的东西——有时还包括创造艺术的观念本身"。② 而且,即便是在 20 世纪,也有所不同。现代艺术家要问的是:"什么是真正的艺术?"而当代艺术家要问的是:"有什么东西不能是艺术?"过去是"什么是艺术",现在是"什么不是艺术",艺术对人意味着什么,还可能意味着什么。过去总是先验地认定艺术一定高于生活,但艺术就一定高于生活吗?艺术能不能等同于生活?过去

---

① 概念派艺术家康纳尔德·卡什安就说:"我的艺术是根据这样一个假设——艺术已经大大扩展,它已超越了实体对象和视觉经验的范围,到达了严肃的'艺术研讨'领域,这就是说到达了一个哲学式的研讨的领域,如探索概念艺术的性质等。我认为,艺术家的工作步骤不仅包括艺术品的构造,还必须加进传统的艺术批评。"同时需要指出的是:艺术与生活之间的对立界限的打破,与审美心态的重心从作品(审美对象)转向审美态度有关。参见本书关于审美距离问题的有关讨论。
② 杜夫海纳主编:《当代艺术科学主潮》,刘应争译,安徽文艺出版社 1991 年版,第 12 页。

的艺术品统统不是日用品,但为什么不能是日用品?难道就不能"如果你赞美它,它就是艺术,反之则不然"吗?难道艺术的判断标准就只能是像不像或逼真不逼真,为什么就不能是呈现体验某一事物时的独特感受,并且设法使它延长、突出呢?人应该用眼睛看画抑或应该用心来读画,或者应该用眼与脑之间的神经造成的错觉来感受画?人应该站着看画还是应该跑着看画?过去的艺术品都以能更多地吸引观众为荣,但为什么艺术品就一定要吸引观众?人看画时应该觉得舒畅还是应该觉得难受?……想法确定之后,才开始动手加以传达。结果,自然就不再以"手"——艺术的方式来限定"口"——观念,而是以"口"——观念的方式来限定"手"——艺术。就是这样,在当代社会开始用关于艺术的观念来代替艺术本身。

2

结果,我们在当代艺术观念中看到了一系列观念的转型。

艺术与生活的传统关系被改变了。倘若杜威说"经验即艺术",当代艺术则说一切艺术都是经验,艺术与经验之间的所有界限通通被一笔勾销。当代艺术激烈地抨击艺术的"等级地位"和"自封崇高",而且也不再将艺术独立于生活之外,而是融合于生活之中,使之成为生活的一部分。生活进入艺术,艺术进入生活,并置在一个同格的平面之上。这样,艺术甚至无法去反映生活了,①但它却就是生活。艺术毫无顾忌地回到了生活本身。传统的乌托邦冲动被放逐,观念性的升华被转瞬即逝的无法做出"幸福的承诺"的生活事实所瓦解,虚幻的集体想象也不再肆无忌惮。当代艺术与经典文本相距甚远,传统的超越意向被冷落一旁,而满足于不动声色地把原汁原味的生活和盘托出,一方面虚构阅读快感,一方面又以此去消解经典文本所确认的文化镜像,不再在意识形态意义上讲述生活,不再去虚构人间神话,也不

---

① 艺术家不再是站在一定距离之外的一个观察点,自然也就不可能成为一面"镜子"。

再给时代提供文化镜像。这就是卡普罗所宣称的:"艺术和生活的界限应该保持像流体的状况,越不能截然地分开越好!""洲际导弹比任何现代雕塑更新颖","休斯敦太空中心与阿波罗号之间的无线电通话比任何现代的诗更高明","拉斯维加斯亮晶晶的、用丙烯装饰的不锈钢加油站,是最异乎寻常的现代化建筑","超级市场中顾客们三心二意的、梦游似的步子,比现代舞的任何动作都富于韵律感",在纪实文学与逸闻趣事之间也不再存在断裂而是连续,明星的表演马上就会转化为生活中惟妙惟肖的模仿。

艺术与创造的传统关系被改变了。传统艺术观念是从理性的角度考察创造活动,更多地强调世界的决定性的一面、必然性的一面,强调时间的前后、空间的顺序、因果的联系、同质的衔接,强调预定的模式、固定的因果、循序渐进、线性进化,因此,塑造一个合乎一般的个别,发现一个合乎一般的个别,就成为传统美学的创造的共同内涵。在此意义上,所谓创造实际上是一种无中生有的审美活动,它所面对的并非世界本身,而是理性主义所预设的世界的本质。当代艺术观念是从非理性的角度考察创造活动,更多地强调世界的非决定性的一面、偶然性的一面,时间的先后、空间的顺序、因果的联系、同质的衔接,都被东拼西贴,生拉硬套,以及随心所欲地掠夺、盗用、借用、组合、转化等所取代。"创造"不再是理性意义上的创造,而是非理性意义上的创造。假如说前者是无中生有,那么,后者则是有中生有。在传统艺术观念,所谓创造是指想象中的虚构,是指创造一个新世界,关心的是审美活动的对象性。在当代艺术观念,所谓创造却是指一种自我表达,甚至是一种复制,是指创造一种新境界,关心的是创造活动的过程性即时间经历本身。因而当代艺术观念中的创造指的不再是对象化的确证,不再是从对客体的欣赏中反观自身,达到自然的人化,而是非主体化、非对象化的确证,以达到人的自然化。

艺术与创作技巧的传统关系被改变了。创作技巧是几千年来传统美学最为强调的基本功。它是传统艺术观念的最为外在的部分,但也是最为重要的部分。没有技巧,艺术之为艺术也就根本无法存在。在此意义上,康德一再强调艺术活动的规则性,是有道理的。但是,在当代艺术中,模仿自然的古训一旦被推翻了,技巧也就必然失去了市场。何况,作品甚至已经被现成品代替了,现成品不再是技巧创造的结果,而成为创造的根据,于是,也就只剩下作家的行为本身而不是技巧本身具有创造性的品格了。当代艺术家因此把技巧看作"无生殖力的重复",主张"彻底解放视觉的想象","孩子般单纯"地面对世界,强调要降低技巧,甚至以非技巧作为技巧。他们发现了一条取代技巧的最通俗、最大众化的原则:选择即创造。在他们看来,这是一条连接艺术与非艺术、精英艺术与通俗艺术的"曲径"。其美学意义表现为:与传统的作品拉开距离;与传统的所谓"创造"的工匠性质拉开距离。或者说,抹平艺术对象与审美对象之间的界限。在当代艺术家看来,这样做,可能取消以技巧为基础的个人风格,但并不否定真正的独创。全新的与传统艺术观念不同的感受、观察和理解对象世界的角度、方式、层次,同样可以使艺术富于主观能动性,并且可以增强其中精神的意向性和直接性。[1]

艺术与媒介的传统关系被改变了。重视媒介是所有艺术的共同特点,但过去对媒介的重视是为了更好地传达内容的需要。因此要尽量突破艺术媒介的限制,尽可能减少观众对媒介本身的注意,即使艺术媒介变得"透明"。而且,为了维护传统艺术的地位,长期以来对媒介的重视已经成为一种不可逾越的规范。当代则不然,堪称是为媒介而媒介,专注于媒介本身,以期挖掘媒介本身的潜力,并通过它把创作过程中的种种变化揭示出来,即使媒介"不透明"。它意味着:人必须和自己、和自己的文化打交道。本来,人们可以说,我在画一匹奔马,这幅画的存在理由应该从奔马身上去找,但

---

[1] 法国评论家皮埃尔·雷斯坦尼说得好:"艺术家抛弃了'独特的、个人享用的奢侈品'这种过时的艺术观念,现在正处于创造一种沟通人心的新语言的过程之中。在正式宣布放弃他既是拓边者又是独立生产者那双重角色的同时,艺术家准备在未来社会里发挥更大的作用,为组织闲暇生活作好准备。"

现在却是：是我在画。画，赋予奔马一个二维平面的解释，画面上的奔马只是一个符号阐释，而不是一个实体。艺术活动者要完全靠自己去担负起创造的责任。自然，媒介就被重新思考了。过去，按照艺术对象在外在世界和真善美价值体系中的不同，艺术媒介本身也是不等价的，现在不同了，媒介自身被强调出来，任何一个词汇、色块、音符，都有权利成为中心，都可以获得强度和延伸度。像在诗歌中玩弄音位、双关语和象声词，在文学中大量使用形容词或一个句子达四十页而又不加一个标点，在音乐中采用抽象音响，不稳定音，半音在乐句的中间或结尾不断使用，①在舞蹈中充分突出人体的质能，使得每一个动作都具备骨骼、肌肉和神经的内在强度，在绘画中利用材料拼图，在雕塑中则是突出其中的"石感"(亨利·摩尔)……而且，媒介的范围也被极大地扩大了，活人体可作雕塑，垃圾、农田、山谷、商品包装材料都被用作雕塑材料，槽钢、废旧汽车轮胎、大张的薄铁皮也进入了乐器的行列。总之，是着意破坏材料原有的完整性，使感觉和意义在材料中聚合起来，或者说，是使人们在材料中直接找到自己的感觉，在材料的组织结果中直接领悟作品的意义。

在这方面，最为典范的是音乐审美的演变。这就是从"听音乐"到"听声音"。此时，似乎不是人在听音乐，而是声音在检验着人的听觉极限。在审美中关心的只是音响效果带来的快感，而不是音乐整体带来的美感。以发烧友对《行星鼓乐》的欣赏为例：

> 《行星鼓乐》是米奇·哈特的第二张个人专辑，不怕你笑我浅薄，我在一听这张CD的第一首音乐时，就认定这是一张发烧友"死了都要买"的天碟！……只要你有一套低频表现不错的音响系统，您也一定会和我一样，听了第一首就中毒了。

---

① 尤其是摇滚，完全是以媒介的力量去撼动听众。

那么，这张CD的音频到底怎么样呢？劲！劲到"面无人色"（请……不要将这个形容词删掉，因为我实在找不到更贴切的词语来描述了）。……那咄咄逼人的鼓声一出，我的感觉，先是胸闷，继而胃疼，最后全身的皮肤都觉得微微的震撼。在JBL4344这样的大喇叭中听来，鼓声虽非震天响，但贴地而行的低频震波，却令听音室中"粉尘飞扬"；及至最高潮处，就像当胸被武林高手连击数掌一般，透不过气来，甚至有想呕吐的感觉……

您可以没有上述的感觉，不过原因只有两个：第一，您是硬汉。第二，您的音响是不及格的。[1]

更有甚者，这声音干脆就是噪音。在六七十年代，被称作噪音的音乐就已经出现，例如吉米·亨德里克斯，例如性手枪乐队，但那还只是音乐的声音比较响，毕竟还是音乐，现在却实实在在是一种噪音，与机器发出的噪音完全一样。而且比它们还要集中、多样、还要噪。不讲旋律，不讲节奏，不讲和声，金属撞击声、机械击打声、电器运转声，甚至极为离奇古怪的鬼魅声音，这就是今天的音乐。李皖描述自己在听慢潜（Slowdive）乐队的演奏时的感受说：

（其中）全部是慢歌，音乐构造上采用相似的手法，全是平缓的、线条式的构成。一把吉他以噪音方式弹出了带有金属色泽的持续不绝的回声，向两边无限平行延伸，只有偶尔的波澜没有方向的改变。这偶尔的波澜,是同样色泽的更噪更厚的吉他来延展和加深原曲深阔的意境。它们的音高都是不确定的，像太松的粗弦一颤动便化成了泛音，但同时，这泛音本身又是极确定而丝毫不变的。我感到，慢潜音乐平展的特

---

[1] 见《读书》1996年第5期《物性·人性·乐性·神性》一文。

质,非常合乎心灵——宇宙——时间均匀流逝无始无终的特征,并且由于噪音的毛边,而使它不显得太规整、太人工。因此它让我们感到,噪音之上男女声以气声方式发出的水波不兴的永远缓缓的低唱,仿佛是在时间空间中、潜意识里永恒地漂浮着,这时空可不是天地,而是宇宙。城市里早没有天地,只有科技所描绘的、漂浮着零落星球的浩瀚的虚空,这正是慢潜能让人感受到的意境。①

这无疑令人瞠目。然而,联想到噪音实际上已经是我们的生存环境:噪音充斥了整个世界。因此在音乐中表现噪音实际就是表现人类自身,也就不难接受了。

艺术与作品的传统关系被改变了。传统美学的作品观念是在理性主义的基础上建立起来的。它强调的是"只在此处,别无他处""只此一幅,决不再有"。当代的作品不再有永恒标准,也没有统一规范,而成为碎金散玉。作品的各个元素本来都是局限在统一的语义信息下,现在却纷纷独立。线条、色彩、体积、节奏、音色、调性、语义信息、符号信息、表现信息等都在自由空间里充分加以展开,而且都成为等值的。结果,或者在破碎的形式的基础上重新对形式加以整合,这就是所谓反形式的艺术作品,或者在破碎的形式的基础上反对对形式加以任何整合,这就是所谓现成品。

艺术与作者的传统关系被改变了。在传统艺术观念之中,作者是一个核心观念。他的存在的合理性来源于理性主义本身存在的合理性。作为理性主义的代言人,作者扮演的是一个全知全能的"准上帝"的角色。在当代艺术观念之中,由于理性主义不复存在,作者的核心地位也受到了严重的挑战(由于理性的一去不复返,艺术成为个人的艺术)。传统的"真实"与"虚构"被"拼贴"与"复制"所取代,作品成为叙述流露出来的事实;文本成为一

---

① 李皖:《噪音》,载《天涯》1997 年第 1 期。

种对话过程、一种叙述过程、一种语言的游戏、一种个人的私事。这意味着一种艺术的还原。创作作品的过程成了目的,以至于在现代的艺术家看来,艺术家的呼吸、血液乃至排泄物都可以成为艺术。① 这样,写作也不再是全知全能的,而成为一种对话,不再是高于叙事并站在生活世界之外来看待艺术世界,而是与叙事等值并且叙述人就在文本之中。它不再是对于生活的解释,不再是在生活中浓缩进人类的集体精神,而只是一种语词的游戏象征。作者的地位由此一落千丈。

艺术与读者的传统关系被改变了。在传统艺术观念之中,读者是毫无地位的。他一直"处于被忽视的天堂"(费希)。由于写作面对的是普遍同一的知识、共同经验和共同本质,这使得读者可怜得一开始就被迫地躲藏在作者的羽翼之下。一切都是已知的,一切都是早已被规定得万无一失的。读者的工作只是被动地原封不动地去接受它。而在当代艺术观念之中,艺术之为艺术只有经过读者才能实现。艺术活动离不开读者的积极参与。读者的理解是艺术活动的最终实现,也是揭示艺术自身的意义的先行条件。离开读者,艺术作品仅仅是毫无审美意义的媒介或材料。因此,当代艺术观念十分强调艺术品的复数化。为此,它甚至冷酷地拒绝乐于被驯化的读者。它邀请读者参加审美的盛大宴会,但条件却是这个宴会必须由读者自己举办。于是,作者与读者之间的不可逆关系被转换为可逆关系。作者与读者之间成为舞伴关系。不再是言者—听者,而是言者—言者了。至于艺术的意义,则等于作者赋予的意义和读者赋予的意义的总和。

---

① 杜尚说:"美术作品的真正生命就存在于那昙花一现的过程中,一般人接触到的美术,只不过是早已失去生命的尸体,行动绘画的'真实',就是那瞬间即逝的'行动'本身。"劳生柏说:"我从不在乎人们说我做的东西不是艺术,我在制作时自己也不认为我正在做的会变成艺术,我之所以做这些东西,是因为我喜欢做它们,因为画画是我最好的生活方式。对我来说,最重要的是这种创作过程本身,绘画一旦完成,它就变成了一件制成品,而不再是我正在做的东西或制作过程了。"豪·斯曼则说:"达达就像从天空降下的雨滴,然而新达达艺术家所努力学习的,却是那些降雨滴的行为,而不是模仿雨滴"。

艺术与它自身的存在方式的传统关系也被改变了。在传统艺术观念，艺术的自身存在方式往往与"美术馆""图书馆""音乐厅""博物馆"等密切相关。但是当代艺术观念，却不再着眼于展览和收藏。这就从艺术的存在形态上破坏了传统艺术规范对艺术的控制。① 过去的艺术靠仪式性的光环超越生活，现在则是反仪式性的，视艺术作品为一件普通物一样的存在（例如过去听古典音乐是聆听，要在音乐厅，现在听流行歌曲却是为了交流，是通过"随身听"）。艺术作品不再以能够长期保存为荣，而是以速朽为荣。阿伦·卡普罗甚至宣称了"美术馆之死"，要把美术馆改为室内游泳池或夜总会，使美术走向街头、停车场、垃圾堆。罗森堡则主张美学家应该讨论美术馆不应该是美术馆这样一个根本问题。这意味着把人类几百年奋斗而来的艺术的崇高地位拉到人们的脚下，从而使艺术成为人类普通生活的一部分。瓦尔特·赫斯也提出："我们要把意大利从这些无数的博物馆中解放出来——它们盖在它上面，像无数的坟墓。我们要不惜任何代价地回到生活里来，我们要否决掉过去的艺术，艺术终于适应了我们的现实性的需要。"② 这样，传统艺术不复存在了，但正常的、普通的艺术活动却因此而回到了人间。结论是：通过埋葬传统艺术，艺术自身得到了解放。

而以上的一切改变都意味着一个共同的转变：艺术与美的关系从同一关系转变为断裂关系，艺术与生活的关系从对立关系转变为同一关系。

3

对于艺术观念的上述转型，我们无疑并不全部赞同。③ 因为它无疑是建

---

① 通过第二手的媒介，照片、录像、文献进入画廊、博物馆、艺术画册、收藏者的手中。
② 瓦尔特·赫斯：《欧洲现代画派画论选》，宗白华译，人民美术出版社1980年版，第106页。
③ 以当代的反艺术为例。在当代的反艺术中，有相当一部分是消极的，是为反艺术而反艺术，是对艺术丧失了信心的表现，逃避生命、逃避责任的表现。积极的反艺术是为了在更高的意义上建立新艺术，是在更高的角度提出自己的价值观念，消极的反艺术却是没有任何的价值观念。

立在排斥艺术与美的同一的一面以及艺术与生活的对立的一面的基础之上的,而且是对艺术与美的断裂一面以及艺术与生活的同一的一面的片面的阐发。然而,就本书的主旨而言,我们更关心的却是:如何在对当代艺术观念的阐释中理解这一转型。

一般而言,面对艺术观念的转型,存在着两种态度,其一是根本不承认存在艺术观念的转变。他们这样做的理由无疑来源于对于当代文学与艺术的深深的误解。他们在面对当代文学与艺术的挑战的时候,往往喜欢在其中首先作一种二元的划分,即不承认传统文学、艺术与当代文学、艺术之间的深刻的一致性,而只是简单地把传统文学、艺术看作文学、艺术本身,并把当代文学、艺术视为文学、艺术的叛逆。于是,首先把当代文学、艺术自身所发生的一切裂变都归纳为谬误,进而再把这一切谬误都一股脑儿地扣在当代文学、艺术的身上,结果最后就似乎十分"合乎逻辑"地得出了结论:解决当代文学、艺术所带来的困惑的捷径在于当代文学、艺术的重新回到传统文学、艺术的轨道上来。如是,当代文学、艺术中隐含的艺术观念的转变这一关键就被疏忽了过去。这样,对于当代文学与艺术的准确理解也就成为一件不再可能的事情。

其二,是清醒地意识到艺术观念的转型。例如,阿兰·罗布-格里耶就有感于到他为止"唯一通行的小说观念,事实上就是巴尔扎克的观念"。[①] 并为此而勇敢地揭起了创新文学艺术观念的大旗,并挺身而出,为文学艺术观念的转变辩护。在中国,也如此。有人就曾提到他在面对当代艺术时的一种观念心态的变化:最初,他只是关注于"像"还是"不像"。后来发现,自己错了。

---

① 阿兰·罗布-格里耶。参见伍蠡甫主编:《现代西方文论选》,上海译文出版社1983年版,第310页。

现在想起来,看画时评价"像"还是"不像",实在是最没有道理的了。

看画时所着眼的不但不该是像不像,而恰恰应是"不像"。观画者从不像中感受和发掘出其中隐藏的东西。就不但和画家有了默契和沟通,而且还领略了另一种对于世界的感受方式,便自然会进一步丰富自己对世界的认识,用这样的眼光去看各种画,或许就能看出点什么眉目来了。比如毕加索,伫立在他的那些画前,直接作用于你眼睛的,是一团似乎没有规律的形体和线条,"像"当然是无从谈起的。但我们不是从来就被告知,绘画只能平面地表现对象吗?对不起,毕加索恰恰用他的艺术眼光,分解了立体化的对象,然后在平面中表现得淋漓尽致。我们不是还被告知,绘画只能把对象凝定在一瞬间的时空里,从根本上和运动无关吗?同样对不起,毕加索就能用类似拍电影的方式,在一个平面里表现对象的运动美甚至速度美。再比如,我们从来就习惯于在绘画中寻找形象及其意义,在这种情形下,构成形象的所有要素——诸如线条、色彩、光线等,都不过是为形象和形象寓含的意义服务的。正是这种服务关系,使它们分别对应着一定的意义:形象的丑和美,红色象征革命,绿色表示生命,如此等等,不一而足。但是,当凡·高的画以那种无拘无束燃烧的黄色给予我们震撼般的压力时,我们曾经习惯的一切就摇摇欲坠起来。要是我们固执地坚持自己的习惯,不试图用听音乐的方式进行感受——谁能在音符、旋律和节奏中找到社会学意义上的对应意义呢——我们当然无法接近凡·高,而要是我们因此拒绝了凡·高,有什么能与这时的损失相比?凡·高、毕加索正是以一种崭新的艺术感受和逻辑,独特地把握和表现了世界,便在艺术和人生两大方面,为人类漫长的精神历程作出了巨大的贡献……画家们用他们天才的创造精神和坚韧的艺术追求,抗衡着这客观而冷漠的世界,建造出一个个属于人类所有的灵魂栖息地,要是我们后人连理解、接受它们的魄力和胸襟都没有,我们不是过于羸弱了吗?①

在此之后,顺理成章的,无疑应该是调整自己的审美心态,以适应新的艺术观念。

在我看来,在当代文学与艺术中,艺术观念的转型是毋庸置疑的。而要从理论上阐释这一转变,关键还在于:亟待从传统的"何为艺术"的追问方式转向当代的"何时为艺术"的追问方式。②

在传统美学中,艺术问题的研究基本上是一个空白。美学家们在谈及问题时,与其说是出于对于艺术的考察,远不如说是出于理性思辨的需要,因此大多是空泛敷衍之语。其中,对于艺术之为艺术的讨论就是一个明显的例证。事实上,在传统美学中很少对此作专门考察,但是形形色色的关于艺术的定义却比比皆是。其中,理性主义本质论的武断、臆测显而易见。这方面,柏拉图是一个典范。在他看来,一般先于个别而存在。一般不但不需要依赖于个别,而且个别反而要依赖它。因此,至高无上的是关于"普遍""本体""本质""共性""共名"等的知识,而艺术因为执迷于个别而顶多只是一种以个别表达一般的准知识(经过亚里士多德修正、补充之后)。由此,艺术之为艺术只是有关事物的共同本质的准知识,就成为美学家们在讨论艺术的本质时的共同准则。而艺术如何成为有关事物的共同本质的准知识,就成为美学家们在讨论艺术的创造时的共同准则。与此相关,以艺术为"对象",对之加以本质论的、共名的、抽象的、"是什么"的研究,则是美学家们在讨论艺术的本质时的共同路径。"何为艺术",就正是我们在传统美学的所

---

① 何志云:《门外说画》,载《艺术世界》1993年第1期。
② 西方当代美学对于艺术问题极为重视,也着重从各个方面对之加以研究。一般认为:生命美学、表现美学、自然美学研究了艺术创作;精神分析美学、人类学美学研究了艺术创作的动机;形式美学、分析美学、结构主义美学、解构主义美学研究了艺术的意义的构成;现象学美学、存在主义美学、西方马克思主义美学研究了艺术的功能;阐释学美学、接受美学研究了艺术的阅读,等等。

有关于艺术之为艺术的追问中所看到的一个共同的追问方式(柏拉图是坚决反对艺术的,但是西方美学传统却偏偏要坚持他的艺术观念,这里面颇具深意)。

不难看出,在这当中,"艺术"与"艺术形态"、"艺术本质"与"艺术本源"发生了严重的混淆。结果,"艺术"不但丧失了独立性,而且被视作一种知识形态、实体形态。① 就前者而言,是始终没有把握住艺术之为艺术的最为根本性的东西。长期以来,美学家们总是在追问艺术模仿着"什么"、再现着"什么"、表达着"什么",在潜意识中总是把艺术作为"什么"东西的替代品,但却忘记了艺术的更为根本之处在于它"是"。俄国形式主义的出现就与此有关,亦即"是为了使关于文学研究独特性的观念本身能够成立"。因为"一旦把文学文本看作是表现或再现的一种工具,就很可能忽视文本的文学性质的特殊之处"。"正是文学性这一观念才使俄国形式主义成为科学的和系统的理论。"②戴维·罗比也认为俄国形式主义和英美新批评"各自都以结构观念和相互联系观念为核心界定文学特性"。③ 而对这艺术之为艺术的最为根本的东西的把握,则正是在理论上需要认真加以研究的。就后者而言,或者认为艺术是一种模仿形态,或者认为艺术是一种再现形态,或者认为艺术是一种抒情形态……然而却忽视了在艺术观念中要讨论的是艺术的"是之所是",而并非艺术的"是什么"。艺术的"是什么"是艺术的凝固,或者说,是艺术的具体形态。在这个意义上,假如一种艺术的形态死了,我们固然可以说,是艺术死亡了。假如一种新的形态产生了,我们也可以说,是一种非"艺术"的东西产生了。但是,假如我们意识到,在追问艺术之为艺术的过程

---

① 就后者而言,直到卡西尔依旧是如此。
② 安纳·杰弗森等著:《西方现代文学理论概述与比较》,陈昭全等译,湖南文艺出版社1986年版,第3、5、8页。
③ 戴维·罗比。安纳·杰弗森等著:《西方现代文学理论概述与比较》,陈昭全等译,湖南文艺出版社1986年版,第67页。

中,我们要追问的是作为本体的艺术本身的美学规定性,即造成了那些形形色色的"什么"(具体形态)的"是"之所"是",我们就同样会意识到:"艺术"从来就没有死亡,也没有诞生,而只是如其所"是"而已。

由此看来,艺术的具体形态是会死亡的,正如斯宾格勒所发现的:"每一件已经生成的事物,都是会死的。"[①]但艺术本身却不会死亡,即所谓"生成"本身是不会死亡的。意识到这一点,才会懂得:海德格尔不像卡西尔那样把艺术界定为一种特殊的符号,而是进而界定为使这一特殊符号得以呈现出来的东西,实在是远为深刻。

更为重大的失误来自把艺术看作一种知识形态。这表现在对于艺术的本质的寻找的虚妄上。在传统美学看来,本质是一种现在性的在场,是名词性的东西,是规定现象的东西。真理则是指的命题与事物的符合一致。真理即合"理"。然而,这只是在阐释为理性主义所预设的世界时才真正有效,只涉及某种观念,但却并不涉及事实,一旦超出理性主义的预设而回到真正的世界,所有关于本质的规定就统统成为杜撰。首先,任何的本质规定都面临着时间与空间的无解困惑。从时间上说,任何本质的规定都无法承诺可以阐释过去、现在、未来的所有艺术。从空间上说,任何本质的规定都无法承诺可以阐释东方、西方的所有艺术。其次,艺术是一种极为特殊的现象,在考察它的时候,主体不能够离开它去提问,而对于艺术的本质论的考察却只能如此提问。因此,对艺术的本质论的任何定义事实上都是远离艺术本身的。于是,当代美学毅然从本质论回到了存在论。艺术之为艺术不再是有关事物的共同本质的准知识,而成为美学家们在讨论艺术问题时的共同准则。与此相关,以艺术为"现象",对之加以存在论的、意义的、描述的、"如何是"的研究,则是美学家们在讨论艺术问题时的共同路径。这样,就"真理"而言,"真"才是前提。真理之为真理,必须有符合一致的事物显现:"长

[①] 斯宾格勒:《西方的没落》,陈晓林译,黑龙江教育出版社 1988 年版,第 120 页。

期以来,一直到今天,真理意味着知识与事实的符合一致。然而,要使知识以及构成并且表达知识的命题能够符合事实,以便因此使事实事先能约束命题,事实本身却还必须显示出自身来。而要是事实本身不能出于遮蔽状态,要是事实本身并没有处于无蔽领域之中,它又怎样能显示自身呢?"① 不难看出,从"真理"向"真"的还原,为我们把握艺术之为艺术提供了一个全新的视界。这就是说,对于艺术的"何时为艺术"应该取代"何为艺术"的追问,对于艺术的"本源"的追问应该取代对于艺术的"本质"的追问。在这里,"本质"是名词性的,指定现象的东西,决定现象的东西;"本源"则是动词性的,是使存在者获得其自身本质的内在根源。"某件东西的本源乃是这东西的本质之源"。② 在这个意义上,艺术应该是什么呢?艺术就是在真之去蔽澄明的活动中,事物在无蔽状态中的出场。③

这意味着,艺术是一种超越性的存在。它尽管首先是一种物,但并不就是物。一般人注意到的只是它的物性,但艺术却是物性之外的那个"别的什么"。正是这个别的什么,才使艺术成为艺术,才使艺术成其所是。这样,弄

---

① 海德格尔:《海德格尔选集》,孙周兴选编,上海三联书店1996年版,第273页。
② 海德格尔:《海德格尔选集》,孙周兴选编,上海三联书店1996年版,第237页。
③ 例如伽达默尔就认为:在西方美学传统看来,艺术的本质在于以感性形式显现理念,然而西方当代艺术却是反形象化的。从传统看,艺术似乎不再是艺术。那么能否在传统的艺术观念之外来说明艺术呢? 其中的关键是真理观念的转换,只有将艺术与认识的真理分裂开来,而与存在的真理联系在一起,才能对当代艺术予以准确的说明。在他看来,艺术不再是摆在那供研究的对象,而是真理发生的方式。伽达默尔分析了"游戏",尤其是"游戏"的同一性特征。"游戏并不是一位游戏者与一位面对游戏的观看者之间的距离,从这个意义来说,游戏也是一种交往的活动。"(伽达默尔:《美的现实性》,张志扬译,三联书店1991年版,第37页)并用"象征"的研究来说明在艺术中蕴含着的使得人类得以统一起来的东西。"现代艺术的基本动力之一是,艺术要破坏那种使观众群、消费者群以及读者圈子与艺术作品之间保持的对立距离。无疑,最近五十年来的那些重要的有创造性的艺术家正是在努力突破这种距离。……在任何一种艺术的现代试验的形式中,人们都能够认识到这样一个动机:即把观看者的距离变成同表演者的邂逅。"(伽达默尔:《美的现实性》,张志扬译,三联书店1991年版,第38页)限于篇幅,对此本书无法展开讨论。

清"别的什么",就是弄清艺术之为艺术的关键。

但这又先要从对于艺术的物性的了解开始。海德格尔说:"我们必须相当清晰地认识物究竟是什么。只有这样,我们才能说,艺术作品是否是一件物,那别的东西正是附着于这物之上的;也只有这样,我们才能决断,这作品是否根本上就不是物,而是那别的什么。"①按照海德格尔的分析,物分为三种:纯粹物——器具——艺术作品,纯粹物最接近物的含义,器具就比纯粹物多了一点什么,艺术作品比器具又多了一点什么,可见,器具是介于纯粹物与艺术作品之间的东西。传统美学混同的就是器具与艺术作品,不知道艺术作品比器具已经多出了一点什么,不知道去考察多出的这点什么,更不知道抓住这点区别。然而,正是它,为弄清艺术之为艺术提供了桥梁。②

因此我们看到,在传统美学,艺术是"美的对象";在当代美学,艺术则是"审美对象"。前者是一个给定的存在物,是以美的预成论为基础的,后者则只对人的审美活动而存在。③ "一个存在物如果不是另一个存在物的对象,那么就要以不存在任何一个对象性的存在物为前提,只要我有一个对象,这

---

① 海德格尔:《海德格尔选集》,孙周兴选编,上海三联书店 1996 年版,第 240 页。
② 关于艺术品,西方当代美学有维特根斯坦、肯尼克的"家族相似"论,迪基、丹图的"语言指称"论,萨特的"非现实客体"论,以及古德曼的"特定时空环境"论,等等,应该说,都是对艺术作品比器具"多出了一点什么"的讨论。
③ 在这方面,维特根斯坦的思考颇具启迪,它曾经举著名的"鸭兔"为例,说明对象在很大程度上取决于看者如何去看(伊格尔顿甚至说火车时刻表也可以作为诗歌来读)。他在建立它的"语言游戏"理论时还运用过一个国际象棋的例子,他说"一个词的意思是什么",就类似于"象棋中的一个棋子是什么",单独把国际象棋中的国王拿给别人去看并且宣布"这是国王"是毫无意义的。只有在知道某物可以用来作某事之后才是真正知道某物。对此,斯坦·豪根·奥尔森阐发说:"象棋中的国王就是一种惯例客体,它的存在要依赖于象棋游戏惯例的存在。""作者和读者有着一个共同的惯例框架,正是这种惯例框架才允许作者有意识地把文本当作文学作品,并同时使读者把文本当作有意而为之的文学作品来加以解释。把一个文本鉴定为一件文学作品,也就是去接受这种惯例管理解释和评价。"(斯坦·豪根·奥尔森。见朱狄:《当代西方艺术哲学》,人民出版社 1994 年版,第 151—152 页)可见,离开特定的审美活动,什么是艺术,就是一个永远也说不清楚的谜。

个对象就以我作为它的对象,但是非对象性的存在物,是一种非现实的、非感性的,只是思想上的即只是虚构出来的存在物,是抽象的东西。"①

这一点,在审美活动中不难看到。例如,当你在欣赏艺术时,看到的是物质的存在,还是达·芬奇的世界、毕加索的世界?显然是后者。此时,人们"对世界的信仰被搁置起来,同时,任何实践的或智力的兴趣都停止了,说得更确切些,对主体而言,唯一仍然存在的并不是围绕对象的或在形相后面的世界,而是……属于审美对象的世界"。② 这是一个非现实的世界,又是一个对审美主体来说唯一真实的世界,是自在的,又是为我的;是被看见的,又是被构成的。总之,它是通过审美活动并为了审美活动才存在。这显然与传统的解释相差甚远。

而这就涉及了那个"别的什么"。艺术是一个敞开之域。器具当然是在使用中存在的,但是在使用中我们往往只是注意到它的有用性,结果,器具本身的"存在"却隐遁而去了。不能不承认,器具本身的"存在"的隐遁在日常生活中是个常见的事实。而艺术所揭示的正是器具的"存在"。例如梵高的《农鞋》。正是它,把器具中的"存在"从有用性中唤醒,进入澄明之境。人们也从不关心便器的"存在",至多也就是关心一下它的不"存在"。而杜尚一旦变生活用品为艺术品,无异于当头棒喝。便器的存在由此而得以呈现。但艺术之为艺术的奥秘何在?能够把物的"存在"揭示出来的力量何在?答案显然与使艺术作品成为艺术作品的那个"别的什么"有关。这"别的什么"就是在纯粹物和器具中都不具备的"揭示活动",或者,在"真"的基础上的"去蔽活动"。

无疑,这里的"揭示活动""去蔽活动"正是一种超越性的生命活动,即在人与物之间建立一种不同于原来的现实关系的意义性澄明关系;即站出自

---

① 《马克思恩格斯全集》第 42 卷,人民出版社 1979 年版,第 168—169 页。
② 杜夫海纳:《美学与哲学》,孙非译,中国社会科学出版社 1985 年版,第 53—54 页。

然(大地)进入世界,站出自然走向价值。此时,"世界并非现存的可数或不可数的、熟悉或不熟悉的物的纯然聚合。但世界也不是加上了我们对这些物之总和的表象的想象框架。世界世界化。它比我们自认为十分亲近的那些可把握的东西和可攫住的东西的存在更加完整。世界绝不是立身于我们面前能让我们细细打量的对象。只要诞生与死亡、祝福与亵渎不断地使我们进入存在,世界就始终是非对象性的东西,而我们人始终归属于它。"[①]这是一个人们在分门别类中往往失掉的世界,因为它是"象外之象""言外之意""弦外之声",能否见出这世界、能见出多少,正是对审美者的考验。

而从这一角度出发去考察艺术,就会发现,关键不在于是否具备再现形态、表现形态、形式形态或其他什么形态,而在于它是否表现出一种必不可少的超越态度、一种终极关怀。因此,沿袭上述诸形态中任何一种的艺术未必就是艺术,但当代的干脆以现成物、现实生活为艺术,却因为体现了对僵化了的所谓现实生活的冲击而成为艺术。须知,当现实成为一种虚伪的东西,当"虚构"成为一种僵化的东西,艺术以"现实生活"来反映"现实生活",以"现实"来冲击"虚构"(虚伪),就因为真实地阐释了已经出现但人们却始终未知的生活本身而成为一种更高意义上的"虚构"。在此意义上,简单地指责其为非艺术,是不明智的。

显然,这意味着:艺术之为艺术,必须被理解为一个开放的范畴、一个过程、一种维特根斯坦所谓的"家族相似",而不是某种预定的本质。因此,还是戈德曼说得深刻:重要的不应问何为艺术,而应该问事物何时才成为艺术。以杜尚事件为例,模仿、再现、抒情无疑都无法加以解释,因为它显然不"是"艺术。然而站在当代艺术的角度,又可以说它显然可以"成为"艺术。之所以如此,是因为小便池平时只是对我们展示出它的有用性,然而我们却并不关心它的存在,顶多也只是关心一下它的不存在(丢了、坏了),以致对

[①] 海德格尔:《海德格尔选集》,孙周兴选编,上海三联书店1996年版,第265页。

它本身根本就熟视无睹,"不识庐山真面目"。而杜尚的举动却使它离开了有用性,"存在"得以自行"站出"。这就是所谓"是之为是",就是所谓"真"之出场。小便池因此而"成为"艺术的对象。进而言之,当代艺术源于对传统的审美对象的破坏,对于传统的审美框架的破坏。过去我们运用这一框架,以固有的、理性化的理解方式去看待对象,并且把它转化为熟知的审美事实,最终,难免形成僵化的模式。当代艺术因此十分强调以反常的方式把对象转化为陌生的事实。艺术不再是未知的事实,而是不可知的事实。艺术的诞生就是一种新的眼光的诞生。换言之,艺术不再是认识的对象。所谓认识的对象,按照康德的看法,是我们立法的对象。与此相应,传统美学把自己也看成艺术的立法者。它之欣赏艺术无非是通过这一欣赏去对既定的理解方式去孤芳自赏,艺术因此被看作工具、手段,被看作有关事物共同本质的准知识。而现在,是艺术为我们的感性立法。在当代美学看来,不承认艺术为我们立法,就无法理解艺术,因为在欣赏艺术之前就已经拒绝了艺术。这无疑是艺术的千年误区。实际上,并非艺术感动我们,而是我们感动于艺术。艺术并没有再现、表现什么,而且即使艺术再现了什么、表现了什么也并不重要,重要的是它是什么和给予了我们什么。那么,它是什么?它就是"是之所是"。它给予了我们什么?它给予了我们一种生命的智慧。

在此意义上,我们不难理解西方当代的文学与艺术的出现。应该说,西方当代的文学与艺术并不是无谓的胡闹。艺术家都是但愿后有来者,但是绝对不愿前有古人。因此当传统艺术的一切都被资本主义的压抑性现实所同化,为保持艺术对既定现实的批判的向度,一个非审美的时代需要的就不再是审美和艺术,而是非审美和非艺术。它允许丑即不和谐的、反审美的东西进入艺术。在其中,美和艺术才能真正认识自己的真相。因此,西方当代的文学与艺术必须成为它所不是的东西,使得文学、艺术从传统的束缚中摆脱出来,成为其所不是的东西。没有形象的艺术、形象被歪曲了的艺术、现实的可爱形象被艺术中的变形形象或者丑恶形象所代替的艺术等因此而纷纷出现。"看得明白"的艺术被"看不明白"的艺术所取代。结果只能走向对美和艺术的取消,走向反艺术。美不美?像不像?是什么?这些传统的提问已经失灵。"何为艺术"也为"何时为艺术"所取代,艺术甚至不再反映美,而是解决现代人心中的焦虑、痛苦,或者展示现代人对新生活的体验。

不过,从"何为艺术"到"何时为艺术",又并不意味着从此艺术就失去了标准,失去了区别艺术与非艺术的美学规定(例如,毕竟不能把审美对象与艺术对象简单地混同起来),并且从审美活动的深层关系中也找不到某种共同的结构关系。当代美学家喜欢说艺术是一个"开放的家族",所谓"开放的家族",意味着当代美学关心的问题是"艺术如何",而传统美学关心的问题则是"艺术是什么"。在这里,存在着一个审美观念的转换,以及一种对艺术的完全不同的理解。当代美学是通过"艺术如何"来知道"艺术是什么",而在传统美学看来,"艺术是什么"是知道"艺术如何"的前提。在当代美学看来,"是"在这里仅仅只是一种假定,但是传统美学却把这个假定当作了真实。事实上,艺术只存在相似性,不存在共同性。因此,对于艺术的追问,最为重要的是对艺术的描述,而不是对艺术下定义,追求的是作为活动的艺术,而不是作为知识的艺术。换言之,对于艺术的追问实际上是寻求"艺术"的实际用法,而不是寻求"艺术"的定义。我们只能在实际用法中得知一个词的意义。这就是说,重要的不是去追问什么是艺术,而是去问怎样使用艺术这个词。不是通过理性来认识艺术是什么,而是要在活动中创造艺术之所是。另一方面,所谓"开放的家族"又并非不可以补充。对此,曼德尔鲍姆在《家族相似及有关艺术的概括》一文中反驳维特根斯坦时说得十分精辟:游戏并不是不可以界定的。维特根斯坦及其分析美学,"可能包含了严重的错误,并不是什么了不起的进步"。因为在家族相似的人之中并不取决于他们的外部特征,而取决于他们之间存在着某种血缘关系。他们都有共同的祖先。因此艺术并非只有"相似点"而没有"共同点"。同时,艺术也不像某些人说的那样,"同杂草无异"(艾利斯),根本不存在边界。因为即便是杜尚,在反叛传统艺术观念之前,也肯定存在着一种艺术观念。艺术与非艺术之间的绝对界限无疑不存在,但是相对界限却肯定存在。那么,这个相对界限应该是什么?在这方面,康德提出的"无目的的目的性",给我们以启发。但是康德从此出发干脆走向"纯粹美",连"依存美"也反对,就令人失望了。这里,问题的关键是:艺术之为艺术,意味着对象明明已经毫无用处,我们仍旧欣赏它。"无用"就是艺术的前提。莫里兹说:"一件事物只有当它无用的时候才是美的。"不过,我在前面已经剖析过:康德的"无目的的目的性"存在着明显的局限。在当代,艺术之为艺术的关键已经不仅是"无目的的目的性",而且尤其是"有目的的无目的性"。此时,人与世界的更为丰富的关系展现出来了,事物的敞开、去蔽,本身就可以成为艺术。西方当代的文学与艺术正是如此。当艺术家用特定的方式把现成品堆积起来时,就取消了它们的有用性,使之成为可看的欣赏对象,呈现出其中从未为人所注意的特征。应该说,这也是艺术。这样,对于对象"何时为艺术"的追问,就不应该被误解为对象在任何时候都可以成为艺术。在此意义上,就西方当代的文学与艺术而言,应该说,"有目的的无目的性"就是其中的相对界限。

2
"何谓创造,何非创造"

1

我已经指出:对于传统的艺术审美观念的转型,可以从五个角度来加以说明。其一是从整体的角度,说明艺术观念的转型;其二是从过程的角度,说明创作观念的转型;其三是从结果的角度,说明作品观念的转型;其四是从接受的角度,说明阅读观念的转型;其五是从分类的角度,说明雅俗观念的转型。本章谈创作观念的转型。

传统美学的创作观念是众所周知的,这就是:创造。而进入20世纪之后,"何谓创造,何非创造",却成为美学家们激烈争论的话题。这意味着传统美学的创造的边界在发生着巨大的变化。

这一切,正如杜夫海纳所描述的:

今天,谁也说不清什么是创造,什么不是创造了。

创造这个概念在今天受到了种种贬抑。

我们来看看,他们是怎样脱去创造者的长袍,悄悄离开创造殿堂的。他们与观众建立起一种更周到也更友好的关系。他们给观众以合作创造者的尊严,因为他们开始认识到只有在这些作品伴随必要的知觉过程,以可感知的表现形式为人们所接受时,一个完整的创造过程才算完成。有时,他们可能走得更远,比如,把某些音乐作品留给阐释者去安排乐章顺序,或让他按照自己的"反射"(特伦布莱语)做即兴表演。某些活动艺术作品同样期待观众去"表演"它们,创造者则站在一边,把拽牵绳的任务托付给他的观众。……但是,艺术家也可能退得更远;他可能在创造过程中,对他正在做的事情失去控制甚至失去意识,一切听由纯粹自发的声音或动作支配。这里,超现实主义者发出的呼声在波洛克、克肖、阿尔托以及其他很多人中得到反响。或许,这种呼声来自更遥远的地方;因为在他们看来,抛弃自身的一切也就同时获得了骏利天机,就像所有除了固定词组都要乞灵于缪斯的人们和所有在喜庆日的狂欢中寻找不可或缺的灵感的人们所做的。[①]

[①] 杜夫海纳主编:《当代艺术科学主潮》,刘应争译,安徽文艺出版社1991年版,第26—27页。

不过，杜夫海纳的说明毕竟较为简略。在我看来，创造的观念的转型要远为复杂。一般而言，不论传统美学关于创作观念的看法如何复杂多样，但它成熟于近代的从上帝的"创世"到人类的"创造"这一思想背景，是理性主义、人本观念与主体意识的产物，却是其根本之处。也因此，创造之为创造，就总是要强调把握事物之间的相同性、同一性、普遍性，强调面对"在场的东西""原本的东西"，强调追问对象的"是什么"。在这里，创造开始于创造者也完成于创造者，创造者完全控制着创造活动，控制着最初的解释权与最后的处置权，是创造的主宰。而且，创造的成果也完全依附于创造者，一切都是确定了的，文本的生命力完全来自创造者，读者的创造只是创造者的创造的延伸（读者只是进行猜谜活动而已）。柯勒律治曾经说过：问诗是什么无异于是问诗人是什么，回答了其中一个问题，另一个也就有答案了。正是有鉴于此。

然而，这毕竟只是在特定思想背景下所形成的创作观念。实际上，只要换一个角度加以考察，就不难发现其中的荒谬。譬如，假如不带偏见地回顾文学艺术的历史，当不难发现："究竟是莎士比亚创造了《哈姆雷特》，还是《哈姆雷特》创造了莎士比亚？"这本身就还仍旧是一个问题。而要深刻地回答这一问题，无异于对传统美学的创作观念的颠覆。

当代美学关于创作观念的思考，恰恰可以看作对于传统美学的创作观念的颠覆。巴特勒发现：当代美学要"废除作为阐释主宰者的意图观念，作为起源和权威的作者观念，作为支配作者所'使用'的话语的人文主义主体观以及虚构作品中的'人物'存在的观念"。[①] 确实如此。在创作观念问题上，尽管当代美学关于创作观念的看法同样复杂多样（例如强调创新的创造，强调泛化的创造，以及强调制作的创造，等等）。然而，其中又有其十分

[①] 巴特勒。见拉尔夫·科恩主编：《文学理论的未来》，程锡麟等译，中国社会科学出版社 1993 年版，第 301 页。

突出的共同之处:其一,创造的内涵出现根本的转型。这就是从把握事物之间的相同性、同一性、普遍性,到把握事物之间的相通性、相关性、相融性,从在场的形而上学到超越在场(详后)。其二,创造的起点出现根本的偏移,即从理性的创造转向非理性的创造。例如弗洛伊德把创造的起点从认知、情绪方面拓展到动机,从而把创造出人意料地与焦虑、压抑、升华、自居、防御、转移等范畴联系起来。再如阿恩海姆把创造从思维、灵感、情感深化到知觉,提出创造即一种知觉活动,从而把被传统分离的知觉与思维、直觉与理智、感受与推理统一起来。其三,创造的主体出现了根本的拓展。在这方面,一方面是作者创造的重要性被降低,另外一方面则是文本以及读者的创造的重要性被大大地提高。对此,罗斯基曾经以"抛弃作者,转换文本和重置读者"来加以概括。其四,创造的领域出现根本的扩充。创造不但变得平民化了,变得不再神圣,而且从艺术走向生活的各个领域。更为重要的是,对于创造的关注也已经从美学范围拓展到人文科学尤其是哲学领域。最后,创造的含义出现了根本的泛化。主要是由于新的技术手段的出现,创造之为创造,开始变得容易了。它与文本之间也已经只是一种相当松懈、模糊的关系,例如电影剧本、电视脚本、商品广告、节目制作人的创作,创造与文本之间谁应该承认谁,谁应该接受谁,谁应该理解谁,都完全是未知的。创造本身现在也已经成为一个维度、一种功能、一个信息源。所谓创造者不再是文本的作者,他充其量也只是文本的阐释者。

关于创作观念,当代美学主要是从两个角度着手予以重新思考。首先是个人与传统的角度。在这方面,可以艾略特为代表。他认为,作品的创造不存在任何的原始写作,而只能是一种混合写作,只能是与美学传统的关系的某种调整,具体到作者所面对的文本,创造只是一种媒介,作者的创造的实质也只能是以退让来求得文本的生成(这让我们想起中国美学所说的"后其身而身先")。这类似于氧气与二氧化硫化合反应产生硫酸时起催化作用的白金,硫酸的产生固然离不开白金,但是硫酸中却并没有白金。不难看出,在艾略特的创作观念中,创造的重要性已经被极大地弱化。其次是语言学的角度。胡塞尔的"生活世界包容自我同时又取消自我作为经验的绝对基础",就是在强调意识有其意向性,它总是关于对象的,因此意识不可能先于对象,更不存在虚假的优先权(创造也如此)。罗兰·巴尔特则强调创造是不及物的。他指出:写作开始于作者死亡之时,这显然是在拒绝传统美学的创造。在他看来,是言语活动本身在说话,而并非言语的施事者在说话。因此现实的言说不必依赖写作这种滞后的方式,而在写作中作者就要遵守这种滞后的言语活动的规则,并且想方设法使它的潜能得以充分发挥。伽达默尔也认为本文有其独立的意义结构,不可能被还原为所意指的东西,而只能代表他所意味的东西。萨特的看法更为机智:创造不同于传统的"本质实在的情态",应该"是我不是的情态"。而福科的看法尤为值得注意。他指出:作者的创造只是话语系统中的一个因素。一方面,"今天的写作已经变成了符号的一种相互作用,它们更多地由能指本身的性质支配,而不是由表示的内容支配。……这种写作的本质基础不是与写作行为相关的崇高情感,也不是将某个主体嵌入语言。实际上,它主要关心的是创造一个开局。在开局之后,写作的主体便不断消失。"另一方面,"凡是作品有责任创造不朽性的地方,作品就获得了杀死作者的权利,或者说变成了作者的谋杀者。"而且,它"还表现在作者个人特点的完全消失,作者在他自己和文本之间产生的矛盾和对抗,取消了他独特的个人标志"。[①]

综上所述,关于创造,当代美学的令人瞩目之处在于:创造不可能是无限制的。创造并不是作者的原始动机的如愿以偿。人类只能在语言中思维,人类的思维只能借助于语言。因此,创造不是占有世界的一种方式,而是一种游戏的动态过程。在这当中,作为游戏者当然要有其主观性,但这只能是一种内在于游戏过程的主观性,而且与游戏中的其他因素要彼此平等。

[①] 福科。见王潮选编:《后现代主义的突破》,敦煌文艺出版社1996年版,第273页。

这意味着,游戏者一旦进入游戏,就要主动放弃自身主体意识的干扰。法国文学史家朗松说过,作家不是通过他本人,而是通过他的作品产生影响的,起作用的是《笛卡尔》《卢梭》,而并非笛卡尔、卢梭其人。在这里,创造被从文本世界的中心放逐而出,传统的居于作品之外的创造不复存在,现在的所谓创造是居于作品之中的。而且,作家与文本之间也不再是一个无法相互弥补、彼此促进的恶性循环,而是成为一种双向同构的相互弥补、彼此促进的良性循环。

那么,传统美学所推崇的创造与当代美学所标榜的创造之间的根本区别究竟何在?应该说,根本区别在于:从把握事物之间的相同性、同一性、普遍性,到把握事物之间的相通性、相关性、相融性,从在场的形而上学到超越在场。例如,海德格尔说:创造就是使存在进入"去蔽"状态,"去蔽"是创造的真正目的。萨特认为,创造之为创造,其使命就是面对一个不在场的世界,使其出场,但这又不是靠占有实现不在场向在场的转化,而是通过对话、应答、追问,使不在场向在场转化。杜夫海纳指出:在创造中通过可见之物使得不可见之物涌现出来,使人类回到看的本原、听的本原、说的本原。比尔兹利断言:创造就是一个不断增减、不断修补的过程。沃拉斯强调:创造就是给"未知的事物"和"虚空的事物"定形。德里达也强调:传统美学认为"说优于写",而实际上却是"写优于说"。因此创造与文本之间的关系只能是一种互动的关系,既令自身自觉地参与作品的世界,又自觉地令作品参与自身。这样,究竟"何谓创造"?在当代美学看来,它应该是一种超理性、超思维、超逻辑、超概念的"想象"(当然,语言的奥秘也就在于能够表现出隐蔽之物、不在场之物)。① 这里的所谓超越理性、思维、逻辑、概念,不是不要理性、思维、逻辑、概念,而是高出理性、思维、逻辑、概念。与传统美学殊异的是,所谓想象,它关注的不是事物之间的相同性、同一性、普遍性,而是事物

---

① 参见张世英:《思维与想象》,载《北京大学学报》1997年第5期。

之间的相通性、相关性、相融性,也不是在场的形而上学,而是在场与不在场的结合,即超越在场(这类似中国的"使在远者近,抟虚成实""如所存而显之,即以华奕照耀,动人无际矣")。在传统美学,始终关注的,都是"在场的东西""原本的东西"(古代的艺术从属于自然,近代的艺术从属于精神,总之都是把在场的东西放在重要地位上,或者是自然的在场,或者是精神的在场),因此,"是什么"就远比"是之所是"要重要。所谓"什么",无疑是可以重复的,也有真理与谬误之别,有正确与错误之分。而在当代美学,"未在场者""补充的东西""附加的东西"却远比"在场的东西""原本的东西"更为重要。它关注的是"是之所是",即超越对象的之所"是",而推出其所"不是",从而超越对象的常见的一面,发现其中异常的、全新的一面(这类似于王阳明说的"一时明白起来"的"此花颜色")。由此出发,无疑就要强调人类的想象。而从康德经过胡塞尔,直到海德格尔,我们所看到的,正是这一努力。在康德的想象范畴中,突出的是在直观中表象出一个本身并不出场的对象的能力(在这方面,康德的图式说值得注意)。这样,传统美学的创造就不仅仅是在场,而是既在场又不在场。此后,在胡塞尔的幻想范畴中,我们看到的是达到本质直观的指向。正如胡塞尔所强调的,幻想是构成现象学的最关键的因素。至此,当代美学的想象已经呼之欲出。继之,在海德格尔,想象范畴成为对于未出场的东西的追问(在这方面,有必要注意海德格尔对显现与隐蔽、在手与上手、此在与世界的分析)。当然,对于未出场的东西的追问,不同于对于现象背后的本质的追问(例如柏拉图的"理念"、黑格尔的"绝对理念"),换言之,不是追问同类现象的同一性,而是追问同类现象的可能性,而且,哪怕是不可能的可能性。至此,当代美学的想象正式出场。这样,假如说美学的创造是纵向的,类似于一个有限的有底的棋盘,当代美学的创造就是横向的,类似于一个无限的无底的棋盘(德里达称之为"无底的深渊")。它以思维的极限作为自己的起点,从对于本质的把握,转向对可能世界的建构、可能世界的呈现,从对于必然性的自由把握,转向对于必然性的自由超越,使自我隐蔽、自我封闭的现象自我显现出来,澄明起来(可注意中国禅宗美学的"空""无")。对此,海德格尔曾通过古希腊神庙、梵高画的农鞋等例子作过精辟的说明。①

与创作观念的转型密切相关的,是三个新观念的应运而生。这就是挪用、复制、拼贴。所谓挪用,是指通过挪用行为直接把某现成物转换为艺术作品。在这当中,杜尚的公然把小便池放入美术馆并且作为艺术品来展出,是一个典型的例证。除了杜尚的例子之外,在当代艺术中还可以举出许多。例如,布洛克在《美学新解》中就曾举过一些例子,例如一条白色的1英寸×8英寸的厚木板,一幢塞满了水泥的建筑,用推土机在内华达州草原上压出的辙印,在加利福尼亚原野上铺展的长达几公里的凸起的弯曲条带,普通的履带,自行车上卸下来的车轮,等等,都被直接地挪用为艺术作品。不难看

---

① 我曾经多次说过,"中国庄禅美学与西方海德格尔美学的对话"这一课题,十年来始终强烈地吸引着我。在我看来,这无疑是一个十分重要的课题。之所以如此,无疑是有感于在中国美学传统与西方美学传统之间在话语谱系方面存在着的根本的差异,或者说,存在着的根本的不可通约性。在我看来,假如找不到一个为西方美学传统与中国美学传统所能够共同理解的"中介"的话,那么,不论是站在中国美学传统的角度,还是站在西方美学传统的角度,都无法成功地实现中西美学间的对话,也无法在中西美学的对话中重建中国美学。而海德格尔美学(西方现象学美学)恰恰就处在这样一个十分理想的中介的位置上。它是西方美学传统的终点,又是西方当代美学的真正起点,既代表着对西方美学传统的彻底反叛,又代表着对中国美学传统的历史回应,这显然就为中西美学间的历史性的邂逅提供了一个契机。为此,我曾经在《中国美学精神》一书中感叹:"历史也许最后一次地为我们提供了再一次接通中国美学根本精神的一线血脉。"同样,我们也可以说,历史也许最后一次地为我们提供了再一次接通西方美学根本精神的一线血脉。抓住这"一线血脉",无疑有助于我们真正理解西方美学传统,也无疑有助于我们真正理解中国美学传统,更无疑有助于我们真正地实现中西美学之间的对话,从而在对话中重建中国美学传统。而这,正是"中国庄禅美学与西方海德格尔美学的对话"这一课题的重大意义之所在。在此,我要强调的却是,在研究当代西方的审美观念的转型之时,以中国的庄禅美学为阐释背景,通过海德格尔(西方现象学美学)这一"中介",去理解西方当代审美观念的转型,是一个颇具学术价值的角度,本书对此有所涉及,遗憾的是,限于篇幅,未能充分展开。

出,这里的"挪用"已经与传统的创造截然相异。

所谓复制,是指对于现实或者原作的仿制。它与传统的再现不同。传统的再现是再现现实的本质,而复制却是直接呈现现实或者原作本身。本雅明称之为"展示性":"随着对艺术品进行复制的各种方法,便如此巨大地产生了艺术品的可展示性","现在,艺术品通过其对展示价值的绝对推崇而成为一种具有全新功能的创造物"。① 在这方面,堪称典型的是人物形象的复制品。真的就是假的,假的就是真的。但全然没有《加莱义民》中的高贵气质、人性痛苦,也不可能转化成隐喻,而只类似于街头的一次成像的后现代生活快照。更为典型的情况是在影视之中。例如电视中所出现的"媒介真实",就来源于复制。它所传递的影像,与作为参照系的现实生活本身处于同一层面,媒介真实与客观现实不再存在应有的界限,加之几乎主宰了现代社会的全部符号环境,因此给人类的生活以深刻的影响。再如电影,"托马斯·曼自问自答:'为什么在电影院里总是有人哭哭啼啼,或者说像女仆一样哭天抹泪? 因为未经加工的粗糙素材温馨动人,它可以打动我们,像辛辣的洋葱或馨香的百合。'"②克拉考尔也曾宣称:"电影是对日常生活中奇迹性的发现。"像战争纪录片《为了世界的和平》,只是把军队档案中的零散胶卷剪接在一起,然而正是这些面部被毁容的人,给人们的视觉刺激大大超过了任何的艺术表现。有人批评电影不是艺术,理由是它呈现的只是未经加工的素材。但是,实际这正是电影的复制的美学价值之所在,也正是电影的复制的优点之所在。所以人们才会说:电影是"物质的艺术","电影的本性是物质世界的复原"。在电影艺术中,"画面的存在先于含义"。而在现代数字扫描技术出现之后,复制品与原作品之间的差别已经完全可以被降低到

---

① 本雅明:《机械复制时代的艺术作品》,见董学文主编:《现代美学新维度》,北京大学出版社1990年版,第177页。
② 托马斯·曼·伊英特·皮洛:《世俗神话》,崔君衍译,中国电影出版社1991年版,第1页。

分子水平,例如照片,复制品甚至可以比原作更清晰。复制技术一旦达到了这一水平,作品的批量生产就是完全可能的。要说有什么不足,那大概就是作家亲手画的那一幅而已。

所谓拼贴,是指通过间接的方式把几个现成物拼在一起,使之成为艺术品。它打破时间的前后、空间的顺序、因果的联系、同质的衔接、历史的意义、逻辑的连贯,完全凭借偶然的组合,随心所欲地交换,东拉西扯地拼凑。这意味着:所有文本都可以进入艺术,所有的文本的边界都可以彼此敞开、彼此不断地渗透,但是所有的文本又都离开了原有的背景,表现为不同因子之间的异质混合。梅洛-庞蒂说得好:"说话并不意味着用一个词去代替每一个思想;如果我们这样做,就永远不可能表达任何事情。我们也就不会具有生活在语言之中的感受;我们就只有沉默,因为这样一来,符号本身立刻就会被一个意义消除了(得意忘言)。但是,一旦语言放弃表述事物,它就反而能把'表现'赋予自己。与模写一种思想不同,只有当语言与事物或某种意义的固定联系被捣毁,然后再由思想对它的表现意味重建时,它才是富有意义的。"[1]在世界中,没有什么事物是预先决定的,因为它从来就不是处于一种完全封闭的系统之中。何况,文本与传统的经典、书籍、文章、作品都不同,并非得意忘言,而是得言忘意,因此在拼贴过程中完全可以并且应该不避俗、不忌旧、不厌丑。只要从整体看是新鲜的就是成功。至于从局部看可能是熟悉的,则大可不必忌讳。西方的打油诗,就道破了拼贴的这一根本特征:

在浅黄色的沙滩上
有一双紧握的手

---

[1] 梅洛-庞蒂。见伊泽尔:《审美过程研究》,霍桂桓等译,中国人民大学出版社1988年版,第224页。

和一颗被绳子缠住的眼珠子

和一盘生肉

还有一个自行车垫子

和一件算不上东西的东西

作品中的例子更俯拾即是。美国作曲家凯齐就是让十二位演奏者使用十二台收音机,在同一时间内不停地开、关,最后得到的就是一首音乐蒙太奇。而劳申伯格的《得了肺炎的蒙娜丽莎》,则干脆把蒙娜丽莎从原来的山谷中挪出来,安置在一片乱石遍布的山谷中。其中的深意,莫道夫曾经引用德里达的说法作过分析:"在拼贴法的异质混合的构图中,我们可以看到,画家引用的各个元素,打破了单线持续发展的相互关系,逼得我们非做双重注释或解读不可:一重是,解读我们所看见的个别碎片与其原初'上下文'之间的关系;另一重是,碎片与碎片是如何被重新组成一个整体,一个完全不同形态的统一。……每一个'记号'都可以引用进来,只要加上引号即可。如此这般,便可打破所有上下文的限制,同时,也不断产生无穷的新的上下文,以一种无止无休的方式与态度发展下去。"①

在影视艺术中,拼贴的行为运用得更多。我们经常所说的蒙太奇,正是拼贴。跳跃的片断剪接起来的电影镜头,把非连续的碎片集合在一起,再加上转换十分迅速的镜头,忽而仰视、忽而俯视,虽然违背了人们的日常经验,但却恰恰显示出一种拼贴的奇特效果。德国学者莱纳尔因此深刻剖析说:这种建立在图像时代基础上的拼贴理论,"是以人们通过媒介传播的时代中对现实的感受为条件的,在这种时代里,'进入图像表层'使得关于意识、文化和历史的连续性的有约束力的陈旧叙述过时了;另一方面这个理论的主

---

① 莫道夫。见王岳川等编:《后现代主义文化与美学》,北京大学出版社1992年版,第404页。

要目标在于重建一种全新的感性经验:'闪光摄影般的感性经验'。它基于这样一种推测,即生活本身是一种'复合的图形关系'。它提出的唯一问题是:'我们生活在什么样的图形中？我们自己的图像和什么样的图像相结合？'写作主体化和个性化导致'作者与读者这种文化定义的崩解',因为新的感受性完全容许任意的有刺激力的物质。……图像通过约简为瞬间感受和空间现象原则上给被临摹物赋予同样意义,它对被模拟的对象持无所谓的态度,只表明用日常生活中视觉的——无意识的东西对抗用词语解读意义的一种表面层次。"①

应该承认,不论是挪用、复制、拼贴,都可以称得上是 20 世纪中最精心杜撰的艺术行为,最具颠覆性的艺术行为,也是最具冒险性的艺术行为。其中的关键是:在这里是形象与形象之间的沟通,而不是形象向思想的深化。展现的是"未在场者",而不是真理。在传统美学,强调的是"在场",或者说,是"说出的"。而在当代艺术,强调的却是"未在场",或者说,是"未说出的"。它意味着在当代艺术中,是从本质主义走向现象学,而且是走向真实而不是走向真理。它关注的已经不再是对生活进行艺术改造,而是发现生活本身的艺术性。以往不被称为艺术的生活竟然创造出了艺术的奇迹,这实在是一片瑰丽的大陆。劳特内蒙特就把一个英国少年说成像一架缝纫机和一把雨伞在一张解剖台上巧遇那样美丽。确实,许多表面上似乎互不相关的东西,一旦并列在一起,就会产生出意想不到的意义。它们象征着在不可能的地方的一次不可能的邂逅。因此往往只有迄今为止尚未组合的东西才有必要把它们组合起来,爱德加·爱伦·坡说:"就像在物理化学中经常发生的情况那样,在人的智力化学中,两种元素的混合物产生的东西,不具有其中

---

① 莱纳尔。见柳鸣九主编:《从现代主义到后现代主义》,中国社会科学出版社 1994 年版,第 463 页。

一个的特性,甚至哪一种的特性都不具有了,这种现象并非罕见"。① 这种做法使得客观事物从此不再受正常环境的束缚,它的各个组成部分也从其自身中解放出来,建构起一种全新的关系、自由而开放的关系,从而以最简单的材料创造出奇迹,唤醒了被埋没在现成物品中的生命。J.Z.扬说得何其精彩:"我们有理由说,新的美学形式在人类各种活动中的创造是最重大有效的。凡创造出新的艺术模式的人,都找到了就某些事情进行了人与人之间交流的新手段,而那些事情在此之前是认为无法交流的。这样做的能力已成为整个人类历史的基础。"②

2

传统美学所谓的创造,与理性主义密切相关。我们知道,理性主义的核心是为现象世界逻辑地预设本体世界。因此它要求从千变万化的现象、经验出发,去把握在它们背后的永恒不变的规律性、本质性的东西。由此推演,理性主义为自己确立了一系列独特的规范。例如,对普遍有效的真理的追求,对不变的知识基础的执着,对永恒的理性本体的迷恋,是它的根本特征;主体对客体、思维对存在加以把握的最终根据,是它所关注的焦点;主观与客观的严格区别所导致的主客二分的认识框架和二元对立的思维方式,是它的致思趋向;通过对人类认识的本质的反思找到知识确定性和思想客观性的最终根据,从而对人类认识的永恒性的理性基础作出最终阐释,是它的思想前提;确定理性的本体(本体论),考察认识主体怎样把握这一本体(认识论),考察达到对于本体的把握的方法与手段(方法论),是它的哲学使命;而理性万能、理性至善、理性完美,则是它的根本内涵。

---

① 见约翰·拉塞尔:《现代艺术的意义》,陈世怀等译,江苏美术出版社1992年版,第207页。
② 见约翰·拉塞尔:《现代艺术的意义》,陈世怀等译,江苏美术出版社1992年版,第233页。

不难看出,在理性主义的背后,是一种人类的"类"意识的觉醒、本质力量的觉醒。为了摆脱长期以来的依附于自然的屈辱地位,强调自身与自然的差异与对立,人类不惜采取彻底隔断理性与非理性、心灵与肉体的密切联系的断然措施,这正是理性主义出现的权力基础。结果,人类首先为自然强加上自己的"本质",断言"每一种殊异都有齐一性,每一种变化都有恒定性",①一方面把纷纭复杂的自然世界在空间上逻辑地预设为一种被解构了对立差异关系的抽象的必然的同一对应关系(作为一种殊异现象中所存在的齐一性,实际上只有通过抽象思维及其逻辑过程才能被揭示并把握);一方面把千变万化的自然世界在时间上逻辑地预设为一种预成论意义上的必然的因果对应关系(作为一种发展变化中所存在的恒定性,实际上只有通过抽象思维及其逻辑过程才能被揭示并把握)。其次人类又为自己所强加的"本质"作出了价值判断。所谓"人是理性的存在物",理性即人的本质,理性即善,从而在时间维度和空间维度上为历史、进步、文明、现代化等一系列范畴的问世奠定了基础。我们不会忘记,M.兰德曼剖析进化论时就曾指出,它是"从单纯地考察形态上的相似进到研究遗传的发展,从'此后'进到'因此'"。② 在这里,自然、历史发展的前后顺序都被赋予一种内在的因果必然联系,从而有了一种评价意蕴。弗雷泽在谈到人类的进化时也曾说:"人类的思想在构筑自己最初的粗糙的人生哲学时,在许多表面上的歧异下边,有一种根本的类似性。"③这样一来,不同民族之间的特殊差异也都被赋予一种内在的普遍必然联系,从而也有了一种评价意蕴。最后,人类还从历史目的论的角度对理性加以确认,指出理性的力量即人的本质力量,理性的实现即人的本质力量的确证,因此,"前途是光明的,道路是曲折的",社会是线性地

---

① 见《西方哲学原著选读》下卷,商务印书馆1982年版,第38页。
② M.兰德曼:《哲学人类学》,张乐天译,上海译文出版社1988年版,第156页。
③ 弗雷泽。见夏普:《比较宗教学》,吕大吉等译,上海人民出版社1988年版,第118页。

从落后走向进步,人类是线性地从愚昧走向文明,人类的明天肯定优越于今天。结果,绝对肯定理性的全知全能,关注人的主体性,呼唤对于自然的征服,并且刻意强调在对象身上所体现的人"类"的力量,就必然成为理性主义的唯一选择。① 所谓创造,正是上述理性主义在美学领域中的体现(所谓上帝首先以创造人类的行为来启示人类,然后人类再像上帝一样地去创造)。

---

① 理性主义是一种揭示对象在时间历程中表现出来的普遍必然的因果关系的方式,西方的各门学科的名字的后面都有一个后缀-logy,这表明西方任何学科都是对于某知识的逻辑体系。霍林格尔说:"自苏格拉底以来,哲学家们就渴望诉诸超历史的(或至少是普遍必然的)定义、标准和理论来为文化及其所有产物奠定基础。"(霍林格尔。见王治河:《扑朔迷离的游戏》,社会科学文献出版社1993年版,第35页)在近代社会,理性主义则渗透到了几乎所有的方面。例如经济的市场化、工业化,政治的民主化、法制化,社会生活的世俗化,文化的科学化,哲学的理性化,都是它的外在表现。具体来说,经济上是从农业经济到工业经济。例如复式记账法,它应合了把一切定量化、可衡量化、有价的对象。"产生伽利略和牛顿体系的精神,也就是产生复式簿记的精神,它类似于现代物理学和化学学说,它使用相同的手段,将各种各样的现象构建成巧妙的系统,而且,人们可以将它作为以机械学思想原理为基础构筑的第一座宇宙建筑物加以论述。"(维尔纳·桑巴特。见O.T.海渥:《会计史》,文硕等译,中国商业出版社1991年版,第10页)政治上是从身份到法律的变化,古罗马思想家西塞罗就指出:"法律是最高的理性""真正的法律……适应于所有人且不变而永恒。"(见《读书》1992年第6期)孟德斯鸠也指出:"一般地说,法律,在它支配着地球上所有人民的场合,就是人类的理性。"(见严仲义:《孟德斯鸠》,商务印书馆1984年版,第23页)卢梭更把作为契约的法律看作"人民公意",这是理性之抽象普遍性的政治表达。把个别意志(特殊规定)与公意(普遍规定)剥离开来,是对特殊性的过滤,社会生活上是从出世到入世的变化。过去是以信仰为基础,现在是以思维为基础。肯定思维的方式只能是理性的。对事业的追求、对创造的追求,是入世之必须,因为这是满足入世生活的保障。所谓成就欲、创造欲。"人们接受了科学思想就等于是对人类现状的一种含蓄的批判,而且还会开辟无止境地改善现状的可能性。"(贝尔纳:《科学的社会功能》,陈体芳译,商务印书馆1982年版,第513页)"追求名声和成功的欲望、劳动的冲动就是现代资本主义赖以发展的力量;没有这些和人的一些其他力量,人类就不会有按照现代商业与工业制度的社会和经济要求采取行动的推动力。"(参见弗洛姆:《逃避自由》,莫迺滇译,台湾志文出版社1984年版)文化层面上从伦理型文化转向科学型文化。哲学上是从封建愚昧到理性独рах,转而以理性解释一切,即理性从非自足状态转向自足状态,成为理性的泛化。"我思故我在",在此,"我思"是不能怀疑的。

其根本命题为:文学艺术如何成为关于事物的共同本质的准知识。在这里,认为只有关于一般的知识才是知识,只有关于一般的知识才是合理的,是其与理性主义的契合之处。而怎样以个别来表达一般,怎样经由个别通向一般,则是其特殊之处。我们记得,贺拉斯在《诗艺》伊始就曾强调:"如果画家作了这样一幅画像:上面是个美女的头,长在马颈上,四肢是由各种动物的肢体拼凑起来的,四肢上又覆盖着各色羽毛,下面长着一条又黑又丑的鱼尾巴,朋友们,如果你们有缘看见这幅图画,能不捧腹大笑么? 皮索啊,请你们相信我,有的书就像这种画,书中的形象犹如病人的梦魇,是胡乱构成的,头和脚可以属于不同的族类。"①显然,在传统美学看来,所谓创造不能是"胡乱构成的""属于不同的族类",因而无法通过它以体现一般。创造的内涵,实际上决定于在自身的行为中对"普遍""本质""本体""共性""根据""共名"等一般知识的体现。这样,从理性的角度考察创作活动,强调事物过程的决定性的一面、必然性的一面,强调时间的前后、空间的顺序、因果的联系、同质的衔接,强调预定的模式、固定的因果、循序渐进、线性进化,塑造一个合乎一般的个别,发现一个合乎一般的个别,就成为传统美学的创造的共同内涵。约翰·拉塞尔曾以普桑为例,"他崇拜古典传统的明晰性、复杂性、巧妙的结构、杰出和细腻的表现方式以及对个别的偶然事物的轻视。在普桑的作品里,一切都照其该发生的方式发生,他从不允许自己有不明确的目标,一时的兴致或随心所欲。他为此付出了代价,就像与普桑同时代人的拉辛为他的剧作所付出的代价一样。在拉辛的剧作里,没有人打喷嚏,日常生活中的杂乱被古典传统认为是非法的。同样,在普桑的作品里,我们绝不会看到一幅胡乱画成的油画。"②在这个意义上,所谓创造实际上是一种无中生有的审美活动,它所面对的实际并非世界本身,而是理性主义所预设的世界的

---

① 贺拉斯:《诗艺》,杨周翰译,人民文学出版社1984年版,第137页。
② 约翰·拉塞尔:《现代艺术的意义》,陈世怀等译,江苏美术出版社1992年版,第23—24页。

本质。"艺术和诗至少具有两种基本价值,这两种价值都是艺术的目的,即一方面是要把握真理,深入自然,发现规律,发现支配着人的行为的法则;另一方面,它要求创造,要求创造出前所未有的新的东西,创造出人们设想的东西。"①"像造物主那样具有内在动力的'创造性'想象的迫使。"②

人们已经十分熟悉,在20世纪,根深蒂固的理性主义传统遇到了强劲的挑战。哥白尼的日心说、达尔文的进化论、马克思的唯物史观、爱因斯坦的相对论、尼采的酒神哲学、弗洛伊德的无意识学说,作为历史性的非中心化运动,分别从地球、人种、历史、时空、生命、自我等一系列问题上把人及其理性从中心的宝座上拉了下来。"1+1=2"为什么就应该而且能够支配人类的命运?③ 是谁赋予它以如此之大的权力?人类被迫发出了最后的吼声。这实在是一个比康德的"纯粹理性批判"还更为深刻的批判——"纯粹非理性批判"。

于是,理性主义的终结终于成为现实。④ 从此,传统的逻辑前提——现

---

① 塔达基维奇:《西方美学概念史》,褚朔维译,学苑出版社1990年,第339页。
② 艾布拉姆斯:《镜与灯》,郦稚牛等译,北京大学出版社1989年版,第26页。
③ 这使我们想起西西弗斯神话中那无辜的石头。从西西弗斯无休止地推石上山,我们看到了人类抗拒命运的尊严与悲壮,但其中的自大与狂妄也显而易见,难道不应追问:石头的话语权力呢?它只是人外之物吗?谁想到过那块被忽略了几千年被推来推去的石头?西西弗斯的命运就够荒谬的了,然而石头的命运更为荒谬,神要惩罚的是他,而不是它,但是它却要和他一起被推来推去。
④ 批判黑格尔是现代哲学的出发点。昆德拉在批评黑格尔《美学》时说:"为要充实自己的体系,黑格尔描写了其中的每一个细节,一个格子一个格子,一公分一公分,以至于他的《美学》给人一种印象:它是鹰和数百个蜘蛛共同合作的作品,蜘蛛们编织网络去覆盖所有的角落。"(昆德拉:《被背叛的遗嘱》,孟湄译,上海人民出版社1995年版,第139页)艾耶尔以"叛离黑格尔"来阐发《二十世纪哲学》;赖欣巴哈以嘲笑黑格尔开始他的新哲学(《科学哲学的兴起》);怀特以"绝对理念之衰微与没落"而推出他的《分析的时代》(怀特:"几乎20世纪的每一种重要的哲学运动都是以攻击那位思想庞杂而声名赫赫的19世纪的德国教授的观点开始的,这实际上就是对他加以特别显著的颂扬。我心里指的是黑格尔。"参见怀特:《分析的时代》,杜任之主译,商务印书馆1987年版,第7页)之所以如此,是因为人类的"哲学在黑格尔那里终结了"(《马克思恩格斯选集》第4卷,人民出版社1972年版,第216页),批判他就

象后面有本质,表层后面有深层,非真实后面有真实,能指后面有所指——被粉碎了,包括语言符号在内的整个世界都成为平面性的文本。世界成为一本根本就不可能完全读懂的书,因为原稿丢失了。不再是事事有依据、一切确定无疑,世界也不再可以被还原成为"1+1=2"那样简单明了的公式。①传统的世界的稳定感不复存在,一切都再无永恒可言。

因此,现在人们终于可以诘问:人类有什么理由把理性主义供在祭坛的中心?理性主义的特权地位是合法的吗?理性主义的预设前提是经过批判考察的吗?"如果有人问:'一切原则的原则'从何处获得它的不可动摇的权力?那答案必定是:从已经被假定为哲学之事情的先验主体性那里。"②"如果我们考虑到,不管我们可以给(科学)'认知'下一个多么普遍多么宽泛的定义,它都只不过是心理得以把握存在和解释存在的诸多形式之一",那么就必须承认,"作为一个整体的人类精神生活,除了在一个科学概念体系内起着作用并表述自身这种理智综合形式之外,还存在于其他一些形式之中。"③其他思想家也纷纷强调:不存在"秩序的秩序""地平线的地平线""根据的根据",一味对事物的复杂性进行简单性的歪曲,必定将复杂的世界还原为僵化的世界。伯纳德·威廉斯甚至反其道而行之地指出:"哲学是允许复杂的,因为生活本身是复杂的,并且对以往哲学家们的最大非议之一,就是指责他们过于简化现实了。"④尼采则干脆把传统的理性主义者称为"大蜘

是批判整个传统哲学,对它的合法性的怀疑就是对整个传统哲学的合法性的怀疑,批判黑格尔哲学,就是批判传统哲学的"论纲"(赖欣巴哈)。以黑格尔为代表的传统哲学的关键是从概念实现思维与存在的统一,是在天上,现代则从人的历史性存在出发实现思维与存在的统一,是在地上。

① 在当代人看来,那个世界实际从来就没有存在过,只是一个杜撰出来的神话。
② 海德格尔。载《海德格尔选集》,孙周兴选编,上海三联书店1996年版,第1 250—1 251页。
③ 卡西尔。见甘阳:《从"理性的批判"到"文化的批判"》,载《读书》1987年第7期。
④ 伯纳德·威廉斯。见麦基编:《思想家》,周穗明等译,三联书店1987年版,第195页。

蛛"、"苍白的概念动物"、制造"木乃伊"的人。

其中的关键是：不再将复杂性还原成为简单性，世界真正成为世界。有人说，这样岂不是把世界搞复杂了？确实如此。但之所以把世界搞复杂了，那是因为世界本来就不像僵化者的头脑中想的那么简单，本来就没有一个绝对的支点使理论和秩序合法化。①例如，传统理性本来也只是一种视角，在追求"本质""统一""实体"(那是什么)之时，在它的一元论的背后，就已经假定了一种多元论(对于我那是什么)。然而我们追求简单，把它作为唯一的一元，结果铸成大错。难道只有固定不变的才是有价值的？难道只有永恒、完美的东西才是值得追求的东西？难道变化的就不真实，属于过程、瞬间的就是不值一顾之物？一切曾经见惯不惊的观念通通被西方重新加以思考。

西方由此进入了一个没有绝对真理的时代。尼采曾为此发出骇人听闻的悲叹："上帝死了!"然而，上帝又何死之有？其实它从来就没有活过。所谓"上帝死了"，无非是一种传统的"理性"死了，一种关于上帝的话语消解了，一种稳定的心理结构崩溃了。这场景，曾经令很多学者痛不欲生。断了线的风筝，这似乎并非人类所能忍受的命运。然而，相对于往日的"理性"，又未尝不是一件好事。须知，"理性主义"本来就是一种权力话语，一旦无限夸大，就会成为束缚人的东西。②再说，拒绝抽象的理性生活，固然是一种痛苦，但像某些固执于理性主义的前人那样一生生活在虚伪之中，岂不也是一种痛苦？何况，只有如此，人类才能走出精神的困境——当然，其中也包括美学的困境。

事实上，理性主义的缺陷是显而易见的。例如，理性主义从本质上说是

---

① 例如人类的存在本身就不存在必然性这一支点。参见我的《诗与思的对话》，上海三联书店1997年版，第98—99页。
② 把反理性主义上升为反对一切理性，自然是错误的。因为其结论是全称的，但用以证明结论的证据却是单方面的。本书反对的是理性主义，而不是理性。

非个体性的。因此尽管在具体问题上它并不处处强调自己忽视个体,但是它毕竟总是从总体上理解世界,毕竟总是从根本外在于个体的某种普遍、客观的东西中去寻找世界的本质,毕竟总是以绝对的普遍理性作为世界的合法性、合理性的根据。又如,它假设在认识之前就存在着绝对真理,认识的任务就是不断向它趋近,普遍性、确定性、唯一性因此而成为目标。它假设历史规律外在于人类的活动,在活动之前就已经存在,是一种与逻辑的理性分析的内在统一,至于与人类的多样化的活动则只是一种外在的统一。再如,它只承认在认识过程中的认识者的能动作用,却忽视了在认识过程中认识者的"为我"的意义,以及在认识结果中认识者个人的贡献,等等。对此,本书已经反复加以讨论,此处不赘。

这样,"创造"作为审美观念的转型,就是必然的。这正如杜夫海纳所指出的:对创造的批评"每每仰赖鼻息于时下流行的观念"①。以"惊异"的转型为例。传统哲学喜欢谈"惊异",然而却只是把它看作哲学的开端,所谓"哲学开始于惊异",哲学的完成则要以惊异的消失为标志。这标志着传统哲学是以对于事物的本质的把握为根本特征的。进而言之,在传统哲学,事实上是在主客体刚刚区别开来之时因为意识到无知而引起惊异。惊异是求知的开端。同时知识的起点就是惊异的终点。这一点在黑格尔表现得最为突出。它把惊异的领域扩展到了哲学、艺术、宗教之中。他指出它们都是以惊异为开端,但是其展开和最终实现却都远离惊异。传统哲学之所以会存在"人天生是诗人"的看法,原因在此。意即人最终不应是个诗人,而应该是个哲学家。而当代哲学的看法却与此完全不同。在当代哲学看来,并非"人天生是诗人",而是"人就是诗人"。海德格尔提出的"人诗意地栖居",就是这个意思。由于在当代哲学看来,人不但能够从主客不分到主客二分,而且更

---

① 杜夫海纳主编:《当代艺术科学主潮》,刘应争译,安徽文艺出版社1991年版,第26页。

能够超越主客,能够超越二元对立去看世界,因此就不仅能够像传统那样惊异于主客之间的对立,而且能够惊异于主客之间的契合。正是这契合使得世界被还原为唯一的现实世界。人不是进入一个新的世界,而是回到一个新的世界,不是在平常的事物之外看到不平常东西,而是在平常的东西之中看到不平常的东西。所谓"后山一片好田地,几度卖来还自买"。此时世界还是世界,但是境界却全然不同了。于是惊异不再先行于哲学,而是就是哲学,并且贯穿于哲学的始终。美学上也如此。"渥兹渥斯先生给自己提出的目标是,给日常事务以新奇的魅力,通过唤起人对习惯的麻木性的注意,引导他去观察眼前世界的美丽和惊人的事物,以激起一种类似超自然的感觉;世界本就是一个取之不尽、用之不竭的财富,可是由于太熟悉和自私的牵挂的翳蔽,我们视若无睹,听若罔闻,虽有心灵,却对它既不感觉,也不理解。"[①]柯勒律治的话堪称深刻。"创造"作为审美观念,其中的当代内涵由此而得以全盘呈现。

当代的"何谓创造,何非创造"的大讨论,正是在此基础上展开的。在理性主义,世界是一个封闭的系统,因此,才会有被预先规定的存在。对必然性的东西的重视、对永恒的东西的重视、对普遍的东西的重视,缘此而生。而在非理性主义,世界不再是一个封闭的系统,而是一个开放的系统。与此相应,对于审美活动的关注也从理性层面转向了非理性层面。而对于审美活动的非理性层面的关注,[②]就必然导致创造的传统内涵的当代转型。其中的根本命题为:文学艺术可以是一切,但就是不能成为关于事物的共同本质的准知识。对于偶然性、个别性、现象性等的重视,成为新的核心。既然世界形成于对话、偶然组合、共生、互惠、互存、共栖、寄生、自养,则通通是它的诞生方式。"创造"不再是理性意义上的创造,而是非理性意义上的创造。

[①] 柯勒律治。见《十九世纪英国诗人论诗》,人民文学出版社1984年版,第63页。
[②] 对此,可参看安东·埃伦茨维希:《艺术视知觉心理分析》,肖聿等译,中国人民大学出版社1989年版,第5、8、39页。

假如说前者是无中生有,那么,后者则是有中生有。它关注的不再是事物的决定性、必然性层面而是非决定性、偶然性层面,不再是理性的层面而是非理性的层面。例如前面举的贺拉斯对于非理性的绘画创作的批评,在当代美学看来,就是再正常不过了。我们在超现实主义的绘画中,不就经常看到这类作品吗?结果,创造不再是对真理的发现,而成为文本间的对话。时间的先后、空间的顺序、因果的联系、同质的衔接,都被东拼西贴,生拉硬凑,以及随心所欲地掠夺、盗用、借用、组合、转化等所取代。

3

还有必要追问的是,挪用、复制、拼贴等行为是怎样转换为审美行为的?

美国批评家所罗门指出:"达达主义提出的一些敏感性的问题(至于它是否有什么特别影响就另当别论)随后由新一代美国艺术家重新提出,对这些问题的探索激发了人们重新全面审视物体真实的意义,这一切汇合起来就向所有的美学基本前提提出了挑战,这种情况至今仍然如此。"[1]吉洛·杜弗斯也指出:"杜尚之所以备受称赞是因为他否定了人工制品本身含有价值的说法,并将艺术的概念从创造物体移向'发现'物体,从而推翻了一系列曾为人们公认的美学原理。"[2]因此,我们已经不可能在传统美学的基础上对此作出说明,而必须寻找一个新的"基本前提"和新的"美学原理"。

挪用、复制、拼贴等行为之所以转换为审美行为,关键在于创造的涵义改变了。它所着眼的不再是前所未有,而是文本间的一种新的可能性。这一点,我们甚至在"陌生化"这一观念中就已经看到了,因为"明确地陈述这种观点也为形成一种更为微妙而灵活的关于文学与非文学之间关系的观念

---

[1] 见爱德华·路希·史密斯:《西方当代美术》,柴小刚等译,江苏美术出版社1992年版,第50页。
[2] 见爱德华·路希·史密斯:《西方当代美术》,柴小刚等译,江苏美术出版社1992年版,第3页。

作了准备。"①因此,它是一种"更净化的、更灵活的关于文学性的观念",②在这里,任何文本的边界都完全敞开了,创作则是对它们之间的一种无穷无尽的共生关系、转化关系的利用。任何事物,都要离开原有的上下文关系,而去看怎样被组合成为一个新的完全不同的组合体。这些东西可能是有限的,然而它们的组合方式却是无限的,创新不是在无中产生,而是在已有的东西中产生,是已有的东西的重新组合,类似于中国美学中的"雪中芭蕉"和"枯藤老树昏鸦,小桥流水人家"。伽利略说:如果把自然比作一本书,它的字母就不过是三角形、四方形、圆锥形、球形、角锥形等形状。看来,大自然无非就是这些字母的形形色色的拼贴。托马斯也说:"我们已经看到,仅仅凭着偶然性相互交流的思想微粒集合起来,形成了今日的艺术和科学的结构。它的成功不过就是相互传递思想的碎片,然后如同自然选择一样,按照适者生存的原则作出最后的抉择。真正使人吃惊的,或是当其发生时使人目瞪口呆的,总是一些突变体。我们已经有一些突变体,如同彗星一样周期性地划过人类思想领域。"③这正是一种新的创造观。难怪艾略特会以戏谑的口吻说:小诗人借,大诗人偷。巴思也在《枯竭的文学》中指出:创造性的动力已经枯竭,创造仅仅能够以典故、引语、模仿、拼贴的游戏形式残存下去。而其他艺术家也有类似的说法。例如:"创造不在于看到了什么,而是在于怎样看。""意义不过是一种式样或排列,新的意义的产生是通过对系统的式样作重新的排列。""别再说你没有说出的新的东西,对已有的材料作一番编排就已经是新的了。""说出来的东西新取决于对材料之组合方式的新。"

---

① 安纳·杰弗森等著:《西方现代文学理论概述与比较》,陈昭全等译,湖南文艺出版社1986年版,第11页。
② 安纳·杰弗森等著:《西方现代文学理论概述与比较》,陈昭全等译,湖南文艺出版社1986年版,第11页。
③ 托马斯:《顿悟:生命与生活》,吴建新等译,上海文艺出版社1989年版,第145页。

具体来说,实际上,任何对象都蕴含着审美因素。然而,在传统美学中这一点被遮蔽了起来。传统美学强调审美活动与其他生命活动的对立,甚至存在着对其他生命活动方式的鄙视,因此只把审美对象限定在生命活动的极少的一部分之中。挪用、复制、拼贴等行为正是着眼于对此的消解。而且,在特定的条件下,甚至会因为仅仅冲击了传统美学为审美活动所设定的僵硬边界就成为审美活动。当然,审美活动的事实并非如此。即使就传统审美活动而论,我们不难看到,诸如原始人的日常用品如面具、彩陶盆、彩陶罐、巫师的权杖等古代的出土文物,一旦被放入博物馆,人们会自觉不自觉地以审美眼光去面对它。对于古代的寺庙,人们也会自觉不自觉地以审美眼光去面对。这是为什么呢?原来虽然它们是日常生活用品或者实用建筑,但是它们的实用功能实际上已经丧失了,而且又远离当代生活,再加上美学家已经一再为之大力宣传(命名),因此人们会不加思考地接受它。这意味着对这些对象中所蕴含的审美因素的默认。至于当代的挪用、复制、拼贴,则无非是对这一现象的深刻洞察。杜尚把小便池公然放入展览馆,除了每天还在使用它,在时间与空间方面人们也还没有与之拉开距离之外,在理论依据上应该说是完全相同的,因为当代的日常生活用品也同样是蕴含着审美因素的。当然把正在使用的小便池与艺术品、正在使用的厕所与艺术展览馆等同起来,无疑一种非常极端的形式。然而假如想到正是因此才迫使美学家对传统的美学观念加以重新思考,应该说,杜尚的举动是意味深长的,也是可以理解的。

当然,任何一个对象都可以转化为审美对象,还与当代审美活动的从对于对象的内容的关注转向对于对象的形式的关注密切相关。因为正是这个原因,通过形式这个中介,现实对象才与审美对象彼此沟通。这一点,我在对于从形象到类像的考察中已经作出说明,可参看,此处不赘。在这里,需要补充的只是,任何一个对象都可以转化为审美对象,还与当代审美活动的从对于对象的理性层面的关注转向对于非理性层面的关注密切相关。我们知道,在无意识中,外部世界轮廓分明的形体失去了清晰的边缘。"它也许是一个旋律的多种不具形的音调变化(如滑音、颤音以及其他一些音阶之外的调式音级),也许是画家'草图'上看似杂乱纷呈的信笔涂抹。我们的意识也许意识不到这些琐屑繁杂、看似'偶然'的东西,但是,在我们的深层心理中,这些东西依然具有重大的意义,因而又自然而然地被我们无意识的'深层'知觉所注意。"①因此,一种新的形式法则开始发生作用,它与完形原则截然不同。完形原则往往会对混乱的现象加以整理,追求的是简单、整一、单纯的形式。它是完形定理的逆定理,不是趋向简单、精确、单义,而是趋向模糊、混合、多义。众多形体对观众来说具有同等的吸引力,追求单一、精确的眼光于是错乱起来,形体不是并置的而是叠置的。一个对象会唤起各自不同的一组相邻形体,而相近的每一种形体又会唤起相邻形体。几个旋律同时出现,具有同等的表现力,于是不再把注意力集中在其中某一个旋律上。在侦探小说中是几条线索始终同时发展,不同的可能性叠置在一起,总之,"从传统艺术向现代艺术的演变,只是使更大的形体从意识的支配下抽回来,因此,自动形体所创造的模糊而多义的形体就不再被纳入技巧中,也不被包括在背景的模糊形体中,而是从它们隐匿的地方突现出来,侵占了整个画面。"②确实,在当代艺术中,借助于从理性对象向非理性对象的转移,现实对象才得以"从它们隐匿的地方突现出来",成为审美对象。

既然任何对象都蕴含着审美因素,那么,最为重要的创作就不是无中生有,而是有中生有,也就是从不同的角度去把握它。把握方式不同,对象的性质就会不同。实际上,任何对象都有多种用法。例如一个杯子,一旦插上花,就成为花瓶;一旦用来杀人,又成为凶器,而要放进展览馆,则也可以成

---

① 安东·埃伦茨维希:《艺术视知觉心理分析》,肖聿等译,中国人民大学出版社1989年版,第12页。
② 安东·埃伦茨维希:《艺术视知觉心理分析》,肖聿等译,中国人民大学出版社1989年版,第43页。

为艺术品。约翰斯说:"对物体的使用方式决定了它的意义,一旦一幅画出现在观众面前,观众对画的欣赏方式就确定了这幅画的含义。"①斯波埃里在谈到他的《陷阱图》时说:"偶然发现的物体的位置(此刻,物体正放在它们的支撑物上,如椅子、桌子、箱子等等)在有序和无序状态中被固定(捕捉),只是朝向观众的方位改变了一下。其结果被宣布为一件艺术品(注意:艺术品)。"②贾斯旺说:"我关注一件东西不在于它本身是什么,我关注它是如何脱离本身而变成另外的东西,关注人们精确地确定事物的每一时刻,关注这一时刻的消逝,关注看到这个事物或谈论这个事物并让它放任自流的每一时刻。"③在美与艺术已经成为人们所熟知的模式的时候,挪用、复制、拼贴走上了另外一条创作之路。它们不是创造出传统意义上的艺术作品,而在于创造出不是艺术作品的艺术作品。这就是让任何对象摆脱日常环境,并且因此而得到公正的对待。"如果艺术有时不利用最简单的日常生活材料,并赋予这些材料某种前所未有的表现力量,那么艺术也将不成其为艺术。"④这无疑是在解放对象,但同时也是在解放人们本身。在这个意义上,任何对象都可以进入艺术,只需要艺术家的最低限度的干预,这就是:唤醒。

而这一切之所以可行,还因为上下文关系的转换。在当代美学看来,艺术世界与生活世界、文化世界之间不但存在着确定性,而且存在着渗透性。挪用、复制、拼贴正是对此的挖掘。它们都是着眼于构成一个新的上下文关系、新的语境,并使原来的语境与现在的语境构成双重语境。理查德·科斯

---

① 见爱德华·路希·史密斯:《西方当代美术》,柴小刚等译,江苏美术出版社1992年版,第53页。
② 见爱德华·路希·史密斯:《西方当代美术》,柴小刚等译,江苏美术出版社1992年版,第58页。
③ 见爱德华·路希·史密斯:《西方当代美术》,柴小刚等译,江苏美术出版社1992年版,第53页。
④ 约翰·拉塞尔:《现代艺术的意义》,陈世怀等译,江苏美术出版社1992年版,第438页。

特拉尼茨指出:"一个对象被看作为艺术作品,也就是从心理学上把它置于一种文化和历史的语境关系中去,是语境关系决定着对它的经验特征。……在这种关系中超感觉的因素是最重要的"。① 实际上,这正是挪用、复制、拼贴的心理根据。②

4

马斯洛曾经说:烧一碗一流的汤比画一幅二流的画更有创造性。这句话无疑使许多人大惊失色。然而,经过上述的分析,我们可以看出,这句话并非毫无道理。

回顾历史,我们发现,创造观念并不具备静止不变的特征、性质。用符号学的语言描述,应该说它只是一种"漂浮的能指"。雕塑在古希腊根本就不被看作艺术,缪斯之神不主雕塑,可以作为证据。而造型艺术也是直到16世纪才不再受到贬抑。③ 传统美学所说的模仿,最初也无审美创造的含义,而只是指在祭祀狄奥尼索斯酒神之时,巫师们对神意的模仿。诗也如此,它是指一种被巫师或者先知所朗诵的东西,在拉丁文里,诗人和先知是一个词,即 vates。所谓艺术,也是指的生产性的制作活动。传统美学所奉若神明的创造,应该归功于文艺复兴。是文艺复兴赋予了创造以生命,不过即便在这时,雕塑家、建筑师起初也仍然是与泥瓦匠、木匠隶属于同一协会,画家也仍旧是隶属于乐器行会或者出版商行会。1747年巴托明确提出"美的

---

① 理查德·科斯特拉尼茨。见朱狄:《当代西方艺术哲学》,人民出版社 1994 年版,第 66 页。
② 传统美学着重强调事物过程的决定性的一面,例如因果关系。但是事物的因果联系是极为复杂的,作严格的决定论描述事实上是不可能的,因为因与果在空间上无边无际,在时间上无限延伸,无法穷尽。而当代美学则否定了事物过程的决定性的一面,意即上帝不存在,于是一切都是可为的。甚至连电子也被证明了具有"自由意志"。没有后者,就没有挪用、复制和拼贴。
③ 参见朱狄:《当代西方艺术哲学》,人民出版社 1994 年版,第 7 页。

艺术"是一个重要界限,他把亚里士多德的艺术对自然的模仿修改为艺术是对一种美的自然的模仿,范围缩小了,但是艺术得以与美联系在一起,也得以与理性联系在一起。艺术因此而具备了一种前所未有的重大意义,美也因此而具备了一种明显独立于善、真的重大意义。1793年,巴黎的一座官邸更名为艺术博物馆,更是一个信号。马尔罗指出:"艺术博物馆今天在我们对艺术作品的接近中起着如此重要的作用,以致我们对现代欧洲文明中哪块地方竟没有或从来就没有艺术博物馆的存在这一事实会感到难以理解。而且在我们这里,它的存在也还不到二百年。它们在19世纪显得如此重要,并且在我们今天的生活中构成了不容忽视的一部分,以致我们已忘记了它们把一种全新地看待艺术作品的态度强加给了观众。因为博物馆对艺术作品的搜集使这些作品疏远了它们原来的功能,以至于把圣像变成了'图画'"。[1] 从此,创造成为界定审美活动与非审美活动、艺术活动与非艺术活动的根本界限。因此,进入20世纪,创作观念再次出现转型,应该说是正常的。

也因此,对于创作观念的转型简单地表示一种近乎腐朽的轻蔑是毫无意义的。对此,杜夫海纳已经指出:"对创造这个观念的贬抑并不意味着创造引起的一切问题都已迎刃而解。对于这个观念,尤为错误的是以为自己提供了答案而不是提出了一个问题。"[2]事实上,传统美学的创作观念在当代已经成为一句不得要领的形容词。人们越是沉浸其中,越是有可能离开生活的事实。而且,把传统的在一百万人中只给予一个人以创造特权的做法转换为毫无例外地给予每一个人,无论如何应该说是一种进步。何况传统美学观念制约下的艺术面对的是一个一成不变的静止的世界,而现在是一个不断变化、运动的世界。面对当代艺术,我们不仅要问:这是艺术吗?我们还有必要问:我自己有能力欣赏它吗?确实,当代艺术发现了唤醒人类的

---

[1] 马尔罗。见朱狄:《当代西方艺术哲学》,人民出版社1994年版,第38—39页。
[2] 杜夫海纳主编:《当代艺术科学主潮》,刘应争译,安徽文艺出版社1991年版,第31页。

一种方式。面对新艺术,我们的生活方式、审美方式将会发生重大的改变。①

不过,这里值得指出的是要注意另外一种倾向,这就是片面地理解创作观念的转型,甚至把这一转型推向极端,不惜为创新而创新。杜夫海纳强调,"创造的观念包含着一位创造者的观念并从他那里获得自己的意义。""就在它指责创造这个观念的同时,它却到处为创造力的观念公开喝彩叫好。"②然而在当代我们却也看到了另外一种情况。那就是完全与"创造"背道而驰。列维-斯特劳斯在1981年曾经感叹说:当今的艺术已经丧失了手艺。这显然是有感而发。在我看来,当代美学的"违章"始于杜尚。在他之后,确实形成了一种不良风气:谁能够掀起轩然大波,谁最荒诞不经、稀奇古怪,谁能够使得批评家张口结舌,谁就是英雄,谁就是创造。人们关心的不是美不美,艺术不艺术,而是能否出奇制胜,激起新的惊奇,能否盈利。翻新速度之快更令人咋舌,就像生活中的时髦,一会儿是什么什么过时了,一会儿是什么什么新潮流,人人心慌意乱,争先恐后,以陈旧、过时为耻。其中显然存在着某种深层的狂躁。事实上,不论"创作"观念出现什么转型,创作态度的真诚却是须臾不可缺少的。这就是所谓"欲罢不能"或者"非写不可"。里尔克说得好:"只有一种办法,那就是深入你自己内心,去发掘那促使你写作的动机,检视这动机是否扎根于你内心的最深处,坦白地问自己,如果不让你写作,你会不会痛不欲生。特别是首先要在更深夜静万籁俱寂的时候扪心自问:我非得写吗?要从你自己身上挖出一个深刻的答复来。假如回答是肯定的,假如你能用简单而有力的话'我非写不可'来回答这一庄重的问题,那么就按照这一迫切需要来做,从而建立你的生活。"而且,一旦有了"非写不可"的动机,"那么,你就不会想到去问别人你的诗究竟好不好。你

---

① 在这方面,贡布里希的《艺术与错觉》所揭露的事实颇具趣味:传统的创作只是一种错觉,所谓创作实际上无非文本间的互渗。作家所创造的作品也只是前人创造的作品的进一步的发挥。
② 杜夫海纳主编:《当代艺术科学主潮》,刘应争译,安徽文艺出版社1991年版,第30页。

405

也就不会用这些作品去引起别人的兴趣","按照如此情况,你也许会注定成为一个艺术家,那你就得承受这种命运,承受它带给的负担和崇高,而不要追求可能来自外界的报酬。"①进而言之,"上帝死了",这固然是一件好事,但是此后一切责任却要由人自己来承担,显然并非所有人都作好了承担的准备。我们在哈姆雷特的故事中看到的就是人既然是万物之灵长就要承担责任的故事,这或许是人类责任意识的第一次觉醒。而哈姆雷特的迟疑当然是因为惧怕承担责任。当代美学所需要的本来是一代敢于承担责任的艺术家,但是当代的不少艺术家却惧怕承担责任。既然什么都不可靠,什么都不可依赖,干脆不做任何事情,也不接受任何事情,或者干脆任何事情都做,任何事情都接受。这使得人们每天都得发现新的艺术家,而且他们必须为自己的"在那儿"找到理由。例如当代的美学家,在他们当中有相当一部分人是存身于恐惧之中的即兴式的思想家,是慌乱的产物。在他们的美学中往往片面地把人们内在的痛苦情绪、矛盾心理加以夸大,并用美学的方式表现出来,甚至不负责任地推波助澜。例如达达,扎拉就说,"达达就是死亡";布勒克也说,"拥护胡闹",意即真正的达达就是要去死即拒绝一切价值。他们错误地认为:既然便池可以是艺术,那么,艺术也就是便池。其意义在于破坏而并非建设,结果可以什么都是,但就是不是艺术。毕加索也不例外。他说:我不探索,我只发现。这固然有其道理,然而一旦被推广到极端,也难免出问题,导致所谓发现就是见到什么就是什么。即便被发现的东西并不重要、只是随机性的,也如此。我们在毕加索的画中看到:他尽出新念头、怪想法,一切稀奇古怪的东西都尝试过了。对他来说,为什么要像别人那样看世界,世界就为什么要像别人看到的那样?实际上是一个基本的美学原则,因此所谓艺术的过程就是一个只提问而不去寻找答案的过程,就是对着干的过程。忽而立体派,忽而超现实主义,忽而古典主义,忽而是美的,忽而是丑的,忽而是现代的,忽而是古典的,相对而言评论家却总是在后面疲于奔

---

① 里尔克。见杨国汉等编:《西方现代诗论》,花城出版社1988年版,第231—232页。

命,总是输家。在我看来,这一切无疑是错误的。"创作"的内涵固然要伴随时代的转型而转型,但是在任何时候都不可能与"折腾"同义。"创作"与非"创作"的边界总是要存在的,一个美学范畴假如能够覆盖任何一种行为,那它就肯定是空洞的和无效的。1908年,在马蒂斯的私人学校开学时,他的学生为博得他的欢心,就在画布上用各种最强烈的色彩胡涂乱画,结果却发现马蒂斯非常反对这种做法,他要求学生要根据正规的艺术教育从头开始。这故事发人深省。艺术行为与生活行为不可能完全相同,当代美学强调它们的相同只是为了揭示过去被传统美学所掩饰的边缘。一旦越过艺术行为的边界,认为"任何人都是诗人"(杜卡斯),"所有事物都是艺术"(阿尔普),那么,艺术行为本身就不再存在了。这将使得当代艺术从丧失反思之维再沦落到退回生命的零度,成为随心所欲的戏耍,成为对生命的蓄意嘲笑,对生命的不负责任!

3
从作品到文本

1

以杜尚把小便池放入美术馆并公然作为艺术品来展出的事件为代表的当代艺术,还从结果的角度导致了艺术作品观念的转型。① 这正如杜夫海纳

---

① 阿格妮丝·赫勒指出:"艺术是人类的自我意识,艺术品总是'自为的'类本质的承担者。这体现在多方面。艺术品总是内在的:它把世界描绘成人的世界,描绘成人所创造的世界。它的价值尺度反映了人类的价值尺度的发展,在艺术价值尺度的顶峰,我们发现了那些最充分地进入了人类本质繁盛过程的个体(个体的情感、个体

所指出的:除了艺术的观念、创作的观念之外,"同时受到指责的还有杰作的观念以及对这样一种自足的和独特的、由某种内在必然性推向圆满和实在的不可替代的作品的崇敬。如果艺术就是追求那种圆满,而只有实现了这种圆满艺术才可以说是完成了,那么,这种艺术观念就必须抛弃,犹如抛弃伤病员一样。"①

从结果的角度,作品观念的转型表现为:从作品到文本。

当然,从作品观念向文本观念的转型还有其过程。这就是:首先是作品观念本身的从内容向形式的转型,然后是从独尊形式的作品观念到文本观念的转型。

在西方传统审美观念,关于作品的考察,可以以阿布拉姆斯的看法作为代表。阿布拉姆斯在其著名的美学著作《镜与灯》中,把关于作品的讨论分为表现的、模仿的、客观的、实用的四个方面,在我看来,这四个方面正是西方传统审美观念在讨论作品问题时的特定角度。其中的共同之处在于:都是从手段的角度讨论作品问题。其结果是必然涉及一个问题:作品为什么而存在?这样一来,作品就成了为这个"什么"而服务的工具。最终不论是从哪个特殊的角度出发,其着眼点都是在作品之外的。作品与社会、现实、作者、读者之间的关系的研究被混同于社会学、心理学、历史学、政治学的研究。而作品的独立自主性,则始终是一个蔽而不明的问题。

显然,"集中体现在艺术之中的有关理性、自然、秩序及礼仪的新古典主

的态度)。"(阿格妮丝·赫勒:《日常生活》,衣俊卿译,重庆出版社1990年版,第114—115页)瓜尔蒂尼在《现代世界的结束》中说:"人首先自发地向艺术倾诉。艺术品到底能否穿透历史时空而重生,到底越过多少个历史朝代还保持住它的生命力,就得看艺术本身所蕴含人性的圆满程度。"(见《文化与艺术论坛》第二辑,艺术潮流杂志社1993年版)可见,在作品观念中也蕴含着审美观念的奥秘。对此加以探讨,很有必要。

① 杜夫海纳主编:《当代艺术科学主潮》,刘应争译,安徽文艺出版社1991年版,第28页。

义的观念,是关键性的观念。"①因此,理性主义正是传统作品观念的基础。另一方面,既然如此,进入20世纪,理性主义一旦失宠,传统的作品观念也就暴露出它的僵硬、僵化之处,伊格尔顿曾描述当时的心态说:"我们当代关于'象征'与'审美体验'的观念。关于作品的'审美和谐'与独特性的观念,大体上都是通过康德、黑格尔、席勒以及柯勒律治等人的著作……继承下来的。""这些问题从现在开始获得了新的意义。"②"文学不是冒牌宗教、心理学或社会学……不应该把它们简化为其他事物。文学作品既不是传达思想的工具、社会现实的反映,也不是某种先验真理的化身……如果将文学作品视为作者大脑意识的表露,那就错了。"要"抛弃传统的认为写作是为了某个人有关某件事而下笔的观念"。③伊格尔顿还描述当时的情景说:"一种结构总是意味着有一个中心、一条固定的原则、一套等级森严的意义和一个稳固的基础;正是这些观念被写作中无穷尽的变化和语义的阻滞弄得漏洞百出。"他并且揭示当时的批评锋芒说:美学家纷纷同"'文学'是不变的事物的观念",同"'描述论'的观念所带来的一些问题","同对文学、文学批评和支持它的社会价值下定义的各种方式决裂。"④

而从人们关于作品的讨论中,更可以看出作品审美观念的转型。从19世纪开始,叔本华就指出:理念即"形式",语言是理性的"第一产物""必需工具"。尼采也认为生命力的形式是一种"审美外观"。爱伦·坡、波德莱尔、马拉美等

---

① 伊格尔顿:《文学原理引论》,中国艺术研究院马克思主义文艺理论研究所外国文艺理论研究资料丛书编辑委员会编,文化艺术出版社1987年版,第21—22页。
② 伊格尔顿:《文学原理引论》,中国艺术研究院马克思主义文艺理论研究所外国文艺理论研究资料丛书编辑委员会编,文化艺术出版社1987年版,第26—27、167页。
③ 伊格尔顿:《文学原理引论》,中国艺术研究院马克思主义文艺理论研究所外国文艺理论研究资料丛书编辑委员会编,文化艺术出版社1987年版,第3—4页。
④ 伊格尔顿:《文学原理引论》,中国艺术研究院马克思主义文艺理论研究所外国文艺理论研究资料丛书编辑委员会编,文化艺术出版社1987年版,第159、107、154、108页。

象征主义者也提出:不是用观念写诗,而是用语词写诗。戈蒂埃、王尔德等唯美主义者则呼吁:不应该是从情感到形式,而应该是从形式到思想和激情。这一切,似乎应该看作转型的前奏。至于正式的开始,还应该是俄国形式主义的出现。它率先摆脱传统的把作品当作一面镜子,把作品当作另外一个东西的模仿,把作品当作任何一件唯独不是它自己的东西的作品观念,强调要根据文学使用语言的特殊方式来为作品下定义,并借此建立起自己的不受外在的非文学因素的影响的独立自主的新的作品观念。这,无疑是作品观念的转型中的一个最为关键的起点。① 在此基础上,它提倡一种区别于传统的社会学、心理学、历史学、政治学的"形态学"的研究。例如对于"文学性"(但是只是"诗歌性")的提倡,对于以材料与手段的关系来取代内容与形式的关系的讨论的提倡。而它的重大的美学意义,则正如西方学者评价的,是"把作者、现实和思想从它们在文学里所占据的中心地位排除出去,这是对文学观念实行净化工作的一个部分。这种净化将大大改变思考文学时最根深蒂固的概念之一,即形式与内容之间的区别"。② "形式主义把传记与文学之间的关系颠倒过来,把作者和文学作品之间的因果关系颠倒过来。""在这里,现实对于文学所占的传统优势又一次被颠倒了。"③

俄国形式主义的开拓,在语义学派、布拉格学派、新批评派中被继承了下来。语义学派提出:对于作品的考查要剔除六种方法,即批评家阅读文学

---

① 塞尚作品的意义就在这里。"塞尚的意愿是要创立一个不以他自己的混乱感觉为转移的符合自然秩序的艺术秩序。人们逐渐地明了:这种艺术秩序有它的生命和它自己的逻辑——艺术家的混乱的感觉可以晶化为自己的澄清的秩序。这就是世界的艺术精神所一直期待的解放;我们将注意这种解放把塞尚的原意导致怎样的歪曲,以及美学经验的新领域的产生。"(里德:《现代绘画简史》,刘萍君译,上海人民美术出版社1979年版,第12页)
② 安纳·杰弗森等著:《西方现代文学理论概述与比较》,陈昭全等译,湖南文艺出版社1986年版,第18页。
③ 安纳·杰弗森等著:《西方现代文学理论概述与比较》,陈昭全等译,湖南文艺出版社1986年版,第16页。

作品以后的个人感受的记录,作品主要内容的归纳和解释,历史研究(对一般文学背景、作者生平、作品所涉及的作者自身的那些内容以及文献书目的校订考证),语文学研究(如外来语、罕用词语、典故等的研究),道德研究,其他研究(如小说中的地名研究),等等。新批评派甚至提出:通过对于"意图谬误"与"感受谬误"的清理,把文学的内容抛弃掉,最终只剩下抽象的结构。同时,在语义学派、布拉格学派、新批评派那里,作品又被具体化为一个结构。这是一个大结构中的子结构,比材料与手段的范畴要更为宽泛一些,使得非文学的因素也可以被容纳进来,从而得以从内外关系的角度对作品予以把握。在这里,作品与外界的关系不再是传统的表现、再现、模仿、感染的关系,而是以"外延"的方式与世界相联系。因此,所关心的仍旧是作品自身的特性。它怎么样存在,而不是为什么存在。这样就进一步抛弃了对作品的目的的传统考察。至于他们所提出的"肌理""调子""和谐"等范畴,应该说也比俄国形式主义更为文学化,也更符合作品的实际情况。当然,它们的看法也有其缺点。这就是:仍然是通过科学主义的方式超越俄国形式主义的科学主义。

从法国结构主义美学开始,作品观念的转型又有了新的特色。这就是:在索绪尔语言学的影响下,注重从语言的角度去重新阐释作品观念。在我看来,假如说非理性转型是从深层内容的角度为作品观念的转型提供了新的可能性,语言论的转型则是从深层形式的角度即语言内部规律的角度为作品观念的转型提供了新的可能性。从法国结构主义美学开始,作品观念的转型显然与后者有关。与传统认识论的针对本质的、被说的内容方面的"说什么"有别,语言论着眼的却是针对现象的、使内容被说出的形式方面的"怎么说"。具体而言,在传统美学,语言只是一种工具,"语言成了为明确具体的实践目的服务的一个工具。"[1]它服膺于亚里士多德"语言与实在可以达

---

[1] 卡西尔:《人论》,甘阳译,上海译文出版社1985年版,第146页。

到同构"的观念,所关心的是言与意之间的关系,只是以日常语言、科学语言为研究对象。而在索绪尔语言学的影响下,人们却转而关心起人与语言之间的关系,转而以文学语言、艺术语言为对象。在外在的概念、理性之外,语言的内在的形象、情感一极成为中心(卡西尔就强调语言首先充满了形象、情感),并因此而成为人类生存的家园(海德格尔),成为唯一能够使我们超出自然之外的东西(哈贝马斯),它的本体论内涵被充分地加以关注。而且,即使是仍旧从中介的角度关注语言,也把它作为一种特殊的中介,一种凝聚着人类的全部精神文化的成果。在此意义上,罗兰·巴尔特甚至说:文化就是一种语言。不难想象,从语言是思维的工具的观念到语言先于思维的观念,从语言是手段的观念到语言是目的的观念,从语言的实体观念到语言的关系观念,语言观念的转型必然影响及当代的文学观念。这正如胡塞尔指出的:"对象不是一个像藏在口袋里一样藏在认识中的东西。好像认识是一个到处都同样空洞的形式,是一个空口袋,在里面这次装进这个,下次装进那个。相反,我们认为被给予性就是:对象在认识中构造自身。"①这样,作品就不再是现实的再现,而是在结构中对现实世界的重建。结构主义美学正是缘此而诞生。特里·伊格尔顿指出:"它毫无情面地打破了文学的神秘化观念。"②在这方面,罗兰·巴尔特的看法颇具代表性:窗户只是窗户。同时,在符号学美学、格式塔美学、原型批评美学中,我们所看到的,也与结构主义美学的观念相同。例如,克莱夫·贝尔提出,艺术作品是有意味的形式;卡西尔认为艺术作品不是情感的表现,而是人类生命活动的构形活动;苏珊·朗格也提出,艺术作品是人类情感的符号形式。而考夫卡和阿恩海姆则指出:作品只是一种完形形式或者形式结构。弗莱也致力于"使文学免受历史的玷污,把文学看作封闭的、像生态运动那样的文本循环"。"文学是一个

---

① 胡塞尔:《现象学的观念》,倪梁康译,上海译文出版社1987年版,第63页。
② 伊格尔顿:《文学原理引论》,中国艺术研究院马克思主义文艺理论研究所外国文艺理论研究资料丛书编辑委员会编,文化艺术出版社1987年版,第127页。

'独立自主的词语结构',和它之外的任何事物都无关联,是一个封闭的内视的领域。"①而且,相对于俄国形式主义的对于语言的陌生化功能的强调,它们是进而强调语言的本体功能。相对于新批评所侧重的语义分析与符号学美学的对创造主体的推崇,它们则是对于创造主体的消解。这样,它们关心的就不再是作品的内容与社会生活之间的关系,而是作品的特定结构与社会的结构之间的关系,也不再是意义,而是产生意义的方式。结果作品就成为远离具体作品的抽象的作品。不难看出,在作品观念的转型中,这无疑是一个大进步(当然,其中仍旧保持了传统的"逻各斯中心主义",仍旧在追求文本下面的逻辑严密的结构)。在传统作品观念中,无论说作品是想象的、情感的还是模仿的,作为对象它实际上都是很模糊的。语言的客观性,帮助当代的美学家们建立了全新的作品的观念。以语言为中介,终于使作品成为一个具体的可以被验证的科学对象。这显然是一个决定性的进步。

在此基础上,传统作品观念出现了第一次重大转型,这就是从传统的内容与形式的统一(实际是以内容为主)转向独尊形式。②

---

① 伊格尔顿:《文学原理引论》,中国艺术研究院马克思主义文艺理论研究所外国文艺理论研究资料丛书编辑委员会编,文化艺术出版社1987年版,第111页。
② 从艺术实践看也是如此。每个时代都有自己的现代派,20世纪的现代派之所以区别于种种的现代派,根本的原因,就在于它不再是内容方面的革命,而是形式方面的革命。而且是历史上第一次由形式引起的革命。形式,这是一座从未发掘过的宝库。德彪西开始的纯听觉的音乐(像福楼拜寻求确切的字一样,德彪西在寻找确切的音。传统的音乐是为人心而创作,耳朵无足轻重的观念是错误的),印象派开始的纯视觉的绘画,以及电影界关于电影语言的探索,新小说派开始的小说革命,都如此。例如绘画。在印象派,画面本身就是意义。它只关注光与色的关系,绘画的外在意义开始剥落了,画家不再靠思想绘画,而是靠眼睛(克罗齐的美即直觉的观念,就与印象派的探索相一致)。例如,他们"观察水的反光和折射,注视透过雾霭的光柱,他们发现光能改变物体的形状和色彩,创造迷人的气氛,但是印象主义画家对光的崇拜,客观上导致了物质的牺牲,于是,灰色、黑色消失了,代之而来的是纯色;明暗表现法不适用了,相对应产生的是相补色的运用或鲜明的冷暖对比,物体的坚实感就这样被摧毁了"。"画家们打碎具有三度效果的物象,将物象作理智

这里的"形式"不再是传统作品观念意义中的形式,也不再是形式主义中的形式,而是当代作品观念意义上的形式。之所以如此,与美学的从理性主义向非理性主义的转型密切相关。如前所述,在理性主义的支持下,传统作品观念中的形式,例如康德的纯粹美、优美、形式美,都首先是一种自然的形式,其次还是一种无功利的形式。它一方面完全与客体相契合,是自然的客观合目的性的自由呈现,另一方面与观赏者完全契合,因此可以称之为纯粹形式。在当代的作品观念中,情况就大为不同了。这无疑与当代作品观念中的非理性主义的基础有关。"'新批评'和我们以上已经探讨过的所有其他文学理论一样,从根本上来说依然是一种十足的非理性主义",①艺术是一种情感符号,"是一种非理性的和不可用言语表达的意象,一种诉诸直接的知觉的意象,一种充满了情感、生命和富有个性的意象,一种诉诸感受的活的东西"。② 确实,就当代美学的直觉、表现、抽象而言,已经不存在任何客观对象。因此直觉、表现、抽象一旦凝聚而为作品(形式),无疑只能是一种完全不同于传统形式的形式。③ 一般认为,当代作品观念所说的形式,已经

的富于教学意义的分析,这直接导致了三度实际现实的分裂。从形式上看,多视点的同时表现,实际上否定了视点的传统意义,增加了时间这一概念,实际上就必然要求不顾及物体、现实的暂时模样,而呈现它的永恒意义。立体画家把同一物体的不同角度并置于同一个画布之中,绘画形象就成了从上或从下,从左或从右同时观察的同时表现。于是,物体原有的意义消失了,由物体的碎片构成的表象,把物体本身压缩为一种由主观支配和使用的表意符号。"(吕澎:《现代绘画:新的形象语言》,山东文艺出版社 1987 年版,第 17,127 页)

① 伊格尔顿:《文学原理引论》,中国艺术研究院马克思主义文艺理论研究所外国文艺理论研究资料丛书编辑委员会编,文化艺术出版社 1987 年版,第 61 页。
② 苏珊·朗格:《艺术问题》,滕守尧等译,中国社会科学出版社 1983 年版,第 134 页。
③ 既然外在世界是不可靠的,是虚假的,人类就开始以非理性主体为基础,为自己寻找一个精神的现实。从此以后,审美观念就从视觉真实走向心灵真实,从客观世界走向主观世界,从物质世界走向精神现实。在作品中,对于客观世界的以数千年计的开掘停止了,一夜之间,开始转向了对于自我世界的开掘。与外在世界的种种联系被一刀斩断,而自我世界的所有对应要素,却几乎都被开掘而出。学者们发

并非对艺术形式的界定,而是对艺术的形式界定,是一种反再现的、反模仿的界定。在这里,形式不再是自然的,而是构成的。对此,我们可以在克莱夫·贝尔的"有意味的形式"中受到启发。① 在这里,语义指称的任何可能性以及语义信息都被减低到最低程度,任何外在于自身的东西都要抛弃,②对它来说,并非是有意要在自然形式中变形,而是它只能呈现为非自然的形式,所谓丑的形式。具体来说,传统美学的自然的形式妨碍表现,也无法达成表现,使表现得以实现的只能是构成的形式。学术界一般认为,自然的形式是在内容指导下的形式,构成的形式则与内容无关,而且是作品的本体存在;自然的形式的功能指向它所要模仿的对象,自身的意义也来自这种指称功能,构成的形式则不指向任何对象,其意义完全来自自身;自然的形式是杂多的统一,但是往往只着眼于统一,真正的冲突、扭曲、矛盾、分裂等被遮蔽了起来,构成的形式不讲究什么多样统一,它完全是一种形式的反叛、反叛的形式。马蒂斯主张绘画中形式的多样统一,却被称为野兽派,道理在此。美学家们所讨论的"反常化""陌生化",大多与此有关。西方美学家说,

---

现:印象派开掘了感觉方面(例如色和光的相对性、真实感。对视觉的瞬间印象的关注,无疑否定了绘画作品本身所可能携带的某种恒定的意义);后印象派开掘了知觉(例如梵高的知觉主义)和情感方面(例如形和色);立体主义、构造主义开掘了理性方面(例如把客体的理性结构加以分解、重组,转化为视觉形式);行动画派开掘了本能方面(例如追求偶然性的绘画);超现实主义开掘了梦和潜意识方面,等等。再进一步,这形形色色的对于自我世界的开掘,就表现为对于作品本身的形式的创造。这一点,可以在塞尚、梵高、高更、康定斯基、马蒂斯的绘画中看到,也可以在弗莱、克莱夫·贝尔的理论中看到。

① 所谓有意味的形式,不能理解为形式与意味的统一,这会导致新的内容与形式的二分。在这里,意味并非指称性的、再现的和传达性的,而就是纯粹形式的意味,是自身呈现的。所以,"形式的意味会随着过分注意准确地再现以及对技巧的过分炫耀而消失。"(克莱夫·贝尔:《艺术》,周金环等译,中国文联出版公司1984年版,第14页)

② 当代的形式可以分为具象的抽象和非具象的抽象。里德在《现代绘画简史》说,所谓具象的抽象,是转变真实的对象,意即母题,直到它符合于不曾表达过的情感为止;所谓非具象的抽象,是创造一种全新的无母题的东西,它也符合于不曾表达过的情感。

对这种反形式,只需要形式感、色彩感、三度空间感方面的知识,就可以把握,道理也在此。

这样,必须指出:在当代作品观念中的形式完全意味着是一种新的美,一种由体积、线条、团块、重量构成的美。在其中,客体不是瓦解了,而是消失不见了。柏拉图的理念与摹本在这里已经不存在了。审美活动开始像数学一样拥有了自己的形式体系。这形式体系与现实并不对应,就像数学在运算过程中尽管会产生一些与现实无法对应的东西,例如负空间、高维度,然而在数学领域中仍然是真实的。艺术也一样。所以康定斯基甚至会说:作品的创造就是世界的创造。作品不必通过与现实的相似来得到出生证,也不必通过相似幻觉来得到,作品自己就是某物。结果,单独由形式支撑着的作品变得像音乐一样了。透视法则终于失灵,焦点不再集中,对象也不再固定于一种不间断的空间连续中,视觉因素不再作为知觉形象的再现而只是作为色彩、形式在画面空间中存在。一切因素都成为表现性的,不再与指称的自然相关,并且远离对象世界,拒绝与外在对象发生关系,而只作为一种符号形式、一种只有能指没有所指的符号系统,完全在自身内循环,在自身内获得价值意义。而且,这所谓形式的特点在于:它不再把形式当作一个完整的东西、一个和谐有序的整体,而是使得每一个块面都有自身的独立自主的表现权利。这些块面彼此冲撞、彼此对峙,而又彼此对话,构成了一个独立的整体(毕加索的意义在此)。显然,这必然使得当代的作品观从美转向了丑。尤奈斯库说:"绝大部分的现代艺术只是我们绝望的储藏室和博物馆。"①确实如此,"在超现实主义之前,还没有人对修正黑格尔的美学'做过系统性的工作'。"②而现在,"一种似乎是反美学的艺术、文学和音乐的理论

---

① 尤奈斯库。见古茨塔克·豪克:《绝望与信心》,李永平译,中国社会科学出版社1992年版,第24页。
② 古茨塔克·豪克:《绝望与信心》,李永平译,中国社会科学出版社1992年版,第154页。

正蔓延滋长开来。"①丑的、恶魔般的、扭曲的、畸形的、怪异的、粗野的、过度的、非规则的、癫狂的、厌恶的、非对称的、不合比例的、不统一的、不完善的、不确定的、阴森可怖的现象都因此而进入艺术。审美观念尤其是作品观念的转型应运而生。

2

20世纪50年代前后,传统的作品观念又出现了第二次重大转型。这就是:从独尊形式的作品转向文本。

把作品完全客观化,是从俄国形式主义开始的作品观念的转型的关键所在(最初是强调日常生活与文学文本之间的对立和陌生化的关系,从结构主义美学开始是强调文本自身的复杂性),然而,这种做法本身却又是完全不客观的,因为完全客观化的作品事实上并不存在。同时,文学研究中的最大的科学性就表现在它是不科学的、是不可验证的。因此,一味从科学主义的角度去把握作品本身,这无异于南辕北辙。何况,作品可以等同于语言吗?作品的规则可以等同于语法规则吗?我们看到,在独尊形式的作品观念中,剩下的仅仅是"无信息的规则",但是作品中更具文学特性的"无规则的信息"却不见了,作品中所蕴含的人类自由创造的丰富性、自由性也不见了。作品成了一副被剔尽了血肉的骨头架子。然而作品固然有其外在陈述的确定的"文学的语义信息""词典意义""语法意义",但却还有其内在表现的不确定的"文学的审美信息""情感意义""直觉意义"。它们是"意义的深渊""语用性质的迷宫"和"无穷的折射"。罗兰·巴尔特称之为"虚设的意义""纯粹的暧昧""一个盛宴"。福科称之为"时代的文化档案"。海德格尔称之为"寂静的钟声""无声的宏响""储存传统的水库"。马尔库塞称之为

---

① 古茨塔克·豪克:《绝望与信心》,李永平译,中国社会科学出版社1992年版,第165页。

"诗的语言""梦的陈述""神话式的比喻""自由直率的交谈"。对此,无疑必须给予关注。

这样,区别于对于作品的客观性的追求,日内瓦学派、现象学美学、阐释学美学、接受美学、法兰克福学派,尤其是解构主义美学又开始了新的追求。我们发现,尽管同样是对于传统作品观念的反叛,他们的侧重点却都是努力把作品的本体确定在作品与接受者之间的关系之中,都是在追求着一种作品的既是客观性又是主观性的存在形式。例如现象学把区别于"意图谬误"的作者的意向性作为作品的核心,关注的不是作品中所表现的属于现实生活的那部分内容(它把这一切都放在括号里),而是关注作品的表现行为即意向行为所展示出来的作者的意识。结果,作品成为作者的意向性行为与外在世界之间所构成的一种纯粹现象。诸如英加登的提出"意向性客体",杜夫海纳的对审美经验的强调,海德格尔的认为艺术作品是一个被创造的存在,萨特的对于艺术作品的"非现实性"的强调,等等。从伊泽尔开始,作品与读者的关系甚至演化为读者与读者之间的关系。于是,作品的独立地位不复存在。接受美学认为,人们评价的并非同一部《哈姆雷特》,只是"觉得"评价的是同一部《哈姆雷特》,实际上我们的《哈姆雷特》不是19世纪的《哈姆雷特》。因此所谓阅读不是一个发现作品中的意思的过程,而是一个体验它对你起什么作用的过程。作品里面什么也没有,在阅读中出现的直解、曲解、误解、正解,都是合理的。迄至解构主义的出现,更是大力强调作品的开放性、互文性、无本源性,强调阅读的创造性、平民性。阅读作品时的理解性思维,让位于转喻性思维。对固定的内容、本质的理解,也让位于对其中的"闪烁的能指星群"的把握。在这里,作品的观念从"解释"转向"游戏",从固定的"结构"转向了无限的"构成",从"合伙经营"转向"自己掌权"。原本的作品消失了,每个作品都是由其他作品的碎片编织、重叠、交织而成的。这样,作品的观念就正式让位于文本的观念。

从作品到独尊形式的作品到文本,意味着作品观念在当代的进一步的转型。这是一个逐渐的主观化的向内转的过程。就独尊形式的作品观念而言,是对于现实的否定,把作品从现实世界中剥离出来,对于作品的作为符号的本体作用,给予充分的强调。就文本观念而言,则是对于符号的否定,把作品从符号中剥离出来,强调作为符号的符号的本体作用。在这里,现实不是用语言来表达、反映的东西,而是被语言无限创造的东西。现实不是通过语言来反映的,而是通过语言才不断产生的。"它不再是通过词让人理解的东西,而是在词上形成的东西。"[1]

当然,从独尊形式的作品观念到文本观念的转型,仍旧与当代审美观念中的非理性的转向与语言论的转向有关。首先是非理性的转向。日内瓦学派、现象学美学、阐释学美学、接受美学、法兰克福学派,以及解构主义美学仍旧与非理性主义密切相关。例如伊格尔顿就曾指出:现象学美学"这种求助于事物本身的做法,在两种情况下都包含了一种彻底的非理性主义"[2]。不过,它们的非理性转向又有其自身的特点。在此之前,作品自身的从内容向形式的转型,是审美活动的对客体的否定以及从理性主体转向非理性主体的结果。然而,这毕竟只是一个开始。随着在此之后的非理性主体的消解,这个在非理性主体的基础上产生的独尊形式的封闭系统也就烟消云散了。其结果,就是从作品观念到文本观念的转型。在这里,其实质仍旧是非理性主义和否定性主题意义上的作品意味着什么。而文本则是对此的解答。

其次是语言论的转向。结构主义对于语言的关注是着眼于语言的交流性,然而也正是交流性,又导致了作品观念的消解。因为语言的交流过程并非一个准确无误的过程,在这当中,语言的接受者的自我努力尤其重要,由此,一直被作品排斥在外的读者得以异军突起。这就是后结构主义的工作。假如要稍加对比,那么可以说:在传统美学,语言是传达意义的媒介;在现代

---

[1] 杜夫海纳:《美学与哲学》,孙非译,中国社会科学出版社1985年版,第158页。
[2] 伊格尔顿:《文学原理引论》,中国艺术研究院马克思主义文艺理论研究所外国文艺理论研究资料丛书编辑委员会编,文化艺术出版社1987年版,第71页。

主义美学,语言本身即意义,因此才强调语言是人类的主人,是语言在言说,等等(马拉美就曾对喜欢写诗的大画家德加说:人们并不是用思想来写诗的,而是用词语来写的);在当代美学,则是语言无意义,语言只是失去了所指的能指,语言的意义存在于以新的能指替代旧的有待阐释的能指的过程,存在于一个能指滑入另外一个能指的倒退过程。所谓创作,也无非是对"语言废料的回收"。只有放弃意义,在无意义中嬉戏,一切才是可能的。在这里,传统的堪称神圣的作品观念已经不复存在。它蜕变为一个美丽的躯壳——文本。而要了解这文本,就又要借助于当代的对于索绪尔语言学理论的改造来说明。我们知道,是索绪尔首先注意到了能指与所指之间的错综复杂的关系,然而在他看来,能指与所指相当于"一张纸的两个面",两者之间互相对应,并且能指可以指示所指。但是为什么可以指示?索绪尔却未能认真加以思考。当代学者的思考正是由此开始。拉康发现,在能指与所指之间并不存在任何对应,也不存在固定的联系,它们是"滑动的所指"和"浮动的能指"。德里达干脆把符号系统置于意义之前,认为先有符号系统,后有意义,因此任何事物都无法清白地进入我们的认识,总是只能在符号系统中存在着,并且已经被补充过。他对 logocentrism(逻各斯中心主义)与 phonocentrism(语言中心主义)的批判也如此,因为意义在语言系统中只能是延迟到来。艾柯提出对于"封闭型文本"和"开放型文本"的区分,罗兰·巴尔特提出对于读者的或"可读的文本"与作者的或"可写的文本"的区分。前者是表达性的,目的在写作之外,并通向外在世界,后者则是非表达性的,不超越自己的能指,目的就是写作自身,是能指自身的变幻、飞舞、游戏,相互交叉。劳特曼提出对于语言学系统和凌驾于其上的文学系统的区分(文学文本至少是两个重叠在一起的符号系统的产物)。罗兰·巴尔特提出对于指事称物的语言交流系统和把前者包含在自身之内,并让它仅仅起指示者的作用,以便产生深层次的意义,造成语义的开放性、能产性的自我创造系统。在他们看来,能指与所指之间有两种性质的关系,即传达关系与表现关系。就传达关系而言，从所指到能指的通道是既定的，相沿成习的，因此也是封闭的；就表现关系而言，从所指到能指的通道则是隔离的，是以能指表现所指，是一种以能指特定的语法面貌暗示、强化所指的审美方式，因此也是开放的。在其中，能指在自由发挥作用，能指在舞蹈。结果，形成了"文本间性"，形成了文本的多维性。在传统美学，事物独立于认识之外，语言、文学对认识的干预被忽略了。它通过内容与形式的二元对立虚构了一种假象，所谓内容（对生活的反映）决定形式（对这种反映的修饰），虚构了要靠是否真实反映了现实来检验作品的内容是否真实这一他律原则。在当代美学，语言符号系统内部的固定性和严密性被打破了，能指与所指成为一种游戏，结果作品不存在了，文学与非文学之间的区别也不存在了。此前的那种完全消解掉内容，独尊形式，而且这形式由于在整体或者局部都不能还原为它以外的任何事物而形成的封闭性和自我参照性也不存在了。

因此，所谓文本，就不同于已经完成的作品，而是有待完成的作品。相比之下，作品注重所指，文本注重能指；作品是有作者的，文本永远是匿名的；作品是期待解释的，文本是逃避解释的；作品是阅读的，文本是写作的；作品是一个被动地等待认识的它，文本是一个主动与我对话的你；作品的内涵是单数的，文本的内涵则是复数的。文本文本，顾名思义，就是并非以义为本，而是以文为本，亦即以作品中的文字、语词、句法通过组合而生出的意义为本，而不是以这些意义的固定含义为本。这些字、词、句子对抗着传达意义的传统，使自己作为绝对的本体而存在，并与读者交流。它所体现的不是信息层面上的意义，也不是符号层面上的意义，而是消解了意义的意义，无意义的意义。① 罗兰·巴尔特称之为"钝义"，颇有道理。罗兰·巴尔特还

---

① 所以当代艺术都是拒绝解释的。这一点苏珊·朗格讲得很好："事实上，今天的许多艺术，其动机可以说是为了逃避解释。为了逃避释义，艺术可能变成戏拟。或者变成抽象艺术。或者（仅仅）变成装饰艺术。或者变成非艺术。""逃避释义似乎特别是现代画的一个特征。抽象艺术，在一般意义上，企图不要内容。因为没有内容，

打过一个妙喻,说传统的作品是核桃,当代的作品是洋葱,也差几近之。

进而言之,文本问题的提出,是在现实的优先性之外,美学对于作品与作品之间的内在联系的第一次认真的关注。或者说,是把文学与现实之间的联系推进到文本之间(包括不同质的文本)的联系,这就是所谓互文性。它放弃了对文学真义的发掘,而视一切文学阐释为均等有效。在这里,出现了文本的优先性,所谓"文本直观"。社会、历史成为文本化的、书写化的历史。人通过读写镶嵌于其中,所谓结构生成结构、文本生成文本。人与现实的关系成为文本与文本的关系,现实的优先性不存在了。它预设了一种独立于、外在于能指游戏之外的先验所指,符号的能指和文本的意义都产生于语言自身,意义只能在语言中呈现,并且是语言符号的差异、联结中产生的效果,与外在对象无关。这样,文本作为能指链,一方面在不断生成、延伸,另一方面却没有固定、明确的方向,更没有先验的、在场的意义。有人称之为:没有一个文本是带着意义的嫁妆来到这个世界上的。它在不停地滑动,向不同方向辐射。还有人甚至将文学视为一个大的抄袭系统,任何文本都是与以前文本相关的副文本,是已有文本的延伸,而不是创造。因此文本的意义永远在"延宕",是在"指涉自身"时产生的意义。文本变成了无意义的文字组合,因为它正是产生于阐释那些文字所无法阐释的对象。至于现实,则被"播撒"的诡计、"替补"的策略、"延宕"的手段,牢牢地挡在了外面。

所以也就不可能有释义,通俗艺术作品从反面看也有同样效果;它用的内容如此地显眼,如此地'事情就是这样',它的结果也就不用加以解释了。""同样,很多现代诗歌,从法国诗歌(包括被人们错误地称之为印象派的运动)的伟大实验开始,把无言插入诗行,或恢复文字的魔力,就逃避了释义的粗暴的控制。"(见王潮选编:《后现代主义的突破》,敦煌文艺出版社1996年版,376页)可堪对比的是中国的艺术。中国艺术的魅力来自笔墨,运笔用墨造成的气势、韵律,需要撇开外在的意义去直接感受,所谓盐溶于水,若有若无,若即若离。这显然也是拒绝解释的。

3

还有一个现成品观念的问题需要略加考察。现成品是杜尚提出的,戈德曼在《艺术语言》中则称之为"样品"(在中国,则是苏轼的"以净水汪石为供"首先开了将石头作为现成品的先河)。它指的是日常生活中的现成物品不经过艺术的再创造就直接地成为艺术作品。现成品之所以能够成为作品,无疑也代表着作品观念的转型。

传统美学的作品观念是在理性主义的基础上建立起来的。它强调的是"只在此处,别无他处""只此一幅,决不再有"。① 亨特尔指出艺术作品之为艺术作品的根本特征有七个,其中最主要的五个是:它首先是为审美静观而被创造出来的;它呈现一种价值特征或审美特质,这种价值特征是艺术家赋予作品;艺术家为构成艺术作品,必须竭力创造出一件特殊的人工制品;艺术作品必须具备一种独一无二性;艺术作品要经得起时代的考验。② 而在我看来,其中的最为重要的内容有二。其一是就作品而言,强调内容与形式的统一(实际以内容为主),其二是就形式而言,则强调理性秩序。正如雨果所言:"美不过是一种形式,一种表现它在最简单的关系中,在它最严整的对称中,在与我们的结构最为亲近的和谐中的一种形式。因此,它总是呈现给我们一个完全的,但却和我们一样拘谨的整体。"③例如时间上的连续性、空间上的同一性,内容上的二元性,④边界上的封闭性,⑤音乐语言中的"固定乐思""主导动机",戏剧舞台上的因果形式,绘画作品中的人物与背景之间的突出与被突出的关系,小说语言的人格化,等等。各个部分之间的无与伦

---

① 约翰·拉塞尔:《现代艺术的意义》,陈世怀等译,江苏美术出版社1992年版,第437页。
② 亨特尔。见朱狄:《当代西方艺术哲学》,人民出版社1994年版,第53页。
③ 雨果。见伍蠡甫主编:《西方文论选》下卷,上海译文出版社1979年版,第187页。
④ 例如正反、强弱、多少、上下、左右。
⑤ 小说更强调时间上的连续性,绘画更强调空间上的同一性。

比的和谐比例关系,构成了完美无缺的艺术形式。这一点,甚至在希腊建筑中就已经不难看到:"希腊建筑在以理性手段解决建筑中的问题是人类文明发展的一个高峰。建筑中的"柱—楣"系统显然是明智的和完全可以理解的结构手段。一切建筑构件都很好地完成了它们各自的逻辑性目的,其中毫无朦胧或神秘的因素。建筑设计所根据的有序性重复原则同欧几里得的几何定理或柏拉图的对话同样富于逻辑性。希腊建筑在视觉艺术方面达到了柏拉图理想中人类心灵所能达到的美好境界。雕刻艺术同样总是避免陷入刻板的数学陷阱之中,但是他采用了某些对其特殊需要有益的定律。……古希腊时期流行的建筑雕刻也是基于一种理性思想……"①

在当代社会,现成品的观念却从这种传统的作品观念中拓展而出。杜尚回忆说:"在1913年我就起了一个怪念头:去把一个自行车轮固定在一只厨房用的长脚凳上,并看它如何转动。……当'现成物品'一词出现在我心中的那时刻,也就指明了这种表现形式。我渴望去建立的论点是:这种现成物品的选择并非由审美享受来支配的。它是建立在冷漠的视觉反应上的,同时,无论好的趣味或坏的趣味都无从谈起……事实上整个感觉是麻木的,其重要特征是短暂的裁决:我偶然地把标题刻在这些'现成物品'上。这种裁决替代了一件标题作品那样去描绘事物,它意味着把另一个比言语更丰富的领域传达给了观众。"②另外,苏珊娜·哈丁也曾把一块未经加工的漂浮木取名为《漂浮木作品》送入博物馆;还有克拉斯·奥尔顿伯格,他把一张真正的床送进博物馆。

那么,现成物品是怎样直接转换为艺术品的?

这显然与当代的创作实践密切相关,同时也与当代的创作观念直接相关。从当代的创作实践来看,在当代,作品不再有永恒标准,也没有统一规

---

① 威廉·弗莱明:《艺术与观念》,宋协立译,陕西人民出版社1991年版,第59页。
② 杜尚:《关于"现成物品"》,见朱狄:《当代西方艺术哲学》,人民出版社1994年版,第55页。

范,而成为碎金散玉。作品的各个元素本来都是局限在统一的语义信息下,现在纷纷独立。线条、色彩、体积、节奏、音色、调性、语义信息、符号信息、表现信息等都在自由空间里第一次展开,而且都成为等值的。这种对于传统作品的破坏性中蕴含着创造,也导致了传统的作品观念的解体。D.洛奇曾经总结了后现代的几大写作原则,例如:矛盾(后一句话推翻前一句话);排列(有时把几种可能性组合排列起来以显示生活和故事的荒谬);不连贯性(以极简短的互不衔接的章节、片断来组成小说);随意性(创作成为一种随随便便的行为);比喻的极度延伸(有意把比喻引申成独立的故事,游离出上下文,使得读者失去判断能力,借以表示世界的不可理解性)……正是有鉴于此。更为重要的是,假如传统艺术的各个元素是在整体内部相结合,那么当代就是在整体之外的结合。过去宇宙被从低到高排列,审美标准也如此,所以题材、体裁有高低之分、美丑之分、雅俗之分。而现在作品之外的事物虽然有大、小、高、低之类,但只要进入作品,只要扮演的是同样造型角色,就都具有同样的重要性。例如绘画,固定的、确定性的意义被消解了,强调着不确定性的意义、无意义的意义。于是打破传统的透视法,所有的面被夷平到图画的平面上来。用笔不再讲究规则,而且漫不经心,因为不再把不平等的关系强加给它,不再让它再现外物,呈现某一美学范畴,而是与它平等对话。作品故意"不干不净"。艺术家任意挥洒颜料,任意作画,偶然性质得到了充分的强调。在小说方面是把历时性的事物挤压在同时性的平面上来。其中过去、现在的事情仿佛是同时发生的。在电影方面,所指与能指的关系不再是分离的,不用以概念为中介来把握,而是从创造转向制造。感觉被从思想中解脱出来,因为看到的东西比思想到的东西更深刻。于是形象与形象的沟通取代了形象向本质的深化。从看的角度拼贴,不再从读的角度创造,成为电影的美学选择。音乐方面也如此。传统美学借助理性精神建立了一个音乐的宇宙,大小调式体系,和声系统得以建立,并最终在文艺复兴时期建立了主调音乐。当代音乐则在节奏、和声、调式三个方面向传统美学挑战。古典美学是使切分节奏存在于旋律之中,或者以单线条的伴奏而与旋律呼应。现代美学是逸出旋律,散步于伴奏音流,并且控制着旋律的运行。当代美学是使每半拍上都有重音,以至一个小节中不断出现重音的强烈效果,这样就会形成一种剧烈的动荡。摇滚就用这种不断的节拍重音支持着周身上下的腿、腰、臀、肩……的不停扭动。再如"气死贝多芬音乐""贝多芬发烧",就是把经典音乐后现代化,或者摇滚,或者轻音乐化,随意摘取《命运》的旋律片断、动机音型、主题段落……因为在当代美学看来,世界是我的感觉,过去的事情在我现在的感觉里,所以都是现在。于是叙述的完整性被叙述的片断性所取代,作品不但不给混乱的世界以秩序,而且转而刻意揭示世界的混乱。以至于作品可以以任何长度的时间存在,可以依靠任何材料而存在,可以在任何地方存在,可以为任何目的存在,为任何选择的目的地(博物馆、垃圾堆)而存在。

以创作观念为例,我已经指出,创作观念的转型导致了一种新的可能性,它使得任何对象都有向审美对象转化的可能性。这样,不但开阔了审美视野,与作品观念的转型相关的是,它还导致了新的美学资源的出现。这因为,在传统美学,只是把现实生活狭隘地理解为人类的生命活动、情感活动。在当代美学,却进而把现实生活理解为人类生命活动留下的痕迹即文化。由此,文化不仅仅作为客体而存在,而且作为"文本"而存在。[①] 在传统美学,作品只是文化的类型之一,所以它有自己的文学语言、绘画语言、油画语言、雕塑语言,等等。它们造成了作品中的现实生活与现实中的现实生活的差异,也构成了作品与生活之间的中介、距离。在当代美学,作品就是文化本身。它不再有自己的特殊语言,作品中的现实生活与现实中的现实生活也不再存在差异,作品与生活之间也不再存在中介、距离,无非是以生活自身

---

① 这与当代的本体论从传统本体论向文化本体论的转型也是一致的。

来陈述、展现、批评、批判、嘲笑生活。在这个意义上,作品有点像出土文物,只是彼此逆向而已。考古学家的工作是使文物从陌生到熟悉,艺术家是使现成物品从熟悉到陌生。

现成品的出现恰恰与上述特定的美学背景相关。其美学意义就在于,以新的方式重建艺术与生活的联系。

具体来说,从20世纪初开始,作品观念首先摆脱了作品的内容的他律性,转而关注作品的形式的自律性。然而,就形式而言,现成物品也有其形式,那它为什么就不是艺术?结果,既然现成物品也有形式,当然也就可以是作品。于是,现成物品光明正大地进入了艺术殿堂。换言之,"现成品"的出现不是反作品,而是反"作品"。即反对只是把"作品"看作作品,而是把"作品"之外的所有东西都看作作品。在毕加索,起码还是在画画,现在作品的创作中却不存在任何特定的、习惯的方式了(恰恰是要使人意识到这一特定的、习惯的方式的荒谬)。由此,判断是否作品的关键,就不在于其自身的形态,而在于特定的文化语境,即所谓上下文关系。对象的性质产生和确定在于它的使用方式。正如维特根斯坦在研究语言中发现的,同一个词,在不同的语法规则中的含义是不同的。语言中的词只是工具,词的意义决定于词的用法。因此重要的不是找寻意义,而是找寻用法。任何一个对象,只要它的文化语法规则相同,就有权被判断为作品。任何一个现成物品,当我们只是关心它的形式时,它就是作品。而当我们转而去关心它的功能时,则只是日常用品了。

在这里,出现的是一种全新的审美观念:"万物有变,无物有变"。传统的作品不再存在,存在的只是艺术情境。"我们之所以能把一件客观事物当做艺术作品去看待,是因为有一些观念在围绕着它。这些观念决定着我们对作品进行解释的方向。……一些哲学家在用同样的观念解释着达达主义、大众艺术以及艺术与非艺术的区别。因为,一件艺术作品可以看作为完全不是艺术的另一种东西,艺术状态不可能是一种事物固有的物质状态。"①对于当代美学来说,传统美学的作品观不再无懈可击。为什么木匠的床在被画家模仿时才是艺术作品,而木匠的床却不是艺术作品?现在,克拉斯·奥尔顿伯格的行为强调:木匠的床就是艺术的床。它以令人最为别扭的方式冲击传统美学观念。假如这是可能的,那么一切都是可能的。日常用品、媒介、废品、垃圾,本身都可能是美的,所谓"万物皆美"(安迪·沃霍尔)。所谓作品,已经不需要在超越的理想上征服之,然后再在更高的形式中容纳之,而就是让它停留在材料的水平上,在同一平面直观它。作品的范畴被现成物品所取代。波普艺术家甚至认为没有什么物体在美学上是"贫困的物体"。汉斯·霍夫曼强调说:当代美学的"无所不能的创造精神是不承认有任何界限的,它不断把新的领域置于自己的控制之下"。②确实如此。

4

综上所述,在西方美学传统,从来就没有弄清楚作品的真正的存在方式。它以为在作品中存在一种存在于思维之外的真实或者存在于思维之中的真实、所谓唯物主义的客观现实和唯心主义的心理现实,并且以此为荣,然而却因此而陷入了一个美学的误区。事实上,作品首先是一种语言(符号)的存在,任何真实都是由语言陈述的,艺术存在的意义只能在再现之外去寻找,只能在陈述的意义上去寻找。因此只存在语言的真实,文本的真实。这样,从创作的角度讲,作品不可能"纯洁"地反映世界,在反映社会生活过程中,作品的自身结构与自身赖以存在的语言结构对反映过程都会有所干预、"补充"。何况,作品中叙述的东西都是在叙述之前没有发生的东西。作品并非一种现实的复制品,而是提示世界的另一种意义的实在。其

---

① 萨维道夫。见朱狄:《当代西方艺术哲学》,人民出版社1994年版,第61页。
② 汉斯·霍夫曼。见朱狄:《当代西方艺术哲学》,人民出版社1994年版,第58页。

次,从阅读的角度讲,不同时代的读者面对的也只是一个相对的作品,绝对的只是"白纸黑字"。而所谓阅读就只能是一个相互更替的过程。犹如没有一成不变的真理,也没有一成不变的作品。最后,从批评的角度讲,对作品的批评,只能是过去的"期待视界"与现在的"期待视界"的对话。而过去的作品观念,只着眼于与生活之间的异中之同,却忽视了与生活之间的同中之异,因此遗漏了一个巨大的空白。而对于作品在反映社会生活过程中的自身结构与自身赖以存在的语言结构反映过程的干预、"补充"这一巨大空白的关注,就构成了当代审美观念的基本内涵。而是着眼于与生活之间的异中之同,还是着眼于与生活之间的同中之异,正是两种审美观念的分水岭。

进而言之,对于与生活之间的同中之异的关注,意义十分重大。长期以来,西方美学传统习惯于从哲学思辨的角度讨论作品,而从来没有从作品本身出发讨论过作品。20世纪从作品观念到文本观念的转型,应该说,正是从作品本身出发讨论作品的一个开端。它不是关于内容的革命,而是关于形式的革命,也不是思想的革命,而是艺术语言的革命。这在西方美学史中,无疑还是第一次。类似于西方终于意识到它所研究的审美活动原来是一种特殊的生命活动类型,并因此而找到了它自身的不可还原性:超越性,西方现在也终于意识到它所研究的作品原来也是一种特殊的对象,并因此而找到了它自身的不可还原性:语言(符号)。对于作品而言,叙述本身比叙述的内容更有意义,也更有魅力。这样,越过作品的形式去直接再现外在现实的方式不灵了,越过作品的形式直接去阅读作品的内容的方式也不灵了(在许多人那里存在的"看不懂"的困惑,原因在此)。阅读不再从作品的外部开始,而是从内部开始。显然,这一观念的出现,在20世纪艺术面前敞开了一个全新的领域,一块可以独享的巨大空白。

作品观念的从作品向文本的转型,有其特殊的美学意义。这表现在:首先,从非理性以及语言论的转向的角度强调文本,实际上是意在强调作品的另外一面,亦即内部世界、精神世界、心理世界、情感世界的一面。这在西方传统审美观念当中,往往是被忽视了的,在当代技术文明的时代,又是被失落了的(在此意义上,文本无疑是对人性迷失的弥补。尽管这种弥补存在着人们常说的所谓无法颠覆国家机器就转而颠覆语言机器的软弱)。对此,联想到一贯对作品的内部世界、精神世界、心理世界、情感世界的一面给予充分注意的中国美学的"舌为心之苗""言为心之声""言为心声,书为心画",以及"一片心理就空明中纵横灿烂""字如片云,因日生彩,光不在内,亦不在外,既无轮廓,亦无系理""一片神光,更无形迹""物外传心,空中造色""意外之意""味外之味""弦外之响""意外之意""无状之状""无象之象",等等,其中的重要意义当不难领会。

其次,是为作品自身注入了全新的内涵。传统的作品内涵来源于二元论的思维模式,例如认识与被认识、征服与被征服、主体与客体、美与美感、所指与能指、内容与形式、作品与读者⋯⋯二元之间毫无平等和谐,充斥着一种紧张关系,而且往往是主从式的。其中占据着主导地位的,往往是认识、征服、主体、美、所指、内容、作品⋯⋯现在这种主从式的二元对立被消解了。彼此之间成为平等的关系。于是,二元之间的那种原有的、固定的意义不再被关注,倒是通过碰撞而产生出的新的意义,即第三意义,被格外地关注。作品因此进入了一个开放的新天地。联想到中国美学中对两极而不是二元的强调,对两极之间既对立又联系,而且互补,相辅相成的阐释,例如"反者道之动""有无相生,难易相成,长短相形,高下相倾,音声相和,前后相随""阴中有阳,阳中有阴",尤其是中国诗歌中常用的对仗结构,其中的美学意义就不难被意识到。打个比方,当代的作品类似于中国美学的"朴",而传统的作品相当于中国美学的"器",而在中国美学看来,"匠人"之罪就在于"残朴以为器"。记得加缪在观众留言簿上曾经写道:"因其空无,所以充满力量。"道理正在这里。

再次,是破坏了作品的再现性的神话。这无疑比现代美学对于主体的神话的破坏更为深刻。① 当代美学发现:作品的真正功能不像传统美学一直强调的那样是再现现实,而是对已经存在的符号的再次符号化。所谓真理也无非是符号的符号,产生于符号与符号之间的相互作用之中。作为符号,它的作用其一是将人们"经历过的生活"转变为"叙述的生活",然后再将这"叙述的生活"注入生活,使得生活因此而增加了众多新的东西。区别于通过考证来恢复历史的原样,在符号中存在的只是"说出的真实"。其二是指向一个不可确定的未来,打开一个具有无限性的领域。作为符号,它不可能完全再现现实,因此永远存在着缺陷、不足。这样,就必须不断地加以补充。最终,真实的世界只能是那个被不断补充的世界本身。这类似于中国的道。② 所以老子说"有名万物之母",庄子说"天地一指也,万物一马也""道,行之而成,物,谓之而然"。在中国美学,文本是"无迹之迹",什么都是又什么都不是。德里达把其中的意思说得十分透彻:

> "增补"这一概念隐含着两种并存的意义……其一为增,所谓增,就意味着所增加的部分是一种额外的东西,而"额外"又意味着用一种完满的东西附加在另一种"完满"的东西之上,使之得到"最充分呈现"。因此,所谓"增补"就是指两种或多种完满的东西的累积和堆积。但是,"增补"又有第二种意义,即"补足"的意义。虽说补足也要增加,但增加的目的是为了替代原来的,当增加的东西插入或潜入到原来的东西中时,就取代了原来的东西。如果它是在"补充",就好像是在填充一种虚空;如果它是在制造一种再现原物的形象,那就意味着原物没有充分地呈现自身。然而不管是补足还是替代,这种增加物都是一种附加物,或者说,是一种用来代替的"副"的或"次"的东西。但它不是简单地附加

---

① 当然,其中也存在过分强调文本间的沿袭关系,片面否定文本与人类生活的关系的缺憾,以致只有形式的深化,而没有意识内容的深化。此处不赘。
② 罗兰·巴尔特甚至说,对文本的感受需要对线条的敏感,而不是对油画的敏感。

在另一种完全的呈现之上,产生的不是浮雕效果,因为它的位置是在一种结构的虚空中……二者(增和补)在一起有一种共同的含义,即:不管是增加还是代替,增补物都是外在于原物的东西;不是处于原物之外,就是与原物相异。①

因此,在德里达看来,作为代替物,文本就不但会与原本密不可分,甚至最终就会取代原本,其结果必然是:原本不再存在。这种看法,当然是片面之词。然而,在提醒我们在当前的信息时代,要充分注意到作品主观性的无限延伸这一复杂属性方面,应该说,是极为重要的。

当然,在这当中,对于文本的提倡,无疑也存在着过分强调文本的隐喻性、修辞性,以及作品自身主观性的无限性,以致完全忽视了文本的表意、交际功能,和从反对唯一的中心到反对一切的多中心的缺憾,这则是需要加以批评的。在我看来,离开了对于作品的表现的、模仿的、客观的、实用的等方面的内容的追求,文学作品事实上就是不可能的。作品自身固然有其主观性的一面,但是同时还有其客观性的一面,在当代的作品观念之中,作品的客观性被作品的主观性所取代。通过这种走向极端的方式,当代美学发现了作品与读者之间的能动一极。读者的主观性的介入成了作品成为作品的关键。这无疑是必须的。但是,当代作品观念中又存在着一个共同的缺陷,这就是作品本身完全被消解了。作品固然没有绝对固定形态,但是相对固定形态还是有的,作品固然有其主观性,但是同时还有其客观性。当代作品观念先是把作品的主观性封闭起来加以考察,继而是为了走出困境,不惜人为地无限延长这一主观性的无限性,最终只能是日暮途穷。正确的选择应该是:既承认作品的独立性,但是同时又不否认作品的手段性,既承认作品的主观性,但是同时又不否认作品的客观性,既承认作品自身的抽象的独立

---

① 德里达。见滕守尧:《文化的边缘》,作家出版社1997年版,第271—272页。

的文学性的存在,同时也承认作品自身的具体的内容的存在,因此对于作品之为作品的考察,最最重要的就不是像当代作品观念那样走极端,而是一改西方美学传统的从作品的独立性、主观性、文学性向外走向作品的手段性、客观性、具体的文学内容,转而从作品的手段性、客观性、具体的文学内容向内走向作品的独立性、主观性、文学性。

4
从写作到阅读

1

在当代艺术审美观念的转型中,从阅读的角度而言,阅读观念的突出是一个必须正视的事实。显而易见,阅读的应运而生是从理性主义转向非理性主义、从肯定性主题转向否定性主题、从二元对立模式转向两极互补模式中的重要一步。而且,假如说在当代美学中是艺术诗学最终走向了文化诗学,那么同样也是作者诗学、作品诗学最终走向了读者诗学。

从前面的讨论中,我们已经不难想见,阅读观念的诞生,与传统的写作观念的当代转型密切相关。阅读观念的诞生,正是传统的写作观念消解之后的必然结果。因此,要考察读者观念的诞生,必然要从对于传统的写作观念的消解开始。

传统的写作观念是我们所熟知的。然而我们却往往简单地把它看作真理而不是话语。实际上,传统的写作观念只是一种权力话语,是被我们的理性主义的价值系统所制约并推出的一种权力话语。"意识形态被构筑成一个可允许的叙述(constructed as permissive narrative),即是说,它是一种控制经验的方式,用以提供经验被掌握的感觉。意识形态不是一组推演性的陈述,它最好被理解为一个复杂的、延展于整个叙述中的文本,或者更简单地说,是一种说故事的方式。"①"很明显,我们生活的这个世界迅速地变化着。叙述的传统技术已不能把所有迅速出现的新关系都容纳进去,其结果是出现持续的不适应,我们不能整理向我们袭来的全部信息,原因是我们缺少合适的工具。"②"生活中与文学中的选择不是在成规惯例与真理或现实之间的选择,而是在使意义成为可能的不同的成规惯例之间的选择。"③因此,"新的形式一定会揭示出现实里面的新事物","不同的叙述是与不同的现实相适应的。"④

而就传统的写作观念而言,应该说,它与理性主义是互为表里的。所谓写作,实际上是理性主义的一种表现形式。写作的合法性来源于理性主义的合法性。在传统的写作观念中存在着一条潜在的主线,这就是对于抽象的、超验的本质的确信与渴慕。它认定有一种比现实的真实更为真实的东西期待着作家去使之大白于天下。它的目的是要写出现实背后的本质。在写作之前,对象已经先在和超自然地被赋予了某种本质、某种深度,而凝视富有本质、深度的对象,已经成为作者的普遍心理定势、期待视野。无需真正凝视,就可以看到。在写作中,只有把每个具体的个体的故事组织起来,让每个具体的个人的存在都具有这个群体的意义,也只有让每个事件都不再是偶然的,而是事出有因,都是某种确定无疑的共同本质的感性显现,才是可能的。而对每一个写作者来说,都无非是某种抽象的共同本质的传声

---

① 泽尔尼克:《作为叙述的意识形态》,转引自赵毅衡:《作为形式的文化意味》,《外国文学评论》1990年第4期。
② 布托尔:《作为探索的小说》,载柳鸣九编选:《新小说派研究》,中国社会科学出版社1986年版,第90页。
③ 华莱士·马丁:《当代叙事学》,伍晓明译,北京大学出版社1990年版,第76页。
④ 布托尔:《作为探索的小说》,载柳鸣九选编:《新小说派研究》,中国社会科学出版社1986年版,第90、88页。

筒,无非是某种抽象的存在、某种"空洞的能指"。换言之,写作自身并无本质。它的本质是先验地从一种抽象的共同本质虚构出来。因此,要确立写作,就要确立写作的他性。在这里,抽象本质的存在蕴含着传统的写作观念的全部秘密和魅力:不是站在世界之中,而是站在世界之外,使世界成为被"传达"的对象。现实于是被意志化了。写作成为一个共同的自我,现实成为一个独立的非我,而非我既被设定就还要使它重新回到理想的境地。既然一切出自一个共同的自我,现实就必须回到这里,才能获得意义,于是现实必须要被人的意志来诗化。在现实中,没有任何东西是有意义的。它只有通过写作,只是因为写作才禀赋着意义,只是因为进入共同的中心才有了意义。传统的写作所产生的某种奇特的效果,正是从理性的角度重新叙述现实的结果。而被叙述出来的事情必然与经验中的事情出现一种距离。在写作后,文学作品的意义等于作者寄寓其中的原意,读者读到的意义等于作者寄寓其中的原意。而且,作者寄寓其中的原意只能是:"可以确定的 X"。于是,文学意义先在于阅读而存在。文学阅读成为文物考察(作品的背后有代表原文原义的作者,所谓阅读无非是毕恭毕敬地去考证、注释、研究),文学对象被等同于物质对象,这,就是传统的写作观念的内在根据。①

而就写作本身而言,为了有效地完成对于现实的本质的传达这一神圣任务,也逐渐发展出了一整套的叙事系统。在其中,因果、逻辑、必然性、规律性、本源、意义、中心性、整体性等通通是写作之为写作的预设前提;"再现""透视""虚构""独创",全然是一种权力化的假说。封闭的时空系统意味着写作的可以依赖的坐标;"作品"意味着写作的结果的独一无二;元叙事、

---

① 作者也是一定时代的产物。在欧洲的中世纪没有"作者",到了 17 世纪以后,作者的作用越来越重要,甚至专门研究一部作品的作者。原因在于要求作者说明那些署于他名下的诸文本的统一性,要求作者来揭示隐在他的文本下面的潜在内涵。作者令文本的虚构语言有了统一性、连贯性,这种中心化的作者是人为造就出来的。之所以一定要如此,目的是要在他身上察觉深刻的动机、创造的力量、天才的构思。

元话语意味着写作所带来的虚假的至上感。即使在批判现实时,遵循的也是普遍化的理性价值规范。从真实观和语言与外在世界之间存在的一对一的对应观念出发,世界的真实性以及文学再现这种真实性的能力被虚假地高扬。以至于文本的世界被视作外在世界的替身。这使它坚信:通过这一整套叙事系统,可以把现实的本质轻而易举地揭露出来。

这套叙事系统的核心是作者的全知全能。写作是以理性主义作为基础,因此被赋予了一种全知全能的能力。在写作中,作家几乎是像上帝一样地在工作。由于写作被赋予了"创世"的意义,写作者的在场/缺席就有着决定的意义。作者与读者之间,则一个是拯救者,一个是感恩者。尽管事实上不可能存在这样一种拯救与感恩的关系,就像不存在主仆关系一样。它使得作者与读者之间的关系成为人与物的关系,但是一方如果是物,那么另外一方也就必然只能是物。一方如果把对方当作手段与对象,自己也就必然随之而成为手段与对象。从历史上看,在荷马史诗《伊利亚特》中,我们就可以发现,在写到希腊船队准备出发时,有这样一首诗歌:"现在,请告诉我,缪斯,是谁在奥林匹斯山上你尊贵的家里;(你无所不在,因为你是女神,你无所不知,可我们除了道听途说一无所知)那么,请告诉我,在达那安人中谁是引导,谁是头领。"可见那时人们困惑的是无法一切都知,然而,却可以借助神的力量,而这正是作家的特权。雨果指出:那个时代的人"离上帝还很近,因此,所有沉思都出神入化,一切遐想都成为神的启示"。[①] 而到了近代,作家就完全以上帝自居了。雅克·莱纳尔就曾引人瞩目地指出:"事实上,在文艺复兴时期出现的'艺术家'这个被赋予某种个人美德的观念,导致了艺术社会功能的第一次转变。"[②] 这样,恰似黑格尔的辩证法、费尔巴哈的唯物主义、孔德的实证论、达尔文的进化论、法拉第的电学、门捷列夫的元素周期

[①] 雨果。见伍蠡甫主编:《西方文论选》下册,上海译文出版社1979年版,第180页。
[②] 雅克·莱纳尔。参见杜夫海纳主编:《当代艺术科学主潮》,刘应争译,安徽文艺出版社1991年版,第70页。

表等为人类展示了一个本质的世界,巴尔扎克所追求的"历史学家忘了写的风俗史"、狄更斯的"要追求无情的真实"、萨克雷的要"表现自然,最大限度地传达真实感"、托尔斯泰的要用艺术"揭示人的灵魂的真实"、罗曼·罗兰的要用笔"对现代欧洲做出评判",也无非是要以写作的方式为人类展示一个本质的世界。①

不难看出,在这套叙事系统中,读者是毫无地位的。他一直"处于被忽视的天堂"(费希)。由于写作面对的是普遍同一的知识、共同经验和共同本质,这使得读者可怜得一开始就被迫躲藏在作者的羽翼之下,一切都是已知的,一切都是早已被规定得万无一失的。所以写作者总是喜欢使用过去时,因为写作者早就全都知道它的来龙去脉了,所以写作者总是喜欢使用同一人称,因为读者无非是一些什么都不知道的围坐一团等待着老爷爷讲故事的孩子。难怪在19世纪以前,几乎从未有作家关注过读者的问题。他们在写创作谈的时候,也无非是或者大谈特谈自己的创作体会,或者大谈特谈怎样阅读自己的作品。也难怪我们已经习惯于把不能够写作的失败者称为读者。所谓读者,就是写不出作品的人!而就读者来说,由于面对的是普遍同一的知识、共同经验和共同本质,除了全盘接受之外,实际上是根本不存在选择、判断的权利的。他们的阅读事实上也根本就不是从作品的内部开始,而是从作品的外部开始。阅读是针对意义确定的作品,唯一的使命就是对此表示认可。所谓一千个读者拥有一个林黛玉。因此,阅读的开始意味着写作的结束。写作与阅读事实上是完全分开的。写作的时候,阅读并不在

---

① 本来,写作只是一个叙述问题。但是它却通过虚构来千方百计地对此加以掩盖。"通过掩盖所有那些能够表明他们使用了叙事成规的证据,现实主义作家鼓励我们对他们的故事给予信任,而且他们必定会极其小心,不让我们注意到他们那些控制我们反应的企图——如果控制我们是他们的目的的话,如果我们开始疑心我们的信任是产生于作者玩弄的技巧,我们就会受到双重震动——不仅被(作者的)欺骗所震动,而且被角色的颠倒所震动:不是我们读故事,而是作者读我们解释我们。"(华莱士·马丁:《当代叙事学》,伍晓明译,北京大学出版社1990年版,第221页)

场,阅读的时候,写作也并不在场。两者之间依赖普遍同一的知识、共同经验和共同本质加以贯穿。而且,两者之间也并非一种平等的关系,而是一种不平等的关系,打个比方,假如说作家是诸葛亮,读者就全然是一个扶不起来的刘阿斗。

2

进入20世纪,传统的写作观念发生了令人瞩目的转型。其中的关键,无疑是理性主义的解体。就文学艺术而论,有人打比方说,这类似于一个钢球,从外表看,它折射着外在世界,但是只要把钢球剖开,就会发现,它虽然折射着外在世界,但还有自己的内在世界:元素、质量、结构……这才是它自己之为自己的东西。进入20世纪,人们在文学艺术中发现的,正是这个自己之为自己的东西。凌驾于现实之上的普遍同一的知识、共同经验和共同本质原来并不存在。于是,写作之为"写作",也就不再可能。这一点,正如阿兰·罗布-格里耶所揭示的:"由于世界的可知性根本没有受到怀疑,讲故事也就没有什么问题。小说写作也就是清白纯洁的。"但是理性主义一旦解体,人们发现,"在对故事情节的要求上,普鲁斯特比福楼拜要弱些,福克纳比普鲁斯特要弱些,贝克特又比福克纳要弱些。从今以后,是其他的东西在小说中占主导地位。讲故事已经不可能了。"①当然,进入20世纪之后,在写作中也不是不讲故事,"普鲁斯特和福克纳的小说中就有许多故事。不过,普鲁斯特小说中的故事是先分解,然后再按照时间的心理结构重新组合;福克纳小说中的主题的铺展以及关于主题的各种联想打乱了年代顺序,经常逐渐把小说刚揭示出来的东西淹没了。贝克特的作品里也不缺少事件,但这些事件正在不断地自我否认、自我怀疑、自我毁灭,甚至同一个句子可以

---

① 阿兰·罗布-格里耶:《关于几个过时的概念》,载柳鸣九主编:《从现代主义到后现代主义》,中国社会科学出版社1994年版,第396页。

同样包含一种看法和对这种看法的否定,总之,错误不在故事本身,而在于故事的可靠性、稳定性和纯洁性。"①显然,这已经不是传统的讲故事,或者说,已经不是传统的写作观念了。当代的故事,不再是作品中的一个因素,而是不但从中逐渐游离出来,而且甚至凌驾于作品之上的一个话语群。例如《水浒》,就已经远不是局限于那部长篇小说之中,而是渗透到了戏曲、电影、电视、连环画等之中,成为一个"水浒故事系列"(当然,更能体现当代的故事特点的,还要推广告、流行歌曲)。更为重要的是,由于世界的可知性受到怀疑,写作主要的不再是一种现实世界的转喻,而是一种理想世界的隐喻,开始从经验走向了符号,是在二度平面上形成的三度空间幻觉。它展示的,不再是一个已知的世界,而是一个未知的世界。这样,写作一旦失去了指称现实的能力,一旦丧失了"剩余能指",显然就同时失去了引导、控制阅读的力量,阅读也转而化被动为主动,凌驾于写作之上。因为写作所禀赋的指称现实的能力并非一种真实,而是一种话语权力,它并不意味着与现实世界的任何同一,而只是意味着对读者的阅读活动的肆意剥夺。

而索绪尔的语言学理论则推动着阐释方式的转换,推动着对世界的理解的更为开放、更具可能,也推动着写作观念走上了全新的道路。根据索绪尔语言理论,词语与物之间并非对等的关系,而只是符号,就像一个两面神,一面为能指,一面为所指。符号=能指+所指,而且能指与所指之间不是一对一的相符关系,而是随意关系。因此,写作是因为语言的纯形式功能而成为可能。② 例如,我们经常说文学是语言的艺术。然而这里所说的语言,强调的只是语言的实用功能,实际上,这还并非文学,只有强调语言的纯形式

---

① 阿兰·罗布-格里耶:《关于几个过时的概念》,载柳鸣九主编:《从现代主义到后现代主义》,中国社会科学出版社1994年版,第396—397页。
② 起初西方学者以为语言可以表达现实、思想,因为语言是现实、思想的对应物。后来发现,并非如此。西方学者从认为太初有道,而这道就是上帝,发展到太初有道,而这道就是人,最后发展到太初有道,而这道就是语言。从表面上看是退步了,但是实际上是进步了,因为对世界的把握更为具体了。

功能,才可以称之为文学。这意味着,在词与物之间固然存在着对应关系,但在词与词之间也存在着对应关系。在艺术中,语言的运用不同于在字典中,不再是对于外在世界的模仿,而是被一种特殊的方式组织起来,并且构成了一种特殊的关系,形成了一种特殊的形式。这是一种不同于现实形式的形式。佛克马阐释说:"在巧妙地运用诗歌形式时可以完全脱离现实。但这些形式保持着诗歌的内部逻辑,一种独特的逻辑,以及一种意义,因为脱离熟悉的情况并不意味着脱离意义。什佩特实际上清楚地说明了文学文本的一个主要特点,即虚构原则,这一原则断然拒绝跟现实直接比较,在此同时保持着真实性。"①罗曼·雅各布森也发现:就一个词而言,偏偏是那些在词典里没有列出的词义特征,在诗歌中出现了。确实,文学中词语的使用,完全不同于词典中的使用,确切含义不被重视,而是以模糊性为主,日常理性语言中的缺陷,在文学中正是长处。总之,由于特殊的叙述组合,在非文本中不可能出现的词与词的选择成为可能。这正是只有从语言论转向的角度才能看到的东西。②

在此意义上,写作事实上成为一种全封闭的行为。罗兰·巴尔特称写作是一个不及物动词,不是带领我们穿过作品到达另外的世界,也不是为了描写其他事物而写作,"作家就是对他的语言进行加工(即使受到灵感启发),专注于这些工作的功能的那个人"。③ 在这里,纵聚合关系构成聚合想象,横组合关系则构成组合关系,这同过去认为想象是对外部现实的一种

---

① 佛克马、易布思:《二十世纪文学理论》,林书武等译,三联书店1988年版,第26页。
② 艺术的意义应该在再现之外去寻找,即在陈述的意义上寻找,不能够把作品中叙述的东西当成在叙述之前就存在的真实,克罗德·西蒙说:"一部小说,也就是一部虚构的作品,并不是作家写作前发生的一系列事件的罗列。小说的人物和事件是写作时的产物,只有当作家动笔写这些人和事时,他们才开始存在。小说描绘的或叙述的事情总是处在现在时态(写作或阅读时的时态)。"
③ 罗兰·巴尔特。见《罗兰·巴尔特论文七篇》,载《外国文学报道》1987年第6期。

意象创造是根本不同的。过去是一种及物写作,所谓"出场的形而上学"。终极的意义或者实体能够通过语言或者思维而本真地带入现在。这导致了语义中心主义(语义是语言的根本实在,相信语言能够完善地表达那实在或者终极的意义,人应该在语言活动中得意忘言)和音义中心主义。①现在我们不再以写作与经验世界去作比较,而只是着眼于自身能指系统的完整性(人应该在语言活动中得言忘义)。假如说我们的写作是虚假的,也只是因为它在叙述上是前后矛盾的、混乱的、不协调的。理查兹指出:"我们可能为了依据而运用陈述,不论这种依据是真是伪。这是语言的用途。但我们也可能为了这个依据所产生的感情和看法的效果而运用陈述,这是语言的感情的用途……在这种情况下,依据的真伪,是无关紧要的。"②而这样一种作为"语言的感情的用途"的陈述显然是一种非理性的陈述。而奥尔特嘉·Y.加塞特和艾布拉姆斯也指出:"现代艺术家不再笨拙地面向现实,而是往相反的方向挺进。他明目张胆地将现实变形,打碎了人的形态,进而使之非人化。……通过剥夺'生活'现实的外观,现代艺术家摧毁了把我们带回到日常现实的桥梁和航船,并把我们禁锢在一个艰深莫测的世界中,这个世界充满了人的交际所无法想象的事物。"③"表现说的主要倾向大致可以这样概括:一件艺术品本质上是内心世界的外化,是激情支配下的创造,是诗人的感受、思想、情感的共同体现。因此,一首诗的本原和主题,是诗人心灵的属性和活动;……任何一首诗所必须要通过的首要考验,

---

① 认为语音和声音是语言的本质,相信在言语中,思和反思,说和听保持着严格的同一性,因而在言语中思想和意义得以直接呈现,并且永远是在场的。所以西方语言学一直保持着重言语而轻写作的等级观念。并把写作看作言语的衍生物。言语比写作更为根本。写作打断出场的能力。
② 见戴维奇编:《二十世纪文学评论》上卷,葛林等译,上海译文出版社1987年版,第204—205页。
③ 见《文艺研究》1996年第5期,第22页。

已不再是'它是否忠实于自然'……而是另一方面迥异的标准,即'它是否真诚?是否纯真?是否符合诗人创作时的意图、情感和真实心境?'"①于是,从强调表现情感到强调纯粹形式,从注重他律到注重自律。艺术中的现实世界变得模糊起来,通向现实世界的桥梁被消解了,艺术自身的合法性得到论证,②外在世界的合法性却不再被加以关注。纯粹艺术的出现成为对于外在世界的反抗。一部作品表达了什么不再重要,重要的是这部作品是如何构成的。写什么成为怎么写,表现什么成为如何表现。③ 正如美国画家德·库宁说的:"这就是绘画的秘密,因为一张脸的素描不是一张脸。它只是一张脸的素描。"④

值此之际,代之而起的是文本的范畴。作者中心论为文本中心论所取代。我们知道,在印刷文化时代,写作与阅读中所蕴含的作者与读者的关系被复杂化为作者与文本、文本与读者的关系。那么,假如说作者中心论突出的是作者与文本的关系,那么,文本中心论突出的就是文本与读者的关系。文本的独立地位被突出出来。

阅读就是读者通过作品与作者对话,因为读者对书的关系具有完

---

① 艾布拉姆斯:《镜与灯》,郦稚牛等译,北京大学出版社1989年版,第25—26页。
② 例如绘画。在当代美学看来,绘画不是一种对于事物的经验的图像,它本身就是一种经验。绘画不能超出自身,不能在自身之外去寻找意义,超出自身的东西不是绘画本身的东西。强调绘画必须写实,等于取消绘画,绘画就是主观想象的产物,而不应到外在世界去寻找与画面对应的东西。画就是画画,观众应该品味、看,但是不应发问:这是什么? 毕加索愤愤地说:你们为什么老要问我的画什么意思,而不去问鸟儿们唱歌是什么意思? 有人说马蒂斯画的妇女太丑,他说:我不创造女人,我创造图画。马格利特在他的烟斗上写道:这不是烟斗!
③ 因此,纯粹形式在作家手里,犹如新的上帝,上帝死后留下的混乱的世界,只有靠纯粹形式来拯救。纯粹形式因此具有本体性。它虽然在局部上看是凌乱的,但在整体上却是完整的。是象下有意,筌下有鱼。例如艾略特的《荒原》。
④ 见陈恫等编:《与实验艺术家的谈话》,湖南美术出版社1993年版,第106页。

全不同的性质。对话是问题和答案的交换,在作者与读者之间不存在这种交换,作者不回答读者。书把写的行为和读的行为分成两边,它们之间没有交流。读者缺乏写的行为,作者没有读的行为。所以文本产生了读者和作者的两重缺陷。据此它取代了对话的关系,在对话中能够直接把一个人的声音和另一个人听觉联系起来。[①]

在这里,以情感活动、心理意象、灵感起兴的世界为特征的作者与以语词、句子、结构、代码的世界为特征的文本彼此相分离。而且,文本的内容甚至是写作所无法改变的。结果,关于文学的观念从文学深入到了文学性,也从外部研究深入到了内部研究,西方美学家干脆以"意图谬见"斩断作者与作品的关系,以"感受谬见"斩断作品与读者的关系,显然与此相关。

而对读者来说,文本中心则意味着新的意义迷津。能指与所指之间的一致性被打破了。艺术形成了自己的特殊的话语模式。它与现实生活的话语模式根本不同。写作关注的不是外在世界的真伪,而是主体情感的真伪。文本不再是它以外的任何东西的载体。它把自己限制在一个狭隘的纯粹能指之中,拒绝解释、拒绝交流,自我指涉、自我参照、自我封闭,完全是自恋的,所谓"纯文学""纯视觉性""纯戏剧性""纯音乐性""纯诗"。阅读关注的也与外在意义无关了。对于阅读来说,更为重要的是艺术如何是这样的,甚至它是怎样的,而不是它说明了什么,更不是对它的解释。它明确地"反对解释",因为把艺术语言翻译为其他语言是不能被允许的。休姆说:古典艺术有一种"平常的白天的光",浪漫的艺术则有一种"既照不着大陆也照不着

[①] 保罗·利科:《解释学与人文科学》,陶远华等译,河北人民出版社1987年版,第149—150页。

海洋的""奇怪的光"。① 对此,应当说,阅读往往是无能为力的。②

3

为了更好地理解当代的写作观念,有必要就世纪初的"表现"审美观念,作一个较为详尽的讨论。

一般而言,我们往往以再现作为西方传统美学的核心范畴,实际上这并不准确。因为即便是从时间上来考察,再现也是一个后起的范畴,何况它只是在西方从"存在"的难题向"知识"的难题转型的过程中才得以出现,因此也就并非一种本体论的规定。在这个意义上,应该说,"模仿"范畴要远为重要。相对于"再现","模仿"是对于审美活动的一种本体论规定,也是传统美学思考的源头。黑格尔说:"近代哲学的原则并不是淳朴的思维,而是面对着思维与自然的对立。精神与自然,思维与存在,乃是理念的两个无限的方面。当我们把这两个方面抽象地、总括地分别把握住的时候,理念才能真正出现,柏拉图把理念了解为联系、界限和无限者,了解为一和多,了解为单纯者和殊异者,却没有把它了解成思维和存在。近代哲学并不是淳朴的,也就是说,它意识到了思维与存在的对立。"③显然,在尚未明确"意识到了思维与存在的对立"的古代,"模仿"的提出主要是要解决审美活动的本体存在,即审美活动的根据与意义问题。④ 换言之,"模仿"实际上是传统美学在整个发展过程中的一种本体论的预设。至于"再现"的问世,只是"模仿"的认识论转换,也可以说是"模仿"美学思想的深化。鲍桑葵的《美学史》开始于对于

---

① 见戴维奇编:《二十世纪文学评论》上卷,葛林等译,上海译文出版社 1987 版,第185页。
② 这样,艺术的根源就只能在艺术之中去寻找。而且,现代艺术从天性来说就是绝对不会通俗的,因为它的话语大众不懂,所以大众是与它根本对立的。
③ 黑格尔:《哲学史讲演录》第1卷,贺麟等译,商务印书馆1997年版,第7页。
④ 所以在古希腊人看来,只有逻各斯才是美的,而世界却只是一堆马马虎虎堆积起来的垃圾堆。

模仿说的讨论,①正是出于这一考虑。

关于再现,应该说我们是熟知的。然而,对于再现的局限性,我们却知之甚少。而这个问题,对于20世纪来说,却是非常重要的。因为它牵涉到从再现向表现转型的必然性。那么,再现的局限性何在呢？再现与理性主体密切相关。因此,再现之所以可能,是因为它指向的是某一类事物的可能的存在方式。这里非常重要的是"可能性"这个概念,其潜在理由就是通过再现某个对象就可以再现某一类对象的特征。再现是把现实的内容变成可能的内容,②认为有一种比现实关系更加真实的"本质"存在于现实关系的深处。它的目的是找到现实的本质(而抒情无非是歌颂这个本质),并且认为任何一种东西,都是存在着本质的,写出这个本质,就是美的,否则就是丑的。再现的成功也不取决于忠实模仿,而取决于对现实的解释,取决于揭示其中的一般、性质;不取决于形状、色彩的对应,而取决于对特征的强调;不取决于真实的存在方式,而取决于可能的存在方式,取决于对本质的揭示。再现的神圣性正在于这个工作本来应该是由上帝充当的,现在则由作家操纵语言来完成,而人类也就从这样一种区别于动物的再现中得到快感。这样,我们终于清晰地看到再现的局限性,事实上,它只是对于世界的一种组织,而并非一种再现。

综上所述,我们看到,再现实际上也是存在着局限性的,它在美学历史

---

① 关于西方美学史的源头,西方学者有各种看法。对此,克罗齐概括说:"文学史家一般习惯于把希腊美学追溯到最初对诗歌、绘画和造型作品的批评和思考上,追溯到在诗歌竞赛时人们所作的评价上,追溯到关于艺术家手法之研究和诗画的接近上,这些在西莫尼德和索福克勒斯的言论中都出现过;或追溯到那个介于'模拟'和'表象'意义之间的、用于概括各种艺术并以一些方式来认识它们亲缘关系的词——'模仿'的出现上。"(克罗齐:《作为表现的科学和一般语言美学的历史》,王天清译,中国社会科学出版社1984年版,第8页。)

② 浪漫主义的抒情在本质上与再现相同,例如,抒情是把现实的情感变成可能的情感。

上之所以能够作出重大贡献,关键是因为它实际上是在一个预设的封闭状态之中存在着。这个预设的封闭状态,就是理性假设的前提。我们对再现的快感就是建立在这一心理契约之上。在再现中,我们无非是按照一定的理性规范把世界拆开、拆散,然后又根据一定的理性规范把它们"安装"起来的结果,其中的标准,不论是近代还是现代,都决定于背后的理性规范,而不是所谓"现实"。强调"再现",只不过是人们自以为能够通过现象把握本质的理性观念的反映而已。而真正的美学家并不会因为某人能够把相似的物象搬运到了画面上,就称之为好画,而是除了要看"画了什么",更要看"怎么画的",其中的美学规范是什么、与现实建立了一种什么样的新的联系,等等。也正是出于这个原因,为了不受物象的影响,波德莱尔甚至提出,把画倒过来观看。因此,再现充其量也只是一种叙事角度,而绝不可能成为真实本身,更不可能成为唯一的审美活动。这样,历史一旦进入20世纪,这种理性主义的假设一旦被无情地瓦解,人们一旦意识到现实世界不存在一种绝对本质,意识到本质只是人们出于某种需要而设立的,并非永恒的存在,结果,就只能会导致人们放弃传统的再现的幻想,并且竭力在此之外去探索文学如何真正接近生活的途径。既然文学中的东西现实中都有,文学的存在意义何在?看来,只能在陈述的意义上去寻找。假如作家多少改变了叙述世界的方式,也就多少推动了审美文化的发展。而这,就意味着现代的表现的诞生。①

表现是现代美学的重要范畴。在我看来,20世纪写作审美观念的转型,最早就表现在"表现"范畴的诞生。它在美学史上第一次揭示了纯粹的、真正的审美活动应该是什么,尽管这一揭示只是一个开始,而并非完成。具体来说,假如说再现是"镜子"(透视镜),那么表现就是"万花筒"。关于表现,

---

① 艺术家们甚至会在作品的题目中就明白地告诉观众说,《这是一个烟斗》,这实际上是在告诉观众,你不必再解释了,你要解释的,我已经告诉你了。因此还是看看我是如何表现这个烟斗的吧。

前面已经谈过,是以非理性作为预设前提。这当然也是一种片面性,然而对于冲击再现的局限性来说,或许却真应该说是一种"正当"的片面性了。我们看到,正是因为以非理性为主体,表现无异于一把犀利的剃刀,以否定性的姿态干脆彻底地"剃"去了与理性的种种联系。克罗齐说得十分清楚:"我的答复——艺术即直觉——是从它绝对否定的一切及与艺术有区别的一切中汲取力量和含义的。"①假如我们知道对于克罗齐来说,不仅是艺术即直觉,而且是直觉即表现;假如我们知道,表现就是对固定的、确定性的意义的消解,是对不确定性的意义的强调,要创造的是无意义的意义;就会知道,这种对于理性的"绝对否定"也是表现的特征。结果,表现与物理事实、表现与理性、表现与道德、表现与快感,同时,表现与再现,就都不再相关。毫无疑问,正如很多学者批评的那样,这使得表现的内涵十分狭隘。不过,这只是从理性的角度看是如此。假如从非理性的角度看,就会发现,表现的内涵并不狭隘,而是相当广阔。因为正是它,展开了审美活动在非理性领域的全部魅力。

表现是直觉本身的展开。对于表现来说,人类与世界不再可分,世界不再是对象,或者说,对象世界根本就不再存在了。尽管,这只是通过否定的抛弃而不是通过辩证的扬弃的方式,只是通过把对立一方片面推向极端同时把对立的另外一方踩在脚下的方式加以解决。这样,表现不再通过对象世界,而是直接通过心灵赋予世界以一种心灵的形式。这一点,我们可以从伽罗蒂对毕加索的评价中领悟到:

> 这也许是毕加索美学的本质:以内部固有的,而不是借自然的模特儿的身份,在人类存在的暂时表象和转瞬即逝的表现之外重新创造人

---

① 克罗齐:《美学原理·美学纲要》,朱光潜等译,外国文学出版社 1983 年版,第 209 页。

类存在的深刻现实。

绘画艺术由于毕加索而意识到它像对于美的传统标准一样对于外部世界的自主。它从文学里解放出来了。凝视让位于动作。正如瓦莱里所说,画家不再是自然的抄写员,而是成了它的对手。它的任务不是无限地照抄存在的东西,而是表现这些东西的运动、生命、向一种预示未来的神话的超越。《圣经》告诉我们,在创建了天堂和动物与人居住的大地之后,上帝说:"这下好了!"于是第七天就让自己休息。毕加索在绘画方面是创造第八天的人。他向众神们过早满足的创造提出了起诉。①

确实,只要我们想到在镜子里一切都可以留下来,但是那毕竟不是艺术,而是与照片一样的东西,就会意识到毕加索的良苦用心。② 由此,首先,表现打开了一片前所未有的审美空间,这就是丑。传统的沉溺在现实中的生活,现在被认为是黑暗的、毫无真实性可言的东西。肉眼本身也就被判断为瞎的、聋的,是自我的丢失,至于用肉眼所看到的客体对象,则一概被推倒否定。因此表现以放弃对象世界为前提,对象世界是否美变得并不重要了,重要的是是否被表现。这,预示着一个新的灵魂时代的到来。人们开始从外在到内在,从所见到所感,用心灵去感觉世界,用灵魂去生活,然而心灵之眼事实上是不可表现的,这样,表现实际上就只能是对于不可表现之物的表现,换言之,表现只能不成功地去表现。它是空洞的、无形式的、抽象的,因而也就是非和谐的。这种不和谐的表现,只能是丑。我已经一再指出:表现因此而走

---

① 伽罗蒂:《无边的现实主义》,吴岳添译,上海文艺出版社 1986 年版,第 34、70 页。
② 再现的消解与电子文化的崛起密切相关。最初,艺术家并未意识到电子文化的"危害"。库尔贝曾经利用照片来帮助画出再现现实。19 世纪末,借助摄影的帮助,画家甚至可以把牛奶的稠度描画出来。然而当电子文化的进一步的发展使人类充分意识到了它在再现上的优势,艺术的再现现实的信心就不复存在了。它不再再现现实(包括不再讲故事和以情节取胜),而是表现自己对现实的感受。

向了对于审美活动的否定性层面的开拓、对于新的审美领域的开拓。

其次,表现也为美学思考打开了一片前所未有的理论空间。再现以理性作为预设前提,而要论证它如何可能,就要为之设立一系列的子命题:非功利性、主客体关系、无概念的普遍有效性、审美距离、审美态度、"对象的合目的性",等等,正是在此意义上出现的。它们在理性限度内无疑是有效的,然而超出了理性限度,就无效了。因此,实际上它们只是某种特定的理论话语,一味固守于此,显然会阻碍美学思考的进一步发展。表现的出现意义恰恰在此。它不依赖于理性、道德,本身就是审美活动,只要有表现就是美的,对象自身的美是否存在倒成为次要的问题了。只要它自身具有表现性,是否与我们的目的相合倒无所谓。这样,非功利性、主客体关系、无概念的普遍有效性、审美距离、审美态度、"对象的合目的性",等等,都成为不存在的问题。传统美学的借助于理性、道德来解决美学问题的思路因此也就不再存在。这样,表现为审美活动所争得的审美独立性就远远超出了康德。它更纯粹,而且与理性、道德彻底区别开了。至于它是否是审美活动,唯一的标准是它是否在进行直接的表现。应该说,表现所涉及的已经是一个远比康德的"主观的合目的性"更为深刻的问题。这就是:从审美活动的独立性入手,对它的美学内涵加以阐释。我们看到,西方当代的美学家也确实是从此入手去阐释审美活动问题。例如,卡里特就曾尝试着从表现的角度阐释崇高。他认为:对不成功的表现加以成功的表现,就是崇高。"如果精神为了自由地观照,用它的表现性活动征服了那些实际上排斥审美态度并坚持其丑的隐匿的、控制人的冲动,因此而产生的美便具有一种强烈性、深刻性或丰富性,以及(在它之中已消除了的)种种不和谐之间的共鸣性。这时我们就突出地体验到那种振奋以至迷狂,体验到那种导致名词崇高产生的胜利的快乐。"[①]这样一种在表现范围内解释崇高,而不再借助审美之外的理

---

① 卡里特:《走向表现主义的美学》,苏晓离译,光明日报出版社1990年版,第206页。

性、道德的做法,无疑是一个极大的进步。当然,由于对于理性的完全拒绝,当代美学的这种尝试也同样难以贯彻到底。

更进一步,表现不但是独立的,而且是自主的。正是它的出现,导致了当代美学的对于审美活动的自律性、艺术活动的自律性的关注。支持审美活动的内在原则一旦是独立自主的,对审美与艺术的独立性的探讨,完全从审美活动自身来考察审美活动,就成为必然。人们经常说,审美表现的就是审美本身,艺术表现的就是艺术自身,就是这个道理。由此审美活动、艺术活动开始了体内循环,不再借助外在力量去说明它们,并且"反对解释"。不再停留于传统的审美活动、艺术活动"说明的是、试图说明的是、所说的是"这一思路,而是转而考察它们自身。正如苏珊·朗格所强调的:"现在重要的是恢复我们的感觉。我们必须学着看得多一些,听得多一些,感觉得多一些。""我们的任务不是在一件艺术作品中寻找最大量的内容,更不能榨取比艺术作品已有的更多的内容。我们的任务是切断内容,这样我们才能看见东西。""批评的功用应当是指示我们它怎样是它本来的样子,甚至于它就是那个样子,而不是指出它意味着什么。"[①]

这样,当代美学就不能不注意到语言问题。人们曾经坚信,语言可以再现现实,但事实上,语言也只是一种人格话语。从古到今,只存在被语言陈述的世界,语言中的世界。真实也如此,除了语言陈述的真实,我们事实上不知道别的真实。在此之外,只能被划入括号。"十分明显,历史的话语,不按内容只按结构来看,本质上是意识形态的产物,或更准确地说,是想象的产物……正因如此,历史'事实'这一概念在各个时代中似乎都是可疑的了。……一旦语言介入(实际总是如此),事实只能同语反复地加以定义:我们注意能够予以注意的东西;但是能注意的东西不过就是值得注意的东西。

[①] 苏珊·朗格。见王潮选编:《后现代主义的突破》,敦煌文艺出版社1996年版,第380页。

结构,区别历史话语与其他话语的唯一特征就成了一个悖论:'事实'只能作为话语中的一项存在于语言里,而我们通常的做法倒像是说,它完全是另一存在面上某物的,以及某种结构之外'现实'的单纯复制。"①人们误以为手中的工具与客观现实是在结构上对等的。实际,语言从诞生之初就是意味着思维与现实之间的某种分裂,只是因为思维要重新组织现实并对现实加以表述,才产生了语言。语言与现实之间的鸿沟是不可逾越的。只要有语言的介入,就会产生歪曲、误解。"再现现实",在实践上、逻辑上都不可能。何况,语言有其"整体性""结构性"。一方面,从历时的角度看,语言要受文化历史的影响;从共时的角度看,语言要受语言结构的影响(如"现实主义",就要受"人道主义""理性主义""悲剧"的影响。因此如果有"再现"的话,也只是语言结构的自我表现而已),亦即某种文化精神的影响。而文化精神却不是客观的,而是主观的,也不是真理判断而是价值判断。另一方面,从形式上说,语言结构与客观结构之间的同构也是虚构的。叙事的时间是一种线性时间,而故事发生的时间则是立体的。在故事中,几个事件可以同时发生,但是话语则必须把它们一件一件地叙述出来;一个复杂的形象会被投射成一条直线。如是小说就必然把空间关系加以曲解。画面对空间的曲解也是如此,现实中所没有的透视关系会把物体纳入另一种结构之中,世界的空间也无法与画面的空间相等。从再现现实的角度说,语言叙述中什么也没有发生,所发生的只是语言本身。人物并不是反映现实的产物,而是语言通过结构的力量创造出来的。作者也是被这样创造出来的。巴尔特因此才用"创造性的文本"取代反映现实。所以语言既是"他述"又是"自述"。它不但表达外在的事物,也表达自己(作家喜欢讲"驾驭语言",实际上,被"驾驭"的正是作家自己)。任何时候,只要语言介入其间,随后出现的结果(陈述)就

---

① 罗兰·巴尔特:《历史的话语》,参见《现代西方历史哲学译文集》,张文杰等编译,上海译文出版社1984年版,第93页。

从它的来源(对象)那里分离出来,就成为自足自律的独立实体。因此,在创作中不仅是主观介入客观,而且是语言介入主观。语言永恒地存在着,真实却在哪里?而索绪尔的语言学也告诉我们:语言自身是一个独立自主的封闭系统。它的符号与符号之间所指代的现实完全是一种随意性的、任意性的关系,不存在任何本质的和必然的联系,现实也不像我们所熟知的那样决定着词语的意义,倒是词语决定着现实的意义。符号也并不存在确定的所指,而是取决于语言的横组合关系与纵组合关系。于是,美学开始把审美活动看作一个只有能指而无所指的与社会现实完全隔离的符号系统。它完全脱离现实,只关注语言本身的表达。从此以后,当代美学几乎就再也没有谈到过什么内容问题。在它看来,美学之为美学无非就是对形式问题的考察。"它应被理解为一种探索——探索词与词之间关系所引起的效果,或者毋宁说是词语的各种联想之间的关系所引起的效果;总之,这是对于由语言支配的整个感觉领域的探索。这个探索可以摸索着进行。一般就是这样做的。但是将来有一天,也许这种探索能有系统地进行,这并不是不可能的。"①确实如此。

4

20世纪50年代以后,由于非理性主体的解体,人们不但不再幻想凭借理性主体去支配世界,而且不再幻想凭借非理性主体去支配世界。对此,西方美学家看得十分清楚。例如杰姆逊就明确地宣告:"表现美学几乎雄踞了整个现代主义文艺;可是我们一旦从现代主义的黄金时代踏进后现代的世界,基于实践上及理论上的双重因素,表现的美学已经变得支离破碎,几近消失了。因为'表现'这概念自始就假设了'主体'本身是可以透过它来解说的。换言之,'表现'所申明的是一整套形而上的假设,它完全肯定'主体'能

---

① 瓦雷里。见伍蠡甫主编:《现代西方文论选》,上海译文出版社1983年版,第27页。

有内外之分,认为在'个人'这单元体以内就常常隐藏着难以言传的痛楚;到了感情外泄的一刹那,内在的苦痛便得以投射出来,形成一种姿态、一声呼喊。内心的感受透过戏剧性的外在化形式传达于外,最后使主观的情绪得到净化。"①而彼德·富勒则借助于对于美国当代艺术家罗斯科的分析,指出他"在自己的作品中毁灭了他所把握的欧几里得式的透视、线条和空间。他深入所达的经验领域,是先于世界进行语言的或几何的表现领域,它与自身并不相同。罗斯科所力图表现的'无限的空间是那样巨大,以至于他根本无法被表现'。但是,他在这里却面临了其广度无法测量的心灵空间,这个空间并没有实现一致系统之功能的视觉形象"。② 于是,写作也不再是全知全能的,而成为一种对话。它不再是对于生活的解释,不再是在生活中浓缩进入人类的集体精神,而只是一种语词的游戏象征。它不再运用隐喻,不再创作超越的空间,叙述圈套压抑着故事,故事取代了深度模式,话语从创作向叙述还原、向写作还原,不再存在一个及物世界,也不再存在一种转喻式思维。它强调平等、自由、开放、民主、敞开,不再是两极之间的冲突,而是两极之间的对话。真理不再存在于其中的任何一方(双方都处于无知的状态),不再从一个极端走向另外一个极端,而是进入彼此的世界,在一个广阔的中间地带相遇、相互补充、相互融合、相互发掘,类似中国的太极图。古典的艺术与现实的关系意义消失了,现代艺术自我指涉的纯粹意义也消失了。艺术与现实的界限不存在了,艺术与非艺术的界限也不存在了,精心构思、优越性、雕琢性、诗意性、技巧性、距离性、个人风格都不存在了。当代是以现成物和类像来取代古代与现代的原创形象,结果艺术的意义变得更加广泛、多元化了。例如后现代主义发扬了现代的能指与所指的分离,一方面是符号的游戏,一方面是生活符号而不再是自造的符号,其中生活经验与审美经验被混

---

① 杰姆逊:《晚期资本主义的文化逻辑》,张旭东编,三联书店1997年版,第443页。
② 彼德·富勒:《艺术与精神分析》,段炼译,四川美术出版社1988年版,第258页。

杂在一起,成为无风格的平面美学。这使得人们在判断时根本无法判断,既不能用现实世界作为参照,也不能用艺术自身作为参照。

在这当中,关键是对于索绪尔语言学理论的反省。我们已经说过,所谓写作,实际上决定于对语言的理解。后结构主义、解构主义者指出,能指与所指之间是非常不确定的关系。当我们确定一个词语的意义时,事实上只是肯定着"意义的一步步延迟"。每个能指都不难找到几个所指,更有甚者,每个所指又可以变成另一个能指,这另一能指又可以生发出一系列的所指,如此持续不已,最终"在每种新的语境中改变了能指的原本色彩"。结果,语言只是一张蜘蛛网,它错综复杂地纠缠在一起。于是,词语的能指与所指之间不但不存在一对一的必然关系,而且语言本身的意义也是非常不确定的。不但语言与世界之间的逻辑关系不存在,因此使用语言来再现现实是极为可疑的,而且以语言来表达意义,也是非常可疑的。语言充其量也就是对现实的虚构。传统的写作观念认为虚构只是技巧,是对本体的反映,现在虚构本身成为本体(因为本体意义的世界即虚构),唯一的真实就是虚构的真实性。艺术已无别的可以表达,能表达的就是虚构。世界是虚构的,人生是虚构的,意义是虚构的,艺术是虚构的。传统的以写作来揭示人生的真谛这一使命感不存在了。现实世界是有意义的,还是没有意义的?值得再现的还是不值得再现的?主体世界是有意义的还是没有意义的?值得表现的还是不值得表现的?都失去了答案。正如史密斯所指出的:"小说的本质上的虚构性不应在被提及的人物、事物、事件的非实在性中寻找,而应在提及行为本身的非实在性中寻找。"[①]这里的"提及行为本身"即虚构。而阿兰·罗布-格里耶也强调:小说不是在再现现实,而是在进行语言的虚构。"当普遍概念、普遍性格和普遍价值属于共相世界时,人们可以认为真实世界是蕴含着

---

① 史密斯。见华莱士·马丁:《当代叙事学》,伍小明译,北京大学出版社1990年版,第232页。

意义的,而且只能以一种方式进行描写。但自从认为真实世界包含偶发事件(而且严格讲,主要包含偶发事件,很少有一般因素)之后,小说家就经常处于虚构世界的状态,而不再是再现世界了。虚构世界,就是说小说家的语言在创造(虚构)世界了。""新小说的特点在于:一方面,叙述者置身于故事世界之中,另一方面,存在无意义的细节。"①结果我们得到另外一种真实:虚构的真实。② 这样,写作不再以再现为主,也不再以表现为主,而是以反讽、戏仿为主,它自我揭示自己的虚构,把小说写作的痕迹有意暴露出来。它不再故意把故事说得栩栩如生,因为过去以为小说在说出真相,故有意把叙述的痕迹掩盖起来,现在既然小说不可能模仿世界,就干脆自己出面来揭穿这一伪造。为此,甚至不惜以矛盾、片断、偶然来作为结束,以对过去的滑稽模仿来代替怀旧。假如与前面略作对比,那么我们可以说,在这里写作所完成的形式只是一个过程,不存在什么目的,而就是在不确定性中加以展开,它不可能给世界以秩序感,而始终是散乱的,就只是为写作而写作,既象下无意,又筌下无鱼。③

---

① 阿兰·罗布-格里耶。见《冰山理论:对话与潜对话》,工人出版社 1987 年版,第 529、533 页。
② 这种虚构世界在哲学、社会学中也可以看到。伯杰和勒克曼在《现实的社会构造》一书中就提出:"现实"不是某一现成赐予物,而是被制造出来的,是被世界中明显的诸种客观事实的相互关系,用社会习俗和个人的或人与人之间的幻想生产出来的。这些社会形式在特定的权力结构和知识框架内运转,知识和权力结构中的不断变换,便产生现实模式的不断种组合。尤其是当代现实,是在不断地被重新评价和再合成。它不再被经验为一种有序而固定的等级制度,而是一种相互联接的多种现实的网状物。
③ 当代美学还曾从技术的层面阐释过写作的转型。这就是艺术生产理论。艺术生产理论也是对创造的解构,本雅明甚至把作家称作"生产者",称作品为"产品"。首先,他不问作品在其时代生产关系中的态度是什么,而问作品在时代生产关系中的位置是什么,写作在其时代生产关系中的位置是什么。美学观念发生了根本的转换。因此强调写作活动是生产活动,重在强调写作是系统结构运作的产物,反对把单纯作者视为意义诞生之源,反对自律、他律观念的狭隘强调。其次,它强调了写作的可操作性、可复制性,贝克尔说得好:现在的世界已经普遍地发展到这种水平,

以元小说的写作为例，所谓元小说即作者与文本的对话。在写作中，叙述者一反传统，竟公然超出叙事文本的束缚，自觉打断叙事结构的连续性，直接面对文本加以评论。出现了叙事性话语与批评性话语的混同，关于故事的故事，关于叙述的叙述，甚至虚构方式本身也被作为谈论的对象。所以作者边叙述边评点、夹叙夹议，正如枷斯指出的："在各门艺术中，都有两种矛盾的冲动处在摩尼教徒战争式的状态中：一种是交流的冲动，把交流媒介当作一种手段；另一种是借助素材生产出一件制成品的冲动，把媒介本身当作目的。"[1]这意味着把写作看作一个独立的世界，而且在写作中只关心语言自身并试图用另一种语言来描述它的功能结构，结果构成了一种新的能指与所指的关系。于是，在创造艺术形象的同时也建立了一个抽象的批评世界。假如略作对比，那么，前者是一个普通语言的文本，后者则是一个元语言的文本。两者之间的关系是任意的也是统一的。其中形象世界体现了作家的创作意识，批评文本体现了作者的理论意识。在此意义上，所谓元小说，应该说是作者导演下的作者（批评家）与文本（形象世界）之间的互相对话、互相说明。作家自己来戳穿自己，自己在自己的作品里做批评家，与读者一起分享着对于真实的怀疑。他不再承诺什么，也不再强迫读者接受什么，而是对什么都不再负责，所谓"用艺术本身对艺术加以观照"。人们注意

即完全可以用适当的态度和美学观把整个世界的里里外外都确定为一种艺术世界。艺术又回到了一种技术，由此写作不再神秘。这是一场真正的革命，拒绝为文本赋予一个作者，就是拒绝为文本（和文本的世界）指定一个秘密，一个最终的意义，而拒绝固定意义最终就是拒绝上帝及其本质——理性、科学和法则。传统美学以生活与艺术的对立为潜在前提，为此甚至不惜以牺牲生活为代价。当写作成为可操作、可复制的，便在逻辑上为"人人都是艺术家"奠定了前提，并使人为造成的写作的秘密失去了意义。艺术家与大众之间的距离消失了。"创造力和天才、永恒价值和神秘等观念——这些观念要是不加控制（在目前要控制它们几乎是不可能的）运用的话，就会成为一系列带法西斯意味的论据。"（见陆梅林选编：《西方马克思主义美学文选》，漓江出版社1988年版，第239页）确实如此。

[1] 枷斯：《小说与生活中的形象》，纽约，1970年版，第25页。

到,在元小说中作者喜欢说我是某某,但这与传统的作者介入不同。在传统是为了加强可信度,在元小说却恰恰是为了拆除可信度。即便是介入,也只是在叙述层面的介入,但在评价层面是不介入的(或者采取不评价的方式,或者采取乱评价的方式)。因为在相对主义、不可知论的影响下,已经并非不主张评价,而是不知道如何去评价。在布斯所提示的三种客观化即中立性、公正性与冷漠性中,元小说应属于冷漠性。它不是逃避某种价值评价,而是逃避所有的价值评价。最终,这种整体上的反逻辑和局部的合逻辑,否定了叙述的逻辑性来自叙述以外的现实。"叙述不是由与现实的任何参照关系,而是由其内在的规律性和逻辑所制约的。"[1]最终,叙述成为单纯的自我指代和自我反映,叙述由手段变成为目的。

由上我们看到:传统美学的写作相当于"镜子"(透视镜),现代美学的写作相当于"万花筒",当代美学的写作相当于"幻灯"。传统美学处处强调的都是对于生活本质的模仿。达·芬奇画鸡蛋的故事就是传统美学的写照。现代美学从对于再现客体的强调转向对于主体的表现。它从客观因素转向主观因素,从模仿物象转向画"画",从画见到的东西转向画经历到的东西,不再关心画什么,而只是关心怎么画,不再被描绘的对象所限制,而强调画面本身的构成、色彩的和谐,醉心于点、线、面、光、色的种种组合。例如红桌布与绿苹果之间不再是两个客体的关系,而是两种色调的关系,红色调与绿色调的关系。毕加索说:没有必要去画一个执枪的人,一个苹果就可以表示革命。塞尚甚至说:对象应该转过身去,离远点儿,待在那里。结果,再现、写实、模仿被表现、抽象、感觉所取代,然而这一切在当代美学那里又遇到质疑,生活与艺术可以分开吗?绘画可以是纯粹的吗?创作过程只是为了结果吗?观众就应该被动接受吗?"艺术是艺术吗?绘画是绘画吗?"传统创

---

[1] 杰弗森等著:《西方现代文学理论概述与比较》,陈昭全等译,湖南文艺出版社1986年版,第10页。

作也被进一步加以质疑,被认为是一种"对于生活的导演"。其结果是将读者引入了双重虚假,其一是现实的虚假,其二是虚构故事的虚假。于是,写作成为零度写作,成为创作的解构,成为一种游戏。但是不是人做游戏,而是人被游戏。班菲尔德说,写作意味着一种缺场,一种文学标志的缺场,一种人的能力的缺场。这写作是与人、与人的活动离异的产物。此时,作家参与其中但却无法把握自我,语言的表征模式被打破了,明确的所指、意义的承诺也被打破了,使它不再是事物的指称符号,而成为新的能指网络。写作成为线性时间里的符号排列,借助于索绪尔的差异把符号的意义一点一点地往后推移,而写作就是在推移中的快乐。在这里,每一个符号都具有一种垂直的暗示性,可以不断在自己的垂直轴上寻求替换,而且都具有历史的凝聚,琢磨不定。而作家驰骋其中无疑是一种冒险。于是作家甚至不惜以手段代替目的、以过程代替结果、以体验代替作品,开始将艺术创作、表现、接受、批评集中在一身,将艺术、生活、作者、观众融为了一体。

5

读者不难看到,当代美学的从写作到阅读的转型,至此也就水落石出了。

我们已经知道,"传统主义抓住'永恒的宝藏'和'名著'的保险的经典性,以便为自己创造'文学史的礼拜日集市'的奇观,它展示出美好艺术的长时期的经验。"①然而这实际上是"作者中心论"的产物。"作者中心论"来源于西方理性主义传统中的"人类中心论"。"人类中心论"是一种传统的认识世界的角度,最早可以追溯到古希腊哲学的"人是万物的中心",而到了康德提出的"人给自然立法","人类中心论"就正式宣布诞生了。世界是以地球为中心,地球是以人类为中心,结果建立起一系列理论模式:在中心与边缘

---

① 尧斯:《接受美学与接受理论》,周宁等译,辽宁人民出版社 1987 年版,第 79 页。

的对立中突出中心,在绝对与相对的对立中突出绝对,在一元与多元的对立中突出多元,在创造与接受的对立中突出创造……在这里,中心不受任何条件制约,与绝对的、支配的、决定的同义,与被支配的边缘一方则是不可逆的决定关系。美学中也同样,美、作品是中心,是美学的最高法庭,美感、读者则总是盲从、被动。然而在相对论与量子力学出现后,上述观念就无法再继续下去了。当代美学对"整个现实主义观念提出挑战,罗兰·巴尔特明确宣告作者的死亡;雅克·拉康、路易·阿尔都塞和雅克·德里达都从各自不同的理论主张对人文主义者关于主观性、个人头脑或内心世界是意义和行动的来源的假定提出质疑。在他们的著作中,那种认为文本就是说出个别主体(笔者)所感知的真实(或某一真实)、作者的见识就是文本唯一的并且是权威的意义来源的观念不仅靠不住而且完全不可思议。因为支撑这一观念的框架,包括那些假定和阐释的框架,那些思考和谈论的方式,都再也站不住脚"。① 原来,以任何一方为中心都不会有真理。在自然科学,牛顿是把地球上的观察者所面对的世界绝对化,承认他物相对于观察者所在的地球运动,然而却不承认观察者所在的地球也相对于他物而运动。而相对论却认定观察者同时就是被观察者。无论站在观察者一方还是以被观察者一方为中心都不会有绝对的结论,而只会有相对的结论。就相对论而言,观察者无疑会发现对方变化但却无法发现自己的变化。在社会科学,则既不符合社会系统的互动原则,也不符合作为社会群体的交流活动的人类文化的根本特征。在其中,互动也好,交流也好,都是以符号为媒介。而符号也就不可能是单向的交流活动,而象征着双向的活动——既阐释对方同时也为对方所阐释。在美学上也如此。正如罗兰·巴尔特说的:"作品"是牛顿式的封闭系统,是作者中心论的产物,而"文本"是爱因斯坦式的开放体系,以作者的死亡为代价。罗兰·巴尔

---

① 凯瑟琳·贝尔西:《批评的实践》,胡亚敏译,中国社会科学出版社1993年版,第9—10页。

特还指出:"承认作者是作品意义的唯一权威是资本主义意识的顶点和集中表现……我们知道,文本并不是唯一一个'神学'意义(即作者——上帝的信息)的一串词语,而是一个多维空间,其中各种各样的文字互相混杂碰撞,却无一个字是独创的。"①拉尔夫·科恩也提示说:"原先作为模式建构、作为含义的假设,受到'依据'及'材料'的支配并受到'有效性'检验的理论概念,正转变成新的关于其本身的,关于依据、模式建构的含义以及有效性的概念。"②这意味着:语言先于人,它与作者想说的东西并不相等。因此小说实际上是作者与读者两个人共同玩的游戏,类似两个人在打牌。英国作家戴维·洛奇甚至建议说:不要从自己的座位上站起来,绕过桌子去看对方的牌,并指教他该出什么牌不该出什么牌。而布法洛批评学派的布莱奇发现,写作的成果不是真实的客体,而是符号客体。离开符号的被阐释来谈符号的内容是没有意义的,实际上也是不可能的。这就需要使作品在每个读者的阅读中分别加以实现。正如拉丁美洲的诗人帕斯描述的:

每一个读者都是另一个诗人
每一首诗,是另一首诗

符号与符号之间
句子与句子之间
诗人与诗人之间
诗人与读者之间:
诗

---

① 罗兰·巴尔特。见张隆溪:《二十世纪西方文论述评》,三联书店1986年版,第161页。
② 拉尔夫·科恩主编:《文学理论的未来》,程锡麟等译,中国社会科学出版社1993年版,第1页。

这样，作品就要经过读者才能实现。审美活动离不开接受者的积极参与。接受者的理解是作品意义的最终实现，也是揭示作品的意义的先行条件。离开接受者，作品仅仅是毫无审美意义的媒介或材料，作品的意义等于作者赋予的意义和读者赋予的意义的总和。因此假如维护作品的支配地位，目光就只能集中在题材、主题、人物、情节之上，固定在几个抽象的概念之中，作品的意义也被固定在几个抽象的概念里来理解。这种审美观念无疑存在着致命的障碍。而在当代美学中，作品与读者之间的不可逆关系却被转换为可逆关系。作者与读者之间成为舞伴关系。不再是言者—听者，而是言者—言者了。

这一点，可以从卡拉OK中受到启迪。在传统美学，尽管作者与读者之间的关系时有变化，但是读者始终作为被动接受者这一点，却始终未变。不论是故事时代、诗歌时代、戏剧时代等都如此。有学者把它概括为"你讲我听""你写我读""你演我看"，是合乎人类的审美活动的历史事实的。在其中，作者与读者之间的对峙始终存在，而且读者的被压抑的地位始终存在。① 但是卡拉OK的出现却打破了这一僵局，破天荒地开了一个"我唱我听"的头。这种在审美活动中反客为主的现象，意味重大，是审美观念的当代转型的开始。它意味着读者从消极被动转向积极主动，从静观转向参与，从被动接受叙述到主动参与叙述，并且以自己的理解去对作者的作品加以阐释。

需要强调的是，这里的读者或阅读已经截然区别于传统意义上的读者或阅读。一般而言，关于阅读的观念大体可以分为三种：传统美学认为阅读

---

① 尽管读者的对于被压抑地位的反抗始终存在。例如在中国，"客有歌于郢中者……国中属而和者数千人"（宋玉：《对楚王问》）这"属而和者"就是对于被动的接受地位的反抗。中国特有的"玩票"现象，也可以说是对于传统的审美观念的压抑观众的做法的一种反抗。

是可能的——现代美学认为阅读是不可能的①——当代美学认为阅读即误读,②是怎样都行。具体就传统与当代的阅读观念的差异来说,在传统,是被动地接受一个完成的东西,当代是主动接受一个未完成的东西。在传统,是主动提供和被动接受的关系,当代是作者与读者的主动融合。在传统,是处处要分主仆,毫无平等,但实际上以谁为主,都是要把对方吃掉,读者则只能去把握作者的意图。当代文本的出现是对此的挑战,作者的神圣光环不再存在了,作者不再是像乔伊斯那样要写出宇宙大书,不再是创造者、创世者、教训读者的人,原文、原意都不存在了,读者与作者间开始了平等对话。在传统,是作者再现了什么,作者描述了什么;当代则是我从中看到了什么。这样,现在阅读就成为文本意义的重要来源。③ 它不是在文本的暗示下发现某种意义,而是创造意义,而且创造无限多的意义(所以弗莱甚至说:作者带来文字,读者带来意义)。并且,阅读不是文本的复制。因为只有允许干涉的文本,才有读的理由和读的行为。一千个读者就有权利拥有一千个林黛玉。其理由,正如德曼指出的:一切文本都要依靠修辞性语言,即用一个文本描述另一个文本,用一个修辞替代另一个修辞,一切语言都是比喻性的,文本的本意并不存在。因此所谓阅读是本体论的问题,一切文本都是因阅读(误读)而诞生。④ 对于它来说,客观尺度不存在。⑤ 而且,阅读也不是判断优劣、真伪的活动。当代美学认为一切文本无非是误读,例如阿尔都塞的

---

① 阅读是极为复杂的,因此几乎是根本无法成功的。
② 本意根本不存在,一切都是误读,因此误读也就成为合理的。不过,需要注意的是,当代美学的误读不同于误解。
③ 有时甚至以作者的作用的被完全抹杀为代价。
④ 中国的"诗无达诂",只是鉴赏论问题,是因为有了诗而产生不同理解。对于诗歌解释是可能的,尽管准确解释原意是不可能的,"读者各以其情而自得",但是毕竟存在"一致之思"。西方则不存在这"一致之思"。
⑤ 科学哲学家库恩发现对于世界的认识的转换只是范式的转换,而并非对所谓本质的更为深入的接近。这给当代美学以深刻启发。

"经典重读"、伽达默尔的"视界融合",或者是后来的诗人对前辈诗人的误读,或者是批评家对诗歌文本的误读,或者是诗人对自己的作品的误读,道理在此。

进而言之,在当代,阅读的突出意味着作者中心论的被打破。阅读进入了文本本体。阅读成为文学历史存在的方式。阅读也成为文学本质的动态实现的一部分。"文学是通过阅读来演奏文本的",西方美学家的这句名言,道破了其中的秘密。杜夫海纳说:"一个剧本等待着上演,它就是为此而写作的。它的存在只有当演出结束时才告完成。以同样方式,读者在朗诵诗歌时上演诗歌,用眼睛阅读小说时上演小说。因为书本本身还只是——种无活力的、黑暗的存在:一张白纸上写的字和符号,它们的意义在意识还没有使之现实化以前,仍然停留在潜在状态。"①萨特也说:"文学客体是一个只存在于运动中的特殊尖峰,要使它显现出来,就需要一个叫做阅读的具体行为,而这个行为能持续多久,它也只能持续多久。超过这些,存在的只是白纸上的黑色符号而已。要知道,作家不能读他自己写的东西,而鞋匠却可以穿他自己刚刚做好的鞋子,只要尺寸合脚就行;建筑家也可以住他自己建造的房子。"②强调的也都是这一点。没有阅读,写作、文本都只能被历史埋没。只有在阅读中,文学才被展现为文学,并进入历史、生活、传统。在此意义上,当代的阅读事实上只是一种逆向的探索。波莱蒂说:"观众的参与对作品来说是不可或缺的,把'观众'(这个词在这里不再有效)从被动的目击者变成合作的创造者(无论他们是否愿意),也是同样重要的。因此,现代主义那种艺术自律性不是自然而然地打破的,而是由目击者们来打破的。"③在这方面,最形象、通俗的例子,是卡拉OK,这是读者参与到创作中的典范。在

---

① 杜夫海纳:《美学与哲学》,孙非译,中国社会科学出版社1985年版,第158页。
② 萨特:《为何写作》,见伍蠡甫主编:《现代西方文论选》,上海译文出版社1983年,第193页。
③ 波莱蒂:《后现代主义艺术》,载《世界美术》1992年第4期。

审美活动中也如此。作家在写作,读者也在写作;作家是作家,读者也是作家。写作中蕴含着阅读的观念,阅读中蕴含着写作的观念。在其中,写作与阅读、作者与读者都走向了与传统美学完全相反的方向。这令人想起中国美学的"知其雄,守其雌……复归婴儿"。从作者来说,消解了"原意"这一范畴,作者因此也就被消解了。罗兰·巴尔特的话就是针对这一点而言的:传统美学总是把作者看成是作品的主人,作者是作品的父亲和主人,而当代的作品是没有父亲、主人的,它只存在于二者的对话过程中,存在于活生生的语言情景中。从读者来说,读者不再把自己当作读者,而是当作作者,作品也不再是已经完成的东西,而是有待完成的文本。在此意义上,所谓阅读,其美学含义可以用中国美学的"反者道之动"来表述。它是对于非理性的对象的考察的有效方法,不是把结构拆碎,而是逆向追寻,所谓沿波而讨源,从道之静逆转到道之动。这样就打破了传统的阅读心态,转向一种否定性的引导方式。其中出现的空白,是彻底打破了作品的内在逻辑性、连贯的线性、单向的理解,转而寻找另外的视点与观察方位的结果,并且因此而激发出多种理解途径、视点和因为出乎逻辑因果关系之外而产生的"惊异"。这样,阅读不再是领会作者原意,而是误读;解释也不再是构造,而是解构;理解不再是读者与作品的对峙,而是对话,从而作为文本的创造性活动的一个组成部分参与着意义生产的过程。

由上我们看到,当代美学对于阅读活动的考察,完全是在一个新的参照系下进行的。阅读观念的出现,正意味着一种全新的审美观念的产生。因此,对于阅读观念所带来的一系列新内涵,都应给以新的阐释。例如,阅读观念的出现,意味着阅读进入了文学本体。然而,这却绝非传统美学的欣赏理论的简单重复,而是从读者本体论的角度重新考察欣赏问题。同时,阅读观念的出现,无疑体现着文学的审美属性的实现。然而,在这里,"阅读是一种'具体化',它使作品成为它想成为的东西:一个审美对象,一种活意识的关联。在这个意义上说,批评家——任何读者也是如此——有权怀有某种骄傲,因为是他把作品提升到了它的真正存在。他和作者合作,但同时也与作者竞争;因为,在使它成为作品时,他夺去了作者的作品。在这个痛苦中产生,有时还带有痛苦痕迹的作品,只有在读者接待时才得到安宁,才幸福地笑逐颜开。"①可见,在这里所实现的是创造性的审美性,而不是传统的那种在写作中就已经确定了的审美性。再如,阅读的出现,还是传统的文学本质观的突破。因为,在这里实现的已经并非传统的那种静态的文学本质观,而是动态的文学本质观,即文学的本质实现于从写作到文本再到阅读的动态过程之中。

5
关于大众艺术

1

在当代艺术中,艺术观念、创造观念、作品观念、阅读观念的转型无疑令人瞩目,因为它们从根本上涉及当代艺术审美观念的转型。不过,要考察当代艺术审美观念的转型,仅仅从上述方面入手还是不够的,因为它们还大多是立足于精英艺术之内,涉及的是当代艺术审美观念的内涵。而当代艺术审美观念的转型还包含着一个极为重要的方面,这就是精英艺术与大众艺术的分化。它所涉及的是当代艺术审美观念的外延。在我看来,不考察精英艺术与大众艺术的分化以及大众艺术的美学内涵,就不可能在阐释中全面理解当代艺术审美观念的转型这一重大问题。

---

① 杜夫海纳:《美学与哲学》,孙非译,中国社会科学出版社1985年版,第158页。

西方关于精英艺术与大众艺术的分化以及大众艺术的美学内涵方面的研究，应该说，发端于20世纪30年代前后。面对都市化、工业化、技术化所导致的大众艺术的风起云涌，西方美学传统框架内部的贵族艺术与民间艺术的分立逐渐出现了转换，成为当代的精英（先锋）艺术与大众艺术的对峙。而在这一切的背后，则是审美观念的激烈对抗与冲突。颇具趣味的是，在当时的西方社会，无论是右派还是左派（法兰克福学派），竟然在关于大众艺术的否定上观念都是完全相同的。舒斯特曼就曾经描述说：大众艺术"为右翼分子和激进的马克思主义者的联手和同心协作提供了一块罕见的阵地"。①不过，其中也有所不同。前者是怕大众因此而得到解放，后者则是怕大众因此而根本无法得到解放。当然，在此之后，从五六十年代开始，随着英国文化研究学派与新德国电影文化批评学派的出现，西方关于大众艺术的看法就发生了新的转变。这就是：从一味的批判转向了辩证的考察。

总的来说，20世纪西方大众艺术观念的转型主要表现在最初的对大众艺术的成就的否定与对大众的能动作用的否定上，以及此后的对大众艺术的成就的肯定与对大众的能动作用的肯定上。

大众艺术的崛起，与"大众"观念的出现密切相关。从古到今，不论是传统艺术抑或当代精英艺术，其共同之处是都以"精英"作为根本特征，应该说，是有目共睹的事实。也因此，大众的诞生，无疑就为解构传统艺术审美观念以及艺术审美观念的再阐释，提供了重要的视界。

大众观念的出现与"大众社会"的出现相一致。所谓"大众社会"，脱胎于所谓"市民社会"。西方一般认为："市民社会"源于拉丁文，西塞罗早在公元1世纪时就使用这一术语来说明单个国家，而且用来说明城市中文明政治共同体的生活状态。这一术语的被普遍使用大约在公元14世纪。后来洛克、卢梭、康德、黑格尔、马克思也曾对此予以讨论。一般来看，西方主要

---

① 舒斯特曼：《通俗艺术对美学的挑战》，载《国外社会科学》1992年第9期。

是在与野蛮人社会状态、与自然状态相对的意义上使用这一术语,或者是把它限定在政治或者经济领域。在20世纪,这一术语的内涵发生了变化。例如葛兰西《狱中札记》中就认为在发达国家中"市民社会"是资本主义的最为内在的战壕,而资本主义国家倒只是外在的战壕。又如美国学者柯亨、阿拉托在《市民社会与政治理论》中则把"市民社会"与经济、国家鼎足而立,作为现代社会的根本内容之一。至于哈贝马斯的"社会文化系统""生活世界",帕森斯的"社会子系统",也大体与"市民社会"相当。总之,"市民社会"在20世纪不是在与野蛮人社会状态、与自然状态相对的意义上使用,同时也不是在政治或者经济领域内使用,而是在强调它的独立于政治、经济领域之外的文化内涵的层面上使用。在这方面,恩格斯对于19世纪的伦敦社会的描述似乎是具有先见之明:"像伦敦这样的城市,就是逛上几个钟头也看不到它的尽头,而且也遇不到表明快接近开阔的田野的些许征象——这样的城市是一个非常特别的东西。这种大规模的集中,250万人这样聚集在一个地方,使这250万人的力量增加了100倍……这种街头的拥挤中已经包含着某种丑恶的违反人性的东西,难道这些群集在街头的、代表着各个阶级和各个等级的成千上万的人,不都是具有同样的属性和能力、同样渴求幸福的人吗?难道他们不应当通过同样的方法和途径去寻求自己的幸福吗?可是他们彼此从身旁匆匆走过,好像他们之间没有任何共同的地方。好像他们彼此毫不相干,只在一点上建立了一种默契,就是行人必须在人行道上靠右边行走,以免阻碍迎面走过来的人,同时,谁也没有想到要看谁一眼。所有这些人愈是聚集在一个小小的空间里,每一个人在追逐私人利益时的这种可怕的冷淡,这种不近人情的孤僻就愈是使人难堪,愈是使人可怕。"[①]

大众社会应该说是"市民社会"的特殊类型。对于大众社会,西方一般是从社会的结构和关系两个方面解释。从社会结构的角度看,大众社会是

[①]《马克思恩格斯全集》第2卷,人民出版社1957年版,第303—304页。

指具有相对高度的城市人口的工业社会或已工业化社会,是一个相对于传统社会而言的社会。就社会关系的角度看,大众社会是指个人与周围社会秩序的关系。"大众社会的概念不等于数量上的大型社会,世界上有许多社会(如印度)有着巨大数目的人口,然而就其社会组织而言,它仍然属于传统的社会。大众社会指的是个人与周围社会秩序的关系。"①具体特点为:"1.心理上,个人处于与他人隔绝的疏离状态;2.在人们的相互交往中非亲身性盛行;3.个人较自由,不受非正式社会义务的束缚。"②

而"大众"观念正是脱胎于当代的大众社会。在传统社会,我们所习惯于面对的是"人"。这是在"元叙事"中形成的一种绝对主体,是一个蒙在神圣的光环中的圣词。它从不与人类的现实生活发生关系。从不被实体化为当下的现实,也被抽空了现实的内涵,并且尽管在人类理想主义的乐观图景中在不断地被改写,但事实上始终却是指称着"我们"。"大众"则有所不同。它是人类在当代的一种特殊的存在状态。从19世纪开始,许多思想家、美学家、艺术家就敏捷地注意到大众的诞生。尽管在他们的笔下,大众往往毫无美感可言。"大众——再也没有什么主题比它更吸引19世纪作家的注目了。"③雨果指出:"在那丑陋骇人的梦中,双双到来的夜晚与人群却愈见稠密;没有目光能测出它的疆域,黑暗正随着人群的增多而越来越深。"④波德莱尔发现:"病态的大众吞噬着工厂的烟尘,在棉花絮中呼吸,机体组织里渗

---

① 狄福罗等著:《大众传播学理论》,杜力平译,台湾五南图书出版公司1991年版,第174页。
② 狄福罗等著:《大众传播学理论》,杜力平译,台湾五南图书出版公司1991年版,第174页。
③ 本雅明:《发达资本主义时代的抒情诗人》,张旭东等译,三联书店1989年版,第136页。
④ 雨果。见本雅明:《发达资本主义时代的抒情诗人》,张旭东等译,三联书店1989年版,第79页。

透了白色的铅、汞和种种制作杰作所需的有毒物质。"①人们或者是用人道主义去批判大众(例如巴尔扎克),或者是用回归自然状态的方式来揭示大众(例如雨果),或者是干脆混迹于大众,"做一个人群中的人",因为"在人群中的快感是数量倍增的愉悦的奇妙的表现"。"街道是城市的主要通道,尽日拥挤不堪。但是,每当黑暗降临……喧嚣如海的人头使我产生了一种妙不可言的冲动。我终于把所有要照顾的东西都交给旅馆,在外面尽情地享受这景象给我的满足。"②然而在19世纪,大众毕竟还是一个模糊的观念,只是"无定形的过往人群"。20世纪伊始,大众的面貌才逐渐清晰起来。我们注意到,大众开始成为一个横跨传播学、哲学、社会学的概念,在社会学,大众"是同质性极高之人群的集合体",③其特点是众多而质同。日本港台所谓"新人类"也是这种社会学意义上的"同质人"。而奥尔特加则称之为"大众的反叛",因为"大众是平均的人"。这种说法,类似于马尔库塞所称的"单面人"或者里斯曼所称的"他人引导"的人。在传播学,大众这个概念不同于社会学所说的团体、人群、公众。"大众人数众多,一般总是多于上述三种集合体。大众散布于社会,但彼此之间往往互不了解。他们并不组织起来实现任何目标,也不存在着任何固定的成员。大众的组成是庞杂的,包括所有各个社会阶层和各类人口。这就是大众的对象。"④在哲学,霍克海默、阿多尔诺称之为"自愿的奴隶",萨特称之为"他我":"我是别人认识着的那个我……因为他人的注视包围了我的存在。"⑤海德格尔则用"常人"来对应大

---

① 波德莱尔。见本雅明:《发达资本主义时代的抒情诗人》,张旭东等译,三联书店1989年版,第92页。
② 爱伦·坡。见本雅明:《发达资本主义时代的抒情诗人》,张旭东等译,三联书店1989年版,第142页。
③ 狄福罗等著:《大众传播学理论》,杜力平译,台湾五南图书出版公司1991年版,第151页。
④ 范东生等编:《传播学原理》,北京出版社1990年版,第288页。
⑤ 萨特:《存在与虚无》,陈宣良等译,三联书店1987年版,第346页。

众,避免了随便用"我""我们""他们"这类人称代词来指称大众的做法。按照海德格尔的看法:"这个常人不是任何确定的人,而一切人(一切不作为总和)都是常人,就是这个常人指定着日常生活的存在方式。""中性的人"无处不在,但又"从无其人",①首先,"常人"即"无此人",②其次,"常人也不是像漂浮在许多主体上面的一个'一般主体'这样的东西。"③其三,他分散、消解主体。"一作为常人自己,任何此在就分散在常人中了,就还得发现自身。……上述分散就标志着这种存在的'主体'的特点。"④

不过,总的来看,上述看法又有其一致之处。这就是:所谓大众,就是失去了抽象本质支撑的零散的"我"。在这里,大众不同于"群众""人民""劳苦大众""人类"。大众是对于传统的人的本质的定义的改写,是一个具有20世纪特定文化背景的概念。⑤ 大众与传统的"人"的最大区别,就是大写的人、大写的主体、大写的我不再存在。假如说传统的人是只有同,没有异,那么大众就是只有异,没有同。对于异质性的重视,使得大众不再是一个统一体,而是人心各如其面的零散的群体。它代表着在当代社会条件下诞生的公共群体,但又是无名的存在;是最实在的群体,但又是查无此人的存在。出身、血统、种族、种姓、阶级的区别在这里不再重要,个人失去共性而成为原子,个人的心灵成为他人的摹本,但这个他人又并非共同本质,而只是多数常人(常人不是具体的人,而是一切人都是常人)。局部的高度组织化和整体的无政府状态,就是大众的最大特征。

值得注意的是,从20世纪五六十年代开始,随着英国文化研究学派与新德国电影文化批评学派的出现,西方关于大众的观念又发生了新的转变。

---

① 海德格尔:《存在与时间》,陈嘉映等译,三联书店1987年版,第156、155、157页。
② 海德格尔:《存在与时间》,陈嘉映等译,三联书店1987年版,第157页。
③ 海德格尔:《存在与时间》,陈嘉映等译,三联书店1987年版,第158页。
④ 海德格尔:《存在与时间》,陈嘉映等译,三联书店1987年版,第159页。
⑤ 霍克海默就批评过阿德勒把大众抽象为一种具有普遍意义的概念的做法。

他们承续了自路易斯·阿尔图塞、安东尼奥·葛兰西发源的新马克思主义的传统,对以法兰克福学派为代表的大众观念作出了重要的更正。例如,约翰·费斯克就在《理解大众文化》《阅读大众文化》两部著作中对"大众"重新加以界定,认为大众观念中最为重要的内涵有二,其一是"集体性对抗主体",其二是"流动主体"。在这一大众观念中,无疑仍旧延续了大众作为社会阶层中的弱者的形象,但是又有重大的不同,那种把大众作为统治阶级意识形态的奴隶的看法消失了,相反的是,大众之为大众中的与统治阶级意识形态的对抗性的一面,以及大众自身的复杂性的一面,却被突出地加以强调。由此,在过去被忽视了的大众的能动作用,现在被空前地受到了重视。

关于大众艺术的观念也是如此。20世纪30年代前后,对于大众艺术的看法基本上是否定的。法兰克福学派认为大众艺术具有十个特征:1.标准化,重复雷同性高;2.形式大于内容;3.缺乏原创,主要为迎合大众的口味;4.以盈利为目的,文化变成了消费品;5.以娱乐为主,不鼓励独立思考;6.计划性的生产,自上而下的操纵;7.缺乏自发、自主、自由的启蒙与选择;8.理性化的生产过程;9.屈服于现存的社会权利结构;10.具有宰制人心的意识形态效果。与此相应,精英艺术的特征则是:1.个人性;2.真实性;3.独特性;4.具有摆脱束缚的潜能;5.具有启蒙的潜能;6.具有批判的潜能;7.为艺术而艺术,没有世俗的目的。在这当中,贬低与褒奖的意味是十分清楚的。

以阿多尔诺为例,他把大众艺术看作"欺骗群众的启蒙",认为大众艺术是同质性的,是一种反风格的风格,是对文化商品的自然认同,因此无非是一种体现统治阶级意识形态的文化工业产品,代表着一种垄断权利,至于观众,则只是一个被动的文化消费者、受害者,根本无法从中自己解放自己,因而也不再可能成为社会解放、改革的动力。应该说,在20世纪审美观念的转型的历程中,是阿多尔诺首先注意到了大众艺术的崛起,并首先集中全力对大众艺术加以研究,功不可没。然而他的看法毕竟又是特殊历史条件下的产物,其中,理论盲点与历史盲点都是一致的。在此意义上,甚至可以说它并非一种冷静、客观的美学思考,而主要是一种独善其身的社会态度、道德态度。他甚至混淆了法西斯集权统治和商品经济制度与社会主体关系的重大区别,把一种社会文化现象转换为一种社会政治现象,并且不惜靠加大艺术的难度和合理性(只有少数人能够达到)来与现实社会政治相对抗。这,在特定时期中无疑有其合理性,但却没有什么普遍意义,更不能当作"放之四海而皆准"的理论模式来到处运用。历史的阿多尔诺毕竟不是理论的阿多尔诺(值得注意的是,20世纪60年代以后,阿多尔诺在《电影的透明性》《关于文化工业的再思考》中也改变了自己对大众艺术的偏激看法)。

从20世纪五六十年代开始,在西方,关于大众艺术的看法又被重新加以界定。法兰克福学派的大众艺术观念被杰姆逊批评为"前资本主义文化怀旧病",被伯因斯讥笑为"固守精神精英贵族立场",被甘斯嘲讽为"文化自主论"。舒斯特曼的剖析更是入木三分:"在知识界存在一种把'审美'这个术语作为唯一适合于纯艺术的专用语的倾向,似乎大众的审美主张是与这个词相矛盾的。""这不仅使我们与社会的其他人相隔离,而且也是反对我们自己。我们被教导去轻视那些给了我们愉快的东西,并为这种愉快感到羞耻。这种对通俗艺术不合理的批评是在捍卫审美愉悦的大旗下进行的,它代表了一种禁欲主义。"①在当代的美学家看来,过去关于大众艺术的观念中存在着双重的盲点:对大众文化的成就的否定与对观众的能动作用的否定,现在,必须转向对大众文化的成就的肯定与对观众的能动作用的肯定。

具体来说,以法兰克福学派为代表的对于大众艺术的考察,存在着一个重要的失误。这就是没有能够意识到大众艺术的观念全然不同于传统意义上的"大众文学""民间艺术""通俗艺术",它所蕴含的审美观念是明显超出于传统的审美观念的,因此从传统美学的某些原则出发得出的所谓结论,显然会因为这结论自身早已包含在传统美学的那些只适用于传统审美文化的

---

① 舒斯特曼:《通俗艺术对美学的挑战》,载《国外社会科学》1992年第9期。

理论前提之中而根本不可能是"对症下药"。正确的做法,则正如舒斯特曼指出的:要"为通俗艺术的美学合法性辩护就必须把'艺术'和'美学'从这种被独占的地位中解放出来"。① 由此出发,当代美学家指出,从大众艺术的成就的角度看,大众艺术不是同质的实在实体,而是异质复合的关系组合,大众艺术的成果有其特殊的创造性。在这里,值得注意的是,更为强调的是大众艺术的意义,以及这意义在特定社会中的产生与流通,这意义与社会、权利结构的关联。因此,不再从艺术去说明作品,但也不简单地从商品去说明作品。"艺术作品"不再是讨论核心,意义也不再内在于其中。对于大众艺术,没有必要看它有多高的艺术价值,也不需要先把它转化为艺术作品然后再加以肯定。它无非只是大众进行意义生产时所需要的资源和材料。这就是说,只有由大众参与的社会意义的生产与流动才是大众艺术。与此相应,从观众的能动作用的角度看,观众既然是"社会性主体",无疑也应该是"文本性主体"。只有加上"意义"和"乐趣",作为商品的文化工业产品才会成为受观众控制的大众艺术的"文本"。在其中,大众以"逃避"和"对抗"来对待自己的弱者地位。而且,在逃避中快乐多于意义,对抗中意义多于快乐。而新德国电影派的克鲁格、耐格特也提出了一种电影是"公众空间"的看法,以及"公众生活与经验"的观念,这意味着:观众不是被动的消费者,而是积极的参与者。由此我们发现:正如法国社会文化学家彼埃尔·波德埃指出的:大众的审美趣味起源于一种与康德美学完全相反的美学。因此,大众艺术与精英艺术不同。后者是以意义内在于作品为特征,前者却是以意义的外在于作品为特征。对于大众艺术来说,重要的是意义的流通和生产本身,这意义不再需要先转换为作品才担负起社会功能。大众艺术的产品只是审美的资源,并且是在观众参与过程中产生的。至于产品是否具有高雅艺术所具有的艺术品质根本无关紧要。对于欣赏者来说,也不只是在消费文化产

---

① 舒斯特曼:《通俗艺术对美学的挑战》,载《国外社会科学》1992年第9期。

品,而且是在利用和转换之。因此,大众艺术的特长不体现在产品的生产上,而是表现在对产品的创造性的运用上。在此意义上,大众艺术是一种"有啥用啥"的文化。经典艺术之所以总是被大众艺术所利用,道理也在这里。假如说精英是把文化产品经典化,大众艺术是把文化产品材料化,并且把经典艺术也只是作为材料的一种。这样,稍一不留意,就会出现对于经典的亵渎现象,阿多尔诺不能忍受用爵士乐演奏巴赫,或许就是因为意识到了这一点?

2

大众艺术是20世纪的重大学术课题,至今为止,应该说还没有定论,而且,大众艺术本身仍旧在持续、强劲的发展,因此也不可能有定论。例如,即使是当代的关于大众艺术的观念,在我看来也有其根本性不足。这就表现在,它们回避了法兰克福学派提出的根本问题:大众艺术是工具理性对人类社会的操纵的结果。因而把人的解放的问题转化为一个简单的文化分层的问题,一个文化资源的"等贵贱、均贫富"的问题。价值性的批判被转化为学理性的考察。这,无疑也是一种失误。

那么,怎样在阐释中理解当代的大众艺术观念呢?大众艺术的诞生,显然与都市化、商品化、技术化趋势以及当代美学的否定性主题和两极互补模式互为表里,同时也与当代的艺术的生活化①以及当代的生活的艺术化②关系密切。对此,本书已经分别详加介绍,此处不赘。

在我看来,对于大众艺术,不能从所谓从众、通俗、娱乐、煽情、类型化、商业化、快餐化、文化工业等现象入手去加以讨论。从众、通俗、娱乐、煽情、类型化、商业化、快餐化、文化工业等现象,无疑是存在的,然而,这些现象虽

---

① 例如当代艺术的从雅得不能再雅发展到俗得不可再俗与从唯美艺术发展到废品艺术。
② 例如在工业生产方式、高科技的推动下出现的生活本身的美学涵量的极大提高。

并非它的优点,但也绝非它的缺点,而只是它的特点。① 这特点,来自它以大众性而区别于精英性这一根本特征,而大众性又具体表现为三个层面,这就是商品性、技术性和娱乐性。因此大众性以及商品性、技术性、娱乐性是它的内在规定,从众、通俗、娱乐、煽情、类型化、商业化、快餐化、文化工业等现象则是它的外在表现。由此入手,我们不难看到:大众艺术的崛起在当代艺术审美观念的转型中的重大意义,与它的作为内在规定的大众性以及商品性、技术性、娱乐性为当代艺术审美观念所提供的美学内涵密切相关。而对于大众艺术的评价,则与作为内在规定的大众性以及商品性、技术性、娱乐性为它所划定的特定界限密切相关。在这特定的界限之内,我们看到的无疑是健康、向上的大众艺术,而一旦越过这一特定的界限,变大众性为"唯"大众性,就会变商品性、技术性和娱乐性为"唯"商品、"唯"技术、"唯"娱乐,沦为一种"错位的游戏",则意味着大众艺术走向误区的开端。

不难想象,当大众一旦正式诞生,就必然要求美学上的合法性,并且必将导致审美观念本身的改写。而这,正是我们在当代艺术审美观念的转型中所看到的真实的一幕。

我们知道,传统的艺术审美观念是建立在精英性的基础之上的。而大众的问世则使得大众性成为当代艺术审美观念的转型的契机。具体来说,大众性使得当代艺术被重新改写。这改写,是通过将艺术置身于商品、技术、娱乐这前所未有的三极之间,从而催生一种与精英艺术相对的以商品性作为前提、以技术性作为媒介、以娱乐性作为中心的艺术类型。这就是大众艺术。而大众艺术的问世,意味着人类艺术审美观念本身的边界的极大拓展(艺术的生活化),也意味着商品、技术、娱乐本身的文化含量、美学含量的极大提升(生活的艺术化)。

大众性进入艺术的结果,是极大地拓展了艺术的内容,使每一个普通人

---

① 事实上,我们所熟知的精英艺术的种种现象也并非优点或缺点,而只是特点。

都找到了适合于自己的精神食粮。过去人类的艺术离普通人很远,片面追求精英性。然而物极必反,"如果人的被接受了的理想形象过于片面,不能揭示人的本质和欲望,它就会投下阴影,一种相反的理想就会在压抑中出现。这种相反的理想和压抑它的理想同时出现,用自己的要求抵抗压抑它的理想和要求。这些要求可能会变得越来越强大,最后可能会使这种相反的理想取代压抑它的理想。"[1]艺术审美观念的当代转型正与此有关:精英性在生活中并非时时处处存在,真正的生活往往是大众性的。社会也并不只是由精英组成的,还有大众的存在。艺术必须为这种大众性的生活和大众本身立法。大众艺术正是在此意义上应运而生。而在精英艺术之外还原了大众性的生活与大众的真实存在,把人们认为有"意义"的还原为无意义,又在无意义中显示了一种意义,这,正是大众艺术的历史功绩。因此,在美学上,大众性对于艺术的内容的拓展起码在下述方面。其一是艺术的世俗性(肯定性)。它与艺术在精英性基础上展开的批判性(否定性)一极相对。在此,艺术与生活之间的基本裂隙已经不复存在,甚至干脆与它曾藐视的生活同化,更不再通过否定性的中介来反映社会,而是非升华的,以直接满足作为中介,从自我表现转向了自我娱乐。阿多尔诺说大众艺术是相反的精神分析学,确实如此。其二是艺术的他律性。它与艺术在精英性基础上展开的自律性一极相对。在此,艺术不再是自恋的,也不再拒绝进入交换,更不再保持独一无二和不可复制,而是直接进入现实生活,并且以自己能够被大量复制和消费为荣。

大众性的实现与商品性、技术性、娱乐性的实现是一致的。首先,商品性显然是大众艺术的前提。区别于传统艺术审美观念和当代精英艺术审美观念的出于某种特定历史原因的对于艺术的纯粹性的维护,以及对于艺术

---

[1] 卡斯顿·海雷斯:《现代艺术的美学意蕴》,李田心译,湖南美术出版社1988年版,第115页。

与商品之间的联系的顽强拒斥,大众艺术转而与商品联姻。这联姻无疑是对于传统艺术审美观念的狭隘性、封闭性、贵族性等局限的某种突破。原因很简单,所谓商品并非只是纯粹的物质的东西,它还是一种社会关系,并且还存在于流通领域之中。对于消费商品的人们来说,其中无疑包含着欲望、观念、情感等精神性的成分,那么,对于消费美和艺术的人来说,其中难道就不包含物的、商品的成分吗?因此,精神产品的商品属性的存在并不必然以贬低精神性为代价。也因此,大众艺术转而与商品联姻也并不必然以贬低大众艺术所蕴含的美学属性为代价。何况,人类的艺术固然以审美作为根本属性,但也并不意味着只有审美属性。在其中,文化属性、历史属性、伦理属性、民族属性,乃至商品属性也是程度不同地存在着的。尽管由于传统美学为自身的局限所限,往往对其中的某些属性(尤其是商品属性)视而不见,甚至人为地加以压制。因此,大众艺术对于审美文化的商品属性的密切关注,也并不必然以贬低大众审美文化所蕴含的美学属性为代价。

其次,技术性无疑是大众艺术的载体。同样区别于传统艺术和当代精英艺术的往往以印刷媒介为载体,大众艺术主要以电子媒介为载体。威廉斯发现:"今天,我们已习以为常地使用'群众'观念以及由此产生的'大众文明''大众民主''大众传播'等观念。"[①]"一种把社会的大多数成员贬低为群氓身份的社会观念","大众观念就是这种观念的表现,而大众传播的观念则是对其功能的注释",具体来说,像当代精英艺术一样,电子媒介一方面直接介入大众艺术,成为它的本体存在的一个组成部分;另一方面全面地更新了大众艺术的制作手段,变传统的间接性交流为直接性交流。结果,就造成了与传统艺术所孜孜以求的美和艺术的本源的在时间、空间上的独一无二性、权威性、神圣性、不可复制性,以及美和艺术的模仿现实的能力的对立,从而导致大众艺术在生产方式、结构方式、作用方式、知觉方式、接受方式、传播

---

① 威廉斯:《文化与社会》,吴松江等译,北京大学出版社1991年版,第376、383页。

方式、评价方式上的重大美学转换。这就是大众艺术所特具的内在规定:技术性。而且,更为重要的是,假如说当代精英艺术是电子媒介的间接产物,那么当代大众艺术就是电子媒介的直接产物;假如说当代精英艺术是以艺术性为主,那么当代大众艺术就是以技术性为主。① 借助电子媒介,大众艺术不但得以跨越阶层、语言、地域、传统等重重界限,得以在全球进行"现场直播",从而从贵族化走向大众化,不但被迅速而大量地拷贝,使得自身成为无穷无尽的复印件,从而成为批量制作、批量生产但又脍炙人口的艺术快餐,不但公然地以强调"最小公约数"即最少地冒犯公众作为自己的审美法则,使得俗不再"俗",俗而可爱,为大众所喜闻乐见(李宗盛在《开场白》中唱道:"在这里,有人陪你欢喜忧伤,陪你愁。"),而且冲破了传统美学的一直牢不可破的"技巧"防线。这表现为在发烧友那里,技术已经成为被欣赏的对象,Hi-Fi器材已经成为被关注的对象,更表现在当代歌星的以听唱片、扒带子、现场演唱会中的模仿去代替传统的技巧学习。美国著名的布鲁斯歌手阿尔伯特·亨特尔甚至说:只有不懂音乐的人才能演奏出最好的布鲁斯。萨克管大师悉尼·贝切特也曾经对学生说:"我今天只教你演奏一个音符,看看你能有几种演奏方法——降半音、升半音让它嗥叫,使它混浊,你可以随心所欲地演奏,这才是用音乐表达你的情感,跟说话一样。"结果,感性的耳朵代替了理性的大脑(读谱),个人抒情代替了对乐谱的准确理解,疯狂的歌迷代替了高雅的听众……缘此,大众艺术的出现无疑就是必然的。

第三,娱乐性堪称大众艺术的中心。众所周知,传统艺术与当代精英艺术往往以摈弃娱乐性作为基本特征。在它看来,娱乐是一种消极的心态。

---

① 当代中国人无不熟悉录音机与邓丽君的流行歌曲之间的密切关系。随身听也如此。流行歌曲是私语性的,象征着情人间的窃窃私语,把流行歌曲的这一特点挖掘得淋漓尽致的,正是随身听。随身听是属于个人的,并且是不与他人分享的。当你把耳机塞入耳朵,按下"Play",就既把音乐招之而来,又把世界挥之而去。在这方面,随身听确实很容易制造一种知己的气氛,堪称是保护个人的美学甲壳。没有它,流行歌曲很难"流行"。

这一点,我们可以在传统美学总是用劳动的合理性来说明娱乐的合理性中找到答案,例如中国讲的"玩物丧志",柏拉图在《法律篇》中也说:精神怜悯他们生来如此受苦难,而以宜于劳作后休息的宗教节日的形式来使人们消遣一下,诸神把缪斯及其领袖阿波罗和狄奥尼索斯一起赐给我们。由于有这些神共度假日,人们才得以欢聚一堂;由于有了他们,我们才在节日庆祝活动中觉得心旷神怡。似乎人不劳动就不能娱乐,劳动成了娱乐的前提。而在当代社会,我们看到,娱乐有其天然的合理性。因此也实在应该是艺术之为艺术的题中应有之义。1928年,英国经济学家凯恩斯说:有史以来,人类将首次面对一个真正永恒的问题——如何利用工作以外的自由与闲暇,过快乐、智慧与美好的生活。马克思、恩格斯也指出:"并不需要多大的聪明就可以看出……关于享乐的合理性等等的唯物主义学说,同共产主义和社会主义有着必然的联系。"[1]事实上,它与艺术也"有着必然的联系"。大众艺术所充分展开的,正是艺术这一被长期遮蔽起来的本性。丹尼尔·贝尔断言:"美学成为生活的唯一证明",[2]原因在此。

大众艺术的问世在当代艺术观念的转型中有着重要的意义,因为它成功地为当代艺术确立全新的另外一极。这是完全不同于精英艺术的一极。这是一个与精英艺术的结构、功能殊异的而且各自有其自己的精华与糟粕的艺术系统。例如,大众艺术是两头在外的艺术,它从发生的角度要向精英文化汲取资源,[3]从结果的角度要推动优秀的作品升华为精英艺术。而精英艺术却始终是两头封闭的,是一种自产自销的艺术。不难看出,大众艺术是

---

[1] 马克思、恩格斯:《神圣家族》,人民出版社1982年版,第166页。
[2] 丹尼尔·贝尔:《资本主义文化矛盾》,赵一凡译,三联书店1989年版,第98页。
[3] 因此,应当注意,娱乐性作为一种必不可少的美学观念的建立,对我们理解当代大众艺术,是非常关键的。例如电子游戏,它不如电影那么经典,也不如电视那么有用,而且又是游戏,往往被视为玩物丧志的象征。但是它实际反映了消费观念从有用到好玩的转变,显然不宜简单否定。

对传统艺术的封闭性的一个重要的补充。① 同时,大众艺术还通过为当代艺术确立了另外一极的方式使得当代艺术的内容的中间地带得以充分展开。例如大众艺术得以在精英艺术内部诱发出偶发艺术(娱乐性)、波普艺术(生活化)、古典艺术(以快感为基础的通俗化)。精英艺术也得以在大众艺术中诱发电影、电视、录像、广告、摇滚、时装、选美、MTV、游戏机、肥皂剧、娱乐片、武侠小说、言情小说、流行歌曲、卡拉OK、武打,等等。安东·埃伦茨维希就曾把通俗对精英的借助比作"短命的通货",并揭示说:"很少有人懂得,商业艺术的许多革新都是从毕加索发明的形式中提取出来的。"② 最为重要的,是只有大众艺术的出现,才真正确立了精英艺术的批判性、自律性。在传统艺术缺乏世俗性、他律性一极之时,精英艺术的批判性、自律性事实上只是虚幻的,因为它必须潜在地发挥世俗性、他律性的功能,从而使得自身的批判性、自律性无法真正实现。而大众艺术的问世则由于世俗性、他律性的独立,使精英艺术的批判性、自律性得以真正独立。也正是因此,对大众艺术的考察意味着一种全新的审美观念的诞生。这正如杰姆逊指出的:"对我来说,一种更为妥帖的文化研究概念不应让人觉得要在'雅'和'俗'之间

---

① 遗憾的是,相当多的学者却无视两者之间的差异。当前出现的大众艺术的越位和精英艺术的不到位,就是一例。前者是指大众艺术大肆侵吞精英艺术的领域,不惜把精英艺术赶入枯鱼之肆。后者是指精英艺术不肯甘于寂寞,迟迟不肯进入自己的位置。事实上,精英艺术不可能流行起来,也不必要流行起来。它承担的是发展艺术的使命,需要向高、精、尖、深发展。大众艺术是以量取胜,精英艺术是以质取胜。这一点,我们从人们敢于对流行艺术不喜欢而不必担心会被认为是素质差、趣味俗、文化浅,但是却会因为担心会被认为素质差、趣味俗、文化浅而不敢对精英艺术表示自己的不喜欢中,不难看出。同时还可以从大众艺术是对流行趣味的适应而精英艺术是流行趣味对它的适应中看出。另外,两者之间还存在着流传与流行、发展与娱乐、表现情感与表演情感、谜面和谜底分开与谜面和谜底等同、震惊与刺激、安抚等差异。
② 安东·埃伦茨维希:《艺术视觉心理分析》,肖聿等译,中国人民大学出版社1989年版,第161页。

作非此即彼的选择,比如,研究经典作品了,就不能碰电视、流行歌曲音乐之类。在我看来,两者是一个整体领域中的辩证的组成部分。而最精彩的议论,往往是那些不固守'精英'与'大众','德国'和'法国'之类的人为框框的人做出的。我可以理解为什么人们总是要这样画地为牢,有时我也有类似的感觉,但这毕竟不是最富于创造性的态度。"①

3

关于大众艺术,由于它的不足较为引人瞩目,人们还往往简单地把它从根本上予以否定。这无疑也是错误的。在我看来,大众艺术的不足并非它自身的根本缺陷,而与它自身的商品性、技术性、娱乐性的越位有关。

就商品性而言,大众艺术对于审美文化的商品属性的密切关注无疑是必要的,然而又并非不存在界限。换言之,大众艺术强调的只是自身存在着商品属性,但却不是与商品等同。这应该说是大众艺术的"雷池",一旦肆无忌惮地加以跨越,一味强调大众艺术的商品价值而不是审美价值,就必然会导致大众艺术的走向误区。

这无疑是符合大众艺术的实际状况的。我们在其中所看到的种种误区,在某种意义上,应该说,都不是大众艺术本身所造成的,而是大众艺术一旦肆意"越界"、一旦"唯"商品的结果。进而言之,是误以为商品意识可以肆意越过自己的边界吞并审美意识,误以为可以把艺术活动完全纳入商品交换的范围之中(在中国有所谓"文化搭台,经济唱戏"),误以为可以以效益、利润、金钱作为艺术的核心的结果。正如霍克海默和阿多尔诺指出的:"艺术今天明确承认自己完全具有商品的性质,这并不是什么令人新鲜的事,但是,艺术发誓否认自己的独立自主性,反以自己变为消费品而自豪,这却是

---

① 杰姆逊:《晚期资本主义的文化逻辑》,张旭东译,三联书店 1997 年版,第 14 页。

令人惊奇的事。"①我们在当代大众艺术中所看到的不惜降低姿态向金钱献媚,不惜通过美和艺术去表述某种纯粹的商品逻辑,以及为了引起关注而不惜恶狠狠地亵渎一切曾经被认为有价值的东西,不惜津津有味地咀嚼一切琐碎的生活趣味,甚至把神圣的历史"戏说"为某种既远离真实又俗不堪言的"传奇",不惜与商品为伍并且心甘情愿地卖笑于街头巷尾,并且"心甘情愿地充当迪斯科舞厅的门卫侍者"(罗森堡)……都是它的"越界"与"唯"商品的丑恶表演。这样,大众艺术不再是时代的放歌台、晴雨表,而是转而成为时代的下水道、垃圾箱,不再是时代的一剂解毒药,而是转而成为一纸美和艺术的卖身契,就是必然的结果。

就技术性而言,大众艺术对于技术的引进无疑也是必要的,然而又不是无条件的。简而言之,它应该体现着人对技术的胜利,体现着对于技术的利用。换言之,这应该说是大众艺术的"雷池"。不难想象,一旦肆无忌惮地加以跨越,转而对技术加以无条件的引进,甚至不惜"唯"技术、不惜令技术转而凌驾于自身之上,就必然导致误区的出现,转而成为技术对人的利用、技术对人的胜利。这就是海德格尔所痛斥的"技术的白昼"。问题很简单,通过技术(例如复制技术、仿真技术、幻觉技术、拼贴技术、时空倒错技术)组织起来的美学话语,从表面上看是面对"生活真实",但由于实际上只是被组织起来的话语,一旦失控,往往会成为人类体验世界的活动的异化的体现。而且,作为话语的编码者,当技术手段把为美学话语所需要的素材加以组织的时候,是按照一定的叙述模式进行的,因此,一旦失控,其中的叙述话语就实际只是重构某种既定的话语模式。更为严重的是,由于技术作为一种媒介,只是一种无法反映内容的媒介,它的内容只能是另外一种媒介,以至塑造媒介的力量正是媒介自身。这样,一旦失控,就会从根本上颠覆现实与形象的

---

① 霍克海默、阿多尔诺:《启蒙辩证法》,洪佩郁等译,重庆出版社1990年版,第148页。

关系,使得形象转而凌驾于现实之上。它制作现实,驾驭现实,甚至比"现实"更"现实"(流行歌曲就是技术化的艺术,是人声—机器声的结果。假如说电视包装了人们的生活,流行歌曲就是包装了人们的情感)。结果,大众艺术成为大众操作,①美学作品成为美学用品。② 伴随着感性能力的畸形增强的,势必是理性能力的日益萎缩。

就娱乐性而言,娱乐性无疑是大众艺术的一大特征,但却毕竟只是大众艺术的一个特征,而不是唯一的特征(更不是根本的特征)。因此,大众艺术对于娱乐性的高扬也并非不存在界限。换言之,大众艺术只是对于艺术的娱乐性因素的侧重,但却不是与娱乐等同,更不是为娱乐而娱乐。这,应该说也是大众审美文化的"雷池",一旦肆无忌惮地加以跨越,一味把大众艺术与娱乐相等同,就是大众艺术走向误区的开端。对此,学者们提出的所谓"伪个性主义"(个体的审美趣味自由的观念消失了,明星们的种种表演只是虚假的风格、虚假的个性),以及大众文化实现的只是"超级民主",值得注意。

不难看出,大众艺术的误区恰恰在这里。就美学观念来说,往往表现为

---

① 这方面,以"玩"与"艺术"的结合最为令人瞩目。其次如"戏说"历史。中国的电视剧《宰相刘罗锅》中唱得好:"故事里的事,说是不是也是,故事里的事,说不是是也不是。"它不指望从戏说中得到什么,只要能够娱乐自己。再如中国的小品。小品在表演舞台上独领风骚,成为中央电视台春节晚会中不倒的台柱,究其原因,不在它的雅俗共赏,而在于它以程式化而近乎俗套的表演和脸谱化的形象塑造,把生活作为快餐式的片断提供给人们享受,从而满足了人们的某种要求和欲望,由于误解作为小品的契机总是迎刃而解,这使人们在享受片断的快感中消解了误解他人的生存焦虑,通过小品的解魅性表演,生活成为片断串联的轻喜剧,生活在片断化的过程中戏剧化了,在片断化的生活剧中,人们得到了欢乐,却得不到安慰,随着生存焦虑的消除,对人生的焦虑也被消除了。
② 这一点在中国的广告中看得最清楚。其中以方便面的广告最为诱人。诱人的方便面、美味的调料,以及广告中主人公情感表白,你会毫不犹豫地去买这款方便面,然而,面还是那种面,碗还是那个碗,调料却不是那份调料了。其次如玉兰油与世界上最美丽的新娘,护舒宝与前所未有的安全,也如此。

一种虚无主义的"灵魂裸露"与"耗尽"。作为当代艺术的一极,大众艺术可以不去着重关注终极价值,但却不能背离终极价值,更不能转而诋毁终极价值。遗憾的是,我们在大众艺术的误区看到的,正是这样的一幕。思想从对话中退出、历史从家史中退出、精神从肉体中退出、理性从感性中退出、爱情从婚姻中退出、美从艺术中退出、创作从写作中退出、情节从故事中退出,空间取代时间、欲望取代激情、表演取代体验、策划取代构思、展示价值取代审美价值、感官经验取代审美经验,形而上的殷殷爱心化作形而下的自娱和快感,人的生存价值被压缩成"活着",作者陶醉于"过把瘾就死",读者满足于"过把瘾就吐",作品定位于"过把瘾就扔"……就美学内容而言,则表现为对于精英艺术的"侵吞",所谓大众艺术"玩"精英艺术。本来,在当代艺术之中,大众艺术与精英艺术各自有其内在规定,偏废则两伤,兼容则两全。然而大众艺术一旦为娱乐而娱乐,就会肆意越过边界,把精英艺术娱乐化。诸如古典美术的挂历化、古典名著的影视化、古典诗歌的白话化、古典音乐的通俗化、古典名胜的公园化、古典文史的散文化、古典名人的平民化、古典戏曲的舞厅化……以及卡拉OK代替古典音乐、迪斯科代替芭蕾舞、通俗文学代替严肃文学、"故事大王"代替小说①、摄影代替绘画、广告代替艺术,就程度不同地存在着这类问题。我们知道,人类对于美的追求在任何时刻都毕竟是一种价值承诺,然而现在它的能指与所指却是完全等值同构的,其结果

---

① 这是指的小说蜕化为故事。以中国的情况为例,我们看到,目前故事杂志一片繁荣,小说杂志却无比冷落。过去文学杂志都发小说,《小说选刊》《小说月报》《小说林》《中篇小说选刊》……一片繁荣。而现在小说已经无人喝彩,不再"一举成名天下知,一篇问世天下闻"。至于故事,过去是不被看重的小兄弟,现在却是财大气粗的大哥大。《故事会》《故事林》《故事世界》《新聊斋》《传奇故事》,上海甚至有三四种故事刊物,其中《故事会》的发行量超过400万册,1995年的发行利润就达到1 000万。其他同类刊物也大多发行三四十万。这类杂志大多32开,从包装到内容都是普及层面的东西,注重趣味性、可读性、热闹、新鲜、曲折。以高中文化以下的读者为主。

就必然是自我羞辱,必然是虚无嘲笑虚无。进而言之,人类对于美的追求在任何时刻都应该是神圣的,即使是在大众艺术当中,也不应该让人们忽视自己的高贵血统,更不应廉价地出卖自己、轻率地消费自己。人们像谈论萝卜青菜一样地谈论着美,这绝不是美学之幸,而是美学之不幸。也因此,当大众艺术一旦把自身与娱乐完全等同起来,事实上也就成为一种为人类所不齿的伪文化、伪审美了。

综上所述,我们看到,作为当代艺术的一种重要类型,大众艺术诞生于艺术与商品、技术、娱乐之间,是一种以大众性作为根本特征,以商品性作为前提、以技术性作为媒介、以娱乐性作为中心的艺术类型。它的问世,意味着人类艺术本身的边界的极大拓展(艺术的生活化),也意味着商品、技术、娱乐本身的文化含量、美学含量的极大提升(生活的艺术化)。因此,大众艺术本身绝不意味着任何误区,大众艺术本身也并不必然导致任何误区。而它之所以导致误区,则只是因为它的"越位",更准确地说,只是由于它的"错位"。至于它之所以较之其他艺术类型更易于导致误区,则是由于作为一种诞生于艺术与商品、技术、娱乐之间的艺术类型,它本来就是以双方的彼此相融为特征的(传统艺术与当代精英艺术则是以双方的相斥为特征),只要稍加疏忽,就会导致"越位"甚至"错位"的误区。由此我们看到:对于大众艺术的操作者、管理者、参与者来说,在为大众艺术的发展提供广阔的自由天地之际,又时时面临着一个重大的历史使命。这就是:不能放纵,更不能听任大众艺术肆意越过边界,以致走向误区。

结语

美学的当代重建：
从独白到对话

1

以上分为"本体视界的转换""价值定位的逆转""心理取向的重构""边界意识的拓展"四篇,考察了审美观念的当代转型,同时也考察了这一转型在美学的当代重建中的重大意义,那么,现在我们要问:透过其中的种种偏颇,审美观念的当代转型中所蕴含着的最为根本的启示是什么?

最为根本的启示,无疑就是:审美观念的当代转型要求美学本身必须以更博大、更深刻的智慧,去从事美学的思考。

美国的一位哲学家艾德勒说过:

> 哲学是每一个人的事业。人都具有从事哲学思索的能力。在日常生活中,我们多多少少都要介入哲学的思考。
>
> 只认清这点还不够。我们还有必要了解为什么哲学是每一个人的事业,哲学的事业是什么。
>
> 以一个词来回答,是观念(ideas)。以两个词来回答,答案是大观念(great ideas)——这些观念对于了解我们自己,我们的社会,以及我们居住的世界,是基本而且不可缺少的。
>
> 我们将看到,这些观念构成了每一个人思想的词汇。这些词汇不同于特殊学科的概念,都是日常使用的词汇。它们不是术语,不属于专业知识的私人术语。每个人在日常会话中都用到它们。不过,并不是每一个人都能了解它们的含意,而且也不是每一个人都能对这些大观念所引起的问题给予足够仔细的考虑。为了要能了解它们的含意,思索由它们引起的问题,并能够尽可能找到这些问题彼此冲突的答案,就

要从事哲学思维。①

美学也如此。美学同样是每一个人的事业,同样是一种每一个人都具有的美学思考的能力。在日常生活中,人们所理解的审美活动与人们对审美活动的理解,实际上是一体的。而且,事实上并不存在是否需要美学的问题,而只存在需要什么样的美学的问题,或者说,只存在需要好的美学还是坏的美学的问题。一般而言,任何人都不可能不与审美活动发生关系,任何人都不可能在进入审美活动之时不存在某一美学的规范——尽管在程度上有轻与重、自觉与不自觉之分,在当代文化水平普遍提高的情况下,尤其如此。当然,在此意义上,美学之为美学,就并非美学家们津津乐道的那种所谓理论体系,而是一种较所谓理论体系更为根本、更为重大的理论智慧。这智慧,可以理解为美学的根本视界,也可以理解为美学的澄明之境。因此,美学之为美学,最为重要的,就不是对于体系的建构,而是对于智慧的追求,或者说,就是与智慧同行,就是对于不断追求智慧的智慧的追求。

一代哲学大师黑格尔,曾经把哲学的与智慧同行、把哲学的对于不断追求智慧的追求,称为"一种不断的觉醒"。他说:"哲学的工作实在是一种连续不断的觉醒"。②毫无疑问,美学的工作也"实在是一种连续不断的觉醒",而且也是美学的智慧的"一种连续不断的觉醒"。而美学的在当代的重建,则意味着美学的智慧的在当代的"觉醒"。

至于审美观念的当代转型,则显然与美学的在当代的重建——也就是美学的智慧的在当代的"觉醒",有着密切的关系。20世纪,就审美观念的转型而言,我们看到,西方的审美观念的内涵可以以"反美学传统"来加以概括,这意味着:人们不再从理性的角度而是从超越理性的角度去看待审美活

---

① 艾德勒:《六大观念》,郗庆华等译,三联书店1991年版,第3页。
② 黑格尔:《哲学史讲演录·导言》,贺麟等译,商务印书馆1997年版。

动,亦即从多极互补模式出发,着重从否定性的主题去考察审美活动。具体来说,其中又可以以20世纪50年代为界限,划分为两个阶段。前一阶段,以现代主义的审美观念为代表。在此期间,"上帝死了"。人们以非理性的理性、实体的非理性为参照,否定客体、世界,追求一种无对象的审美活动。后一阶段,以后现代主义的审美观念为代表。在此期间,"人死了"。人们以理性的非理性、功能的非理性为参照,进而否定主体,追求一种无主体的审美活动。那么,它所给予我们的美学启迪是什么呢?有不少人以为,就是反美学传统本身。这无疑是错误的。我已经多次强调,反美学传统只有在丰富美学传统、发展美学传统的意义上才是可行的,为反美学传统而反美学传统,只是一种美学表演,除此之外,没有任何的美学意义,而且也只是代表着20世纪审美观念的转型中的消极的一面。其中的理由,可以借徐复观先生的一段话作一概括:"传统是由一群人的创造,得到多数人的承认,受过长时间的考验,因而成为一般大众的文化生活内容。能够形成一个传统的东西,其本身即系一历史真理。传统不怕反,传统经过一度反了以后,它将由新的发掘,以新的意义,重新回到反省之面前。"[1]而在20世纪的美学家之中,一般被认为是持激烈地反美学传统立场的康定斯基的自陈,也是十分值得注意的:"朴素、清晰和坚固的观念是不会被推翻的,而是被用作产生于这一观念的诸观念进一步发展的台阶。""有人说我企图推翻旧的绘画观念,这使我常常十分恼火。"[2]这无疑是一种极为清醒的美学态度,也代表着20世纪审美观念的转型中的积极的一面。何况,20世纪的美学家不惜把美学传统描绘得一无是处,并且对其中的种种结论痛加否定,并不是为了推出自己的终极结论,也并不希望自己能够成为纪念碑,在他们看来,纪念碑不过是为了"纪念",他们只是意在证明:任何结论都是有待诘问的。也因此,审美观念

---

[1] 徐复观:《徐复观文录选粹》,台湾学生书局1980年版,第9页。
[2] 康定斯基。参见罗伯特·L.赫伯特编:《现代艺术大师论艺术》,林森等译,江苏美术出版社1992年版,第48页。

的当代转型以及在美学的当代的重建中——也就是美学的智慧的在当代的"觉醒"中的重大启迪,就不仅仅是"反美学传统",当然,更不应该是我在前面已经反复批评过的那些偏颇、片面、极端、激进的东西,那么,应该是什么呢?在我看来,应该是一种超出于美学传统与反美学传统之上的从"独白"到"对话"的智慧的"觉醒"。

我们知道,就美学而言,传统美学突出的往往是一种独白的智慧。所谓独白,是指美学家以"绝对之我"的身份发言,认为自己可以像上帝一样完全从逻辑上把握对象、规定对象、制约对象。① 它以否认美学思考的有限性作为前提,强调的是美学范式的可通约性,美学理论的可以"放之四海而皆准",以及自我中心的显赫地位。一方的居高临下,与另外一方的洗耳恭听,是其典型的内在要求。而在内容方面,则是严格地区分世界为二元,例如中心与边缘、绝对与相对、一元与多元、本质与现象、西方与东方、古典与当代、美与美感、作者与读者、创造与接受,等等,并且在其中区分高下,把一方界定为主要的、主动的,把另外一方界定为次要的、被动的,例如在中心与边缘的对立中突出中心,在绝对与相对的对立中突出绝对,在一元与多元的对立中突出一元,在本质与现象的对立中突出本质,在西方与东方的对立中突出西方,在古典与当代的对立中突出古典,在美与美感的对立中突出美,在作者与读者的对立中突出作者,在创造与接受的对立中突出创造……在这里,作为中心的一方事实上不受任何条件制约,与绝对、支配、制约同义,它与被支配的一方则是一种不可逆的决定关系。②

美学的独白以否认美学思考的有限性作为前提。然而,在美学思考中

---

① 霍林格尔说:"自苏格拉底以来,哲学家们就渴望诉诸超历史的(或至少是普遍必然的)定义、标准和理论来为文化及其所有产物奠定基础。"(霍林格尔。转引自王治河,《扑朔迷离的游戏》,社会科学文献出版社1993年版,第35页)
② 善先于恶、肯定先于否定、纯粹先于杂多、简单先于复杂、本质先于偶然,也是理性主义常常出现的谬误。这是一种将复杂性还原为简单性的做法。

有限性的存在却是必然的。任何一种美学在提出问题、思考问题时,都总是而且也只能是置身于一定的问题框架之内。① 它只能提出在这一问题框架中所能够提出、能够思考的问题。这些问题的逻辑可能性是先入为主地被规定的,这些问题的阐释可能性也是先入为主地被规定的。而且,在一个问题框架内,所有的问题都是互相支持的。在这里,问题框架的存在就是有限性的典型表现。例如传统美学在进行美学思考时所不加思考地加以使用的自由、人性、异化、时间、空间、现实、历史、进化、理性、自然、社会、人道主义、美、美感、认识、反映、美学、文学、创作、作品、作家、审美主体、审美客体、美学范畴、美学体系……这类范畴,往往被认为是美学思考的共同语言,但只要稍稍加以谱系学的剖析,就会发现,作为一种话语,它们都建立在一系列并非不证自明的预设前提的基础上,也都只能够为传统美学所使用。例如,在讨论美或者美感的时候,就离不开对象与主体的二元对立、感性与理性的二元分解、本质与现象的二元预设……对于传统美学来说,这是已经沉入无意识层面的秘密。一般情况下,它不会成为思考的对象,而只会成为思考的支点。因此传统美学不但不会主动对此加以批判,而且反而会从此出发去批判别人。当然,对于传统美学像对于任何一种美学理论一样,这并非它的缺陷,而是它的根本。然而当当代美学进行美学思考之时假如不加选择地依附于传统美学理论的这一问题框架,问题的性质就发生了根本的转换。当当代美学在追求美学的答案(那是什么)时,却实际上已经预设了一种传统美学的回答(对于传统美学那是什么)。这样,当当代美学进行美学思考之时,又如何能够超出传统美学的眼光?如何能够重建当代意义上的美学呢?如果再加上当代美学对传统美学的了解往往只是在一些错误的文化指

---

① 任何美学的范畴都是相对于特定的理论框架、社会模式而存在的。海德格尔说:"如果有人问:'一切原则的原则'从何处获得它的不可动摇的权力?那答案必定是:从已经被假定为哲学之事情的先验主体性那里。"(海德格尔.载《海德格尔选集》,孙周兴选编,上海三联书店1995年版,第1250—1251页)

标中获得的,只是一种"想象性能指"、一种虚幻的"镜像"(实际上是一场以有限冒充无限的游戏。无限的东西不会是给定的,只要是给定的东西就一定是有限的),进行美学思考时所面临的困境就更加令人不容置疑了。①

在审美观念的当代转型中,给美学的当代重建所带来的最大启迪,就是"对话"美学智慧的"觉醒"。

由于不仅发现了美学自身的有限性,而且发现了美学自身的有限性的永恒性,当代审美观念义无反顾地从"独白"转向了"对话"。这一点,我们可以从几乎所有的当代美学家的著作中看到。就学派而言,分析美学提出的"开放",解释美学提出的"对话"与"视界融合",接受美学提出的"未定性与意义空白""作品作为一种召唤结构",现象学美学提出的"幻象",无疑都是着眼于多极互补意义上的对话。就美学家个人而言,胡塞尔说自己承担的是"现代意识的考古学",弄清楚现代的种种分裂的来源,并避免这种种对立。他所要走向的,正是对话。伽达默尔更是明确指出,他所建立的美学,就是对话的美学。他说:"我所要阐明的语言的对话特征,不再以主体的主体性为出发点,特别是不再以说话者的指向意义的意图为出发点。我们发现,在说话中发生的事情不是意在使表达的意义具体化,而是一种不断地更

---

① 这给我们以重要的启发:任何一种对于美的定义都与历史有关。从来就没有一种天生的放之四海而皆准的理论,但为什么总有一种理论会被绝对化? 这与一定时代、一定历史有关(使理论历史化)。在这个意义上,任何美学实际上都不是一个结论而是一个前提,但人们却把这个前提当作一个已知的固定的事实或结论肯定下来,直接从中推论出一些其他结论。结果我们关于审美活动的任何讨论、任何结论都被组织在一种以某一美学为出发点的话语之中。例如对于西方美学传统的批评,就正是着眼于这一点。亦即发现它作为美学话语的不完整性及其理论限度,找出它的矛盾性,把其中一些为了话语的组织的需要而被边缘化的东西重新突出出来,从而有可能对许多固有的认识形成一种新的了解。在我看来,当代审美观念的"反美学传统"的积极意义恰恰就在这里。但是对于其中出现的对西方美学传统完全加以否定的倾向与做法,则是需要加以批评的。事实上,即便是在西方美学之中,西方美学传统也是最为宝贵的一笔财富。它并且仍旧在西方当代美学中发挥着作用。参见我的《反美学》(学林出版社 1995 年版)第 377—384 页。

新自己(说话)的努力。更确切地说,是一种不断的和一再出现的'从事某件事情或卷入到某个人中'的努力。然而这就意味着要不断吐露自己,让自己经历一种冒险。真实地说出我们的意图,其意义不仅仅在于阐明和维护我们的见解,而是使我们的见解置于危险的境地,把自己置于自己的怀疑和他人的反驳之下。有谁没有经历过这样一种经验:每当我们站立在一个我们想劝说的人面前时,我的那些支持自己的观点的理由和反对自己观点的理由,都一齐变成语言倾泻而出。只要我们那个想与之交谈的人在我们面前一站,就帮助我们打破了自己的偏见和狭隘,这件事甚至未等对方张嘴时就已经发生了。这种对话经验对我们来说已经不是局限于论证和反论证的领域,这两者的交换和一致是任何一种冲突的终极意义。但是,正如上面我描述的经验所表明的,在这种经验中还有一种别的什么东西,具体说来,还有一种使自己成为'他者'的潜力,这个他者超出了二者所要达到的共同一致领域。"①阿恩海姆的"场"也是两极对话的结果。他提出的"视觉思维"指出视觉本来就是存在着思维能力的。一方面一切视觉都同时就是思维,另外一方面,一切创造性思维都具有视觉形象。他所指出的直觉本身也是感性与理性的最佳融合状态。英加登提出的在审美活动中客体提高为"准主体",主体降低为"准主体",是着眼于对话。杜夫海纳认为审美客体是"作为物体的主体"和"准主体","它不再是世界的一个事件或部分,不是万物中之一物;它深含世界,世界也含有主体。它通过成为物体的动作认识世界,在世界身上认识自己。"审美主体也"不能与先验的主体完全同一了",它"带着所得到的知识去与真实会面",具有了"与对象交手的能力","感官不完全是用来截获世界图像的工具,而主要是主体用来感觉客体以及与客体相互协调的手段,犹如两种乐器那样相互协调。身体所理解的,也就是身体所感受

---

① 伽达默尔。转引自滕守尧:《文化的边缘》,作家出版社1997年版,第65—66页。

和承担的东西,可以说就是存在于事物之中的意向自身"。① 也是着眼于对话。而罗兰·巴尔特对于"空即满"以及"钝义"等问题的讨论,假如离开了对话这一背景,事实上也是不可想象的。还有巴什勒提出的"吸纳"概念和"本体上的平等"概念。前者强调的是区别于单一事物自身的生长、发展的复杂体对于新的性质的接纳,后者则是从多元之间的平等出发的对于"接受和接收一切差异"的强调。显然,它们都意味着对话。更为重要的是,就本书所强调的当代美学的三大转向而言,我们不难发现,当代美学主要是从文化批判、非理性考察与语言维度三个方面切入研究的对象,其中,语言的本质固然在于说,说的前提却是因为有听的存在。于是最终就从语言转向话语,从语言理论转向话语理论,转而对特定的交流情境、语境给予关注,其次从非理性转向超理性,从文化批判转向文化整合,也是如此。最终,三大转向都把焦点对准了一个方向:对话。

显然,"对话"的出现,意味着美学智慧的"觉醒"。所谓对话,是指美学家以"相对之我"的身份发言,认为自己不可能像上帝一样完全从逻辑上把握对象、规定对象、制约对象。它以承认美学思考的有限性作为前提,强调的是美学范式的不可通约性,美学理论的无法"放之四海而皆准",以及自我的非中心化。一方的自觉交流,与另外一方的主动参与,是其典型的内在要求。而在内容方面,则是不再区分世界为二元,而是着眼于呈现世界自身的多极互补状态。这意味着:它强调人类的生存世界的任何方面都包含着自我相关的矛盾性与不合理性,包含着价值、功能上的悖谬,创造的结果与最初的目的相悖,最后的效应与原始的动机相逆,世界自身的不合理性、矛盾性、悖谬,文化积累、创造、发展中悖谬现象的发展、强化、增值、滥觞,生命存在中的二重性、不确定性……这就要求我们必须在这一切之间维护一种"必要的张力",以崭新的、未知的、不确定性的、复杂的、多元的世界取代传统的、已知的、确定的、简单的、一元的世界。例如,在中心与边缘、绝对与相

---

① 杜夫海纳:《美学与哲学》,孙非译,中国社会科学出版社1985年版,前言部分。

对、一元与多元、本质与现象、西方与东方、古典与当代、美与美感、作者与读者、创造与接受之间,都应该保持一种"必要的张力"。这样,在美学传统与反美学传统之间,必须保持一种"必要的张力"。这"必要的张力",正如 V.科奇指出的:"一种文化可被认为是一种传统,由前人创造和传递的一个整体,或被看成是一种充满活力的反思和在不同领域内各种新奇形式充满活力的创造的工具。个人和文化之间确认的关系既要求稳定性又要求变化性。以过度一体化和僵化为标志的文化易于淹没个人,限制他们的创造性和个人的表达。另一方面,排斥传统和否认过去会导致人的群体走向文化和社会的崩溃,因为这会使它们丧失强有力的新形式所必需的支撑基础。"①至于当代美学,则无疑应该是蕴含在这"必要的张力"之中。于是,当代美学使不确定成为绝对,使确定成为相对。过去是道不同不相与为谋,现在是道不同而相与为谋,而且是正因为道不同才相与为谋。② 在这个意义上,对话,就是对同一事物进行不同的反思,对前人的思考提出再思考。对话,为美学的当代重建从不同角度、不同层面全面地深入推进美学思考,提供了一个坚实的起点和真正的美学运思。

2

当代美学的从"独白"到"对话",有其内在的原因。这就是:人类思想的现代转型。

过去,西方习惯于从一个固定的视角看问题,结果,所获得的答案事实上也就只能是固定的,所谓"不是……就是……""有我无你"。西方已经习惯于区别真假、善恶、美丑、敌友,以一元压抑另外一元,主体与客体、主观与

---

① V.科奇:《文化和人的偏离》,参见《哲学研究》1986 年第 10 期。
② 这方面,维特根斯坦的"家族相似"是一个重要的看法。家族成员之间存在着这样那样的相似,但是却不存在一个实体化的共相。所以胡塞尔也说:"不要想,而要看"。在此,"想"是追求共同本质、普遍性,"看"则是着眼于形形色色的相似、形形色色的差异、形形色色的现象,是"看"事物的如其所然。

客观、有限与无限、物质与精神、内容与形式、能指与所指、崇高与卑下、艺术与科学、文科与理科、教师与学生、男性与女性、工作与娱乐、群体与个体、生产与消费、认识与情感、进步与落后……这是西方看待问题时所习以为常的大背景。以此为标准,西方逐渐学会了争高避低、好是躲非、争强离弱。最终,在"分门别类"中求得生存,就成为西方人之为人的第二本性。显然,这样做,从表面上看是十分聪明和明智的,不但增强了在世界上的安全感,而且有效地驱除了种种恐惧,然而,这实在是有限的,一旦无限夸大,就实际上把自己封闭了起来。事实上,这一切无非是自己想象出来的,现在假如真的相信了这些自己想象出的东西并且把这些东西看成是真实的东西,就会遗患无穷。首先,一味在有我无你的壁垒森严中提出问题、思考问题、解决问题,把对象强分为主要的、主动的和次要的、被动的,实际根本就无法避免片面性,至于思维成果,也只能是从其中胜利者一元所能得到的东西。其次,对象一旦被强分为主要的、主动的和次要的、被动的,也就部分地丧失了真实与自由。次要的、被动的一方如此,主要的、主动的一方也如此。由于次要的、被动的一方部分地丧失了真实与自由,主要的、主动的一方也就同时部分地丧失了真实与自由。其结果,正如《易·象》所说的:"天地不交而万物不通也,上下不交而天下无邦也"。生态危机、社会危机、人际危机、文化危机,乃至美学危机,就应运而生。阿恩海姆称这是一种病态文化,斯诺称这是一种文化分裂病,确实不无道理。

现在,当代美学发现,人类的思想事实上不存在这样一个固定的视角。在这方面,西方的现象学、解释学、解构主义所提倡的视角主义,值得注意(中国的道家也如此)。[①] 由此观点出发,就客体而言,世界的不完满性、多义性得以呈现。传统的"存在""实体""本质""统一"不但不再具有合理性,而

---

① 物理学上的哥白尼革命是第一次非中心化运动,生物学上的达尔文革命是第二次非中心化运动,心理学上的弗洛伊德革命是第三次非中心化运动,它们一方面摧毁了作为客体的封闭性,另一方面又摧毁了作为主体的封闭性。

且也被视角化。因为它实质上也是一种视角。在它一元论的背后实际预设了一种多元论(对于我那是什么)。这样,只能通过解释的多元性来认识世界。为此,就必须将客体还原为视角的客体,将存在还原为为我的存在,换言之,就必须将存在等同于文本,将事物还原为意义。在此意义上,胡塞尔对自然主义的客观思维方式的批判值得注意。他使当代美学放弃对于康德的"自在之物"的虚假承诺。认识到没有"事实存在"的现象,只有在解释中存在的现象。真理是在生成中被规定的。通向对象的路也无非是对象的一个组成部分。此时,纯粹的客观立场是不存在的,只存在着多种不可还原的原则,因而只存在着多种各不相同的世界。于是,权威性的客观体系不再存在,用不同的方式看待世界,就会导致不同的体系。对现实的认识不再是一元的、单向性的,而应是多元的、多面的。因为人是历史地存在的。历史性是人类存在的基本事实,因此理解也是历史性地进行着的。"成见""偏见""前理解""前判断""视界融合",由此而生。而人类的真正使命,也就不再是解释世界,而是解释对于世界的解释。

就主体而言,传统的唯一的绝对的主体也被多重化了。康德对于世界的统一性与价值的普遍性而建构的"一般主体"的偏颇被发现。这种权威化自身的努力被当代美学认为是不正当的。因为它将自我的复杂性简单化了。我们看到:弗洛伊德将主体分成三部分:原我、自我、超我。解构主义又进而把它从人的中心性、统一性、同一性转向多重性、多元化、多样化。确实,就认识结果来说,固然是"一",但就认识对象来说,又必然是"多"。无限的东西是不可能被给定的,以往形而上学以有限冒充无限的游戏从此休矣;而既然无限的东西不可能被指定,无限的主体自然也只能是一种神话,以往形而上学以有限主体冒充无限主体的游戏同样从此休矣。[①]

[①] 值得注意的是尼采对于形而上学的批判、弗洛伊德对于意识的批判、海德格尔对于决定论的批判。不过,德里达认为这还不彻底,在他看来,传统美学是一种"安全的游戏",当代美学则是一种"没有底盘的游戏""分延的审美游戏"。

当代美学的看法还可以在与美学相关的自然科学与人文科学(社会科学)的转换中得到支持。

就自然科学来看,我们注意到:传统的构成论已经转向了生成论。例如海森堡就曾注意到粒子产生的特有情景。它们竟然不是来源于互相的取代而是来源于互相的碰撞:"……在(基本粒子相互)碰撞中,基本粒子确实也曾分裂,而且往往分裂成许多部分,但是这里令人惊奇的一点,就是这些分裂部分不比被分裂的基本粒子要小或者要轻。因为按照相对论,相互碰撞的基本粒子的巨大动能,能够转变为质量,所以这样巨大的动能确实可以用来产生新的基本粒子。因此这里真正发生的,实际上不是基本粒子的分裂,而是从相互碰撞的粒子的动能中产生新的粒子。……"①在这里,因果决定论行不通了,线性进化论同样行不通了。生命的发展也并非如达尔文所说,是一个取代一个,适者生存,按照一个既定的模式不断有序前进,而是互相生成,在不同物体的偶然对话中产生。碰撞亦即一种对话因此而成为生命诞生与发展的规律所在。

显然,这意味着:互生、互惠、互存、互栖、互养,应该成为大千世界的根本之道,意味着生命之为生命的最大可能是起源于不同物种之间的碰撞、拼贴、对话,②这就是所谓有机共生。于是,对话而不是独白,就成为大自然演化中的公开的秘密。这一点,正如克勒斯特所指出的:

> 从把数学和几何学结合在一起的毕达哥拉斯,到把伽利略的"抛射运动的研究"与开普勒的"星体轨道的均衡研究"结合起来的牛顿,再到把"质"与"能"同一起来的爱因斯坦,都可以发现一种统一的式样和说

---

① 海森堡:《普朗克的发现和原子论的基本哲学问题》,参见海森堡:《严密自然科学基础近年来的变化》,《海森堡论文选》翻译组译,上海译文出版社1978年版。
② 在大千世界中,物种的消失也并非完全因为"弱"即"弱肉强食",而是还取决于生态环境的转换。

明一个同样的问题:创造活动不是按照上帝的方式,从无中创造出某物,它只是将那些已有的但是又相互分离的概念、事实、知觉框架、联想背景等结合、合并和重新"洗牌"。看来,这种在同一个头脑中的交叉生殖或自我生殖,就是创造的本性。对这种交叉生殖,我们可以称为"两极的联合"。①

而 L.托马斯剖析得尤为精彩:

只是在最近几年,我们才和这种世界观(即人类中心论——引者)痛苦地诀别了,可以说,人们普遍地承认过去的看法是错的。虽然关于一些细节问题仍在争论不休,但是,有一点人们都不否认:几乎在所有方面,人类不再是他们过去自诩的主人了。和树叶、蠓虫、鱼虾一样,人类也得依赖其他生命以求生存。人类只是系统中的一个部分。换言之,地球是个结构松散的球形有机体,其中的所有工作部件在共生中紧密相连。按照这种观点,我们既不是主人也不是操纵者,充其量,我们可以把自己看作为能动的组织,擅长于接受信码。也许在这最美好的世界中,人类可以作为地球生命体的神经系统发挥其应有的作用。……不管怎么说,有一个基本思想是不变的,即没有一个赖以生存的生态系统,我们人类不可能有自己的生命。至于在此系统中,我们人类究竟是威风凛凛,还是忍气吞声,那无关紧要。②

在地球表面,人的大脑是最为公用的器官,它向每一个事物开放,同时向每一个事物传递信息。无疑,它隐藏在骨头里并秘密地知道内

---

① 克勒斯特。转引自滕守尧:《文化的边缘》,作家出版社1997年版,第17—18页。同时,关于本节的讨论,也受到该书启发。
② L.托马斯:《顿悟:生命与生活》,吴建新等译,上海文艺出版社1989年版,第105页。

部事物。但它所做的所有事情,都是在其他大脑中发生过的思想的直接结果。我们强制性地并且如此高速地交流思想,从这个头脑到那个头脑,以至于人类的头脑似乎经常在进行功能性的聚变。……那种认为每个人的自我如同神奇的、古老的、意志自由的、独立经营的、自治的、无依无傍的、与世隔绝的小岛一样的可爱的想法,是一个神话。

在这段时期(几千年)的大部分时间里,人类的思想的散乱集合已经像补丁似的贴在地球上了。……只是在这个世界上,人类才大规模地相互靠拢,围绕着地球开始集合,从现在起这一聚合过程可能飞快地进展。……我们已经看到,仅仅凭着偶然性相互交流的思想微粒集合起来,形成了今日为艺术和科学的结构。它的成功不过就是相互传递思想碎片;然后如同自然选择一样,按照适者生存的原则做出最后的抉择。真正使人惊奇的,当它发生时使人目瞪口呆的,总是一些突变体,如同彗星一样周期性地划过人类思想领域。这些突变体的那些接受汹涌而至的外来信息的感受器官有点与众不同,处理信息机制也略有区别。所以,由此而来重新组合这个流程的东西便是新奇的,充满着新的蕴义。巴赫就能做到这一点。流动中涌现出来的就是音乐中的原基。在这个意义上我们说,赋格曲艺术和圣马太受难曲对人类思想的进化机制而言,是羽翼,是拇指,是前额的新皮质层。……或许我们周围还有我们尚未认识的、更多的突变体存在。我们需要的是更频繁、更无节制、更令人着迷的信息交流,更畅通的信道,甚至更多的噪音,更多的偶然性。[1]

就人文科学(社会科学)来看,在当代,传统的主体与客体之间的对立转

---

[1] L. 托马斯:《顿悟:生命与生活》,吴建新等译,上海文艺出版社 1989 年版,第 145 页。

变为文本与文本间的对话,这就是所谓"文本间性"。一切创造都不再是绝对真理的发现,而成为文本间的一种对话的结果。在这里,对话的双方只有特点之别,没有高低之分,只有双方的相互启发,没有双方的龙争虎斗。传统的主体与客体之间的对立,习惯于把世界区分为一主一仆,自然科学与人文科学、认识主体与认识对象、能指与所指、男与女之间不是为客,就是为主,结果都是把对方吃掉。而就中国文化与西方文化的区分来说,也是如此。往往习惯于把一种作为区域理论的西方文化绝对化。但现在看来,任何一种理论都不过是人们阐释世界的一种模式,不能被普遍化、绝对化,而只能被问题化、有限化。因为任何理论都是有边界的。斯宾诺莎说得好:一切规定都是否定。获得就是失去。过去西方认为,理论研究就是抹杀这种边界,使它绝对化。实际上对于一种理论来说,最为重要、最具价值的,恰恰是这一边界。边界正意味着对话的可能。有边界,才会意识到自己的长处与短处,从而因为自己存在短处而被对话所吸引,因为自己存在长处而吸引对方,从而各自到对方去寻找补充。因此,十分引人注目的是,对话强调的不是"主""仆"之间的换位,例如,过去是以传统文化为主,现在就干脆以当代文化为主;而是对话的双方各自从自己狭小的世界里走出来,在一个广阔的开放的中间领域相遇。结果正如中国文化所发现的:从"阴中有阳,阳中有阴"到"阴阳互生",从"刚中有柔,柔中有刚"到"刚柔相济"。何况,就人文科学(社会科学)而言,不论是作为社会系统的互动原则,还是作为社会群体的交流原则,都是以符号为媒介。这正如中国文化所说:"无名万物之始,有名万物之母。"[1]"天地一指也,万物一马也。""夫言非吹也,言者有言,其所言者特未定也。"[2]而符号也就不可能是单向的交流活动,它象征着双向的活动——既阐释对方同时也为对方所阐释,从而将分离的二元重新融合起来,

---

[1]《老子》。
[2]《庄子·齐物论》。

让它们在融合中生出新的性质和功能。这意味着人文科学(社会科学)的问题尤其是美学的问题实际上是一个典型的解释学问题,无法用是与非来回答,而是问中有答,答中有问,回答同时就是提问,提问同时就是回答。庄子说:"果且有彼是乎哉?果且无彼是乎哉?彼是莫得其偶,谓之道枢,枢始得其环中,以应无穷。"①确实如此。在此意义上,应该说,是语言使人成之为人,是对话使语言成之为语言。对话将导致一场真正的人文科学(社会科学)自身的革命。

不难想象,一种新的在对话智慧中生成的位于对话者双方之间的边缘地带的全新的美学,②就正是在这样一场真正的人文科学(社会科学)自身的革命中,隆重而又庄严地应运而生。

3

当代美学的从"独白"到"对话",给我们以深刻的启迪。

与哲学的重建密切相关,事实上,美学的重建早在19世纪后半叶就已

---

① 《庄子·齐物论》。
② 这当中,无疑还应当包括西方美学与中国美学的对话。对此,伽达默尔早有预见:"我们在我们特有的思想中继续进行的会话,也许在我们时代丰富壮大到新的合作伙伴(他们来自全球性扩展的人类遗产)的会话,理当广泛地寻求它的会话伙伴,特别是那些与我们完全不同的会话伙伴。"(伽达默尔:《摧毁与解构》,载《哲学通讯》1995年第5期)古茨塔克·豪克在谈到要"扩大和改造以往通常是标准的古典主义美学"(古茨塔克·豪克:《绝望与信心》,李永平译,中国社会科学出版社1992年版,第151页)时也指出:"古典主义美学这座巨大的纪念碑,无论它多么具有系统性、创造性、丰富性和精巧性,但由于它片面的出发点,今天显得陈旧了。例如对亚洲艺术现象的判断通过新的研究被超越。此外,民俗学的研究也扩大了我们关于'原始文化'的知识,以至于这种文化在当今的'现代'艺术中引发了许多新的表现形式。"(古茨塔克·豪克:《绝望与信心》,李永平译,中国社会科学出版社1992年版,第153页)劳伦斯·比尼恩说得更为清楚:"我请各位用心地观察另一半球上的那些有创造力的成就,那不仅仅是一种令人心旷神怡的消遣品,而且可能会触发我们对人生以及对生命的艺术所产生的若干有益的观念。"(劳伦斯·比尼恩:《亚洲艺术中人的精神》,孙乃修译,辽宁人民出版社1988年版,第2页)

经开始。就哲学而言,恩格斯当时就已经揭示出"德国古典哲学的终结",而且,从马克思、恩格斯再也没有着眼传统意义上的哲学体系的建构,并且对杜林的创造哲学体系的企图的嘲笑,也不难看出传统意义上的哲学的事实上的终结。而在20世纪后半叶,海德格尔更呼唤着"哲学的终结和思的任务"。面对"哲学如何在现时代进入终结了?"他作出了令人瞩目的回答。在他看来,"关于哲学之终结的谈论意味着什么?我们太容易在消极意义上把某物的终结理解为单纯的中止,理解为没有继续发展,甚至理解为颓败和无能。"然而,这只是对于"哲学的终结"的消极意义的理解。从积极的意义言之,海德格尔认为:"哲学的终结"应该意味着某种"完成",一种哲学就是它所是的方式。它的终结则意味着它的"完成"。海德格尔并且从语言角度强调,"终结"一词的古老意义与"位置"相同,因此,从此一终结到彼一终结,即从此一位置到彼一位置。这就是说,传统的哲学思维已经"完成"了它的历史使命。这一点,从古代的把哲学作为形而上学,以及近代的把哲学作为"科学的基础"(康德)或者"科学之科学"(黑格尔),可以清楚地看到。至此,假如再模仿传统的哲学思维,不过是谋求获得一种模仿性的复兴及其变种而已。那么,如何理解哲学的位置的现代转型?海德格尔指出:这实际意味着对于"哲学终结之际为思想留下了何种任务"的追问。也就是说,哲学的终结并不等于就没有值得思想的问题了,而只是说思想终于有机会面对被传统哲学的特定追问方式所错过了的那些问题,并且以新的方式去追问这些问题。那么,"思想的任务"又是什么?无疑就是从黑格尔到胡塞尔就一直在大声疾呼的:"到事物本身去"。以往的哲学只关注"存在者"("存在是什么")而忘记了"存在"("存在之情形如何")。"存在"被"遮蔽"了,因而导致了当代的生存困境与精神困境,现在,"思"的任务就是通过"解蔽"去揭示当代的生存困境与精神困境,所谓将"自身显示者"如其所是地"显示"出来。因此,哲学的重建实质上就是思的重建。必须承认,海德格尔的看法是十分深刻的。而美学的重建显然可以从中受到启发:美学的重建实质上就是思的重建。

"思的重建",在美学之中,就是所谓美学的"对话"智慧的"觉醒"。因为在传统美学中同样存在着"存在"的"遮蔽"(海德格尔将尼采美学看作传统美学的终结)。具体来说,人类的价值追求是多方面的,也是多元共存的,彼此之间的通约事实上是不可能的。传统美学无视于此,首先是去寻找某种终极价值,作为自身最为根本的东西,然后再按照罗尔斯所揭示的"词典式序列"的方式,把所有的价值观念按照其重要性的大小加以排列,最终形成所谓美学的体系。贯穿于其中的,无疑是一种"独白"的智慧。它强调人类的各种价值追求无法同时代表真理,或者无法同时具备真理性,因而往往固执地去做非此即彼的选择,不同价值标准追求之间的冲突也被等同于真理与谬误之间的冲突,从而,以自己为真理,以他人为谬误,处处着眼于一致、统一、相符以及谁胜谁负,也就成为必然。在当代社会,人们发现,事实上所有的价值追求之间是无法通约的,也无法决定在这当中谁最重要,将其中的一种价值追求加以还原、合并为另外一种价值追求的工作根本无从谈起(例如丑就无法还原为美),寻找终极价值的工作根本无从谈起,罗尔斯所揭示的"词典式序列"式的把所有的价值观念按照其重要性的大小加以排列的方式也根本就用不上,那么,怎样去处理所面对的困境呢?唯一的办法就是对之加以整合。它不再无视各种价值追求中彼此之间的不可通约的实际存在,而是去呈现各种价值追求中彼此之间的不可通约的实际存在,因此一方面注意解构各种价值追求自身被人为赋予的绝对性,另一方面又注意划定各种价值追求自身的领域、范围、合理性,以便在此基础上展开丰富多彩的交流。这,正是我们所说的作为"对话"的美学智慧。

具体来说,就美学本身而言,首先,对话,使当代美学意识到:美学应当从美学传统的着眼于追问的完美,转向当代的着眼于完美的追问。美学传统往往强调追求共识,然而,所谓美学共识只是一种虚设,即使存在,也是一种充满矛盾对立的共识。事实上一种理论不可能概括所有的现象,也不可能同时支持对于同一事物的两种概括。正如利奥塔德所指出的："我们没有理由认为,我们能够为所有的语言策略找到一种共通的元处方语言,或者认为在一个科学团体中,在特定时刻内,所产生的可以修正的共识,会发出锐不可当的力量,把整个元处方规范性的陈述都包括在内,把整体性的陈述加以规律化,使之流传在社会整体之中。"[①]对此,过去之所以见惯不疑,主要是靠对它的自觉的视而不见的心理契约来维持的。一旦放弃这个心理契约,就会发现,这实际上是一个美丽的骗局。平心而论,世界上到处都充满了一种逻辑悖论,然而却又是一种十分真实的逻辑悖论。例如海森堡的"测不准原理"、波尔的"互补原理",海森堡在临终前也曾提出,他要向上帝提两个问题,一个是世界为什么会有相对性,另一个是世界为什么会有"混沌"现象。他并且断言说:"我确信上帝只能回答第一个问题。"在许多人看来,这些逻辑悖论无非是在制造混乱,完全可以视而不见,然而,这样一来,也就往往逃避了更为深刻的真理。其实,这些逻辑悖论都是对于边缘现象的总结。波尔的贡献正在于,他在海森堡的"测不准原理"、波尔的"互补原理"的基础上进而认识到:物质的存在方式本身就是自相矛盾的。而协同论、突变论、耗散结构等新三论之所以取信息论、系统论、控制论等旧三论而代之,也正是因为后者只是面对世界的常态运动以及封闭系统,而前者却转而面对世界的非常态运动以及开放系统。当代美学也是如此。它把大量的边缘性现象置入了自己的视野,转而主要着眼于把握边缘性的东西,并且给予不同的参照系、不同的范式之间的不可替代性、不可比性、不可通约性以充分的宽容。在它看来,相同的现实可以用不同的范式来加以解释(犹如对疾病就既可以用中医来解释,也可以用西医来解释)。而对于当代美学来说,重要的也并非寻求审美活动的本质,在这里,假如传统美学是着眼于寻找"本质",当代

[①] 利奥塔德:《后现代状态》。转引自王治河:《扑朔迷离的游戏》,社会科学文献出版社1993年版,第37页

美学则只是着眼于这"寻找"本身。因此,它自觉地自我区别于传统的大写的美学,拒绝将自身普遍化,也不再将共同、普遍的基础即可通约性作为既定的前提,而是为差异正名,以当代的个别的、具体的基础即不可通约性作为既定的前提,关心的也不再是如何"放之四海而皆准",而是如何将对话深入下去、进行下去。毋庸置疑,这显然使得当代美学禀赋了明显区别于美学传统的别一种智慧、别一种眼光,从美学传统的对于美学知识的追求转向了当代的对于美学境界的追求。在这里,对于美学所表述的内容的关注让位于对于美学所表述的方式的关注。对于理论本身的神秘崇拜被打破了。所谓美学理论就是"怎么都行",它是否有价值,并不决定于它的对错,而是决定于它是否能够带来一种新的启发。而且,这启发越大,美学理论的价值就越大。

其次,对话,使当代美学意识到:美学应当从美学传统的着眼于无限性,转向当代的着眼于有限性。在美学研究中,有限性是一个无法回避的前提。事实上,美学研究并不存在一个共同认可的前提。在这方面,美学传统一直存在着某种误区。理性主义的视界,使得它固执于一种无限性的立场。对于它来说,美学的范式是必须共同遵循的。这共同的美学范式使得美学家彼此之间可以同一,可以通约,同时,也使得美学家们的研究成果被误认为是可以"放之四海而皆准"的。而在当代美学看来,美学只能立足于有限性的立场,在这里,美学的范式是个体化的,这样,不同的美学范式,使得美学家既不能同一,也不能通约,而且美学家们的研究成果也必然是"洞察"与"盲点"共存。显而易见,这意味着:美学研究没有绝对的出发点。一种理论类型的高下优劣也不应以另外一种理论类型为标准或参照系来判断,不论这种理论类型是来自传统,还是来自某种预设的理论标准,而应视它本身的实践价值而定。因为决定理论存在的不是一个历史,而是多个历史。所以库恩提出理论本身的"不可公度性",并借以证明理论之间存在着连续的、进步的观点是站不住脚的;所以费耶阿本德强调科学是无政府主义的事业。

"1+1=2",有时候是如此,有时候就未必如此。费耶阿本德甚至发现:一个沉浸在对单一一种理论的沉思之中的大脑,甚至连该理论的最触目惊心的弱点也是不会注意到的,因此,要时时注意避免独断论。也因此,德里达提出所谓的"双重写作和双重阅读",这都说明,在美学研究中,一种理论的价值不仅在于它的共同性,而且尤其在于它的特殊性(也正是在这个意义上,甚至可以说:美学只有通过美学家才能进入世界)。这,正如林毓生所领悟的:"我们根据什么观念才能有效地从事人文工作呢? 首先,我们要认清人文学科与社会科学在研究或创造的时候,其基本意图是不同的。人文学科所最关注的是具体的特殊性而不是普遍的神性。"[1]而当代美学的从"体系"到"碎片",例如有学者所归纳的从"大理论"到"小理论"(利奥塔德)、从"大写哲学家"到"小写哲学家"(理查·罗蒂)、从"大写的人"到"小写的人"(福科)、从"大世界"到"小世界"(戴维·洛奇)、从"大历史"到"小历史"(格林布拉特)、从"大写英语"到"小写英语"(阿氏克罗夫特),以及当代的许多美学家甚至采取随笔式的写作方式(最为典型的是罗兰·巴尔特),更是明显的例证。当然,这并非美学之不幸,而是美学之大幸。它使得美学由此而进入了一个全新的境界。

进而言之,当代美学意识到,作为人文科学,建立在有限性基础上的当代美学的成果是不可证伪的,同时也是不能反驳的。在这里,所谓"反驳",按照波普尔的说法,在纯粹逻辑意义上,是"不可用纯逻辑手段反驳",在经验意义上,是"不可经验地反驳"。在他看来,只有经验科学是可以反驳的,至于非经验的理论研究则是不可反驳的,虽然"一个理论的逻辑的或经验的不可反驳性,肯定不是一个认为这理论为真的充分理由"。[2] 美学恰恰属于

---

[1] 林毓生:《中国传统的创造性转化》,三联书店1988年版,第22页。
[2] 波普尔:《猜想与反驳》,傅季重等译,上海译文出版社1986年版,第281页。

非经验科学，[①]它不能以推翻前人为使命，而只能谋求与前人共存。日心说的出现会使地心说失去意义，而海德格尔的出现却不会使康德失去意义。同样，当代美学的出现也不会使传统美学失去意义。当然，同样十分重要的是，传统美学的存在也已经不再是当代美学无法出现的理由。正是在此意义上，"创新""反美学传统"，才成为当代美学的共同取向。原因在于，美学本身只能在"创新""反美学传统"中存在。不过，此处的"创新""反美学传统"已经不是美学传统的所谓"老子天下第一""唯我独尊""谁胜谁负""定于一尊"，而是公开承认自己的研究是建立在有限性的基础上的，是美学学术研究的一长串链条中的一个环节，因此，当代美学的所谓"创新""反美学传统"不是旨在所谓"不破不立""先破后立"，而是旨在"立而不破"。

再次，对话，使当代美学意识到：美学应当从美学传统的着眼于同一性，转向当代的着眼于差异性。在美学研究中，差异并非同一的原因而是同一的前提。差异性与同一性、多样性与统一性、不确定性与确定性，是同一个事物的两个方面，是同一个事物的两个环节，在过程中同时存在。所以在注意同质性、统一性、整体性、必然性、连续性、普遍性的同时，也应注意异质性、不统一性、个体性、偶然性、断裂性、非连续性。这一点，首先表现在当代美学对于审美活动本身的不可还原性的强调上。例如对于审美活动的不可还原性的强调，对于艺术活动的不可还原性的强调，对于丑、荒诞的不可还原性的强调，等等。同时，也表现在对于美学理论本身的差异性的默许上。在当代美学看来，为了说明被看作中心的事物必须借助被看作边缘的事物，为了完成理论的抽象必须借助理论的消解。换言之，中心必须被边缘所规

[①] 在当代美学看来，结果的和方法的普遍必然有效的客观允诺，在人文科学中并不存在。不可通约的主观性，是人文科学的基础。在此，"主观性"是指先于逻辑、先于词语、先于意识的内容。康德将自然科学的判断形式确定为"先天综合判断"，就已经开始把伦理、美学、宗教等学科划分在外；狄尔泰对于理解活动的强调，则是承认研究者的先见、主观性的合法性的开端。

定,抽象必须被消解所规定。因此,美学的任务就不再是追求永恒不变的终极真理,不再是将预设的前提作为绝对的真理,也不再玄而又玄地去设想终极存在,而是明确地把预设的前提作为"深刻而有趣的假说"(布施),然后通过对整体性的瓦解走向差异性,在与现实的对话中去尝试着理解和解释世界,并且在理解和解释世界中去不断达成新的对话。正如德里达指出的:文本的特定语境不可能凝固文本的意义,当文本置入其他语境时,还有可能衍生出新的意义。在美学研究中强调对话,正是着眼于这一衍生的意义。所以不再强调主动与被动,而是强调互动,①各种角度是互补的,各种观点也是互补的,它们都面对同一对象,但是不能把它们还原成一种单一的描述,而要通过对象的互补互证去呈现对象的动态过程。②

　　进而言之,差异性使得当代美学明确意识到任何一个美学家的研究也会成为别人的研究对象,也会成为美学史中的一段内容,自己有权与别人对话,别人也有权与自己对话,自己可以与前人对话,后人也可以与自己对话,因而不必自己崇拜自己,也不必否认意见的尖锐对立,更不必简单地加以判断甚至否定,而是尽量寻找不同意见之间的合理性、互补性、差异性。因此,必须避免传统的极端做法,而且要清醒地意识到两极各自的缺点,注意尽量不倒向任何一个极端,并且在两个极端之间找到一种张力。对此,库恩的研究堪称深刻:"科学研究只有巩固地扎根于当代科学传统之中,才能打破旧传统,建立新传统。……一个成功的科学家必然同时显示维持传统和反对

---

① 这意味着人们既是观众又是演员。因此,从相对的角度去看问题就取代了从绝对的角度去看问题。因为我们只能观察到已经被主观解释过的东西,纯粹客观的东西是无法观察到的。例如,被人们称为"20世纪感觉"的相对论研究的就不是客观的物体运动,而是物体运动对观察者所造成的印象,是研究者在物体面前的感觉。也正是在此意义上,波普尔的"证伪法"要比传统的"证实法"更为合理。
② 如西方当代美学就提出把阅读纳入文学本体论的范畴,从而把对文学本质的思考从单纯的文本转向了文本和读者相互作用的两极关系,既静态又动态,既单一又辩证,从而拓展了文学的边界。

偶像崇拜这两方面的性格。……我不怀疑,科学家至少必须是潜在的革新家,他必须思想活跃,能够随时找出问题之所在。但是铜钱的另一面是:如果我们认识到基础科学家也必须是个坚定的传统主义者,或者完全用你们的话说,一个收敛式思想家,那就更有可能充分开发我们潜在的科学才能。最重要的是我们还必须力求了解,这两种表面不一致的解题方式怎么在个人内部和集团内部协调起来?……这两种思想类型既然不可避免地处于矛盾之中,可知维持一种往往难以协调的张力的能力,正是这种最好的科学研究所必需的首要条件之一。"①自然科学尚且要走这样一条道路,作为人文科学的当代美学就更应该如此了。对于它来说,任何研究成果都必然通过两极表现出来,而且各极各有其特定的功能。因此,任何一极的丧失,就会瓦解掉两极间的张力,并且最终瓦解掉应有的美学成果。米德曾经举例说:"消除男女性别人格间的差异,也许意味着文化复杂性的随即丧失。"②这个例子虽然不是在讲当代美学,但是道理显然是相通的。当然,在两极之间保持必要的张力,无疑会出现两极间的激烈冲突,然而这并非坏事。事实上,冲突不像有些学者说的那样只有负作用,而是更多地具有积极的功能。冲突是美学具有活力的象征。只有在美学思考不具备对冲突加以调节的功能时才会出现负作用。在这个意义上,真正威胁美学思考的不是冲突,而是僵化——尤其是强迫别人承认某一种美学就可以"包打天下"甚至只允许自己的美学理论包打天下的僵化。僵化使得美学思考中的危机不断地被掩盖、积累起来,一旦爆发,必然使美学最终走向分裂。

这样,当代美学就不再是砌"墙"而是造"桥",是让不同的美学之间可以交流,而不是让不同的美学走向对抗,是在宽容中找到一些边界,让不同的美学可以共生,而不是画地为牢让它们拼一个你死我活。换言之,美学传统

---

① 库恩:《必要的张力》,纪树立译,福建人民出版社1981年版,第224页。
② 米德:《三个原始部落的性别与气质》,宋践等译,浙江人民出版社1988年版,第301—302页。

是一个同心圆,尽管大圆里有小圆,圆中有圆,但是核心始终是一个点,所有的圆都要围绕着这个点旋转,当代美学却只有"交点"而没有"圆心"。不是东风要压倒西风,也不是西风要压倒东风,而是东风与西风共存于世界。这样,当代美学就在博学的爱好者与文化监督者、解释学与知识论、反常话语与正常话语、言说方式与知识方式之间,保持了一种必不可少的平衡。它坚决否定那种以真理代言人自居的美学话语,废黜美学体系的王位和特权并把它转化、扬弃为新的、更为深刻的问题,推动着那些为传统美学所不屑一顾的"幼稚的话语"、"结结巴巴的话语"和"反传统的话语"理直气壮地出场,并且深入各个领域,成为一种心灵的启迪和对于人类精神境界的不断超越,成为一种深刻的美学批判和文化批判。①

最后,对话,使当代美学意识到:美学应当从美学传统的着眼于作为结果的答案,转向当代的着眼于作为过程的问题。当代美学的对话不再只是着眼于揭示答案,而是更注重着眼于发现问题和提出问题。传统美学的独白往往注重从作为结果的答案出发去研究美学问题,然而从作为结果的答案出发去研究美学问题往往会缺乏思维的递进,缺乏思想的过程性,结果各方都说自己是辩证思维,实际上往往是只"辩"不"证",因为本来应该事先并不知道结果,而现在是事先就知道自己正确,对方不正确,从一个已知的结果出发,最终当然又会回到这个结果,这样做的结果充其量只是"雄辩家"而已。"对话"逻辑不同于"独白"逻辑,也不同于"独白"逻辑的所谓"辩证"。传统美学家往往十分欣赏黑格尔骑着绝对精神的骏马无情地践踏着许多无辜的小草的姿态,然而,在当代美学看来,马就不能赶自己的路,草也长着自

---

① 罗蒂概括说:美学家最好的身份是文化评论家。伽达默尔倡言:美学亟待转换为解释学。值得我们注意。而且,恩格斯一再告诫说:每个时代的理论思维,包括我们时代的理论思维,都是一种历史的产物,它在不同的时代具有完全不同的内容。因此,美学如何真正成为"时代精神的精华"和"文明的活的灵魂"? 我们必须予以高度的重视。

己的草吗？事实上，任何把"他人"变成自己之"总体谈话"的组成部分的企图，都是虚妄的。而从历史上看，每一种美学体系都错误地把自己看作中心，在自己的视界所及的范围内阐释世界，其片面性就表现在一方面把其他体系排斥在边缘，一方面不断地把自己的体系神圣化。也就是说，是通过自我封闭的方式来做到自我拯救。然而不同美学体系形成的过程，完全是相互交流的结果。在美学界不可能存在美学法官。因为美学是一个系统，对于系统来说，最为重要的不是中心，而是系统的秩序。何况，考察审美活动是所有美学体系的共同的心理根源，至于采取何种方式则取决于不同的思维方式，这就是说，对审美活动的考察方式不存在唯一性，每种考察方式都提供了相应的意义。因此，在当代美学中最为重要的就是提出问题。在当代美学中已经形成共识的是：当代世界已经失去了一切确定无疑的东西，也失去了一切牢不可破的支撑点，除了"问题"之外，人类已经一无所有。因此，在美学研究中，不能先有了答案再研究问题，更不能因为已经知道了答案而故弄玄虚，而是根本就没有答案，对于当代美学而言，研究过程本身就是一个探索和追求的过程。换言之，在美学研究中，不应重在给出答案，而应重在提出问题，而且，即使是面对答案，也要把它转换为问题。美学的使命就是发现和提出问题。它从"问题"开始，也以"问题"结束。美学就永远是在提"问题"而永远不满足于答案。

4

就美学的方法而言，对话，意味着当代美学从同一性思维转向异质性思维。这就是说：对话是对世界的一种"倒读"，或者说，是为重新理解审美活动所提供的一次新的尝试。不过，这里所谓的"倒读"并非简单地把对象拆卸开来，对其中的每一个零件加以认真审视，然后再把它组装起来，而是沿着对象的结构逆向而入，直探底蕴，去揭示其中被有意遮掩的破绽。换言之，这种异质性思维从肯定性追求到否定性体悟，是一种与偏重于逻辑化针锋相对的智慧,所谓"以子之矛,攻子之盾"(这使我们想起,阿多尔诺的否定辩证法就是矛盾地思考矛盾)。它从"什么是什么"的追问转向"什么不是什么"的追问,什么都不想说明,也不想建立体系,只是专门针对对方的思维方式,把它推向极端,找出几个对方无法回答的疑难例证,显示出对方的滑稽性、荒诞性,令对方哭笑不得。德国的艺术家约瑟夫·鲍依斯在创作中首先用刀割破自己的手指,然后又去认真地包扎刀口,就是意在强调这一异质性思维。以鲁迅的人们被关在铁屋子里面而无路可出的著名比喻为例,人们往往只是对之加以"正读",关心的是"我们应怎样出去",然而若是从"倒读"的角度,却不难发现人们在其中的思维破绽。因为似乎还从未有人问过:"我们是怎样进去的?"霍布斯在《利维坦》中曾经举过同样的例子:"不知从何时开始,那些笃信书本的人,把他们认为理解的东西一点一滴积累起来,并不考虑这一点一滴的知识是否积累得正确,及至最后发现错误十分明显,而又仍不怀疑他们最初的根据,于是终日埋头书卷,东翻西找,却不知道怎样清理自己;就好比鸟儿从烟囱里掉下来,忽然发现被关在一间屋子里,但为窗外的亮光所感,徒劳地在玻璃窗上东碰西撞,它们缺乏一种智慧:考虑一下它们是怎么进来的。"[①]如此看来,缺乏智慧的又岂止是鸟儿?而针对人们一般所面对的"所有洞开的门都是墙壁"这一感叹,爱默生从反向所指出的"所有的墙壁都是门",同样给我们以深刻的启迪。美学的智慧正表现在这里。例如,在它看来,传统美学的种种理论都是建立在人为地以一方为中心,而以另外一方为边缘的基础之上的,无异于公说公有理,婆说婆有理。然而世界上的事物都是以自相矛盾即悖论状态存在的。因此人类的智慧也只能徘徊于肯定与否定之间。这样,面对传统美学的从肯定性角度作出的定义,就不难从否定性角度加以解构。犹如面对"你说的是假话,我就绞

[①] 见戴维奇编:《二十世纪文学评论》上卷,葛林等译,上海译文出版社 1987 年版,第 209 页。

死你,你说的是真话,我就砍你的头"这一著名悖论,可以从"倒读"的角度以"我一定会被你绞死"或者"我不会被你砍头"去解构一样。从对话出发,当代美学的做法是:不进行"正读"即不建立任何理论,而只进行"倒读"即只是把传统美学的思维方式推向极端,从而显示出它的荒诞与滑稽,最终达到消解的目的。正如意大利的小说家伊塔洛·卡尔维诺所发现的:我们生活于其中的这个世界,从小说的意义上来说,是应该倒着去看的(所以赫索格在给尼采的信中说:人类主要是依靠反常的观念生活着)。而卡夫卡的思维更是典范的代表。不仅是小说,即便是一言一行,也都渗透着这一特征。在《对罪恶、苦难、希望和真正的道路的观察》的著名笔记中,类似的例子就俯拾皆是:

道路与其说是供人行走,毋宁说是用来绊人的。
一个笼子在找一只鸟。
除非逃到这世界当中,否则怎么会对这个世界感到高兴呢?
善在某种意义上是绝望的表现。
以往我不能理解,为什么我的提问得不到回答;今天我不能理解,我怎么竟会相信能够提问。
在你与世界的斗争中,你要协助世界。
一种信仰好比一把砍头刀,这样重,这样轻。

有人举过这样两个例子,其一为:

传统美学:说谎的都是坏人。
现代美学:好人有时也说谎。
当代美学:谁能始终不说谎?

传统美学是从理性主义出发,运用的是以一驭万的方式。现代美学发现,这难免会挂一漏万,出现大量的冤假错案。于是,就在承认传统美学的结论的前提下,提出要注意对象的复杂性、多样性、偶然性。强调"坏人肯定会说谎,但是好人偶然也会说谎"。在当代美学就不同了。它看出了其中的大纰漏。任何理论固然都会面对例外,但是为什么要把它当作例外,而不是进而对结论本身产生怀疑?于是,它逆向而进,发现这结论本身就是荒诞、滑稽的。坏人不是天天说谎,好人也不是永远不说谎。还有一个例子,也是一样:

> 传统美学:路漫漫其修远兮,吾将上下而求索。
> 现代美学:地上本没有路,走的人多了,便成了路。
> 当代美学:目的确有一个,道路却无一条,我们谓之路者,乃踌躇也。

在这里,运用的还是"倒读"的方法。①

所谓"倒读",也可以理解为一种换位思考。从表面上看,当代美学作为一种特定的"反美学",并不是一种反传统的"反美学",而是一种以反传统为能事、以反传统为传统的"反美学",是一种以不断破坏为使命的"反美学"。不断打破规则就是它的规则,不断反抗固定的意义就是它的意义,不断扭曲现实生活就是它所呈现的真实,不断破除形而上学的终极真理就是它所呈现的真理,不断地质疑、怀疑就是它的使命。然而,这只是表面现象,从深层的角度看,当代美学作为一种特定的"反美学",是一种"反者道之动"的"反"。这是一种自我的易位,是站在对方的立场来看问题,并在阐释中理解别人看问题的角度,从而挑战自我,转而同自己对话。而就双方的角度而

---

① 人们喜欢说:"地上本没有路,走的人多了,便成了路。"然而却忽视了走同一条路的人倘若太多,以至于路上拥挤不堪,那么路也就不再是路了。本节所举的两个例子,参见姜静楠:《人类的另一种智慧》,中国社会科学出版社1996年版,第10—11页。

言,则是各自离开自己的疆域,进入两极之间的边缘地带,与另外一极进行对话。中国美学有言:"反者,道之动;弱者,道之用。"在我看来,当代美学的全部特征正可以用这两句话来概括。所谓"反者,道之动"是指当代美学的从二元对立的独白模式转向多极互补的对话模式。这意味着:没有"反"字当头,就没有对话(这相当于禅宗的"棒喝"),也就没有当代美学。联系中国美学讲的"两行""浑沌""心斋""大曰逝,逝曰远,远曰反""知其雄,守其雌""知其荣,守其辱""物壮则老,是谓不道",以及中国中医讲的"逆者正治,从者反治""虚者实之,满者泄之",中国书法讲的"欲左先右,欲上而下,刚中有柔,柔中有刚",这一点当不难理解。所谓"弱者,道之用"则是指否定性主题。这意味着:不从对话出发,就很难意识到"弱者"的一方,也不可能意识到为传统美学所长期压抑在边缘的东西,更不可能以平等的交谈达到两种视界的融合,从此入手去在"强者"与"弱者"之间开拓广阔的美学天地,使得完全正确的成为完全不正确的,最理所当然的成为最不理所当然的,从而完成美学的当代重建。换言之,在当代美学中,真正意义上的解构,无疑是与真正的建构紧密相连的。联系中国美学的"有无相生,难易相成,长短相形,高下相倾,音声相和,前后相随""天地相合,以降甘露",以及"自见者不明,自是者不彰",这一点,同样当不难理解。

在此意义上,我们可以把当代美学在方法层面的转换称为:从建构到解构。严格言之,"对话"与选择、建设、破坏都并无对等的关系,只是一种阐释预设、一种阐释框架,一种对文本的再"释义"和再"赋义"。它并非传统的从主体指向外物,而是从主体指向自身,是自身的自我反省、自我梳理、自我改写。因此,其根本特征不同于专门家的同一推理,而类似于发明家的"谬误推理",更多地表现为一种解释学态度,对差异的敏感以及对不可通约之对象的宽容,研究对象自身的局限之处,被忽视了的研究对象自身的被人为赋予的绝对性,以及研究对象自身的特定领域、范围、合理性,成为被关注的内容。在其中,对象由于对话而得以沟通,意义借助阐释而得以生成。这,就是所谓的解构。

也因此,为美学传统所一贯推崇的绝对真理、确定性、普遍性、包罗万象的体系不再合法,真理性与谬误性、历时性与共时性、统一性与多样性、确定性与不确定性、同一性与差异性、有序性与无序性、肯定性与否定性、建设性与破坏性、美与丑的对立被否定,传统的"真理发现"观消失了,所谓"再现"也仅仅只是在再次的符号化的意义上才是可能的。这样,解构意识的觉醒,使得美学思考有可能在阅读中加上误读一极,在沟通中加上差异一极,在解释中加上消解一极,有可能不去着眼于发现一个前所未有的东西,而是着眼于为思想拓展出新的可能性。最终,对于绝对真理的追求让位于文本之间的交融与对话,对于单一的、固定的意义的追求让位于对于复杂的、多变的意义的追求。因为,意义并不存在于对话之前,也并不存在于对话之后,而是就存在于对话之中。同时,意义也并不隐身于文本之后,而是就存在于从能指到所指的运动之中。在这方面,中国美学的"反者道之动""天下皆知美之为美,斯恶矣",给我们以深刻的启示。当然,这并不意味着把解构绝对化,而只意味着置身于业已被充分符号化的现实世界中思考时的一种特别的需要,意味着有必要面对语言与现实之间的相对独立、相对自我参照的系统,以及语言在个体层面上造就了人这一特性,在文本层面考察现实,因为世界不会直接呈现在我们的面前,尽管语言最终仍旧是现实世界的产物,并且从总体而言仍旧是人类实践的产物。①

同时,对话也推动着当代美学的言说方式从"思维的说"转向"诗意的说"。

所谓"思维的说",是自然科学、社会科学的言说方式,也是我们所十分熟悉的。它运用主客二分的知识命题和主谓式语言,运用理性的语言、逻辑

---

① 马克思早在19世纪就已经指出:"语言是思想的直接现实。正像哲学家们把思维变成一种独立力量那样,他们也一定要把语言变成某种独立的特殊的王国。"但是,"哲学家只要把自己的语言还原为它从中抽象出来的普遍语言,就可以认清他们的语言是被歪曲了的现实世界的语言,就可以懂得,无论思想或语言都不能独立组成特殊的王国,它们只是现实生活的表现。"(《马克思恩格斯全集》第3卷,人民出版社1960年版,第525页)

的语言,运用可证知识、证明技巧、给定的思维程序和知识体系去对世界的本质加以言说。长期以来,传统美学的言说方式同样是"思维的说",美学的对美的实体性研究、对美的社会学研究和对美的心理学研究,都是如此。然而,在当代,传统美学的"思维的说"面临着前所未有的根本性的质疑。一方面,当代美学已经意识到,它所面对的是一个美学的悖论。所谓悖论不同于矛盾,矛盾是逻辑规则的违反,悖论则是逻辑自身的矛盾。它是因为符合逻辑规则而导致的逻辑本身的错误,是思维能力本身所导致的有限性。不难看出,美学悖论完全是一种积极意义上的有限性,它使得美学之为美学从不自居真理,而是通过揭示逻辑自身的矛盾而走在通向真理的途中。然而,这同时也就使得美学的内容从根本上而言成为"不可说"的东西。因此,另一方面,如果言说仅仅是一种非修辞的言说,就必然是一种独白、一种"思维的说",这显然就无法去说美学的"不可说"。在这方面,分析美学的成果已经是我们耳熟能详的。其中,最为典型的就是维特根斯坦所指出的:美、艺术、人生之类,都是不可说的,因此,美学家要保持沉默。然而,假如美学家该说却不"说",是否还算得上是美学家呢?因此,维特根斯坦并没有最终解决美学的言说方式问题。

在我看来,维特根斯坦意识到了"确有不可说的东西",无疑是一个贡献。因为就是由此入手,维特根斯坦将自然科学、社会科学的内容与人文科学(美学)的内容明确地区别开来。[①] 然而,结论是对不可说的就不要说,对不可说的保持沉默,这就难以令人信服了。事实上,我们只能说,所谓"确有

---

① 我们知道,人的价值、理想、意识、目的,无形而有形,有形而无形,存在着生物学上的根据,也存在着社会学上的根据,但是他们终究不能被还原为大脑的活动、社会的活动,因此也不被自然科学、社会科学专门加以研究,而在人文科学中它们就转而成为研究对象。以马斯洛为代表的人本主义心理学是心理学中最先向人文科学回归的代表。就是在自然科学中,著名物理化学家波兰尼也开始强调,一切知识都是"个人的知识",可见,人的价值、理想、意识、目的,真正的依据是意义论的,这个不可还原的东西就是人文科学的研究内容。这就是维特根斯坦意识到的所谓"确有不可说的东西"。

不可说的东西",是指的某种不能用"思维的说"这一逻辑形式言说的东西。对于这"不可说的东西",维特根斯坦提出不能用"思维的说"这一逻辑形式去言说,显然意在批判西方传统美学对不可说的还要说这一缺憾。然而,不能"思维的说"绝不等于根本就不可说,更不等于就不能"诗意的说"。海德格尔等人的工作就正是着眼于此。

确实,美学的内容往往是在逻辑之外的,既不能证实,也不能证伪。因此,不能用"思维的说"这一逻辑形式去言说,然而,这并不意味着"思维的说"这一逻辑形式就是唯一的言说方式,更不意味着就不能用另外的言说方式去言说。假如我们对"逻辑"(logic)范畴的历史演变过程稍加求索,就可以看到,其原初的意义是指提供各种形式的原初言说,然而在日后的演进中却降格为一种具体的言说方式。这就是"思维的说"。① 可见,言说方式本来就不是仅有一种,可以采取"思维的说"的方式去说,也可以不采取"思维的说"的方式去说。然而如果只以一种言说方式作为唯一的言说方式,就势必丧失言说的无限内容。

由此我们想到,说美而不能,是美学史上的一个困惑,但是美却真实地存在着,这又是人类从未怀疑过的事实,否则人类不会在数千年中去津津乐道美,更不会在看到美的东西时会心而笑。实际上,美的东西是存在的,但是又是不可合乎逻辑地说出来的。这,就是美学的魅力。须知,这不可合乎逻辑地说的沉默的领域正是美学上下驰骋的领域。

然而,美学的内容就真的不可说了? 当然不是。在美学史上,中国美学家不就在"强为之说""强名",不就在千方百计地说? 与此相应,西方当代美

---

① 西方美学过分强调诗与思、隐喻与概念的分别,意在排除前者,以思与概念作为唯一的存在。这显然是错误的。例如 Idea(理念)从柏拉图到胡塞尔都使用。但在希腊文中 Idea 来自 eido(看见),这与太阳有关。柏拉图的"洞"喻更与太阳有关。德里达考证希腊哲学中的许多词都与太阳有关,现在哲学却成为"白色的神话"。

学也在"强为之说""强名",也在千方百计地说。例如维特根斯坦不就一再提示,可以用可说的东西"指出""意味"不可说的东西?它使我们意识到:美学就是说"不可说"。一方面,美学的内容"不可说",另一方面,美学的内容又一定要"总是在说",而且不能用语言去说,而只能在语言中说,否则美学的内容就肯定不复存在了。不过,在这里,所谓的"说"已经不再是合乎"逻辑"的说,而是不再合乎"逻辑"的说,也就是"诗意的说"。另外,这里所谓的"说"并不是简单的以不是为是,以是为不是,那样做只是反而说明事先已经存在一个是非的标准。这里所谓的"说"也并不就是某种流行见解所津津乐道的什么"诗化语言",人们往往将"诗意的说"理解为用诗歌一样的语言去说,少数人干脆误解为"诗意的说"就是用诗歌的语言去谈论美学。这实在是一个误区。当代美学提示我们,"诗意的说"的关键是要弄清楚究竟是谁在说,是我在说,还是语言在说。"诗意的说"实际是语言在说。维特根斯坦说,语言的界限就是思想的界限,语言的空间就是思想的空间。珀格勒尔在介绍海德格尔的美学思想时也说:"海德格尔用公式化的简明语言说:'思想家言说存在,诗人给神圣的东西命名'。……诗人所做的是给神圣的东西的要求以一种直接的回答,给神圣的东西'命名',而思想家不能自命做到这一点。……相反,思维必须拒绝对神圣东西的要求作直接的回答。"①因此,要让语言自由地说,而不是不自由地说,这就是"诗意的说"。

而这种"诗意的说"显然与前面我所剖析的当代美学在对话中所获取的智慧与启迪是彼此表里一致的。它们互为表里,彼此补充,就构成了当代美学的对话之为对话。

当然,当代美学在对话中也出现了一些失误。其原因,在于对话的越位,即从一个极端走向另外一个极端,回到变相的独白。同时,当代美学还

---

① 珀格勒尔。见张世英:《天人之际》,人民出版社1995年版,第283页。

存在着片面强调多样性、非连续性,并且人为排斥一致性、连续性的倾向,这也是不对的。这事实上也是一种独白,是对话的越位。差异与一致是一个事物的两个方面。有序与无序也是事物共存的两个方面。传统美学有意无意地夸大其中的一个方面,是不对的,但是当代美学有意无意地夸大其中的另外一个方面,也是不对的。马克思在批评青年黑格尔派视批判为一切时说过:这种批判实际是"极端无批判的批判""极端非批判",在当代美学之中,我们往往也会看到这种情况。例如,当代美学往往将肯定性主题说得一钱不值,就是一例。其实,这无异于使自己失去了一个重要的营养基。事实上,在维护人类的伟大和尊严时肯定性主题无疑起着重要的作用,也是当代美学的福泽恩惠。具体来说,当代美学的否定性主题一旦越位,失去了与肯定性主题之间的互补,就会走向悲观主义。这正如陀思妥耶夫斯基《群魔》中的人物斯捷潘·特罗菲莫维奇·韦尔霍文斯基所说的:"人类生存的一个基本条件是,应当有某种伟大的东西,使人类能永远对它顶礼膜拜。一旦失去了它,人们将无法生存下去,而死于绝望。"①因此,否定性主题只是为了建构人类的否定性意识,但并非为了简单地否定人类本身。而多元互补模式的越位更会导致否定一切。伽达默尔《真理与方法》指出的:"难道人们就可以目送傍晚夕阳的最后余晖——而不转过身去寻找红日重升时的最初晨曦吗?"R.H.伯恩斯坦指出的:"所有追求确定性,渴望绝对,确信有或可能有终极的语言,一切差异最终必将调和于一整体之中的观点都应该抛弃",但是"追求真理与客观性不能同追求绝对混为一谈"。② 应该理解为对于这一越

---

① 斯捷潘·特罗菲莫维奇·韦尔霍文斯基。见许纪霖:《第三种尊严》,人民文学出版社1996年版,第11页。
② R.H.伯恩斯坦。见王治河:《扑朔迷离的游戏》,社会科学文献出版社1993年版,第23页。

位的尖锐批评。①

然而,无论如何,对话都毕竟象征着一种世纪性的美学智慧。也因此,不论其内涵如何众说纷纭,也不论其缺陷如何令人震惊,它所展示的启迪都值得认真思索与玩味。正如约瑟夫·祁雅理在《二十世纪法国思潮》评价一个哲学家时所提出的:"就他表达了存在的活生生的意识与感觉来说,他是非常重要的;就他超出了存在之外而表达了超越时空的人类精神的某些方面来说,他的成就是巨大的。"②在我看来,对于对话这一当代美学所提供的世纪性的美学智慧,我们也可以作如是观。

---

① 不过,我们对当代美学中出现的这类缺陷也无须大惊小怪,因为在许多情况下,当代美学的越位只是"对话"这一特征的延伸。所谓矫枉必须过正。对此,我们可以在"达尔文医学"中获得启发:人的腰痛是直立行走的代价;癌症是有效修复组织的代价;呕吐是神经细胞对毒素的防御反应;恶心是妇女怀孕时为避免某些食物对正在发育中的胎儿的毒害而采取的保护性措施;而发烧则是人体对感染作出的有益反应,因为体温升高对入侵的微生物不利。有关研究人员认为,西医对此一味加以抑制是错误的。同样,对当代美学的求全责备也是不明智的。库恩在讨论科学革命时提出,要对一些新的现象、新的设想保持一点"韧性",让它多经受一些检验,不要轻易就宣判死刑,实在是至理名言。
② 约瑟夫·祁雅理:《二十世纪法国思潮》,吴永泉等译,商务印书馆1987年版,第1页。

本书主要参考文献

《老子注译及其评价》,陈鼓应著,中华书局 1984 年版

《庄子集释》,郭庆藩辑,中华书局 1982 年版

《五灯会元》,普济著,中华书局 1984 年版

《中国美学史资料选编》(上下册),北京大学哲学系美学教研室编,中华书局 1982 年版

《历代论画名著汇编》,沈子丞编,文物出版社 1982 年版

《一八四四年经济学—哲学手稿》,马克思著,刘丕坤译,人民出版社 1979 年版

《判断力批判》上册,康德著,宗白华译,商务印书馆 1985 年版

《美学》(1—3 卷),黑格尔著,朱光潜译,商务印书馆 1979—1981 年版

《美育书简》,席勒著,徐恒醇译,中国文联出版公司 1984 年版

《作为意志和表象的世界》,叔本华著,石冲白译,商务印书馆 1982 年版

《悲剧的诞生》,尼采著,周国平译,三联书店 1986 年版

《美学原理·美学纲要》,克罗齐著,朱光潜等译,外国文学出版社 1983 年版

《历史与阶级意识》,卢卡契著,杜章智等译,商务印书馆 1992 年版

《存在与时间》,海德格尔著,陈嘉映等译,三联书店 1987 年版

《海德格尔选集》(上、下),海德格尔著,孙周兴选编,上海三联书店 1996 年版

《存在与虚无》,萨特著,陈宣良等译,三联书店 1987 年版

《西西弗的神话》,加缪著,杜小真译,三联书店1987年版

《哲学研究》,维特根斯坦著,汤潮等译,三联书店1992年版

《现象学的观念》,胡塞尔著,倪梁康译,上海译文出版社1987年版

《弗洛伊德论美文选》,弗洛伊德著,张唤民等译,知识出版社1987年版

《文明及其缺憾》,弗洛伊德著,傅雅芳等译,安徽文艺出版社1987年版

《心理学与文学》,荣格著,冯川等译,三联书店1987年版

《人论》,卡西尔著,甘阳译,上海译文出版社1985年版

《艺术问题》,苏珊·朗格著,滕守尧等译,中国社会科学出版社1983年版

《美学与哲学》,杜夫海纳著,孙非译,中国社会科学出版社1985年版

《当代艺术科学主潮》,杜夫海纳主编,刘应争译,安徽文艺出版社1991年版

《真理与方法》,伽达默尔著,洪汉鼎译,上海译文出版社1992年版

《爱欲与文明》,马尔库塞著,黄勇等译,上海译文出版社1987年版

《审美之维》,马尔库塞著,李小兵译,三联书店1989年版

《发达资本主义时代的抒情诗人》,本雅明著,张旭东等译,三联书店1989年版

《机械复制时代的艺术作品》,本雅明著,王齐建译,载陆梅林选编:《西方马克思主义美学文选》,漓江出版社1988年版

《启蒙辩证法》,霍克海默、阿多尔诺著,洪佩郁等译,重庆出版社1990年版

《罗兰·巴特随笔选》,罗兰·巴特著,怀宇译,百花文艺出版社1995年版

《性史》,福柯著,黄勇民译,上海文化出版社1988年版

《文学原理引论》,特里·伊格尔顿著,中国艺术研究院马克思主义文艺理论研究所外国文艺理论研究资料丛书编辑委员会编,文化艺术出版社

1987年版

《美学新解》,布洛克著,滕守尧译,辽宁人民出版社1987年版

《论艺术里的精神》,康定斯基著,吕澍译,四川美术出版社1986年版

《抽象与移情》,W.沃林格著,王才勇译,辽宁人民出版社1987年版

《艺术》,克莱夫·贝尔著,周金环等译,中国文联出版公司1984年版

《艺术心理学》,列·谢·维戈茨基著,周新译,上海文艺出版社1985年版

《艺术视知觉心理分析》,安东·埃伦茨维希著,肖聿等译,中国人民大学出版社1989年版

《新艺术的震撼》,罗伯特·休斯著,刘萍君等译,上海人民美术出版社1989年版

《现代艺术的意义》,约翰·拉塞尔著,陈世怀等译,江苏美术出版社1992年版

《现代与现代主义》,卡尔著,陈永国等译,吉林教育出版社1995年版

《西方当代美术》,爱德华·路希·史密斯著,柴小刚等译,江苏美术出版社1992年版

《当代美学》,M.李普曼编,邓鹏译,光明日报出版社1986年版

《西方美学家论美和美感》,北京大学哲学系美学教研室编,商务印书馆1980年版

《欧洲现代画派画论选》,瓦尔特·赫斯编,宗白华译,人民美术出版社1980年版

《西方的没落》,斯宾格勒著,陈小林译,黑龙江教育出版社1988年版

《资本主义文化矛盾》,丹尼尔·贝尔著,赵一凡等译,三联书店1989年版

《后现代主义与文化理论》,杰姆逊著,唐小兵译,陕西师范大学出版社1986年版

《语言的牢笼》,杰姆逊著,钱佼汝译,百花洲文艺出版社1995年版

《晚期资本主义的文化逻辑》,杰姆逊著,张旭东编,三联书店1997年版

《哲学和自然之镜》,罗蒂著,李幼蒸译,三联书店1987年版

《非理性的人》,白瑞德著,彭镜禧译,黑龙江教育出版社1988年版

《当代哲学主流》上卷,施太格缪勒著,王炳文等译,商务印书馆1986年版

《主体性的黄昏》,弗莱德·多迈尔著,万俊人等译,上海人民出版社1992年版

《绝望与信心》,古茨塔克·豪克著,李永平译,中国社会科学出版社1992年版

《人道主义的僭妄》,埃伦费尔德著,李云龙译,国际文化出版公司1988年版

《后工业社会的来临》,丹尼尔·贝尔著,王宏周等译,商务印书馆1986年版

《未来的震荡》,阿尔温·托夫勒著,任小明译,四川人民出版社1985年版

《人的延伸》,麦克卢汉著,何道宽译,四川人民出版社1992年版

《信息社会》,古尔内著,张新华译,上海译文出版社1991年版

《大趋势》,奈斯比特著,梅艳译,中国社会科学出版社1984年版

《顿悟:生命与生活》,L.托马斯著,吴建新等译,上海文艺出版社1989年版

本书主要西方人名译名对照表
（以译名的汉语拼音为序）

阿多尔诺	Adorno, T.W.
安东·埃伦茨维希	Ehrenzweig, A.
柏格森	Bergson, H.
柏拉图	Plato
鲍桑葵	Bosanquet, B.
贝多芬	Beethoven, L.
本雅明	Benjamin, W.
毕加索	Picasso, P.
波普尔	Popper, K.R.
布洛	Bullough, E.
布洛克	Blocker, H.G.
达尔文	Darwin, C.R.
丹尼尔·贝尔	Bell, D.
德里达	Derrida, J.
德谟克利特	Demokritos
德索	Dessoir, M.
笛卡尔	Descartes, R.
杜夫海纳	Dufrenne, M.
杜尚	Duchamp, M.

恩格斯	Engels, F.
弗洛伊德	Freud, S.
福科	Foucault, M.
伽达默尔	Gadamer, H.G.
歌德	Goethe, J.W.
海德格尔	Heidegger, M.
贺拉斯	Horace, q.
黑格尔	Hegel, G.W.F.
胡塞尔	Husserl, E.
怀特	White, H.C.
加缪	Camus, A.
杰姆逊	Jameson, F.
卡夫卡	Kafka, F.
卡西尔	Cassirer, E.
康德	Kant, I.
康定斯基	Kandinsky, W.
科林伍德	Collingwood, R.G.
克尔凯戈尔	Kierkegaard, S.
克莱夫·贝尔	Bell, C.
克罗齐	Croce, B.
库恩	Kuhn, T.S.
昆德拉	Kundera, M.
拉康	Lacan, J.
李斯托威尔	Listowel
里德	Read, H.
立普斯	Lipps, T.

利奥塔德	Liotard, J.E.
利科	Ricoeur, P.
罗蒂	Rorty, R.
马蒂斯	Matisse, H.
马尔库塞	Marcuse, H.
马克思	Marx, K.
麦克卢汉	McLuhan, M.
梅洛-庞蒂	Merleau-Ponty
尼采	Nietzsche, F.
牛顿	Newton, I.
荣格	Jung, C.G.
萨特	Sarter, J.P.
塞尚	Cézanne
施太格缪勒	Stegmuller, W.
叔本华	Schopenhauer, A.
斯宾格勒	Spengler, O.
苏格拉底	Socrates
苏珊·朗格	Susanne, L.
索绪尔	Saussure, F.
维纳	Wiener, M.
维特根斯坦	Wittgenstein, L.
沃林格	Worringer, W.
席勒	Schiller, F.
谢林	Schelling, F.W.
休谟	Hume, D.
雅斯贝尔斯	Jaspers, K.

亚里士多德	Aristotle
姚斯	Jauss, H.
尤奈斯库	Ionesco, E.

潘知常生命美学系列

- ◆《美的冲突——中华民族三百年来的美学追求》
- ◆《众妙之门——中国美感心态的深层结构》
- ◆《生命美学》
- ◆《反美学——在阐释中理解当代审美文化》
- ◆《美学导论》
- ◆《美学的边缘——在阐释中理解当代审美观念》
- ◆《美学课》
- ◆《潘知常美学随笔》

Life
Aesthetics
Series